微课：赠送视频精讲

（手机直接扫描二维码观看，无需付费）

第1部分：普通车床加工操作视频教程

1. 三爪卡盘	2. 四爪卡盘	3. 一夹一顶装夹	4. 两顶尖装夹
5. 中心架装夹	6. 跟刀架装夹	7. 车刀的安装	8. 车端面
9. 车外圆-粗车	10. 车外圆-精车	11. 车外圆-机动进给	12. 车削台阶轴
13. 钻中心孔	14. 车削长轴--一夹一顶	15. 车削长轴-两顶尖装夹	16. 切断
17. 车沟槽	18. 车端面槽	19. 车削圆锥面-转动小滑板	20. 车削圆锥面-偏移尾座

U0231299

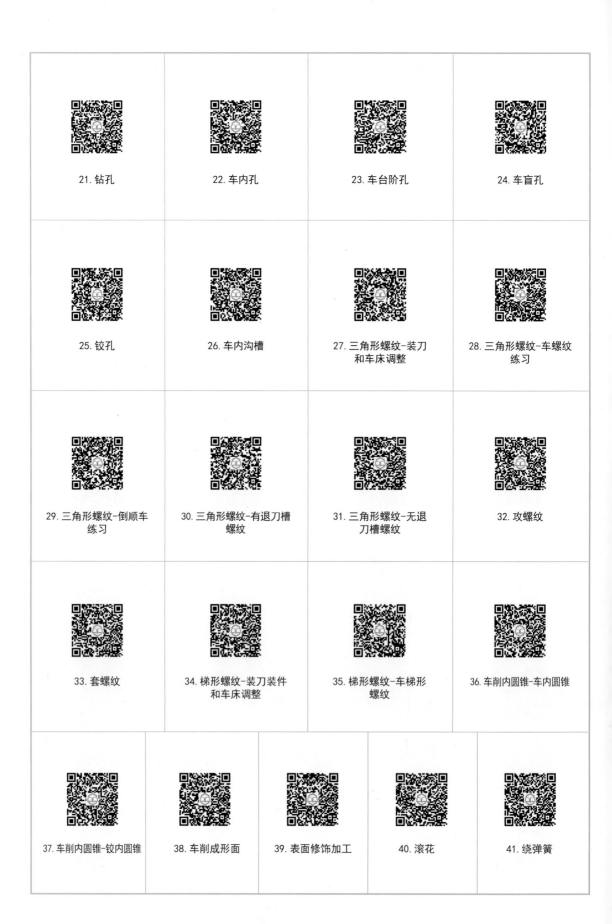

21. 钻孔	22. 车内孔	23. 车台阶孔	24. 车盲孔
25. 铰孔	26. 车内沟槽	27. 三角形螺纹-装刀和车床调整	28. 三角形螺纹-车螺纹练习
29. 三角形螺纹-倒顺车练习	30. 三角形螺纹-有退刀槽螺纹	31. 三角形螺纹-无退刀槽螺纹	32. 攻螺纹
33. 套螺纹	34. 梯形螺纹-装刀装件和车床调整	35. 梯形螺纹-车梯形螺纹	36. 车削内圆锥-车内圆锥
37. 车削内圆锥-铰内圆锥	38. 车削成形面	39. 表面修饰加工	40. 滚花
			41. 绕弹簧

第2部分：数控车床编程视频教程

1. 数控车床坐标系	2. 进给速度F	3. 坐标点的寻找	4. G00快速定位	5. G01直线
6. G01直线-完整格式	6. G01直线-完整格式-车削验证	7. G01直线-倒角切入	8. G01直线-倒角切入例题	8. G01直线-倒角切入-车削验证
9. G02G03圆弧	10. G02G03圆弧-例题	10. G02G03圆弧-例题-车削验证	11. G02G03圆弧-球头编程	12. G02G03圆弧-球头编程-例题
12. G02G03圆弧-球头编程-例题-车削验证	13. G73复合形状粗车循环	14. G73复合形状粗车循环-例题1	14. G73复合形状粗车循环-例题1-车削验证	15. G73复合形状粗车循环-最低点判断
16. G73复合形状粗车循环-例题2	16. G73复合形状粗车循环-例题2-车削验证	17. G73复合形状粗车循环-例题3	17. G73复合形状粗车循环-例题3-车削验证	18. G32螺纹切削-基础知识
19. G32螺纹切削	20. G32螺纹切削-例题	20. G32螺纹切削-例题-车削验证	21. G92简单螺纹循环	22. G92简单螺纹循环-例题
22. G92简单螺纹循环-例题-车削验证	23. G71外径粗车循环	24. G71外径粗车循环-例题	24. G71外径粗车循环-例题-车削验证	25. G72端面粗车循环

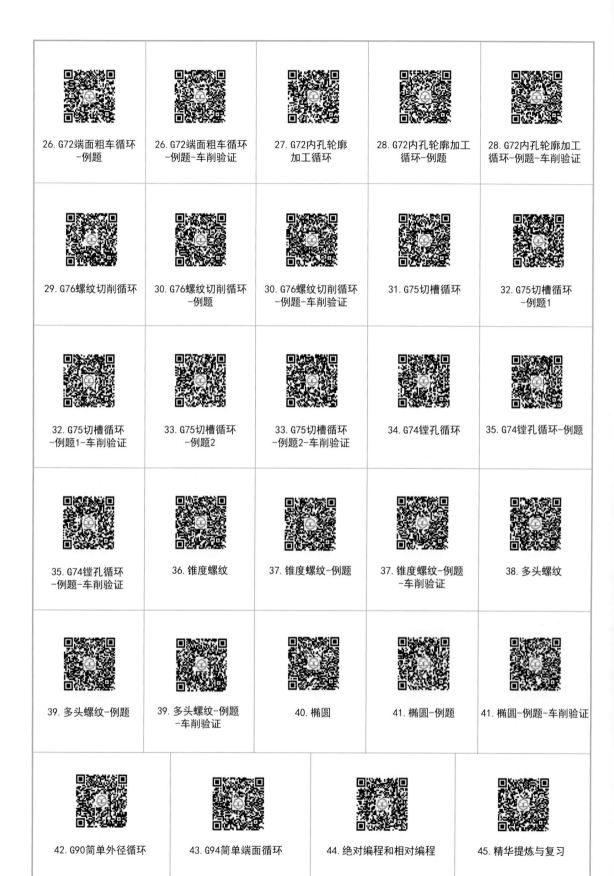

26. G72端面粗车循环 -例题	26. G72端面粗车循环 -例题-车削验证	27. G72内孔轮廓 加工循环	28. G72内孔轮廓加工 循环-例题	28. G72内孔轮廓加工 循环-例题-车削验证
29. G76螺纹切削循环	30. G76螺纹切削循环 -例题	30. G76螺纹切削循环 -例题-车削验证	31. G75切槽循环	32. G75切槽循环 -例题1
32. G75切槽循环 -例题1-车削验证	33. G75切槽循环 -例题2	33. G75切槽循环 -例题2-车削验证	34. G74镗孔循环	35. G74镗孔循环-例题
35. G74镗孔循环 -例题-车削验证	36. 锥度螺纹	37. 锥度螺纹-例题	37. 锥度螺纹-例题 -车削验证	38. 多头螺纹
39. 多头螺纹-例题	39. 多头螺纹-例题 -车削验证	40. 椭圆	41. 椭圆-例题	41. 椭圆-例题-车削验证
42. G90简单外径循环	43. G94简单端面循环	44. 绝对编程和相对编程	45. 精华提炼与复习	

车工和数控车工
从入门到精通

刘蔡保　编著

化学工业出版社

·北京·

内 容 提 要

《车工和数控车工从入门到精通》面向普通机床和数控机床初学者，内容零起点、系统全面、难度适中。本书以 FANUC 数控系统为蓝本，从普通车床和数控车床两个方面详细机床的基本操作、加工工艺、基本编程指令、宏程序，以及典型型面的入门和提高级实例，满足初学者从入门到精通的需求。本书还简要介绍了数控机床基本结构、维护等内容。

本书可作为普通车工转为数控车工的自学用书及短训班教材，也可供职业技术院校数控技术应用专业、模具专业、数控维修专业、机电一体化专业师生阅读。

图书在版编目（CIP）数据

车工和数控车工从入门到精通 / 刘蔡保编著. —北京：化学工业出版社，2020.6（2023.1 重印）
ISBN 978-7-122-36284-1

Ⅰ. ①车… Ⅱ. ①刘… Ⅲ. ①数控机床 - 车床 - 车削 Ⅳ. ① TG519.1

中国版本图书馆 CIP 数据核字（2020）第 031411 号

责任编辑：王 烨　　　　　　　　　文字编辑：雷桐辉
责任校对：王 静　　　　　　　　　装帧设计：刘丽华

出版发行：化学工业出版社（北京市东城区青年湖南街 13 号　邮政编码 100011）
印　　装：大厂聚鑫印刷有限责任公司
787mm×1092mm　1/16　印张 32¾　彩插 2　字数 900 千字　2023 年 1 月北京第 1 版第 5 次印刷

购书咨询：010-64518888　　　　　　　售后服务：010-64518899
网　　址：http://www.cip.com.cn
凡购买本书，如有缺损质量问题，本社销售中心负责调换。

定　　价：99.00 元

"力学如力耕，勤惰尔自知，但使书种多，会有岁稔时。"本书详细描述了目前机械加工中常用的车床技术，包括普通车床和数控车床两大方面。在编写过程中，力求以实际生产为目标，从学习者的角度出发，用大量通俗易懂的图表和语言进行知识的阐述，使学习者能够达到自己会分析、会操作、会处理的效果。

本书以"理论知识＋刀具刃磨＋普车操作＋数控编程"四大模块进行讲解，逐步深入地引领读者学习车床操作、数控编程的概念和编程方法，结构紧凑、特点鲜明。

本书具有以下几方面的特色。

◆ 简洁精炼的理论知识　本书以实例操作为重点，不做知识点的繁复铺陈，重点阐述实际加工中所能遇见的重点、难点，用大量表格呈现，方便比较、记忆和查找。在刀具、加工方法、后处理的配合上独具特色，直接面向加工。

◆ 独树一帜的刀具刃磨　针对车床加工的重要工具车刀，本书单独设置了一个章节进行详细描述，所谓"工欲善其事，必先利其器"，从刀具的结构、种类，再到几何参数、详细的刃磨方法，都有详尽的讲解，力求通过刀具刃磨的学习，能够顺利地进入车床加工工作中去。

◆ 环环相扣的车床操作　针对车床加工的特点，本书提出了"1+1+1+1+1"的学习方式，即"工艺分析＋理论知识＋操作要令＋加工实践＋经验总结"的过程，引领读者逐步深入地学习车床的操作和技巧，并且配有大量的图文和操作视频，变枯燥的过程为有趣的探索。

◆ 简明扼要的数控编程　在数控编程章节中，以编程为主，用大量的案例操作对编程涉及的知识点进行提炼，简明直观地讲解了数控车削的重要知识点，有针对性地描述了编程的工作性能和加工特点，并结合实例对数控编程的流程、方法做了详细的阐述。

◆ 重点突出的经验总结　在本书中，几乎每一章节、每一知识点后都有相对应的经验总结，希望学习者一定要将之熟悉、牢记，这是本书的重要特色，也是精华之一，所以"学向勤中得，萤窗万卷书。"

◆ 全面新颖的学习口诀　编者结合多年的教学和实践，呕心沥血，编制了数十首加工口诀，也是本书的精髓，其分布于各章节，方便学习者由浅入深、逐层进化地学习，相信只要认真学习、用心领会，定可事半功倍地达到学习目的。

◆ 独具特色的视频精讲　针对车床加工的特色，笔者录制了课堂授业的全套近19G的视频，包括普通车床的操作和车削加工、数控编程的指令讲解与实例分析，可以辅助本书的知识进行更直观的学习。相信假以时日，读者定可融会贯通，得学习之要点、领编程之精华。

总体而言，车床加工，作为机械加工的初始学科，打好基础是必要和重要的，这也是在本书编写过程中强调经验总结、加工实例和加工口诀的原因。"青，取之于蓝，而青于蓝；冰，水为之，而寒于水。"学习者需要放正心态，一步一步地踏实学习，使新的知识被掌握、被吸收，然后可以获取更多书本和课程的知识。其中甘苦，需不断努力，不弃不断，方能有更大的收获。"积土成山，风雨兴焉，积水成渊，蛟龙生焉。"

本书编写之中得到内子徐小红女士的极大支持和帮助，在此表示感谢。另，本人水平有限，书中若有不妥之处，实乃抱歉，还请批评指正。

刘蔡保

2020 年 2 月

目录
CONTENTS

第 ④ 章　车削加工

第 5 章 车床调整及维修

第 6 章　数控机床基础知识

第 7 章　数控车削工艺学

第 8 章　FANUC 数控车床编程

第 9 章 数控车削典型零件加工

第 10 章　FANUC 数控系统宏程序编程

第 11 章　FANUC 数控车床系统的编程与操作

参考文献

第1章 车床基础知识

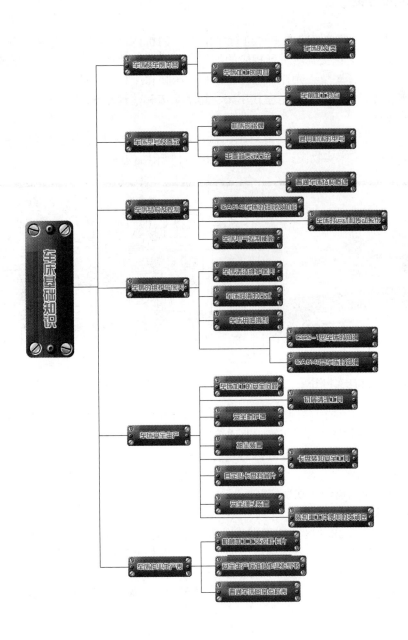

1.1 车床及车削内容

所谓车床加工，也称作车削加工，是指操作者（即车工）在车床上依据图样的技术要求，利用工件的旋转运动（主运动）和刀具的直线移动（进给运动）来改变工件毛坯的尺寸和形状，使之成为合格产品的一种金属切削方法，它在机械制造行业中占有较大的比重。

在车床上切削工件称车削。车削过程中，车床、车刀、夹具构成工艺系统，通过工件的旋转和车刀朝着被切削方向的推进，完成各种回转表面的加工，其中包括车外圆、车端面、切槽、切断、钻中心孔、钻孔、车孔、铰孔、车各种螺纹、车圆锥体、车成型面、滚花、盘绕弹簧等，凡是具有回转轴线一类的工件表面，都可以在车床上进行加工。如在车床上装有其他附件和工具，还可以进行镗削、磨削、研磨、抛光等加工，以扩大车床的使用性能。

1.1.1 车床的分类

车床是主要用车刀对旋转的工件进行车削加工的机床。在车床上还可用钻头、扩孔钻、铰刀、丝锥、板牙和滚花工具等进行相应的加工。主要组成部件有：主轴箱、交换齿轮箱、进给箱、溜板箱、刀架、尾架、光杠、丝杠、床身、床腿和冷却装置等。

常见车床有卧式车床，其次是立式车床、转塔车床和落地车床等。

（1）卧式车床

普通车床一般指卧式车床，是能对轴、盘、环等多种类型工件进行多种工序加工的车床。如图 1.1 所示为卧式车床实物图，图 1.2 所示为卧式车床结构图。

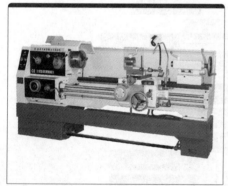

图 1.1　卧式车床实物图　　　　　　　图 1.2　卧式车床结构图

卧式车床加工工件的内外回转表面、端面和各种内外螺纹，采用相应的刀具和附件，还可进行钻孔、扩孔、攻螺纹和滚花等。普通车床是车床中应用最广泛的一种，约占车床类总数的 65%，因其主轴以水平方式放置故称为卧式车床。

卧式车床的主轴水平放置，主轴箱在左边，刀架和溜板箱在中间，尾座在最右边，装卸和测量工件都很方便，也便于观察切削情况。

（2）立式车床

立式车床与普通车床的区别在于立式车床主轴是垂直的，相当于把普通车床竖直立了起来。由于其工作台处于水平位置，适用于加工直径大而长度短的重型零件。如图 1.3 所示为立式车床实物图，图 1.4 所示为立式车床结构图。

立式车床属于大型机械设备，用于加工径向尺寸大而轴向尺寸相对较小、形状复杂的大型和重型工件。如各种盘、轮和套类工件的圆柱面、端面、圆锥面、圆柱孔、圆锥孔等。亦可借助附加装置进行车螺纹、车球面、仿形、铣削和磨削等加工。与卧式车床相比，立式车床主轴轴线为垂直布局，工作台台面处于水平平面内，因此工件的夹装与找正比较方便。这种布局减轻了主轴及轴承的荷载，因此立式车床能够较长期地保持工作精度。

图 1.3 立式车床实物图

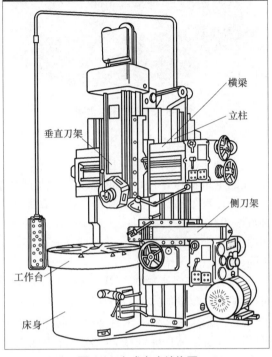

图 1.4 立式车床结构图

如图 1.4 所示为单柱立式车床外形图。由于工作台处于水平位置，工件及工作台的重力由床身导轨或推力轴承承受，主轴不产生弯曲。因此立式车床适用于加工较大的盘类及大而短的套类零件。

立式车床上的垂直刀架可沿横梁导轨和刀架座导轨作横向或纵向进给。刀架座可偏转一定角度作斜向进给。侧刀架可沿立柱导轨上下移动，也可沿刀架滑座左右运动，实现纵向或横向进给。

（3）转塔车床

转塔车床也称作六角车床，是在普通车床的基础上发展起来的机床，将普通车床的丝杠和尾架去掉后在此处安装可以纵向移动的多工位刀架，并在传动及结构上作相应的改变就制成六角车床。如图 1.5 所示为转塔车床实物图，图 1.6 所示为转塔车床结构图。

转塔式六角车床除了有前刀架以外，还有一个转塔刀架，转塔式六角车床是以六角形旋转之转塔取代普通车床的尾座，依工件加工顺序于刀座上安装不同刀具，当一把刀具切削完毕，转塔旋转至下一把刀具进行切削，依次转换至加工完成，刀座上可安装六支不同的刀具，可以节省一般车床更换刀具的时间，适合大量生产的工件。习惯上根据尺寸大小分为大六角、小六角。

转塔式六角车床的前刀架既可以在床身的导轨上作纵向进给，切削大直径的外圆柱面，也可以作横向进给，以加工内外端面和沟槽。转塔刀架只能作纵向进给，主要用于车削外圆柱面及对内孔作钻、扩、铰或镗等加工。六角车床上没有丝杠，只能用丝锥或板牙加工精度要求不高的紧固螺纹。

图 1.5　转塔车床实物图

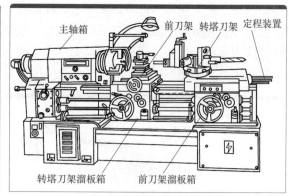

图 1.6　转塔车床结构图

（4）落地车床

落地车床又称花盘车床、端面车床、大头车床或地坑车床。落地车床主要用于车削直径较大的重型机械零件，如轮胎模具、大直径法兰管板、汽轮机配件、封头等，广泛应用于石油化工、重型机械、汽车制造、矿山铁路设备及航空部件的加工制造。它适用于车削直径为 800～4000mm 的直径大、长度短、重量较轻的盘形、环形工件或薄壁筒形等工件，适合单件、小批量生产。结构特点：无床身、无尾架、无丝杠。如图 1.7 所示为落地车床实物图，图 1.8 所示为落地车床结构图。

落地车床底座导轨采用矩形结构，跨距大、刚性好，适宜低速重载切削。操纵站安装在前床腿位置，操作方便、外观协调。落地车床结构采用床头箱主轴垂直于托板运动的床身导轨的形式，床头箱和横向床身连接在同一底座上，底座上为山形导轨结构，可手动调节托板的横向移动。机床铸件通过振动时效消除内应力，床身也经过超音频淬火，导轨磨加工。本机床承载能力大、刚性强，能够车削各种零件的内外圆柱面、端面、圆弧面等成形表面，是加工各种轮胎模具及大平面盘类、环类零件的理想设备。

图 1.7　落地车床实物图

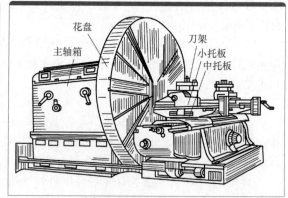

图 1.8　落地车床结构图

1.1.2　车床加工的内容

对车床基本加工内容来说，可以车外圆、车端面、切槽和切断、钻中心孔、钻孔、车孔、铰孔、车各种螺纹、车圆锥、车成形面、滚花及盘绕弹簧等，如果在车床上装上其他附件和夹具，还可以进行钻削、磨削、研磨、抛光以及加工各种复杂形状零件的外圆、内孔等。在普通精度的卧式车床上，加工外圆表面的精度可达 IT7～IT6，表面粗糙度 Ra 值可达 1.6～1.8μm。因此，车削加工在机器制造业中占有十分重要的地位。如图 1.9 所示。

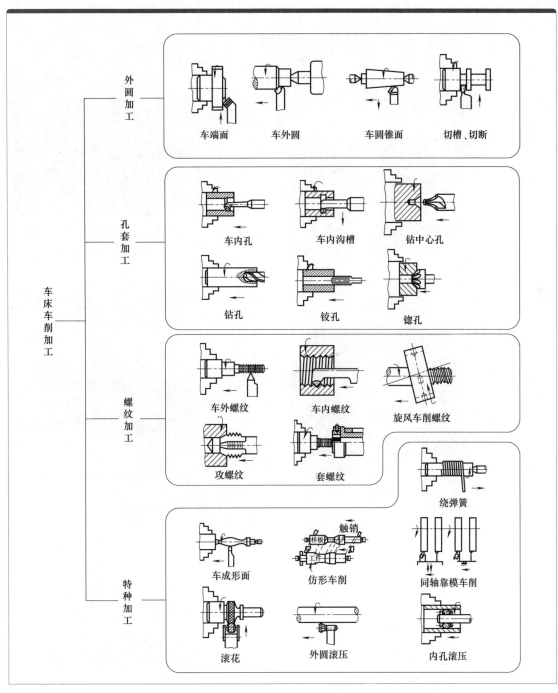

图 1.9　车床的加工内容

1.1.3　车削加工特点

车削加工与其他加工方法相比有以下特点，见表 1.1。

表 1.1　车削加工的特点

序号	车削加工的特点	详细说明	序号	车削加工的特点	详细说明
1	第一道工序	车削加工基本上是金属切削加工中的第一道工序。如法兰盘类零件，需要先进行车削，再用铣床进行法兰孔的铣削加工，图 1.10 为进行车铣分布加工后的法兰盘零件；再如，对表面状况十分不理想的金属棒料进行的初次加工，即荒车加工步骤，为之后的粗加工车削做准备，如图 1.11 所示 图 1.10　进行车铣分布加工后的法兰盘零件 图 1.11　对金属毛坯棒料进行初次加工	3	可采用较大切削用量	一般情况下切削过程比较平稳，可以采用较大的切削用量，以提高生产效率。图 1.13 为大型车床强力车削操作 图 1.13　大型车床强力车削操作
			4	刀具使用简单	刀具简单，所以制造、刃磨和使用都较方便，容易满足加工对刀具几何形状的要求，有利于提高加工质量和生产效率。图 1.14 为常用的焊接车刀  图 1.14　焊接车刀
2	位置精度容易达到	对于轴、盘、套类等零件各表面之间的位置精度要求容易达到，例如零件各表面之间的同轴度要求、零件端面与其轴线的垂直度要求以及各端面之间的平行度要求等。图 1.12 为对轴套类零件的外圆和内孔进行同轴度的检测 图 1.12　对轴套类零件的外圆和内孔进行同轴度的检测	5	精加工有色金属零件	可以采用金刚石车刀，运用精车办法可以对有色金属零件进行精加工（有色金属容易堵塞砂轮，不便采用磨削进行精加工）。图 1.15 为一整套金刚石车刀 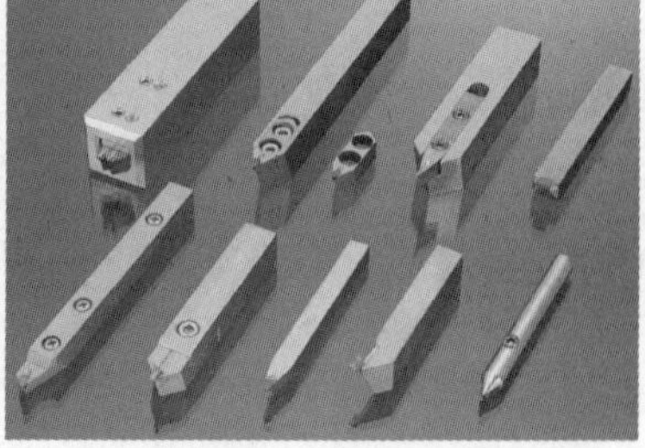 图 1.15　一整套金刚石车刀

1.2 车床型号及参数

1.2.1 机床的铭牌

铭牌又称标牌，铭牌主要用来记载生产厂家及额定工作情况下的一些技术数据，以供正确使用而不致损坏设备。对于机械加工设备来说，铭牌大多采用金属板铭刻，以保证生产过程中不至于字迹模糊、铭牌脱落。

在进行机床基本识别时，可以通过机床上的铭牌对其有一个简单的了解，比如机床类型、工作范围、生产日期等信息。如图1.16所示。

图1.16 数控车床铭牌

1.2.2 通用机床的型号

（1）型号的表示方法

机床型号是机床产品的代号，它应反映出机床的类别、结构特点和主要技术规格。根据《GB/T 15375—2008 金属切削机床 型号编制方法》，型号由基本部分和辅助部分组成，中间用"／"隔开。前者需统一管理，后者纳入型号与否由企业自定。型号的构成如图1.17所示。

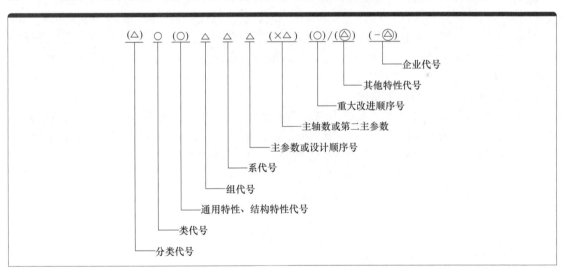

图1.17 机床型号的组成说明

图1.17中有"（ ）"的代号或数字，当无内容时则不表示；若有内容则不带括号。有"○"符号者，为大写的汉语拼音字母。有"△"符号者，为阿拉伯数字；有"◎"符号者，为大写汉语拼音字母，或阿拉伯数字，或两者兼有之。

（2）机床的分类及类代号

机床按其工作原理划分车床、钻床等共11类。机床的类代号，用大写的汉语拼音字母表示。必要时，每类可分为若干分类。分类代号在类代号之前，作为型号的首位，并用阿拉伯数字表示。机床的类代号，按其相应的汉字字意读音。例如：车床类代号"C"，读作"车"。机床的类和分类代号见表1.2。

表1.2 机床的类和分类代号

类别	车床	钻床	镗床	磨床			齿轮加工机床
代号	C	Z	T	M	2M	3M	Y
读音	车	钻	镗	磨	二磨	三磨	牙
类别	螺纹加工机床	铣床	刨插床	拉床	切断机床	其他机床	
代号	S	X	B	L	G	Q	
读音	丝	铣	刨	拉	割	其	

（3）通用特性、结构特性代号

通用特性、结构特性代号均用大写的汉语拼音字母表示，位于类代号之后。

① 通用特性代号 通用特性代号指有统一的固定含义，它在各类机床的型号中表示的意义相同。当某类型机床，除有普通形式外，还有表1.3所列某种通用特性时，则在类代号之后加通用特性代号予以区别，通用特性代号按其相应的汉字字意读音。机床的通用特性代号见表1.3。

表1.3 机床的通用特性代号

通用特性	高精度	精密	自动	半自动	数控	加工中心（自动换刀）	仿形	轻型	加重型	柔性加工单元	数显	高速
代号	G	M	Z	B	K	H	F	Q	C	R	X	S
读音	高	密	自	半	控	换	仿	轻	重	柔	显	速

② 结构特性代号 对主参数值相同而结构、性能不同的机床，在型号中加结构特性代号予以区分。根据各类机床的具体情况，对某些结构特性代号，可以赋予一定含义。但结构特性代号与通用特性代号不同，它在型号中没有统一的含义，只在同类机床中起区分机床结构、性能不同的作用。当型号中有通用特性代号时，结构特性代号应排在通用特性代号之后，通用特性代号已用的字母和"I""O"两个字母均不能作为结构特性代号。当单个字母不够用时，可将两个字母组合起来使用，如AD、AE等。

（4）机床组、系代号、主参数

将每类机床划分为十个组，每个组划分为十个系（系列）。机床的组，用一位阿拉伯数字表示，位于类代号或通用特性代号、结构特性代号之后。机床的系，用一位阿拉伯数字表示，位于组代号之后。机床型号中主参数用折算值表示，位于系代号之后。

当某些通用机床无法用一个主参数表示时，则在型号中可用设计顺序号表示。车床类的组、系划分，以及型号中的主参数的表示方法见表1.4。

表1.4 车床类组系划分表（摘自GB/T 15375—2008）

组		系		主参数	
代号	名称	代号	名称	折算系数	名称
0	仪表小型车床	0	仪表台式精整车床	1/10	床身上最大回转直径
		1			
		2	小型排刀车床	1	最大棒料直径
		3	仪表转塔车床	1	最大棒料直径
		4	仪表卡盘车床	1/10	床身上最大回转直径
		5	仪表精整车床	1/10	床身上最大回转直径
		6	仪表卧式车床	1/10	床身上最大回转直径
		7	仪表棒料车床	1	最大棒料直径
		8	仪表轴车床	1/10	床身上最大回转直径
		9	仪表卡盘精整车床	1/10	床身上最大回转直径

组		系			主参数
代号	名称	代号	名称	折算系数	名称
1	单轴自动车床	0	主轴箱固定型自动车床	1	最大棒料直径
		1	单轴纵切自动车床	1	最大棒料直径
		2	单轴横切自动车床	1	最大棒料直径
		3	单轴转塔自动车床	1	最大棒料直径
		4	单轴卡盘自动车床	1/10	床身上最大回转直径
		5			
		6	正面操作自动车床	1	最大车削直径
		7			
		8			
		9			
2	多轴自动、半自动车床	0	多轴平行作业棒料自动车床	1	最大棒料直径
		1	多轴棒料自动车床	1	最大棒料直径
		2	多轴卡盘自动车床	1/10	卡盘直径
		3			
		4	多轴可调棒料自动车床	1	最大棒料直径
		5	多轴可调卡盘自动车床	1/10	卡盘直径
		6	立式多轴半自动车床	1/10	最大车削直径
		7	立式多轴平行作业半自动车床	1/10	最大车削直径
		8			
		9			
3	回转、转塔车床	0	回轮车床	1	最大棒料直径
		1	滑鞍转塔车床	1/10	卡盘直径
		2	棒料滑枕转塔车床	1	最大棒料直径
		3	滑枕转塔车床	1/10	卡盘直径
		4	组合式转塔车床	1/10	最大车削直径
		5	横移转塔车床	1/10	最大车削直径
		6	立式双轴转塔车床	1/10	最大车削直径
		7	立式转塔车床	1/10	最大车削直径
		8	立式卡盘车床	1/10	卡盘直径
		9			
4	曲轴及凸轮轴车床	0	旋风切削曲轴车床	1/100	转盘内孔直径
		1	曲轴车床	1/10	最大工件回转直径
		2	曲轴主轴颈车床	1/10	最大工件回转直径
		3	曲轴连杆轴颈车床	1/10	最大工件回转直径
		4			
		5	多刀凸轮轴车床	1/10	最大工件回转直径
		6	凸轮轴车床	1/10	最大工件回转直径
		7	凸轮轴中轴颈车床	1/10	最大工件回转直径
		8	凸轮轴端轴颈车床	1/10	最大工件回转直径
		9	凸轮轴凸轮车床	1/10	最大工件回转直径
5	立式车床	0			
		1	单柱立式车床	1/100	最大车削直径
		2	双柱立式车床	1/100	最大车削直径
		3	单柱移动立式车床	1/100	最大车削直径
		4	双柱移动立式车床	1/100	最大车削直径

组		系			主参数	
代号	名称	代号	名称	折算系数	名称	
5	立式车床	5	工作台移动单柱立式车床	1/100	最大车削直径	
		6				
		7	定梁单柱立式车床	1/100	最大车削直径	
		8	定梁双柱立式车床	1/100	最大车削直径	
		9				
6	落地及卧式车床	0	落地车床	1/100	最大工件回转直径	
		1	卧式车床	1/10	床身上最大回转直径	
		2	马鞍车床	1/10	床身上最大回转直径	
		3	轴车床	1/10	床身上最大回转直径	
		4	卡盘车床	1/10	床身上最大回转直径	
		5	球面车床	1/10	刀架上最大回转直径	
		6	主轴箱移动型卡盘车床	1/10	床身上最大回转直径	
		7				
		8				
		9				
7	仿形及多刀车床	0	转塔仿形车床	1/10	刀架上最大车削直径	
		1	仿形车床	1/10	刀架上最大车削直径	
		2	卡盘仿形车床	1/10	刀架上最大车削直径	
		3	立式仿形车床	1/10	最大车削直径	
		4	转塔卡盘多刀车床	1/10	刀架上最大车削直径	
		5	多刀车床	1/10	刀架上最大车削直径	
		6	卡盘多刀车床	1/10	刀架上最大车削直径	
		7	立式多刀车床	1/10	刀架上最大车削直径	
		8	异形多刀车床	1/10	刀架上最大车削直径	
		9				
8	轮、轴、辊、锭及铲齿车床	0	车轮车床	1/100	最大工件直径	
		1	车轴车床	1/10	最大工件直径	
		2	动轮曲拐销车床	1/100	最大工件直径	
		3	轴颈车床	1/100	最大工件直径	
		4	轧辊车床	1/10	最大工件直径	
		5	钢锭车床	1/10	最大工件直径	
		6				
		7	立式车轮车床	1/100	最大工件直径	
		8				
		9	铲齿车床	1/10	最大工件直径	
9	其他车床	0	落地镗车床	1/10	最大工件回转直径	
		1				
		2	单能半自动车床	1/10	刀架上最大车削直径	
		3	气缸套镗车床	1/10	床身上最大回转直径	
		4				
		5	活塞车床	1/10	最大车削直径	
		6	轴承车床	1/10	最大车削直径	
		7	活塞环车床	1/10	最大车削直径	
		8	钢锭模车床	1/10	最大车削直径	
		9				

1.2.3　常用卧式车床主要技术规格

　　下面我们将比较沈阳机床厂生产的 CA6140、C6150A、CW6180（图 1.18、图 1.19、图 1.20）三种卧式车床的参数，通过表 1.5 来初步了解车床主要技术规格。

图 1.18　CA6140 卧式车床

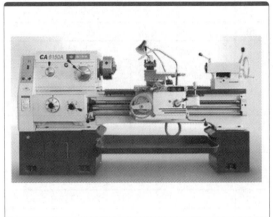

图 1.19　C6150A 卧式车床

图 1.20　CW6180 卧式车床

表 1.5　常用卧式车床主要技术规格

序号	技术规格		各机床对应参数		
			CA6140	C6150A	CW6180
1	最大工件回转直径 /mm	在床身导轨上	400	500	800
		在床鞍刀架上	210	280	480
2	最大工件长度 /mm		750；1000；1500；2000	500；750；1000；1500；2000	1500；3000
3	最大车削长度 /mm		650；900；1400；1900	450；650；950；1400；1900	1400；2900
4	主轴回转轴线至床身平面导轨距离（中心高）/mm		205	250	—
5	主轴内孔直径 /mm		48	55；80	80
6	主轴孔前端锥孔规格		莫氏 6 号	莫氏 6 号；锥度 1：20	米制 100
7	主轴转速级数	正转	24	17	18
		反转	12	17	—

续表

序号	技术规格		各机床对应参数		
			CA6140	C6150A	CW6180
8	主转转速范围 /r·min⁻¹	正转	10～1400	20～1250	4.8～640
		反转	14～1580	25～1600	—
9	刀架最大横向行程 /mm		260；295	300	500
10	小滑板最大行程 /mm		139；165	140	200
11	车削螺纹、蜗杆的范围	米制螺纹 /mm	1～192	1～80	1～240
		英制螺纹（每英寸牙数）/TPI	24～2	40～7/16	14～1
		米制蜗杆 /m_x	0.25～48	0.5～40	0.5～120
		英制蜗杆 /DP	96～1	80～7/8	28～1
12	主轴每转刀架进给量 /mm·r⁻¹	纵向	0.028～6.33	0.028～6.528	0.1～24
		横向	0.014～3.16	0.01～2.456	0.05～12
13	纵向快移速度 /m·min⁻¹		4	5.4	—
14	横向快移速度 /m·min⁻¹		2	1.9	—
15	尾座顶尖套最大移动量 /mm		150	170	250
16	尾座上体横向最大移动量 /mm		±15	±10	±20
17	尾座顶尖套孔莫氏锥孔		莫氏 4 号	莫氏 5 号	莫氏 6 号
18	主电动机功率 /kW		7.5	7.5	10

注：此表的参数主要指通用参数，各个机床厂生产的车床参数会略有变化。

1.3　车床结构及控制

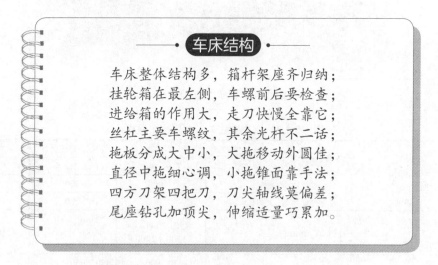

车床结构

车床整体结构多，箱杆架座齐归纳；
挂轮箱在最左侧，车螺前后要检查；
进给箱的作用大，走刀快慢全靠它；
丝杠主要车螺纹，其余光杆不二话；
拖板分成大中小，大拖移动外圆佳；
直径中拖细心调，小拖锥面靠手法；
四方刀架四把刀，刀尖轴线莫偏差；
尾座钻孔加顶尖，伸缩适量巧累加。

1.3.1　CA6140 普通车床结构概述

CA6140 是一种在原 C620 型普通机床基础上加以改进而来的卧式车床。C 代表车床；A 为结构特性代号，用以区别 C6140；6 代表卧式；1 代表基本型；40 代表最大旋转直径。属于车床生产设备中最常用的一种，基本属于中型卧车，在生产中承担着大量中小零件的加工任务。此车床所涉及的技术是比较全面的，认识和熟练操作此车床，能够比较容易操作此车床上下范围的其他车床。同时，在日常生产中 CA6140 车床在车床中所占的使用比例较大，图 1.21 为车床生产加工车间。

如图 1.22 所示为通用型 CA6140 普通车床的部件及操纵手柄名称图，图 1.23 为 CA6140 车床的左侧局部细节图，图 1.24 为 CA6140 车床的右侧局部细节图。图中编号释义见表 1.6。值得注意的是，不同厂家生产的车床，在按钮和操纵杆上布局会有所差别，但总体功能不变。表 1.6 为对 CA6140 普通车床的部件及操纵手柄名称的详细说明。

图 1.21 车床生产加工车间

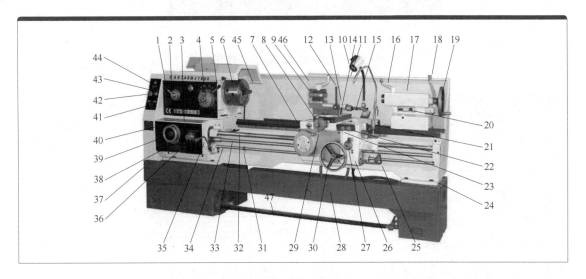

图 1.22 通用型 CA6140 普通车床的部件及操纵手柄名称图

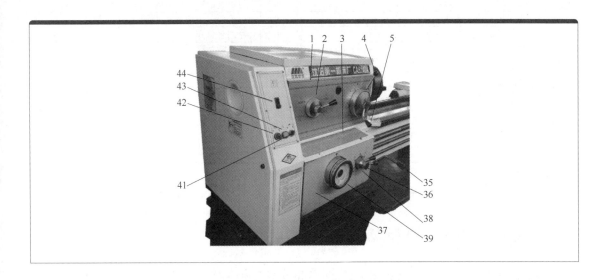

图 1.23 CA6140 车床的左侧局部细节图

图 1.24　CA6140 车床的右侧细节图

表 1.6　CA6140 普通车床的部件及操纵手柄名称

编号	名称及用途	编号	名称及用途
1	主轴变速箱（主运动）	25	主轴正、反转操纵手柄
2	加大螺距及左右螺纹变换手柄	26	溜板变速箱（吃刀运动）
3	切削速度表	27	开合螺母操纵手柄
4	四色快慢挡变速手柄	28	盛液盘
5	六个变速组变速手柄	29	中滑板横向移动手柄
6	卡盘	30	床鞍纵向移动手轮
7	床鞍（纵向吃刀）	31	限位碰停环
8	小滑板斜向移动度盘	32	丝杠（切削螺纹）
9	方刀架	33	光杠（光滑切削）
10	照明灯	34	变向杠（改变主轴旋转方向）
11	冷却喷嘴	35	螺纹种类及丝杠、光杠变速手柄
12	方刀架转位及固定手柄	36	螺距及四挡进给量调整圆手柄
13	小滑板	37	油箱、主电动机
14	中滑板（横向吃刀）	38	每挡进给量微调手柄
15	小滑板移动手柄	39	进给变速箱调节（进给运动）或油窗
16	尾座顶尖套筒固定手柄	40	冷却泵总开关
17	尾座	41	电器开关锁
18	尾座快速紧固手柄	42	照明灯开关
19	尾座顶尖套筒移动手柄	43	电源总开关
20	尾座锁紧螺母	44	挂轮箱（普通螺纹及光滑车削与模数变换）
21	刀架纵横自动进给及快移手柄	45	卡盘防护罩
22	急停按钮	46	刀架铁屑挡板
23	主电动机启动按钮	47	脚刹杆
24	冷却润滑泵		安全防护装置

　　注：1. 图中操作按钮的位置根据不同制造厂家设计，会略有不同。

　　2. 编号 39 进给变速箱调节（进给运动）或油窗，此位置不同厂家有时仅设计为进给变速箱调节或油窗。

1.3.2　CA6140 车床的组成及功能

　　参照图 1.22 ～图 1.24，结合图 1.25 CA6140 车床结构简图，在表 1.7 中详细说明 CA6140 车床的组成及功能。

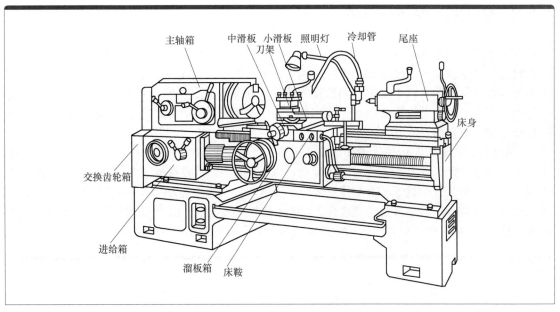

图 1.25 CA6140 车床结构简图

主轴箱 中滑板 小滑板 照明灯 冷却管 尾座
刀架
交换齿轮箱
床身
进给箱
溜板箱 床鞍

表 1.7 CA6140 车床的组成及功能

序号	名称		用途
1	主轴部分	主轴箱	固定在机床身的左端，箱内装有主轴（主轴为中空，不仅可以用于更长的棒料的加工及机床线路的铺设，还可以增加主轴的刚性）及变速传动机构，其功用是支承主轴，并把动力经变速传动机构传递给主轴，使主轴通过卡盘等夹具带动工件转动。变动箱外手柄位置，可使主轴得到各种不同的转速
		卡盘	用来装夹工件并带动其转动
2	交换齿轮箱		也叫挂轮箱，用来把主轴的转动传给进给箱。调整箱体内的交换齿轮，并与进给箱配合，可以车削各种不同螺距的螺纹及不同模数的各类蜗杆
3	进给部分	进给箱	固定在床身的左前侧、主轴箱的底部。利用箱内的齿轮机构，把主轴的旋转运动传给长丝杠或光杠。变换箱体外手柄位置，可以使丝杠或光杠得到不同的转速，以得到不同的螺距和进给量
		长丝杠	用来车削螺纹及蜗杆。它能通过溜板使车刀按要求的传动比作很精确的直线运动
		光杠	用来把进给箱的运动传给溜板箱，使车刀按要求的速度作直线进给运动
4	操纵杆		通过进给箱右边或溜板箱右边的手柄，控制主轴箱上主轴的启动（倒、顺转）及停止
5	溜板部分	溜板箱	固定在刀架部件的底部，把丝杠或光杠的运动传给溜板，可带动刀架一起做纵向进给、横向进给、快速移动或螺纹加工。在溜板箱上装有各种操作手柄及按钮，工作时工人可以方便地操作机床
		床鞍	位于床身的中部，用于纵向进给车削工件
		中滑板	用于横向车削工件和控制背吃刀量
		小滑板	用于手动进给纵向车削较短工件或车削圆锥面
		刀架	刀架部件位于床鞍上，其功能是装夹车刀，并使车刀做纵向、横向或斜向运动
6	尾座		用来装夹顶尖，支顶较长工件的车削。通过尾座套筒锥孔可以装夹各种刀具，如钻头、中心钻、铰刀，及攻、套螺纹工具等。偏移尾座横向位置，工件装夹在两顶尖间可以车削圆锥面
7	床身		床身固定在左床腿和右床腿上，用来支承和装夹车床的各个部件，如主轴箱、进给箱、溜板箱、溜板和尾座等，工作时床身使它们保持准确的相对位置。床身上面有两组精确的导轨，用于溜板部分和尾座沿导轨面移动
8	盛液盘		从切削液泵系统出来的切削液，浇注工件后流下的液体通过盛液盘使其回贮切削箱内。盛液盘的另一用途就是储盛切屑

1.3.3 车床的运动和传动系统

车床在切削工件时有两种主要形式的运动：主轴上的卡盘（或其他夹具）夹持工件后进行旋转，并且主轴旋转速度越快，消耗的功率也随之增大，这是主体运动；刀架带着车刀顺着主轴方向纵向移动和垂直于主轴方向的横向移动，它是保证金属层不断被切离的运动，这是进给运动。主体运动和进给运动都是形成切削表面所必需的运动，它们互相之间的关系是由车床的传动系统所决定的。

CA6140卧式车床的传动示意图如图1.26所示，各主要部件之间的传动关系如图1.27所示。主运动是通过电动机1和驱动带2，把运动输入到主轴4，通过变速机构5变速，使主轴得到不同的转速，再经过卡盘6（或夹具）带动工件旋转。而进给运动则是由主轴箱把旋转运动输出到交换齿轮箱3，再通过进给箱13变速后由丝杠11或光杠12驱动溜板箱9、床鞍10、滑板8、刀架7，从而控制车刀的运动轨迹完成车削各种表面的工作。

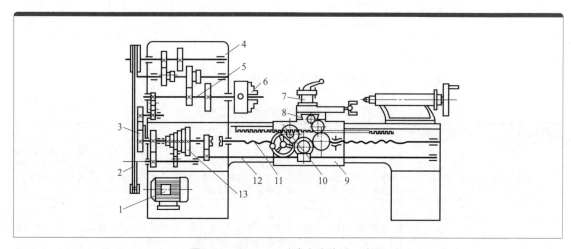

图 1.26　CA6140 卧式车床传动示意图

1—电动机；2—驱动带；3—齿轮箱；4—主轴；5—变速机构；6—卡盘；7—刀架；
8—滑板；9—溜板箱；10—床鞍；11—丝杠；12—光杠；13—进给箱

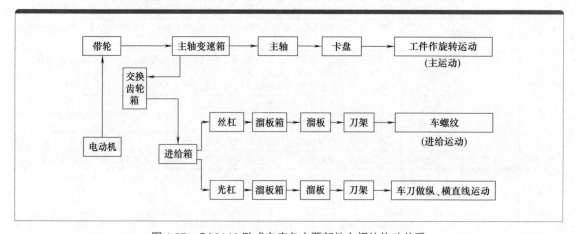

图 1.27　CA6140 卧式车床各主要部件之间的传动关系

如图 1.28 所示是 CA6140 型卧式车床的传动系统图，是采用国家制图标准中所规定的传动元件符号画出。

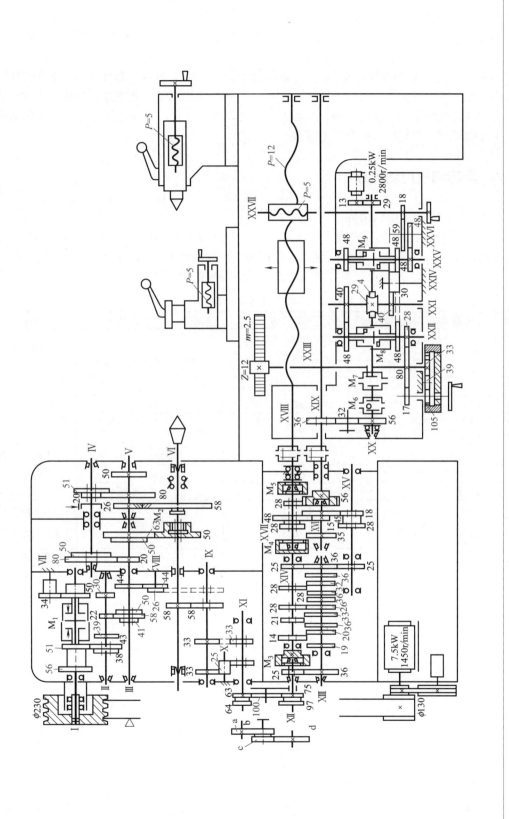

图 1.28 CA6140 型卧式车床的传动系统图

车床的传动系统是由传动链组成的。传动链就是两部件间的传动联系，一台车床上有几个运动，就有几条传动链。每条传动链都具有一定的传动比，在图1.28所示的传动系统中，由主运动传动链、车螺纹运动传动链、纵向和横向进给运动传动链及刀架快速移动传动链组成。

在车床的传动系统图中，载明了电动机的转速、齿轮的齿数、带轮直径、丝杠的螺距、齿条的模数和轴的编号等，用以了解车床的传动关系、传动路线、变速方式及传动元件的装配关系（如固定键连接、滑移键连接、空套）等，并以此可计算出传动比和转速。车床传动系统图对于使用车床、调整车床和维修车床都有很大的作用。

1.3.4 车床电气控制部分

（1）CA6140车床电气结构

CA6140型普通车床电气控制元器件见表1.8。其控制原理如图1.29所示。M1为主拖动电动机，拖动主轴旋转及通过进给机构实现车床的自动进给运动；M2为冷却泵电动机，拖动冷却泵输送切削液；M3为溜板快速移动电动机，实现溜板的快速移动。

表 1.8　CA6140型普通车床电气控制元器件

序号	符号	名称	型号及规格	数量	用途	备注
1	M1	异步电动机	Y132M-14-B3，7.5kW，1450r/min	1	主拖动电动机	接线盒在左方
2	M2	冷却泵电动机	AOB-25，90W，3000r/min	1	输送切削液	
3	M3	异步电动机	AO～634，250W，1360r/min	1	溜板快速移动	
4	FR1	热继电器	JR16-20/3D，15.4A	1	M1过载保护	
5	FR2	热继电器	JR16-20/3D，0.32A	1	M2过载保护	
6	KM1	交流接触器	CJ0-20B	1	M1启动与停止	线圈规格为110V
7	KM2	中间继电器	JZ7-44	1	M2启动与停止	线圈规格为110V
8	KM3	中间继电器	JZ7-44	1	M3启动与停止	线圈规格为110V
9	FU1	熔断器	BZ001	3	M2短路保护	熔芯规格为1A
10	FU2	熔断器	BZ001	3	M3短路保护	熔芯规格为4A
11	FU3	熔断器	BZ001	2	控制变压器一次侧短路保护	熔芯规格为1A
12	FU4	熔断器	BZ001	1	信号灯线路短路保护	熔芯规格为1A
13	FU5	熔断器	BZ001	1	照明线路短路保护	熔芯规格为2A
14	FU6	熔断器	BZ001	1	110V控制电路短路保护	熔芯规格为1A
15	SB1	按钮	LAY3-10/3.11	1	启动M1	
16	SB2	按钮	LAY3-01ZS/1	1	停止M1	带自锁
17	SB3	按钮	LA9	1	启动M3	
18	SC1	转换开关	LAY3-10X/2	1	控制M2	
19	SQ1	行程开关	JWM6-11	1	床头皮带罩安全保护	
20	SQ2	行程开关	JWM6-11	1	壁龛配电盒门安全保护	
21	HL	信号灯	ZSD-0，6V	1	刻度照明	无灯罩
22	QF	断路器	AM1-30，20A	1	电源总开关	
23	TC	控制变压器	JBK-100，380V/110V/24V/6V	1	控制电路及照明电源	110V，50V·A 24V，45V·A
24	EL	机床照明灯	JC11	1	工作照明	带24V，40W灯
25	SC2	旋转开关	LAY3-01 Y/2	1	电源开关锁	带钥匙

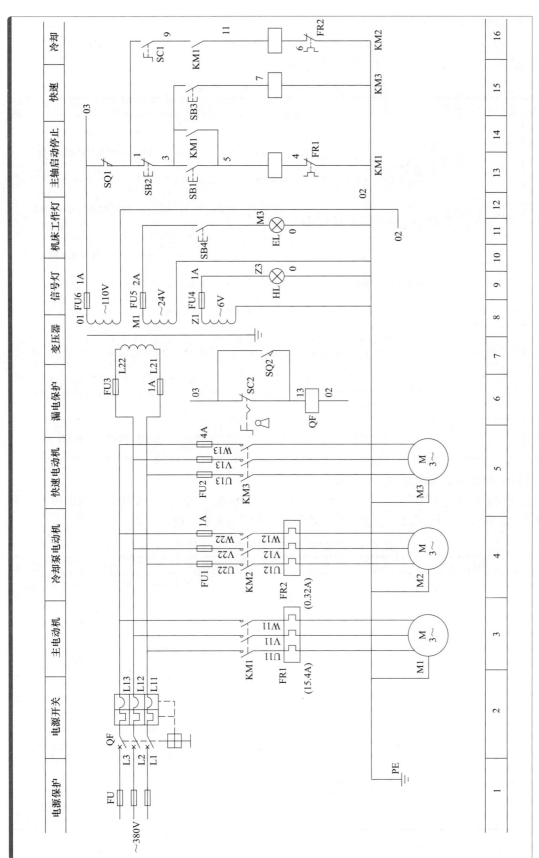

图 1.29　CA6140 型普通车床电气控制原理

（2）CA6140 车床的工作原理

下面通过主拖动电动机的启动与停止、冷却泵电动机的控制和快速移动电动机的点动控制来说明 CA6140 型普通车床的工作原理，见表 1.9。

表 1.9　CA6140 型普通车床的工作原理

序号	各电动机的工作	详细说明
1	主拖动电动机的启动与停止	①启动 按下SB1 → KM1线圈得电 → KM1主触点闭合 → 电动机M1得电运转 　　　　　　　　　　　　 → KM1自锁触点(3、5)闭合 　　　　　　　　　　　　 → KM1辅助触点(9、11)闭合 → 为KM2线圈得电做好准备 ②停止 按下SB2 → KM1线圈失电 → KM1主触点断开 → 电动机M1失电停止运转 　　　　　　　　　　　　 → KM1自锁触点(3、5)断开 　　　　　　　　　　　　 → KM1辅助触点(9、11)断开 → KM2线圈回路断开
2	冷却泵电动机的控制	①启动：要启动冷却泵电动机，前提条件是主拖动电动机旋转起来，即 KM1 的辅助触点（9、11）闭合，此时扳动转换开关 SC1 至接通位置，KM2 线圈得电，KM2 主触点闭合，电动机 M2 得电工作 ②停止：扳动转换开关 SC1 至断开位置或按下 SB2 停止按钮，都可以让 M2 停止，不过如果通过按下 SB2 使 M2 停止工作后，没有将 SC1 断开，那么下一次按下 SB1 启动 M1 时，M2 也将同时被接通
3	快速移动电动机的点动控制	按下 SB3 使 KM3 线圈得电，M3 得电启动；松开 SB3 使 KM3 线圈断电，M3 停止

（3）CA6140 车床电路的保护环节

CA6140 型普通车床电路保护环节包括断路器合闸保护、机床床头皮带罩安全保护、机床壁龛配电盒门安全保护和过载保护等四个方面，详细说明见表 1.10。

表 1.10　CA6140 型普通车床电路保护环节

序号	电路保护环节	详细说明
1	断路器 QF 合闸保护	机床的电源总开关是带有开关锁 SC2 的断路器 QF，当要合上电源时，必须先用钥匙将开关锁 SC2 右旋至断开位置，再将 QF 的扳手向上推方可将断路器合上。当在 QF 合闸状态下将开关锁 SC2 左旋至接通位置时，SC2 触点（03、13）闭合，QF 的跳闸线圈得电，断路器 QF 跳开，此时即使再强行合上 QF，它也将在 0.1s 内再次跳闸
2	机床床头皮带罩安全保护	在机床床头皮带罩处设置了行程开关 SQ1，当打开皮带罩后，SQ1 的触点（03、1）断开，控制电路中 110V 电源被切断，KM1、KM2、KM3 的线圈全部失电，所有电动机停转，从而保护了人身安全
3	机床壁龛配电盒门安全保护	在机床的壁龛配电盒门上装有行程开关 SQ2，当打开壁龛配电盒门时，行程开关 SQ2 的触点（03、13）闭合，使 QF 的跳闸线圈得电，断路器 QF 自动跳闸，切断机床总电源，从而保证人身安全。但当需要对壁龛配电盒内部电路进行带电检修时，可将行程开关 SQ2 的传动杆拉出，使行程开关 SQ2 的触点（03、13）断开，QF 的跳闸线圈将不能得电，QF 开关就可合上。检修完毕后，再将壁龛配电盒门合上，SQ2 的传动杆自动复位，保护作用又将自动生效
4	过载保护	热继电器 FR1、FR2 实现了对电动机 M1、M2 的过载保护；断路器 QF 实现了整个电路的过电流、欠电压及过载保护；熔断器 FU1 ～ FU6 实现了电路各部分的适中保护

1.4 车床的维护与保养

1.4.1 车床清洁维护保养

1.4.2 车床润滑的方式

1.4.3 车床用润滑剂

1.4.4 C620-1 型车床的润滑

1.4.5 CA6140 型车床的润滑

1.5 车床安全防护装置

1.5.1 车床加工的安全问题

1.5.2 切屑清理工具

1.5.3 安全防护罩

1.5.4 抽尘装置

1.5.5 卡盘装卸安全工具

1.5.6 自定心卡盘挡屑片

1.5.7 安全调头装置

1.5.8 装卸重工件使用的支承座

1.6 车床作业生产表

1.6.1 机械加工工艺过程卡片

1.6.2 安全生产标准化作业指导书

1.6.3 普通车床日常点检表

扫二维码阅读 1.4—1.6

2

第 2 章　车削工艺学

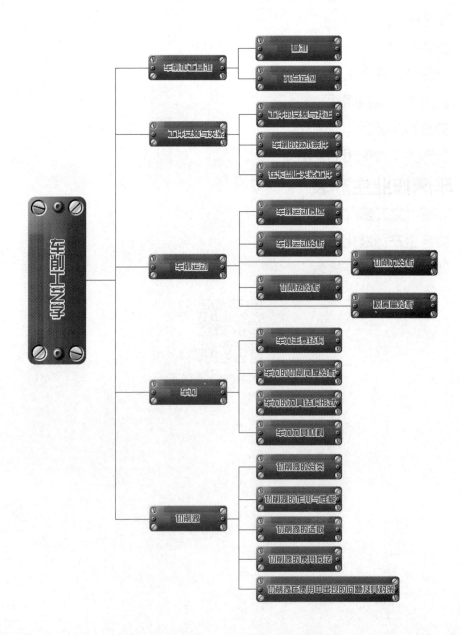

2.1 车削加工基准

2.1.1 基准

零件的尺寸基准是指零件装配到机器上或在加工、装夹、测量和检验时，用以确定其位置的一些面、线或点。因此，根据基准的作用不同，一般将基准分为设计基准、定位基准和测量基准，如表 2.1 所示。

（1）基准的种类

表 2.1 基准的种类

序号	基准种类	详细描述
1	设计基准	设计基准是设计工件时采用的基准，是在零件图上用以确定其他点、线、面位置的基准 例如轴套类和轮盘类零件的中心线。轴套类和轮盘类零件都是属于回转体类，通常将径向设计基准设置在回转体轴线上，将轴向设计基准设置在工件的某一端面或几何中心处
2	定位基准	定位基准为在加工中工件装夹定位时的基准 车床加工轴套类及轮类零件的加工定位基准只能是被加工件的外圆表面、内圆表面或零件端面中心孔。又如，在图纸上加工各个部位所用的两端中心孔形成的轴线为工件的定位基准 定位基准的选择包括定位方式的选择和被加工件定位面的选择
3	测量基准	被加工工件各项精度测量和检测时的基准 机械加工工件的精度要求包括尺寸精度、形状精度和位置精度。尺寸误差可使用长度测量量具检测；形状误差和位置误差要借助测量夹具和量具来完成 在数控车削加工中尽量使工件的加工基准和工件的定位基准与工件的设计基准重合，这是保证工件加工精度的重要前提条件

（2）车削加工定位基准的选择

在车削加工中，较短轴类零件的定位方式通常采用一端外圆固定方式，即用三爪卡盘、四爪卡盘或弹簧套固定工件的外圆表面，此定位方式对工件的悬伸长度有一定限制，工件悬伸过长会在切削过程中产生变形，还会增大加工误差甚至掉活。

对于切削长度较长的轴类零件可以采用一夹一顶，或采用两顶尖定位。在装夹方式允许的条件下，零件的轴向定位面尽量选择几何精度较高的表面。

基准是否正确，关系到整个零件的尺寸标注的合理性。尺寸基准选择不当，零件的设计要求将无法保证，并给零件的加工测量带来困难。

下面我们来分析一下不同加工方法和类型的零件基准选择，见表 2.2。

表 2.2 不同加工方法和类型的零件基准选择

序号	零件类型	详细描述	常用加工方法
1	轴类零件	轴的径向尺寸基准是轴线，沿轴线方向分别标出各轴段的直径尺寸。重要端面、接触面（如轴肩）或重要加工面作为长度方向的基准	车削
2	轮盘类零件	轮盘类零件通常选用轴孔的轴线作为径向的尺寸基准，重要端面（加工精度最高的面和与其他零件的接触面等）作为长度方向的基准	
3	叉架类零件	叉架类零件在长、宽、高三个方向的主要基准一般为孔的轴线、对称面和比较大的加工面	铣削、模具
4	箱体类零件	箱体类零件的长、宽、高三个方向的主要基准一般为轴线、对称平面和较大加工平面	铣削

2.1.2 六点定位

（1）空间六个自由度

用合理的六个支承点，限制工件的六个自由度，可以使工件在夹具中的位置完全确定。

位于任意空间的物体，对于相互垂直的三个坐标轴共有六个自由度，如表 2.3 所示。

表 2.3　空间六个自由度

序号	坐标轴	自由度图示	
1	x 轴	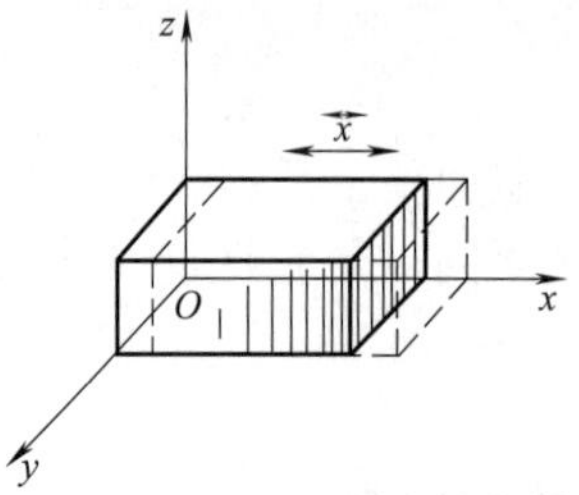 沿 x 轴方向的移动，以 $\vec{x}$ 表示	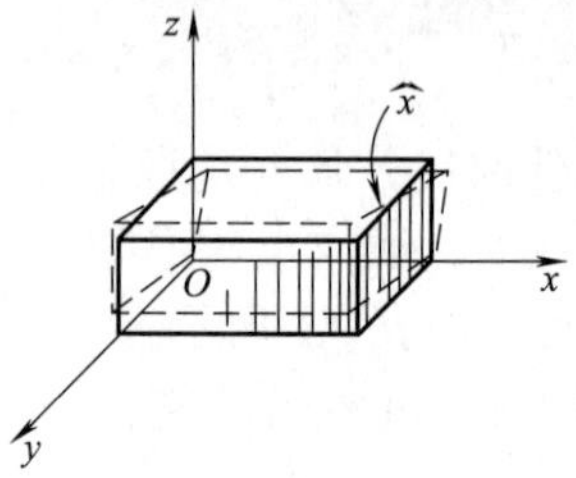 沿 x 轴方向的转动，以 $\widehat{x}$ 表示
2	y 轴	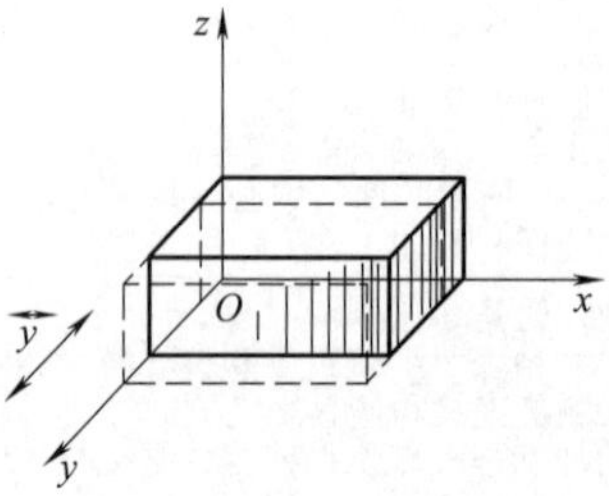 沿 y 轴方向的移动，以 $\vec{y}$ 表示	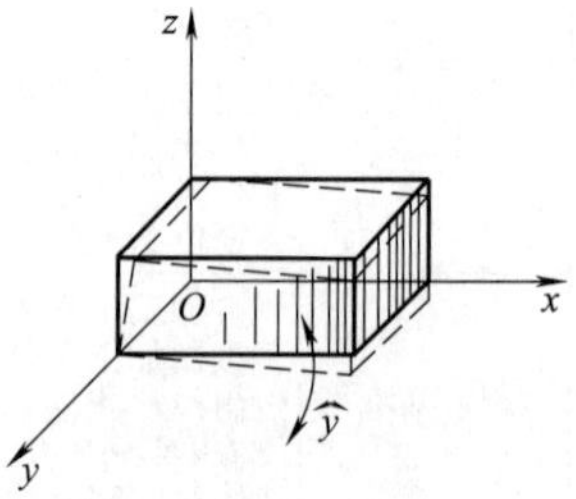 沿 y 轴方向的转动，以 $\widehat{y}$ 表示
3	z 轴	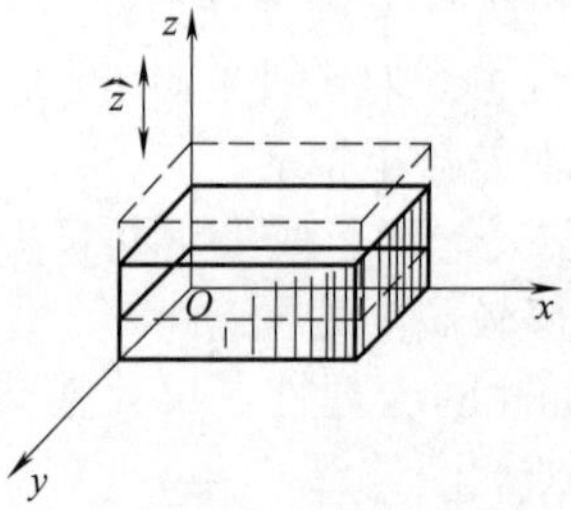 沿 z 轴方向的移动，以 $\vec{z}$ 表示	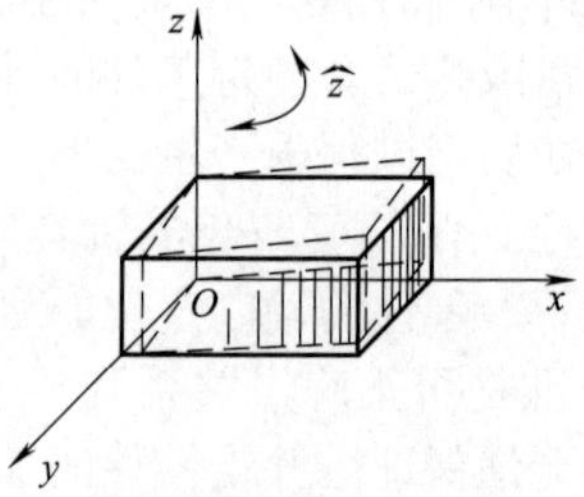 沿 z 轴方向的转动，以 $\widehat{z}$ 表示

（2）六点定位原理

固定六个自由度使工件在空间位置上被定位而受限制，但是无论何种定位，无外乎完全定位、部分定位、重复定位和欠定位四种情况。在这里以车削零件为例，讲解六点定位原理，其定位图如图 2.1 所示，表 2.4 详细描述了车削工件定位情况。

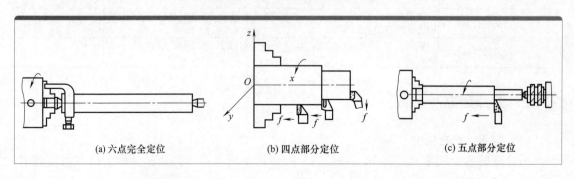

(a) 六点完全定位　　　　　　　　　(b) 四点部分定位　　　　　　　　　(c) 五点部分定位

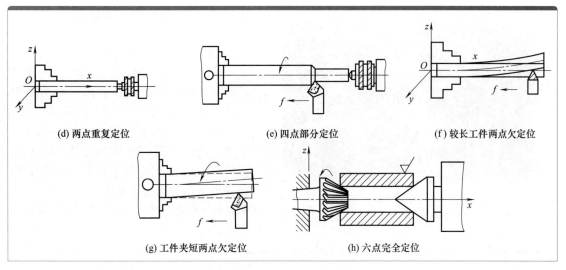

(d) 两点重复定位　　　(e) 四点部分定位　　　(f) 较长工件两点欠定位

(g) 工件夹短两点欠定位　　　(h) 六点完全定位

图 2.1　车削工件六点定位原理说明

表 2.4　车削工件六点定位情况说明

序号	定位情况	定位分析
1	完全定位	完全定位是工件的六个自由度全部被限制，它在夹具中只有唯一的位置 如图 2.1（a）所示，固定顶尖限制 $\vec{x}$、$\vec{z}$、$\vec{z}$，活动顶尖限制 $\vec{y}$、$\vec{z}$，鸡心夹头限制 $\vec{x}$，开车后可进行切削。如图 2.1（h）所示，菊花顶尖限制 $\vec{x}$、$\vec{z}$、$\vec{z}$、$\vec{x}$，活动顶尖限制 $\vec{y}$、$\vec{z}$，工件的六个自由度也全部被限制，开车后可进行切削
2	部分定位	部分定位为工件定位时，在满足要求的前提下，少于六个支承点的限制 如图 2.1（b）所示，卡盘夹持工件长度较长，相当于四个支承点，限制 $\vec{y}$、$\vec{y}$、$\vec{z}$、$\vec{z}$四个自由度，这时夹紧后可进行车削。如果轴向切削力很大，工件产生轴向位移，不能精确车削台阶长度距离，方法是在轴端车一细径挡头，用卡爪夹住细径，用卡爪平面挡住工件，这时可限制 $\vec{x}$，如图 2.1（c）所示
3	重复定位	重复定位为几个定位支承点重复限制同一个自由度 如图 2.1（d）所示，卡盘夹持工件部位较长，已限制 $\vec{y}$、$\vec{y}$、$\vec{z}$、$\vec{z}$四个自由度，后顶尖又限制了两个自由度$\vec{y}$、$\vec{z}$，这两个是重复定位。如果工件已有中心孔，当卡爪夹紧工件后，由于卡爪对主轴轴线的同轴度误差、工件外圆对中心孔的同轴度误差，后顶尖往往顶不到工件中心孔处，如果强制顶住，工件会产生跳动或变形。所以，此时卡爪夹持部分应短些，取消$\vec{y}$、$\vec{z}$两个自由度的限制。避免方法：将工件留车头（不要太长），向后稍用力使轴端顶尖孔靠在后顶尖上后，再夹紧短轴头，能使轴类工件自动校正。一般工件夹持部位长短以可沿 y 轴和 z 轴自由旋转为原则，使中心孔与后顶尖对正，如图 2.1（e）所示，然后再进行切削
4	欠定位	欠定位为定位点少于工件应该限制的自由度，使工件不能正确定位 如图 2.1（f）所示，卡爪夹紧较长工件后，由于刀具切削力的推移和工件刚度的不足，工件旋转时产生离心力，工件端头产生自由的$\vec{y}$、$\vec{z}$旋转，使工件不被车削而被顶开和甩弯。图 2.1（g）所示为工件被夹持部分短，只 $\vec{y}$、$\vec{z}$ 位移自由度受到限制，工件稍长一些时，切削时同样工件也产生自由的$\vec{y}$、$\vec{z}$旋转，使工件掉下

2.2 工件安装与夹紧

工件的安装是加工的首要条件，因此熟知安装方法是非常必要的。图 2.2 所示为细长轴工件的一夹一顶安装方式。

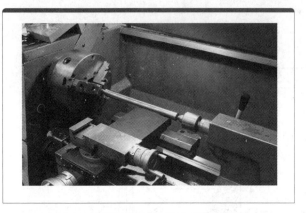

图 2.2　细长轴工件的一夹一顶安装方式

2.2.1　工件的安装与找正

（1）一夹一顶安装

用一夹一顶法装夹批量较大轴类工件时，要定各台阶长度尺寸，为了防止轴类工件在轴向切削力作用下，沿卡爪面向内位移（$\vec{x}$）窜动，可在主轴孔中塞入一调整挡铁，见图 2.3，限制工件轴向（$\vec{x}$）位移，并调整卡爪夹持工件部位的长短，或穿过卡爪放在卡盘平面上一个挡片，见图 2.4，挡住工件，保证工件台阶长短一致。

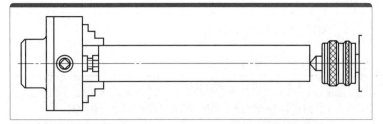

图 2.3　主轴孔中塞入调整挡铁限制工件轴向位移

图 2.4　挡片

（2）两顶尖间安装工件

图 2.5 所示为两顶尖间装夹工件时，拨盘（或卡爪）拨动鸡心夹头带动工件旋转。

在两顶尖间装夹工件主要用于车削较长的和工序较多的工件，经过多次装夹可用同一个定位基准，不需找正，装夹工件方便，精度高。

（3）中心架、跟刀架安装轴类工件

用中心架、跟刀架安装并车削轴类工件，增强工件的刚度，如图 2.6 所示。

（4）工件在三、四爪卡盘上找正

细长件装夹在卡盘上时，用划针进行均匀

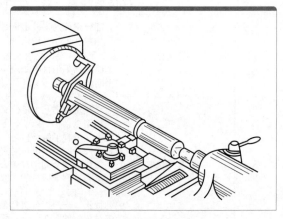

图 2.5　两顶尖间装夹工件

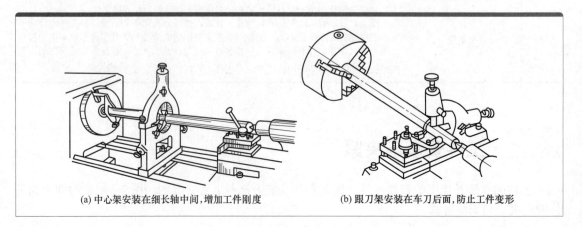

(a) 中心架安装在细长轴中间,增加工件刚度　　　　(b) 跟刀架安装在车刀后面,防止工件变形

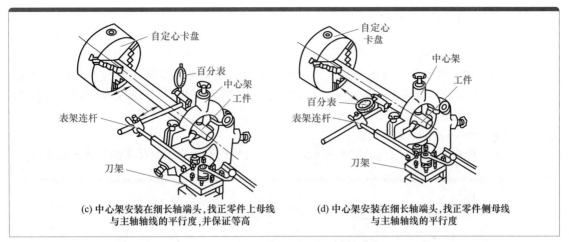

(c) 中心架安装在细长轴端头,找正零件上母线
与主轴轴线的平行度,并保证等高

(d) 中心架安装在细长轴端头,找正零件侧母线
与主轴轴线的平行度

图 2.6　中心架、跟刀架安装并车削轴类工件

性对称找正,如图 2.7(a)所示,可用手扳转工件,在工件前后两点找正。粗短件装在卡盘上可用划针找正外圆和端面,如图 2.7(b)所示。

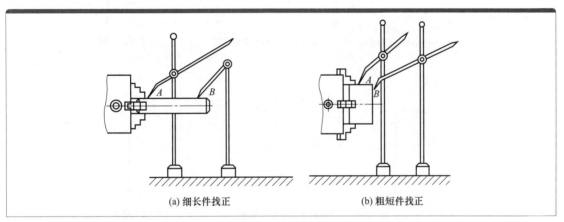

(a) 细长件找正　　　　　　　　(b) 粗短件找正

图 2.7　工件找正

(5)在四爪单动卡盘上安装异形工件

如图 2.8 所示在四爪单动卡盘上装夹轴承座,并且通过工件的底平面和端面十字线找正工件。

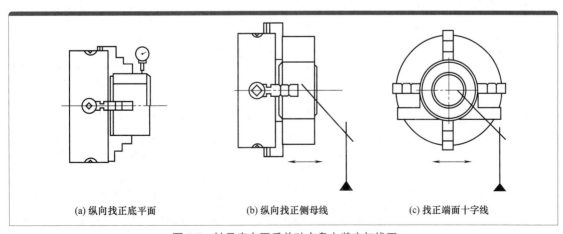

(a) 纵向找正底平面　　　　　(b) 纵向找正侧母线　　　　　(c) 找正端面十字线

图 2.8　轴承座在四爪单动卡盘上装夹与找正

2.2.2　车削的技术条件

（1）车削的技术条件

车削的技术条件是：孔轴线与底平面平行，孔轴线对底平面的距离有较高的精度要求。找正时，需用磁座百分表纵向找正底平面，如图 2.8（a）所示，再用划针找正侧母线，如图 2.8（b）所示，最后用划针找正十字线，如图 2.8（c）所示。

（2）找正十字线和侧母线方法

找正十字线和侧母线方法如图 2.9 所示，表 2.5 为找正十字线和侧母线的具体操作步骤。

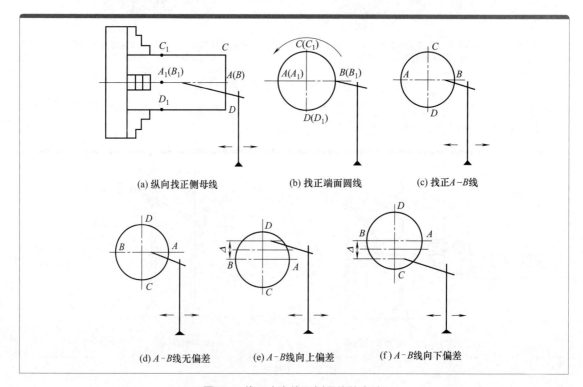

（a）纵向找正侧母线　　　（b）找正端面圆线　　　（c）找正 A-B 线

（d）A-B 线无偏差　　　（e）A-B 线向上偏差　　　（f）A-B 线向下偏差

图 2.9　找正十字线和侧母线的方法

表 2.5　找正十字线和侧母线的操作步骤

序号	操作步骤	详细描述
1	准备工作	找正十字线及侧母线时首先准备小平板放在大导轨上（即横放在床面上），划线盘放在小平板上（端面已加工过的还要准备宽座角尺靠端面校正垂直度）
2	初步定位	根据工件大小放开卡爪，四个卡爪的位置可根据卡盘端面上各个同心圆弧线来初步确定
3	工件端面划 A-B 线及 C-D 线	工件端面划 A-B 线及 C-D 线，这两条线互相垂直。侧母线划 A-A_1 线或 B-B_1 及 C-C_1 或 D-D_1 线。用划线盘针尖对准侧母线 A-A_1 或 B-B_1 及 C-C_1 或 D-D_1，轴向移动划线盘，初步校正工件的水平位置，见图 2.9（a）
4	初步找正工件轴线同轴位置	用划线盘针尖对准工件端面的圆线，转动卡盘，初步找正工件轴线同轴位置，见图 2.9（b）
5	调整针尖高度和工件位置	找正工件端面十字线时，开始并不知道针尖是否与主轴轴线等高，找正时需同时调整针尖高度和工件位置。首先将针尖通过端面 A-B 线，见图 2.9（c）。然后工件转过 180°将针尖再次通过 A-B 线，这时可能出现三种情况 ①针尖仍通过 A-B 线，这说明针尖与主轴轴线等高，工件 A-B 线通过轴心线，见图 2.9（d） ②针尖高于 A-B 线，并相距 Δ 距离，见图 2.9（e），这时划针应向下调整 Δ/2，初调至轴线高度，工件 A-B 线应向上调整 Δ/2，初调至轴线位置 ③针尖低于 A-B 线，并相距 Δ 距离，见图 2.9（f），这时划针应向上调整 Δ/2，工件 A-B 线向下调整 Δ/2

序号	操作步骤	详细描述
6	反复调整	工件反复转 180° 进行找正，直至图 2.9（c）、(d) 所示情况。当划针高度调整好后，在找正 C-D 线时，以针尖为准，就容易得多。找正 C-D 线后，再找侧母线，如此反复进行找正，最后使工件轴线与主轴轴线重合

2.2.3　在卡盘上工件的夹紧

夹紧力的确定包括夹紧力的大小、方向和作用点三个要素。

（1）夹紧力的大小

夹紧力必须保证工件在加工过程中位置不发生变化，但夹紧力也不能太大，过大会造成工件变形。

（2）夹紧力的方向

一般情况下，夹紧力的方向应符合下列基本要求，见表 2.6。

表 2.6　夹紧力方向的基本要求

序号	基本要求	详细描述
1	垂直要求	夹紧力的方向应尽可能垂直于工件的主要定位基准面，使夹紧稳定可靠，保证加工精度
2	方向要求	夹紧力的方向应尽量与切削力垂直一致

（3）夹紧力的作用点

选择夹紧力的作用点时应考虑下列原则，见表 2.7。

表 2.7　夹紧力作用点选择原则

序号	选择原则	详细描述
1	落在主要定位面上	夹紧力的作用点应尽可能地落在主要定位面上，这样可保证夹紧稳定可靠
2	落在支承件区域内	夹紧力的作用点应落在支承件区域内，如图 2.10 所示，垫片放置位置不正确，进行夹紧，工件会产生 y、z 方向的旋转，因此垫片的支承点应对称 在有些变形件找正过程中，可利用移动垫片位置和改变垫片厚度的方法，对整个工件毛坯切削用量进行借量找正，如图 2.11 所示，在三爪卡盘上通过把垫片移动到不同的位置和改变垫片厚度，工件可沿 y、z 方向旋转，找匀工件直径上的切削余量。在四爪卡盘上除旋转外，可直接在 y、z 轴上进行平移 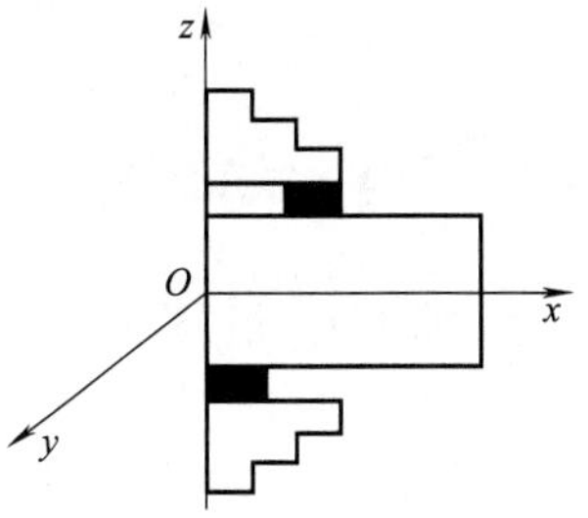 图 2.10　垫片放置位置不正确 如图 2.12 所示，夹紧力径向作用在工件的薄壁上容易引起变形，夹成三棱形，应改变夹紧方法，使夹紧作用在厚壁上或作用在轴向端面上 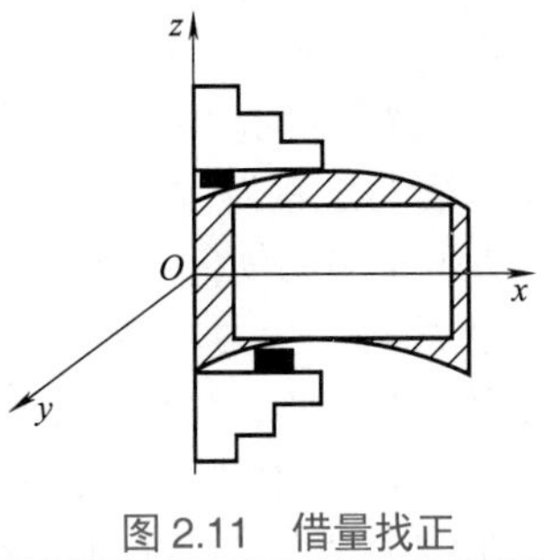 图 2.11　借量找正 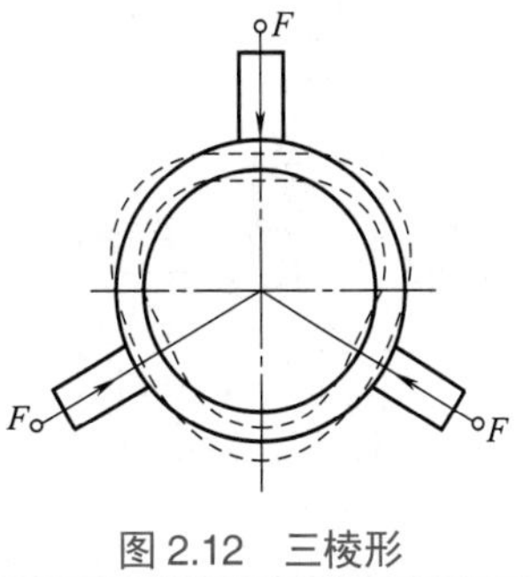　　　图 2.12　三棱形

续表

序号	选择原则	详细描述
3	尽量靠近加工表面	夹紧力的作用点应尽量靠近加工表面。当长轴料被一段一段切断时，由于切口处刚度差，会产生振动。为了防止工件产生振动，这时可采用靠近卡盘处切断的方法，见图2.13。一段被切断后，工件和尾座向左串，夹紧后，再在靠近卡盘处切断下一个料（也可靠近尾座顶尖处切断料）。如果切削处无法靠近卡盘，就采用辅助支承，如采用中心架辅助支承 图 2.13　加工表面靠近夹紧支撑点

2.3　车削运动

　　车削运动，是一种表面成形运动，如图 2.14 所示，其可分解为主运动和进给运动。切削运动是金属切削加工中最基本的运动，以主运动和进给运动为基础，以刀具切削刃及其与工件的相对位置为参考。它包含了金属切削加工的基本要素，完全体现出各种切削加工形式的普遍特点。

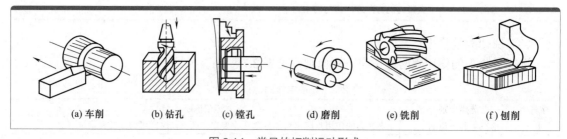

(a) 车削　　(b) 钻孔　　(c) 镗孔　　(d) 磨削　　(e) 铣削　　(f) 刨削

图 2.14　常见的切削运动形式

2.3.1　车削运动概述

　　（1）车削运动过程

　　在车床上加工工件，随着吃刀和走刀把金属切离下来，形成切屑。

　　切屑其实是金属被挤压后产生变形的结果。一个橡胶件，当向下压它的时候，它的高度会缩短，而直径却增大，当压力离开后，圆柱状橡胶又恢复原有高度和直径，这种现象叫做弹性变形。如果在这个橡胶件上施加很大的力，当这个压力超过橡胶的弹性限度时，此工件内部便发生变化，这时虽然把压力去掉，橡胶件也不能恢复到原来形状，那个不能恢复的部分，就是内部变形的结果，这种现象叫塑性变形。

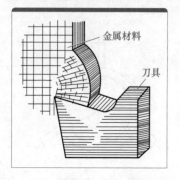

图 2.15　金属受挤压后的变形情况

　　金属材料同样具有这样的性质，在车削过程中，都有塑性压缩的过程发生，同样要产生弹性变形和塑性变形。图 2.15 所示是车刀切入金属，金属受挤压后的变形情况。这时，如果金属继续受力，被切除部分就会发生塑性变形、滑移、脱落而成为切屑。这样一个整个的过程就是车削运动。

　　（2）车削类型及形成条件

　　车削类型及形成条件如表 2.8 所示。

表 2.8　车削类型及形成条件

名称	带状切屑	挤裂切屑	单元切屑	崩碎切屑
简图				
立体图				
形态	带状，底面光滑，背面呈毛茸状	节状，底面光滑有裂纹，背面呈锯齿状	粒状	不规则块状颗粒
变形	剪切滑移尚未达到断裂强度	局部剪切应力达到断裂强度	剪切应力完全达到断裂强度	未经塑性变形即被挤裂
形成条件	加工塑性材料，切削速度较高，进给量较小，刀具前角较大	加工塑性材料，切削速度较低，进给量较大，刀具前角较小	工件材料硬度较高，韧性较低，切削速度较低	加工硬脆材料，刀具前角较小
影响	切削过程平稳，表面粗糙度小，妨碍切削工作，应设法断屑	切削过程欠平稳，表面粗糙度欠佳	切削力波动较大，切削过程不平稳，表面粗糙度不佳	切削力波动大，有冲击，表面粗糙度恶劣，易崩刀

2.3.2　车削运动分析

（1）车削运动和工件表面

对于车床加工的，车削运动是一种轴类旋转的切削运动，如图 2.16 所示，为切除工件毛坯上多余的金属，应使刀具和工件做一定规律的相对运动，主要形式有主运动和进给运动，而相应产生的工作表面有已加工表面，如图 2.17 为工件上刀具切削后产生的表面、过渡表面和待加工表面。

表 2.9 结合图 2.16 和图 2.17 详细描述了车削运动和工件表面的要素含义。

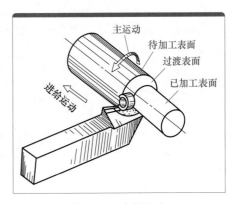

图 2.16　车削运动

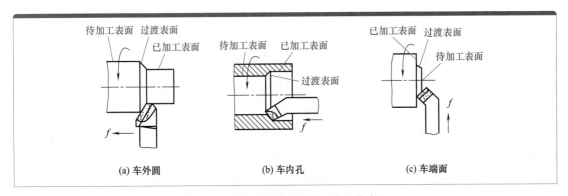

(a) 车外圆　　　　　　(b) 车内孔　　　　　　(c) 车端面

图 2.17　三种车削方式下的三个工作表面

表 2.9　车削运动和工件表面的要素含义

序号	车削运动要素	详细描述
1	主运动	进行切削时最主要的、消耗动力最多的运动，它使刀具与工件之间产生相对运动
2	进给运动	刀具与工件之间产生的附加相对运动，如车外圆时的纵向进给运动，车端面时的横向进给运动
3	已加工表面	工件上刀具切削后产生的表面
4	过渡表面	工件上与切削刃接触部位形成的表面
5	待加工表面	工件上等待切除的表面

（2）切削用量三要素

切削用量是表示主运动及进给运动大小的参数。它包括切削速度、进给量和背吃刀量三要素，表 2.10 详细描述了切削用量的三要素，合理选择切削用量可提高加工质量和生产效率。

表 2.10　切削用量三要素

序号	切削用量要素	详细描述
1	切削速度（v_c）	切削速度是车削时刀具切削刃上的某一点相对工件主运动的瞬时速度，可看成车刀在 1min 内车削工件表面的理论展开直线长度（图 2.18），是衡量主运动大小的参数，单位为 m/min。切削速度计算公式为：$$v_c = \frac{\pi dn}{1000} \left(\text{或} v_c \approx \frac{dn}{318} \right)$$ 式中　d——工件直径，mm；n——车床主轴转速，r/min 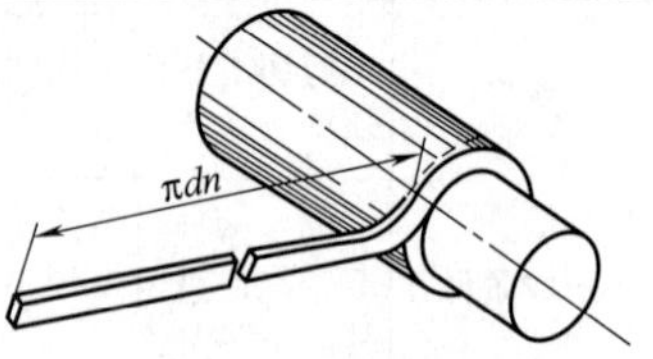 图 2.18　切削速度示意图
2	进给量（f）	进给量是工件每转一周，车刀沿进给方向移动的距离（图 2.19）。它是衡量进给运动大小的参数，单位为 mm/r。分为纵向进给量（沿车床床身导轨方向）和横向进给量（垂直于车床床身导轨方向）两种 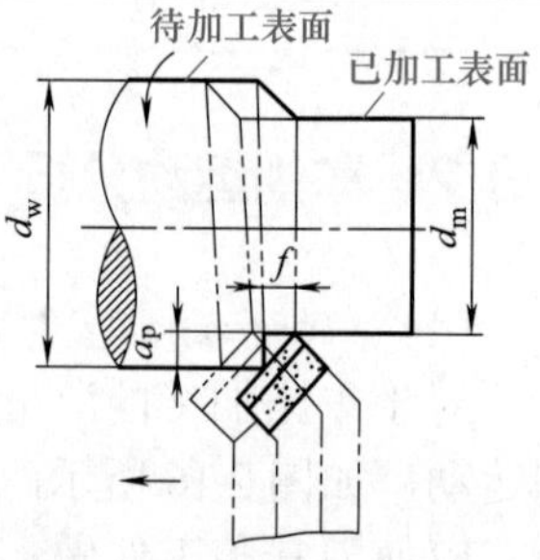 图 2.19　进给量和背吃刀量
3	背吃刀量（a_p）	背吃刀量是工件上已加工表面和待加工表面间的垂直距离（图 2.19），即每次进给时车刀切入工件的深度，单位为 mm。车外圆的背吃刀量 a_p 可按下式计算：$$a_p = \frac{d_w - d_m}{2}$$ 式中　d_w——表示工件待加工表面直径，mm；d_m——表示工件已加工表面直径，mm。不过，实际车削加工中，通常根据刀具和工件材料来取值，对背吃刀量不进行精密计算

【应用举例】

车削直径 d=60mm 的工件外圆，车床主轴转速 n=600r/min。求切削速度 v_c。

$$v_c = \frac{\pi dn}{1000} = \frac{3.14 \times 60 \times 600}{1000} \text{m/min} \approx 113\text{m/min}$$

解：

实际生产中，应根据工件材料、刀具材料和加工要求等因素选定切削速度，再由图纸上所规定的工件直径，将切削速度换算成车床主轴转速，以便调整车床，计算公式为：

$$n = \frac{1000v_c}{\pi d} \left(\text{或} n \approx \frac{318v_c}{d} \right)$$

【应用举例】

车削直径 $d=260mm$ 工件的外圆表面，查表得知切削速度 $v_c=60m/min$，求车床主轴转速 n。

解：

$$n = \frac{1000v_c}{\pi d} = \frac{1000 \times 60}{3.14 \times 260} r/min \approx 74r/min$$

计算出的车床主轴转速应调整为与车床铭牌上相近的转速，如图 2.20 所示。

图 2.20　车床手柄和转速的调整铭牌

（3）切削用量的选择

① 粗加工时切削用量的选择　粗加工的目的和意义就是尽可能地缩短切削时间，延长刀具寿命，发挥车床—工件—刀具工艺系统的潜能，提高生产效率。根据粗加工时的目的和意义，在选择切削用量时应考虑以下几点，见表 2.11。

表 2.11　粗加工切削用量选择

序号	粗加工切削用量选择	详细描述
1	首先选择背吃刀量（a_p）	在保证留有半精车、精车余量的前提下，尽可能选择较大的背吃刀量（a_p）
2	其次选择进给量（f）	粗车时对已加工表面粗糙度要求不高，在工艺系统允许的情况下，尽可能选择较大的进给量（f）
3	最后选择切削速度（v_c）	由于切削速度对刀具的寿命、机床的负荷都有较大的影响，因此选择时要选取合理的切削速度

② 半精车、精加工时切削用量的选择　半精车、精加工时，为了保证工件的加工精度和表面质量，因此选择切削用量时应考虑以下几点，见表 2.12。

表 2.12　精加工切削用量选择

序号	精加工切削用量选择	详细描述
1	首先选择切削速度	切削速度对于切屑瘤的产生有很大的影响，为了抑制切屑瘤的产生，减小工件表面粗糙度值，在选择切削速度时，硬质合金车刀常选择较高的切削速度，高速钢车刀常选择较低的切削速度
2	其次选择进给量	车削时，进给量的大小直接影响已加工表面的残留面积，增大已加工表面的粗糙度。为了保证获得较小的已加工表面粗糙度，提高工件表面加工质量，选择较小的进给量
3	背吃刀量的选择	背吃刀量的选择是根据加工精度、工件表面粗糙度的要求，由粗加工所预留的余量，因此精车时以控制工件的尺寸精度、表面粗糙度为目的。半精加工时，经过试切削、试测量能一刀车成的，决不分两次进给，这样可以保证生产效率的提高

经验总结

由于硬质合金刀具材料的切削温度高达 800～1000℃，所以所选用的切削速度远远超过高速钢材料。但是，也不是使用硬质合金做车刀的切削速度越高越好。当切削速度增加时，切削温度也增加，这时切削热来不及扩散，车刀前刀面的温度就显著升高，这就影响了车刀的力学性能，使车刀寿命降低。一般切削速度提高 20% 时，车刀耐用度会降低 46% 左右。所以也可以说，在很大程度上，切削速度决定着车刀的使用寿命。车削中，要想减少切削热，除了降低车床主轴的转速外，最好的办法就是正确而充分地使用切削液。但在使用硬质合金进行高速车削时，为了防止刀片发热时骤冷而导致裂纹，一般不使用切削液，特别是在切削中途，严禁使用切削液。

下面以实际加工为考虑，选择切削速度应注重以下几方面情况，见表2.13。

表2.13 实际加工中选择切削速度的考虑因素

序号	实际加工切削速度的考虑	详细描述
1	硬度相关	工件材料越硬，强度越大，车削过程中发热也越大，同时切削阻力也大，给车削带来困难。所以工件的硬度高，切削速度就应取得小一些 铸铁及其他脆性材料、高温合金、不锈钢等材料适宜YG类硬质合金采用较低的切削速度车削；而普通碳钢、合金钢等材料适用YT类硬质合金采用较高切削速度车削；有色合金材料则采用比钢较高的切削速度加工
2	硬质合金与钢件	YG类硬质合金与钢发生黏附的温度较低，所以只能采用较低的切削速度，而YT类合金钢则相反。在YT类硬质合金中，YT30要比YT5选用较高的切削速度；YG类硬质合金中，YG3要比YG8选用较高的切削速度
3	关注振动现象	车削时车床或轻或重总有些振动现象，切削速度越高，进给量越大，则产生振动就越大。车削表面光洁性要求不高的工件，车床稍有振动，影响还不大，在选择切削速度时可略高些，但必须考虑车床动力和车刀的强度；如果车床动力不足，高的切削速度会导致突然停车（俗称闷车）而损坏车刀，在这种情况下应降低切削速度和进给量
4	特殊加工的考虑	粗加工、进行断续车削或加工大件、薄壁件、易变形工件，应选择较低的切削速度；精加工和连续加工应选择较高的切削速度；车端面比车外圆的切削速度要高
5	充分注意积屑瘤的影响	对车削表面要求较高的工件，要注意防止车削过程中产生积屑瘤，因为刀尖上产生积屑瘤以后会破坏工件表面的光洁。防止积屑瘤的方法，可用前面介绍过的通过改变切削速度等方法进行解决 （积屑瘤的知识内容将在2.3.5小节详细讲解）

2.3.3 切削力分析

（1）切削力的来源

切削加工时，工件材料抵抗刀具切削所产生的阻力，称为切削力。切削力的来源主要有两方面，见表2.14。

表2.14 切削力的来源

序号	切削力的来源	详细描述
1	内摩擦	切削时，刀具受到来自被切金属、切屑以及工件表面层金属的塑性变形和弹性变形所产生的变形抗力
2	外摩擦	切削刀面与切屑、刀具与工件之间的摩擦力

（2）切削力的分解

切削力总体来说有切削垂直于车刀方向的切削力、进给力和切深抗力共同作用，见表2.15。

表2.15 切削力的分解

序号	切削力的分解	详细描述	
1	切削力（F_c）	切削力是作用于切削速度方向的力，消耗的功率最大。由图2.21可看出，切削力可使刀柄产生弯曲，因此装夹车刀时刀柄的伸出长度应尽量短些。切削力的反作用力会使工件抬起，因此切削细长轴时，车刀刀尖应略高于工件中心安装，可减少振动 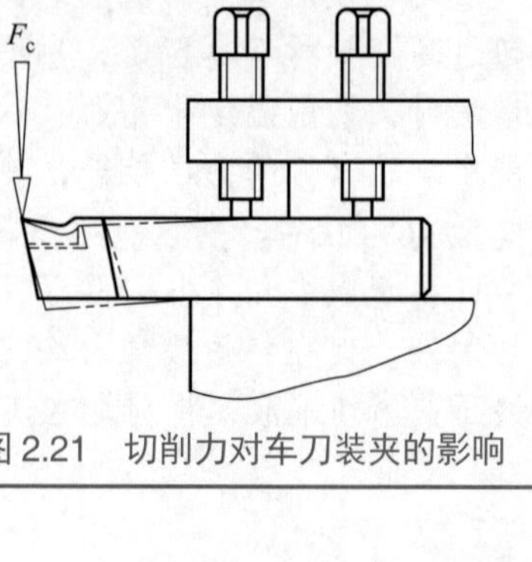	 图2.21 切削力对车刀装夹的影响

序号	切削力的分解	详细描述
2	进给力（F_f）	进给力是进给方向的力，又称进给抗力、纵向切削力。该力可使车刀在水平面内转动（图2.22），因此装夹车刀时至少应用两个螺钉固定于刀架上。用一夹一顶装夹方法车削轴类零件时，由于进给力会使工件产生纵向移动，如加工许可，此时应在车床主轴锥孔内装上支撑定位块，防止工件位移 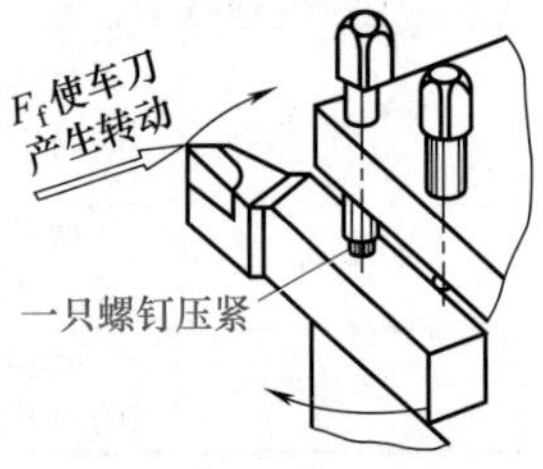 F_f使车刀产生转动 一只螺钉压紧 图2.22 进给力对车刀装夹的影响
3	切深抗力（F_p）	切深抗力是沿工件半径方向的力，又称背向力、径向力（图2.23）。车削外圆时会使工件产生水平面内弯曲，影响工件的形状精度，还可引起振动。因此，车削细长轴时，应选较大的主偏角，以减少切深抗力 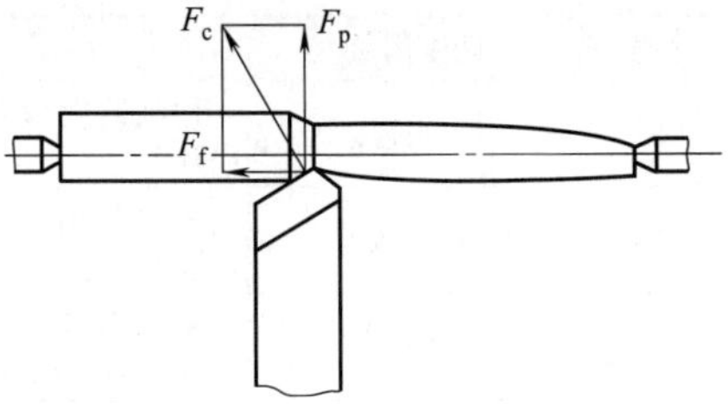 F_c F_p F_f 图2.23 切深抗力对车刀装夹的影响

（3）影响切削力的因素

影响切削力的因素有工件材料、切削用量和刀具角度，见表2.16。

表2.16 影响切削力的因素

序号	影响切削力的因素	详细描述
1	工件材料	车削加工中，强度、硬度和塑性对切削力影响都很大。强度、硬度越高的材料，切削力越大；强度和硬度相近的材料，塑性好，切削力大。因此，切削中碳钢比切削铸铁的切削力大
2	切削用量	切削深度增加一倍，切削力增加一倍；进给量增加一倍，切削力增加70%～80%；切削速度增加，使切削温度升高，切削层金属内部来不及变形被切下，故切削力减小。因此，影响切削力最大的是背吃刀量，其次是进给量，最小是切削速度
3	刀具角度	前角对切削力影响最大，前角增加，切削力下降，对提高车削精度有利。主偏角对切削力影响不大，但随主偏角增大，进给力增加，切深抗力减少。当主偏角为90°时，理论上的切深抗力为零。因此，车削细长轴时，应取主偏角不小于90°。刃倾角对切削力影响也不大，在一定范围内与主偏角影响相同。加大刀尖圆弧半径，可使切削力增加

2.3.4 切削热分析

（1）切削热的来源及传散

切削过程中，由于切削层金属发生变形以及切屑与前刀面、工件与后刀面的摩擦会产生大量的切削热，使切削温度上升，影响刀具寿命，加速刀具磨损，限制切削速度的提高，影响零件加工精度和表面质量。

切削热是由工件、刀具、切屑及周围介质传导的。车削时，切削热中50%～80%将被切屑带走，10%～40%传入刀具，3%～9%传入工件，1%左右传入空气。切削速度越高，切削厚度越大，切屑带走的热量越多。另外，还可使用切削液带走切削热，降低切削温度。

（2）影响切削温度的因素

① 工件材料性能见表2.17。

② 切削用量见表2.18。

③ 刀具几何参数见表2.19。

表2.17 工件材料性能对切削温度的影响

序号	工件材料性能	影响	应用说明
1	硬度、强度	硬度、强度越高,切削变形越大,单位时间内生成的切削热越多	车削高碳合金钢、中碳钢、低碳钢三种不同钢材,在切削条件相同的条件下,高碳合金钢切削温度最高,低碳钢最低
2	塑性	塑性越好,切削变形越大,单位时间内生成的切削热越多	车削铸铁、中等强度钢材在切削条件相同的情况下,钢材切削温度最高
3	热导率	热导率越大,散热速度越快,切削热引起的温升越小	车削钢、铝,在切削条件相同的情况下,钢材切削温度要高

表2.18 切削用量对切削温度的影响

序号	切削用量	影响	应用说明
1	切削速度	切削速度增大,切削热增加,切削温度会明显升高	切削用量三要素中,切削速度对切削温度影响最大,进给量次之,背吃刀量最小
2	进给量	进给量增大,切屑变形和卷曲也发生变化,切削温度会小幅升高	
3	背吃刀量	背吃刀量增大,切削层宽度增加,散热面积增加。对切削温度的影响甚微	

表2.19 刀具几何参数对切削温度的影响

序号	刀具几何参数	影响
1	前角	前角增大,切削刃锋利变形小,切屑流畅,排屑顺利,可降低切削温度,但前角太大,会降低切削刃强度及散热条件,一般取5°～15°
2	主偏角	主偏角增大,切削变形小,可降低切削温度,但刀尖角和切削层宽度减少,不利于散热,最终会使切削温度升高。车削外圆时,75°要好于90°
3	刀尖圆弧半径	刀尖圆弧半径增大,切削变形增加,切削热增加,一般取0～1.5mm

（3）切削温度对加工的影响

切削温度对刀具磨损和使用寿命有显著影响。如硬质合金在500℃下,硬度基本不变,当温度超过800℃时,硬度明显下降,所以硬质合金刀具的切削温度一般应控制在800～1000℃。高速钢刀具当切削温度达到550～660℃时,会出现软化现象,使其失去切削性能。

较高的切削温度有时会使工件材料的金相组织发生变化。如车削铝镁合金时,工作温度不可超过150℃,否则,工件强度会发生变化。车削黄铜类材料,由于导热性好,切削热传至工件的热量较大,工件发生热变形,加工时测量尺寸合格,但冷却后,尺寸缩减,造成成批报废。

经验总结

切削热对切削加工有不利的影响,但也可以将不利转为有利。如加工淬火钢时,可利用负前角刀具切削所产生的大量切削热,将工件切削层软化。硬质合金钻头在淬硬的高速钢板上钻孔,常采用减少钻头前角或刃磨成负前角进行高速切削,产生的切削热可使高速钢退火,材质变软。

2.3.5 积屑瘤分析

（1）积屑瘤产生的原因

积屑瘤是在车削过程中常见的非加工要素,其实质上是在切削过程中发生冷焊的结果。

图 2.24 为切削刃上大范围产生的积屑瘤，图 2.25 为在刀尖上产生的积屑瘤，图 2.26 为切削刃中部堆积产生的积屑瘤。

用中等切削速度切削钢料或其他塑性金属，切削过程中，由于金属的挤压变形和强烈摩擦，使切屑与车刀前刀面之间产生很大的压力和很高的切削温度。当压力和温度条件适当时，切屑底层与前刀面之间的摩擦阻力很大，使得切屑底层流出速度变得缓慢，形成很薄的一层"滞流层"。当"滞流层"与前刀面的摩擦阻力超过切屑内部的结合力时，滞流层的金属与切屑分离而黏附在切削刃附近形成积屑瘤，即在切削刃处牢固地黏着应该排出而未排出一小块金属，随着切削过程的进行，这一过程基本上在重复进行。

图 2.24　切削刃上大范围产生的积屑瘤

图 2.25　刀尖上产生的积屑瘤

图 2.26　切削刃中部堆积产生的积屑瘤

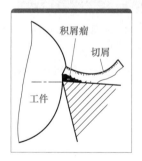

图 2.27　积屑瘤

如图 2.27 所示，由于切屑底层的一部分金属与前刀面的黏结，还未达到焊接的熔化温度，因此这种现象也称为"冷焊"现象。积屑瘤处于稳定状态时，可代替切削刃进行切削。

（2）影响积屑瘤的主要因素

在加工过程中，由于工件材料是被挤裂的，因此切屑对刀具的前面产生很大的压力，并摩擦生成大量的切削热。在这种高温高压下，与刀具前面接触的那一部分切屑由于摩擦力的影响，流动速度相对减慢，形成滞留层。当摩擦力一旦大于材料内部晶格之间的结合力时，滞流层中的一些材料就会黏附在刀具近刀尖的前面上，形成积屑瘤。

由于积屑瘤是在很大的压力、强烈摩擦和剧烈的金属变形的条件下产生的，因而，切削条件也必然通过这些作用而影响积屑瘤的产生、长大与消失。表 2.20 详细说明了影响积屑瘤的因素。

表 2.20　影响积屑瘤的因素

序号	影响积屑瘤的因素	详细描述
1	工件材料	当工件材料的硬度低、塑性大时，切削过程中的金属变形大，切屑与前刀面间的摩擦因数和接触区长度比较大。在这种条件下，易产生积屑瘤。当工件塑性小、硬度较高时，积屑瘤产生的可能性和积屑瘤的高度也减小，如淬火钢。切削脆性材料时产生积屑瘤的可能更小

序号	影响积屑瘤的因素	详细描述
2	刀具前角	刀具前角增大，可以减小切屑的变形、切屑与前刀面的摩擦、切削力和切削热，可以抑制积屑瘤的产生或减小积屑瘤的高度
3	切削速度	切削速度主要是通过切削温度和摩擦因数来影响积屑瘤的。当刀具没有负倒棱时，在极低的切削速度条件下，不产生积屑瘤。随着切削速度增大，相应的切削温度提高，积屑瘤的高度逐渐减小。高速切削时，由于切削温度很高（800℃以上），切屑底层的滑移抗力和摩擦因数显著降低，积屑瘤也将消失。所以日常精加工时，为了达到较低的已加工表面粗糙度的办法是采用在刀具耐热性允许范围内的高速切削，或采用低速切削，以防止积屑瘤的产生，提高已加工表面的质量
4	切削厚度	切塑性材料时，切削力、切屑与前刀面接触区长度都将随切削厚度的增加而增大，将增加生成积屑瘤的可能性。所以，在精加工时除选取较大的刀具前角，在避免积屑瘤的产生切削速度范围内切削外，应采用减小进给量或刀具主偏角来减小切削厚度

（3）积屑瘤对切削过程的影响

积屑瘤对切削过程会产生一定的影响，主要表现于以下方面，见表 2.21。

表 2.21　积屑瘤对切削过程的影响

序号	积屑瘤对切削过程的影响	详细描述
1	保护刀具	金属材料因塑性变形而被强化，所以积屑瘤的硬度比工件材料的硬度高，积屑瘤能代替切削刃进行切削，提高了刀刃的耐磨性，起到保护切削刃的作用
2	增大工作前角	积屑的存在使刀具实际工作前角增大，刀具变得较锋利，可减小切削变形和切削力，切削变得轻快，在粗加工时有利于切削加工
3	影响工件尺寸精度	积屑瘤的顶端会伸出切削刃之外，而且积屑瘤不断地产生和脱落，使切削层公称厚度不断变化，从而影响工件的尺寸精度
4	影响工件表面粗糙度	积屑瘤碎片可能会黏附在工件已加工表面上，形成硬点和毛刺，增大工件表面粗糙度，如图 2.28 所示  图 2.28　表面粗糙的外圆
5	引起振动	积屑瘤时大时小，时有时无，导致切削力产生波动而引起振动
6	影响刀具寿命	积屑瘤破裂后若被切屑带走，会划伤刀面，加快刀具磨损。因此粗加工时希望产生积屑瘤，而精加工时应尽可能避免产生积屑瘤

（4）控制切屑瘤的方法（表 2.22）

表 2.22　控制切屑瘤的方法

序号	防止产生积屑瘤的措施	详细描述
1	选取合适的材料	材料的塑性越好，产生积屑瘤的可能性越大。因此对于中、低碳钢以及一些有色金属在精加工前应对它们进行相应的热处理，如正火或调质等，以提高材料的硬度、降低材料的塑性 而脆性金属（如灰铸铁、铸造青铜）在车削过程中是不会产生积屑瘤的
2	控制切削速度	当加工中出现不想要的积屑瘤时，可提高或降低切削速度，亦可以消除积屑瘤。但要与刀具的材料、角度以及工件的形状相适应 采用较高或较低的切削速度。当切削速度为 15～20m/min，切削温度升高，摩擦力增大，此时的加工硬化趋向越强，积屑瘤也最活跃，极易产生积屑瘤；当切削速度降低至 2m/min 以下时，切削温度和压力都较低，摩擦力不大，这时不会出现积屑瘤；当切削速度提高到 70m/min 时，切削温度很高，约在 600℃ 左右，这时切屑底层的金属产生弱化作用，呈现微熔状态，于是减少了摩擦，积屑瘤不会产生

序号	防止产生积屑瘤的措施	详细描述
3	适时进行冷却润滑	冷却液的加入一般可消除积屑瘤的出现，而在冷却液中加入润滑成分则效果更好切削液中含有一定的活性润滑物质，能迅速浸入金属切削表面，减少切屑与车刀前刀面的摩擦，并能降低切削温度，积屑瘤也就不易产生
4	控制前角角度	低速车削，使用大前角车刀，前角达到40°时，一般就没有积屑瘤出现了；高速车削，采用小前角车刀，都不会出现积屑瘤
5	用油石研磨刀头前面	用油石仔细地研磨刀头前面，增加其光洁性，以减少切屑与刀头前刀面的摩擦，增加切屑底面在刀头上的流动速度

经验总结

积屑瘤不一定只产生在某一特定位置，但一般来说会在前刀面和后刀面出现，下面结合实际情况来谈谈前刀面积屑瘤和后刀面积屑瘤的成因和对策。

① 前刀面积屑瘤　某些工件材料可能会在切屑和切削刃之间产生前刀面积屑瘤，如图2.29所示，当工件材料的连续层压接到切削刃上时会发生积屑瘤。积屑瘤是一个动态的结构，切削过程中积屑瘤的切面不断剥落并重新附着。

前刀面积屑瘤也往往在低加工温度和切削速度相对缓慢的情况下有所发生，发生前刀面积屑瘤的实际速度取决于被加工的材料。若是对加工硬化材料进行加工，例如奥氏体不锈钢，那么前刀面积屑瘤可导致在切深处迅速积聚，从而造成切深处破损这种次生失效模式。

图2.29　前刀面积屑瘤

对策：

a. 增加表面切削速度。

b. 确保冷却液的正确应用。

c. 选择带有物理气相沉积（PVD）涂层的刀具。

② 后刀面积屑瘤　积屑瘤也可能在刀具切削刃下方的后刀面产生，如图2.30所示，在切削较软的铝、铜、塑料等材料时，后刀面积屑瘤也是因工件和刀具之间的间隙不足而造成。但是，后刀面积屑瘤与不同的工件材料有关联。

每种工件材料都要求有足够的间隙量。某些工件材料，如铝、铜和塑料，在切削后会产生回弹。回弹可导致刀具和工件之间的摩擦，进而导致别加

图2.30　后刀面积屑瘤

工材料粘接在切削刃后刀面。

对策：

a. 增大刀具的主后角。

b. 提高进给速度。

c. 减小用于刃口预处理的刃口倒圆。

2.4 车刀

常用车刀种类

常用车刀五大类，切削用途各不同；
外圆内孔和螺纹，切断成形也常用；
车刀刃形分三种，直曲复合来加工；
材料常用碳钢铝，最硬金刚氮化硼；
硬质合金碳化硅，砂轮根据材料用；
颗粒大小有分别，粗细软硬各不同；
粗车需用粗砂磨，精车细砂来用功；
刀具砂轮配合好，车削操作才轻松。

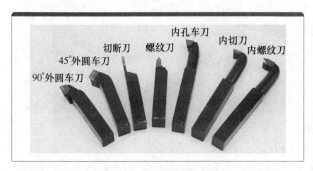

图 2.31 常用车刀实物图

车刀是用于车削加工的具有一个切削部分的刀具。车刀是切削加工中应用最广的刀具之一，图 2.31 为常用的车刀的实物图。

车刀的工作部分就是产生和处理切屑的部分，包括刀刃、使切屑断碎或卷拢的结构、排屑或容储切屑的空间、切削液的通道等结构要素。

车刀的结构分析对空间想象力要求较高，而选择车刀的几何角度，又是加工方案中的重要步骤，所以车刀几何角度是学习中的重点，也是难点。

2.4.1 车刀主要结构

（1）车刀的组成

车刀由刀头和刀柄两部分组成，如图 2.32 所示。

（2）车刀的结构

车刀主要由承担切削工作的切削部分及用于安装的刀杆部分组成。其中图 2.33 为车刀的结构图，表 2.23 则详细描述了切削部分（通常称为刀头）的各部分组成。

表 2.23 车刀刀头的组成

序号	组成部分	详细说明
1	前刀面	切削时切屑经其流出的表面
2	主后刀面	切削时与过渡表面相对的刀面
3	副后刀面	切削时与已加工表面相对的刀面
4	主切削刃	前刀面与主后刀面交线所构成的刀刃，它起主要切削作用
5	副切削刃	前刀面与副后刀面交线构成的刀刃，它在加工配合主切削刃进行加工，并最终形成已加工表面
6	刀尖	主切削刃与副切削刃的连接处的交点或连接部位。在车刀的刀尖处磨出一小段直线或圆弧形刀刃，以改善刀具的切削性能

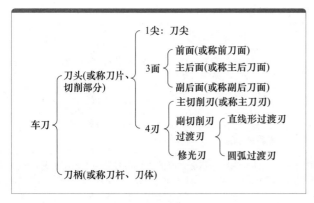

图 2.32　车刀的组成

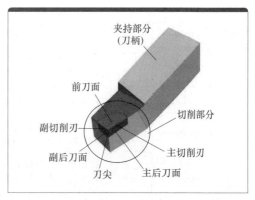

图 2.33　车刀的结构图

2.4.2　车刀的切削角度分析

（1）切削角度的辅助基准面

为了规定及测量车刀切削角度，必须引入作参考的辅助基准面：基面、切削平面及正交平面（图 2.34），表 2.24 详细说明了辅助基准面的组成。

表 2.24　辅助基准面的组成

序号	组成部分	详细说明
1	基面	通过切削刃上指定点与切削速度方向相垂直的平面。通常在车削时，可认为切削速度与水平面相垂直，所以车刀的基面平行于车刀刀杆的底面
2	切削平面	通过切削刃上指定点与主切削刃相切，并与该点基面相垂直的平面
3	正交平面	通过主切削刃上指定点与基面和切削平面相垂直的平面

注：另外，为了规定与副切削刃有关的切削角度，可建立副基面、副切削平面及副正交面。这三个辅助基准面的定义与上述三个基准面相似，只不过各基准面均是通过副切削刃上指定点而形成的。

（2）车刀的切削角度

基面、切削平面及正交平面组成了一个正交平面静止参考系，通过该参考系可规定和测量车刀的主要切削角度（图 2.35）。车刀的主要切削角度见表 2.25。

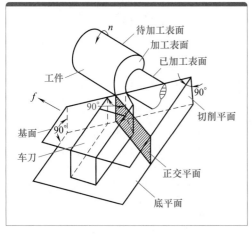

图 2.34　定义车刀切削角度的辅助面

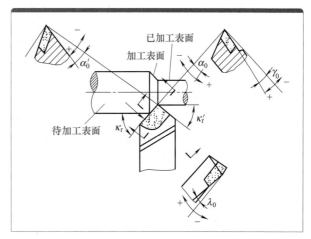

图 2.35　车刀的主要切削角度

表 2.25　车刀的主要切削角度

序号	切削角度	符号	定　义
1	前角	γ_0	在正交平面内测量的前刀面与基面之间的夹角。前刀面在基面之下，前角为正值；前刀面在基面之上，则前角为负值
2	后角	α_0	在正交平面内测量的主后刀面与切削平面之间的夹角。后角通常为正值
3	主偏角	κ_r	是在基面内测量的主切削刃在基面上投影与进给方向之间的夹角。主偏角一般为正值，主偏角的大小决定了切削刃参与切削的长度
4	刃倾角	λ_0	在切削平面内测量的主切削刃与过刀尖所作基面之间的夹角。刀尖为主切削刃最高点，刃倾角为正值；刀尖为主切削刃最低点，刃倾角为负值；主切削刃与基面相重合，则刃倾角为零
5	副后角	α_0'	在副正交平面中测量的副后刀面与副切割平面之间的夹角
6	副偏角	κ_r'	在基面上测量的副切削刃在基面上投影与进给方向之间的夹角
7	楔角	β_0	在正交平面中测量的前、后刀面之间的夹角。楔角的值为：$\beta_0 = 90° - (\gamma_0 + \alpha_0)$
8	刀尖角	ε_r	在基面上测量的主、副切削刀之间的夹角。刀尖角的大小为：$\varepsilon_r = 180° - (\kappa_r + \kappa_r')$

（3）车刀的工作角度

以上所介绍的车刀切削角度是车刀在静止状态时的切削角度，也就是一般刀具图纸上所标注的角度。车刀在进行切削加工时，由于受进给运动、刀具安装及工件形状的影响，其实际的切削角度与静止状态时的切削角度相比会发生一定的变化。一般情况下，这种变化较小，可以忽略不计。但在某些加工情况下，则应给予考虑。车刀在切削状态下的切削角度称为工作角度。

① 车刀安装位置对车刀工作角度的影响见表 2.26。

表 2.26　车刀安装位置对车刀工作角度的影响

序号	影响因素	详细说明
1	车刀刀尖与工件中心相对位置的影响	车刀车削外圆时，如果刀尖对准工件中心，则刀具的工作角度与静止角度相同，否则会发生变化（图 2.36） 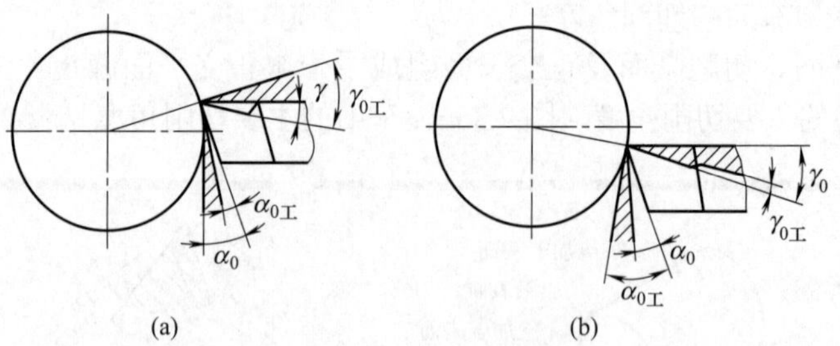 图 2.36　刀尖相对工件中心安装位置对车刀工作角度的影响 当刀尖高于工件中心时，前角增大，后角减小，见图 2.36（a）；当刀尖低于工件中心时，前角减小，后角增大，见图 2.36（b） 经验总结：在车削内孔时，刀尖相对工件中心安装位置对工作角度的影响与车外圆时相反
2	刀杆与进给方向不垂直的影响	安装车刀时，如车刀刀杆的轴线与进给方向垂直，则刀具的工作主偏角、副偏角与静止角度相比均不发生变化，否则会发生变化（图 2.37） 当刀杆轴线向右倾斜时，主偏角增大，副偏角减小，见图 2.37（a）；当刀杆轴线向左倾斜时，主偏角减小，副偏角增大，见图 2.37（b）

序号	影响因素	详细说明
2	刀杆与进给方向不垂直的影响	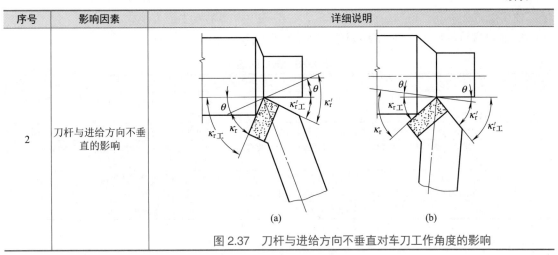 图 2.37　刀杆与进给方向不垂直对车刀工作角度的影响

② 进给运动对工作角度的影响见表 2.27。

表 2.27　进给运动对工作角度的影响

序号	影响因素	详细说明
1	纵向进给的影响	车刀在做纵向进给时，刀刃上选定相对于工件表面的运动轨迹为一螺旋线，基面和切削平面均发生偏转，从而使工作角度与静止角度相比发生变化。此时的工作前角较静止前角增大，后角较静止后角减小（图 2.38）。一般车削时，由于进给量不足以使基面及切削平面偏转过大，故可不考虑工作角度的变化。但进给量大时，如车削大螺距螺纹或多头螺杆时，在刃磨刀具时就应当考虑工作角度的变化 图 2.38　纵向进给对车刀工作角度的影响
2	横向进给的影响	车刀做横向进给时（如进行切断），刀尖的运动轨迹也为螺旋线，工作角度也发生变化，此时刀具的工作前角增大，工作后角减小（图 2.39） 图 2.39　横向进给对车刀工作角度的影响

（4）车刀切削角度作用与选择

① 前角的作用与选择

a. 前角的作用：增大前角可使车刀更为锋利，减小切屑变形，并能使切削力和切削热降低，使切削更加顺利。但前角过大会降低刀尖的强度，容易发生崩刃现象。

b. 前角可依据以下原则进行选择，见表2.28。

表2.28　前角的选择

序号	前角选择原则
1	加工塑性材料时，切屑变形大，为减少切屑变形，改善切削状态，前角可选大些；加工脆性材料，如铸铁时，前角则应选小一些
2	加工较软材料时，前角可选大些；加工较硬材料时，为了提高刀尖的强度，增加车刀的耐用度，前角应取小些
3	车刀切削部分材料韧性较差时，为了避免在冲击力下发生崩刃，前角应选小些；切削部分材料韧性较好时，可选较大的前角
4	粗加工时，切削力大，而且由于工件表面有硬皮，会对刀具产生冲击作用，故前角适当取小些；精加工时，表面质量要求高，为了改善切屑变形，减小切削力，降低表面粗糙度，前角应取大些
5	工艺系统（包括工件、车刀、夹具和机床等）的刚度较差，为减小切削力，前角可适当取大些

c. 前刀面的常见形式如图2.40所示，详细说明见表2.29。

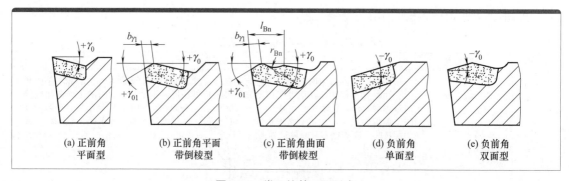

图2.40　常见的前刀面形式

表2.29　前刀面的常见形式

序号	前刀面形式	详细说明
1	正前角平面型	如图2.40（a）所示，制造简单，切削刃口锋利，但强度低，散热差，主要用于精车
2	正前角平面带倒棱型	如图2.40（b）所示，为了提高刀刃强度和抗冲击能力，改善其散热条件，常在主切削刃的刃口处磨出一条很窄的棱，称为倒棱。切削塑性材料时，倒棱宽度可按 $b_{\gamma1}=(0.5\sim0.1)f$（$f$ 为进给量），$\gamma_{01}=-15°\sim-5°$ 选取。一般用硬质合金车刀切削塑性或韧性较大的金属材料及进行强力车削和断续车削时，可在刃口上磨出倒棱
3	正前角曲面带倒棱型	如图2.40（c）所示，在上述正前角平面带倒棱型的基础上，在前刀面上磨出一定形状的曲面就形成了这种形式。这样不但可增大前角，而且在前刀面上形成了卷屑槽。卷屑槽的参数通常为：$l_{Bn}=(6\sim8)f$，$r_{Bn}=(0.7\sim0.8)l_{Bn}$
4	负前角单面型	如图2.40（d）所示，在车削高硬度或高强度材料和淬火钢材料时，刀具的切削刃要承受较大的压力，为了改善切削刃的强度，常使用这种前刀面形式
5	负前角双面型	如图2.40（e）所示，当磨损同时发生在前、后两刀面时，可半前刀面磨成负前角双面型，这样可增加刀刃的重磨次数。负前角的棱面应有足够宽度，以便于切屑沿该棱面流出

② 后角的作用与选择

a. 后角的作用见表2.30。

表2.30　后角的作用

序号	后角的作用
1	主要是减少车刀主后面和工件已加工表面之间的摩擦，从而提高加工表面质量，减少刀具的磨损
2	后角的大小也影响着刀具切削部分的强度和车刀的散热
3	有时，为了减小切削时的振动，也可采取减小后角的措施

b. 后角的选择见表 2.31。

表 2.31 后角的选择

序号	后角选择原则
1	工件材料硬度、强度大或塑性较差时，后角应取小些，反之则可取大些
2	粗加工时，后角应取小些，这样可以提高刀尖的强度
3	工件或车刀刚度较差时，后角应取较小值，这样可增大车刀后面与工件之间的接触面积，有利于减少工件或车刀的振动

③ 主偏角的作用与选择

a. 主偏角的作用：主偏角的大小对切削分力的分配及刀具耐用度均有影响。增大主偏角会使切削力的背向分力 F_y 减小，进给分力 F_x 增大（图 2.41）。减小主偏角可使主切削刃参加切削的长度增加，增大刀尖角，切屑变薄，改善散热条件，从而使刀具的耐用度得到提高。

b. 主偏角的选择见表 2.32。

④ 副偏角的作用与选择

a. 副偏角的作用：主要是减少车刀副后刀面与工件已加工表面之间的摩擦。副偏角的大小明显影响工件已加工表面上的残留面积，从而影响工件的表面粗糙度（图 2.42）。

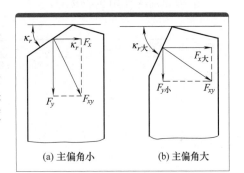

图 2.41 主偏角对切削分力的影响

表 2.32 主偏角的选择

序号	主偏角选择原则
1	工艺系统刚度较差时，为了减小切削时的背向力，避免发生振动，应选较大的主偏角，反之则应选较小的主偏角。特别在加工一些刚性较差的细长件时，主偏角应取大些
2	工件材料越硬，主偏角就应越小些，以减小单位切削刃上的负荷，改善刀头散热条件，提高刀具耐用度
3	主偏角的选择还与工件加工形状有关。加工台阶轴时，主偏角取 90°；中间切入工件时，主偏角应取 60°
4	工艺系统刚度较差时，为了减小切削时的背向力，避免发生振动，应选较大的主偏角，反之则应选较小的主偏角。特别在加工一些刚性较差的细长件时，主偏角应取大些
5	单件小批生产，往往用一两把车刀来加工多个工件表面，应选取通用性较好的 45° 车刀或 90° 偏刀

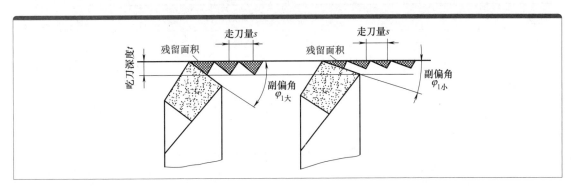

图 2.42 负偏角对残留面积的影响

b. 副偏角的选择见表 2.33。

表 2.33 副偏角的选择

序号	副偏角选择原则
1	副偏角一般取 1°～10°，但加工中间切入工件时，副偏角应取 60°。用硬质合金车刀作大进给强力切削时，副偏角可取 0°

续表

序号	副偏角选择原则
2	精加工时，为了减小表面粗糙度，副偏角应取小些
3	工件材料较硬或进行断续切削，副偏角应取小些
4	工艺系统刚度较差时，为了减小背向切削分力，副偏角应取大些
5	切断刀或切槽刀，为了保证刀头强度和重磨后刀头宽度变化较小，只能取很小的副偏角，通常为 $1°\sim 2°$

⑤ 刃倾角的作用与选择

a. 刃倾角的作用见表 2.34。

表 2.34 刃倾角的作用

序号	刃倾角的作用	详细说明
1	影响切屑的流向	刃倾角对切屑流向的影响可从图 2.43 看出，当刃倾角为 0° 时，切屑垂直于切削刃流出；当刃倾角为负值时，切屑流向已加工表面；刃倾角为正值时，切屑流向待加工表面 图 2.43 刃倾角对切屑流向的影响
2	控制切削刃切入工件时的受力状态	在切削断续表面工件时，若刃倾角为负值，则切削刃后部首先接触工件，避免刀尖受到冲击。反之，刀尖首先与工件相接触，受到冲击，容易引起崩刃或打刀
3	影响切削分力的分配	采用正刃倾角时，切削分力中的背向分力减小，进给分力增大

b. 刃倾角的选择见表 2.35。

表 2.35 刃倾角的选择

序号	刃倾角选择原则
1	加工时刃倾角一般取负值，通常为 $-5°\sim 0°$；精加工时则取正值，一般为 $0°\sim 5°$
2	进行具有冲击载荷的断续切削时，刃倾角应取负值，一般为 $-15°\sim -10°$，当工件余量不均匀时，刃倾角可取到 $-45°$
3	加工较软的材料，如铜和铝，刃倾角可取大些，一般为 $5°\sim 10°$。而加工较硬的材料，刃倾角就应小些，如车削淬硬钢时，可取 $-12°\sim -5°$

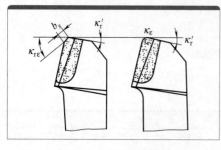

图 2.44 车刀的过渡刃

⑥ 过渡刃的作用与选择

a. 过渡刃的作用：主要是提高刀尖强度，改善散热条件。过渡刃从形状来分有直线形和圆弧形两种（图 2.44）。直线形过渡刃的偏角 κ_{re} 一般取主偏角的一半；过渡刃的长度 b_s 一般取 $0.5\sim 2mm$。圆弧形过渡刃不仅能提高刀尖强度，还能减少车削后的残留面积，改善工件表面粗糙度，但半径不宜太大，以免引起振动。

b. 过渡刃的选择见表 2.36。

表 2.36　过渡刃的选择

序号	过渡刃选择原则
1	精车时，一般选取较小的过渡刃；粗车时，切削力及切屑变形大，切削热也多，应选取较大的过渡刃
2	工件材料较硬或容易引起刀具磨损时，应选取较大的过渡刃，否则应取较小的过渡刃
3	系统刚度较好时，可选大的过渡刃，反之则应取较小的过渡刃

　　下面举个例子来说明刀尖角和前角、刃倾角、主偏角的配合选用情况。

　　若需要在正方体工件或其他多边形毛坯上车外圆，由于工件被切削表面有角有棱，从而给切削带来不便。

　　如车正方体工件，工件每转一转车刀要承受四次冲击，它要求刀刃有好的抗冲击强度。对于这种加工情况，不要片面地认为采用 0° 前角或负前角车刀能够取得好的效果。但实践证明，当切削用量已经选择正确，若再略微提高以后，刀片就容易出现裂纹和折断。其原因是负前角增加了切削抗力，当超过刀片的抗压强度以后，刀片就要被破坏，同时还会增加车床功率的消耗，更不利于提高生产效率。解决这个问题的最好办法是采用大的刀尖角和负的刃倾角，使前角、主偏角都为 30°，刃倾角为 -30°。用这种角度的车刀进行断续切削时，切削轻快，车刀寿命长，且能减轻对车床的冲击负荷。

2.4.3　车刀的刀具结构形式

（1）车刀的结构形式

　　车刀的结构形式很多，但基本可分为整体式、焊接式、机夹式、可转位式以及成形车刀几种，见表 2.37。

表 2.37　数控车床常用的刀具结构形式

序号	名称	简图	特点	应用
1	整体式	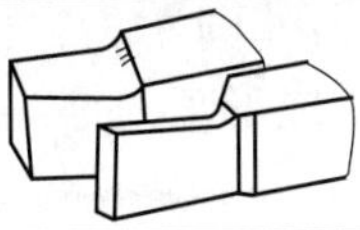	整体高速钢制造，刀口锋利，刚性好	小型车刀和加工非铁金属场合
2	焊接式	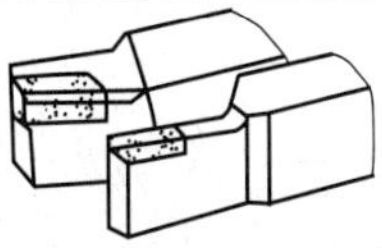	可根据需要刃磨获得刀具几何形状，结构紧凑，制造方便	各类车刀，特别是小型车刀，与经济性数控车床配套
3	机夹式		避免焊接内应力而引起的刀具寿命下降，刀杆利用率高，刀片可通过刃磨获得所需参数，使用灵活方便	大型车刀、螺纹车刀、切断刀等
4	可转位式	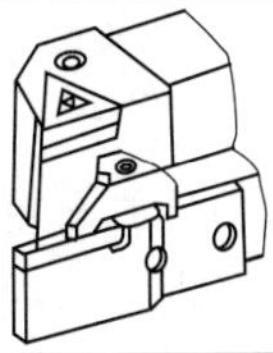	避免了焊接的缺点，刀片转位更换迅速，可使用涂层刀片，生产率高，断屑稳定可靠	广泛使用

续表

序号	名称	简图	特点	应用
5	成形车刀		用于特有形状的加工，只针对某一特定加工，不具有通用性	加工形状较为特殊的表面，一般用于普通车床的特种加工

　　普通车床所用刀具整体式、焊接式较多，在刀具磨损后可进行刃磨，而数控车床所用刀具材料最多的是各类硬质合金，且大多采用机夹可转位刀片的刀具，因此对机夹可转位刀片的运用是数控机床操作人员必须了解的内容之一。

　　现代化加工技术的发展，进一步促进了机夹可转位刀具及其配套技术向刀具技术现代化迈进。将焊接刀片转变为机夹可转位刀片并与刀具涂层工艺技术相结合，是实现刀具技术革命的重要环节。

　　目前用于制造可转位刀片的材料种类主要有高速钢、涂层高速钢、硬质合金、涂层硬质合金、陶瓷材料、立方氮化硼和金刚石等。

图 2.45　实际应用中的焊接式车刀

　　（2）焊接式车刀

　　焊接式车刀通常由硬质合金刀片和普通结构钢刀杆通过焊接连接而成，如图 2.45 所示。这种车刀结构简单，制造方便，刀具刚性好，并可灵活地根据具体切削条件选择刃磨刀头的几何参数，应用较多。

　　此类车刀结构简单，制造方便，刚度较好。缺点是存在焊接应力，会使刀具材料的使用性能受到影响，甚至会出现裂纹。另外，刀杆不能重复使用，硬质合金刀片不能充分回收利用，造成刀具材料的浪费。

　　根据工件加工表面的形状以及用途不同，焊接式车刀可分为外圆车刀、内孔车刀、切断（切槽）刀、螺纹车刀及成形车刀等，具体如图 2.46 所示。

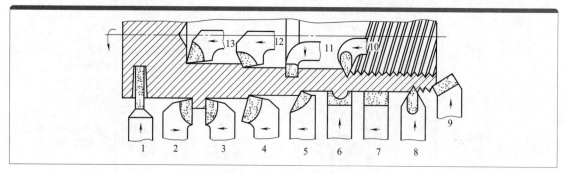

图 2.46　常用焊接式车刀和种类

1—切断刀；2—90°左偏刀；3—90°右偏刀；4—弯头车刀；5—直头车刀；6—成形车刀；7—宽刃车刀；
8—外螺纹车刀；9—端面车刀；10—内螺纹车刀；11—内沟槽刀；12—通孔车刀；13—盲孔车刀

　　① 硬质合金刀片及其应用，图 2.47 为硬质合金刀片几种标准形状。

　　表 2.38 列出了国家标准中部分常用刀片的型号。我国目前采用的硬质合金焊接刀片分 A、

B、C、D、E 五类，刀片型号由一个字母和一或两位数字组成。字母表示刀片形状，数字则代表刀片的主要尺寸。

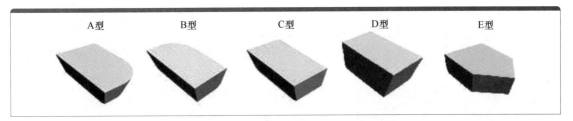

图 2.47　硬质合金刀片标准形状

表 2.38　常用硬质合金焊接车刀刀片（GB/T 5244—1985）

型号	基本尺寸				型号	基本尺寸				型号	基本尺寸				型号	基本尺寸				型号	基本尺寸		
	l	t	s	r		l	t	s	r		l	t	s	r		l	t	s	r		l	t	s	r
A5	5	3	2	2	B5	5	3	2	2	C5	5	3	2	—	D3	3.5	8	3	—	E4	4	10	2.5	—
A6	6	4	2.5	2.5	B6	6	4	2.5	2.5	C6	6	4	2.5	—	D4	4.5	10	4	—	E5	5	12	3	—
A8	8	5	3	3	B8	8	5	3	3	C8	8	5	3	—						E6	6	14	3.5	—
A10	10	6	4	4	B10	10	6	4	4	C10	10	6	4	—	D5	5.5	12	5	—					
A12	12	8	5	5	B12	12	8	5	5	C12	12	8	5	—						E	8	16	4	—
A16	16	10	6	6	B16	16	10	6	6	C16	16	10	6	—	D6	6.5	14	6	—	E10	10	18	5	—
A20	20	12	7	7	B20	20	12	7	7	C20	20	12	7	—						E12	12	20	6	—
A25	25	14	8	8	B25	25	14	8	8	C25	25	14	8	—	D8	8.5	16	8	—	E16	16	22	7	—
A32	32	18	10	10	B32	32	18	10	10	C32	32	18	10	—						E20	20	25	8	—
A40	40	22	12	12	B40	40	22	12	12	C40	40	22	12	—	D10	10.5	18	10	—	E25	25	28	9	—
A50	50	25	14	14	B50	50	25	14	14	C50	50	25	14	—	D12	12.5	20	12	—	E30	32	32	10	—

A 型刀片主要用于直头外圆车刀和端面车刀；B 型刀片主要用于左切刀；C 型刀片主要用于主偏角小于 90°的外圆车刀及宽刃光刀；D 型刀片主要用于切断刀和车槽刀；E 型刀片则用于精车刀和螺纹车刀。

刀片尺寸中的 l 主要根据背吃刀量和主偏角而定，外圆车刀一般应使参加工作的切削刃长度不超过刀片长度的 60% ～ 70%；对于切断刀和切槽刀用的 t，应根据槽宽或切断刀宽来选取，切断刀宽与工件直径 d 的大小有关，可按 $t=0.6d^{0.5}$ 估算；刀片厚度 s 要根据切削力的大小来确定，工件材料强度高，切削件横截面积大，刀片就应当选厚些。

② 常用的刀槽形式见表 2.39。

（3）硬质合金机械夹固式车刀

① 分类　硬质合金机械夹固式车刀可分为机夹重磨式和机夹转位刀片式（不重磨）两种，见表 2.40，其实物图见图 2.48。

表 2.39　常用的刀槽形式

序号	刀槽形式	图例	适用范围
1	开口式		制造简单，但焊接面积小，适用于 C 型刀片，D 型刀片有时也采用这种刀槽
2	半封闭式		这种刀槽焊接后刀片牢固，但制造较困难，常用于 A、B 型刀片
3	封闭式		能增大焊接面积，但制造困难，适用于 E 型刀片
4	切口式		刀片焊接牢固，但制造复杂，适用于 D 型刀片

图 2.48　机夹转位刀片式实物图

表 2.40　硬质合金机械夹固式车刀详细说明

序号	类型	详细说明
1	机夹重磨式车刀	将普通硬质合金刀片采用机械方式夹固在刀杆上，切削刃磨损后，将刀片卸下重新刃磨后再装到刀杆上即可继续使用，如图 2.49 为机夹重磨式车刀的三维图，图 2.50 为机夹重磨式车刀的结构剖面图

序号	类型	详细说明
1	机夹重磨式车刀	图 2.49 机夹重磨式车刀的三维图　　图 2.50 为机夹重磨式车刀的结构剖面图（压板、压板、刀体、刀片、刀垫、挡垫、弹簧、螺钉） 这种车刀的优点是刀具不需经高温焊接，避免了刀片的硬度下降和产生裂纹，提高了刀具的使用寿命。刀片可以多次重磨，刀杆可以重复使用，降低了成本
2	机夹转位式车刀	机夹转位刀片式车刀，简称为机夹可转位车刀，是将可转位使用的硬质合金刀片固定在刀杆上（图2.51）。机夹转位刀片每边都有切削刃，当某切削刃磨损钝化后，只需松开夹紧元件，将刀片转一个位置便可继续使用。减少了换刀时间，方便对刀，便于实现机械加工的标准化 图 2.51 机夹可转位车刀的组成 1—刀杆；2—刀垫；3—刀片；4，5—夹紧元件 可转位刀片的型号及基本参数均已标准化，由专门厂家制造。刀片具有三个以上供转位切削用的切削刃，并具有切削所需的各种几何要素。使用时，当一个刀刃变钝后，可松开夹紧装置，将刀片转位再加以紧固，就可利用新的切削刃进行加工 可转位车刀除了有机夹重磨式车刀的优点外，还具有不需重磨、更换切削刃简捷、切削刃几何参数稳定等优点。另外，可转位刀片经过涂层处理后，刀具更加耐磨，使用寿命更长。特别是在数控车削加工时，应尽量采用机夹刀和机夹刀片。刀片是机夹可转位车刀的一个最重要组成元件

② 机夹转位刀片式车刀的刀片类型及选取　按照国标 GB/T 2076—2007，大致可分为带圆孔、带沉孔以及无孔三大类。形状有：三角形、正方形、五边形、六边形、圆形以及菱形等共 17 种，如图 2.52 所示。

③ 机夹可转位车刀的夹紧方式　各种夹紧方式是为适用于不同的应用范围设计的。为了选择具体工序的最佳刀片夹紧方式，按照适合性对它们分类，适合性有 1～3 个等级，3 为最佳选择，如表 2.41 所示。

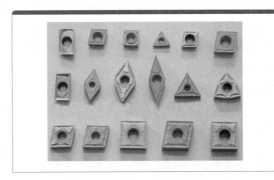

图 2.52 国标 GB/T 2076—2007 的 17 种机夹刀片

表 2.41　刀片夹紧方式与适用性等级

	T-MAX P					CoroTurn 107	T-MAX 陶瓷和立方氮化硼
	 （RC）刚性夹紧	 杠杆	 楔块	 楔块夹紧	 螺钉和上夹紧	 螺钉夹紧	 螺钉和上夹紧
安全夹紧/稳定性	3	3	3	3	3	3	3
仿形切削/可达性	2	2	3	3	3	3	3
可重复性	3	3	2	2	3	3	3
仿切削形/轻工序	2	2	3	3	3	3	3
间歇切削工序	3	2	2	3	3	3	3
外圆加工	3	3	1	3	3	3	3
内圆加工	3	3	3	3	3	3	3

刀片

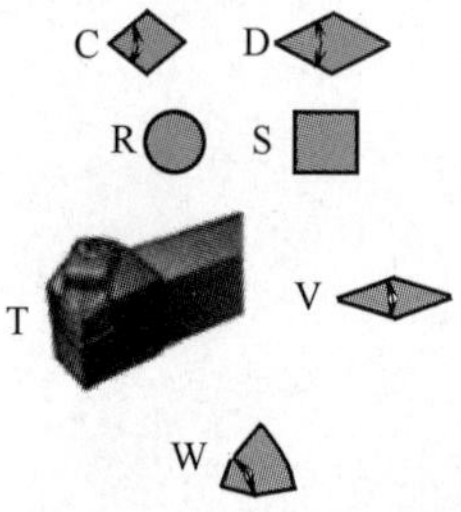

C　D

R　S

T　V

W

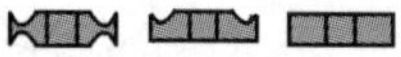

有孔的负前角刀片
双侧和单侧平刀片
带断屑槽的刀片

有孔的负前角刀片、单侧平刀片和带断屑槽的刀片

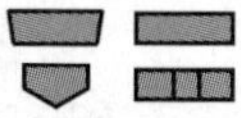

有孔和无孔、负前角和正前角刀片、双侧和单侧

现代化加工技术的发展，进一步促进了机夹可转位刀具及其配套技术向刀具技术现代化迈进。将焊接刀片转变为机夹可转位刀片并与刀具涂层工艺技术相结合，是实现刀具技术革命的重要环节。

2.4.4　车刀的刀具材料

刀具材料是决定刀具切削性能的根本因素，对于加工质量、加工效率、加工成本以及刀具耐用度都有着重大的影响。要实现高效合理的切削，必须有与之相适应的刀具材料。刀具材料是较活跃的材料科技领域。近年来，刀具材料基础科研和新产品的成果集中应用在高速、超高速、硬质（含耐热、难加工）、干式、精细、超精细数控加工领域。刀具材料新产品的研发在超硬材料（如金刚石、Al_2O_3、Si_3N_4、基类陶瓷、TiC 基类金属陶瓷、立方氮化硼、表面涂层材料），W、Co 类涂层和细晶粒（超细晶粒）硬质合金体及含 Co 类粉末冶金高速钢等领域进展速度较快。尤其是超硬刀具材料的应用，导致产生了许多新的切削理念，如高速切削、硬切削、干切削等。

刀具的材料主要有高速钢、硬质合金、陶瓷、立方氮化硼和金刚石五类，其性能和应用范围见表 2.42。目前普通车床用的最普遍的刀具是高速钢刀具，数控车床用的最普遍的刀具是硬质合金刀具。

表 2.42　刀具材料的性能及应用范围

序号	刀具材料		优点	缺点	典型应用
1	高速钢		抗冲击能力强，通用性好	切削速度低，耐磨性差	低速、小功率和断续切削
2	硬质合金		通用性最好，抗冲击能力强	切削速度有限	钢、铸铁、特殊材料和塑料的粗、精加工
3	涂层硬质合金		通用性很好，抗冲击能力强，中速切削性能好	切削速度限制在中速范围内	除速度比硬质合金高之外，其余与硬质合金一样
4	金属陶瓷		通用性很好，中速切削性能好	抗冲击性能差，切削速度限制在中速范围	钢、铸铁、不锈钢和铝合金
5	陶瓷	陶瓷（热/冷压成形）	耐磨性好，中速切削性能好	抗冲击性能差，抗热冲击性能也差	钢和铸铁的精加工、钢的滚压加工
		陶瓷（氮化硅）	抗冲击性好，耐磨性好	非常有限的应用	铸铁的粗、精加工
		陶瓷（晶须强化）	抗冲击性能好，抗热冲击性能好	有限的通用性	可高速粗、精加工硬钢、淬火铸铁和高镍合金
6	立方氮化硼		高热硬性，高强度，高抗热冲击性能	不能切削硬度小于45HRC的材料，应用有限，成本高	切削硬度在45～70HRC之间的材料
7	聚晶金刚石		高耐磨性，高速切削属性能好	抗热冲击性能差，切削铁质金属化学稳定性	金属和非金属材料差，应用有限

（1）高速钢

　　高速钢是一种含有较多的 W、Cr、V、Mo 等合金元素的高合金工具钢，具有良好的综合性能。与普通合金工具钢相比，它能以较高的切削速度加工金属材料，故称高速钢，俗称锋钢或白钢。高速钢的制造工艺简单，容易刃磨成锋利的切削刃；锻造、热处理变形小，目前在复杂刀具（如麻花钻、丝锥、成形刀具、拉刀、齿轮刀具等）制造中仍占有主要地位。其加工范围包括有色金属、铸铁、碳素钢和合金钢等，如图 2.53 所示。

图 2.53　高速钢

（2）硬质合金

图 2.54　硬质合金

　　硬质合金是用高硬度、高熔点的金属碳化物（如 WC、TiC、TaC、NbC 等）粉末和金属黏结剂（如 Co、Ni、Mo 等），经过高压成形，并在 1500℃左右的高温下烧结而成。由于金属碳化物硬度很高，因此其热硬性、耐磨性好，但其抗弯强度和韧性较差。硬质合金刀具具有良好的切削性能，与高速钢刀具相比，加工效率很高，而且刀具的寿命可提高几倍到几十倍，被广泛地用来制作可转位刀片，不仅用来加工一般钢、铸铁和有色金属，而且还用来加工淬硬钢及许多高硬度难加工材料，如图 2.54 所示。

（3）陶瓷刀具

　　陶瓷刀具材料是一种最有前途的高速切削刀具材料，在生产中有广泛的应用前景。陶瓷刀具具有非常高的耐磨性，它比硬质合金有更好的化学稳定性，可在高速条件下切削加工并持续较长时间，比用硬质合金刀具平均提高效率 3～10 倍。它实现以车代磨的高效"硬加工技术"及"干切削技术"，提高零件加工表面质量。实现干式切削，对控制环境污染和降低制造成本有广阔的应用前景，如图 2.55 所示。

图 2.55　陶瓷刀具

陶瓷是含有金属氧化物或氮化物的无机非金属材料，具有高硬度、高强度、高热硬性、高耐磨性及优良的化学稳定性和低的摩擦因数等特点。陶瓷刀具在切削加工的以下方面，显示出其优越性，见表2.43。

表2.43 陶瓷刀的优越性

序号	陶瓷刀的优越性	适用范围
1	高硬材料加工	可加工传统刀具难以加工或根本不能加工的高硬材料，例如硬度达65HRC的各类淬硬钢和硬化铸铁，因而可免除退火加工所消耗的电力；并因此也可提高工件的硬度，延长机器设备的使用寿命
2	大冲击力加工	不仅能对高硬度材料进行粗、精加工，也可进行铣削、刨削、断续切削和毛坯拔荒粗车等冲击力很大的加工
3	刀具耐用度很高	刀具耐用度比传统刀具高几倍甚至几十倍，减少了加工中的换刀次数，保证被加工工件的小锥度和高精度
4	进行高速切削	可进行高速切削或实现"以车、铣代磨"，切削效率比传统刀具高3～10倍，达到节约工时、电力、机床数30%～70%或更高的效果

新型陶瓷刀具材料具有其他刀具材料无法比拟的优势，其发展空间非常大。通过对陶瓷刀具材料组分、制备工艺与材料设计的研究，可以在保持高硬度、高耐磨性的基础上，极大地提高刀具材料的韧性和抗冲击性能，制备符合现代切削技术使用要求的适宜材料。可以预料，随着各种新型陶瓷刀具材料的使用，必将促进高效机床及高速切削技术的发展，而高效机床及高速切削技术的推广与应用，又进一步推动新型陶瓷刀具材料的使用。

图2.56 立方氮化硼刀具

（4）立方氮化硼刀具

立方氮化硼（CBN）是利用超高压高温技术获得的又一种无机超硬材料，在制造过程中和硬质合金基体结合而成立方氮化硼复合片，如图2.56所示。

① 立方氮化硼作为刀具材料具有以下特点，见表2.44。

表2.44 立方氮化硼刀具的特点

序号	特点	适用范围
1	硬度和耐磨性很高	其显微硬度为8000～9000HV，已接近金刚石的硬度
2	热稳定性好	其耐热性可达1400～1500℃
3	化学稳定性好	与铁系材料直至1200～1300℃也不易起化学作用
4	具有良好的导热性	其热导率大大高于高速钢及硬质合金
5	较低的摩擦因数	与不同材料的摩擦因数约为0.1～0.3，比硬质合金摩擦因数（0.4～0.6）小得多

② 立方氮化硼刀具应用范围见表2.45。

表2.45 立方氮化硼刀具应用范围

序号	立方氮化硼刀具应用范围
1	工具钢、模具钢、冷硬铸铁、铸铁、镍基合金、钴基合金
2	淬火钢、高温合金钢、高铬铸铁、热喷焊（涂）材料
3	适合于加工硬度大于45HRC的钢铁类工件，但铸铁类无此限制

CBN适用于磨削淬火钢和超耐热合金材料。其硬度仅次于金刚石，排名第二，是典型的传统磨料的4倍，而耐磨性是典型的传统磨料的2倍。

CBN具有异乎寻常的热传导性，在磨削硬质刀具、压模和合金钢，以及镍和钴基超耐热合金后，能优化其表面完整性。在不同种类的胎体中具有上乘性能CBN品系列与不同的胎体相结合，可以获得上乘的性能，推出大量的晶体涂层和表面处理，以提高晶体把持力和性能特点。这些涂层可以用来提高性能，以及提高晶体把持力、热传递和润滑质量。

（5）聚晶金刚石刀具

① 刀具特点　用聚晶金刚石（PCD）刀具加工铝制工件具有刀具寿命长、金属切除率高等优点，其缺点是刀具价格昂贵，加工成本高，如图 2.57 所示。

近年来 PCD 刀具的发展与应用情况已发生了许多变化。如今的铝材料在性能上已今非昔比，在加工各种新开发的铝合金材料（尤其是高硅含量复合材料）时，为了实现生产率及加工质量的最优化，必须认真选择 PCD 刀具的牌号及几何参数，以适应不同的加工要求。PCD 刀具的另一个变化是加工成本不断

图 2.57　聚晶金刚石刀具

降低，在市场竞争压力和刀具制造工艺改进的共同作用下，PCD 刀具的价格已大幅下降。上述变化趋势导致 PCD 刀具在铝材料加工中的应用日益增多，而刀具的适用性则受到不同被加工材料的制约。

② 正确使用　切削加工铝合金材料时，硬质合金刀具的粗加工切削速度约为 120m/min，而 PCD 刀具即使在粗加工高硅铝合金时，其切削速度也可达到约 360m/min。刀具制造商推荐采用细颗粒（或中等颗粒）PCD 牌号加工无硅和低硅铝合金材料；采用粗颗粒 PCD 牌号加工高硅铝合金材料。如铣削加工的工件表面粗糙度达不到要求，可采用晶粒尺寸较小的修光刀片对工件表面进行修光加工，以获得满意的表面粗糙度。

PCD 刀具的正确应用是获得满意加工效果的前提。虽然刀具失效的具体原因各不相同，但通常是由于使用对象或使用方法不正确所致。用户在订购 PCD 刀具时，应正确把握刀具的适应范围。例如，用 PCD 刀具加工黑色金属工件（如不锈钢）时，由于金刚石极易与钢中的碳元素发生化学反应，将导致 PCD 刀具迅速磨损，因此，加工淬硬钢的正确选择应该是 PCBN 刀具。

2.5　车削对象

无论是普通车床还是数控车床，车削均为回转体零件，主要加工轴类零件和套类零件，以及附加于上的螺纹、沟槽、滚花等形状。

本节主要针对轴类零件和套类零件来讲解车削中的重点和难点。

图 2.58　带有外圆、沟槽的轴类零件

2.5.1　轴类零件

（1）轴类零件概述

在机械制造业中，轴类零件是最为普通的零件，几乎每台机器上都具有轴类零件。例如齿轮轴、拉杆、心轴、销钉、双头螺栓、轧辊、电动机转子等，虽然名称不相同，但都属于轴类零件。图 2.58 为常见的一种带有外圆、沟槽的轴类零件。

轴类零件是回转体零件，其长度一般大于直径。加工表面通常有内外圆柱面、内外圆锥面、螺纹、花键、键槽、横向孔和沟槽等。该

类零件可分光轴、阶梯轴、空心轴和异形轴（包括曲轴、偏心轴、凸轮轴、花键轴等）。

若根据轴的长度 L 与直径 d 之比不同，又可分为刚性轴（$L/d < 12$）和挠性轴（$L/d > 12$）两类。

车削加工中一般零件都要进行外圆与端面加工，它们往往是零件加工的第一步，尤其是车削外圆，它的精度直接影响着后序工步或与之相配合的其他零件的精度，因此在车削加工中车削外圆及端面非常重要。

（2）轴类零件的工艺特点

轴类零（工）件是车床加工中常见零件之一。轴类零件根据其结构形状可分为光轴、阶梯轴、空心轴和异形轴等。轴类零件一般由圆柱表面、阶台、端面、倒角、圆弧和沟槽等构成（图2.59）。车削零件时，除了要保证图样上标注的尺寸和表面粗糙度要求外，一般还应保证形状和位置精度要求。

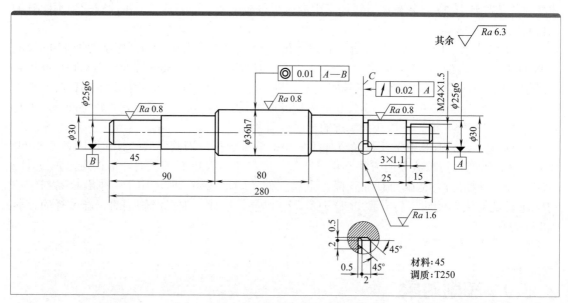

图2.59　阶梯轴

下面结合图2.59来分析轴类零件的相关技术指标，见表2.46。

表2.46　轴类零件相关技术指标

序号	技术指标	详细说明
1	圆柱表面	圆柱表面一般用于支撑传动零件（如齿轮等）和传递扭矩
2	阶台和端面	阶台和端面一般用来确定安装在轴上的工件的轴向位置
3	退刀槽	退刀槽的作用是使磨削外圆或车螺纹时退刀方便，并可使工件在装配时有一个正确的轴向位置
4	倒角	倒角的作用一般是消除工件尖角毛刺，便于其他零件的安装
5	圆弧	圆弧的作用是提高轴的强度，消除应力集中，也可避免轴在热处理过程中产生裂纹

（3）轴类零件的尺寸控制（表2.47）

表2.47　轴类零件的尺寸控制

序号	尺寸控制	详细说明
1	径向尺寸控制	用试切削法和中滑板刻度值进行控制。在精车时，控制径向尺寸精度要注意以下几点： ①切削刃要锋利，钝圆半径小，达到背吃刀量在0.05mm左右能顺利切削 ②中滑板丝杠螺母之间的间隙小，在微进刀时车刀也能进给 ③床鞍、中小滑板包括刀架无间隙松动现象，保证精车时背吃刀量稳定可靠

序号	尺寸控制	详细说明
2	轴向尺寸控制	轴向尺寸比径向尺寸难控制（多数尺寸是未注公差）。轴向尺寸一般用床鞍刻度盘控制，但因其精度与中滑板刻度盘相比差太远，有的旧式车床还没有床鞍刻度盘，一般采用对刀—切痕—测量—调整的方法 图 2.60、图 2.61 是轴向尺寸的控制和测量示意图。 刻痕 (a) 刻痕 (b) 刻痕 (c) 图 2.60　刻线痕控制轴向尺寸 1 2 3 4 5 6 7 8 (a) 用钢直尺 (b) 用深度游标卡尺 (c) 用卡板 图 2.61　轴向尺寸的测量

（4）轴类工件常用技术要求（表 2.48）

表 2.48　轴类工件常用技术要求

序号	技术要求	详细说明
1	尺寸精度	主要包括直径和长度尺寸等
2	形状精度	包括圆度、直线度、平面度和圆柱度等
3	位置精度	包括同轴度、平行度、垂直度、径向圆跳动等
4	表面粗糙度	在普通车床车削金属材料时，表面粗糙度一般可达 $Ra1.6\mu m$
5	热处理要求	根据零件的材料和实际功能，轴类零件常需进行正火、退火、调质和淬火等热处理要求

2.5.2 套类零件

（1）套类零件概述

套类工件是车削加工的重要内容之一，它的主要作用是支撑、导向、连接以及和轴组成精密的配合等。为学习方便，本书把轴承座、齿轮、带轮等这些带有孔的工件都作为套类工件来介绍。图 2.62 为带有外螺纹、键槽的套类零件。

（2）套类零件的加工难点

车削套类工件的圆柱孔比车外圆困难得多，原因见表 2.49。

图 2.62　套类零件

表 2.49　车削套类工件的圆柱孔比车外圆困难的原因

序号	困难的原因	详细说明
1	观察困难	孔加工是在工件内部进行的，观察切削情况很困难，尤其是小而深的孔，根本无法观察
2	刀杆刚性差	刀杆尺寸受孔径和孔深的限制，不能做得太粗，又不能太短，因此刀杆刚性较差，特别是加工孔径小、长度长的孔时，更加突出
3	排屑和冷却困难	因刀具和孔壁之间的间隙小，使切削液难以进入，又使切屑难以排除
4	测量困难	因孔径小，使量具进出及调整都很困难

（3）套类零件的工艺特点

套类工件主要由同轴度要求较高的内、外回转表面以及端面、阶台、沟槽等部分组成（图 2.63）。

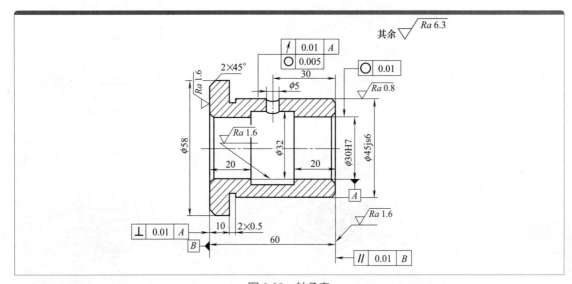

图 2.63　轴承套

套类零件上作为配合的孔，一般都要求较高的尺寸精度、较小的表面粗糙度和较高的形位精度。

下面结合图 2.63 来分析轴承套类零件的相关技术指标，见表 2.50。

表 2.50　轴承套类零件的相关技术指标

序号	技术指标	详细说明
1	尺寸精度	指套类工件的各部分尺寸应达到一定的精度要求，如图 2.63 中的 ϕ30H7、ϕ45js6 等
2	形状精度	指套类工件的圆度、圆柱度和直线度等，如图 2.63 中的 ϕ30H7 孔的圆度公差为 0.01mm，ϕ45js6 外圆的圆度公差为 0.005mm
3	位置精度	指套类工件各表面之间的相互位置精度，如同轴度、垂直度、平行度、径向圆跳动和端面跳动等，如图 2.63 中左端面对 ϕ30H7 孔的轴线的垂直度公差为 0.01mm，ϕ30H7 孔的右端面对 B 面平行度公差为 0.01mm，ϕ45js6 外圆对 ϕ30H7 孔的轴线径向圆跳动公差为 0.01mm

2.6　切削液

在金属切削过程中，为提高切削效率，提高工件的精度和降低工件表面粗糙度，延长刀具使用寿命，达到最佳的经济效果，就必须减少刀具与工件、刀具与切屑之间摩擦，及时带走切削区内因材料变形而产生的热量。要达到这些目的，一方面是通过开发高硬度耐高温的刀具材料和改进刀具的几何形状，如随着碳素钢、高速钢硬质合金及陶瓷等刀具材料的相继问世以及使用转位刀具等，使金属切削的加工率得到迅速提高；另一方面采用性能优良的切削液往往可以明显提高切削效率，降低工件表面粗糙度，延长刀具使用寿命，取得良好的经济效益。图 2.64 为实际应用中切削液使用情况。

图 2.64　实际应用中切削液使用

2.6.1　切削液的分类

目前，切削液的品种繁多，作用各异，但归纳起来分为两大类，即油基切削液和水基切削液，详细分类说明见表 2.51。

表 2.51　切削液分类说明

序号	润滑油类别			主要组成部分	性能	适用范围
1	水基切削液	合成切削液（水溶液）[①]	普通型	在水中添加亚硝酸钠等水溶性防锈添加剂，加入碳酸钠或磷酸三钠，使水溶液微带碱性	冷却性能、清洗性能好，有一定的防锈性能，润滑性能差	粗磨、粗加工
			防锈型	在水中除添加水溶性防锈添加剂外，再加表面活性剂、油性添加剂	冷却性能、清洗性能、防锈性能好，兼有一定的润滑性能、透明性较好	对防锈性要求高的精加工
			极压型	加极压添加剂	有一定极压润滑性	强力切削和强力磨削
			多效型	—	除具有良好的冷却、清洗、防锈、润滑性能外，还能防止对铜、铝等金属的腐蚀作用	适用于多种金属（黑色金属、铜、铝）的切削及磨削加工，也适用于极压切削或精密切削加工
		乳化液[②]	防锈乳化液	常用 1 号乳化油加水稀释成乳化液	防锈性能好，冷却性能、润滑性能一般，清洗性能稍差	适用于防锈性要求较高的工序及一般的车、铣、钻等加工
			普通乳化液	常用 2 号乳化油加水稀释成乳化液	清洗性能、冷却性能好，兼有防锈性能和润滑性能	应用广泛，适用于磨削加工及一般切削加工
			极压乳化液	常用 3 号乳化油加水稀释成乳化液	极压润滑性能好，其他性能一般	适用于要求良好的极压润滑性能的工序，如拉削、攻螺纹、铰孔以及难加工材料的加工
2	油基切削液（切削油）	矿物油		L-AN7、L-AN10、L-AN15、L-AN32、L-AN46 全损耗系统用油，煤油等	润滑性能好，冷却性能差，化学稳定性好，透明性好	适用于流体润滑，可用于冷却、润滑系统合一的机床，如多轴自动车床、齿轮加工机床、螺纹加工机床
		动植物油		豆类、菜油、棉籽油、蓖麻油、猪油、鲸鱼油、蚕蛹油等	润滑性能比矿物油更好，但易腐败变质，冷却性能差，黏附在金属上不易清洗	适用于边界润滑，可用于攻螺纹、铰孔、拉削
		复合油		以矿物油为基础再加若干动植物油	润滑性能好，冷却性能差	适用于边界润滑，可用于攻螺纹、铰孔、拉削

序号	润滑油类别	主要组成部分	性能	适用范围
2	油基切削液（切削油） 极压切削油	以矿物油为基础再加若干极压添加剂、油性添加剂及防锈添加剂等，最常用的有硫化切削油③，含硫氯、硫磷或硫氯磷的极压切削油	极压润滑性能好，可代替动植物油复合油	适用于要求良好的极压润滑性能的工序，如攻螺纹、铰孔、拉削、滚齿、插齿以及难加工材料的加工

① 合成切削液又称水溶液，合成切削液标准为 GB/T 6144—1985。

② 乳化油标准 SY/T 0601—1997 规定乳化油分为 1 号、2 号、3 号、4 号；4 号是透明型的，适用于精磨工序。

③ 硫化切削油标准为 SY/T 0364—1992。

2.6.2 切削液的作用与性能

表 2.52 详细描述了切削液的作用与性能。

表 2.52 切削液的作用与性能

序号	切削液的作用	切削用量选择原则
1	冷却作用	冷却作用是依靠切削液的对流换热和汽化把切削热从固体（刀具、工件和切屑）中带走，降低切削区的温度，减少工件变形，保持刀具硬度和尺寸 切削液的冷却作用取决于它的热参数值，特别是比热容和热导率。此外，液体的流动条件和热交换系数也起重要作用，热交换系数可以通过改变表面活性材料和汽化热大小来提高。水具有较高的比热容和大的导热率，所以水基的切削性能要比油基切削液好 改变液体的流动条件，如提高流速和加大流量可以有效地提高切削液的冷却效果，特别对于冷却效果差的油基切削液，加大切削液的供液压力和流量，可有效提高冷却性能，在枪钻深孔和高速滚齿加工中就采用这个办法。采用喷雾冷却，使液体易于汽化，也可明显提高冷却效果。在切削加工中，不同的冷却润滑材料的冷却效果见图 2.65 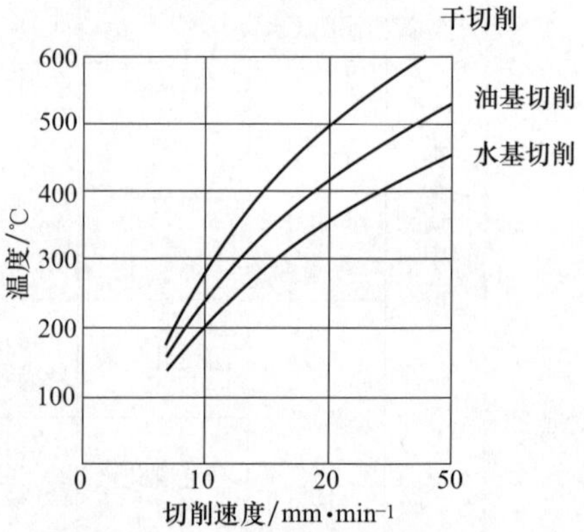 图 2.65 不同的冷却润滑材料的冷却效果
2	润滑作用	在切削加工中，刀具与切屑、刀具与工件表面之间产生摩擦，切削液就是减轻这种摩擦的润滑剂 刀具方面，由于刀具在切削过程中带有后角，它与被加工材料接触部分比前刀面少，接触压力也低，因此，后刀面的摩擦润滑状态接近于边界润滑状态，一般使用吸附性强的物质，如油性剂和抗剪强度降低的极压剂，能有效地减少摩擦。前刀面的状况与后刀面不同，剪切区经变形的切削在受到刀具推挤的情况下被迫挤出，其接触压力大，切削也因塑性变形而达到高温，在供给切削液后，切削也因受到骤冷而收缩，使前刀面上的刀与切屑接触长度及切屑与刀具间的金属接触面积减少，同时还使平均剪切应力降低，这样就导致了剪切角的增大和切削力的减少，从而使工件材料的切削加工性能得到改善 切削液的润滑作用，一般油基切削液比水基切削液优越，含油性、极压添加剂的油基切削液效果更好。油性添加剂一般是带有机化合物，如高级脂肪酸、高级醇、动植物油脂等。油基添加剂是通过极性基吸附在金属的表面上形成一层润滑膜，减少刀具与工件、刀具与切屑之间的摩擦，从而达到减少切削阻力，延长刀具寿命，降低工件表面粗糙度的目的。油性添加剂的作用只限于温度较低的状况，当温度超过 200℃，油性剂的吸附层受到破坏而失去润滑作用，所以一般低速、精密切削使用含有油性添加剂的切削液，而在高速、重切削的场合，

序号	切削液的作用	切削用量选择原则
2	润滑作用	应使用含有极压添加剂的切削液 　　所谓极压添加剂是一些含有硫、磷、氯元素的化合物，这些化合物在高温下与金属起化学反应，生成硫化铁、磷化铁、氯化铁等，具有低切削强度的物质，从而降低了切削阻力，减少了刀具与工件、刀具与切屑的摩擦，使切削过程易于进行。含有极压添加剂的切削液还可以抑制积屑瘤的生成，改善工件表面粗糙度。图 2.66 显示的为不同材质的化合物的耐高温属性 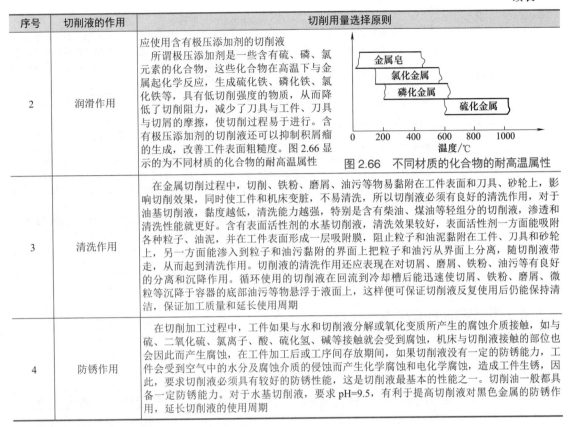 图 2.66 不同材质的化合物的耐高温属性
3	清洗作用	在金属切削过程中，切削、铁粉、磨屑、油污等物易黏附在工件表面和刀具、砂轮上，影响切削效果，同时使工件和机床变脏，不易清洗，所以切削液必须有良好的清洗作用，对于油基切削液，黏度越低，清洗能力越强，特别是含有柴油、煤油等轻组分的切削液，渗透和清洗性能就更好。含有表面活性剂的水基切削液，清洗效果较好，表面活性剂一方面能吸附各种粒子、油泥，并在工件表面形成一层吸附膜，阻止粒子和油污黏附在工件、刀具和砂轮上，另一方面能渗入到粒子和油污黏附的界面上把粒子和油污从界面上分离，随切削液带走，从而起到清洗作用。切削液的清洗作用还表现在对切屑、磨屑、铁粉、油污等有良好的分离和沉淀作用。循环使用的切削液在回流到冷却槽后能迅速使切屑、铁粉、磨屑、微粒等沉降于容器的底部油污等物悬浮于液面上，这样便可保证切削液反复使用后仍能保持清洁，保证加工质量和延长使用周期
4	防锈作用	在切削加工过程中，工件如果与水和切削液分解或氧化变质所产生的腐蚀介质接触，如与硫、二氧化硫、氯离子、酸、硫化氢、碱等接触就会受到腐蚀，机床与切削液接触的部位也会因此而产生腐蚀，在工件加工后或工序间存放期间，如果切削液没有一定的防锈能力，工件会受到空气中的水分及腐蚀介质的侵蚀而产生化学腐蚀和电化学腐蚀，造成工件生锈，因此，要求切削液必须具有较好的防锈性能，这是切削液最基本的性能之一。切削油一般都具备一定防锈能力。对于水基切削液，要求 pH=9.5，有利于提高切削液对黑色金属的防锈作用，延长切削液的使用周期

2.6.3 切削液的选取

（1）切削液选取的原则（表 2.53）

表 2.53 切削液选取的原则

序号	选取原则
1	切削液应无刺激性气味，不含对人体有害添加剂，确保使用者的安全
2	切削液应满足设备润滑、防护管理的要求，即切削液应不腐蚀机床的金属部件，不损伤机床密封件和油漆，不会在机床导轨上残留硬的胶状沉淀物，确保使用设备的安全和正常工作
3	切削液应保证工件工序间的防锈作用，不锈蚀工件。加工铜合金时，不应选用含硫的切削液；加工铝合金时应选用 pH 值为中性的切削液
4	切削液应具有优良的润滑性能和清洗性能。选择最大无卡咬负荷 PB 值高、表面张力小的切削液，并经切削试验评定
5	切削液应具有较长的使用寿命
6	切削液应尽量适应多种加工方式和多种工件材料
7	切削液应低污染，并有废液处理方法
8	切削液应价格适宜，配制方便

（2）根据刀具材料选择切削液（表 2.54）

表 2.54 根据刀具材料选择切削液

序号	刀具类型	选择相应的切削液
1	刀具钢刀具	其耐热温度约在 200 ~ 300℃之间，只能适用于一般材料的切削，在高温下会失去硬度。由于这种刀具耐热性能差，要求冷却液的冷却效果要好，一般采用乳化液为宜

序号	刀具类型	选择相应的切削液
2	高速钢刀具	这种材料是以铬、镍、钨、钼、钒（有的还含有铝）为基础的高级合金钢，它们的耐热性明显地比工具钢高，允许的最高温度可达 600℃。与其他耐高温的金属和陶瓷材料相比，高速钢有一系列优点，特别是它有较高的坚韧，适合于几何形状复杂的工件和连续的切削加工，而且高速钢具有良好的可加工性且价格上也容易被接受 使用高速钢刀具进行低速和中速切削时，建议采用油基切削液或乳化液。在高速切削时，由于发热量大，以采用水基切削液为宜。若使用油基切削液会产生较多油雾，污染环境，而且容易造成工件烧伤，加工质量下降，刀具磨损增大
3	硬质合金刀具	它的硬度大大超过高速钢，最高允许工作温度可达 1000℃，具有优良的耐磨性能，在加工钢铁材料时，可减少切屑间的粘结现象 一般选用含有抗磨添加剂的油基切削液为宜。在使用冷却液进行切削时，要注意均匀地冷却刀具，在开始切削之前，最好预先用切削液冷却刀具。对于高速切削，要用大流量切削液喷淋切削区，以免造成刀具受热不均匀而产生崩刃，亦可减少由于温度过高产生蒸发而形成的油烟污染
4	陶瓷刀具	采用氧化铝、金属和碳化物在高温下烧结而成，这种材料的高温耐磨性比硬质合金还要好，一般采用干切削，但考虑到均匀的冷却和避免温度过高，也常使用水基切削液
5	金刚石刀具	具有极高的硬度，一般使用于强力切削。为避免温度过高，也像陶瓷材料一样，通常采用水基切削液

2.6.4　切削液的使用方法

切削液的使用方法见表 2.55。

表 2.55　切削液的使用方法

加工方式	切削液种类	流量 /L·min^{-1}	加工方式		切削液种类	流量 /L·min^{-1}
粗车	乳化液	10～12	铣螺纹		切削油	4～6
精车	乳化液	8～10	攻螺纹		切削油	4～6
高速精车	乳化液	15～20	齿轮	粗切	切削油	8～10
铣削	乳化液或切削油	10～20	切削	精切		2～3
钻削	乳化液	10～15	拉削		切削油或乳化液	10～15
铰削	乳化液	6～10	磨削		乳化液	30 以下
	切削油	4～6				

经 验 总 结

① 在一般机床上都有冷却系统，用浇注法比较方便；
② 对于单刃刀具只需一个切削液喷嘴，对于多刃刀具，最好安排几个喷嘴；
③ 在深孔加工时，应用喷射高压切削液，将碎断的切屑冲离切削区，并排出孔外；
④ 在车削难加工材料时，高压液流应喷向刀具后面与工件加工面相接触处。

2.6.5　切削液在使用中出现的问题及其对策

切削液在使用中经常出现变质发臭、腐蚀、产生泡沫、使用操作者皮肤过敏等问题，表 2.56 中结合工作中的实际经验，列出了切削液使用中的问题及其对策。

总之，在正常生产中使用切削液，如果能注意以上问题，可以避免不必要的经济损失，有效地提高生产效率。

表 2.56　切削液在使用中出现的问题及其对策

序号	问题	产生原因	解决方法
1	变质发臭	①配制过程中有细菌侵入，如配制切削液的水中有细菌 ②空气中的细菌进入切削液 ③工件工序间的转运造成切削液的感染 ④操作者的不良习惯，如乱丢脏东西、机床及车间的清洁度差	①使用高质量、稳定性好的切削液。用纯水配制浓缩液，不但配制容易，而且可改善切削液的润滑性，且减少被切屑带走的量，并能防止细菌侵蚀。使用时，要控制切削液中浓缩液的比率不能过低，否则易使细菌生长 ②由于机床所用油中含有细菌，所以要尽可能减少机床漏出的油混入切削液 ③切削液的 pH 值在 8.3～9.2 时，细菌难以生存，所以应及时加入新的切削液，提高 pH 值。保持切削液的清洁，不要使切削液与污油、食物、烟草等污物接触 ④经常使用杀菌剂，保持车间和机床的清洁 ⑤设备如果没有过滤装置，应定期撤除浮油，清除污物
2	腐蚀	①切削液中浓缩液所占的比例偏低 ②切削液的 pH 值过高或过低，例如 pH > 9.2 时，对铝有腐蚀作用 ③不相似的金属材料接触 ④用纸或木头垫放工件 ⑤零部件叠放 ⑥切削液中细菌的数量超标 ⑦工作环境的湿度太高	①用纯水配制切削液，并且切削液的比例应按所用切削液说明书中的推荐值使用 ②在需要的情况下，要使用防锈液 ③控制细菌的数量，避免细菌的产生 ④检查湿度，注意控制工作环境的湿度在合适的范围内 ⑤要避免切削液受到污染 ⑥要避免不相似的材料接触，如铝和钢、铸铁（含镁）和铜等
3	产生泡沫	①切削液的液面太低 ②切削液的流速太快，气泡没有时间溢出，越积越多，导致大量泡沫产生 ③水槽设计中直角太多，或切削液的喷嘴角度太直	①在集中冷却系统中，管路分级串联，离冷却箱近的管路压力应低一些。保证切削液的液面不要太低，及时检查液面高度，及时添加切削液 ②控制切削液流速不要太快 ③在设计水槽时，应注意水槽直角不要太多 ④在使用切削液时应注意切削液喷嘴角度不要太直
4	皮肤过敏	① pH 值太高 ②切削液的成分 ③不溶的金属及机床使用的油料 ④浓缩液使用配比过高 ⑤切削液表面的保护性悬浮层，如气味封闭层、防泡沫层，杀菌剂及不干净的切削液	①操作者应涂保护油，穿工作服，戴手套，应注意避免皮肤与切削液直接接触 ②切削液中浓缩液比例一定要按照切削液的推荐值使用 ③使用杀菌剂要按说明书中的剂量使用

经 验 总 结

　　① 高速车削中一般不使用切削液，如果在车削中途突然使用切削液，会使温度很高的刀片骤冷而产生裂纹。

　　② 在实际加工中无法直接判断切削液性能的情况下，可采用一根试验长棒，用同一刀具进行切削加工，通过观察表面粗糙度来评价切削液的性能。

　　③ 切削液不同自来水，市场上很多的切削液成分对人体皮肤的刺激严重，工人在金属加工车间工作，频繁接触到金属加工液，极容易造成手部皮肤发红、瘙痒，接触性皮炎和蜕皮。长期接触到有毒性成分的切削液，有毒物质从人体的皮肤吸收，导致慢性中毒。

　　故在使用金属切削液时企业应选用安全环保、无毒和高性能的切削液，同时在生产时配备安全防护产品。

3

第3章 车刀的刃磨

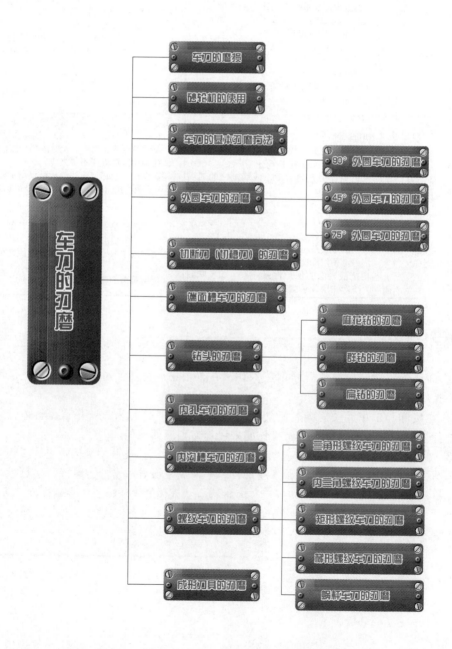

> **车刀刃磨操作与安全**
>
> 衣物扎紧袖口系，手套尽量丢边去；
> 长发需要盘脑后，饰物饰品皆摘取；
> 刃磨开机先检查，设备安全要牢记；
> 砂轮转速稳定后，双手握刀轮侧立；
> 两肘夹紧腰部处，刃磨平稳莫抖急；
> 车刀高低需控制，砂轮水平不乱移；
> 莫轻莫重力适中，用力太大打滑易；
> 手持车刀均匀作，温高烫手则暂离；
> 刀离砂轮应小心，保护刀尖先抬起；
> 高速钢刀可水冷，防止退火硬度低；
> 硬质合金勿水淬，骤冷刀裂前功弃；
> 先停磨削后停机，断电清理机房离。

　　车削过程中，车刀的前刀面和后刀面处于剧烈的摩擦和切削热的作用之中，使车刀的切削刃口变钝而失去切削能力，因此，必须通过刃磨来恢复切削刃口的锋利和正确的车刀几何角度。

　　车刀的刃磨方法有机械刃磨和手工刃磨两种。机械刃磨效率高、操作方便，几何角度准确，质量好。目前，实际生产中，仍普遍采用手工刃磨的方法（图3.1），因此，车工必须掌握手工刃磨车刀的技术。图3.2为常用的车刀。

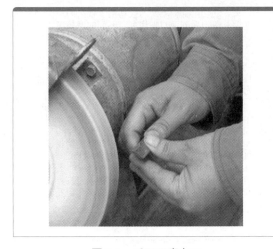

图 3.1　手工刃磨车刀

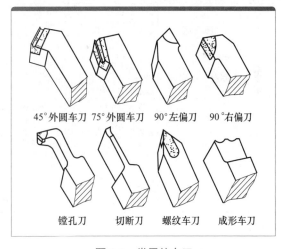

45°外圆车刀　75°外圆车刀　90°左偏刀　90°右偏刀

镗孔刀　切断刀　螺纹车刀　成形车刀

图 3.2　常用的车刀

3.1　**车刀的磨损**

　　一把新车刀，经过切削会逐渐变钝而无法使用。这时需要卸下来在砂轮上刃磨，使它恢复锋利，然后继续使用。就这样经过使用—磨钝—刃磨锋锐，几个循环以后，车刀上能切削的部分越来越小，直至无法恢复锋锐而完全报废。

　　图3.3为车刀的沟槽磨损，图3.4为铰刀崩刃，图3.5为刀具热裂纹。

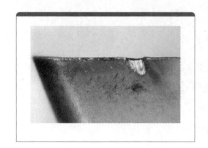

图 3.3　沟槽磨损

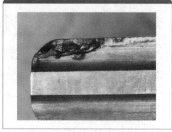

图 3.4　铰刀崩刃

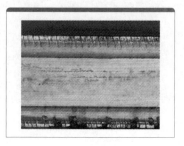

图 3.5　刀具热裂纹

3.1.1　车刀磨损的原因

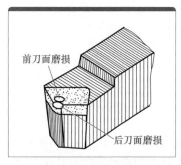

图 3.6　车刀磨损

在金属切削加工中，刀具与工件界面处的表面负荷以及切屑沿刀具前刀面高速滑移而产生的能量和摩擦，转化为热量，而通常这些热量的 80% 都被切屑带走（这一比例的变化取决于几个要素，尤其是切削速度），其余大约 20% 的热量则传入刀具之中，热量和温度是刀具磨损的根本。

车刀磨损一种是出现在前刀面，一种出现在后刀面，还有一种是同时出现在车刀的前刀面和后刀面（图 3.6）。

车刀磨损原因如下，见表 3.1。

表 3.1　车刀磨损原因

序号	磨损原因	详细描述
1	机械磨损	车削过程中，车刀和工件发生相对运动，车刀的切削部分不断与被切削工件之间产生强烈摩擦，这种摩擦包括车刀前刀面与切屑间的摩擦、车刀后刀面与被切削表面间的摩擦等，并且摩擦速度很高，从而导致车刀的磨损。这种磨损称机械磨损，在切削速度较低或在低温条件下切削，常以机械磨损为主
2	高温高压磨损	车削中，车刀在很大的压力和很高的温度下工作，产生出大量的热，刀尖处局部可达 500～1000℃ 的车刀的磨损形式高温。这样刀尖处一小部分的金属组织就会变软，也就加剧了切削部分的磨损。高速钢车刀大部分是因为这个原因而磨损的
3	化学变质磨损	在用硬质合金刀具进行高速车削时，产生的温度很高，这时硬质合金刀片中的碳、钴、钨、钛等元素扩散到工件和切屑中去，而工件中的铁元素也会扩散到刀具中来，从而改变了硬质合金表层化学成分中的比值，使其变得脆弱，硬度和强度下降，加剧了车刀的磨损 硬质合金车刀高速切削钢材时，主要是由于这方面磨损引起的，此外还伴有热磨损、氧化磨损和粘结磨损等。氧化磨损就是在高温 700～800℃ 下，空气中的氧容易和硬质合金中的钴、碳化钨、碳化钛等发生氧化作用，产生脆弱的氧化物。这些氧化物容易被切屑、工件擦伤带走，从而导致刀具磨损。粘结磨损是指高速车削中产生的切削热，使硬质合金刀具表面和加工材料粘在一起，当硬质合金和加工材料粘在一起时，会发生化学作用，使硬质合金变质，减弱车刀的切削性能，使车刀容易磨损

3.1.2　刀具的磨损形式

（1）刀具的磨损形式

刀具在进行切削加工时，由于其切削部分与工件或切屑在高温、高压下相接触，刀具材料的微粒被切屑或工件带走，使刀具产生磨损。这种磨损是不可避免的，称为正常磨损。另外，刀具由于受到冲击、振动或热效应等原因导致刀具崩刃、碎裂而损坏，称为非正常磨损。图 3.7 所示为

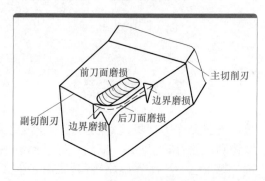

图 3.7　车刀磨损经常发生的部位

车刀磨损经常发生的部位。

刀具切削部分主要磨损的发生部位可分为以下几种，见表 3.2。

表 3.2　车刀磨损的发生部位

序号	磨损发生部位	详细描述
1	前刀面磨损	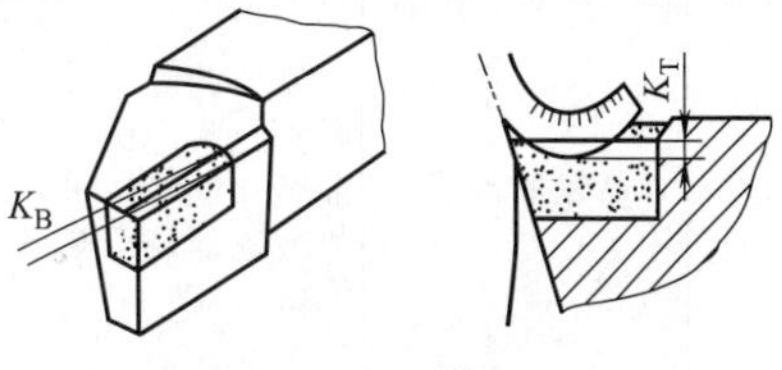 如图 3.8 所示，切削塑性材料时，若速度较高，切削速度较大，在前刀面上、主切削刃后会出现月牙洼形的磨损部分。随着磨损的加剧，月牙洼逐渐加深加宽，当接近刃口时，会使刃口突然崩裂。前刀面磨损量的大小用月牙洼的宽度 K_B 和深度 K_T 表示 图 3.8　前刀面磨损
2	后刀面磨损	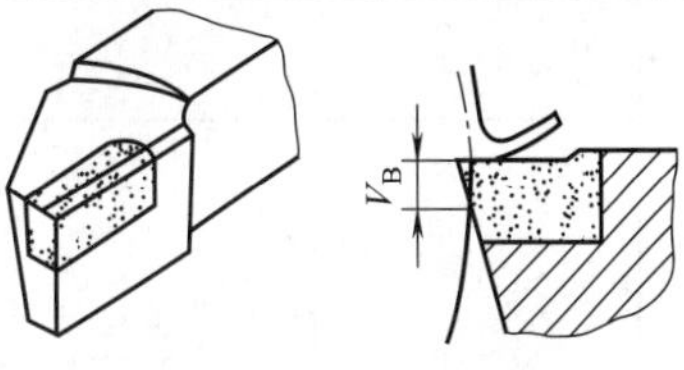 如图 3.9 所示，切削脆性材料或用较低的切削速度和较薄的切削厚度切削塑性材料时，前刀面摩擦较小，温度较低，磨损主要发生在后刀面上。后刀面磨损后形成后角等于 0° 的小棱面。后刀面磨损主要发生在刀尖附近，磨损量以 V_B 表示 图 3.9　后刀面磨损
3	前、后刀面同时磨损	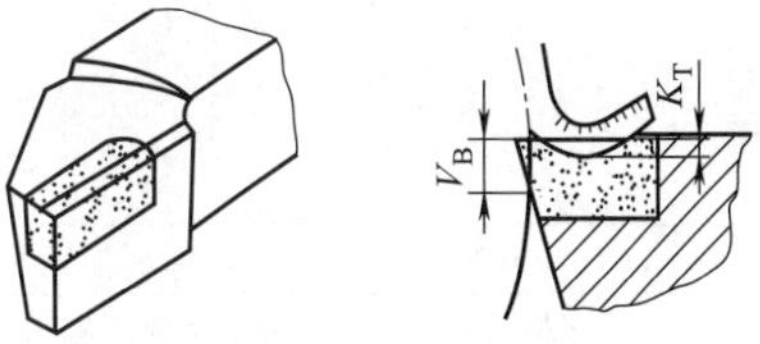 如图 3.10 所示，当切削塑性金属时，如果切削厚度适中（0.1 ～ 0.5mm），刀具磨损常同时发生在前、后刀面上 图 3.10　前、后刀面同时磨损

（2）刀具磨损的判断方法（表 3.3）

表 3.3　刀具磨损的判断方法

序号	磨损判断方法	详细描述
1	看加工	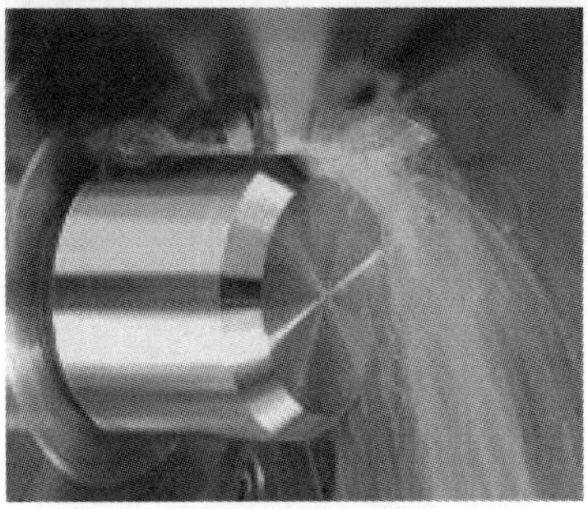 如果加工过程中，冒断续的无规则火星，如图 3.11 所示，说明刀具已经磨损，可根据刀具平均寿命及时换刀 图 3.11　加工过程的无规则火星
2	看铁屑颜色	 铁屑颜色改变，说明加工温度已经改变，可能是刀具磨损，图 3.12 为部分呈现青色的车削铁屑 图 3.12　呈现青色的车削铁屑

续表

<table>
<tr><th>序号</th><th>磨损判断方法</th><th colspan="2">详细描述</th></tr>
<tr><td>3</td><td>看铁屑形状</td><td>铁屑两侧出现锯齿状，铁屑不正常卷曲，铁屑变得更细碎，如图 3.13 所示，这些现象都是刀具磨损的判断依据</td><td>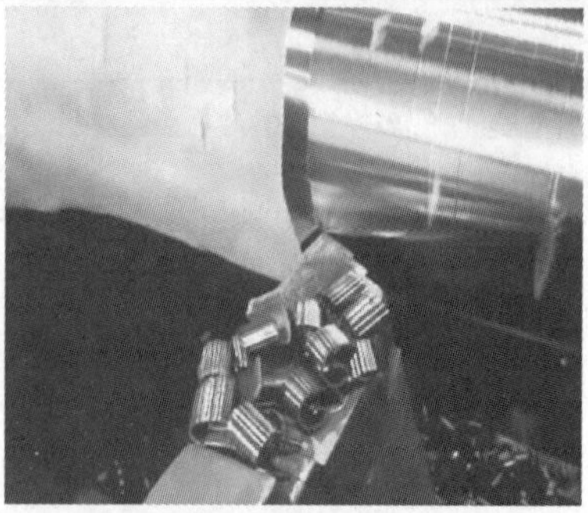
图 3.13　异常卷曲的铁屑</td></tr>
<tr><td>4</td><td>看工件表面</td><td>如图 3.14 所示，出现光亮痕迹，但粗糙度和尺寸并没有大的变化，这其实也是刀具已经磨损</td><td>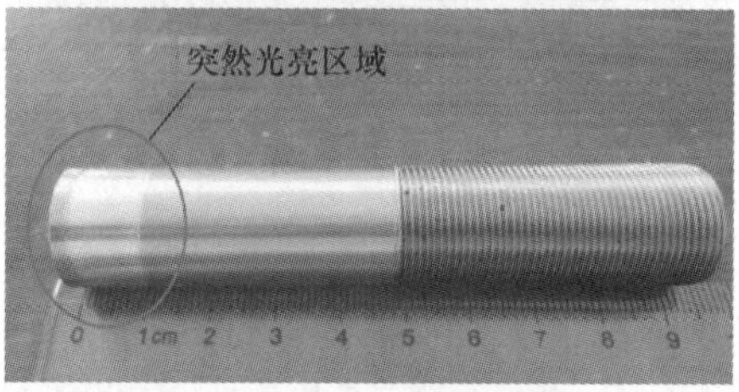

图 3.14　出现光亮痕迹</td></tr>
<tr><td>5</td><td>听声音</td><td colspan="2">加工振动加剧，刀具不快时候会产生异响。要时刻留意避免“扎刀”，造成工件报废</td></tr>
<tr><td>6</td><td>观察机床负载</td><td colspan="2">如有明显增量变化，说明刀具已经磨损，但并不能作为唯一换刀依据</td></tr>
<tr><td>7</td><td>刀具寿命表</td><td>以加工工件数量为依据的刀具寿命表（图 3.15），一些高端装备制造业或者单品批量生产企业用它来指导生产，此方法适合加工工件昂贵的航空航天、汽轮机、汽车关键部件如发动机等生产企业</td><td>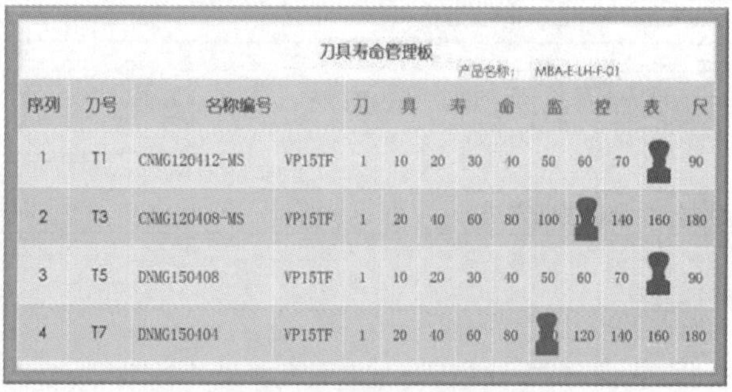
刀具寿命管理板
产品名称： MBA-E-LH-F-01
<table>
<tr><th>序列</th><th>刀号</th><th colspan="2">名称编号</th><th>刀</th><th>具</th><th>寿</th><th>命</th><th>监</th><th>控</th><th>表</th><th>尺</th></tr>
<tr><td>1</td><td>T1</td><td>CNMG120412-MS</td><td>VP15TF</td><td>1</td><td>10</td><td>20</td><td>30</td><td>40</td><td>50</td><td>60</td><td>70</td><td>[illegible]</td><td>90</td></tr>
<tr><td>2</td><td>T3</td><td>CNMG120408-MS</td><td>VP15TF</td><td>1</td><td>20</td><td>40</td><td>60</td><td>80</td><td>100</td><td>[illegible]</td><td>140</td><td>160</td><td>180</td></tr>
<tr><td>3</td><td>T5</td><td>DNMG150408</td><td>VP15TF</td><td>1</td><td>10</td><td>20</td><td>30</td><td>40</td><td>50</td><td>60</td><td>70</td><td>[illegible]</td><td>90</td></tr>
<tr><td>4</td><td>T7</td><td>DNMG150404</td><td>VP15TF</td><td>1</td><td>20</td><td>40</td><td>60</td><td>80</td><td>[illegible]</td><td>120</td><td>140</td><td>160</td><td>180</td></tr>
</table>
图 3.15　刀具寿命表</td></tr>
<tr><td>8</td><td>其他</td><td>刀具切出时工件产生毛边、毛刺严重，粗糙度下降，工件尺寸变化等明显现象也是刀具磨损的判定标准
图 3.16 为毛刺严重，粗糙度下降明显的加工零件</td><td>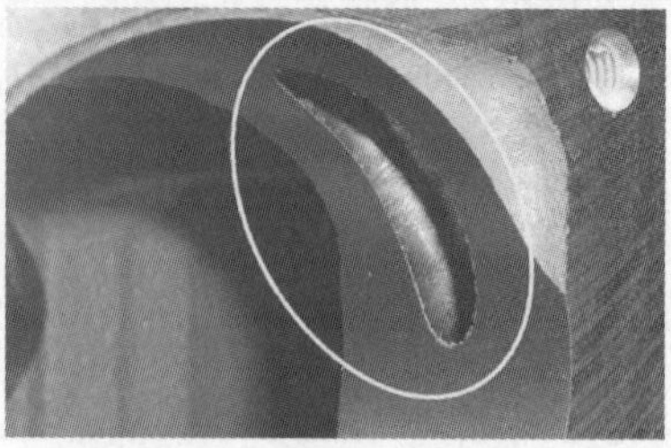
图 3.16　粗糙度明显下降</td></tr>
</table>

3.1.3　刀具的耐用度

（1）刀具的磨损阶段

车刀在车削工件中的磨损，不是猛然就没有刀尖了（刀尖突然断裂的情况例外），而是慢慢开始的。正常磨损情况下，刀具切削部分的磨损量随着刀具切削时间的增加而增大。磨损过程大致可分为：初期磨损阶段、正常磨损阶段和急剧磨损阶段。如图 3.17 所示为分别以切削时间和磨损量（后刀面磨损量 V_B 或前刀面月牙洼磨损深度 K_T）为横坐标与纵坐标。当刀具磨损量达到一定数值后，磨损急剧加速，导致刀具损坏。加工中应在刀具产生急剧磨损前重磨或更换刀具。刀具的磨损阶段详细描述见表 3.4。

由上述可见，刀具的磨损过程又可看为刀具的钝化过程。

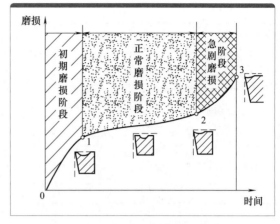

图 3.17　刀具磨损曲线

表 3.4　刀具的磨损阶段

序号	磨损阶段	详细描述
1	初期磨损阶段	即是在图 3.17 中的 0～1 处。由于车刀在刃磨以后，它的前刀面和后刀面上是高低不平的，如果用放大镜来观察，可以发现有很多很尖而小的"凸峰"，当受到切屑的冲击和摩擦时，这些粗糙的劣质凸峰会被磨平，这一阶段时间是很短的，这叫初期磨损阶段。一些有经验的操作者，在磨刀以后，总是用细磨石（油石）将车刀的前刀面和后刀面仔细研磨，其原因也就在于把这些小凸峰先磨去，使切屑和车刀表面的摩擦减少，这样能降低车刀的磨损，使切削轻快 初期磨损量与刀具刃磨质量有关，经过研磨的刀具初期磨损量小
2	正常磨损阶段	正常磨损阶段如图 3.17 中 1～2 这一段曲线 当刀头表面上的粗劣凸峰逐渐磨平后，车刀就进入正常磨损阶段。这时只是切屑和车刀表面的摩擦，磨损情况较稳定。这是因为车刀已经通过初期阶段的磨损，将粗劣凸峰层消除，露出了正常组织，这时车刀表面磨损厚度和磨损速度一直比较均匀，因而这一阶段磨损时间是比较长的。随着车刀切削时间增加，车刀表面的磨损也就加剧
3	急剧磨损阶段	在图 3.17 中 2～3 这一段曲线就是车刀的急剧磨损阶段 当车刀经过前两个阶段的磨损，刃口变钝，摩擦力增大，切削力和切削温度迅速上升，刀具材料的性能下降，紧接下去的磨损速度会随之迅速加剧。这时如果仍然继续使用，切削温度会剧烈上升，使车刀会完全磨损，所以在切削过程中应避免刀具发生急剧磨损

（2）刀具磨损限度

刀具磨损限度是指对刀具规定一个允许磨损量的最大值，或称刀具磨钝标准。由于加工时后刀面通常都会受到磨损，对加工质量影响较大，并且测量后刀面的磨损量 V_B 比较方便，因此，刀具磨损限度（磨钝标准）一般以在后刀面上测出的 V_B 为准（见表 3.5）。

表 3.5　车刀磨损的限度

车刀类型	加工材料	加工性质	后刀面最大磨损限度 /mm	
			刀具材料	
			硬质合金	高速钢
外圆车刀、端面车刀、镗刀	碳钢、合金钢	粗车	1.0～1.4	1.5～2.0
		精车	0.4～0.6	1.0
	铸钢、有色金属	粗车	—	1.5～2.0
		精车	—	1.0
	铸铁	粗车	0.8～1.0	—
		精车	0.6～0.8	—
	灰铸铁、可锻铸铁	粗车	—	2.0～3.0
		精车	—	1.5～2.0

车刀类型	加工材料	加工性质	后刀面最大磨损限度 /mm	
			刀具材料	
			硬质合金	高速钢
外圆车刀、端面车刀、镗刀	铸钢、有色金属	粗、精车	0.4～0.5	1.0
	钛合金	精、半精车	0.8～1.0	—
	淬火钢	精车	0.4～0.6	—
切槽刀及切断刀	钢、铸钢	—	0.4～0.6	0.8～1.0
	灰铸铁	—	0.6～0.8	1.5～2.0
成形车刀	碳钢	—	—	0.4～0.5

（3）常用车刀的耐用度

在实际生产中，为提高刀具的使用寿命，采用与刀具磨钝标准相对应的切削时间，即刀具的耐用度来表示刀具需重磨的时间。表 3.6 详细说明了刀具耐用度与刀具寿命之间的区别与联系。

表 3.6　刀具耐用度与刀具寿命之间

序号	项目	详细描述
1	刀具耐用度	指刃磨后的刀具自开始切削直到磨损量达到磨钝标准所经历的总切削时间，用字母 t 表示，单位为 min
2	刀具寿命	刀具耐用度与刀具重磨次数加一的乘积就是刀具寿命，即一把新刀具从开始投入使用直到报废为止的总切削时间

磨损速度愈慢，耐用度愈高，因此凡影响刀具磨损的因素都要影响刀具耐用度。而且刀具耐用度是衡量刀具切削性能好坏的重要标志，因此我们要分析影响刀具耐用度的因素，从而有效地控制这些因素之间的相互关系，以便得到合理的刀具耐用度，使刀具具有良好的切削性能。刀具磨损到一定限度就不再继续使用，这个磨损限度称为磨钝标准。

常用车刀的耐用度如表 3.7 所示。

表 3.7　车刀的耐用度

序号	加工阶段	刀具材料的耐用度（T）				
		硬质合金	高速钢			
		普通车刀	普通车刀	钻头	镗刀	成形车刀
1	粗加工	60min	60min	80～120min	30～60min	120～300min
2	精加工	精加工时，常以走刀次数或加工零件个数表示刀具耐用度				

（4）刀具耐用度选择的方法

确定刀具耐用度的方法有三种，见表 3.8。

表 3.8　确定刀具耐用度的方法

序号	确定刀具耐用度的方法	详细描述
1	最高生产率耐用度 T_p	根据单工件时最小的原则来制定耐用度，称为最高生产率耐用度 T_p
2	最低成本耐用度 T_c	根据每个工件工序成本最低原则来制定耐用度，称为最低成本耐用度 T_c
3	最大利润耐用度 T_{pr}	根据单位时间内获得的盈利最大来制定耐用度，称为最大利润耐用度 T_{pr}

由上可知，这三种耐用度之间存在如下关系，即 $T_p < T_{pr} < T_c$。生产中一般多采用最低成本耐用度，只有当生产任务紧迫，或生产中出现不平衡的薄弱环节时，才选用最高生产率耐用度。

经验总结

实际确定刀具耐用度时通常应考虑如下因素：

① 对于制造、刃磨比较简单，成本不高的刀具，例如车刀、钻头等，耐用度可定低一点，反之则耐用度应选高一点，如高速钢刀具、镗刀及齿轮刀具。

② 对于装刀、换刀和调刀比较复杂的多刀机床、组合机床与自动化加工刀具，耐用度应取得高一些。机夹可转位车刀和陶瓷刀具，其换刀时间短，耐用度可选得低些。

③ 对不满足生产节拍的关键工序，为使车间生产达到平衡，该工序的耐用度应选得低一些。当某工序单位时间内所分担到的全厂开支较大时，刀具耐用度也应选低些。

④ 大件精加工时，为避免在加工同一表面时中途换刀，耐用度应规定得高一些，至少应该完成一次走刀。

⑤ 生产线上的刀具耐用度应规定为一个班或两个班，以便能在换班时换刀。

3.1.4 常见刀具磨损形式及应对措施

（1）后刀面磨损（表 3.9）

表 3.9 后刀面磨损详细情形

项目	后刀面磨损	磨损实拍照片
详细描述	后刀面磨损是最常见的磨损类型之一，发生在刀片（刀具）的后刀面	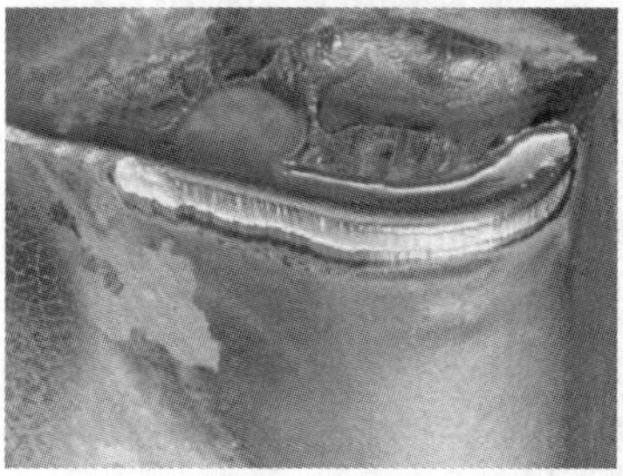
原因	切削期间，与工件材料表面的摩擦会导致后刀面的刀具材料损耗。磨损通常最初在刃线出现，并逐渐向下发展	
应对措施	降低切削速度，并同时增加进给，将可在确保生产率的情况下延长刀具寿命	

（2）月牙洼磨损（表 3.10）

表 3.10 月牙洼磨损详细情形

项目	月牙洼磨损	磨损实拍照片
详细描述	高速切削钢材在车削加工时往往会在刀具前刀面形成凹坑，这通常与后刀面磨损最小化相关联。如果任其发展下去，这个凹坑会发展并扩大，直到它最终穿破切削刃并导致刃口断裂。月牙洼磨损常见于切削碳钢时	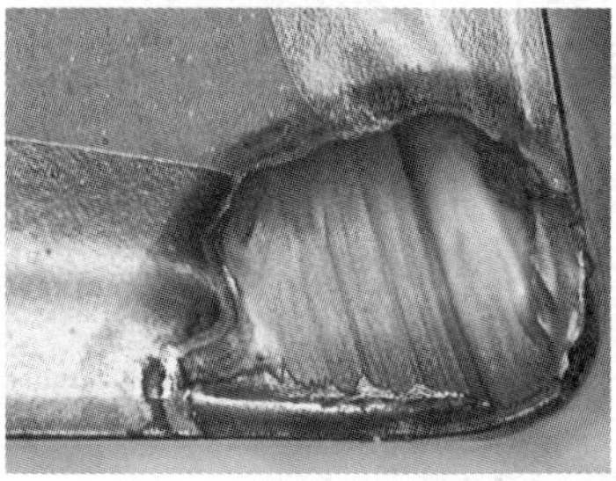
原因	切屑与刀片（刀具）前刀面的接触导致出现月牙洼磨损，属于化学反应	
应对措施	降低切削速度，并选择具有正确槽型和更耐磨涂层的刀片（刀具）将可延长刀具寿命	

（3）塑性变形（表 3.11）

表 3.11　塑性变形详细情形

项目	塑性变形	磨损实拍照片
详细描述	塑性变形是指切削刃形状永久改变，切削刃出现向内变形（切削刃凹陷）或向下变形（切削刃下塌）	 切削刃凹陷 　　　　　　切削刃下塌
原因	切削刃在高切削力和高温下处于应力状态，超出了刀具材料的屈服强度和温度	
应对措施	使用具有较高热硬度的材质可以解决塑性变形问题。涂层可改进刀片（刀具）的抗塑性变形能力	

（4）涂层剥落（表 3.12）

表 3.12　涂层剥落详细情形

项目	涂层剥落	磨损实拍照片
详细描述	涂层剥落通常发生在加工具有粘结特性的材料时	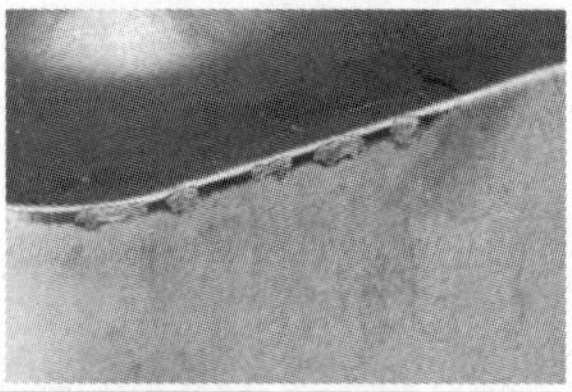
原因	黏附负荷会逐渐发展，切削刃要承受拉应力。这会导致涂层分离，从而露出底层或基体	
应对措施	提高切削速度，以及选择具有较薄涂层的刀片将可减少刀具的涂层剥落	

（5）裂纹（表 3.13）

表 3.13　裂纹详细情形

项目	裂纹	磨损实拍照片
详细描述	裂纹是狭窄裂口，通过破裂而形成新的边界表面。某些裂纹仅限于涂层，而某些裂纹则会向下扩展至基体。梳状裂纹大致垂直于刃线，通常是热裂纹	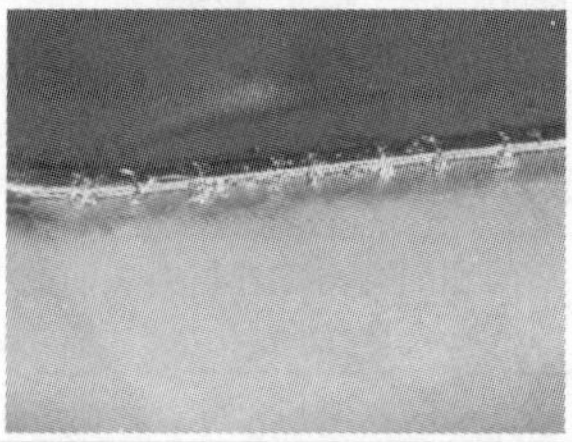
原因	梳状裂纹是由于温度快速波动而形成	
应对措施	防止出现这种情况，可以使用韧性更高刀片材质，并且应大量使用冷却液或者完全不用冷却液	

（6）崩刃（表 3.14）

表 3.14　崩刃详细情形

项目	崩刃	磨损实拍照片
详细描述	崩刃包括刃线的轻微损坏。崩刃与断裂的区别在于刀片崩刃后仍可使用	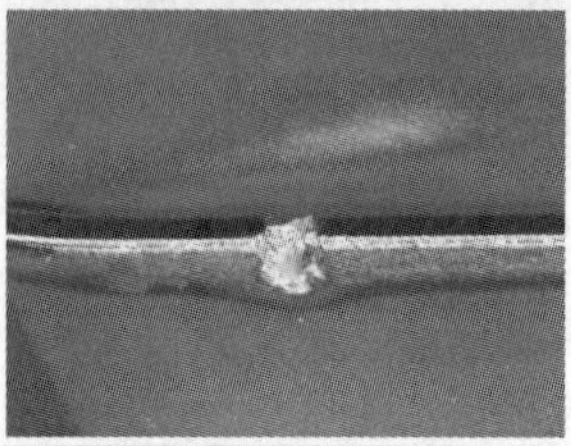
原因	有许多磨损状态组合可导致崩刃。但是，最常见的还是热、机械以及黏附带来的	
应对措施	可以采取不同的预防措施来尽可能减轻崩刃，具体取决于导致其发生的磨损状态	

（7）沟槽磨损（表 3.15）

表 3.15　沟槽磨损详细情形

项目	沟槽磨损	磨损实拍照片
详细描述	沟槽磨损的特点是在最大切深出现过量的局部损坏，但这也可能发生在副切削刃上	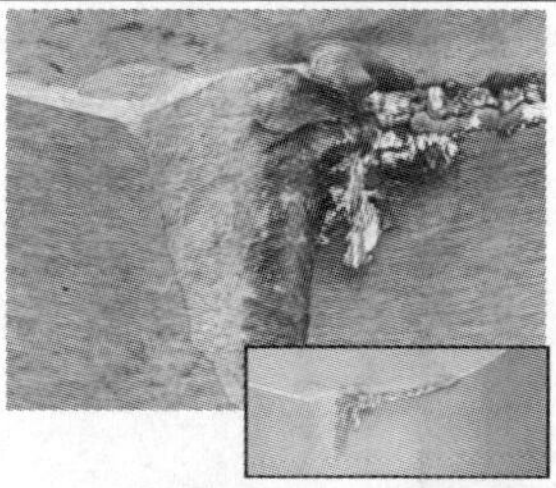
原因	取决于化学磨损是否在沟槽磨损中占据主导地位，与粘着磨损或热磨损的不规则增长相比，化学磨损的发展更有规律。对于粘着磨损或热磨损情况，加工硬化和毛刺形成是导致沟槽磨损的重要因素	
应对措施	对于加工硬化材料，选择较小的主偏角，改变切深	

（8）断裂（表 3.16）

表 3.16　断裂的详细情形

项目	断裂	磨损实拍照片
详细描述	断裂是指切削刃大部分破裂，刀片不能再使用	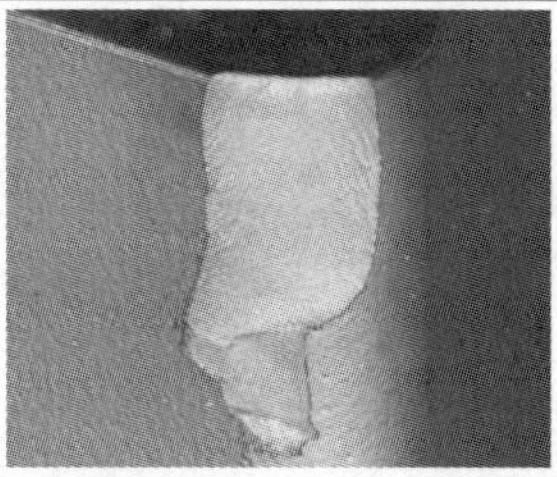
原因	切削刃承载的负荷超出了其承受能力。这可能是因为任由磨损发展过快，导致切削力增大。错误的切削参数或装夹稳定性问题也会导致过早断裂	
应对措施	识别此类磨损的初兆，并通过选择正确的切削参数和检查装夹稳定性来防止其继续发展	

（9）积屑瘤（黏附）（表 3.17）

表 3.17　积屑瘤详细情形

项目	积屑瘤	磨损实拍照片
详细描述	积屑瘤是指材料在前刀面上积聚	
原因	积屑材料可能在切削刃顶部形成，从而将切削刃与材料分隔。这会增大切削力，从而导致整体失效或积屑瘤脱落，而且脱落时往往会将涂层甚至部分基体一并剥离	
应对措施	提高切削速度可防止形成积屑瘤。加工较软、黏性较大的材料时，最好使用较锋利的切削刃	

3.2　砂轮机

　　砂轮机是一种机械加工磨具，在多个行业都有应用。如机械加工过程中，因刀具磨损变钝或者刀具损坏，失去切削能力，必须要对刀具在砂轮上进行刃磨，恢复其切削能力。图 3.18 为常见的三种砂轮机。

砂轮机除了具有磨削机床的某些共性要求外，还具有转速高、结构简单、适用面广、一般为手工操作等特点，砂轮机在制作刀具中使用频繁，一般无固定人员操作，有的维护保养较差，磨削操作中未遵守安全操作规程而造成的伤害事故也占有相当的比例。

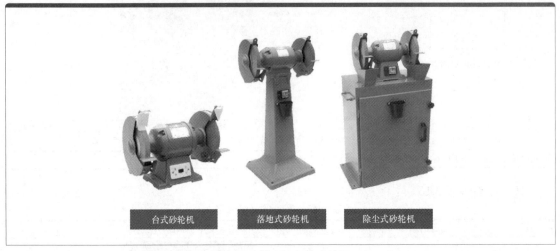

台式砂轮机　　　　落地式砂轮机　　　　除尘式砂轮机

图 3.18　常见的三种砂轮机

除尘砂轮机上身部分除了过载保护器和接灰斗，其他基本和台式砂轮机构造一致，而机器下身部分是除尘箱体，里面装有粉尘捕捉装置，通过风机将细微的粉尘排出，大颗粒的粉尘会随着过滤器直接进入接灰盘，操作完成后只需将收集好的粉尘颗粒清理掉就可以了。

3.2.1　砂轮机的机构

砂轮机主要是由基座、砂轮、电动机或其他动力源、托架、防护罩和给水器（非必需）等所组成。

图 3.19 为台式砂轮机的机构组成，图 3.20 为立式砂轮机的机构组成。图 3.21 为台式砂轮机分解图，表 3.18 为砂轮机的组成部分。

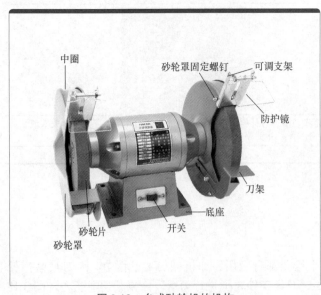

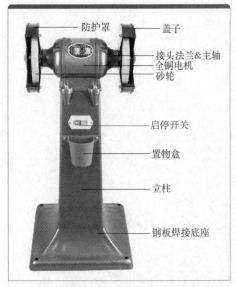

图 3.19　台式砂轮机的机构　　　　　　　　图 3.20　立式砂轮机的机构

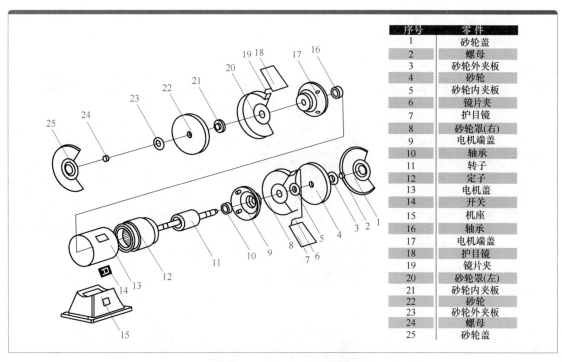

序号	零件
1	砂轮盖
2	螺母
3	砂轮外夹板
4	砂轮
5	砂轮内夹板
6	镜片夹
7	护目镜
8	砂轮罩(右)
9	电机端盖
10	轴承
11	转子
12	定子
13	电机盖
14	开关
15	机座
16	轴承
17	电机端盖
18	护目镜
19	镜片夹
20	砂轮罩(左)
21	砂轮内夹板
22	砂轮
23	砂轮外夹板
24	螺母
25	砂轮盖

图 3.21 台式砂轮机分解图

表 3.18 为砂轮机的组成部分

序号	组成部分	详细描述
1	防护罩	砂轮机防护罩要有足够的强度(一般钢板厚度为 1.5～3mm)和有效的遮盖面。悬挂式或切割砂轮机最大开口角度小于等于 180°；台式和落地式砂轮机最大开口角度小于等于 125°，在砂轮主轴中心线水平面以上开口角度小于等于 65°；防护罩安装要牢固，防止因砂轮高速旋转松动、脱落；防护罩与砂轮之间的间隙要匹配，新砂轮与罩壳板正面间隙应为 20～30mm，罩壳板的侧面与砂轮间隙为 10～15mm
2	挡屑板	挡屑板应有足够的强度且可调；应牢固地安装在防护罩壳上，调节螺栓齐全、紧固；应有一定的强度，能有效地挡住砂轮碎片和飞溅的火星；宽度应大于防护罩外圆部分宽度；应能够随砂轮的磨损，而调节与砂轮圆周表面的间隙，两者之间的间隙小于等于 6mm；砂轮机防护罩在砂轮主轴中心水平面以上的开口角度小于等于 30° 时可不设置挡屑板
3	砂轮	砂轮无裂纹无破损；必须完好无裂纹、无损伤，安装前应目测检查，发现裂损，严禁使用；禁止用受潮、受冻的砂轮；选用橡胶结合剂的砂轮不允许接触油类，树脂结合剂的砂轮不允许接触碱类物质，否则会降低砂轮的强度；不准使用存放超过安全期的砂轮，此类砂轮会变质，使用非常的危险树脂结合剂砂轮(较多)一般为 1 年，橡胶结合剂砂轮一般为 2 年，以制造厂说明书为准
4	托架	托架安装牢固可靠；要有足够的面积和强度；靠近砂轮一侧的边棱应无凹陷、缺角；托架位置应能随砂轮磨损及时调整间隙，间隙应小于等于 3mm；台面的高度比砂轮主轴中心线应等高或略高于砂轮中心水平面 10mm；直径小于等于 150mm 时可不装设托架
5	法兰盘	切割砂轮机的法兰盘直径不得小于砂轮直径的 1/4，其他砂轮机的法兰盘直径应大于砂轮直径的 1/3，以增加法兰盘与砂轮的接触面；砂轮左右的法兰盘直径和压紧宽度的尺寸必须相等；应有足够的刚性，压紧面上紧固后必须保持平整和均匀接触；应无磨损、变曲、不平、裂纹、不准使用铸铁法兰盘；轮与法兰盘之间必须衬有柔性材料软垫(如石棉、橡胶板、纸板、毛毡、皮革等)，其厚度为 1～2mm，直径应比法兰盘外径大 2～3mm，以消除砂轮表面的不平度，增加法兰盘与砂轮的接触面

3.2.2 砂轮的种类

车刀在刃磨时大多采用平行砂轮，目前常用的砂轮有氧化铝和碳化硅两类。砂轮的粗细以粒度表示，一般可分为 36#、60#、80# 和 120# 等级别，粒度号愈大则表示组成砂轮的磨料愈细，反之愈粗。粗磨车刀时应选用粗砂轮，精磨车刀时应选用细砂轮。车刀刃磨时必须根据其材料来选定，表 3.19 为车刀刃磨必备砂轮的选用，表 3.20 为车刀刃磨可选配的磨具。

表 3.19　车刀刃磨必备砂轮的选用

序号	砂轮类型		实物图示	特征	应用范围
1	氧化铝（刚玉砂轮）	棕刚玉砂轮	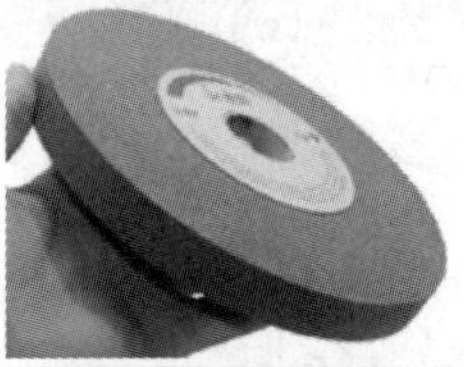	色泽为棕色，硬度高、韧性大	适用于抗张强度金属材料的磨削，如一般碳素钢、合金钢、可锻金、硬青钢等
		白刚玉砂轮	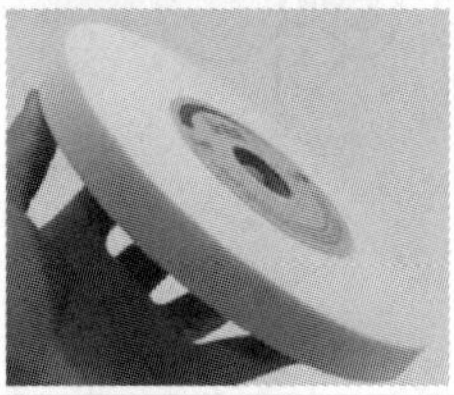	色泽为白色，硬度高于棕刚玉。磨粒易破碎，棱角锋利，切削性能好，磨削热量	适合于磨淬火钢合金钢、高速钢、高碳钢、薄壁零件等
2	碳化硅（绿碳化硅砂轮）			色泽为绿色，硬度高、性脆、磨料锋利、具有一定的导热性	适合于硬质合金工具、钨钢、石材工件及有色金属、非金属等的磨削 特别适用于刃磨硬质合金车刀

表 3.20　车刀刃磨可选配的磨具

序号	可选配磨具	实物图示	应用范围	序号	可选配磨具	实物图示	应用范围
1	合金钢轮		用于磨削白钢、碳钢、特种钢等钢材类物质，硬质合金，刀具，刃具等	5	碗形电镀金刚石砂轮	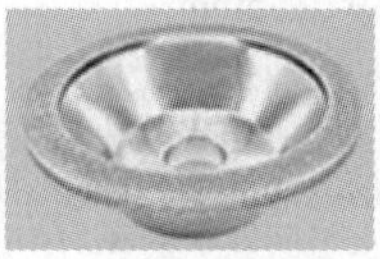	适用于钨钢刀具的研磨成形、各种高硬度材料加工成形
2	纤维轮		适用于各种金属工件表面处理、不锈钢餐具、铜铝制品、木制品、大理石打磨、陶瓷、抛光砖等石材	6	千叶轮		适用于各种不锈钢、金属、木材、家具、石材等多个领域的表面大面积粗抛、修磨、除锈和磨削，对各种不规则型面的抛光整形
3	斜边金刚石砂轮		适用于木工锯片、合金刀锯片、锯齿的加工打磨	7	布轮		常用于材质镜面抛光，适合金属、首饰、五金、不锈钢、铝制品、木器、塑料、陶瓷、玻璃、贝壳玛瑙等加工的抛光打磨，配合抛光蜡使用效果更佳
4	碗型金刚石砂轮		适用于磨削硬质合金、玻璃、陶瓷、宝石等高硬脆材料				

3.2.3 砂轮的选择

（1）刃磨车刀时砂轮的选择原则见表3.21。

表 3.21　砂轮的选择原则

序号	砂轮的选择原则	详细描述
1	根据材料选择	应根据要加工器件的材质和加工进度要求，选择砂轮的粗细。较软的金属材料，例如铜和铝，应使用较粗的砂轮；工精度要求较高的器件，要使用较细的砂轮
2	根据加工型状选择	根据要加工的形状，选择相适应的砂轮面
3	砂轮的质量要求	所用砂轮不得有裂痕、缺损等缺陷或伤残，安装一定要稳固。这一点，在使用过程中也应时刻注意，一旦发现砂轮有裂痕、缺损等缺陷或伤残，立刻停止使用并更换新品；活动时，应立刻停机紧固
4	工作时间要求	砂轮机属于S2工作制，额定负荷下工作30分钟后停机至温度降为常温，才能再次工作国家规定的电机工作制共分为 8 种，分为三类：连续（S1）、短时（S2）和周期性工作制（S3～S8）

（2）车刀刃磨时砂轮型号的选择见表3.22。

表 3.22　砂轮型号的选择

序号	车刀类型及加工步骤	砂轮类型
1	高速钢车刀及硬质合金车刀刀体的刃磨	采用白色氧化铝砂轮
2	硬质合金车刀的刃磨	采用绿色碳化硅砂轮
3	粗磨车刀时	采用磨料颗粒尺寸大的粗粒度砂轮，一般选用 36# 或 60# 砂轮
4	精磨车刀时	采用磨料颗粒尺寸小的细粒度砂轮，一般选用 80# 或 120# 砂轮

3.2.4　砂轮的修正

　　砂轮机启动后，应在砂轮旋转平稳后再进行磨削。当砂轮圆周有凹槽、棱角圆弧太大、转动不平稳、跳动明显，应及时停机修整。

　　平行砂轮的修正一是修磨圆周，二是修磨两端面。修正的目的就是砂轮转动平稳，防止产生冲击振动，刃磨出符合要求的刃形和断屑槽。

　　平行砂轮的修正方法有四种，一是砂轮刀在砂轮上来回修整（图 3.22），二是大宽度金属棒在砂轮上来回修整（图 3.23），三是用磨床进行修整（图 3.24），四是用车床的外圆工件进行修整（图 3.25）。

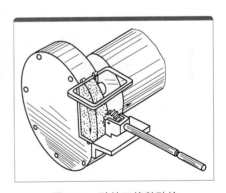

图 3.22　砂轮刀修整砂轮

图 3.23　金属棒修整砂轮

图 3.24　磨床进行修整砂轮

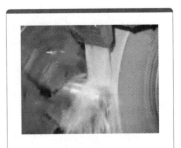

图 3.25　车床的外圆工件进行修整砂轮

3.3 车刀刃磨的基本方法

本节学习要求，能够利用现成的废旧刀具进行刃磨练习，不做具体角度要求，但必须掌握如下几点：①手握车刀的姿势；②站立姿势；③刃磨时车刀与砂轮接触的角度。

3.3.1 车刀刃磨的准备

车刀刃磨有机械刃磨和手工刃磨两种，以下介绍手工刃磨。

（1）砂轮的选择

刃磨车刀通常使用磨料为白刚玉 WA 和绿碳化硅 GC 的砂轮。白刚玉砂轮砂粒较为锋利，韧性好，硬度稍低，适用于磨削高速钢车刀（粒度选用 46# ～ 60#），也可用来磨削硬质合金车刀的刀杆（选用 46#）。绿碳化硅的硬度高，切削性能好，但韧性差，常用来刃磨硬质合金车刀（选用 46# ～ 60#）。

（2）车刀刃磨前的安全检查

安全无小事，由于砂轮较脆，转速又较高，如使用不当，容易造成砂轮碎裂飞出伤人。因而使用砂轮机时，要严格遵守安全操作规程。工作时一般应注意以下 10 大安全问题，见表 3.23。

表 3.23　车刀刃磨前的安全检查

序号	10 大安全检查项目	详细说明
1	检查工作环境	工作环境主要包括电源的安全、灯光的亮度、砂轮机基座的牢固、工作台面的整洁和简易的伤口处理物品等
2	检查砂轮的旋转方向	砂轮的旋转方向应正确，使磨屑向下方飞离砂轮
3	检查砂轮转速	启动后，待砂轮转速达到正常后再进行磨削
4	检查砂轮表面跳动	砂轮的磨削表面需经常用金刚石修整，使砂轮没有明显的跳动。对平形砂轮一般可用砂轮刀或金刚石在砂轮上来回移动修整
5	托架与砂轮间的距离	砂轮机的托架与砂轮间的距离一般应保持在 3mm 以内
6	砂轮质量	应定期检查砂轮有无裂纹，两端螺母是否锁紧
7	砂轮防护设施	防护罩、防护镜是否齐全
8	避免用砂轮侧面刃磨	在平形砂轮上刃磨车刀时，应尽量避免用砂轮的侧面刃磨，确实需要用端面磨刀时，用力不能过大，以防把砂轮顶碎，使砂轮碎片飞出而发生事故
9	适时的水冷刀具	刃磨高速钢刀具时，应随时用水冷却刀具，以免刀具因温度过高而退火，降低刀具硬度；刃磨硬质合金刀具时，不能把刀头部分放入水中冷却，以防刀片急剧冷却而使刀具出现裂纹或碎裂
10	人员要求	砂轮房内人不能太多，以防拥挤和砂轮碎片飞出而发生事故

3.3.2 车刀刃磨的姿态

刃磨出的车刀质量好坏，直接影响着工件的加工质量和生产率；磨刀时的姿态是否正确影响着人的安全和车刀的刃磨质量。所以，在刃磨车刀时，人站立的姿态、握刀的姿态都是十分重要的。车刀刃磨的姿态见表 3.24。

表 3.24　车刀刃磨的姿态

序号	车刀刃磨的姿态	详细说明
1	站立姿态	刃磨车刀时，人应站在砂轮侧面，以防砂轮碎裂时，碎片飞出伤人
2	握刀姿态	刃磨时，两手握刀的距离要离开，两肘夹紧腰部，这样可减小磨刀时的抖动
3	车刀接触和离开砂轮姿态	刃磨时，车刀应放在砂轮的水平中心，刀尖略微上翘 3°～ 8°。车刀接触砂轮后应做左右方向水平移动。当车刀离开砂轮时，刀尖需向上抬起，以防磨好的刀刃被砂轮碰伤

序号	车刀刃磨的姿态	详细说明
4	刃磨主刀面姿态	磨主后刀面时，刀杆尾部向左偏过一个主偏角的角度，如图3.26所示 磨副后刀面时，刀杆尾部向右偏过一个副偏角的角度，如图3.27所示 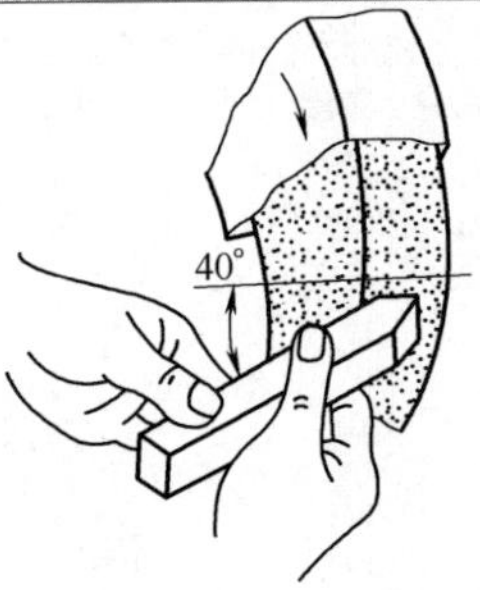 图3.26 磨主后刀面 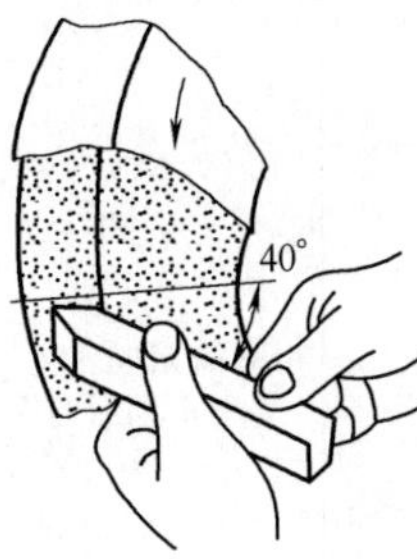　　图3.27 磨副后刀面
5	刃磨前刀面姿态	磨前刀面时，一只手握住车刀的前端，另一只手握住尾部，并使手转过一个所需的前角，如图3.28所示 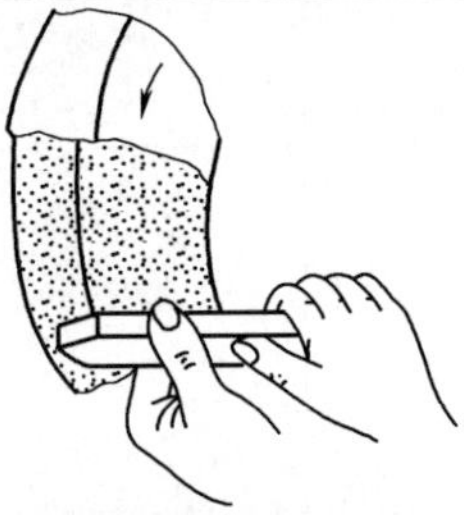 图3.28 磨前刀面
6	修磨刀尖圆弧姿态	修磨刀尖圆弧时，通常以左手握车刀前端为支点，用手转动车刀尾部，如图3.29所示  图3.29 修刀尖过渡刃

3.3.3　车刀的刃磨步骤

车刀的刃磨步骤见表3.25。

表3.25　车刀的刃磨步骤

序号	刃磨步骤	详细说明
1	去焊渣，磨后隙角	先用白刚玉砂轮将车刀在焊接时留下的焊渣磨去，并将刀杆底面磨平。随后在车刀主后刀面和副后刀面部位的刀杆部分磨出比后角大2°～3°的后隙角（图3.30）。这样做的目的是为了使后刀面容易刃磨 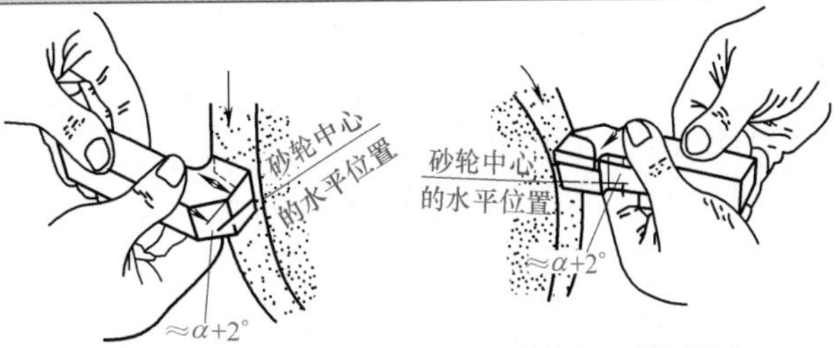 (a) 磨主后刀面的后隙角　　(b) 磨副后刀面的后隙角 图3.30 磨后隙角

序号	刃磨步骤	详细说明
2	粗磨前刀面、主后刀面和副后刀面	将后隙面靠在砂轮外圆上，以此为起始位置缓慢转动车刀，使刃磨位置靠向刀刃处，磨出后角。粗磨后的主后角和副后角应比要求的角度大2°左右（图3.31） 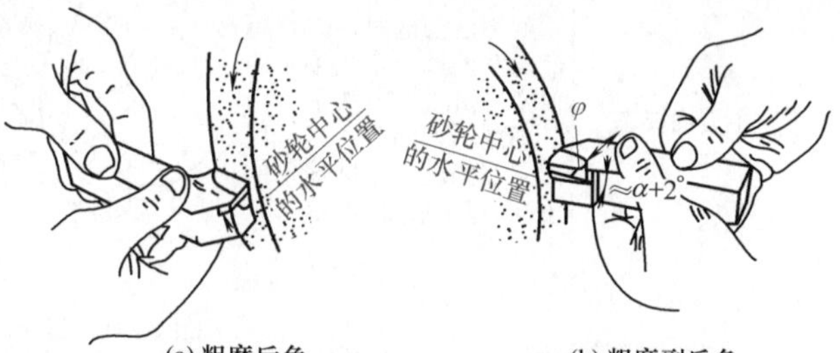 (a) 粗磨后角　　　　　(b) 粗磨副后角 图3.31　粗磨后角、副后角
3	精磨前面及断屑槽	刃磨断屑槽前，应先修整砂轮。如断屑槽为直线型，砂轮的外圆与端面交接处应修整得较为尖锐；如断屑槽为圆弧形，砂轮的外圆与端面交接处应修整成圆弧。刃磨时刀尖可向上或向下磨削（图3.32），粗磨后还要精磨一次。断屑槽的形状会对前角的大小产生影响，因此在磨削时不仅要注意断屑槽本身的形状及与主切削刃之间的相对位置，还应注意前角的大小 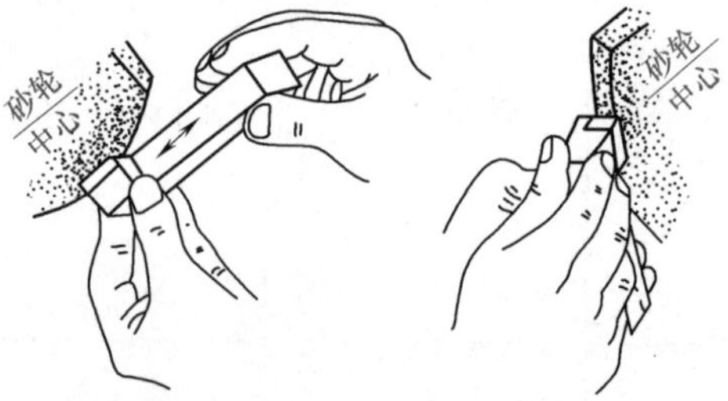 (a) 在砂轮左角上刃磨　(b) 在砂轮右角上刃磨 图3.32　磨断屑槽
4	磨负倒棱	磨硬质合金刀片时可采用杯形绿色碳化硅砂轮（粒度100#～200#）。刃磨时，车刀刀杆底面在垂直方向上与砂轮侧面成一个等于刃倾角值的夹角，在水平方向上与砂轮侧面所夹角度应等于负倒棱倾斜角（图3.33） 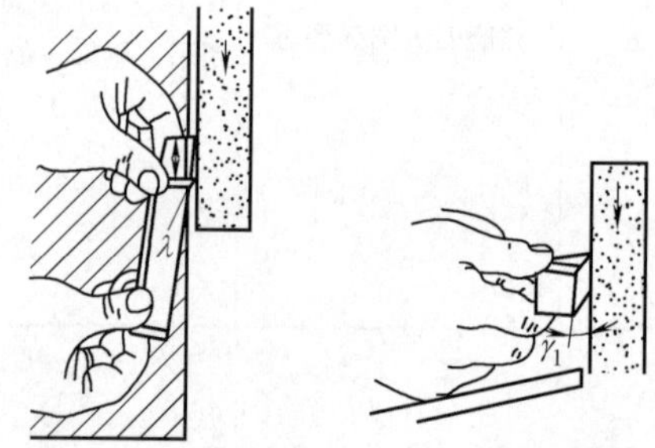 (a) 在垂直方向上刃磨　(b) 在水平方向上刃磨 图3.33　磨负倒棱
5	精磨主后刀面和副后刀面	刃磨时，将车刀底平面靠在调整好角度的台板上，使切削刃轻靠住砂轮端面进行刃磨（图3.34）。磨削时，车刀应在主切削刃方向做左右缓慢移动 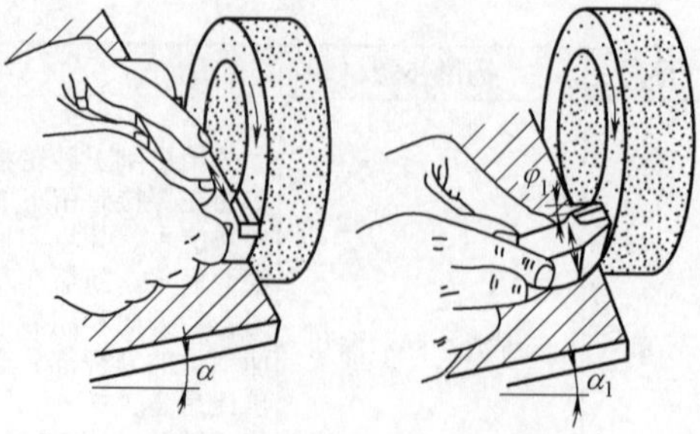 (a) 精磨后角　　　　　(b) 精磨副后角 图3.34　精磨后角、副后角

3.3.4　车刀刃磨后的研磨方法

（1）研磨的概述

无论采用哪种刃磨方式，车刀在砂轮上刃磨后的切削刀，当用放大镜检查，都可发现刃口上凹凸不平的呈锯齿形。使用这样的车刀精加工工件，会直接影响表面粗糙度，而且会减少车刀的使用时间。所以车刀经刃磨后，根据实际加工要求选择是否需要用油石进行研磨。

车刀研磨一般用油石（图3.35）进行手工作业，实践证明，不论是高速钢刀具还是硬质合金刀具，都适合用油石研磨。油石是指一种天然矿物经烧结而成

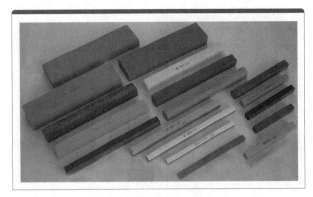

图3.35　油石

的物质，油石本为黑色或棕黑色，暴露在地面上的则因风化而呈灰白色，表面看起来不像含有油质，但用热气蒸馏时，其中的有机物分解而成煤油，故而得名。其质地细密坚韧，可用作磨具。后来也把用磨料和结合剂等制成的条状固结磨具称为油石。

注意：研磨车刀用的油石一般比家用磨刀油石体积小，方便单手操作。

（2）研磨方法

研磨情况如图3.36所示，手持油石应平稳，使油石贴平需要研磨的刀尖表面作平稳移动。推时适当用力，回来时不用力。研磨后的车刀，应消除刃磨后的残留痕迹。刃面研磨后表面粗糙度应达到 $Ra0.32 \sim 0.16\mu m$。

（3）研磨示例

下面以研磨 $200 \sim 300mm$ 大宽刃车刀为例，具体介绍车刀研磨方法。为保证被加工表面质量，研磨车刀是关键，但大宽刃车刀研磨是比较困难的。

精研时，选用粒度为 F100～F220 号的油石，将6～8块长方形油石平放在一个胶木板上，并用环氧树脂粘住；然后使用粒度为 46～80 号的碳化硅或刚玉类砂轮，在铸铁平台上，把已粘牢的油石磨平。

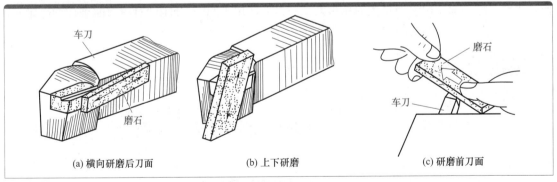

(a) 横向研磨后刀面　　(b) 上下研磨　　(c) 研磨前刀面

图3.36　磨石研磨车刀

准备工作完成后，即可按照刀刃→前刀面→后刀面的次序研刀，见表3.26。

（4）研磨的检查

研磨后必须检验后刀面有无凹凸现象，具体方法是：把车刀放在有 500 号金刚砂的铸铁平台上，和研磨后刀面方法一样，在铸铁平台上，轻轻移动数次，然后观察后刀面情况。后刀

表 3.26　大宽刃车刀的研磨步骤

序号	研磨步骤	详细说明
1	研磨刀刃上的虚刃	使刃磨好的车刀刀刃轻轻与油石接触，并且互相成 45°倾角（图 3.37）；然后慢慢移动车刀，研去虚刃。在研磨时，不应用力过大，否则会增加研磨前、后刀面的时间及损伤油石表面 图 3.37　研去刀刃上的虚刃
2	研磨前刀面	先将车刀前刀面与油石平面靠紧，使离刀刃 0.5mm 部位与油石接触。在研磨时，油石应始终保持与前刀面作平行移动（图 3.38） 或者采用图 3.39 所示方法，用铸铁圆棒加 500 号金刚砂研磨，使前刀面紧贴圆棒表面，左右移动，上下移动，用力要均匀。但不论采用哪种方法，均应使距刀刃 0.5mm 处都研成亮带，并且表面粗糙度应低于 $Ra0.2\mu m$，以降低加工表面粗糙度 图 3.38　使用磨石研磨　　图 3.39　用铸铁棒研磨
3	研磨后刀面	使车刀轻轻地与油石接触，并保持刀刃与车刀移动方向成 5°角（图 3.40），沿车刀长度方向来回移动（防止被研磨表面产生凹凸现象）。研磨时车刀的移动速度为每分钟往复 40 次左右。注意手的压力不能过大，以免刀刃挖入油石 图 3.40　研磨后刀面

面上的黑处则为凸处，白处则为凹处。此时将凸起处面再放在油石上去研，并反复检验两次，使之达到在后刀面研出普遍见黑的亮带为止。最后，用 1000 号金刚砂对后刀面进行细研抛光，以减少加工时后刀面与切削表面之间的摩擦。

经验总结

　　研磨时，油石应紧贴研磨面作短程往复运动，幅度不可过大，防止被研磨面不平直，研磨至砂轮的磨削痕迹消失为止。研磨过程中，一般只研磨切削刃部分，如图 3.41 所示。

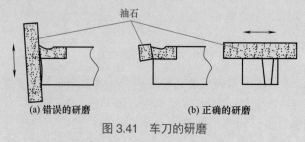

(a) 错误的研磨　　　　　　(b) 正确的研磨

图 3.41　车刀的研磨

3.3.5 车刀角度的检测方法

检测车刀角度的方法有目测法和量具测量法。刃磨后的车刀要测量其几何角度，用以检验刃磨质量的好坏，保证在切削加工时的顺利进行。车刀角度的检测见表 3.27。

表 3.27　车刀角度的检测

序号	检测方法	详细说明
1	目测法	目测法是观察车刀的角度是否符合切削的要求，刀刃是否锋利，车刀前、后刀面是否有裂纹和其他不合乎要求的缺陷，不做具体角度判定的要求。图 3.42 为有裂纹的车刀 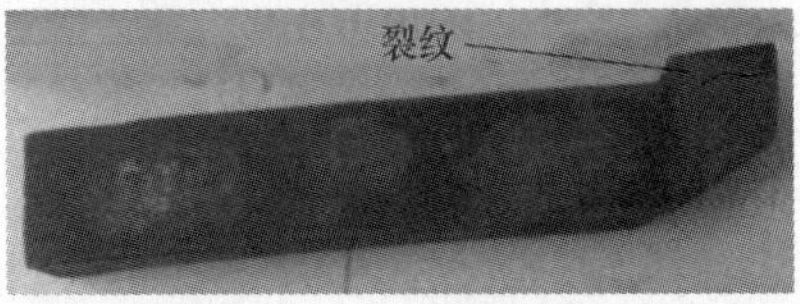 图 3.42　有裂纹的车刀
2	角度样板检测	如图 3.43 所示，是用角度样板来检测车刀几何角度的情形。这种检测方法极为简单易行，但其测量不出车刀几何角度的具体数值，只能测出车刀角度的接近值 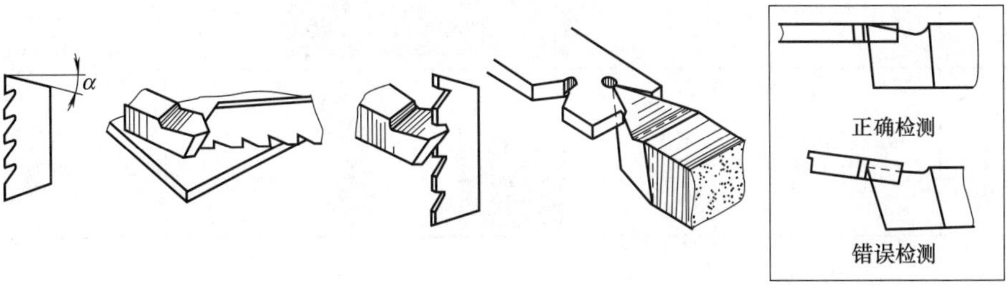 图 3.43　角度样板检测车刀几何角度
3	车刀量角台检测	对于精度要求较高的车刀，可用车刀量角台检测测量（图 3.44）；对于精度要求不高的车刀，也可用游标万能角度尺检测 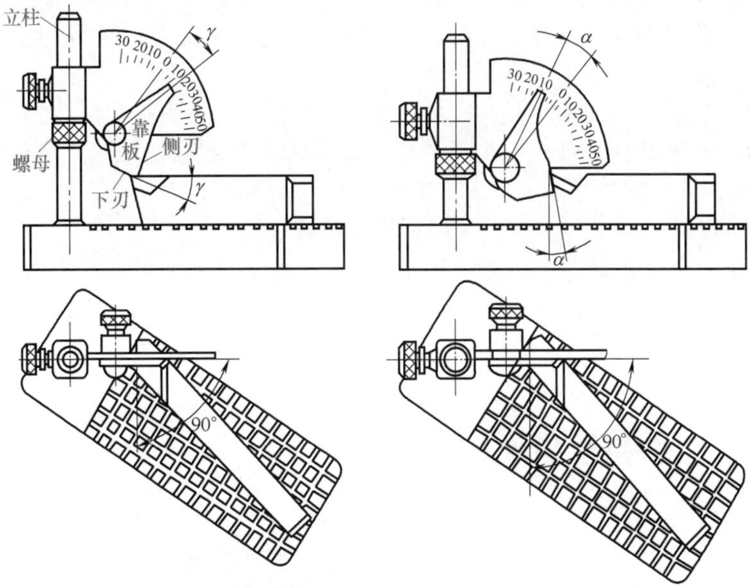 图 3.44　用样板和量角器测量车刀的角度

3.3.6 车刀的刃磨缺陷

车刀在刃磨时的主要缺陷见表 3.28。

表3.28 车刀刃磨的缺陷

序号	刃磨缺陷	图　示	产生原因
1	主切削刃不直	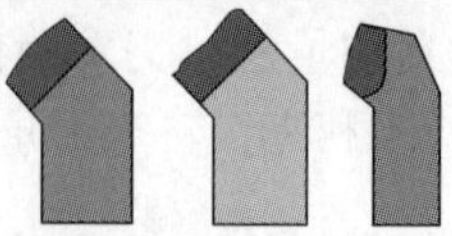	①刃磨时移动姿势不正确 ②砂轮外圆外歪 ③车刀摆放位置不正确
2	角度不正确	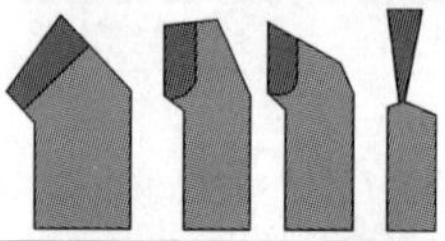	车刀位置没按要求摆放正确
3	崩刃	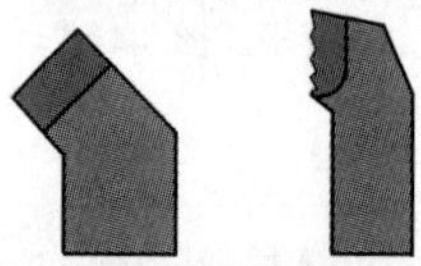	①砂轮不平衡，出现抖动 ②手握刀力度不够 ③刃磨压力过大
4	切削槽过渡过大	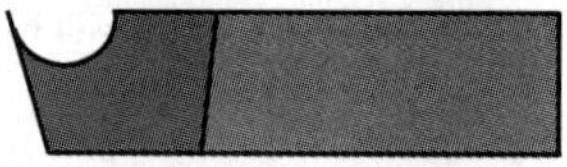	①砂轮边角不尖锐（成圆弧） ②刃磨压力过大 ③刃磨方法不正确
5	切削刃不在一个平面内	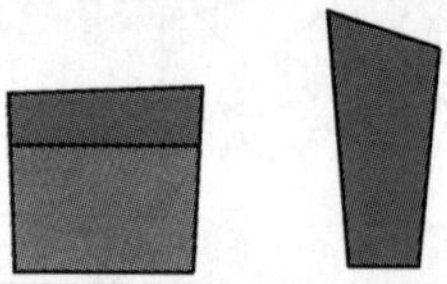	①车刀位置没按要求摆放正确 ②砂轮外圆倾斜

经 验 总 结

　　①磨刀时要求戴防护镜，以防砂轮、车刀脱落物损伤眼睛。

　　②车刀高低必须控制在砂轮水平中心，刀头略上翘，否则会出现主后角或副后角过大等弊端。

　　③车刀刃磨时应做水平的左右移动，以免砂轮表面出现凹槽，而影响刀具的刃磨。

　　④尽量避免用砂轮的侧面刃磨，确实需要用侧面磨刀时，用力不能过大，以防把砂轮顶碎，使砂轮碎片飞出而发生事故。

　　⑤刃磨结束后，应随手关闭砂轮机电源。

　　⑥重新安装砂轮后，要进行检查，经试转后方可使用。

3.4 断屑槽的刃磨

刃磨断屑槽

车削铁屑不会少，缠绕工件真烦恼；
及时磨出断屑槽，保证加工和高效；
切记顺序勿忘掉，首先修整砂轮角；
方向上下随己选，姿势角度要记牢。

在车削塑性材料时，磨出断屑槽对控制切屑的形状、流向、卷曲和折断，对保证正常生产和操作者的安全，对于提高生产率和保证产品质量，都具有十分重要的作用。尤其在自动机床和自动生产线上选择正确的断屑槽就更为重要。所以为可靠断屑，应磨出合理的断屑槽，图 3.45 为外圆车刀的断屑槽。

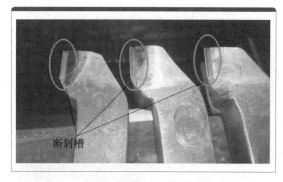

图 3.45　外圆车刀的断屑槽

3.4.1　断屑槽的作用

在车削塑性金属时，根据加工要求，可靠地控制切屑的形状、流向、卷曲和折断是一个十分重要的问题。图 3.46 为常见的不同形状的切屑。

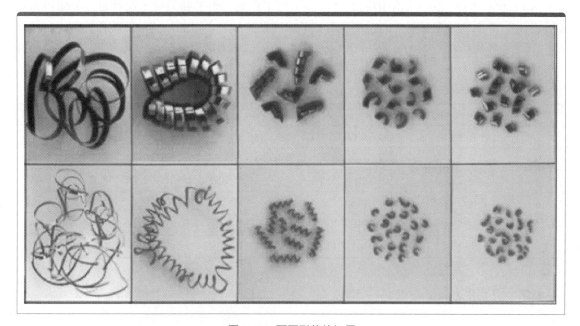

图 3.46　不同形状的切屑

图 3.47　切屑缠绕在切断刀刀头上

它不仅影响着工件的加工精度和生产率，还影响着生产的顺利进行和操作者的安全。例如图 3.47～图 3.49 所示的情况，如果处理不当就会使切屑缠绕在刀杆或工件上，而影响生产的顺利进行，甚至还得停车清理切屑，这样就增加了不必要的辅助时间，从而影响了生产率。切屑缠绕会把工件拉毛，使工件的表面粗糙度增大，而影响工件的表面质量；还会影响数控机床、自动机床、自动生产线的正常生产；还可能发生拉伤事故，影响操作者的安全等。所以对切屑的控制要特别注意。

图 3.48　切屑缠绕在外圆车刀刀杆上

图 3.49　切屑缠绕在工件上

加工对于数控机床（加工中心）等自动化加工机床，由于其刀具数量较多，刀架与刀具联系密切，断屑问题就显得更为重要，只要其中一把刀断屑不可靠，就可能破坏机床的自动循环，甚至破坏整条自动线正常运转，所以在设计、选用或刃磨刀具时，必须考虑刀具断屑的可靠性，并应满足下列"六不"原则，见表 3.29。

表 3.29　断屑的"六不"原则

序号	"六不"原则	详细描述
1	不得缠绕	切屑不得缠绕在刀具、工件及其相邻的工具、装备上
2	不得飞溅	切屑不得飞溅，以保证操作者与观察者的安全
3	不可划伤	精加工时，切屑不可划伤工件的已加工表面，影响已加工表面的质量
4	不能过早磨损	保证刀具预定的耐用度，不能过早磨损并竭力防止其破损
5	不妨碍切削液	切屑流出时，不妨碍切削液的喷注
6	不划伤机床部件	切屑不会划伤机床导轨或其他部件等

3.4.2　切屑形状

车削塑性金属时，被切削的金属层经受了很大的塑性变形后成为切屑。切屑在流动和卷曲过程中，碰到障碍物再经受附加变形，若弯曲变形的程度剧烈到足以使切屑折断时，切屑便会折断，这样就形成了不同形状的切屑。

（1）切削形状分类

根据工件材料、刀具几何参数和切削用量等的具体情况，切屑形状一般有：带状屑、C 形屑、崩碎屑、宝塔状卷屑、发条状卷屑、长紧螺卷屑、螺卷屑等（图 3.50），详细描述见表 3.30。

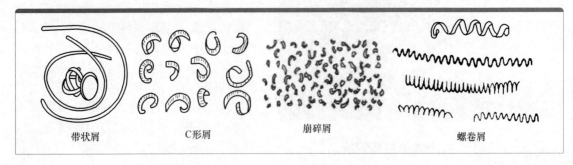

带状屑　　　C形屑　　　崩碎屑　　　螺卷屑

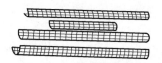

| 长紧卷屑 | 发条状卷屑 | 宝塔状卷屑 |

图 3.50　切屑形状

表 3.30　切屑形状详细描述

序号	磨损阶段	详细描述
1	带状屑	高速切削塑性金属材料时，如不采取断屑措施，极易形成带状屑，图 3.51 所示 此形屑连绵不断，常会缠绕在工件或刀具上，易划伤工件表面或打坏刀具的切削刃、甚至伤人，因此应尽量避免形成带状屑。但有时也希望得到带状屑，以使切屑能顺利排出。例如在立式镗床上镗盲孔时 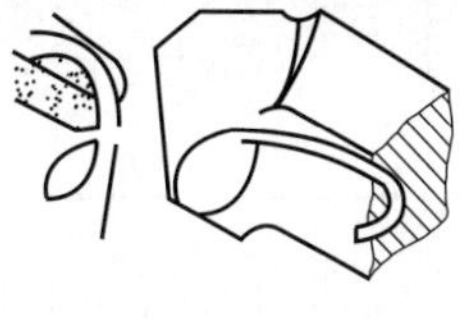 图 3.51　不卷曲的带状屑
2	C 形屑 / 螺卷屑	车削一般的碳钢、合金钢材料时，如采用带有断屑槽的车刀则易形成 C 形屑，图 3.52 所示 C 形屑没有带状屑的缺点，但 C 形屑多数是碰撞在车刀后刀面或工件表面而折断的（图 3.53）。切屑高频率的碰撞和折断会影响切削过程的平稳性，从而影响已加工表面的粗糙度。所以，精加工时一般不希望得到 C 形屑，而多希望得到长螺卷屑（图 3.54），使切削过程比较平稳 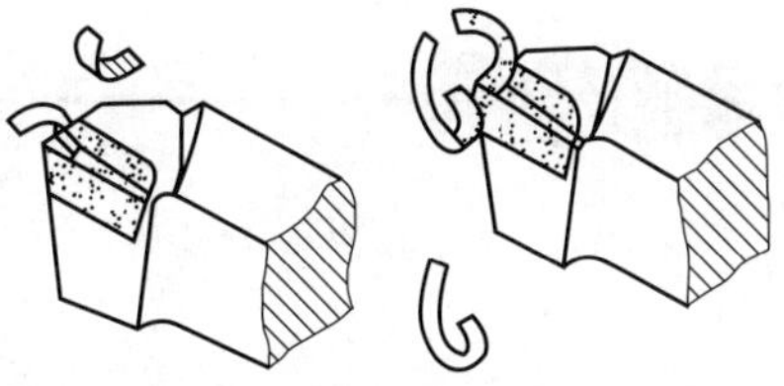 (a) C字形切屑　(b) C字形或6字形切屑 图 3.52　C 形屑 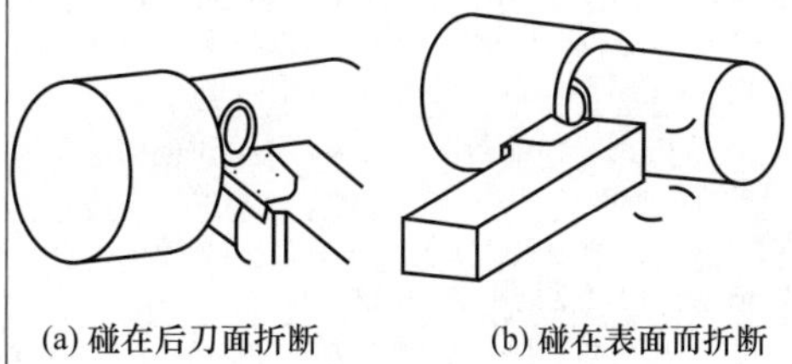 (a) 碰在后刀面折断　(b) 碰在表面而折断 图 3.53　切屑折断过程示意图 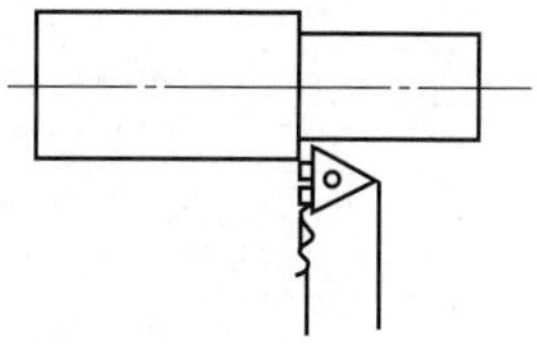　　图 3.54　精车时的长螺卷屑
3	发条状卷屑	在重型车床上用大切深、大进给量车削钢件时，切屑又宽又厚，若形成 C 形屑则容易损伤切削刃，甚至会飞崩伤人。所以通常将断屑槽的槽底圆弧半径加大，使切屑成发条状（图 3.55）在加工表面上碰撞折断，并靠其自重坠落 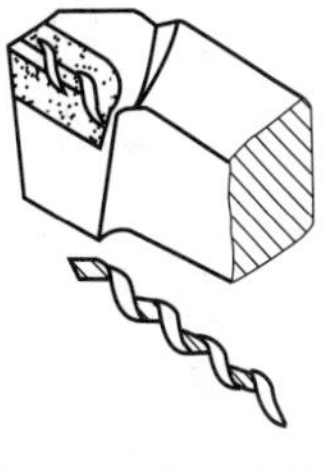 图 3.55　发条状卷屑
4	长紧卷屑	长紧卷屑形成过程比较平稳，清理也方便，在普通车床上是一种比较好的屑形，如图 3.56 所示  图 3.56　长紧卷屑

续表

序号	磨损阶段	详细描述
5	宝塔状卷屑	宝塔状卷屑也叫盘形屑，数控加工、机床或自动线加工时，希望得到此形屑，因为这样的切屑不会缠绕在刀具和工件上，如图3.57所示，而且清理也方便 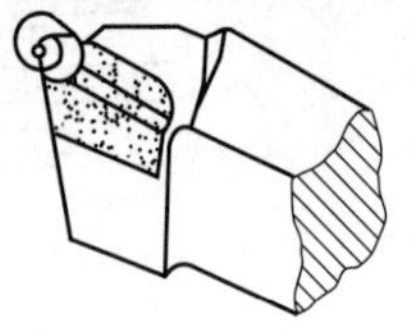 图 3.57　宝塔状卷屑
6	崩碎屑	在车削铸铁、脆黄铜、铸青铜等脆性材料时，极易形成针状或碎片状的崩碎屑，既易飞溅伤人，又易研损机床，如图3.58所示。若采用卷屑措施，则可使切屑连成短卷状 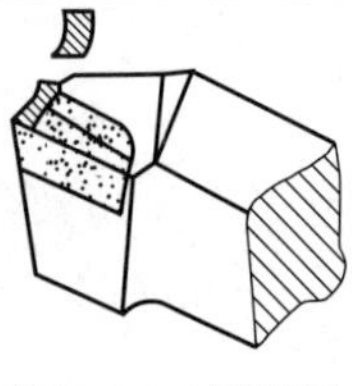 图 3.58　崩碎屑

总之，切削加工的具体条件不同，希望得到切屑的形状也不同，但不论什么形状的切屑，都要断屑可靠。

在满足上述要求的基础上，不同刀具对切屑长度还有不同要求，见表3.31。

表 3.31　不同刀具对切屑长度还有不同要求

序号	刀具对切屑长度的要求
1	一般粗车钢料的最大切屑长度为100mm左右；精车则应稍长
2	在一般车床上车削塑性金属时，较理想的切屑形状是100mm以下的管状螺旋屑和与后刀面相碰而定向落下的"C"字形或"6"字形切屑。这样断屑稳定可靠，切屑流向向下，不会与高速旋转的工件相碰，也不会产生切屑飞溅现象，且切屑体积小，清理方便
3	在卷屑槽内折断的碎屑，或碰到工件而折断的切屑，虽然体积小、清理方便，但易产生飞溅、烧伤等事故，所以不理想，要尽可能避免
4	要避免过于细碎的切屑，因为它容易嵌入机床导轨和刀具装置的一些重要部位（如基准面），这样不仅需要附加防护装置，还会清除切屑带来一定的困难
5	对于某些不易断屑的刀具，如成形车刀、切槽车刀和切断车刀等，在数控机床（加工中心）等自动化机床上，应保证其稳定的卷屑
6	和工件过渡表面相碰而形成的盘形螺旋屑虽然体积小、清理方便，但切屑易塞满在断屑槽内，排屑困难，产生的切削力大，加大了刀刃的负荷，易把刀刃挤坏，所以不理想，要尽量避免
7	图3.59为产生的不断不卷曲的带状切屑，当缠绕在工件和刀杆上后，清理不方便，易损坏工件表面，且易发生烧伤、拉伤等事故，所以必须避免 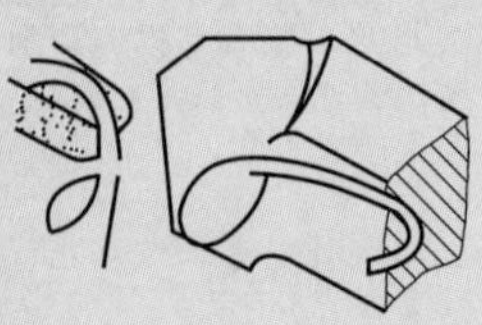 图 3.59　不断不卷曲带状切屑

（2）切屑的流向

切削时，车刀除主切削刃担负主要的切削工作外，过渡刃和副切削刃也起切削作用。当 $\lambda_s = 0°$ 时，每个切削刃切下的切屑都有沿着各刀刃法线方向流动的倾向，但最终形成一条切屑，因此促使切屑近似地朝各刀刃流屑的合成方向流出，此时切屑的流出方向与法平面之间的夹角称为流屑角（也称出屑角）。如图 3.60 所示，出屑角 η 的大小影响切屑的形状和断屑，出屑角太大易形成管状螺旋屑（发条状卷屑）（图 3.61）和连绵不断的带状切屑（图 3.62）；出屑角太小时易形成盘状螺旋屑；出屑角适中时易与后刀面和待加工表面相碰，形成 "C" 字形或 "6" 字形切屑，见图 3.63。所以出屑角也是分析和控制切屑流向、切屑形状、卷曲和折断规律的一个重要参数。

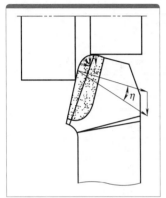

图 3.60　出屑角

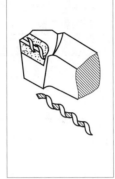

图 3.61　管状螺旋屑

图 3.62　不卷曲的带状切屑

图 3.63　"C" 字形或 "6" 字形切屑

3.4.3　切屑折断的原理

（1）切屑折断的原理和过程

从各种切屑形状形成过程可以看出，使切屑折断的原因有以下两点：

① 切屑在流动过程中遇到障碍物因受到一个较大的弯曲应力而折断；

② 切屑在流动过程中靠自重和速度而摔断。

金属切削过程中，切屑是否容易折断，与切屑的变形有直接联系，所以研究切屑折断原理必须从研究切屑变形的规律入手。

切削过程中所形成的切屑，由于经过了比较大的塑性变形，它的硬度将会有所提高，而塑性和韧性则显著降低，这种现象叫冷作硬化。经过冷作硬化以后，切屑变得硬而脆，当它受到交变的弯曲或冲击载荷时就容易折断。切屑所经受的塑性变形越大，硬脆现象越显著，折断也就越容易。在切削难断屑的高强度、高塑性、高韧性的材料时，应当设法增大切屑的变形，以降低它的塑性和韧性，便于达到断屑的目的。图 3.64 为切削热力效果图。

切屑的变形可以由两部分组成：即第一部分切削过程中所形成的基本变形和第二部分切屑在流动和卷曲过程中所受的附加变形，如表 3.32 所示。

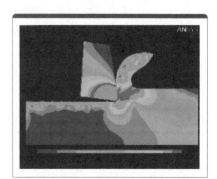

图 3.64　切削热力效果图

（2）切屑的温度和颜色关系

正因为切削是一个挤压切除的过程，因此必定产生热量，所排下的切屑受温度影响也有相应的颜色，其具体温度和颜色的关系见表 3.33。

表 3.32 切屑的变形

序号	切屑的变形	详细描述
1	基本变形	用平前刀面车刀自由切削时所测得的切屑变形，比较接近于基本变形的数值。影响基本变形的主要因素有刀具前角、负倒棱、切削速度三项。前角越小、负倒棱越宽、切削速度越低，则切屑的变形越大，越有利于断屑。所以，减小前角、加宽负倒棱，降低切削速度可作为促进断屑的措施
2	附加变形	因为在大多数情况下，仅有切削过程中的基本变形还不能使切屑折断，必须再增加一次附加变形，才能达到硬化和折断的目的。迫使切屑经受附加变形的最简便的方法，就是在前刀面上磨出（或压倒出）一定形状的断屑槽，迫使切屑流入断屑槽时再卷曲变形。切屑经受附加的再卷曲变形以后，进一步硬化和脆化，当它碰撞到工件或后刀面上时，就很容易被折断

表 3.33 切屑的温度和颜色关系

序号	温度 /℃	切屑的颜色
1	200	淡黄色
2	229	黄褐色
3	240	褐色
4	300	青色
5	320	淡青色
6	350	青灰色

3.4.4 断屑槽对断屑的影响

断屑槽不仅对切屑起着附加变形的作用，而且对切屑的形状和切屑的折断有着重要的影响。在切削加工中，人们就是利用断屑槽的不同形状、尺寸及断屑槽与主切削刃的倾斜角，来实现控制切屑的卷曲与折断。为了更好地认识和掌握这些规律，我们就具体分析一下断屑槽的形状、尺寸及断屑槽与主切削刃的倾斜角度对切屑形状与切屑折断的影响。

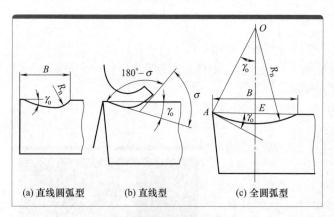

（a）直线圆弧型　　（b）直线型　　（c）全圆弧型

图 3.65 断屑槽的形状

（1）断屑槽的形状

断屑槽的形状有直线圆弧型、直线型和全圆弧型三种（图 3.65），详细描述见表 3.34。

表 3.34 断屑槽的形状详细描述

序号	断屑槽的形状	详细描述
1	直线圆弧型断屑槽	如图 3.65（a）所示，由一段直线和一段圆弧连接而成。直线部分构成刀具的前刀面，槽底圆弧半径 R_n 的大小对切屑的卷曲和变形有一定的影响。R_n 小，则切屑卷曲半径小，而切屑变形大；R_n 大，则切屑卷曲半径大，而切屑变形小（图 3.66）。在中等切深下（切深 $a_p = 2 \sim 6\text{mm}$），一般可选 $R_n = (0.4 \sim 0.7)B$，B 为断屑槽的宽度 图 3.66 槽底半径 R_n 对切屑卷曲的影响

序号	断屑槽的形状	详细描述
2	直线型断屑槽	如图 3.65（b）所示，由两段直线相交而成，其槽底角为 $180°-\sigma$（σ 称为断屑台楔角），槽底角（$180°-\sigma$）代替了圆弧 R_n 的作用。槽底角小，则切屑的卷曲半径小，切屑变形大；槽底角大，则切屑的卷曲半径大（图 3.67），切屑变形小。在中等切深下，断屑台楔角一般选用 $60°\sim70°$ 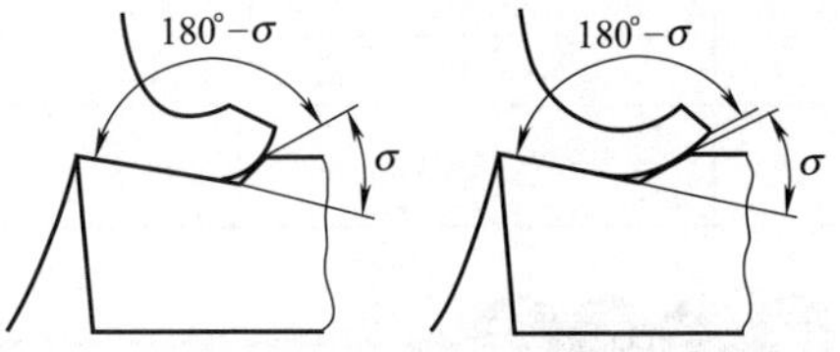  图 3.67　槽底角度对切屑卷曲的影响
3	全圆弧型断屑槽	如图 3.65（c）所示的主要参数槽宽 B、槽底圆弧半径 R_n 和前角 γ_o 之间的关系为：当切削紫铜、不锈钢等高塑性材料时，常选用全圆弧型断屑槽。因为加工高塑性材料时，刀具前角选得比较大（$\gamma_o=25°\sim30°$）。同样大的前角，全圆弧断屑槽刀具的切削刃比较坚固，另外槽也较浅，便于流屑，故比较实用（图 3.68） 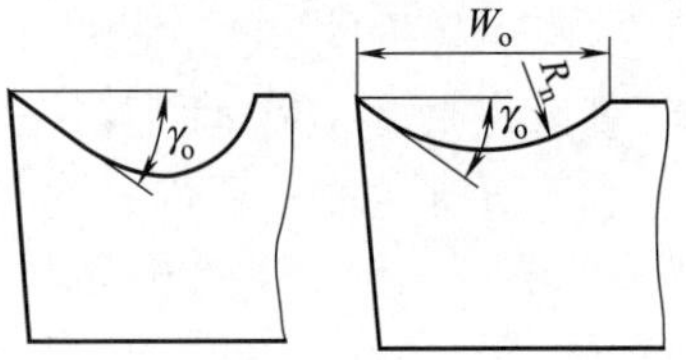 图 3.68　相同前角下直线圆弧型与全圆弧型断屑槽的对比

经验总结

① 直线圆弧型断屑槽和直线型断屑槽适用于加工碳素钢与合金结构钢，一般前角 γ_o 在 $5°\sim15°$ 范围内。

② 折线型和直线圆弧型的断屑槽，一般前角较小，适用于粗加工以及车削较硬材料。全圆弧型断屑槽适用在大前角、重型切削刀具上，它既能促使切屑卷曲又可起到增大前角、保证刀具强度的作用，或者用在高速钢刀具上，以保证刀具有较大的前角，以切削较软的工件材料。

（2）断屑槽的宽度

断屑槽宽度 B 与进给量 f、切削深度 a_p 有关，当进给量 f 增大时，切削厚度增大，断屑槽的宽度应相应加宽；切削深度大，槽也应适当加宽。由此可见，断屑槽宽度 B 与进给量 f 具有明显的规律性。切屑槽宽度大于切屑卷曲和变形的影响如图 3.69 所示。

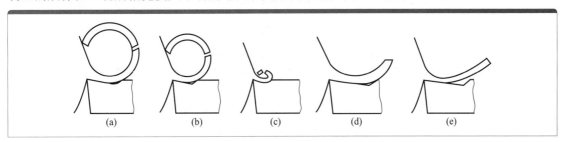

(a)　　(b)　　(c)　　(d)　　(e)

图 3.69　断屑槽宽度大于切屑卷曲和变形的影响

当进给量 f 固定不变，断屑槽宽度 B 的变化对切屑卷曲和变形的影响，见表 3.35。

表 3.35　断屑槽形状的详细描述

序号	断屑槽的形状	详细描述
1	图 3.70（a）是槽宽与进给量基本适应	切屑经卷曲变形后碰撞折断成 C 形
2	图 3.70（b）是槽不够宽	切屑卷曲半径小，变形大，碰撞后折断成短 C 形或形成崩碎小片

续表

序号	断屑槽的形状	详细描述
3	图 3.70（c）则是槽太窄	切屑挤成小卷堵塞在槽中很难流出来，造成憋屑甚至会打坏切削刃
4	图 3.70（d）则是槽太宽	切屑卷曲半径太大，变形不够，不易折断
5	图 3.70（e）则是槽太宽	切屑卷曲半径太大，变形不够，不易折断，有时甚至不流经槽底而自由形成带状屑

① 如果用进给量初选断屑槽的宽度，粗略地说，对于切削中碳钢，宽度 B 与进给量 f 的关系约为 $B=10f$；而切削合金钢时，为增大切屑变形，可取 $B=7f$。

② 断屑槽的宽度 B 也应与切削深度 a_p 相适应。一般也可以粗略地依据 a_p 来选择槽宽 B，当 a_p 大时，B 也应当大些；而 a_p 小，则 B 应适当减小。因为当切深大而槽太窄时，切屑宽，不易在槽中卷曲，这样，切屑往往不流入槽底而自行形成带状屑；当切深小而槽太宽时，切屑窄，流动比较自由，变形不够充分，也不易折断。

（3）断屑槽与主切削刃的倾斜角

断屑槽的侧边与主切削刃之间的夹角为断屑槽的斜角。断屑槽与主切削刃的倾斜方式常用的有外斜式、平行式和内斜式三种（图 3.70），详细描述见表 3.36。

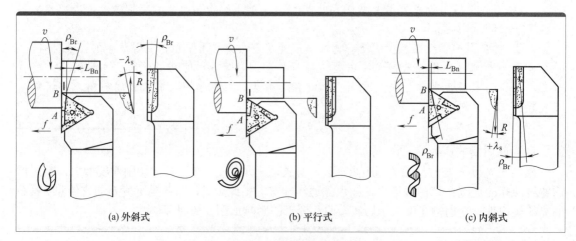

(a) 外斜式　　　　　　(b) 平行式　　　　　　(c) 内斜式

图 3.70　断屑槽的形式

表 3.36　断屑槽与主切削刃的倾斜方式

序号	倾斜方式	详细描述	
1	外斜式	外斜式的断屑槽，前宽后窄，前深后浅。外斜式断屑槽的切屑卷曲变形大，如图 3.71 所示，在靠近工件外圆表面 A 处的切削速度最高而槽窄，切屑最先受阻而卷曲，且卷曲半径小，变形大；而在刀尖 B 处，切削速度低而槽宽，切屑最后以较大卷曲半径卷曲，这就会产生一个力，使切屑翻转到后刀面或待加工表面上，经碰撞后折断而形成 C 形屑 这种形式的断屑槽，在中等切深时断屑范围较宽，断屑效果稳定可靠，生产中应用较为广泛。倾斜角 T 的数值主要按工件材料确定，一般切削中碳钢时，取 $T=8°\sim10°$，切削合金钢时，为增大切屑变形，取 $\rho_{Br}=10°\sim15°$。但在大切深时，由于靠近工件外圆表面 A 处（图 3.71）断屑槽宽度太小，切屑容易阻塞，甚至切屑打坏切削刃，所以一般多改用平行式	图 3.71　外斜式断屑槽的工作原理

序号	倾斜方式	详细描述
2	平行式	见图3.72，平行式断屑槽的切屑变形不如外斜式大，切屑大多是碰在工件加工表面上折断。切屑中碳钢时，平行式断屑槽的断屑效果与外斜式基本相仿，但进给量应略加大一些，以增大切屑的附加卷曲变形。当背吃刀量变化较大时，宜采用这种形式 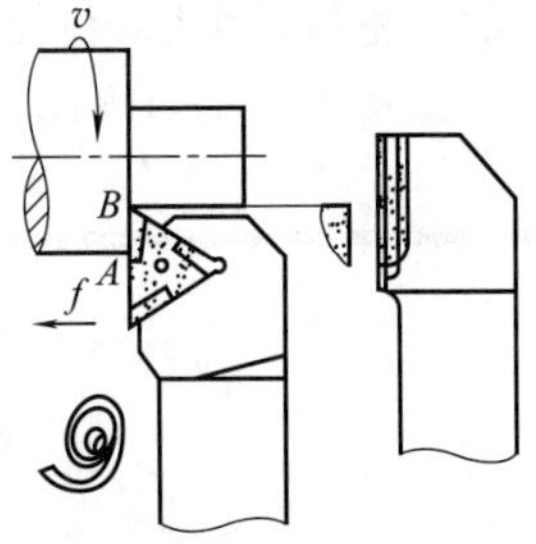 图3.72 平行式断屑槽的工作原理
3	内斜式	内斜式断屑槽（图3.73）在工件外圆表面 A 处最宽，而在刀尖 B 处最窄。所以切屑常常是在 B 处先卷曲成小卷，而在 A 处则卷成大卷。当主切削刃的刃倾角取成 $3°\sim 5°$ 时，切屑容易形成连续的长紧卷屑。内斜式断屑槽与主切削刃的倾斜角一般取 $\rho_{Bt}=8°\sim 10°$，内斜式断屑槽形成长紧卷屑的切削用量范围相当窄，所以它在生产中应用不如外斜式和平行式普遍，主要用于切削用量较小的精车、半精车的场合，也常在孔加工中用它引导切屑从孔口排出 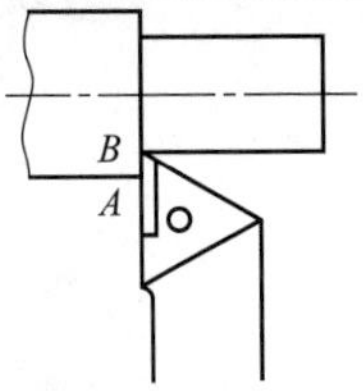 图3.73 内斜式断屑槽的工作原理

3.4.5 其他影响断屑的因素

（1）刀具几何角度对断屑的影响

在刀具的角度中主偏角和刃倾角对断屑影响较明显，详细描述见表3.37。

表 3.37 刀具几何角度对断屑的影响

序号	几何角度影响	详细描述
1	主偏角的影响	在进给量和背吃刀量已选定的情况下，主偏角越大，切削厚度越大，切屑产生的弯曲应力就越大，切屑越易折断。所以在生产中，为获得较好的断屑效果，应取较大的主偏角 一般情况下，$\kappa_r=75°\sim 90°$ 的车刀断屑性能较好
2	刃倾角的影响	刃倾角是通过控制切屑的流向来影响断屑的。当刃倾角为正值时，使切屑与待加工表面或刀具后刀面相碰而形成 "C" 字形或 "6" 字形切屑，也可能形成螺旋屑而碰断；当刃倾角为负值时，切屑流向已加工表面或过渡表面，使切屑易与工件相碰而形成 "C" 字形或 "6" 字形切屑；当刃倾角等于零时，切屑垂直于刀刃方向流出，切屑不易折断

（2）切削用量对断屑的影响

生产实践证明，在切削用量三要素中，对断屑影响最大的是进给量，其次是背吃刀量，影响最小的是切削速度，见表3.38。

表 3.38 切削用量对断屑的影响

序号	切削用量影响	详细描述
1	进给量的影响	进给量增大，切削厚度增大，切屑的厚度增大，切屑槽内的弯曲应力增大，切屑易折断；反之，切屑不易折断
2	背吃刀量的影响	背吃刀量对断屑的影响，是通过影响出屑角（流屑角）实现的 当背吃刀量增大时，主切削刃相对于过渡刃、副切削刃参加切削的比例增大，出屑角减小，易使切屑和断屑槽的反屑面相碰，从而增大了切屑的弯曲应力，切屑易折断。出屑角减小，也易形成盘形螺旋屑 当背吃刀量减小时，过渡刃、副切削刃参加切削的比例增大，使出屑角增大，切屑的弯曲应力减小，切屑不易折断，易形成管状螺旋屑或连续不断的带状切屑 当背吃刀量适中时，出屑角适中，易使切屑翻转而与工件或刀具后刀面相碰而折断
3	切削速度的影响	切削速度提高后，切削温度升高，切屑的塑性增大，变形减小，切屑不易折断，是靠自重和速度把切屑摔断的，所以影响较小

3.4.6 断屑形状分析

（1）主偏角和进给对断屑形状影响

主偏角和进给对断屑形状的影响，如图 3.74 所示。

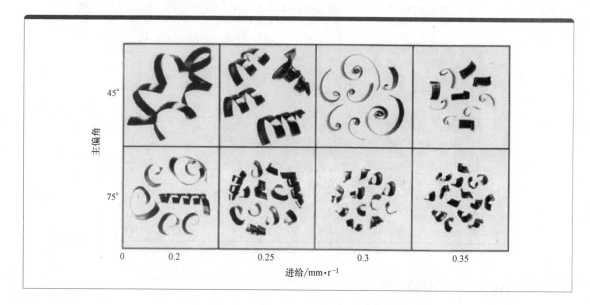

图 3.74　主偏角和进给对断屑形状的影响

（2）切深和进给对断屑形状影响

提高进给后切屑变厚有利于断屑，如图 3.75 所示。

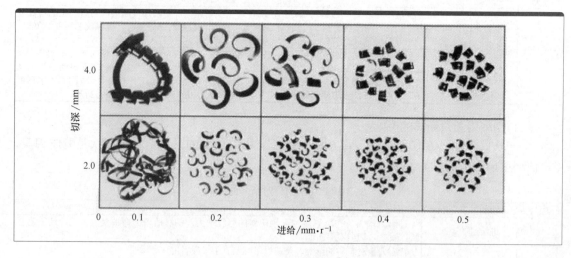

图 3.75　切深和进给对断屑形状的影响

（3）刀尖半径和切深对断屑形状影响

刀尖半径和切深对断屑形状的影响，如图 3.76 所示。

（4）锋利的刃口对断屑形状影响

相同的进给条件下，刀片刃口钝化锋利，有利于断屑，如图 3.77 所示。

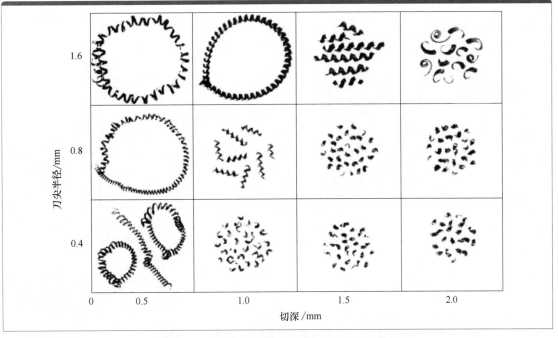

图 3.76　刀尖半径和切深对断屑形状的影响

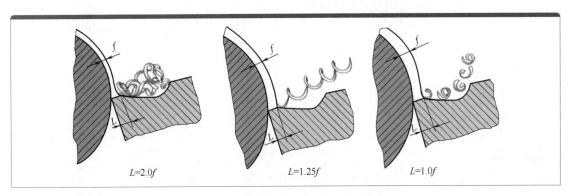

图 3.77　锋利的刃口对断屑形状的影响

3.4.7　几种常用的断屑方法

实际加工中，断屑的方式不仅仅是采用断屑槽的方式，还有其他方式，这里仅做介绍，实际中当按照现实情况界定（表 3.39）。

表 3.39　几种常用的断屑方法

序号	断屑方法	详细描述
1	利用断屑槽	利用断屑槽，这是最常用的方式，也是加工断屑的基础 断屑槽不仅对切屑起附加变形的作用，而且还能实现控制切屑的卷曲与折断。只要断屑槽的形状、尺寸及断屑槽与主切削刃的倾斜角合适，断屑则是可靠的。不论是焊接式刀具还是机夹式刀具，是重磨式刀具还是不重磨式刀具都可采用 为了适用不同的切削用量范围，硬质合金可转位刀片上压制有多种形状及不同尺寸的断屑槽，便于选用，这样既经济又简便。这种方法是切削加工中应首选的方法，也是应用最广泛的方法。不足之处是刀具合理几何参数的确定，受到断屑要求的牵制

序号	断屑方法	详细描述
2	利用断屑器	断屑器有固定式和可调节式两种，图3.78为车刀上的可调节式断屑器 在车刀前刀面上装一个挡屑板1，切屑沿刀具的前面流出时，因受挡屑板1所阻而弯曲折断。断屑器的参数 L_n 和 α 可按需要设计和调整，以保证在给定的切削条件下，断屑稳定可靠。松开螺钉3，在弹簧4的作用下，可使挡屑板1和压板2一起抬起，便于挡屑板调整和刀片的快速转位与更换。这种断屑器常用于大、中型机床的刀具上 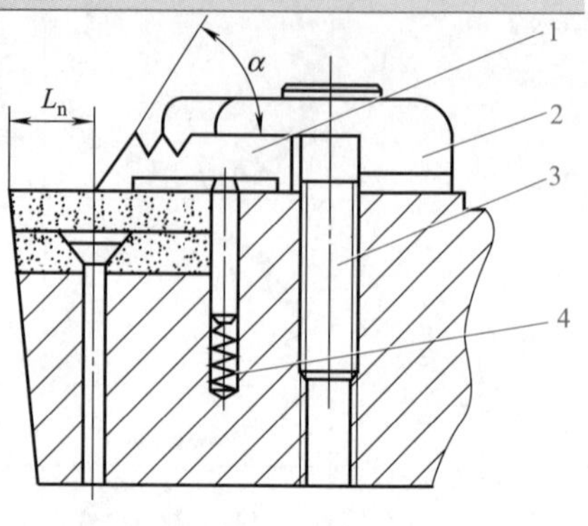 图3.78　可调节式断屑器
3	利用断屑装置	断屑装置类型很多，一般可分为机械式、液压式和电气式等，断屑装置成本高，但断屑是稳定可靠的，一般只用于自动线上。图3.79为用于车刀上的带有切断器的断屑装置示意图，车削时，切屑通过导屑通道2流出，被不断旋转的盘形切断器3强行割断，被割断后的切屑即从排屑道5排出。切断器是由传动轴4带动的。图中1为车刀 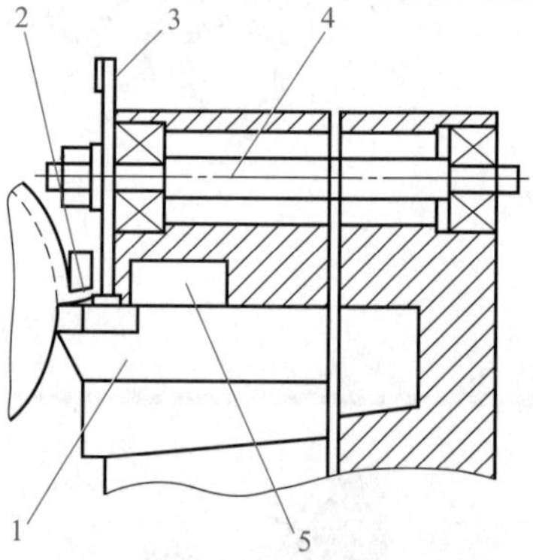 图3.79　带有切断器的断屑装置
4	利用在工件表面上预先开槽的方法	按工件直径大小不同，预先在被加工表面上沿工件轴向开出一条或数条沟槽，其深度略小于切削深度，使切出的切屑形成薄弱截面，从而折断。这样，既保证了可靠的断屑，又不影响工件已加工表面的粗糙度。即使加工韧性较大的材料时，断屑效果也很好。例如在精镗韧性较大的工件材料（如40Cr等）时，在用其他方法很难断屑时，则可在被加工表面上拉出纵向沟槽，再进行镗削，采用这种方法能显出其独特的优点
5	改变刀具几何参数和调整切削用量	由前面所述的切屑折断原理可知，减小刀具前角、增大主偏角、在主切削刃上磨出负倒棱、降低切削速度、加大进给量以及改变主切削刃形状等都能促使切屑折断。但是，采取这些方法断屑，常会带来一些不良后果，如生产率下降、工件表面质量恶化、切削力增大等，这种方法，在自动线上很少采用，有时只作为断屑的辅助手段
6	其他方法	采用切削液可以降低切屑的塑性和韧性，也有利于断屑。提高切削液压力更能促使切屑折断，孔加工中，有时就采用这种方法

3.4.8　断屑槽的刃磨方法

手工刃磨的断屑槽一般为圆弧形。刃磨时，须将砂轮的外圆和端面的交角处用金刚石笔或硬砂条修成相应的圆弧，若刃磨直线型断屑槽，则砂轮的交角须修磨得很尖锐，如图3.80所示。

刃磨时刀头向上（或向下），车刀前面应与砂轮外圆成一夹角。这一夹角在车刀上就构成一个前角。刃磨时的起点位置应距主切削刃 $2\sim3$mm，以90°外圆车刀为例，用左手大拇指和食指握紧刀头下部，用右手握紧刀杆尾部，车刀前刀面接触砂轮的左侧（或右侧），刃磨过程中沿刀杆方向上下缓慢移动。刃磨姿势及方法见图3.81。

刃磨时刀尖可向下磨或是向上磨，但选择刃磨断屑槽的部位时应考虑留出倒棱的宽度（即留出相当于进给量大小的距离）。

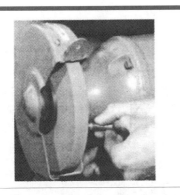

图 3.80 用金刚石笔修整砂轮边角

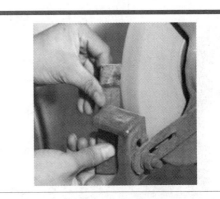

图 3.81 断屑槽的刃磨

经验总结

① 刃磨断屑槽时，应先用旧刀或废刀杆练习。
② 断屑槽的宽度要磨均匀，防止将沟槽刃磨得过深或过浅。
③ 要防止将前刀面磨坍。
④ 由于车刀和砂轮接触时容易打滑，所以刀具和砂轮之间压力不能过大，必须注意安全。
⑤ 刃磨后，要正确使用油石修整刀刃。

3.5 90°外圆车刀的刃磨

> **外圆车刀刃磨**
>
> 粗磨先磨主后面，杆尾向左偏一偏；
> 刀头上翘小角度，形成后角摩擦减；
> 接着磨削副后面，最后刃磨前刀面；
> 前角前面同磨出，先粗后精顺序全；
> 精磨首先磨前面，再磨主后副后面；
> 修磨刀尖圆弧时，左手握住前支点；
> 右手转动杆尾部，刀尖圆弧自然现；
> 面平刃直稳中求，角度正确是关键；
> 样板角尺细检查，慢工细活出经验。

3.5.1 90°外圆车刀结构分析

由于 90°外圆车刀的主偏角是 90°，因此也称偏刀，如图 3.82 所示。它主要用于纵向进给车削外圆、阶台，也可车削余量较小的端面，尤其适用于刚性较差的细长轴类零件的车削加工。

图 3.82　90°外圆车刀

3.5.2　90°外圆车刀的参数

　　该车刀由三个刀面（前刀面、主后刀面、副后刀面）、两个切削刃（主切削刃和副切削刃）和一个刀尖组成。所需标注的基本角度有六个（一面两角定理），其中前角和刃倾角确定前刀面的位置，主后角和主偏角确定主后刀面的位置，副后角和副偏角确定副后刀面的位置。

　　如图 3.83 所示，90°外圆车刀主要用于精车外圆和阶台。

3.5.3　90°外圆车刀的刃磨步骤

　　90°外圆车刀的刃磨步骤见表 3.40。

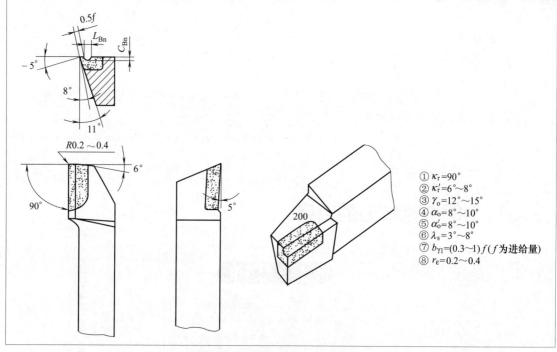

① $\kappa_r = 90°$
② $\kappa_r' = 6°\sim8°$
③ $\gamma_o = 12°\sim15°$
④ $\alpha_o = 8°\sim10°$
⑤ $\alpha_o' = 8°\sim10°$
⑥ $\lambda_s = 3°\sim8°$
⑦ $b_{\gamma1} = (0.3\sim1)f$（$f$ 为进给量）
⑧ $r_\varepsilon = 0.2\sim0.4$

图 3.83　硬质合金 90°外圆车刀

表 3.40　90°外圆车刀的刃磨步骤

序号	刃磨步骤	详细描述
1	磨焊渣	选用 24#～36# 氧化铝砂轮，先磨去车刀前面、后面上的焊渣，并将车刀底面磨平，如图 3.84 所示 (a) 磨主后刀面焊渣　　　(b) 磨副后刀面焊渣 图 3.84　磨焊渣

序号	刃磨步骤	详细描述
2	粗磨主后刀面	选用粒度号为36#～60#碳化硅砂轮。前刀面向上,车刀由下至上接触砂轮,在略高于砂轮中心水平位置处,将车刀向上翘一个6°～8°的角度(形成主后角),使主切削刃与砂轮外圆平行(90°主偏角),左右水平移动粗磨主后面,如图3.85所示 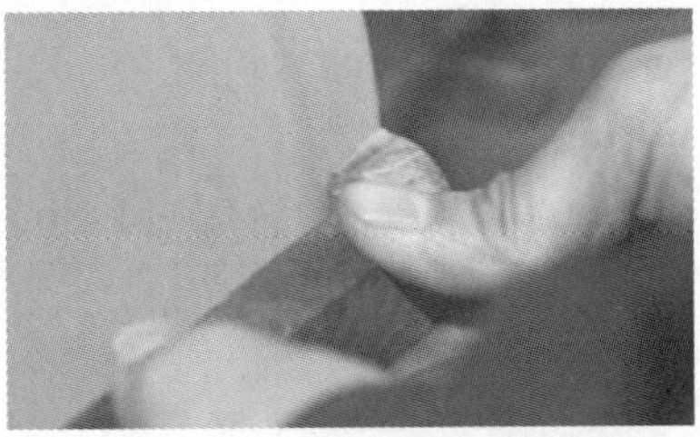 图3.85 粗磨主后刀面
3	粗磨副后刀面	后刀面向上,在略高于砂轮中心水平位置处,车刀刀头向上翘8°左右(形成副后角),刀杆向右摆6°左右(形成副偏角),左右水平移动粗磨副后面,如图3.86所示 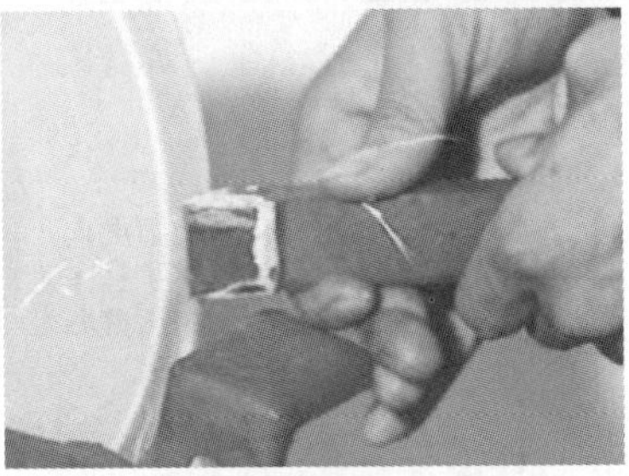 图3.86 粗磨副后刀面
4	刃磨断屑槽	用左手大拇指和食指握紧刀头下部,用右手握紧刀杆尾部,车刀前刀面接触砂轮的左侧(或右侧),刃磨过程中沿刀杆方向上下缓慢移动,如图3.87所示 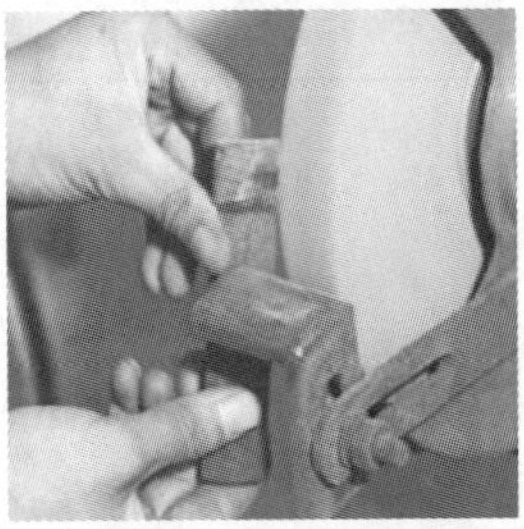 图3.87 刃磨断屑槽
5	粗、精磨前刀面	主后刀面向上,刀头略向上翘3°。左右(一个前角)或不翘(0°的前角),主刃与砂轮外圆平行(0°的刃倾角),左右水平移动刃磨,如图3.88所示 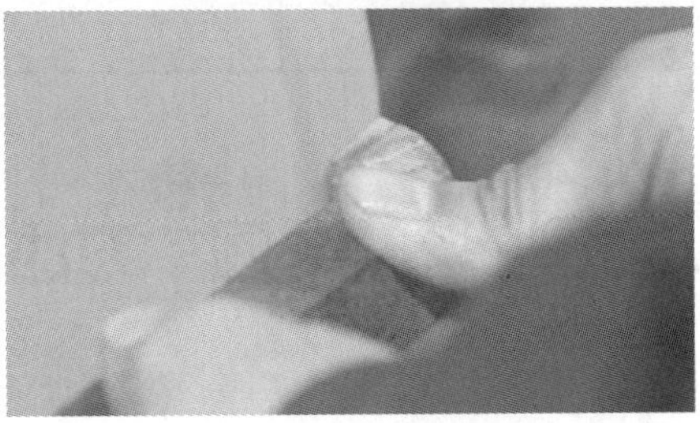 图3.88 粗、精磨前刀面
6	精磨主后刀面	前刀面向上,车刀由下至上接触砂轮,在略高于砂轮中心水平位置处,将车刀向上翘一个6°～8°的角度(形成主后角),使主切削刃与砂轮外圆平行(90°主偏角),左右水平移动精磨主后面,如图3.89所示 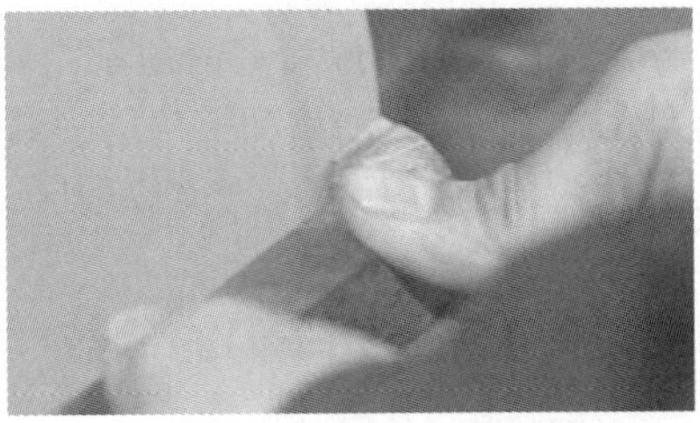 图3.89 精磨主后刀面

序号	刃磨步骤	详细描述
7	精磨副后刀面	后刀面向上，在略高于砂轮中心水平位置处，车刀刀头向上翘 8°左右（形成副后角），刀杆向右摆 6°左右（形成副偏角），左右水平移动精磨副后面，如图 3.90 所示  图 3.90　精磨副后刀面
8	修磨刀尖圆弧	前刀面向上，刀头与砂轮形成 45°角度，以右手握车刀前端为支点，用左手转动车刀尾部刃磨出圆弧过渡刃，如图 3.91 所示  图 3.91　修磨刀尖圆弧
9	车刀研磨	手持油石，贴平各刀面平行移动研磨各刀面
10	测量车刀角度	如图 3.92 所示，用量角器测量车刀角度 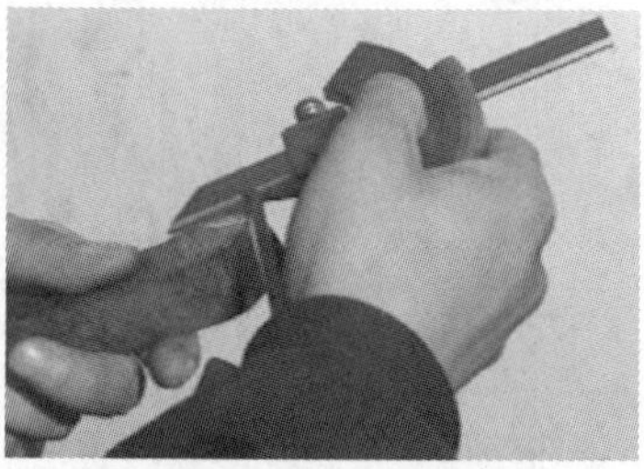 图 3.92　测量车刀角度

3.6　45°外圆车刀的刃磨

3.6.1　45°外圆车刀结构分析

45°车刀主偏角和副偏角都是 45°，也称为 45°弯头车刀，如图 3.93 所示，主要用于车削工件的端面、45°倒角和工件的安装刚性较好的外圆。这种车刀共有四个刀面（前刀面、主后刀面和两个副后刀面）、三个刀刃（主切削刃和两个副切削刃）和两个刀尖。

3.6.2　45°外圆车刀的参数

如图 3.94 所示，45°车刀的几何参数选择如下。

图 3.93　45°外圆车刀

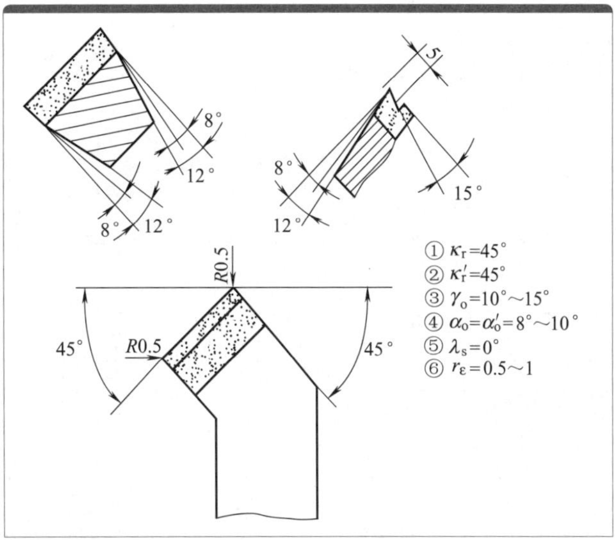

図 3.94　45°硬质合金车刀

① $\kappa_r = 45°$
② $\kappa_r' = 45°$
③ $\gamma_o = 10° \sim 15°$
④ $\alpha_o = \alpha_o' = 8° \sim 10°$
⑤ $\lambda_s = 0°$
⑥ $r_\varepsilon = 0.5 \sim 1$

3.6.3　45°外圆车刀的刃磨步骤

45°外圆车刀的刃磨步骤见表 3.41。

表 3.41　45°外圆车刀刃磨步骤

序号	刃磨步骤	详细描述
1	磨焊渣	选用粒度号为 24# ～ 36# 的氧化铝砂轮，在略高于砂轮中心水平位置处，将车刀翘起一个比后角大 2°～3°的角度，粗磨刀头的主后刀面和副刀后面，如图 3.95 所示，以形成后隙角，为刃磨车刀切削部分的主后刀面和副后刀面作准备 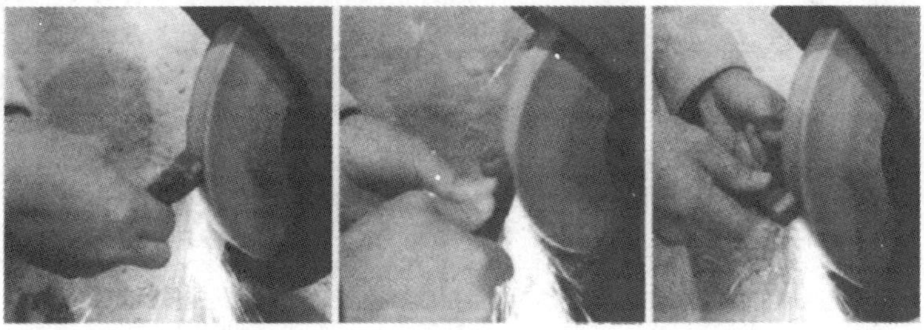 (a) 磨主后刀面焊渣　(b) 磨右侧副后刀面焊渣　(c) 磨左侧副后刀面焊渣 图 3.95　磨焊渣
2	粗磨主后刀面	选用粒度号为 36# ～ 60# 碳化硅砂轮。前刀面向上，刀柄与砂轮轴线保持 45°夹角，车刀由上至下接触砂轮，刀头向上翘一个比主后角大 2°～3°的角度，左右移动刃磨，如图 3.96 所示 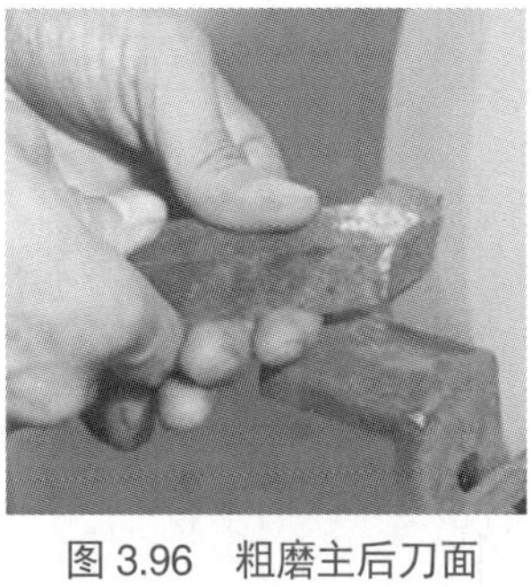 图 3.96　粗磨主后刀面

序号	刃磨步骤	详细描述
3	粗磨右侧副后刀面	选用粒度号为36#～60#碳化硅砂轮。前刀面向上，刀柄与砂轮轴线保持45°夹角，车刀由上至下接触砂轮，刀头向上翘一个比副后角大2°～3°的角度，左右移动刃磨，如图3.97所示 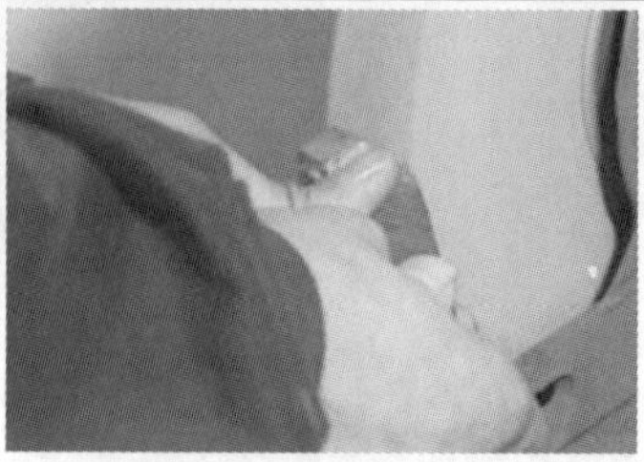 图3.97 粗磨右侧副后刀面
4	粗磨左侧副后刀面	选用粒度号为36#～60#碳化硅砂轮。前刀面向上，刀柄与砂轮轴线保持45°夹角，车刀由上至下接触砂轮，刀头向上翘一个比副后角大2°～3°的角度，左右移动刃磨，如图3.98所示 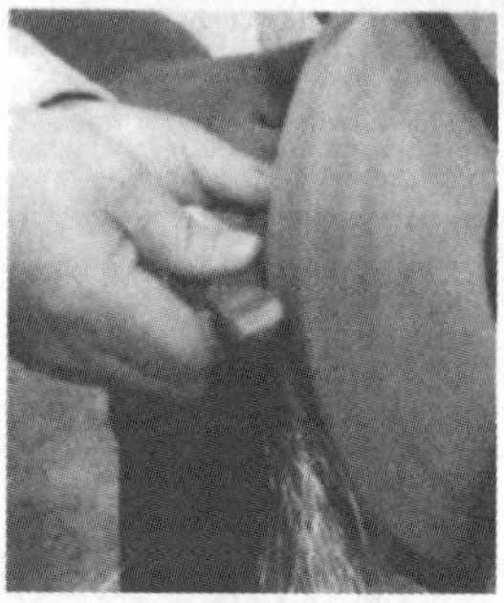 图3.98 粗磨左侧副后刀面
5	刃磨断屑槽	方法同90°车刀，注意断屑槽平行于切削刃
6	精磨前刀面	选用粒度号为36#～60#碳化硅砂轮。主后刀面向上，刀柄与砂轮轴线保持45°夹角，车刀头部接触砂轮，磨前刀面，如图3.99所示  图3.99 精磨前刀面
7	精磨前主后刀面	前刀面向上，刀柄与砂轮轴线保持45°夹角，车刀由上至下接触砂轮，刀头向上翘一个比主后角大2°～3°的角度，左右移动刃磨，如图3.100所示 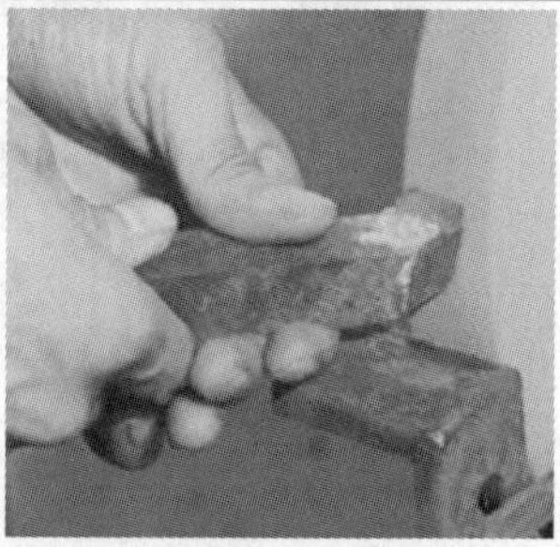 图3.100 精磨前主后刀面
8	精磨副后刀面	前刀面向上，刀柄与砂轮轴线保持45°夹角，车刀由上至下接触砂轮，刀头向上翘一个比副后角大2°～3°的角度，左右移动刃磨，如图3.101所示 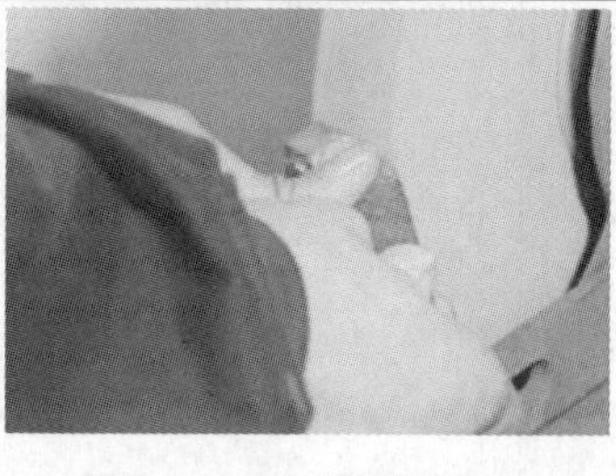 图3.101 精磨副后刀面

序号	刃磨步骤	详细描述
9	修磨刀尖过渡刃	选用粒度号为 36# ~ 60# 碳化硅砂轮。以右手握车刀前端为支点，左手握刀柄，车刀主后刀面与副后刀面自下而上轻轻接触砂轮，使刀尖处具有 0.2mm 左右的小圆弧和短直线过渡刃，如图 3.102 所示 图 3.102 修磨刀尖过渡刃
10	车刀研磨	手持油石，贴平各刀面平行移动研磨各刀面，如图 3.103 所示 图 3.103 车刀研磨
11	测量车刀角度	如图 3.104，用角度样板测量车刀角度 图 3.104 测量车刀角度

3.7 75°外圆车刀的刃磨

3.7.1 75°外圆车刀结构分析

75°外圆车刀的主偏角为 75°，也称为强力切削车刀，如图 3.105 所示，主要用于粗车或车削有硬皮和氧化皮铸锻件的外圆，也可用于精车外圆。75°车刀共有三个刀面（前刀面、主后刀面和副后刀面）、两个刀刃和一个刀尖，需标注六个基本角度。

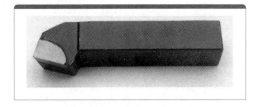

图 3.105 75°外圆车刀

3.7.2 75°外圆车刀的参数

如图 3.106 所示，75°车刀的几何参数选择如下。

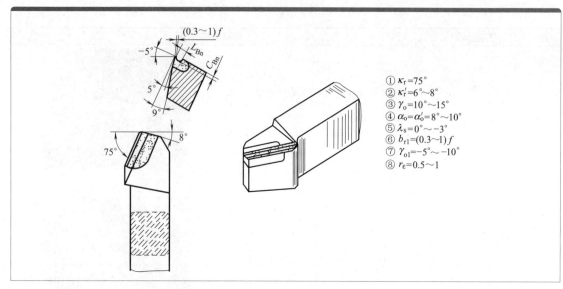

① $\kappa_r=75°$
② $\kappa_r'=6°\sim8°$
③ $\gamma_o=10°\sim15°$
④ $\alpha_o=\alpha_o'=8°\sim10°$
⑤ $\lambda_s=0°\sim-3°$
⑥ $b_{r1}=(0.3\sim1)f$
⑦ $\gamma_{o1}=-5°\sim-10°$
⑧ $r_\varepsilon=0.5\sim1$

图 3.106　加工钢料硬质合金 75° 车刀

3.7.3　75°外圆车刀的刃磨步骤

75°外圆车刀的刃磨步骤见表 3.42。

表 3.42　75°外圆车刀的刃磨步骤

序号	刃磨步骤	详细描述
1	磨焊渣	选用粒度号为 24# ～ 36# 的氧化铝砂轮，在略高于砂轮中心水平位置处，将车刀翘起一个比后角大 2°～ 3°的角度，粗磨刀头的主后刀面和副刀后面，如图 3.107 所示，以形成后隙角，为刃磨车刀切削部分的主后刀面和副后刀面作准备 (a) 磨主后刀面焊渣　　(b) 磨副后刀面焊渣 图 3.107　磨焊渣
2	粗磨主后刀面	选用粒度号为 36# ～ 60# 碳化硅砂轮。前刀面向上，刀柄与砂轮轴线保持 75°夹角，车刀由上至下接触砂轮，刀头向上翘一个比主后角大 3°～ 5°的角度，左右移动刃磨，如图 3.108 所示 图 3.108　粗磨主后刀面

序号	刃磨步骤	详细描述
3	粗磨副后刀面	前刀面向上，刀柄与砂轮轴线保持75°夹角，车刀由上至下接触砂轮，刀头向上翘一个比副后角大3°～5°的角度，左右移动刃磨，如图3.109所示  图 3.109　粗磨副后刀面
4	刃磨断屑槽	方法同90°车刀，注意断屑槽平行于切削刃
5	粗、精磨前刀面	前刀面向上，刀柄与砂轮轴线保持75°夹角，车刀由上至下接触砂轮，刀头向上翘一个比主后角大3°～5°的角度，左右移动刃磨，如图3.110所示 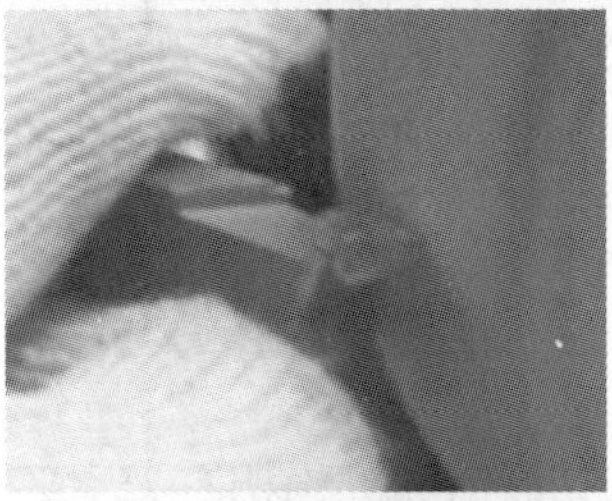 图 3.110　粗、精磨前刀面
6	精磨主后刀面	前刀面向上，刀柄与砂轮轴线保持75°夹角，车刀由上至下接触砂轮，刀头向上翘一个比主后角大3°～5°的角度，左右移动刃磨，如图3.111所示 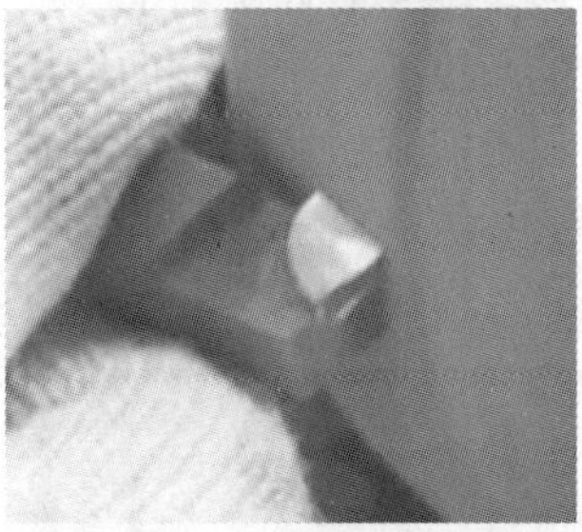 图 3.111　精磨主后刀面
7	精磨副后刀面	前刀面向上，刀柄与砂轮轴线保持75°夹角，车刀由上至下接触砂轮，刀头向上翘一个比副后角大3°～5°的角度，左右移动刃磨，如图3.112所示 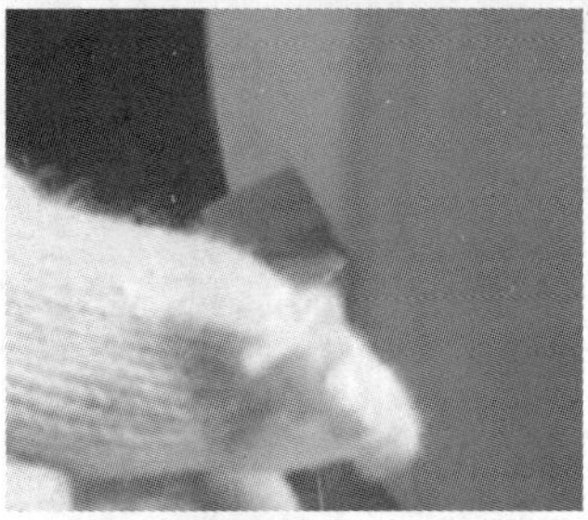 图 3.112　精磨副后刀面
8	修磨刀尖	如图3.113所示 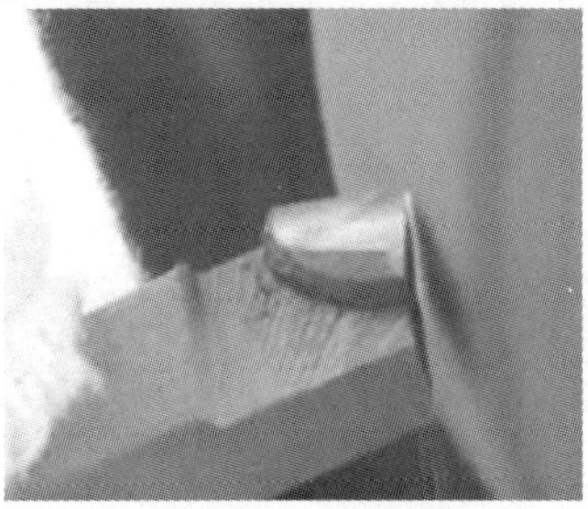 图 3.113　修磨刀尖
9	车刀研磨	持油石，贴平各刀面平行移动研磨各刀面

3.8 外沟槽车刀（切断刀）的刃磨

> **切断刀刃磨**
>
> 看似方正切断刀，前宽后窄刀头长；
> 切记刃磨先去渣，否则易把工件伤；
> 主后刀面略上翘，副后刀面微微让；
> 断屑槽要修适当，过渡圆刃分两旁；
> 刀头平行左右斜，取舍还需看情况；
> 保证角度和宽度，千分尺来细细量。

3.8.1 切断刀结构分析

切断刀和外沟槽车刀主要用于横向进给进行切断和切槽，如图3.114所示。两种车刀的结构相似，都共有四个刀面（前刀面、主后刀面和两个副后刀面）、三个切削刃和两个刀尖，需标注的角度有八个。下面以切断刀为主进行介绍。切断刀几何参数的选择由于结构上的原因，切断刀是前宽后窄、上宽下窄，刀头较长，因此其刀头的强度比其他种类的车刀差，故选择切断刀的几何参数和切削用量时要特别注意。

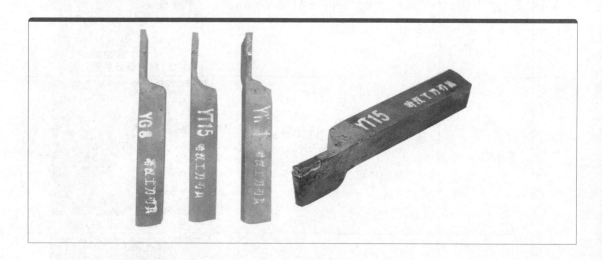

图3.114 切断刀

3.8.2 切断刀几何参数分析

（1）高速钢

高速钢切断刀如图3.115所示，其几何参数见表3.43。

表 3.43　高速钢几何参数

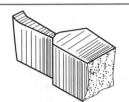

	①前角 γ_o	切断碳钢工件，$\gamma_o=20°\sim30°$
		切断铸铁工件时，$\gamma_o=0°\sim10°$
	②后角 $\alpha_o=6°\sim8°$	
	③副后角　切断刀有两个对称的副后角，它们的作用是减少副后刀面和工件的摩擦。为了不削弱刀头的强度，选得较小，即 $\alpha_o'=1°\sim2°$。考虑到切断刀的刀头窄而长，副后角又较小，所以副后角习惯上在投影图中标注，也可在副正交平面内标注	
	④主偏角切断刀以横向进刀为主，一般 $\kappa_r=90°$	
	⑤副偏角　切断刀有两个副偏角，要求也必须对称，它们的作用是减少副切削刃和工件的摩擦。为了防止削弱刀头的强度，副偏角选得较小，$\kappa_r'=1°\sim1°30'$	
	⑥主切削刃的宽度 a　主切削刃太宽会使切削力增大而引起振动，使切断刀折断，并浪费工件材料；太窄又削弱了刀头的强度而使切断刀折断。所以不能太宽，也不能太窄，通过实践证明，主切削刃宽度可用下面的经验公式计算：$$a\approx(0.5\sim0.6)\sqrt{d}$$ 式中，d 为工件的直径	

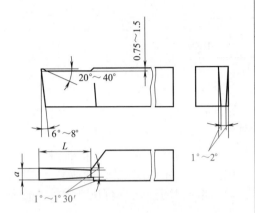

图 3.115　高速钢切断刀

经验总结

　　切断刀刀头太长，刚性差，易引起振动和使切断刀折断，刀头长度太短，又不能把工件切断。刀头长度 L 可用下面的公式计算：

切断实心工件时，$L=\dfrac{d}{2}+(2\sim3)$

切断空心工件时，$L=\dfrac{d-D}{2}+(2\sim3)$

式中　d——工件外圆直径，mm；

　　　D——工件内孔直径，mm。

　　另外，为了使切削顺利，在切断刀的前刀面上应磨出一个较浅的断屑槽槽深为 0.75～1.5mm，断屑槽的宽度一般应超过切入深度，不能出现阶台，否则易使切断刀折断。

　　切断时，为了使带孔的工件不留边缘，也为了防止切下的工件端面留有小凸头，可以将切断刀的主切削刃略磨得斜些，如图 3.116 所示。

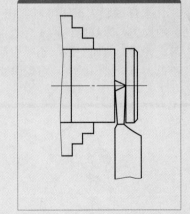

图 3.116　斜刃切断刀

（2）硬质合金切断刀

　　由于高速切削普遍采用，硬质合金切断刀在生产中的应用也越来越广泛。如图 3.117 所示，其参数的选择大多数与高速钢切断刀相同。所不同的是前角选得较小，$\gamma_o=15°\sim20°$，断屑槽一般采用直线圆弧形的，并磨有负倒棱，$b_{r1}=0.1mm$，$\gamma_{o1}=-5°$。一般切断时，由于切屑和工件槽宽相等，切屑容易堵塞在槽内，为了排屑顺利，可把主切削刃两边倒角或磨成人字形。

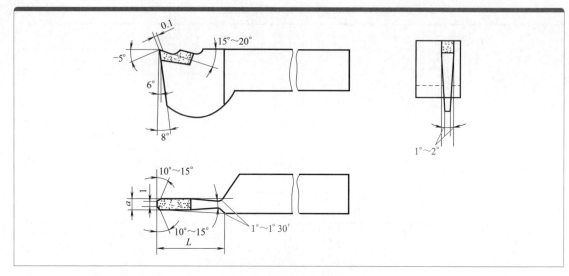

图 3.117　硬质合金切断刀

　　另外，高速切断时，由于切削时产生的热量较多、温度较高，为了防止切断刀的刀片脱焊，切断时应从切削的一开始，就连续充分地浇注切削液（采用水溶性的切削液），以提高切断刀的使用寿命。如发现切削刃磨钝，应及时刃磨。为了增加刀头的支撑强度，常将硬质合金切断刀的刀头下部做成凸圆弧形。

　　（3）弹性切断刀

　　为了节省高速钢材料，切断刀可以做成片状的，再装在弹性刀杆上（图 3.118）。当进给量过大时，因弹性刀杆受力变形时，刀杆的弯曲中心在上面，刀头会自动退出一些，所以弹性切断刀在切断时不会因扎刀而使切断刀折断。

　　（4）反切刀

　　切断直径较大的工件时，由于刀头很长，刚性差，易引起振动，这时可以采用反向切断法，用反切刀来切断，即工件反转，如图 3.119 所示。这样可使切断时，作用在工件上的切削力与工件重力方向一致，不易引起振动。而且用反切刀切断时，切屑向下排出，切屑不易堵塞在槽内，切屑排出顺利，可以防止切断刀折断。

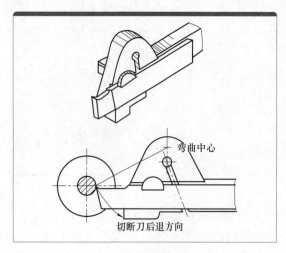

图 3.118　弹性切断刀

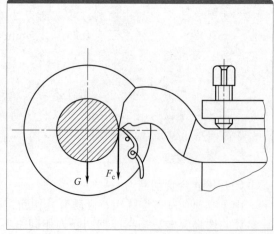

图 3.119　反向切断和反切刀

使用反切刀切断时，由于工件反转，因此卡盘和车床主轴的连接部位必须有保险装置，以防主轴反转时，在切削力的作用下，卡盘从主轴上脱出，而发生事故。反切刀几何参数的选择与高速钢切断刀相同。

3.8.3 切断刀的刃磨步骤

切断刀的刃磨步骤见表 3.44。

表 3.44　切断刀的刃磨步骤

序号	刃磨步骤	详细描述
1	磨焊渣	选用 24# ～ 36# 氧化铝砂轮，先磨去车刀前面、后面上的焊渣，并将车刀底面磨平，如图 3.120 所示 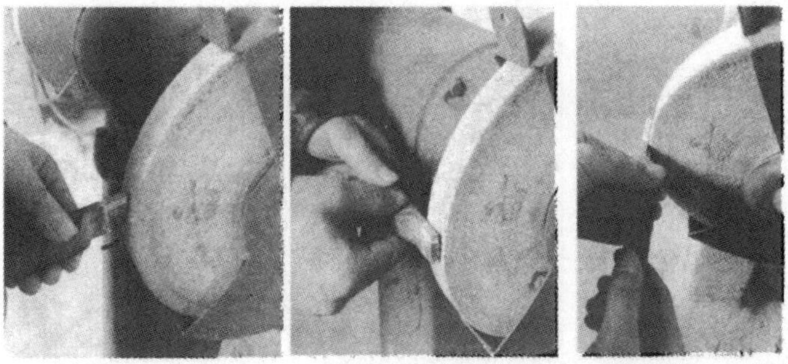 (a) 磨主后刀面焊渣　　(b) 磨右侧副后刀面焊渣　　(c)磨左侧副后刀面焊渣 图 3.120　磨焊渣
2	粗磨主后刀面	选用粒度号为 36# ～ 60# 碳化硅砂轮。前刀面向上，主切削刃与砂轮外圆平行，刀头略向上翘 6°～ 8°（形成主后角），如图 3.121 所示 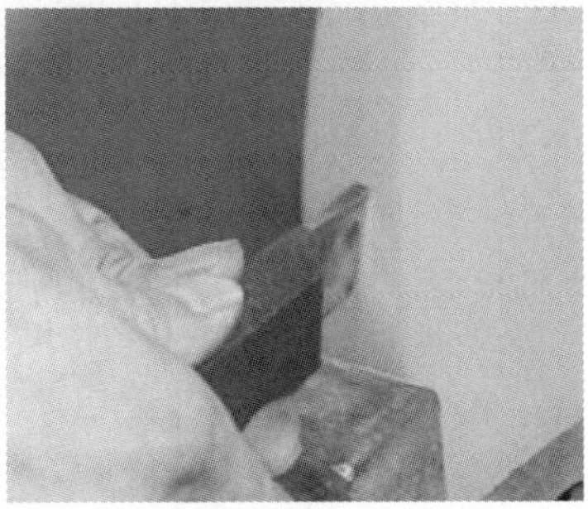 图 3.121　粗磨主后刀面
3	粗磨左侧副后刀面	刀头向里摆 1°～ 1.5°（形成副偏角），刀头略向上翘 1°～ 2°（形成副后角），同时磨出左侧副后角和副偏角，如图 3.122 所示  图 3.122　粗磨左侧副后刀面

序号	刃磨步骤	详细描述
4	粗磨右侧副后刀面	刀头向里摆 1°～1.5°（形成副偏角），刀头略向上翘 1°～2°（形成副后角），同时磨出右侧副后角和副偏角，如图 3.123 所示 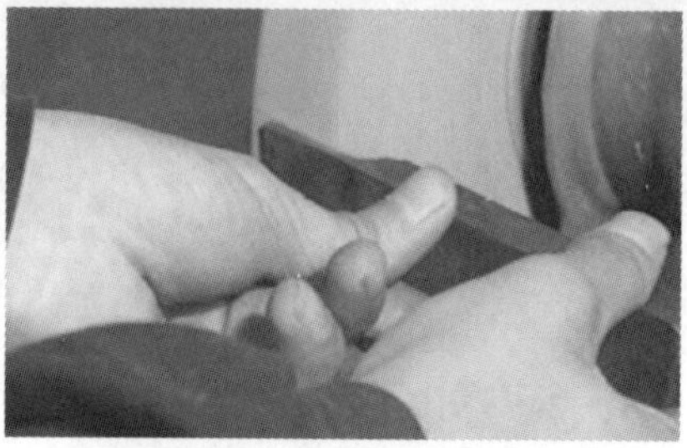 图 3.123　粗磨右侧副后刀面
5	刃磨断屑槽	如图 3.124 所示 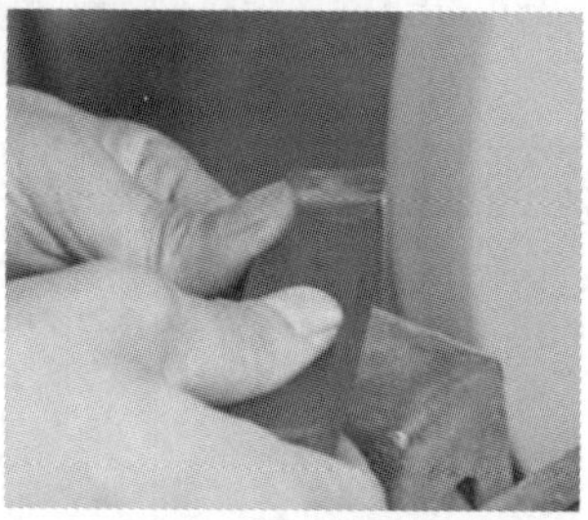 图 3.124　刃磨断屑槽
6	精磨主后刀面	前刀面向上，主切削刃与砂轮外圆平行，刀头略向上翘 6°～8°（形成主后角），如图 3.125 所示 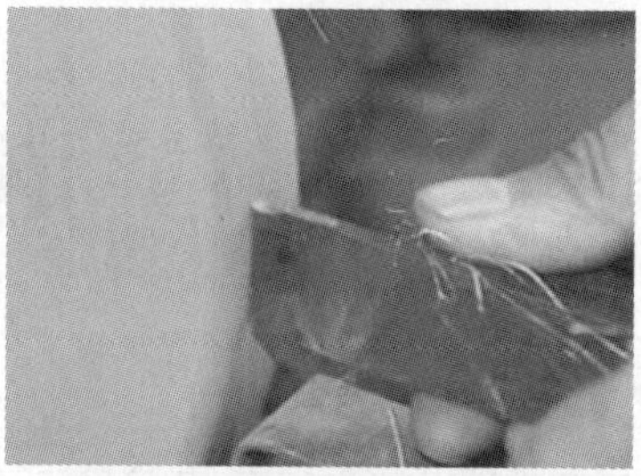 图 3.125　精磨主后刀面
7	精磨左侧副后刀面	刀头向里摆 1°～1.5°（形成副偏角），刀头略向上翘 1°～2°（形成副后角），同时磨出左侧副后角和副偏角，如图 3.126 所示  图 3.126　精磨左侧副后刀面
8	精磨右侧副后刀面	刀头向里摆 1°～1.5°（形成副偏角），刀头略向上翘 1°～2°（形成副后角），同时磨出右侧副后角和副偏角，如图 3.127 所示 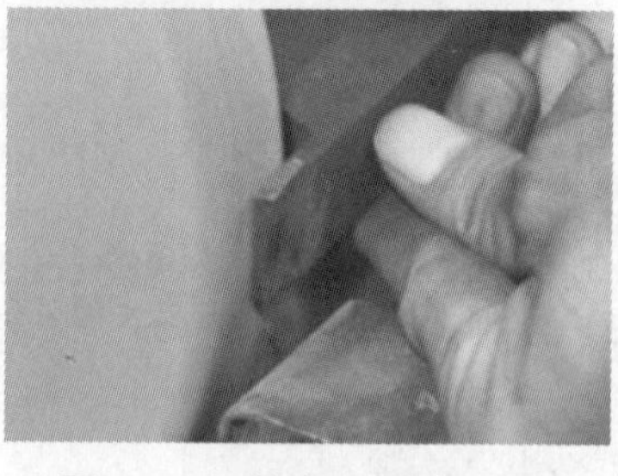 图 3.127　精磨右侧副后刀面

序号	刃磨步骤	详细描述
9	修磨两侧过渡刃	如图 3.128 所示 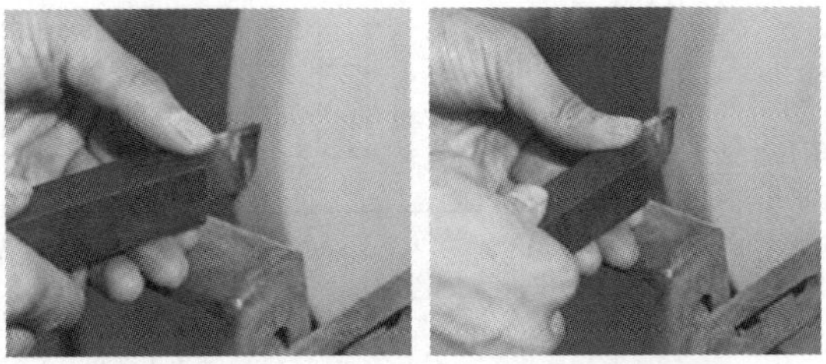 (a) 修磨左侧过渡刃　　(b) 修磨右侧过渡刃 图 3.128　修磨两侧过渡刃
10	车刀研磨	手持油石，贴平各刀面平行移动研磨各刀面
11	测量车刀宽度	用千分尺测量切断刀尺寸，如图 3.129 所示 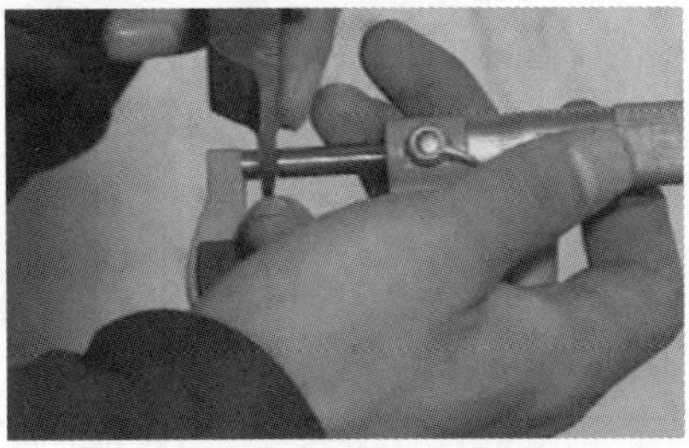 图 3.129　测量车刀宽度

3.8.4　刃磨切断刀的问题和注意事项

刃磨切断刀的注意事项见表 3.45。

表 3.45　刃磨切断刀的注意事项

序号	刃磨切断刀注意事项	详细描述
1	切断刀的卷屑槽不能磨得太深	一般 0.75～1.5mm，如图 3.130（a）所示。卷屑槽刃磨得太深，其刀头的强度差，切断刀容易折断，如图 3.130（b）所示。更不能把前刀面磨低或磨成阶台形，如图 3.130（c）所示。这种切断刀切屑容易堵塞在槽内，排出困难，切削力增大，刀头容易折断 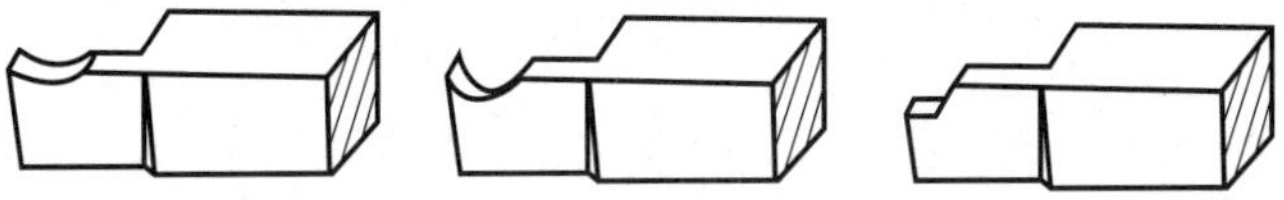 (a) 正确　　　　　(b) 错误(1)　　　　　(c) 错误(2) 图 3.130　断屑槽的正误示意图
2	可用角尺或钢尺检查副后刀面	刃磨切断刀和切槽刀的两侧副后刀面时，可用角尺或钢尺检查，如图 3.131 所示。两副后刀面应刃磨成对称的，如图 3.131（a）所示，否则车刀两边受力不均匀，会使切出的端面不平，也易使切断刀折断。两侧副后角也不能刃磨得太小或太大，如副后角刃磨得太小，见图 3.131（b），会使副后刀面与工件摩擦严重，切削力增大，刀头易折断。如果副后角刃磨得太大，见图 3.131（c），刀头强度就更差，也会使切断刀折断

序号	刃磨切断刀注意事项	详细描述
2	可用角尺或钢尺检查副后刀面	 (a) 正确　　(b) 错误(1)　　(c) 错误(2) 图 3.131　用角尺检查切断刀的副后角 1—平板；2—角尺；3—切断刀
3	副偏角错误磨法	刃磨切断刀和切槽刀的副偏角时，要防止产生下列情况： a. 副偏角不能太大，见图 3.132（a），否则刀头强度太低，切断刀易折断； b. 副偏角不能为负值，见图 3.132（b），否则不能用直进法切断； c. 副刀刃刃磨得不平直，见图 3.132（c），也无法用直进法切断； d. 刀头右侧不能磨去太多，见图 3.132（d），否则不能切断有高阶台的工件 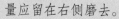 (a)　　(b)　　(c)　　(d) 图 3.132　切断刀副偏角的几种错误磨法

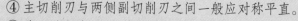

经验总结

　　① 刃磨高速钢切断刀时，由于耐热性较差，应随时用水冷却，以防退火。刃磨硬质合金切断刀时，不能用水冷却，否则刀片会因骤冷而产生裂纹或碎裂。

　　② 刃磨硬质合金切断刀时，不能用力过猛，以防刀片烧结处产生高热而脱焊。

　　③ 刃磨切断刀和切槽刀时，通常左侧副后刀面磨出副后角、副偏角即可，刀宽的余量应留在右侧磨去。

　　④ 主切削刃与两侧副切削刃之间一般应对称平直。

　　⑤ 在刃磨切断刀的副切削刃时，刀头与砂轮表面的接触点应放在砂轮的边缘处，轻轻移动、仔细观察和修整副切削刃的直线度。

　　⑥ 刃磨两侧刀尖处的过渡刃时应对称，否则会使两边受力不均匀而使车出的端面不平，也易使切断刀折断。

　　⑦ 刃磨切断刀时，建议先用废刀杆练习，刃磨熟练并经检查符合要求后，再用正式车刀刃磨。

　　⑧ 圆头车刀的刃磨与矩形车槽刀基本相同，只是在刃磨主切削刃圆弧时有区别，其圆头切削刃的刃磨方法是以左手握车刀前端为支点，用右手转动车刀尾部，如图 3.133 所示。

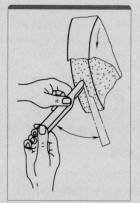

图 3.133　圆头车刀的刃磨示意图

3.9 端面槽车刀的刃磨

3.9.1 端面槽的种类和作用

端面槽的种类较多，一般有矩形槽、圆弧形槽、燕尾形槽和 T 形槽，如图 3.134 所示。端面槽的作用见表 3.46。

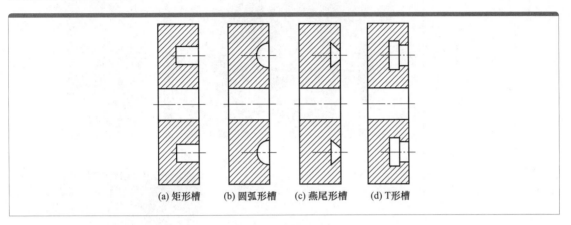

图 3.134　常见的端面槽

表 3.46　端面槽的作用

序号	端面槽的类型	端面槽的作用
1	矩形槽和圆弧形槽	一般用于减轻工件重量，减少工件的接触面积，或用作油槽
2	T 形槽和燕尾形槽	通常穿有螺钉作连接其他零件用，如车床中拖板的 T 形槽、磨床砂轮连接盘上的燕尾形槽等

3.9.2 端面槽车刀的几何角度

在端面上切槽时，切槽刀的一个刀尖相当于在车削内孔，另一个刀尖相当于在车削外圆，如图 3.135 所示。为了防止车刀副后刀面与槽壁相碰，切槽刀的左侧副后刀面必须按端面槽圆弧的大小刃磨成圆弧形，并带有一定的后角，这样才能切槽，否则车槽刀易损坏，如图 3.136。端面槽车刀的几何参数与切断刀基本相同。

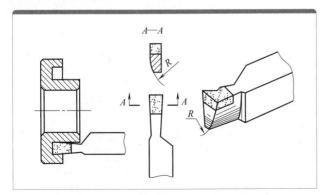

图 3.135　端面槽车刀的几何形状

图 3.136　切削中的端面槽车刀

3.9.3　端面槽车刀的刃磨步骤

端面槽车刀的刃磨步骤见表 3.47。

表 3.47　端面槽车刀的刃磨

序号	刃磨步骤	详细描述
1	磨焊渣	选用 24#～36# 氧化铝砂轮，先磨去车刀前面、后面上的焊渣并将车刀底面磨平，如图 3.137 所示 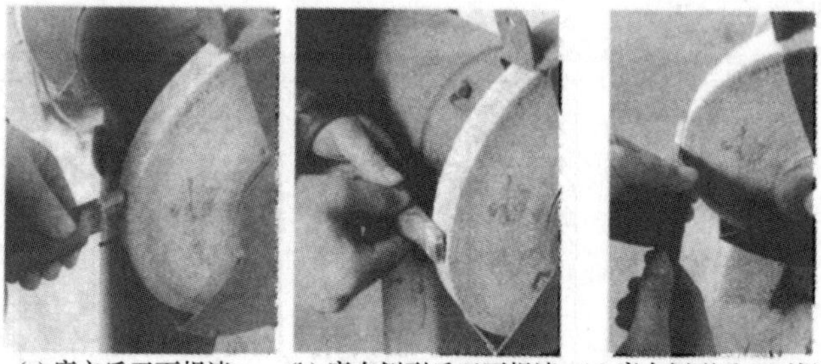 (a) 磨主后刀面焊渣　(b) 磨右侧副后刀面焊渣　(c) 磨左侧副后刀面焊渣 图 3.137　磨焊渣
2	粗磨主后刀面	选用粒度号为 36#～60# 碳化硅砂轮。前刀面向上，主切削刃与砂轮外圆平行，刀头略向上翘 6°～8°（形成主后角），如图 3.138 所示 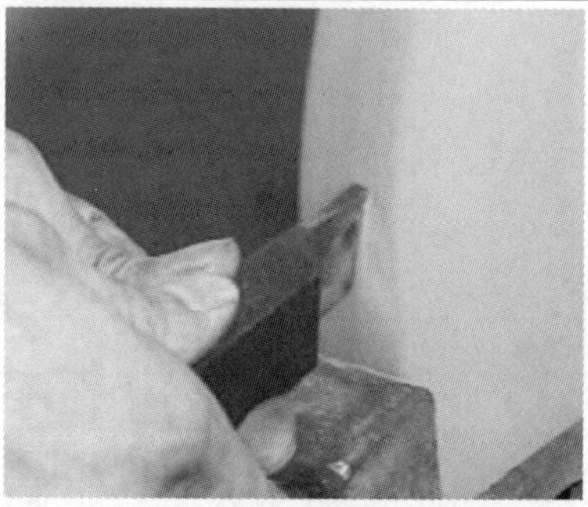 图 3.138　粗磨主后刀面
3	粗磨左侧圆弧面	刀头向里摆 1°～1.5°（形成副偏角），刀头略向上翘 1°～2°（形成副后角），同时磨出左侧圆弧面和副偏角，如图 3.139 所示 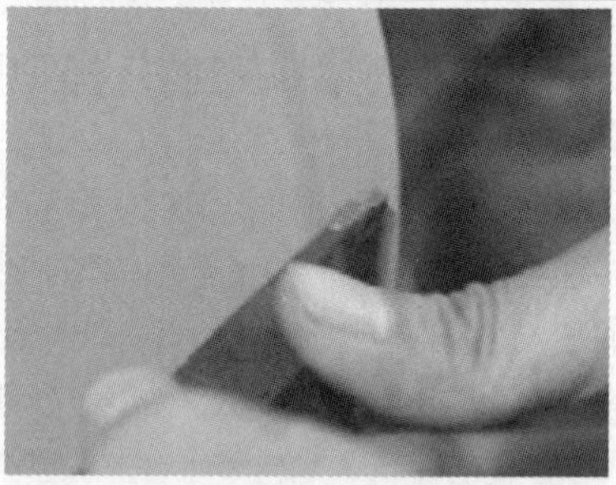 图 3.139　粗磨左侧圆弧面
4	粗磨右侧副后刀面	刀头向里摆 1°～1.5°（形成副偏角），刀头略向上翘 1°～2°（形成副后角），同时磨出右侧副后角和副偏角，如图 3.140 所示  图 3.140　粗磨右侧副后刀面

序号	刃磨步骤	详细描述
5	刃磨断屑槽	如图 3.141 所示 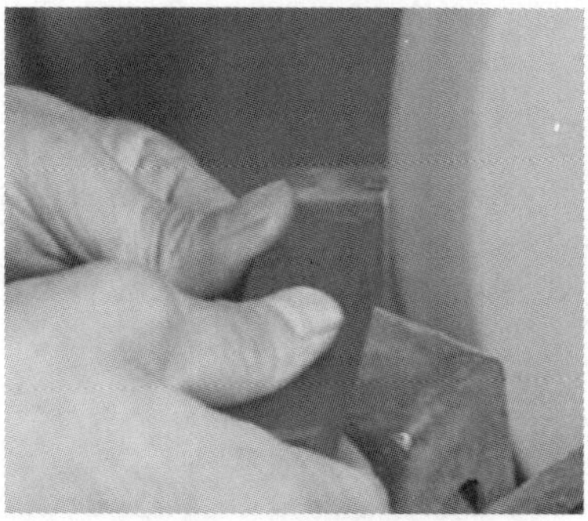 图 3.141 刃磨断屑槽
6	精磨主后刀面	前刀面向上，主切削刃与砂轮外圆平行，刀头略向上翘 6°～8°（形成主后角），如图 3.142 所示 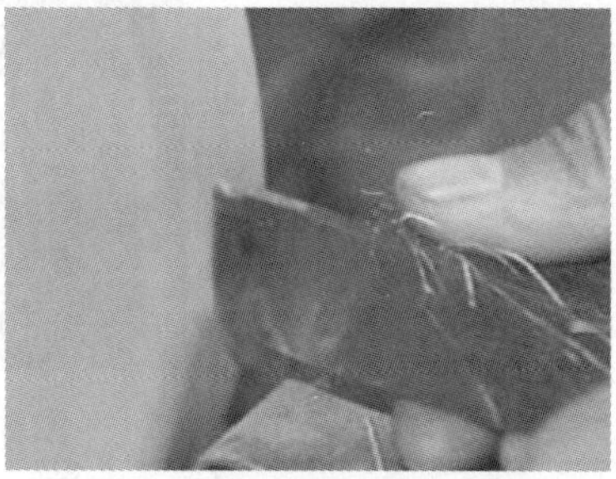 图 3.142 精磨主后刀面
7	精磨左侧圆弧面	刀头向里摆 1°～1.5°（形成副偏角），刀头略向上翘 1°～2°（形成副后角），同时磨出左侧副后角和副偏角，如图 3.143 所示  图 3.143 精磨左侧圆弧面
8	精磨右侧副后刀面	刀头向里摆 1°～1.5°（形成副偏角），刀头略向上翘 1°～2°（形成副后角），同时磨出右侧副后角和副偏角，如图 3.144 所示 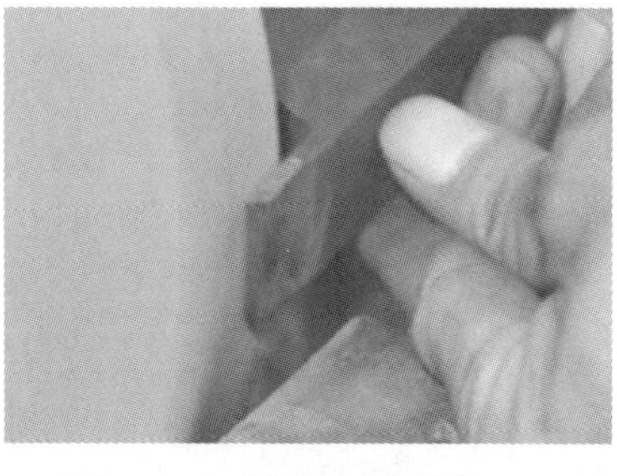 图 3.144 精磨右侧副后刀面

续表

序号	刃磨步骤	详细描述
9	修磨右侧过渡刃	注意，端面槽车刀左侧为圆弧，因此只需要修磨右侧过渡刃如图 3.145 所示 
10	车刀研磨	手持油石，贴平各刀面平行移动研磨各刀面
11	测量车刀宽度	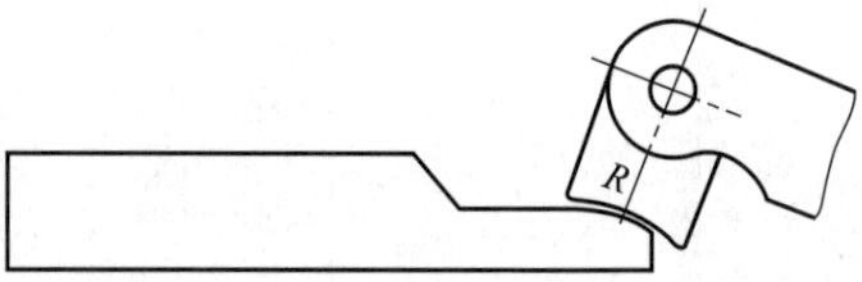 用千分尺测量尺寸，如图 3.146 所示。用半径样板尺测量端面槽车刀左侧半径，如图 3.147 所示 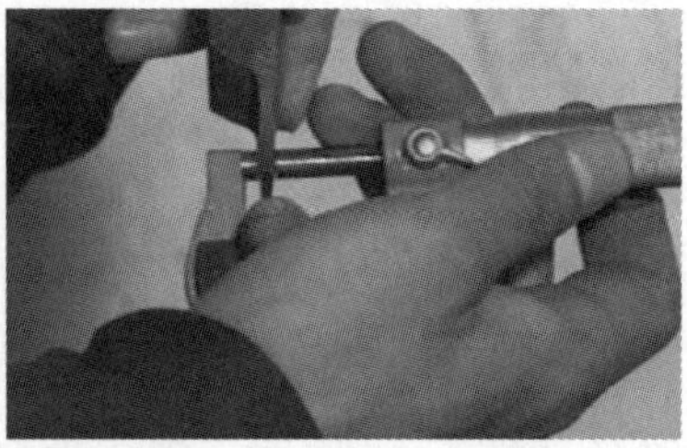

图 3.145　修磨右侧过渡刃

图 3.146　测量车刀宽度　　　　图 3.147　测量车刀左侧半径

经 验 总 结

① 建议先用旧刀或用废刀杆练习刃磨；

② 端面槽车刀左侧副后刀面应磨成圆弧形，以防与槽壁相碰；

③ 端面槽车刀最好采用高速钢材料，比硬质合金制成的车刀抗弯强度高，刀具不易损坏。

3.10 麻花钻的刃磨

麻花钻刃磨

麻花钻头吃力大，标准角度一一八；

修正砂轮当首位，确保两侧对称佳；

一手支点摆正位，一手上下慢慢划；

左右两侧均匀磨，浸水切勿溅水花；

目测双眼等高位，精确需用样板夹；

钻头工作要留心，注意修磨好方法。

钻头也是在车削过程中经常用到的一种刀具。根据形状和用途的不同，钻头可分为扁钻、麻花钻、中心钻、锪孔钻、深孔钻等。钻头一般由高速钢制成，由于高速切削的发展，镶硬质合金的钻头在生产中也逐渐得到了广泛的应用。本章重点讲述麻花钻及其刃磨，其余几种钻头的刃磨方法读者可举一反三，自行实践。

3.10.1　麻花钻的组成和各部分的作用

麻花钻是常用的钻孔刀具（图 3.148），它由柄部、颈部和工作部分组成，工作部分又分为切削部分和导向部分。如图 3.149 所示。

图 3.148　麻花钻

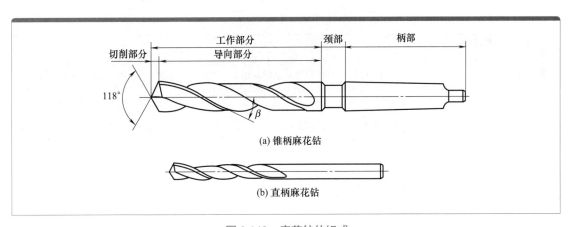

图 3.149　麻花钻的组成

麻花钻各部分的作用如下，见表 3.48。

表 3.48　麻花钻各部分的作用

序号	组成部分	详细描述
1	柄部	钻削时起传递扭矩和钻头的夹持定心作用。麻花钻有直柄式和莫氏锥柄式两种。直径较小的钻头柄部一般为直柄，直径较大的钻头柄部一般为莫氏锥柄
2	颈部	直径较大的钻头在颈部标注有商标、钻头直径和材料牌号
3	工作部分	它是钻头的主要部分，起切削和导向作用

3.10.2 麻花钻的几何形状与参数

如图 3.150 所示，麻花钻的切削部分可看作是正反的两把车刀，所以它们的几何角度的概念与车刀基本相同，但也有特殊性。其几何参数见表 3.49。

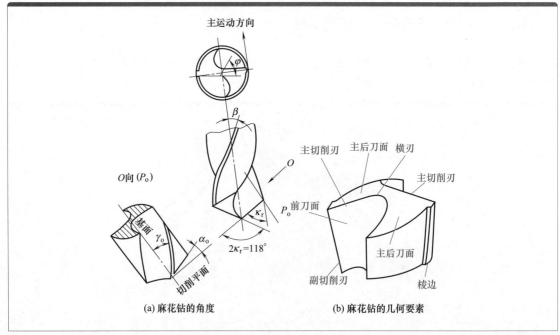

图 3.150 麻花钻工作部分的几何形状

表 3.49 麻花钻工作部分的几何参数

序号	工作部分	详细描述
1	螺旋槽	钻头的工作部分有两条对称的螺旋槽，它的作用是构成切削刃、排出切屑和通切削液 螺旋角（β）：麻花钻的螺旋角是指螺旋槽上最外缘的一条螺旋线的切线与轴线之间的夹角。由于同一个钻头的螺旋槽面上各点的导程是相同的，所以不同直径处的螺旋角是不同的，越靠近中心处的螺旋角越小。钻头上的名义螺旋角是指最外缘处的螺旋角，标准麻花钻的螺旋角为 $-18°\sim 30°$ 增大螺旋角有利于排屑，能获得较大的前角，切削轻快，但钻心直径较小，钻头的强度低、刚性较差。所以小直径钻头、钻高强度工件材料的钻头，为提高钻头的强度和刚性，螺旋角可设计得小些。钻软材料、铝合金的钻头，为改善排屑效果，选较大螺旋角。麻花钻有左右两条主切削刃、一条横刃和两条副切削刃
2	前刀面	指麻花钻的螺旋槽面
3	主后刀面	指钻顶的螺旋圆锥面
4	主切削刃	前刀面和主后刀面的相交部位
5	横刃	钻头两主切削刃的连接线，也就是两主后刀面的交线。横刃太短，会影响钻尖强度；横刃太长，会使轴向力增大，对切削不利
6	棱边（刃带）	麻花钻的导向部分，在切削过程中能保持钻削方向、修光孔壁以及作为切削部分的后备部分。为减小棱边与孔壁的摩擦，在麻花钻上特地制出了两条略带倒锥形的刃带。刃带即为钻头的副后刀面，刃带处的副后角为零度
7	顶角（$2\kappa_r$）	顶角也称锋角，是钻头两主切削刃在中剖面上投影之间的夹角（中剖面是指过钻头轴线与两条主切削刃平行的平面）。顶角大，左右两主切削刃短，横刃长，定心差，钻出的孔易扩大。反之，则相反。一般标准麻花钻的顶角为 118° 当麻花钻的顶角等于标准值时，左右两主切削刃为直线，如图 3.151（a）所示；顶角大于标准值时，左右两主切削刃为凹曲线，如图 3.151（b）所示；顶角小于标准值时，左右两主切削刃为凸曲线，如图 3.151（c）所示，根据主切削刃的形状，可判断顶角大小

序号	工作部分	详细描述
7	顶角（$2\kappa_r$）	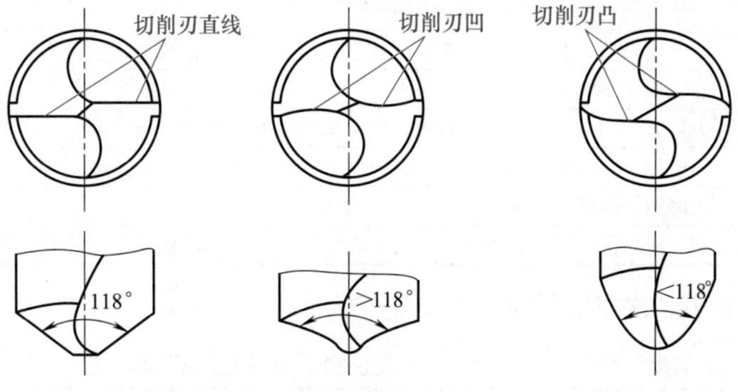 切削刃直线　切削刃凹　切削刃凸 (a) $2\kappa_r=118°$　　(b) $2\kappa_r>118°$　　(c) $2\kappa_r<118°$ 图 3.151　麻花钻顶角大小对切削刃的影响
8	前角（γ_0）	钻头的前角也是在正交平面内测量的。麻花钻前角的大小与螺旋角、顶角、钻心直径有关，而其中影响最大的是螺旋角。螺旋角越大，前角越大。因螺旋角随直径变化而变化，所以切削刃上各点前角也是变化的。前角靠近外缘处最大，自外缘向中心逐渐减小，约在三分之一钻头直径内前角为负值，前角的变化范围是 $+30°\sim -30°$
9	后角（α_f）	为了测量方便，钻头后角选在圆柱面（柱剖面）内进行测量，如图 3.152 所示。过主切削刃上某选定点，作与钻头轴线平行的直线，该直线绕轴线旋转所形成的圆柱面为柱剖面。而过主切削刃上一点与钻头轴线相垂直的平面为端平面 　　普通麻花钻的后角是标注在外圆周处的数值，目的是使后角检验更方便，通常取 $8°\sim 20°$，在这个范围中直径较小的钻头，应取较大的数值，因为小直径钻头螺旋角小，前角也较小，选择较大的后角，可以保证一定的楔角，并能改善横刃的锋利情况 　　麻花钻后角随直径的变化而变化，自外缘向中心后角逐渐增大，到达主切削刃与横刃交接处为最大，即等于横刃处的后角，约为 $36°$。麻花钻后角一般设计成外缘小、中心大，主要目的是： 　　a. 使横刃得到较大的前角和后角，增加横刃的锋利程度； 　　b. 使切削刃上各点的工作后角相差较小，钻孔时切削平面呈圆锥螺旋面，在同一进给量下，钻心处的直径小，螺旋升角大，工作后角减小得较多，所以钻心处的刃磨后角应大于外缘处的后角 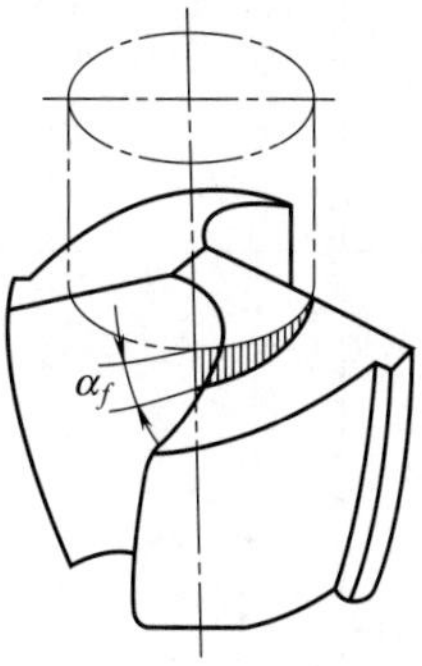 图 3.152　麻花钻的后角
10	横刃斜角（φ）	是在垂直于钻头轴线的端面投影图中，横刃与中剖面之间的夹角 　　横刃斜角与顶角、后角是相互制约的，后角大时，横刃斜角小，横刃锋利，但横刃长，钻头引钻时不易定心；后角小时则相反。标准麻花钻横刃斜角为 $55°$

3.10.3　麻花钻的刃磨

（1）麻花钻的刃磨要求

麻花钻的刃磨角度有三个：顶角、后角和横刃斜角。刃磨两个主后刀面，需同时保证这三个角度，所以钻头的刃磨是比较困难的。

麻花钻的刃磨质量直接影响钻孔的质量和钻削效率。刃磨合理，其尺寸、表面质量就易保证工件的加工要求，而且还能提高生产率；刃磨得不合理，钻孔质量就无法保证，耐用度也低。所以应重视钻头的刃磨，并能满足钻头的刃磨要求。

麻花钻一般只刃磨两个主后面并同时磨出顶角、后角以及横刃斜角。麻花钻的刃磨要求如下，见表 3.50。

表 3.50　麻花钻的刃磨要求

序号	麻花钻的刃磨要求
1	保证顶角（$2\kappa_r$）和后角 α_f 大小适当
2	两条主切削刃必须对称，即两主切削刃与轴线的夹角相等，且长度相等
3	保证横刃斜角 φ 为 55°
4	刃磨时用力要均匀，不能过大，应经常目测磨削情况，随时修正
5	刃磨时，麻花钻切削刃的位置应略高于砂轮中心平面，以免磨出负后角，致使麻花钻无法使用
6	刃磨时不要用刃背磨向刀口，以免造成刃口退火
7	刃磨时应注意磨削温度不应过高，要经常用水冷却，以防麻花钻退火降低硬度，使切削性能降低

（2）麻花钻的刃磨方法（表 3.51）

表 3.51　麻花钻的刃磨方法

序号	刃磨步骤	详细描述
1	修正砂轮	刃磨前应检查砂轮表面是否平整，如果不平整或有跳动，则应先对砂轮进行修正，如图 3.153 所示  图 3.153　砂轮的修整
2	刃磨姿势	用右手握住麻花钻前端作支点，左手紧握麻花钻柄部，摆正麻花钻与砂轮的相对位置，使麻花钻轴心线与砂轮外圆柱面母线在水平面内的夹角等于顶角的 1/2，同时钻尾向下倾斜，如图 3.154 所示 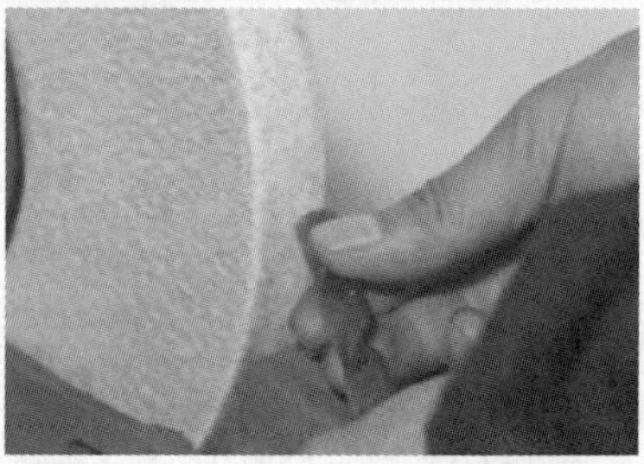 图 3.154　麻花钻的刃磨姿势
3	磨出主切削刃和主后刀面	以麻花钻前端支点为圆心，缓慢使钻头作上下摆动并略带转动，同时磨出主切削刃和主后刀面。但要注意摆动与转动的幅度和范围不能过大，以免磨出负后角或将另一条主切削刃磨坏，如图 3.155 所示 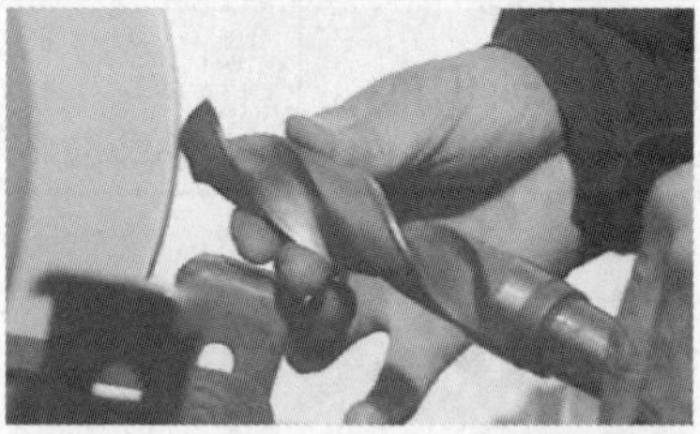 图 3.155　麻花钻的刃磨方法
4	刃磨另一主后刀面	当一个主后刀面刃磨好后，将麻花钻转过 180° 刃磨另一主后刀面。刃磨时，人和手要保持原来的位置的姿势。另外，两个主后刀面要经常交换刃磨，边磨边检查，直至符合要求为止，如图 3.156 所示 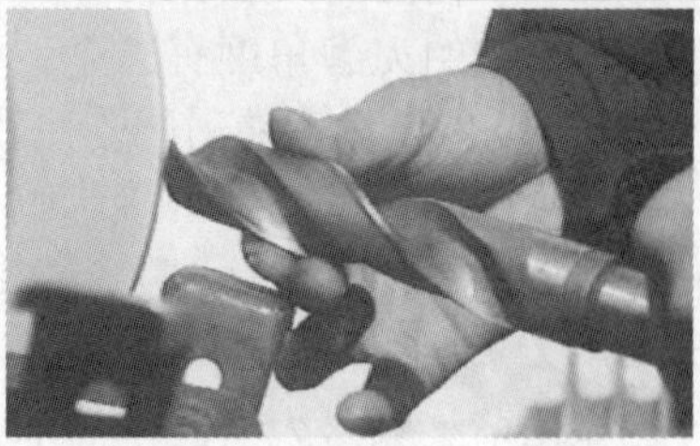 图 3.156　换磨另一主后刀面

序号	刃磨步骤	详细描述
5	冷却操作	随时用水进行冷却，防止发热退火，降低钻头硬度，如图 3.157 所示  图 3.157　对钻头冷却
6	车刀研磨	手持油石，贴平各刀面平行移动研磨各刀面

3.10.4　麻花钻的检测

麻花钻在刃磨过程中，要经常检测，检测方法见表 3.52。

表 3.52　麻花钻的检测

序号	检测方法	详细说明
1	目测法	目测法如图 3.158 所示，把刃磨好的麻花钻垂直竖在与眼等高的位置上，转动钻头，交替观察两条主切削刃的长短、高低以及后角是否一致。如果不一致，则必须进行修磨，直到一致为止  图 3.158　目测法检测
2	角度样板检测	样板检测如图 3.159 所示，将钻头靠近到样板上，使主切削刃与样板上的斜面相贴，检查切削刃角度是否与样板上的角度相符。将钻头的另一个切削刃转到样板位置，检查其角度 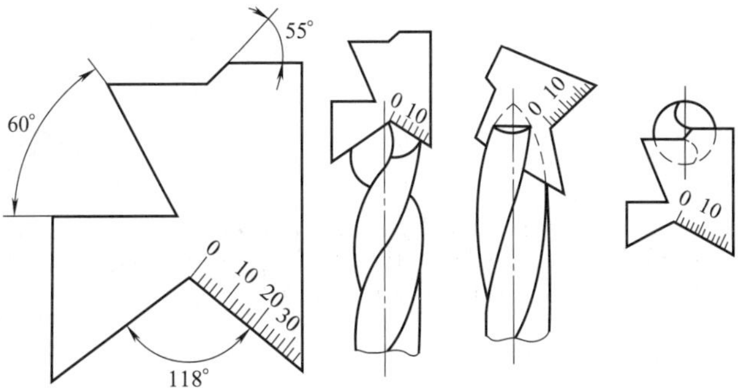 图 3.159　用样板检测

序号	检测方法	详细说明
3	角度尺检测	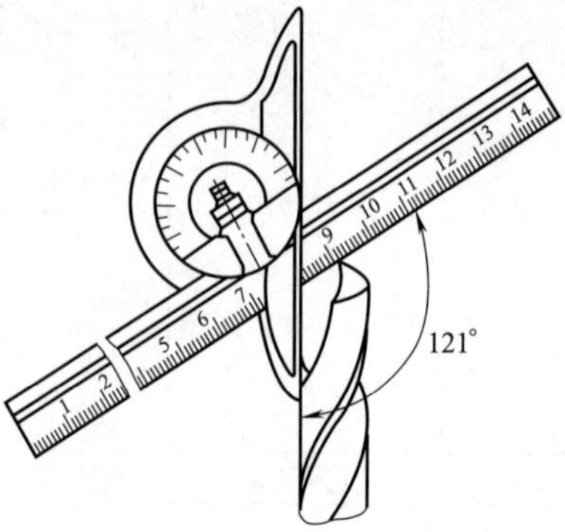 角度尺检测如图 3.160 所示，将游标万能角度尺有角尺的一边贴在麻花钻的棱边上，另一边靠近钻头的刃口上 图 3.160　用量角器检查麻花钻的对称性

3.10.5　麻花钻的修磨

由于麻花钻在结构上的复杂性，导致了刃磨必然存在很多缺点，因而麻花钻在使用时，应根据工件材料、加工要求，采用相应的修磨方法进行修磨。

（1）横刃的修磨

横刃的修磨有四种形式，见表 3.53。

表 3.53　横刃的修磨形式

序号	修磨步骤	详细说明
1	磨去整个横刃	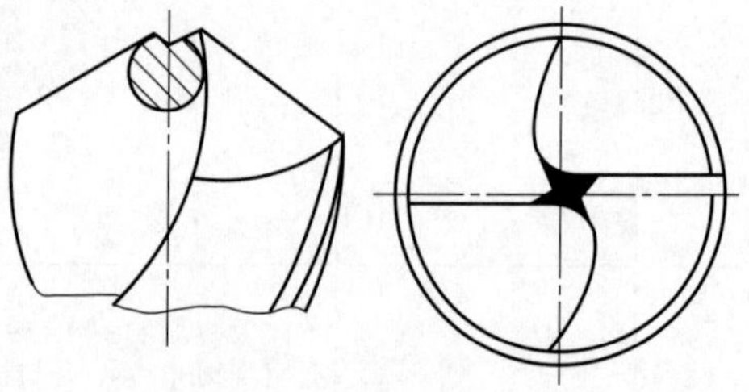 如图 3.161 所示，加大该处前角，使轴向力降低，但钻心强度弱，定心不好，它只适用于加工铸铁等强度较低的材料工件 图 3.161　磨去整个横刃
2	磨短横刃	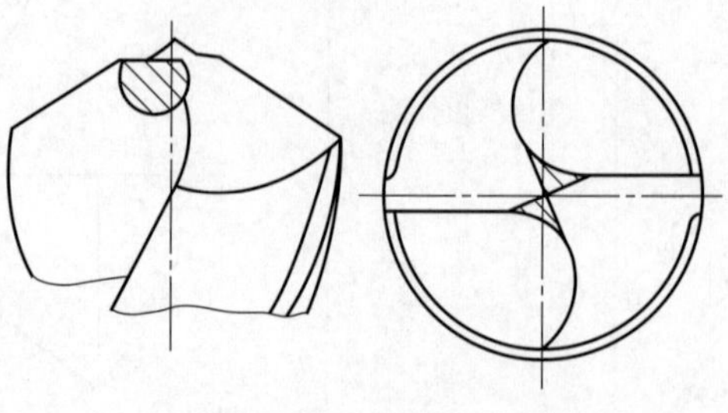 如图 3.162 所示，主要是减少横刃造成的不利影响，且在主切削刃上形成转折点，有利于分屑和断屑 图 3.162　磨短横刃

序号	修磨步骤	详细说明
3	加大横刃前角	如图 3.163 所示，横刃长度不变，将其分成两半，分别磨出 0°～5° 前角，主要用于钻削深孔。但修磨后钻尖强度低，不宜钻削硬材料 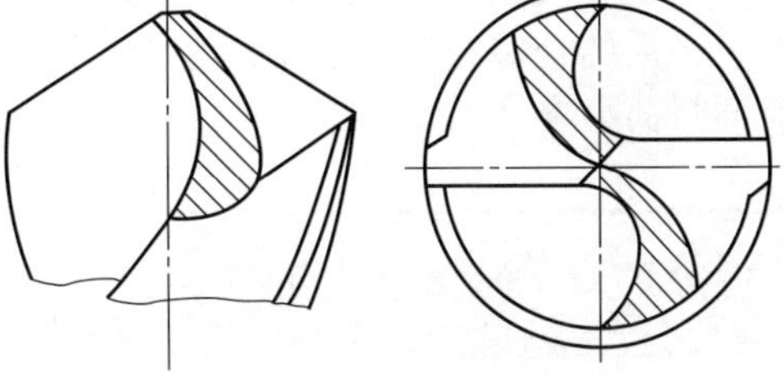 图 3.163　加大横刃前角
4	综合刃磨	这种方法不仅有利于分屑、断屑，增大了钻心部分的排屑空间，还能保证一定的强度，如图 3.164 所示 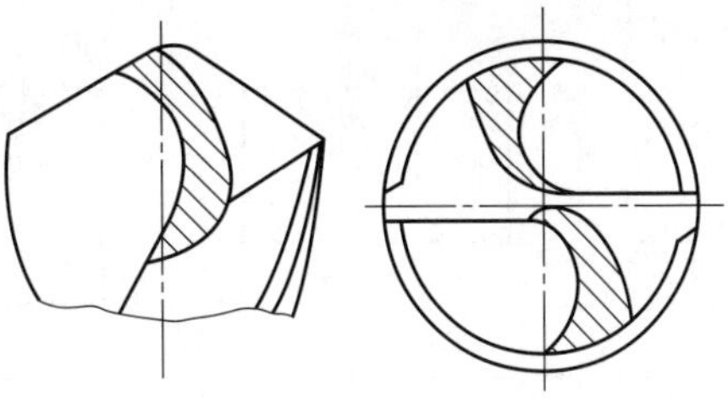 图 3.164　综合刃磨

（2）前刀面的修磨

前刀面的修磨主要是外缘与横刃处前刀面的修磨，见表 3.54。

表 3.54　前刀面的修磨

序号	修磨步骤	详细说明
1	修磨外缘处前角	工件材料较硬时，就需修磨外缘处前角，主要是为了减少外缘处的前角，如图 3.165 所示 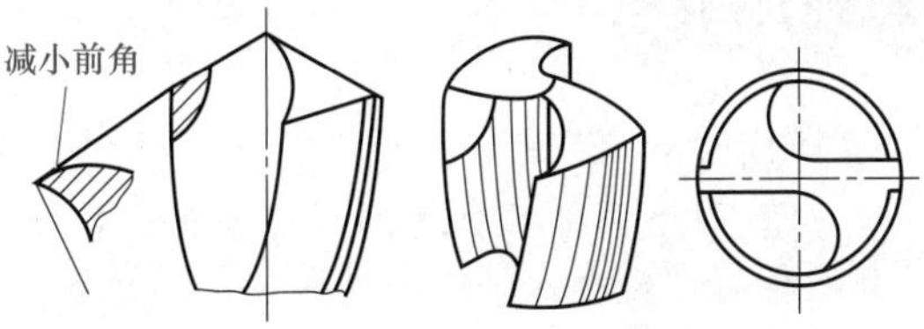 图 3.165　修磨外缘处前角
2	修磨横刃处前角	工件材料较软时需修磨横刃处前角，如图 3.166 所示 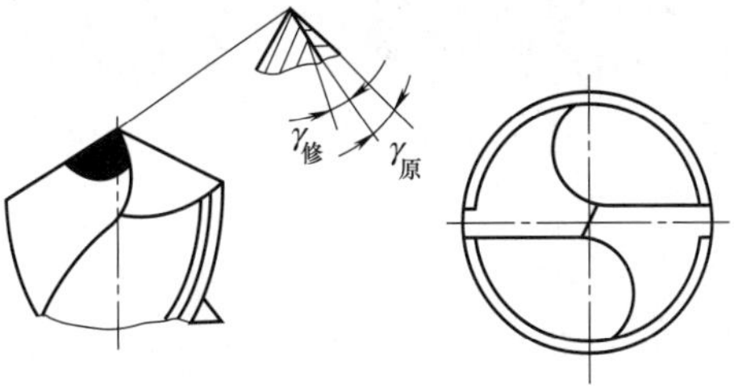 图 3.166　修磨横刃处前角
3	双重刃磨	双重刃磨在钻削加工时，钻头外缘处的切削速度最高，磨损也就最快，因此可磨出双重顶角，如图 3.167 所示。这样可以改善外缘处转角的散热条件，增加钻头强度，并可减小孔的表面粗糙度值 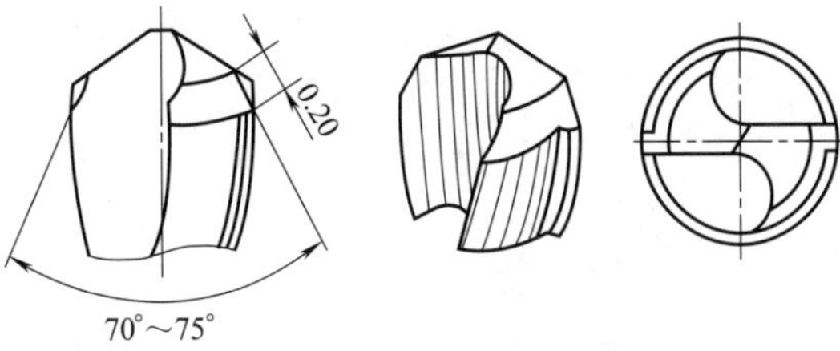 图 3.167　双重刃磨

3.10.6 麻花钻刃磨情况对钻孔质量的影响

　　麻花钻刃磨时不正确的情况有顶角不对称、削刃长度不等和角不对称、刃长不等三种情况，下面结合麻花钻刃磨正确与否，通过表3.55麻花钻刃磨情况对比来说明麻花钻刃磨对钻孔质量的影响。

表 3.55　麻花钻刃磨情况对钻孔质量的影响

刃磨情况	麻花钻刃磨正确	麻花钻刃麻不正确		
		顶角不对称	切削刃长度不等	顶角不对称、刃长不等
图示	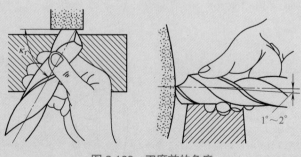			
钻削情况	钻削时两条主切削刃同时切削，两边受力平衡，使钻头磨损均匀	钻削时只有一条切削刃切削，另一条不起作用，两边受力不平衡，使钻头很快磨损	钻削时，麻花钻的工作中心由 O 移到 O'，切削不均匀，使钻头很快磨损	钻削时两条主切削刃受力不平衡，而且麻花钻的工作中心由 O 移到 O'，使钻头很快磨损
对钻孔质量的影响	钻出的孔不会扩大、倾斜和产生台阶	钻出的孔扩大和倾斜	钻出的孔径扩大	钻出的孔径不仅扩大而且还会产生台阶

经验总结

　　① 由于麻花钻参数很多，必须时刻注意观察，及时纠正刃磨时不正确的姿势和方法。
　　② 刃磨前，钻头切削刃应放置在砂轮中心水平面上，或稍高些。钻头中心线与砂轮外圆柱面母线在水平面内夹角等于顶角的一半，同时钻尾向下倾斜，如图3.168所示。
　　③ 刃磨时，要经常检查两刃和钻头中心线的对称性以及后角是否为正值。
　　④ 刃磨麻花钻时，用右手握住钻头前端作支点，左手握钻尾，以钻头前端支点为圆心，钻尾做上下摆动，如图3.169所示，并略带旋转，但不能旋转过多，或上下摆动太大，以防磨出负后角，或把另一面主切削刃磨掉。特别是在刃磨小直径麻花钻时更应注意。

图 3.168　刃磨前的角度

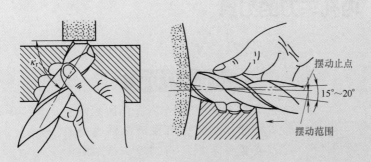

图 3.169　刃磨麻花钻的操作

⑤ 再次提醒：当一个主切削刃磨削完毕后，把麻花钻转 180°，刃磨另一个主切削刃，人和手要保持原来的位置和姿势，这样容易达到两主切削刃对称的目的。其刃磨方法同上。

⑥ 顶角不易磨得太大，否则会影响其使用寿命。

3.11　群钻的刃磨

3.11.1　群钻的概述

3.11.2　群钻结构和特点

3.11.3　群钻的刃磨方法

3.12　扁钻的刃磨

3.12.1　扁钻的概述

3.12.2　扁钻的结构

3.12.3　扁钻的刃磨步骤

扫二维码阅读

3.11—3.12

3.13 内孔车刀的刃磨

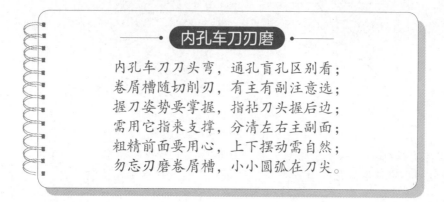

内孔车刀刃磨

内孔车刀刀头弯，通孔盲孔区别看；
卷屑槽随切削刃，有主有副注意选；
握刀姿势要掌握，指拈刀头握后边；
需用它指来支撑，分清左右主副面；
粗精前面要用心，上下摆动需自然；
勿忘刃磨卷屑槽，小小圆弧在刀尖。

3.13.1 内孔车刀的分类和结构组成

孔的加工方式一般分为车通孔和不通孔（图 3.170），其所用的刀具内孔车刀也不相同。

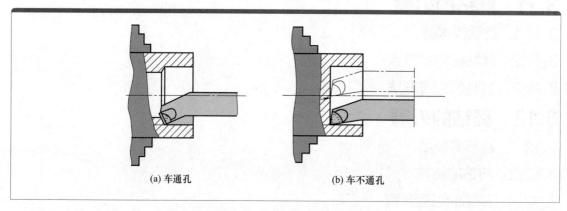

(a) 车通孔   (b) 车不通孔

图 3.170 车通孔和不通孔

根据不同孔的加工情况，内孔车刀可分为通孔车刀（图 3.171）和盲孔车刀（图 3.172）。

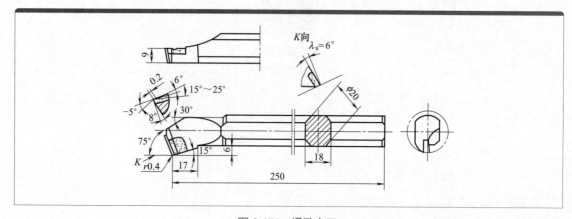

图 3.171 通孔车刀

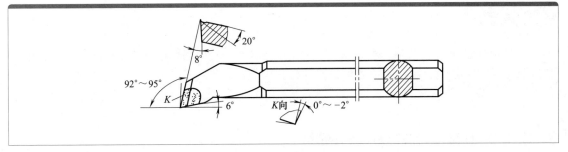

图 3.172　盲孔车刀

3.13.2　内孔车刀几何参数

孔车刀由三个刀面（前刀面、主后刀面、副后刀面）、两个切削刃（主切削刃和副切削刃）和一个刀尖组成，所需标注的基本角度有六个。

（1）通孔车刀

通孔车刀是用来加工通孔的，切削部分的几何形状和 75°外圆车刀相似。为了减小背向力（径向力），防止产生振动，主偏角应取得较大。其基本参数见表 3.56。

表 3.56　通孔车刀基本参数

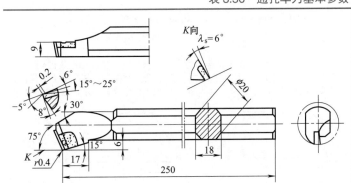

主偏角：一般在 60°～75°
副偏角：一般为 15°～30°
前角：一般为 15°～25°
主后角和副后角：为 8°～12°
刃倾角：为 0°～-2°
刃倾角：可选择 6°（前排屑通孔车刀），也可磨出倒棱

经验总结

为了防止车刀后刀面和孔壁摩擦，不使后角刃磨得太大，一般可磨成两个后角。

（2）盲孔车刀

盲孔车刀可加工盲孔和阶台孔，切削部分的几何形状与偏刀相似，其基本参数见表 3.57。

表 3.57　盲孔车刀基本参数

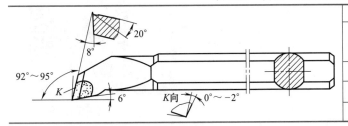

主偏角：一般为 κ_r=92°～95°
副偏角：一般为 κ'_r=15°～30°，如果刀杆刚性好，也可选择 κ'_r=6°～3°
前角：一般为 γ_o=15°～25°
后角：为 $\alpha_o=\alpha'_o$=8°～12°
刃倾角：为 λ_s=0°～-2°

127

经验总结

　　刀尖在刀杆的最前端，在加工盲孔时，刀尖与刀杆外端的距离应小于内孔半径；加工阶台孔时，应小于两孔半径之和。否则孔底和阶台面无法车平。

3.13.3　内孔车刀卷屑槽方向的选择

　　内孔车刀卷屑槽方向应根据不同的情况加以刃磨，见表 3.58。

表 3.58　内孔车刀卷屑槽方向的选择

序号	主偏角	详细描述
1	45°～75°	当内孔车刀的主偏角为 45°～75°时，在主切削刃方向上刃磨出卷屑槽，如图 3.173（a）所示，能使其刀刃锋利，切削轻快，在背吃刀量较大的情况下，仍能保持很好的切削稳定性，因而适用于粗车；如果在副切削刃方向上刃磨出卷屑槽，如图 3.173（b）所示，则在背吃刀量较小的情况下能获得较小的表面粗糙度 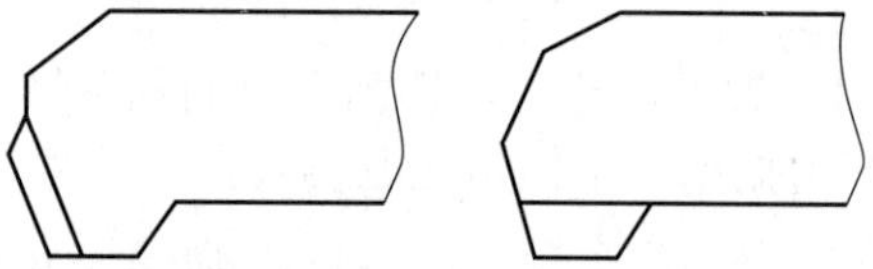 (a) 主切削刃方向　　(b) 副切削刃方向 图 3.173　主偏角为 45°～75°时卷屑槽的选择
2	大于 90°	当内孔车刀的主偏角大于 90°时，在主切削刃方向上刃磨出卷屑槽，如图 3.174（a）所示，它适用于纵向切削，但其背吃刀量不能过大，不然就会引起振动，使车削不平稳，且刀尖也易损坏；如果在副切削刃方向刃磨出卷屑槽，如图 3.174（b）所示，则适用于横向车削 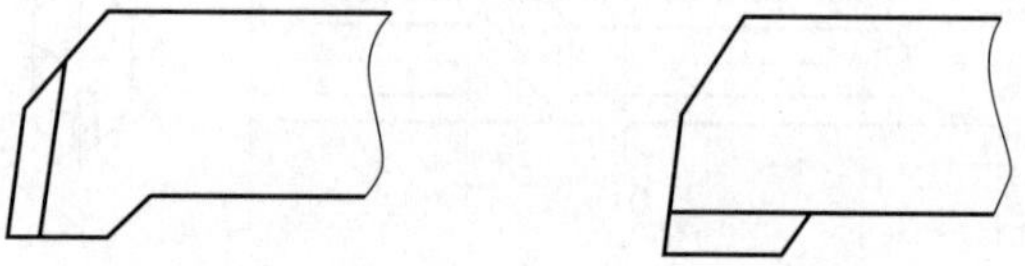 (a) 主切削刃方向　　(b) 副切削刃方向 图 3.174　主偏角大于 90°时卷屑槽的选择

3.13.4　内孔车刀的刃磨步骤

　　内孔车刀的刃磨步骤见表 3.59。

表 3.59　内孔车刀的刃磨步骤

序号	刃磨步骤	详细描述
1	粗磨前刀面	左手握住刀头，右手握住刀柄，主后刀面向上，左右移动刃磨，如图 3.175 所示 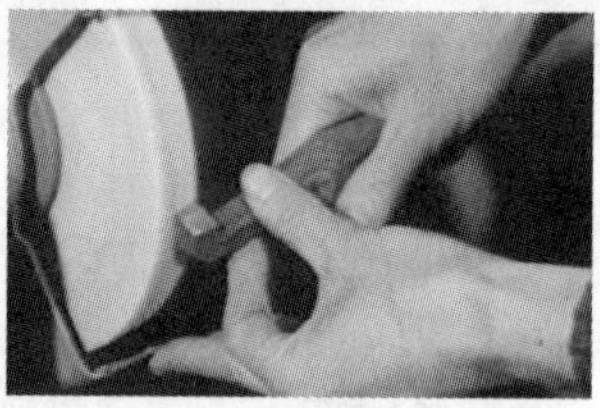 图 3.175　粗磨前刀面

序号	刃磨步骤	详细描述
2	粗磨主后刀面	左手握刀头，右手握刀柄，前刀面向上，主后刀面接触砂轮，左右移动刃磨，如图 3.176 所示  图 3.176 粗磨主后刀面
3	粗磨副后刀面	右手握刀头，左手握刀柄，前刀面向上，副后刀面接触砂轮，左右移动刃磨，如图 3.177 所示 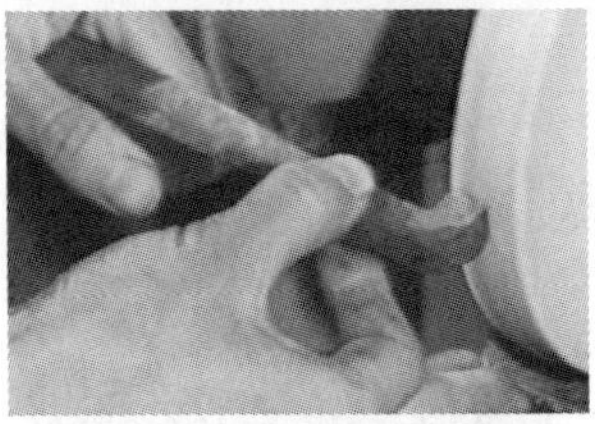 图 3.177 粗磨副后刀面
4	刃磨卷屑槽	右手握刀头，左手握刀柄，前刀面接触砂轮，上下移动刃磨，如图 3.178 所示 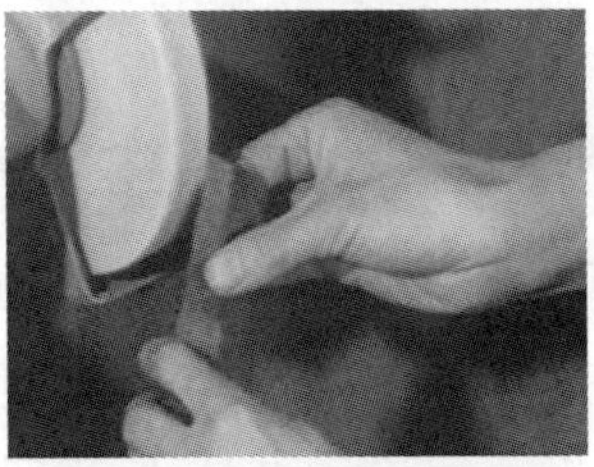 图 3.178 刃磨卷屑槽
5	精磨前刀面	左手握住刀头，右手握住刀柄，主后刀面向上，左右移动刃磨，如图 3.179 所示 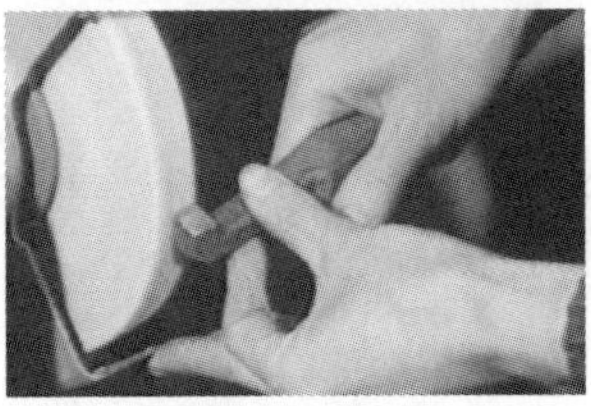 图 3.179 精磨前刀面
6	精磨主后刀面	左手握刀头，右手握刀柄，前刀面向上，主后刀面接触砂轮，左右移动刃磨，如图 3.180 所示 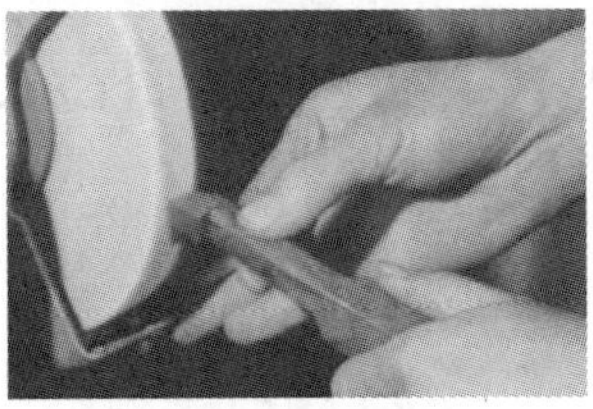 图 3.180 精磨主后刀面
7	精磨副后刀面	右手握刀头，左手握刀柄，前刀面向上，副后刀面接触砂轮，左右移动刃磨，如图 3.181 所示 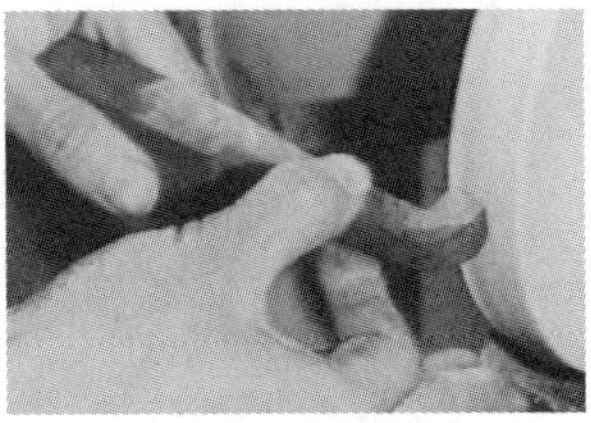 图 3.181 精磨副后刀面

序号	刃磨步骤	详细描述
8	修磨刀尖圆弧	右手握刀头，左手握刀柄，前刀面向上，以右手为圆心，摆动刀柄，修磨刀尖圆弧，如图3.182所示 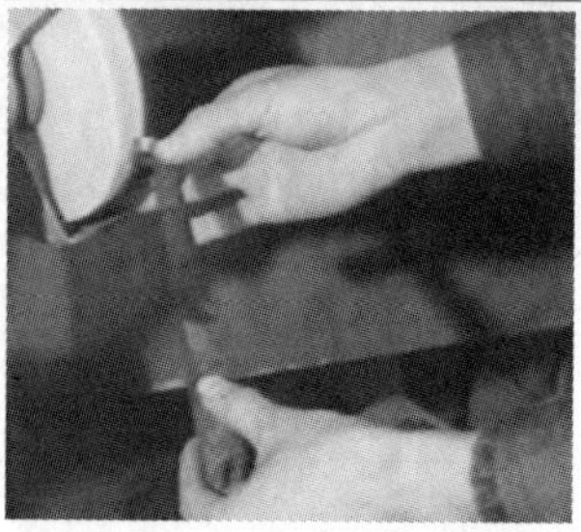 图3.182　修磨刀尖圆弧

经 验 总 结

① 刃磨断屑槽前，应先修整砂轮边缘处为小圆弧。
② 卷屑槽不能磨得太宽，以防车孔时排屑困难。
③ 先磨练习刀，熟练后再磨加工用的车刀。

3.14　内沟槽车刀的刃磨

3.14.1　内沟槽的种类和作用

3.14.2　内沟槽车刀的结构

3.14.3　内沟槽车刀的刃磨步骤

扫二维码阅读 3.14

3.15　三角螺纹车刀的刃磨

三角螺纹车刀刃磨

三角螺纹类型多，通常使用六十度；
左右刀尖要对称，刀轴垂直需相符；
先磨左侧后刀面，微微倾斜牙角出；
紧接右侧后刀面，时时刻刻量角度；
修磨刀尖轻又慢，研左磨右一步步；
偶尔工件形状异，左右不等有特殊。

在各种机械产品中，经常会见到一些带螺纹和蜗杆的零件。用车削的方法加工螺纹和蜗杆是目前常用的加工方法。螺纹根据牙型角和用途可分为三角形螺纹、矩形螺纹和梯形螺纹等。螺纹种类不同，螺纹车刀的几何形状也就不同，如图 3.183 所示。

要车出合格的螺纹，必须正确选择螺纹车刀的材料、螺纹车刀的几何参数，正确地刃磨和装夹车刀。螺纹车刀切削部分的几何形状应当和螺纹牙型轴向断面的形状相符合。

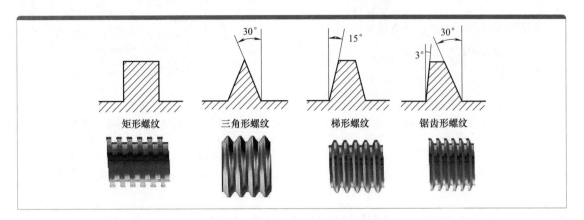

图 3.183　螺纹车刀的几何形状

3.15.1　螺纹车刀材料的选择

常用的螺纹车刀材料有高速钢和硬质合金两种。在生产中可根据车刀材料的特点、技术熟练程度、工件结构形状和螺纹精度来选择螺纹车刀的材料（表 3.60）。

表 3.60　螺纹车刀材料的选择

序号	刃磨步骤	详细描述
1	高速钢螺纹车刀	高速钢车刀的特点是抗弯强度高、韧性好、耐冲击、不易崩刃、刃磨时易得到锋利的刃口，但耐热性差。所以它适应在低速或在台阶轴上车削螺纹，以及技术不熟练或螺纹精度要求较高时使用
2	硬质合金螺纹车刀	硬质合金车刀的特点是硬度高、耐磨性好、耐热性高，但抗弯强度低、韧性差。所以它适应在高速或在光轴上车削螺纹，以及技术熟练或螺纹精度要求较低时使用

3.15.2　三角形螺纹车刀的几何形状

三角形螺纹根据规格和用途的不同，可分为普通螺纹、英制螺纹和管螺纹，这里重点讲普通螺纹车刀的刃磨，如图 3.184 所示。

通螺纹的牙型角为 60°，螺纹牙型及各部分参数见图 3.185。

3.15.3　高速钢普通螺纹车刀的几何参数

常见的螺纹车削为右旋螺纹，因此这里介绍右旋的螺纹车刀，见图 3.186。

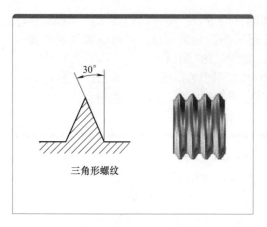

图 3.184　三角形螺纹

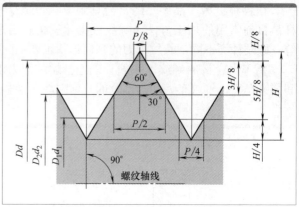

图 3.185　普通螺纹的基本牙型及参数

H——原始三角形高度；P——螺距；D，d——内、外螺纹的大径；D_2，d_2——内、外螺纹的中径；D_1，d_1——内、外螺纹的小径；$P/4$——外螺纹的槽底宽；$P/8$——内螺纹的槽底宽

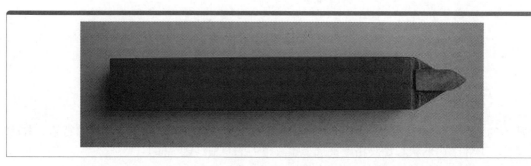

图 3.186　螺纹车刀

（1）粗车刀（表 3.61）

表 3.61　螺纹粗车刀参数

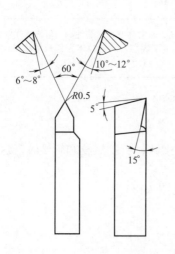

	刀尖角：$\varepsilon_r=60°$
	背前角：$\gamma_P=12°\sim15°$，车刀两侧刃之间的夹角 $\theta=58°16'\sim58°18'$（查表或用公式计算后确定）；背后角：$\alpha_P=5°\sim7°$
	左侧刃的刃磨后角：$\alpha_{fL}=10°\sim12°$ 右侧刃的刃磨后角：$\alpha_{fR}=6°\sim8°$
	外螺纹车刀的刀头宽：小于 $\dfrac{P}{4}$

（2）精车刀（表 3.62）

表 3.62　螺纹精车刀参数

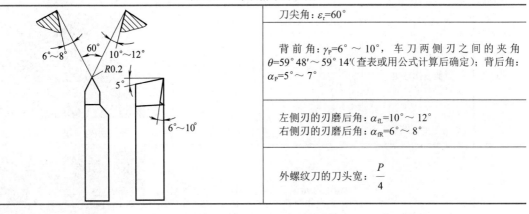

	刀尖角：$\varepsilon_{\mathrm{r}}=60°$
	背前角：$\gamma_{\mathrm{P}}=6°\sim10°$，车刀两侧刃之间的夹角 $\theta=59°48'\sim59°14'$（查表或用公式计算后确定）；背后角：$\alpha_{\mathrm{P}}=5°\sim7°$
	左侧刃的刃磨后角：$\alpha_{\mathrm{fL}}=10°\sim12°$ 右侧刃的刃磨后角：$\alpha_{\mathrm{fR}}=6°\sim8°$
	外螺纹刀的刀头宽：$\dfrac{P}{4}$

3.15.4　三角形螺纹车刀的刃磨

（1）刃磨要求（表 3.63）

表 3.63　三角形螺纹车刀刃磨要求

序号	刃磨要求	详细描述
1	按要求刃磨	根据粗、精车的要求，刃磨出合理的前角和后角。粗车刀的前角大，后角小，精车则相反
2	随时样板检查修正	无论是粗磨还是精磨两侧后刀面，都需要反复将刀尖角用样板检查修正
3	刀尖角等于牙型角	刀尖角应等于牙型角，即与加工的零件牙型角度一模一样
4	切削刃必须是直线	车刀的左右切削刃必须刃磨平直，不能有崩刃
5	刀尖对称性要求	刀尖不能倾斜，刀尖半角应对称，尖角的角分线应垂直于螺纹轴线
6	粗糙度要求	螺纹车刀的前面与两个主后刀面的表面粗糙度值要小
7	站立姿势	刃磨时，人的站立姿势要正确。在刃磨整体式内螺纹车刀内侧时，注意不能将刀尖磨歪斜
8	刃磨姿势	刃磨刀刃时，要稍带左右、上下移动，这样容易使刀刃平直

（2）刃磨步骤（表 3.64）

表 3.64　三角形螺纹车刀的刃磨步骤

序号	刃磨步骤	详细描述	
1	粗磨左侧后刀面	如图 3.187 所示，双手握刀，使刀柄与砂轮外圆水平方向呈 30°夹角，垂直方向倾斜约 8°～10°。车刀与砂轮接触后稍加压力，并均匀慢慢移动磨出后刀面，即磨出牙型半角及左侧后角 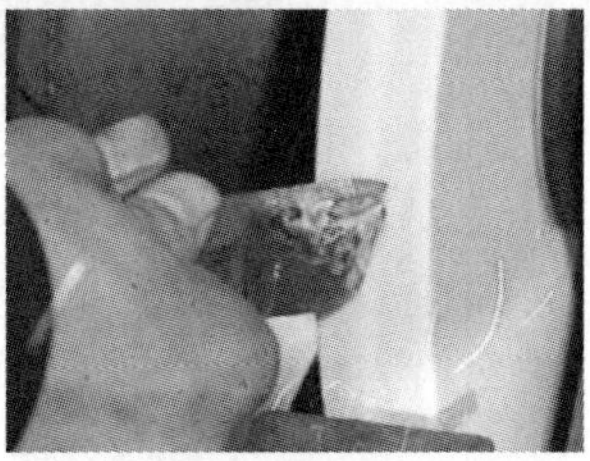	图 3.187　粗磨左侧后刀面
2	粗磨右侧后刀面	如图 3.188 所示，磨背向进给方向侧刃，控制刀尖角 ε_{r} 及后角 α_{0L}。方法同上 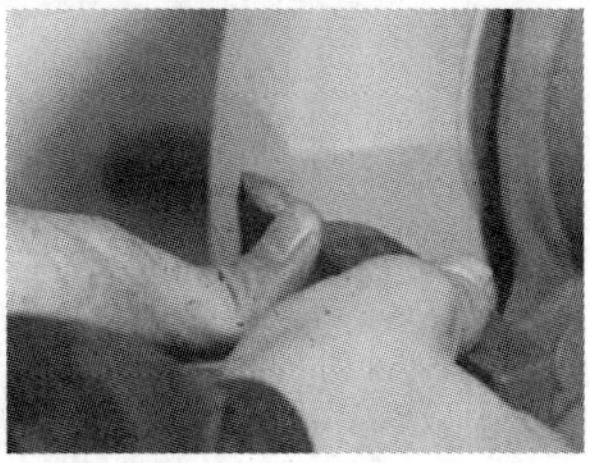	图 3.188　粗磨右侧后刀面

序号	刃磨步骤	详细描述
3	第一次检测	如图 3.189 所示，用样板或角度尺查车刀刀尖角，并修正 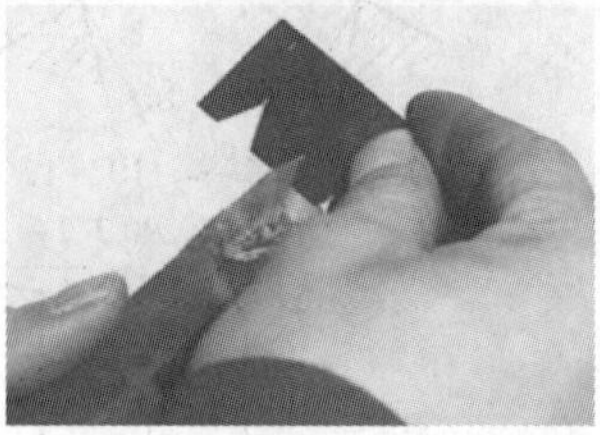 图 3.189 第一次检测
4	粗、精磨前刀面	如图 3.190 所示，将车刀前面与砂轮水平面方向作倾斜约 10°～15°，同时垂直方向作微量倾斜，使左侧切削刃略低于右侧切削刃。前面与砂轮接触后稍加压力刃磨，逐渐磨至近刀尖处，即磨出背前角 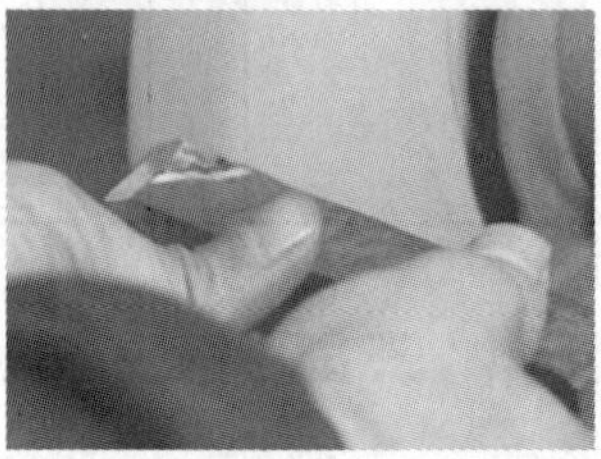 图 3.190 粗、精磨前刀面
5	精磨左侧后刀面	如图 3.191 所示，两手握刀，使刀柄与砂轮外圆水平方向呈 30° 夹角、垂直方向倾斜约 8°～10°。车刀与砂轮接触后稍加压力，并均匀慢慢移动 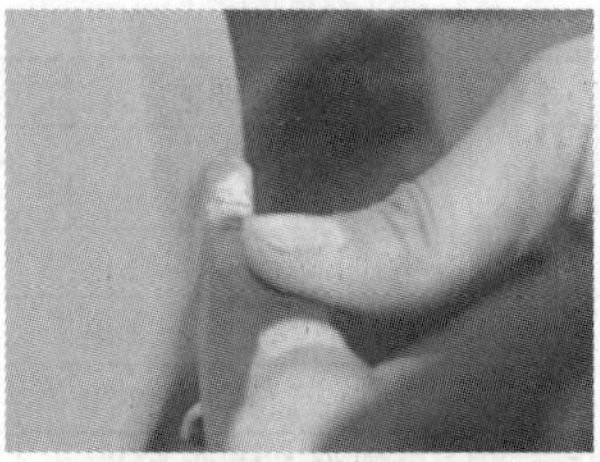 图 3.191 精磨左侧后刀面
6	精磨右侧后刀面	如图 3.192 所示，两手握刀，磨背向进给方向侧刃，控制刀尖角及后角。方法同上 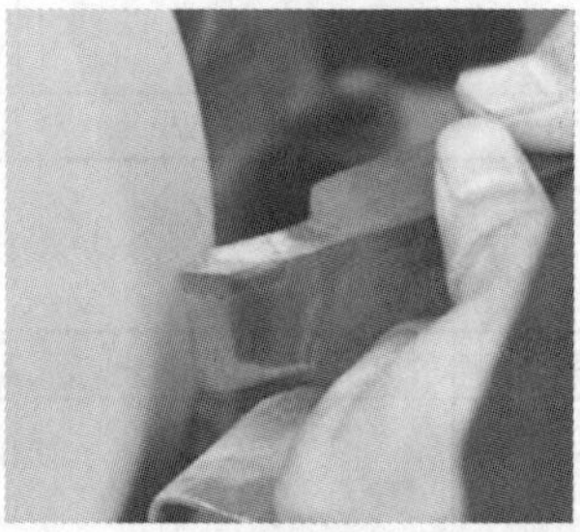 图 3.192 精磨右侧后刀面
7	第二次检测	如图 3.193 和图 3.194 所示，用样板或角度尺查车刀刀尖角，并修正 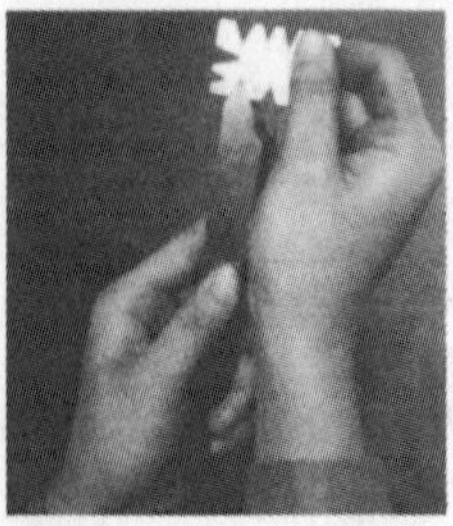 图 3.193 用样板检测刀尖角 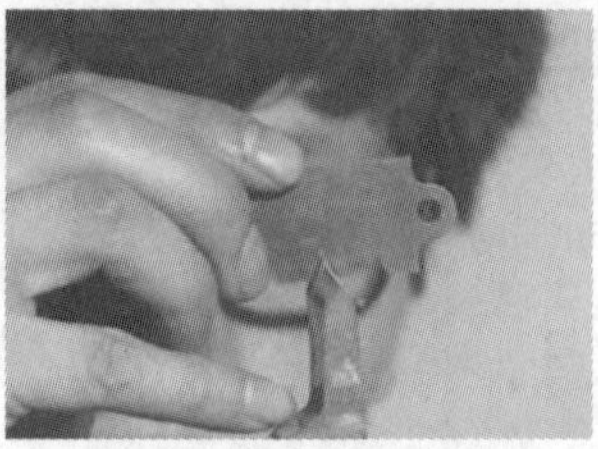 图 3.194 第二次检测

序号	刃磨步骤	详细描述
8	修磨刀尖	如图 3.195 所示，车刀刀尖对准砂轮外圆，后角保持不变，刀尖移向砂轮。当刀尖处碰到砂轮时，作圆弧摆动，按要求磨出刀尖圆弧（刀尖倒棱或磨成圆弧，宽度约为 0.1P） 图 3.195 修磨刀尖
9	车刀研磨	如图 3.196 和图 3.197 所示，用油石研磨，注意保持刃口锋利 图 3.196 油石研磨螺纹刀左侧　　图 3.197 油石研磨螺纹刀右侧

3.15.5 刀尖角的刃磨和检查

由于刀尖角受到螺纹牙型角的限制，刀头宽度小，因此刀尖角刃磨起来就比一般车刀困难。高速钢螺纹车刀刃磨时，磨削过热，易引起刀头退火；硬质合金螺纹车刀刃磨时刀尖容易爆裂（特别是三角形螺纹车刀）。为了克服这些弊病，在刃磨高速钢螺纹车刀时，若感到发热烫手，就必须用水冷却；在刃磨硬质合金螺纹车刀时．应注意刃磨顺序，一般是先将背后角处的后刀面适当粗磨，再刃磨两侧后刀面。在精磨时，应注意防止压力过大而震碎刀片，同时要防止硬质合金螺纹车刀在刃磨时骤冷骤热而损坏刀片。

为了保证磨出准确的刀尖角，在刃磨时，要用螺纹角度样板测量刀尖角，如图 3.198 所示。测量时，把刀尖角与样板贴合，对准光源，仔细观察两边贴合的间隙，并以此为依据进行刃磨。

对于具有背前角的螺纹车刀可以用一种较厚的特制螺纹样板来测量刀尖角，如图 3.199 所

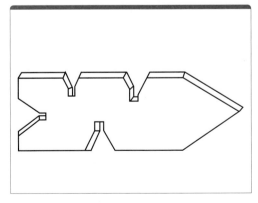

图 3.198 螺纹角度样板

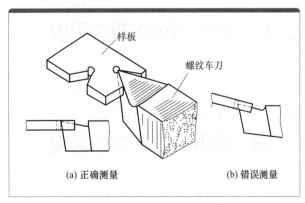

(a) 正确测量　　　　　　　　(b) 错误测量

图 3.199 用特制螺纹样板测量修正法

示（也可用万能角度尺直接测量螺纹两侧刃之间的夹角 θ）。测量时样板应与车刀底面平行，再用透光法检查，这样测量出的角度近似等于刀尖角。

経験総結

① 磨刀时，人站立的位置要正确，特别在刃磨整体式内螺纹车刀内侧刀刃时，不小心会使刀尖角磨歪。

② 刃磨高速钢车刀时，宜选用 80# 氧化铝砂轮，磨刀时压力应小于一般车刀，并及时放入水中冷却，以免过热退火而失去硬度。

③ 粗磨时也要用样板检查刀尖角或车刀两侧刃之间的夹角，若磨有背前角的螺纹车刀，粗磨后的刀尖角略大于牙型角，待磨好前角后再修正刀尖角或车刀两侧刃之间的夹角。

④ 刃磨螺纹车刀的刀刃时，要稍带移动，这样刀刃易于平直、光洁。

⑤ 刃磨车刀时应注意安全，应严格遵守操作规程。磨外螺纹车刀时，刀尖角平分线应平行于刀体中线。

⑥ 在刃磨车削窄槽或高台阶的螺纹车刀时，应将螺纹车刀进给方向一侧的刀刃磨短些，否则车削时不利于退刀，易擦伤轴肩，如图 3.200 所示。

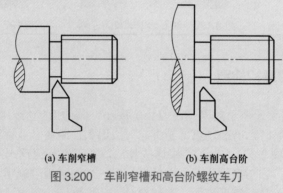

(a) 车削窄槽　　　　　(b) 车削高台阶

图 3.200　车削窄槽和高台阶螺纹车刀

3.16　内螺纹车刀的刃磨

3.16.1　硬质合金普通螺纹车刀的几何参数

3.16.2　内三角形螺纹车刀的刃磨

3.17　矩形螺纹车刀的刃磨

3.17.1　矩形螺纹车刀的几何形状

3.17.2　矩形螺纹车刀的几何参数

3.17.3　矩形螺纹车刀的刃磨

3.18　梯形螺纹车刀的刃磨

3.18.1　梯形螺纹车刀的几何形状

3.18.2　梯形螺纹车刀的几何参数

136

扫二维码阅读

3.16—3.20

第 4 章 车削加工

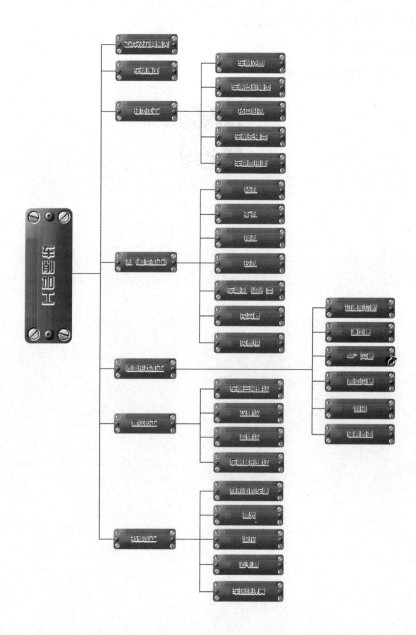

车削加工总口诀

车削工件莫慌张，各部尺寸仔细量；
保证精度和长度，仔细操作不能忘；
为了表面粗糙度，精磨车刀光又亮；
形状位置和公差，一丝一毫不能放；
车了一刀又一刀，粗精加工分开忙；
操作莫贪快狠急，适量适度无情况；
合金车刀宜高速，低走应选高速钢；
切削要素要细选，不同材料不一样；
保证质量很重要，求速扎刀心凉凉；
工件车得无挑剔，日日轻松心舒畅。

在车削过程中，装夹是最直接影响加工质量的操作，装夹的范围包括零件的装夹和车刀具的装夹。

4.1 工件及刀具装夹

切削加工时，工件必须在机床夹具中定位和夹紧，使它在整个切削过程中始终保持正确的位置。工件的装夹和速度直接影响加工质量和劳动生产率。

根据轴类工件的形状、大小和加工数量不同，常用以下几种装夹方法。

4.1.1 三爪卡盘装夹

三爪卡盘装夹

三爪卡盘自定心，先将卡爪停得近；
右手托住圆工件，左手步步细细拧；
注意旋转来操作，划线找正轻靠近；
跳动小于余量时，加长杆来终夹紧。

（1）三爪卡盘的结构

三爪自定心卡盘是车床上的常用工具，它的结构和形状如图 4.1 所示。当卡盘扳手插入小锥齿轮 2 的方孔中转动时，就带动大锥齿轮 3 旋转。大锥齿轮 3 背面是平面螺纹，平面螺纹又和卡爪 4 的端面螺纹啮合，因此就能带动 3 个卡爪同时做向心或离心移动。

常用的公制三爪自定心卡盘规格有：150mm、200mm、250mm、400mm 等。

自定心卡盘的 3 个卡爪是同步运动的，能自动定心，工件装夹后一般不需找正。但较长的工件离卡盘远端的旋转中心不一定与车床主轴旋转中心重合，这时必须找正。如卡盘使用时间较长而精度下降后，工件加工部位的精度要求较高时，也需要找正。自定心卡盘装夹工件方便、省时，但夹紧力没有单动卡盘大，所以适用于装夹外形规则的中、小型工件。

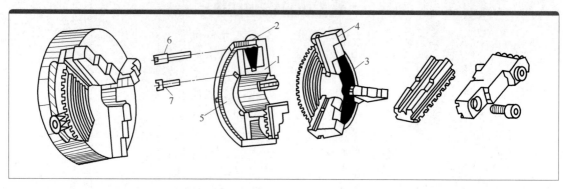

图 4.1　三爪自定心卡盘结构

1—壳体；2—小锥齿轮；3—大锥齿轮；4—卡爪；5—防尘盖板；6—定位螺钉；7—紧固螺钉

（2）用三爪卡盘装夹工件

为确保安全，装夹工件时，应将主轴变速手柄置于空挡位置。装夹的方法和步骤如表 4.1 所示。

表 4.1　三爪卡盘装夹工件的操作步骤

序号	安装步骤	详细说明
1	工件安放	张开卡爪，张开量大于工件直径，把工件安放在卡盘内，在满足加工需要的情况下，尽量减少工件伸出量。装夹工件时，右手持稳工件，使工件轴线与卡爪保持平行，左手转动卡盘扳手，将卡爪拧紧，如图 4.2 所示 图 4.2　装夹工件
2	检查工件的径向圆跳动	三爪卡盘能自动定心，毛坯装夹一般不必找正，但当装夹长度较短而伸出长度较长时，往往工件会产生歪斜，一般在离卡盘最外处的跳动量最大。跳动量若大于加工余量时，必须找正后才可加工。找正的方法如图 4.3 所示 将划针尖靠近轴端外圆，左手转动卡盘，右手移动划线盘，使针尖与外圆的最高点刚好未接触到，然后目测外圆与划针尖之间的间隙变化，当出现最大间隙时，用锤子将工件轻轻向划针方向敲击，要求间隙约缩小 1/2。再重新检查和找正，直至跳动量小于加工余量时为止 操作熟练时，可用目测法进行找正 图 4.3　找正工件轴线

序号	安装步骤	详细说明
3	用力夹紧	工件找正后，应用力夹紧，如图 4.4 所示。如果不够长可用加长杆操作，如图 4.5 所示  图 4.4 夹紧工件的操作姿势　　图 4.5 用加长杆将工件加紧

4.1.2 四爪卡盘装夹

四爪卡盘装夹

四爪卡盘独立动，仔细调整且费时；
优点夹紧力度大，异形大件装得实；
先将卡爪来调整，再入工件有半尺；
外圆仔细来找正，端面操作也如是。

（1）四爪卡盘的结构

由于单动卡盘的 4 个卡爪各自独立运动，因此工件装夹时必须将加工部分的旋转中心找正到与车床主轴旋转中心重合后才可车削。单动卡盘找正比较费时，但夹紧力较大，所以适用于装夹大型或形状不规则的工件。

单动卡盘可按加工对象不同装成正爪或反爪两种形式，反爪用来装夹直径较大的工件。

单动卡盘的卡爪 1、2、3、4（图 4.6），它们不能像三爪自定心卡盘的卡爪那样同时一起做径向移动。因此，在装夹过程中工件偏差较大，必须进行找正后才能切削。

（2）用四爪卡盘装夹工件（表 4.2）

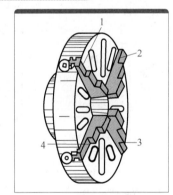

图 4.6 单动卡盘

表 4.2 四爪卡盘装夹工件的操作步骤

序号	安装步骤	详细说明
1	调整卡爪	据工件装夹处的尺寸调整卡爪，使其相对两卡爪的距离稍大于工件直径。卡爪位置是否与中心等距，可参考卡盘平面多圈同心圆线，如图 4.7 所示 图 4.7 调整卡爪

序号	安装步骤	详细说明	
2	将工件平稳放入	装夹工件时，右手持稳工件，使工件轴线与卡爪保持平行，左手转动卡盘扳手，将卡爪拧紧，如图4.8所示	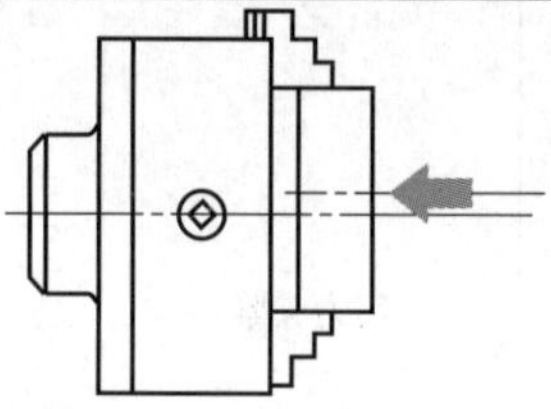 图4.8　将工件平稳放入
3	工件夹住部分不宜太长	工件夹住部分不宜太长，一般为10～15mm。太长的话，将无法进行找正的精确操作，如图4.9所示	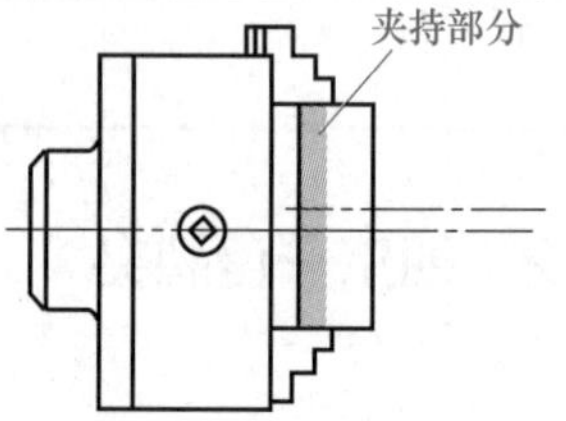 图4.9　工件夹持部分
4	工件外圆找正	找正工件外圆时，先使划针尖靠近工件外圆表面（图4.10），用手转动卡盘，观察工件表面与划针尖之间的间隙大小，然后根据间隙大小调整相对卡爪位置，其调整量为间隙差值的1/2。	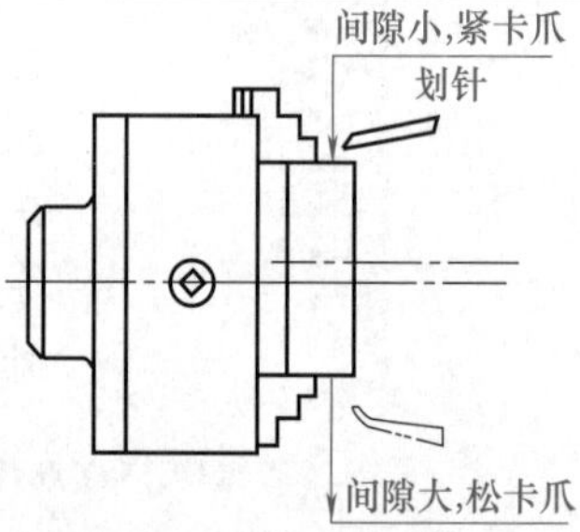 图4.10　工件外圆找正
5	找正工件平面	找正工件平面时，先使划针尖靠近工件平面边缘处（图4.11），用手转动卡盘观察划针与工件表面之间的间隙。高速时可用铜锤或铜棒敲正，调整量等于间隙差值	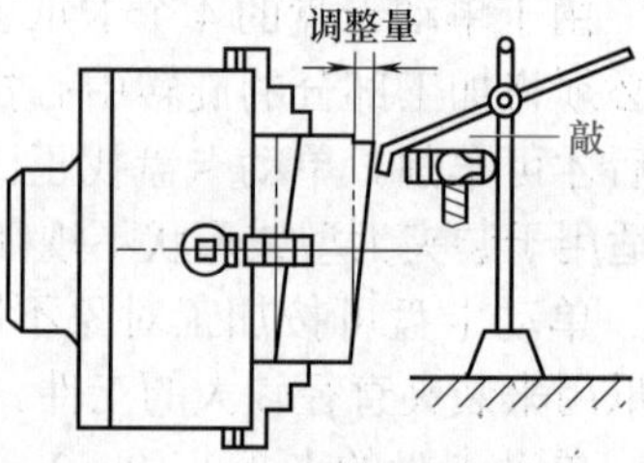 图4.11　找正工件平面

经 验 总 结

① 为了防止工件被夹毛，装夹时应垫铜皮。

② 在工件与导轴面之间垫防护木板，以防工件掉下损伤床面。

③ 无论是何种加工，找正工件都是必须和必要的，就车削而言，其具有四点意义：

　a. 车削时工件单面切削，导致车刀容易磨损，且车床产生振动。

　b. 余量相同的工件，会增加车削次数，浪费有效的工时。

　c. 加工余量少的工件，很可能会造成工件车不圆而报废。

　d. 调头要继续车削的工件，必然会产生同轴度误差而影响精度。

④ 找正工件时，不能同时松开相邻的两只卡爪，以防工件掉下。

⑤ 找正工件时，灯光、针尖与视线角度要配合好，否则会增大目测误差。

⑥ 找正工件时，主轴应处于空挡位置，否则会给卡盘转动带来困难。

⑦ 工件找正后，4个卡爪的紧固力要基本一致，否则车削时工件容易发生移位。

⑧ 在找正近卡爪处的外圆时（图4.12点A），发现有极小的径向跳动，不要盲目地去松开卡爪，可将离旋转中心较远的那个卡爪再夹紧一些来做微小的调整。找正点B时，用铜棒敲击校正。

⑨ 找正工件时要耐心、细致，不可急躁，并注意安全。

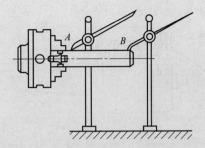

图4.12　单动卡盘轴类工件找正示意图

4.1.3　顶尖装夹

顶尖装夹

工件弯弯只因长，需要顶尖来帮忙；
两顶一顶常使用，死顶活顶看情况；
注意先钻中心孔，顶住不会偏模样；
注意干涉和找正，不怕工件长又长。

（1）顶尖概述

后顶尖，通常称为顶尖，有固定顶尖和回转顶尖两种，如图4.13所示。固定顶尖的刚性好，定心准确，但与工件中心孔之间因产生滑动摩擦而发热过多，容易将工件的中心孔或顶尖"烧坏"。因此，只适用于低速车削精度要求较高的工件。

回转顶尖的实物剖面图如图4.14所示，结构如图4.15所示。这种顶尖将顶尖与工件中心孔之间的滑动摩擦转为顶尖内部轴承的滚动摩擦，能在很高的转速下正常工作，克服了固定顶尖的缺点，因此应用很广泛。但回转顶尖存在一定的装配积累误差，以及当滚动轴承磨损后会使顶尖产生径向圆跳动，从而降低了车削精度。

图4.13　顶尖的应用

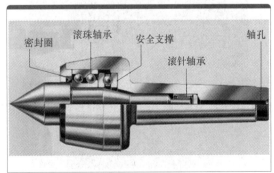

图4.14　回转顶尖的实物剖面图

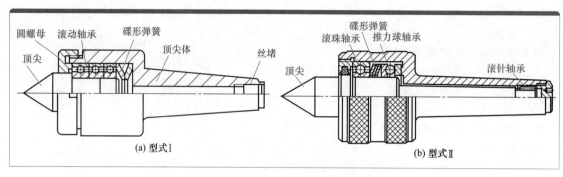

图 4.15　弹性回转顶尖支承结构图

（2）两顶尖装夹工件

对于较长的或必须经过多次装夹才能加工好的工件，如长轴、长丝杠等的车削，或工序较多的在车削后还要铣削或磨削的工件，为了保证每次装夹时的装夹精度（如同轴度要求），可用两顶尖装夹。用两顶尖装夹工件，必须先在工件端面钻出中心孔。

较长或加工工序较多的轴类工件常采用两顶尖安装，操作如图 4.16 所示，用顶尖和拨盘安装工件如图 4.17 所示。工件装夹在前后两顶尖之间，由卡箍、拨盘带动旋转。前顶尖装在主轴上与主轴一起旋转，后顶尖装在尾座上固定不转。

图 4.16　两顶尖装夹

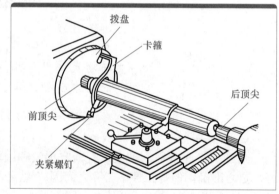

图 4.17　用顶尖和拨盘安装工件示意图

有时亦可用三爪自定心卡盘代替拨盘，操作如图 4.18 所示，其结构如图 4.19 所示。此时，前顶尖是用一段钢料车成。两顶尖装夹工件的操作步骤见表 4.3。

图 4.18　卡盘代替拨盘的两顶尖装夹

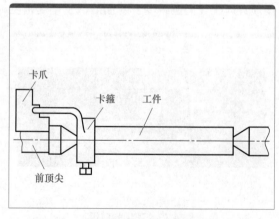

图 4.19　卡盘代替拨盘的两顶尖装夹示意图

表 4.3 两顶尖装夹工件的操作步骤

序号	安装步骤	详细说明
1	平端面钻中心孔	用顶尖安装工件前，要先车平工件的端面，用中心钻钻出中心孔，如图 4.20（a）所示。中心孔的轴线应与工件毛坯的轴线相重合；中心孔的圆锥孔部分应平直光滑，因为中心孔的锥面是和顶尖锥面相配合；中心孔的圆柱孔部分一方面用来容纳润滑油，另一方面是不使顶尖尖端接触工件，并保证在锥面处配合良好。带有 120° 保护锥面的中心孔为双锥面中心孔，如图 4.20（b）所示，主要目的是为了防止 60° 的锥面被碰伤而不能与顶尖紧密接触；另外，也便于工件装夹在顶尖上后进一步加工工件的端面 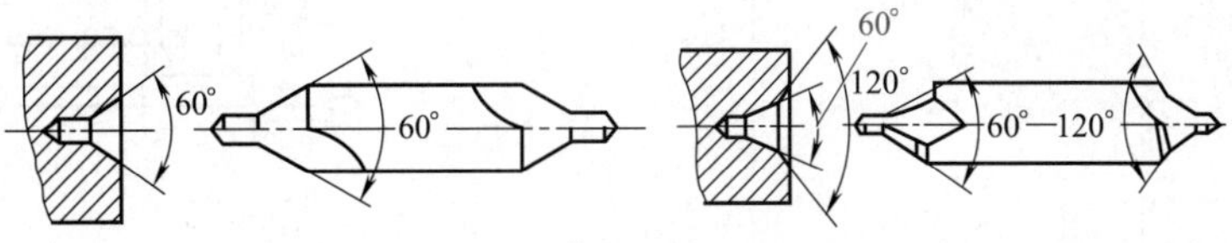 (a)　　　　　　　　　　　　(b) 图 4.20　中心孔与中心钻
2	安装卡箍	工件一端安装卡箍，如图 4.21 所示。先用手稍微拧紧卡箍螺钉，再在工件的另一端中心孔里涂上润滑油（黄油） 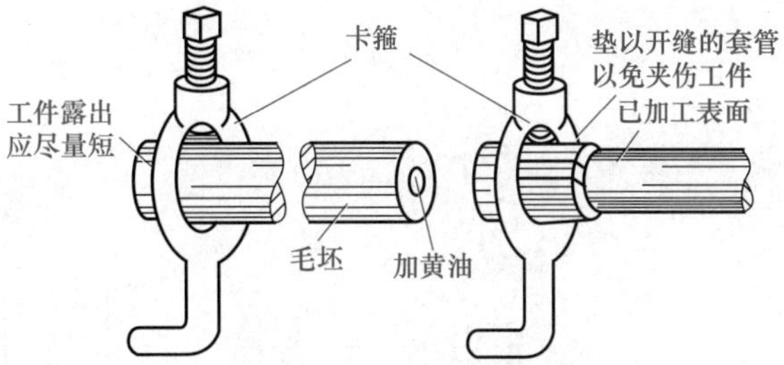 图 4.21　安装卡箍
3	安装工件	将工件置于顶尖间，如图 4.22 所示。根据工件长短调整尾座位置，保证能让刀架移至车削行程的最右端，同时又要尽量使尾架套筒伸出最短，然后将尾座固定 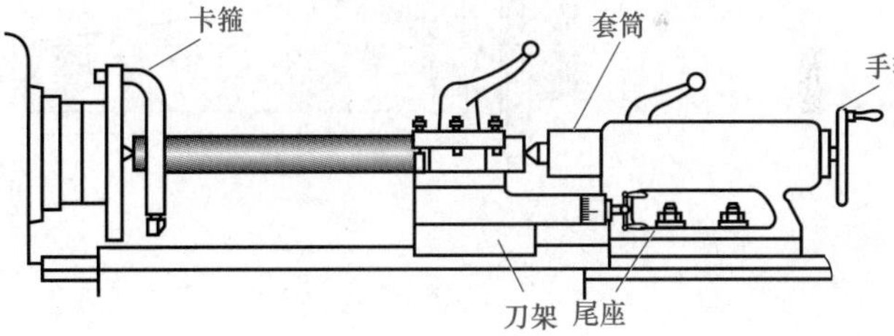 图 4.22　安装工件
4	尾座手轮调节松紧	转动尾座手轮，调节工件在顶尖间的松紧，使之既能自由旋转，又不会有轴向窜动，最后夹紧尾座套筒
5	检查刀架干涉	将刀架移至车削行程最左端，用手转动拨盘及卡箍，检查是否会与刀架等碰撞，如图 4.23 所示 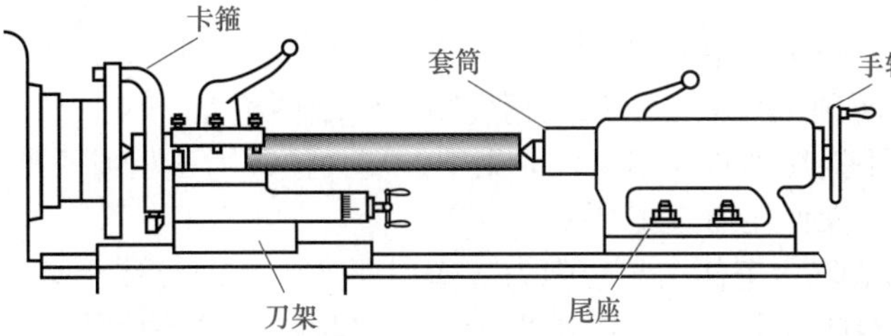 图 4.23　检查刀架干涉

续表

序号	安装步骤	详细说明
6	拧紧卡箍	拧紧卡箍螺钉，如图4.24所示 卡箍螺钉 图4.24　拧紧卡箍

经 验 总 结

① 前后顶尖应对准，如图4.25（a）所示。若水平面发生偏移，则工件轴线与刀架纵向移动的方向不平行，此时将车出圆锥体，如图4.25（b）所示。为使两顶尖轴线重合，可横向调节尾座体，如图4.25（c）所示。

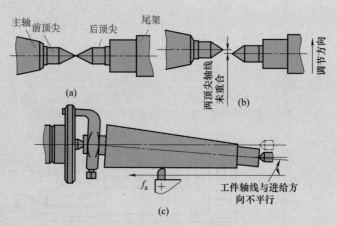

图4.25　对准顶尖使轴线重合

② 中心孔必须平滑和清洁。

③ 两顶尖工件中心孔的配合不宜太松或太紧。过松时，工件定心不准，容易引起振动，有时会发生工件飞出；过紧时，因锥面间摩擦增加会将顶尖和中心孔磨损，甚至烧坏。当切削用量较大时，工件因发热而伸长，在加工过程中还需将顶尖位置进行一次调整。

（3）一夹一顶装夹工件

用两顶尖装夹工件虽然精度高，但刚性稍差，因此，车削一般轴类零件，尤其是较重的零件，不能用两顶尖装夹，而采用一端夹住（用三爪或四爪卡盘），另一端用后顶尖顶住的装夹方法，操作如图4.26所示。

为了防止工件由于切削力的作用而产生轴向位移，必须在卡盘内装一限位支承，或利用工件的台阶作限位，如图4.27所示。这种装夹方法比较安全，能承受较大的轴向切削力，因此应用广泛。

图 4.26 一夹一顶装夹

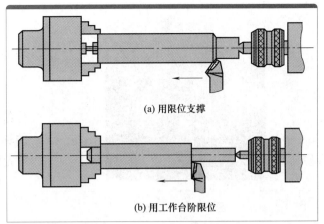

(a) 用限位支撑

(b) 用工作台阶限位

图 4.27 一夹一顶装夹示意图

经验总结

　　一夹一顶或两顶尖间装夹工件时，如果尾座中心与车床主轴旋转中心不重合，车出的工件外圆是圆锥形，即出现圆柱度误差。为消除圆柱度误差，车削轴类零件时，必须首先调整尾座位置。具体调整方法是采用一夹一顶或两顶尖间装夹工件，试切削外圆（注意工件余量），用外径千分尺分别测量尾座端和卡爪端的工件外圆，并记下各自读数进行比较。如果靠近卡爪端直径比尾座端直径大，则尾座应向离开操作者方向调整（图 4.28）；如果靠近尾座端直径比卡爪端直径大，则尾座应向操作者方向移动。尾座的移动量为两端直径之差的 1/2，并用百分表控制尾座的移动量，调整尾座后，再进行试切削，这样反复找正，直到消除锥度后再进行车削。

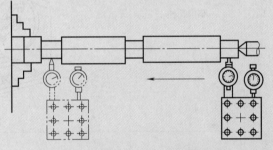

图 4.28 车削轴类零件消除锥度的方法

4.1.4 中心架装夹

中心架和跟刀架

中心架和跟刀架，长轴加工常使用；
都能径向来支撑，不同只是动不动；
中心架需固定死，注意刀架莫触碰；
跟刀架会跟着跑，注意松紧防振动。

图4.29　中心架

（1）概述

中心架在加工中径向支承旋转工件的辅助装置。加工时，与工件无相对轴向移动，如图4.29所示。

中心架是三点支撑定位结构，相较于传统的一夹一顶装夹方式，中心架作用下的轴变形要小得多，整体上满足轴精加工对定位的要求。

（2）使用方法

一般有以下几种用法，见表4.4。

表4.4　中心架装夹

序号	安装步骤	详细说明
1	车削长轴	如图4.30所示，把中心架直接安放在工件中间，可以提高长轴的刚性。在工件上中心架之前，必须在毛坯中间车一段安放中心架支承爪的沟槽。槽的直径比工件最后尺寸略大些（以便精车），宽度比支承爪宽些。在调整中心架三小支承爪中心位置时，应先调整下面两个爪，然后把盖子盖好固定，最后调上面一个爪。车削时，支承爪与工件接触处应经常加润滑油，并注意松紧，以防工件拉毛及摩擦热 图4.30　应用中心架车长轴
2	车端面和钻中心孔	如图4.31所示，对于大而长的工件，只用卡盘夹住在车床上车端面和钻中心孔是不稳当的。必须用一端夹住另一端搭中心架的方法 图4.31　应用中心架车端面

① 在调整三个支承爪之前应先把工件旋转轴线找正到与车床主轴旋转轴线一致，否则在车端面或钻中心孔时，会使中心钻折断。严重时工件会从卡盘上掉下，并使工件端

部表面夹坏。

　　② 车孔或钻孔。车削较长套筒类工件的内孔（或钻孔）或内螺纹时，单靠卡盘夹紧也是不够牢固的。因此，也普遍使用中心架。

4.1.5　跟刀架装夹

　　跟刀架是固定在车床大拖板上跟着车刀一起移动的，操作如图 4.32 所示，图 4.33 为跟刀架在车细长轴中的应用。

　　一般有两个支承爪或三个支承爪，而另一个支承爪被车刀所代替，如图 4.34 所示。所以使用跟刀架是防止由于径向切削力而使工件弯曲变形的有效措施。

　　跟刀架主要用来车削不允许接刀的细长工件，例如车床上的光杠和精度要求较高的长丝杠等。使用跟刀架时，先要在工件端部车一段安装跟刀架卡爪的外圆。调整跟刀架卡爪压力时，必须注意与工件的接触松紧程度，否则车削时会产生振动，或使工件车成竹节形或螺旋形。

图 4.32　跟刀架操作图

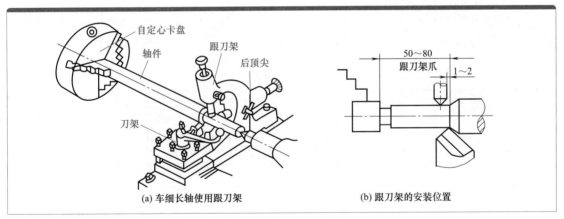

(a) 车细长轴使用跟刀架　　　　(b) 跟刀架的安装位置

图 4.33　跟刀架在车细长轴中的应用

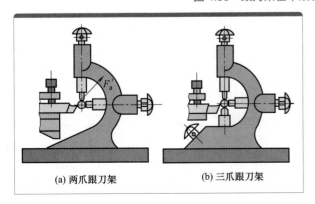

(a) 两爪跟刀架　　　　(b) 三爪跟刀架

图 4.34　跟刀架

4.1.6　套类工件的装夹

　　（1）套类工件概述

　　套类工件一般由内孔、外圆、平面等组成，如图 4.35 所示。在车削过程中，为了保证工件的形状和位置精度以及表面粗糙度要求，应选择合理的装夹方法及正确的车削方法。在车削薄壁工件时，还应注意避免由于夹紧力引起的工件变形。下面介绍保证同轴度和垂直度的方法。

（2）在一次装夹中完成车削加工

在单件小批量生产中，可以在卡盘或花盘上一次装夹就把工件的全部或大部分表面加工完毕。这种方法没有定位误差，如果车床精度较高，可获得较高的形位精度。但采用这种方法车削时，需要经常转换刀架，尺寸较难掌握，切削用量也需要经常改变（图4.36）。

图4.35　套类工件

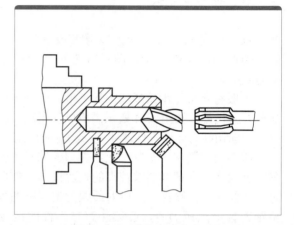

图4.36　一次装夹中装夹工件

（3）以孔为定位基准采用芯轴

车削中小型的轴套、带轮、齿轮等工件时，一般可用已加工好的孔为定位基准，采用芯轴定位的方法进行车削。常用的芯轴有下列两种，见表4.5。

表4.5　芯轴的类型

序号	芯轴类型	详细说明
1	实体芯轴	实体芯轴有小锥度芯轴和圆柱芯轴两种。小锥度芯轴的锥度 $C=$（1：1000）～（1：5000）[图4.37（a）]，这种芯轴的特点是制造简单，定心精度高，但轴向无法定位，承受切削力小，装卸不太方便。用圆柱芯轴 [图4.37（b）] 装夹工件时，芯轴的圆柱部分与工件孔之间保持较小的间隙配合，工件靠螺母压紧。其特点是一次可以装夹多个工件，若采用开口垫圈，装卸工件就更方便，但定心精度较低，只能保证0.02mm左右的同轴度 （a）▷1：1000～1：5000　　（b）$\frac{H7}{h6}$ 图4.37　实体芯轴
2	胀力芯轴	胀力芯轴依靠材料弹性变形所产生的胀力来固定工件。如图4.38（a）所示为装夹在机床主轴锥孔中的胀力芯轴。胀力芯轴的圆锥角最好为30°左右，最薄部分壁厚3～6mm。为了使胀力均匀，槽可分为三等份 [图4.38（b）]。长期使用的胀力芯轴可用弹簧钢制成。胀力芯轴装卸方便，定心精度高，故应用广泛

序号	芯轴类型	详细说明
2	胀力芯轴	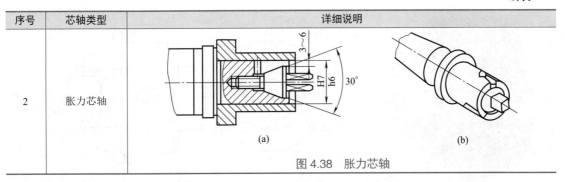 (a)　　　　　　　　　(b) 图 4.38　胀力芯轴

（4）以外圆为定位基准采用软卡爪

当加工外圆较大、内孔较小、长度较短的套类零件，并且工件以外圆为基准保证位置精度时，车床上一般应用软卡爪装夹工件，图 4.39 为软爪。

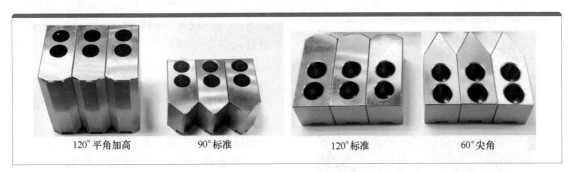

120°平角加高　　　90°标准　　　　　120°标准　　　　　60°尖角

图 4.39　软爪

软卡爪是用未经淬火的 45 钢制成。使用时，将软爪装入卡盘内，然后将软爪车成所需要的圆弧尺寸。车软爪时，为了消除间隙，应在卡爪内（或卡爪外）放一适当直径的定位圆柱（或圆环）。当用软爪夹持工件外圆时（或称正爪），定位环应放在卡爪的里面 [图 4.40（a）]；当用软爪夹持工件时（或称反爪），定位环应放在卡爪外面 [图 4.40（b）]。用软爪装夹工件时，因为软爪是在本身车床上车削成形，因此可确保装夹精度；其次，当装夹已加工表面或软金属时，不易夹伤工件表面。

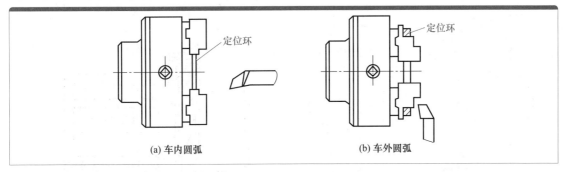

(a) 车内圆弧　　　　　　　　　(b) 车外圆弧

图 4.40　软卡爪的车削

（5）用开口套装夹工件

车薄壁工件时，由于工件的刚性差，在夹紧力的作用下容易产生变形，为防止或减小薄壁套类工件的变形，常采用开口套装夹工件，如图 4.41 所示。

图 4.41　开口套装夹工件

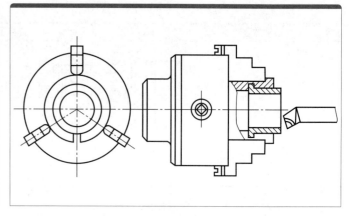

图 4.42　采用开缝套筒装夹工件

由于开口套与工件的接触面积大，夹紧力均匀分布在工件外圆上，所以可减小夹紧变形，同时能达到较高的同轴度。使用时，先把开缝套筒装在工件外圆上，然后再一起夹紧在三爪自定心卡盘上（图 4.42）。

（6）用花盘装夹工件

花盘是安装在车床主轴上的一个大圆盘，盘面上的许多长槽用以穿放螺栓，工件可用螺栓直接安装在花盘上，如图 4.43 所示。

对于直径较大、尺寸精度和形状位置精度要求较高的薄壁圆盘工件，可装夹在花盘上车削（图 4.44），采用端面压紧方法，工件不易产生变形。

（7）用专用夹具装夹工件

依据加工零件的特点设计制作专用

图 4.43　花盘装夹工件

具，工件装入夹具体的孔中（用外圆定位），用锁紧螺母将工件轴向夹紧，可防止工件变形（图 4.45）。

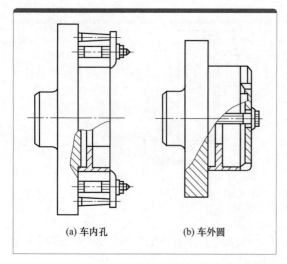

(a) 车内孔　　　　(b) 车外圆

图 4.44　用花盘装夹工件

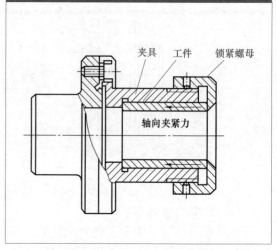

图 4.45　专用夹具装夹工件

4.1.7 外圆车刀的装夹

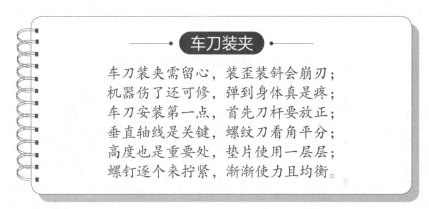

车刀装夹

车刀装夹需留心，装歪装斜会崩刃；
机器伤了还可修，弹到身体真是疼；
车刀安装第一点，首先刀杆要放正；
垂直轴线是关键，螺纹刀看角平分；
高度也是重要处，垫片使用一层层；
螺钉逐个来拧紧，渐渐使力且均衡。

（1）外圆车刀概述

外圆车刀主要有 45°车刀、75°车刀和 90°车刀，如图 4.46 所示。45°车刀用于车外圆、端面和倒角；75°车刀用于粗车外圆；90°车刀用于车细长轴外圆或有垂直台阶的外圆。

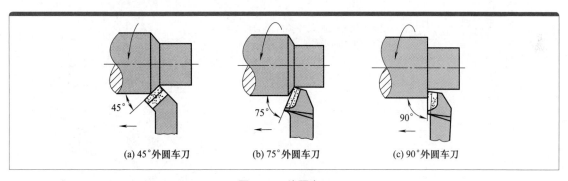

| (a) 45°外圆车刀 | (b) 75°外圆车刀 | (c) 90°外圆车刀 |

图 4.46 外圆车刀

（2）外圆车刀的装夹

刀具安装得是否准确，直接影响切削工件的加工质量。即使刃磨了合理的切削角度，如安装不准确，同样会改变刀具的实际工作角度。外圆车刀的装夹见表 4.6。

表 4.6 外圆车刀的装夹

序号	安装步骤	详细说明
1	车刀的伸出长度为刀体厚度的 1.5 倍	刀具安装在刀架上，车刀的伸出长度应为刀体厚度的 1.5 倍，伸出太长，刚性变差，车削时易引起振动，如图 4.47 所示 图 4.47 刀具安装在刀架上

序号	安装步骤	详细说明
2	刀具必须严格对准主轴中心	刀具装得高于主轴中心时，刀具的实际后角减小，刀具后面与工件间的摩擦增大，如图4.48（a）所示 刀具低于主轴中心时，刀具的实际前角减小，切削不顺利，如图4.48（b）所示，应在刀具的底部加入垫刀铁片，使刀具对准机床主轴的中心 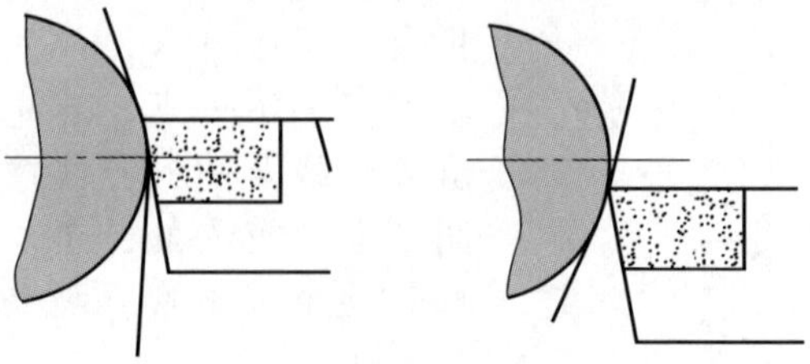 (a)　　　　　　　(b) 图4.48　刀具与主轴中心的关系
3	90°外圆车刀刀杆轴线应与工件表面垂直	对于90°外圆车刀，因加工的是台阶的外圆，所以安装时，刀杆轴线应与工件表面垂直，如图4.49所示 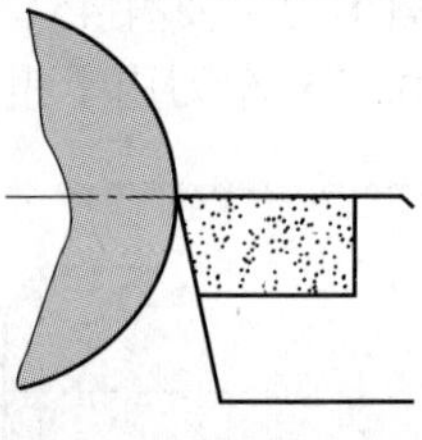 图4.49　90°外圆车刀的安装
4	拧紧固定螺钉	刀具至少要用两个螺钉压紧，并逐个拧紧刀架螺钉，如图4.50所示 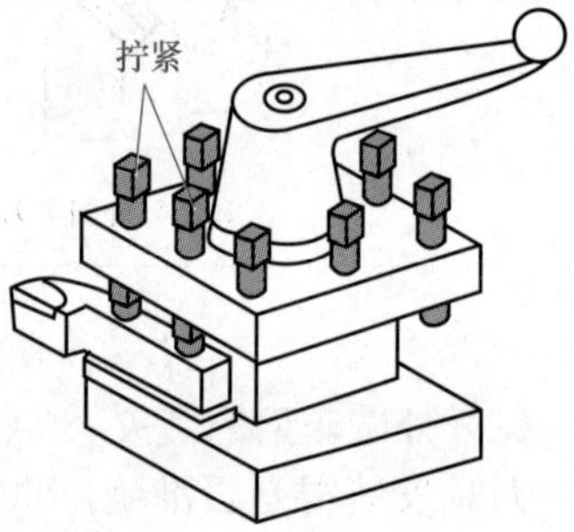 图4.50　拧紧固定螺钉

（3）检测车刀刀尖与工件轴线等高

常用检测车刀刀尖与工件轴线等高的方法见表4.7。

表4.7　常用检测车刀刀尖与工件轴线等高的方法

序号	方法	实施过程	适应条件	效果
1	试切法：现场加工带尖的小凸台，观察小凸台与刀尖高度	实际切削端面至工件中心，留有小凸台，将需要对刀的刀尖缓慢移至凸台附近，目测观察	工件长度有加工余量，工艺条件允许，尖刀、螺纹刀、里孔刀无法实现	车至工件中心时操作不当易打刀，操作比较麻烦，比较准确
2	使用薄钢片垫夹在工件与刀片中间，观察垫片倾斜的位置	与水平面垂直，表示等高，如果垫片上面向里倾斜，表示刀高；如果垫片上面向外倾斜，表示刀低	只适合外圆粗车刀，刀尖韧性要好	操作比较麻烦，比较准确
3	根据尾座顶尖的高度调整（图4.51）	将刀具移至顶尖附近，目测	适用于所有刀具，需要使用较新的顶尖	机床导轨磨损后会发生尾座下沉，使顶尖低于主轴轴线
4	根据尾座或尾座套筒的某一固定位置调整	将刀具移至尾座或套筒附近，目测	适用于所有刀具，不需要使用顶尖	机床导轨磨损后会发生尾座下沉，使顶尖低于主轴轴线

序号	方法	实施过程	适应条件	效果
5	使用钢板尺或高度尺测量刀尖高度	先将钢板尺或高度尺垂直放在水平导轨或床鞍上，测量刀尖的高度值，每次对刀按此高度测量刀尖的高度	适用于所有刀具，要求钢板尺与水平面垂直	比较准确，但对操作要求高
6	使用高度对刀仪测量刀尖高度	将高度对刀仪垂直放在水平导轨或床鞍上，目测刀尖与高度仪的间隙，根据间隙大小，调整垫片	适用于所有刀具，要求高度仪的高度值准确	准确，操作简单，但需要制作高度仪
7	以刀架上水平面做基准，使用多功能定位（高度、长度）板安装刀具	制作定位仪，将定位仪紧靠刀架上方，目测定位仪与刀尖的间隙，根据间隙的大小，调整垫片	适用于所有刀具，还可以检测外圆刀探出的长度	操作简单，需要定期测量刀架的高度。机床导轨磨损后会发生刀架下沉，且定位仪只适合1台机床

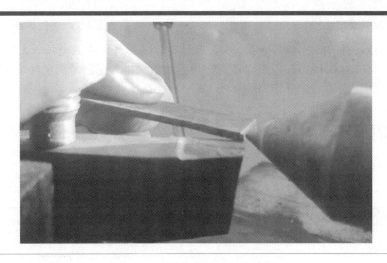

图 4.51　根据尾座顶尖的高度调整

4.2 车端面

车端面

端面车削第一步，选对刀具不辛苦；
建议车刀四十五，切削断面好角度；
由外向内来进给，车到中心放慢速；
操作平稳是关键，量具来查细与粗。

4.2.1 车端面概述

车端面是利用车床加工零件端面的过程，目的是使工件达到指定的尺寸、端面粗糙度或是垂直度，如图 4.52 为大尺寸工件车端面，图 4.53 为外圆车端面。

图 4.52 大尺寸工件车端面　　图 4.53 外圆车端面

端面的车削方法：车端面时，刀具的主刀刃要与端面有一定的夹角。工件伸出卡盘外部分应尽可能短些，车削时用中拖板横向走刀，走刀次数根据加工余量而定，可采用自外向中心走刀，也可以采用自圆中心向外走刀的方法。

4.2.2　车端面的方法

车端面的具体方法见表 4.8。

表 4.8　车端面的方法

序号	车端面的方法	详细说明
1	正偏刀由外圆向中心进给	用正偏刀（右偏刀）由外圆向中心进给车削端面（图 4.54），这时是由副切削刃进行切削，切削不顺利，当切削深度较大时，会使车刀扎入工件形成凹面 图 4.54　正偏刀由外圆向中心进给车端面
2	正偏刀由中心向外圆进给	用正偏刀由中心向外进给车削端面（图 4.55），这时是利用主切削刃进行切削，不会产生凹面 图 4.55　正偏刀由中心向外圆进给车端面

156

序号	车端面的方法	详细说明
3	正偏刀副切削刃上前角由外圆向中心进给	用正偏刀在车刀副切削刃上磨出前角，由外圆向中心进给车削端面（图4.56），这时车刀副切削刃变为主切削刃来车削 图 4.56　正偏刀副加削刃上前角 由外圆向中心进给车端面
4	反偏刀由外圆向中心进给	用反偏刀（左偏刀）由外圆向中心进给车削端面（图4.57），这时是用主切削刃进行切削，切削顺利，加工后的表面粗糙度较小 图 4.57　反偏刀由外圆向中心 进给车端面
5	反偏刀主偏角由外圆向中心进给	用主偏角 κ_r=60°～75°，刀尖角 ε_r>90°。反偏刀由外圆向中心进给车削端面（图4.58），这时车刀强度和散热条件好，适用于车削较大平面的工件 图 4.58　反偏刀主偏角由外圆 向中心进给车端面

4.2.3　车端面的步骤

（1）刀具选择

常用的端面车刀有 45°车刀和 90°车刀，如图 4.59 所示。用 45°车刀车端面，刀尖强度较

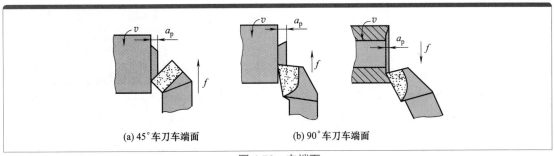

(a) 45°车刀车端面　　　(b) 90°车刀车端面

图 4.59　车端面

好，车刀不容易损坏，常用于粗车端面；用90°车刀车端面时，由于刀尖强度较差，车刀易损坏，常用于精车端面。

推荐采用45°车刀车削端面。因为45°车刀是利用主切削刃进行切削的（图4.60），所以切削顺利，工件表面粗糙度较小，而且45°车刀的刀尖角等于90°，刀头强度比偏刀高，适用于车削较大的平面，并能倒角和车外圆。

（2）端面车刀的安装

车端面时要求车刀刀尖严格对准工件中心，高于或低于工件中心都会使端面中心处留有凸台，并损坏车刀刀尖，如图4.61所示。

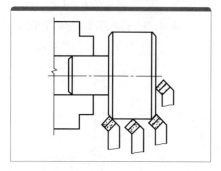

图 4.60　45°车刀车削端面

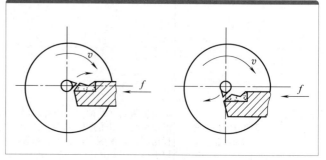

图 4.61　车刀刀尖不对准工件中心使刀尖崩碎

（3）车端面的步骤

车端面的操作步骤见表4.9。

表 4.9　车端面的操作步骤

序号	车削步骤	详细说明
1	采用中滑板的横向进给进行端面车削	先将45°外圆车刀移至工件的端面处，不能直接与工件端面相碰。如图4.62所示 图 4.62　将45°外圆车刀移至工件的端面
2	启动，接触工件并退出	启动机床，使刀尖碰到工件的端面，转动中滑板手柄，将刀具退出工件。如图4.63所示 图 4.63　接触工件并退出
3	横向移动端面车削	移动床鞍或小滑板进给1mm左右，如图4.64所示 图 4.64　横向移动端面车削

序号	车削步骤	详细说明
4	车端面并退出	再使中滑板横向进给，直至工件中心退出床鞍即可。如图 4.65 所示 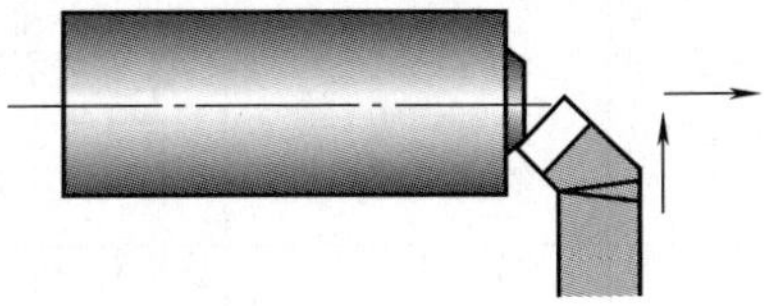 图 4.65　车端面并退出
5	端面平直度的检查	车削后的端面是否平直，常用钢板尺、刀口直尺和百分表来检查（图 4.66） 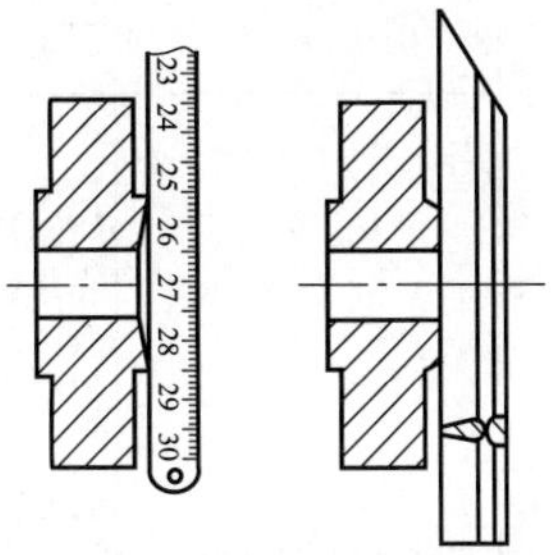 (a) 用钢尺　　(b) 用刀口直尺 图 4.66　检查平面的平直度

经验总结

①端面的直径从外到中心是变化的，切削速度也在改变，在计算切削速度时必须按端面的最大直径计算。

②当车刀接近工件中心时，机动进给改成手动进给并缓慢车削至工件中心。否则在接近中心处，易使刀尖崩刃。如图 4.67 所示的位置。

③用偏刀精车端面时，应该由外圆向中心进给，因为这时切屑是流向待加工表面的，车出来的表面粗糙度较小。

④偏刀车端面，当背吃刀量较大时，容易扎刀。背吃刀量 a_p 的选择：粗车时 $a_p=0.2 \sim 1mm$，精车时 $a_p = 0.05 \sim 0.2mm$。

图 4.67　减速的位置

⑤在车削大端面或工件材质较硬的端面时，一定要注意锁紧大拖板的固定螺钉，否则当左偏刀由外圆向中心进给时，车刀就容易扎入工件而产生凹面，影响表面质量。

4.2.4　车端面质量缺陷问题分析

车端面质量缺陷问题分析及预防措施见表 4.10。

表 4.10　车端面质量缺陷问题分析

序号	质量缺陷	产生原因	预防措施
1	毛坯表面没有全部车出	加工余量不够	车削前必须测量一下毛坯是否有足够的加工余量
		工件在卡盘上没有找正	工件装在卡盘上必须找正外圆及端面

159

车工和数控车工从入门到精通

序号	质量缺陷	产生原因	预防措施
2	表面粗糙度差	车刀不锋利	刃磨刀具
		手动走刀摇动不均匀或太快	勤加练习，使得手动走刀速度适当
		自动走刀切削用量选择不当	查表或根据经验设定合适的自动走刀切削用量
3	端面中心留"小头"	车刀刃磨不正确	重新装刀，刀尖对准工件中心
		车刀安装不正确，刀尖未对准工件中心	
		刀尖没有对准工件中心	
		车刀端面切削未达到中心	
4	车端面越靠近中心，被切削表面越粗糙	车端面时，通过中滑板横向进给，车刀按一定大小的进给量向前送进，在端面上所走出的路径不是一个圆圈，而是一条阿基米德螺旋线。因此，实际切削过程中所形成的切削平面，与理论上的切削平面并不重合，它们之间相交成一个角度 ω。这时引起车刀几何角度的变化为：切削时的实际后角 $\alpha_{实}=\alpha-\omega$（α 为车刀后角）；而切削时的实际前角 $\gamma_{实}=\gamma+\omega$（γ 为车刀前角）。并且，车刀越靠近工件中心，螺旋线越倾斜，弯曲半径越小，切削时的实际后角 $\alpha_{实}$ 变化越大。所以，车刀后面与已加工表面的摩擦大，使表面光洁性受到影响	在磨刀时可适当加大车刀的后角，以抵消车削过程中后角变化的影响。此同时，车削时实际前角的变大对车端面反倒有利，因为前角增大了，切削起来更省力
		车端面时车刀越接近中心，被切削直径就会越小。由于在主轴转速不变的情况下，被车削直径越小，切削速度越低，这时，随着车刀由外向内的径向进给，切削速度的逐渐降低，增加了被加工表面的粗糙度	适当地改变径向进给速度，使车刀接触端面的切削速度不至于变化太大
5	车出的端面出现凹心 工件 钢直尺	在车削过程中床鞍没有紧固，出现进刀时床鞍趋向工件方向位移，而使车刀渐渐扎入工件内	车端面进刀时，一定要锁紧床鞍上的固定螺钉（图4.68）
		中滑板进给方向与主轴回转中心线间的夹角 β 不垂直（$\beta>90°$），中滑板与导轨逆时针方向偏斜造成的	调整中滑板进给方向与主轴回转中心线间的夹角 β 为垂直
		中滑板进给方向与主轴回转中心线间的夹角 β 不垂直（$\beta<90°$），中滑板与导轨逆时针方向偏斜造成的	调整中滑板进给方向与主轴回转中心线间的夹角 β 为垂直
		车刀不锋利	保持车刀锋利

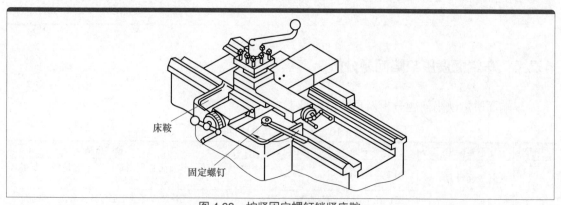

图4.68　拧紧固定螺钉锁紧床鞍

4.3 车削轴类零件

车削轴类零件

常用刀具有三种，使用情况不尽同；
摇车接近五公分，径向微移停运动；
均匀用力车外圆，双手巧把手柄送；
退刀需从径向出，返回初始也从容；
粗车精车均测量，主轴切莫在转动；
粗量卡钳和游标，千分尺把精测用。

4.3.1 车削外圆概述

车削外圆面是外圆面加工的基本方法，外圆车刀一般用 75°、45° 偏刀或弯头刀，车削带轴肩的外圆面或细长的外圆面时通常用 90° 偏刀。图 4.69 为车端面后的车外圆，图 4.70 右侧为顶尖的情况下车外圆。

图 4.69　车端面后的车外圆

图 4.70　右侧为顶尖的车外圆

单件小批量生产时，车削外圆面一般在普通车床上进行；大批量生产时，广泛使用多刀半自动车床或自动车床。大型盘类零件应在立式车床上进行加工；大型长轴类零件需在重型卧式车床上进行加工。

4.3.2 车削外圆特点

车削外圆的特点和作用见表 4.11。

4.3.3 荒车、粗车、半精车、精车、精细车的工艺特点

根据不同车削精度要求工艺特点及其作用，以及各种车床对不同生产条件的适应性，才

能避免不适当的选择，表 4.12 为荒车、粗车、半精车、精车、精细车的特点及作用，其中粗车和精车为普通车床与数控车床加工必需的步骤。

表 4.11　车削外圆特点

序号	特点	特点和作用
1	易于保证加工精度	车削时，工件绕某一固定轴线回转，各表面具有统一的回转轴线，故易于保证加工面间同轴度的要求。回转轴线是车床主轴的回转轴线；利用前、后顶尖安装轴类工件，或利用心轴安装套、套类工件时，回转轴线是两顶尖中心的连线。工件端面与轴线的垂直度要求，则主要由车床本身的精度来保证，它取决于车床横拖板导轨与工件回转轴线的垂直度
2	切削过程比较平稳	除了车削断续表面之外，一般情况下车削过程是连续进行的，不像铣削和刨削，在一次走刀过程中，刀齿有多次切入和切出，产生冲击。并且当刀具几何形状、切削深度 a_p 和 A 进给量 f 一定时，切削层的截面尺寸是不变的。因此，车削时的切削面积和切削力基本上不发生变化，故车削过程比铣削、刨削等平稳。又由于车削的主运动为回转运动，避免了惯性力和冲击的影响，所以车削允许采用较大的切削用量，进行高速切削或强力切削，这有利于其生产效率的提高
3	适用于有色金属零件的精加工	某些有色金属零件，因材料本身的硬度较低，塑性较好，用砂轮磨削时，软的磨屑易堵塞砂轮，难以得到很光洁的表面。因此，当有色金属零件表面粗糙度 Ra 值要求较小时，不宜采用磨削加工，而要用车削或铣削等切削加工。用金刚石刀具，在车床上以很小的切削深度（$a_p<0.15$ mm）和进给量（$f<0.1$mm/r）以及很高的切削速度（$v\approx300$m/min）进行精细车削，加工精度可达 IT6 ~ IT5，表面粗糙度 Ra 值达 0.1 ~ 0.4μm
4	刀具简单	外圆车刀是刀具中最简单的一种，制造、刃磨和安装均较方便，这就便于根据具体加工要求，选用合理的角度。因此，车削的适应性较广，并且有利于加工质量和生产效率的提高

表 4.12　荒车、粗车、半精车、精车、精细车的特点及作用

序号	项目	特点和作用	技术指标
1	荒车	毛坯为自由锻件或大型铸件时，其加工余量很大且不均匀，荒车可切除其大部分余量，减少其形状和位置偏差。在实际生产中接触此操作步骤很少	工件尺寸精度为 IT18 ~ IT15；表面粗糙度 Ra 高于 80μm
2	粗车	中小型锻件和铸件可直接进行粗车。粗车应采用较大的背吃刀量和进给量，以较少的时间切去大部分加工余量，获得较高的生产率。但粗车加工精度低、表面粗糙度值大，故只能作为低精度表面的终加工工序，或精车的准备工序。对于精度较高的毛坯，可不经过粗车而直接进行精车或半精车	工件尺寸精度为 IT13 ~ IT11；表面粗糙度 Ra 为 30 ~ 12.5μm
3	半精车	粗车后的表面，经过半精车可以提高工件的加工精度，减小表面粗糙度，因而可以作为中等精度表面的最终工序，也可以作为精车或磨削的预加工	工件尺寸精度为 IT10 ~ IT8；表面粗糙度 Ra 为 6.3 ~ 3.2μm
4	精车	主要用于有色金属加工或要求很高的钢制工件的最终加工。精车可以使工件表面具有较高的精度和较小的表面粗糙度。通常采用较小的背吃刀量和进给量，较高的切削速度进行加工，可作为外圆表面的最终工序或光整加工的预加工	工件尺寸精度为 IT8 ~ IT7；表面粗糙度 Ra 为 1.6 ~ 0.8μm
5	精细车	精细车常用作某些外圆表面的终加工工序。例如，在加工大型精密的外圆表面时，可用精细车来代替磨削；而高速精车又是用来加工有色金属零件外圆的主要方法。精细车削所用的车床，应具备较高的精度与刚度，车刀具有良好的耐磨性能（如金刚石车刀），采用高的切削速度（$v\geqslant150$mm/min），小的背吃刀量（$a_p=0.02$ ~ 0.05mm）和小的进给量（0.02 ~ 0.2mm/r），使得切削过程中的切削力小、积屑瘤不易生成、弹性变形及残留面积小，以保证获得较高的加工质量	工件尺寸精度为 IT7 ~ IT6；表面粗糙度 Ra 为 0.4 ~ 0.025μm

4.3.4　车外圆的操作步骤

车外圆的操作步骤见表 4.13。

表 4.13　车外圆的操作步骤

序号	车削步骤	详细说明
1	车刀定位	①摇动大、中拖板手柄，使车刀刀尖即将接触工件右端外圆表面 [图 4.71（a）] ②摇动大拖板手柄，使车刀向尾座方向移动，使车刀距工件端面 3～5mm 处 [图 4.71（b）] ③按选定的切削深度，摇动中拖板手柄，使车刀作横向进刀 [图 4.71（c）] 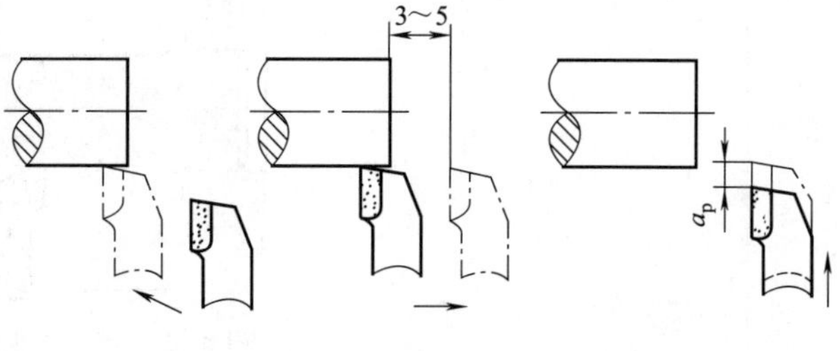 （a）　　　　　（b）　　　　　（c） 图 4.71　车刀定位
2	试车削	①合上进给手柄，使车刀纵向车削工作 3～5mm [图 4.72（a）]。该步骤称为试车削 ②摇动大拖板手柄，纵向退出车刀，停车测量工件 [图 4.72（b）]，与要求的尺寸比较，得出需要修正的切削深度，根据中拖板刻度盘的刻度调整切削深度 注：此步骤非必要，根据实际加工选择 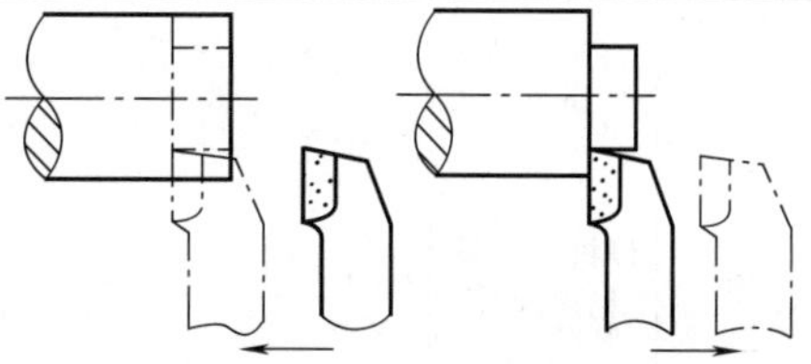 （a）试车削　　　（b）退刀 图 4.72　试车削
3	粗车外圆	车削时，将滑板移动至工件右端，并测量工件毛坯外圆尺寸，检查有多少余量可以加工。粗车外圆，将毛坯外圆全部车出，但应注意外圆的余量。如图 4.73 所示。 粗车通常在车床动力条件许可时采用，进刀深、进给量大、转速不宜过快，以合理时间尽快把工件余量车掉 通过粗车可及时发现毛坯内部的缺陷，消除毛坯内部残存的应力和防止热变形 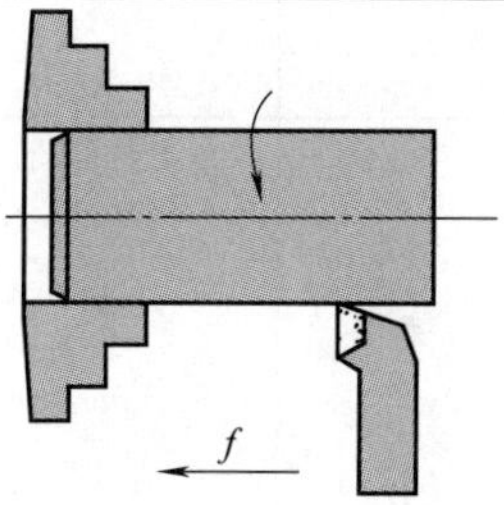 图 4.73　粗车外圆
4	停机，测量粗车尺寸	车外圆要准确地控制切削深度，这样才能保证外圆的尺寸公差。通常采用试切削的方法来控制切削深度。试切削的操作步骤如下：首先开动机床，将车刀移至接近工件外圆表面，缓慢转动中滑板使车刀的刀尖轻轻碰到工件表面，再转动床鞍手轮快速移出工件；然后根据工件直径余量的二分之一做横向进刀，工件为毛坯外圆，粗加工时背吃刀量不宜过多，约 1.5mm，纵向车至 2～5mm 长时，做纵向快速退刀。停机测量如符合要求，就可进行切削，否则按上述方法继续进行试切。试切尺寸，粗车可用外卡钳或游标卡尺测量。如图 4.74 所示 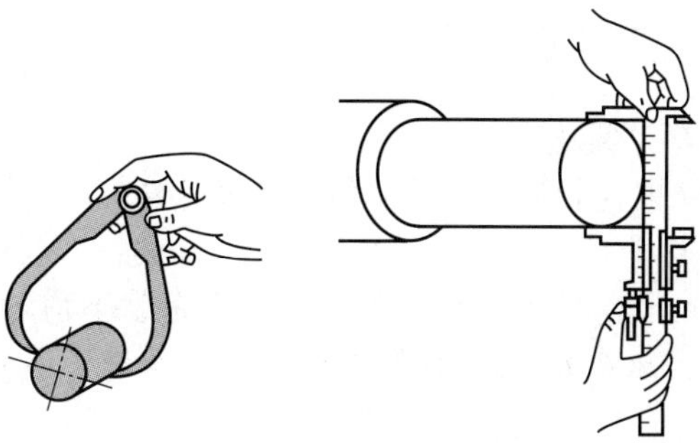 （a）外卡钳测量　　　　　（b）游标卡尺测量 图 4.74　测量粗车尺寸

序号	车削步骤	详细说明
5	精车外圆	精车要保证零件的尺寸公差和较细的表面粗糙度，因此试切尺寸一定要测量正确，刀具要保持锐利，要选用较高的切削速度，进给量要适当减小，以确保工件的表面质量，如图4.75所示 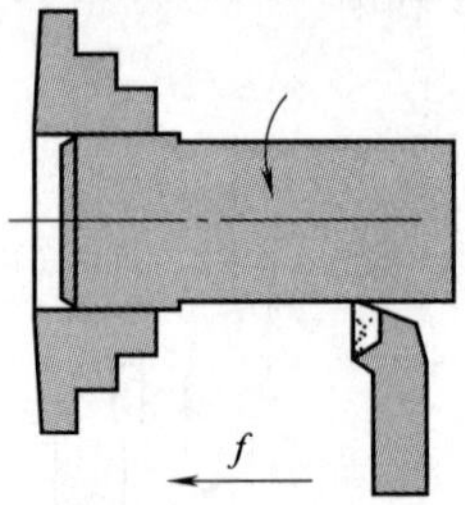 图4.75　精车外圆
6	停机，测量精车尺寸	精车后用千分尺测量，如图4.76所示 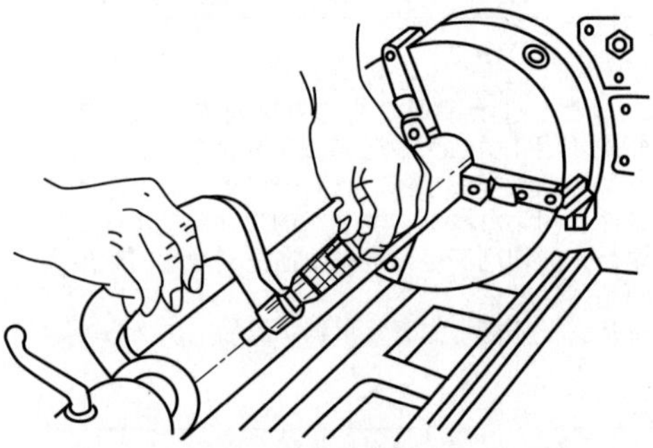 图4.76　千分尺测量精车尺寸
7	倒角	当工件精车完毕，圆与端面交界处的锐边要用倒角的方法去除。倒角用45°车刀最方便，如图4.77所示。倒角的大小按图样规定尺寸，如图样上未标注的一般按0.5×45°倒角 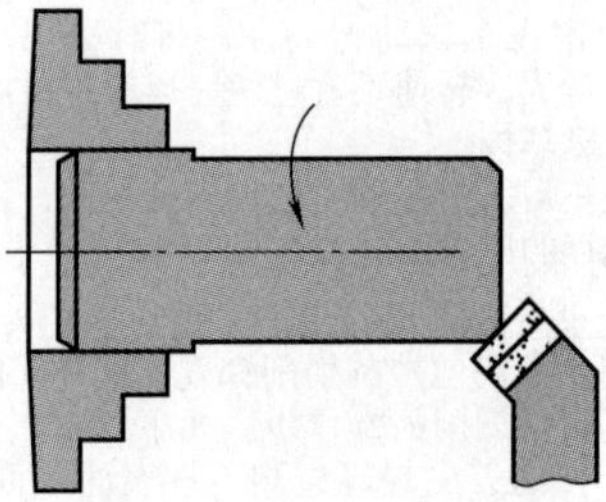 图4.77　45°车刀倒角

经 验 总 结

①注意观察刀具情况

在车削过程中，若发现刀具磨损，应及时停机刃磨或更换车刀。

②调整镶条

粗车时，由于切削力较大，特别是表面余量不均匀时，切削力变化很大。因此，在车削前必须对车床各滑板的镶条进行检查、调整，以防由于镶条间隙过大而造成车削振动。

③检查工件毛坯、刀具的装夹

粗车前必须检查工件毛坯是否有足够的余量，长棒料必须校直后才能车削。工件、刀具必须装夹牢固，顶尖要顶紧，在切削时要随时检查（当切削时顶尖时转时不转，说明顶尖已经松动，应及时顶住）。

④ 刻度盘的使用

在使用刻度盘控制背吃刀量 a_p 时，应防止产生空行程现象（即刻度盘转动而滑板并未移动）。使用时，必须慢慢地把刻度线转到所需的格数 [图 4.78（a）]，一旦转过刻度线，不能直接退回多转的格数 [图 4.78（b）]，必须向相反方向退回全部行程，消除滑板的间隙，再转到所需的格数 [图 4.78（c）]。同时，使用中滑板刻度时，车刀的切入深度应是工件直径余量的 1/2。

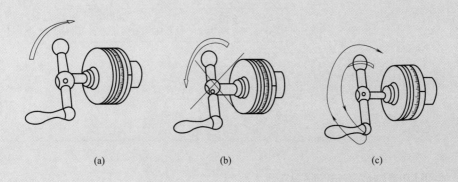

(a)   (b)   (c)

图 4.78　消除刻度盘空行程的方法

⑤ 工件测量

车削前，必须看清工件图样中的各项要求，车削时应及时测量。成批车削时，必须将首件交检验员检验，以保证加工质量和防止成批报废。车削时不允许在机床旋转的情况下测量工件。

⑥ 车削外圆表面，工艺与设备的选择不可忽视

外圆表面是轴类零件的主要工作表面，也是盘套类零件的工作表面之一。外圆表面的加工中，车削得到了广泛的应用。由图 4.79 所示的外圆表面加工方案框图中可见，车削不仅是外圆表面粗加工、半精加工的主要方法，也可以实现外圆表面的精密加工。

选择粗车、精车及其所用的车床时，不能仅仅考虑其所能达到的加工精度和表面粗糙度，还要考虑其在工件加工过程中的不同作用以及不同的生产条件等。因此，必须熟悉下述有关粗车、精车的工艺特点及其作用，以及各种车床对不同生产条件的适应性，才能避免不适当的选择。

⑦ 批量生产选择机床的方法

车削外圆表面所用的车床，应根据不同的生产批量进行选择。对于单件、小批量生产，一般均采用普通车床；成批生产中常采用多刀半自动车床、液压仿形车床、转塔车床来加工轴类及盘套类零件。大批量生产中还可采用自动化程度更高的自动车床或专用车床进行加工。近年来应用日益广泛的数控车床，主要用于轴类与盘套类零件的多工序加工。具有高精度、高效率、高柔性化等综合特点，适合于中、小批量形状复杂零件的多品种、多规格的生产。

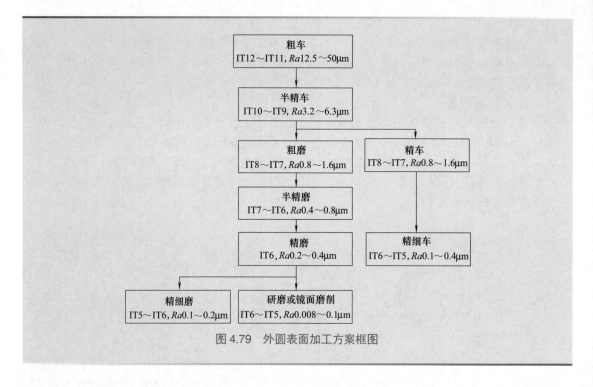

图 4.79　外圆表面加工方案框图

4.3.5　车外圆质量缺陷问题分析

车削外圆易出现的问题、原因及防止措施见表 4.14。

表 4.14　车削外圆易出现的质量缺陷问题分析

序号	质量问题	产生原因	预防措施
1	尺寸精度达不到要求	没有进行试切削	根据加工余量算出背吃刀量进行试切削，然后修正背吃刀量
		测量时误差太大	掌握正确使用量具的方法，提高测量技术；测量时要仔细，注意力集中；加工后工件温度太高，应待工件冷却后再测量
		量具有误差	量具使用前，必须仔细检查和调整零位
		量具使用期太长、未定期检修	应矫正、更换和正确选用量具
		加工者粗心大意，看错图样或刻度盘使用不当	车削时必须看清图样尺寸要求，正确使用刻度盘，看清刻度值
		加工后留有黑皮或局部余量不够	加工前按图纸检验毛坯余量是否符合工艺要求，仔细校正
		由于切削热的影响，使工件尺寸发生变化	不能在工件温度较高时测量，如果测量，应先掌握工件的收缩情况，或浇注切削液，降低工件温度
2	工件位置圆度超差	车床主轴间隙过大	调整主轴前径向轴承的间隙
		主轴轴径有椭圆度和主轴轴承隙大	应修研轴径和调整间隙
		卡盘在法兰盘上定位不紧，或法兰盘与主轴配合不良	应可靠连接并重新修配
		毛坯余量不均匀或材质不均匀，在切削过程中背吃刀量发生变化	在粗车与精车前增加半精车，半精车前进行正火或退火处理
		顶尖装夹时，顶尖与中心孔接触不良或后顶尖太松产生径向圆跳动	工件装夹松紧适度；若回转顶尖产生径向圆跳动，应及时修理或更换

序号	质量问题	产生原因	预防措施
2	工件位置圆度超差	夹具、刀杆和尾座芯轴刚性差或悬伸过长，中、小溜板及床鞍部分镶条间隙大	对应故障原因，逐一进行调整。如工件较长则可加用跟刀架；调整镶条间隙
3	产生锥度	尾座顶尖与主轴轴线偏离，后顶尖轴线与主轴轴线不重合	车削前必须找正锥度，调整尾座位置，使顶尖与主轴对准
		用卡盘装夹，工件悬伸长度过大，刚度环够	增加后顶尖支承，采用一卡一顶的装夹方法，由前、后顶尖支顶改为卡盘顶尖装卡，或加用跟刀架等
		用小滑板车圆锥时，小滑板位置不正确，即小滑板刻线与中滑板上的刻线没有对准"0"线	将小滑板的刻线与中滑板"0"刻线对准
		车床床身导轨与主轴轴线不平行	调整机床精度，使两者平行度满足标准要求
		刀具磨损过快，工件两端被切层厚度不一致	采用更耐磨的刀具材料或降低切削速度
4	表面粗糙度差	刀具几何角度不合适，如选用过小的前角、主偏角和后角	合理增大前角（不适用于脆性材料）和后角，适当增大刀尖圆弧半径及修光刃宽度，减小副偏角
		刀具磨损过大	及时用油石修磨切削刃；合理使用切削液
		刀具刃磨不良或磨损	应用油石研磨各切削刃，使其粗糙度在 $Ra0.4\mu m$ 以内
		进给量过大，切削速度不合理	适当减小进给量；使用硬质合金刀具，应适当提高切削速度；使用高速钢车刀，切削速度不应超过 200mm/min
		加工时发生振动，形成波纹、斑纹和条痕	调整车床各部分间隙，提高机床刚度；增加工件装夹刚性。如工件较长则可加用跟刀架；增加车刀装夹刚性，采用具有防振结构的刀具
		车床刚性不足，如滑板镶条过松，传动零件（如带轮）不平衡或主轴太松引起振动	消除或防止由于车床刚性不足而引起的振动（例如调整车床各部分的间隙）
		车刀刚性不足或伸出太长引起振动	增加车刀的刚性和正确装夹车刀
		低速切削时，没有浇注切削液	低速切削时应浇注切削液

4.4 车削台阶轴

车削台阶轴

台阶轴的尺寸多，仔细核对不会错；
划线挡铁定位置，找准终点好干活；
粗车外圆停机测，长度莫少也莫多；
精车外圆和端面，深度游标来掌握。

4.4.1 车削台阶轴概述

台阶，也称作阶台，在工件上有几个直径大小不同的圆柱体连接在一起，形成台阶状，这类工件称为台阶轴，如图4.80所示。台阶工件的加工，实际上就是外圆和端面车削加工方法的组合。因此在车削加工时必须兼顾外圆尺寸精度和台阶长度尺寸的要求。

图4.80 台阶工件

4.4.2 台阶轴的车削方法

台阶轴根据相邻两圆柱体直径差值的大小，可分为低台阶和高台阶两种，相对应的车削方法也有所不同，见表4.15。

表4.15 台阶轴的车削方法

序号	车削方法	详细说明
1	低台阶的车削	相邻两圆柱体直径差值较小的低台阶可一次进给车好。由于台阶面应与工件轴线垂直，装刀时必须使主偏角等于90°，从而使主切削刃与工件轴线垂直，如图4.81所示 图4.81 低台阶的车削
2	高台阶的车削	相邻两圆柱体直径差值较大的高台阶可采用分层切削。粗车削时可先用主偏角小于90°的粗车刀进行车削，然后将90°的偏刀主偏角装成93°～95°，通过几次车削清根来完成台阶加工。最后一次清根时，车刀纵向进给之后应用手摇动中滑板手柄，将车刀缓慢均匀地退出，使台阶跟工件轴线垂直，如图4.82所示 图4.82 高台阶的车削

4.4.3 车台阶轴的步骤

（1）刀具选择
常用车台阶轴车刀是90°车刀，如图4.83所示。但是需要根据台阶轴的类型进行细分选择。
（2）端面车刀的安装
刀具安装在刀架上，车刀的伸出长度应为刀体厚度的1.5倍，如图4.84所示。伸出太长，刚性变差，车削时易引起振动。
车端面时要求车刀刀尖严格对准工件中心，高于或低于工件中心都会使端面中心处留有凸台，并损坏车刀刀尖。如图4.85所示。

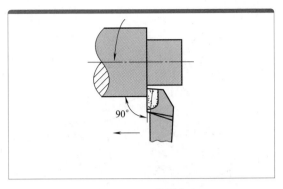

图 4.83　90°外圆车刀

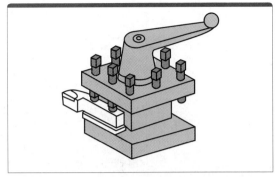

图 4.84　刀具安装在刀架上

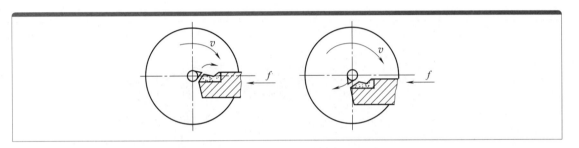

图 4.85　车刀刀尖不对准工件中心使刀尖崩碎

经 验 总 结

① 车刀必须对准工件旋转中心。

② 车削时应先开机，后进刀。车削完毕后应先退刀后停机。

③ 车削毛坯时，尽可能一刀车掉氧化皮，否则易损坏车刀。

④ 车刀中途磨损时，磨刀后重新对刀。

（3）切削用量的选择

切削用量选用原则应根据工件材料、刀具材料和几何角度及其他切削条件综合考虑，从而实现切削用量三要素的最优组合进行加工。车削台阶轴（工件为 45 钢）时的切削用量参考数值如下。

① 硬质合金车刀：背吃刀量 a_p=0.5 ～ 1mm；进给量 f=0.10 ～ 0.18mm/r；切削速度 v_c=115mm/min。

② 高速钢车刀：背吃刀量 a_p=0.5 ～ 1mm；进给量 f=0.10 ～ 0.18mm/r；切削速度 v_c=30 ～ 55mm/min。

（4）台阶轴长度的确定

车削台阶时，尤其是车多台阶的工件，准确地控制台阶的长度尺寸是成败的关键所在。因此必须按图样要求找出正确的测量基准及加工基准，否则将会造成积累误差（特别是多台阶的工件）而产生废品。常用的控制台阶尺寸的方法有以下几种，见表 4.16。

表 4.16　台阶轴长度的确定

序号	车削方法	详细说明
1	划线法	采用划线法，一般选用最小直径圆柱的端面作为统一测量基准；为了确定台阶的位置，可事先用内卡钳或钢直尺量出台阶的长度尺寸（大批量生产时可采用样板），再用车刀刀尖在台阶的位置处刻出细线，车削时按刻线来控制各个台阶的长度。如图 4.86 所示 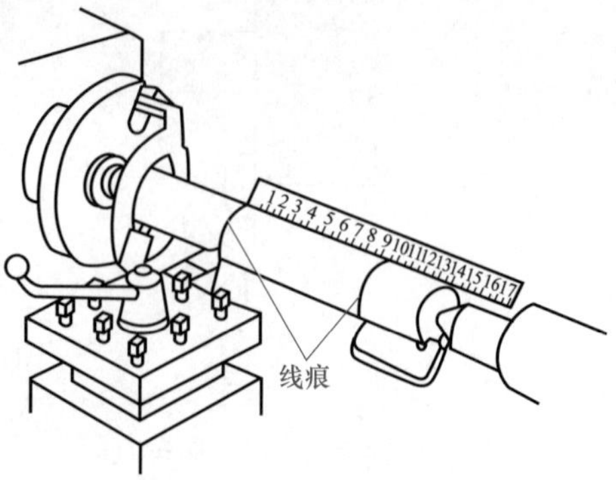 图 4.86　刻线痕确定台阶位置
2	挡铁定位法	在车削数量较多、台阶长度相差不大的台阶轴时，为了迅速、正确地控制台阶的长度，可采用挡铁定位的方法，来控制被车削台阶的长度。这种方法使用很方便，控制台阶长度准确 　　如图 4.87 所示，挡铁 1 固定在床身导轨某一位置上（为确保工件轴向尺寸装夹一致，在车床主轴锥孔内装有限位支承。该限位支承是在试切时确定的），挡铁 3、2 等于工件上 a_2、a_1 长度。当大拖板纵向走刀碰到挡铁 3 时，工件台阶长度 a_1 已经车好，拿掉挡块 3，控制好外径尺寸后继续纵向进给，当大拖板碰到挡铁 2 时。台阶长度 a_2 也已车好，这样依次进行，当大拖板碰到挡铁 1 时，台阶长度 a_3 也车好，这样就完成了全部台阶的车削 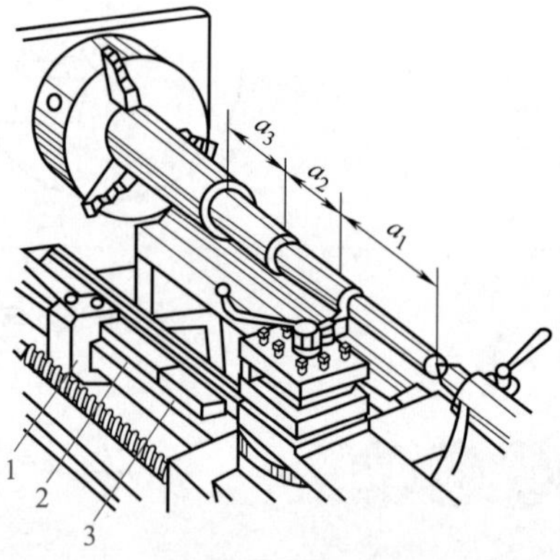 图 4.87　用挡铁定位车台阶的方法
3	圆盘式多位挡铁方法	对于台阶长度相差不大的台阶轴，可采用圆盘式多位挡铁来控制台阶的长度（图 4.88）。图 4.88 中 1 是带触头 2 的固定挡铁，用两个螺钉 3 固定在床身上。圆盘 4 套在壳体 5 中可以转动。在圆盘上可以装上 4～6 个止挡螺钉 6，螺钉可以根据工件的长度进行调整。在车台阶时，只要转动圆盘 4，止挡螺钉便进入了工作位置，当止挡螺钉 6 与固定挡铁上的触头 2 相接触时，就车好了一个长度尺寸。这样依次可完成所车的台阶 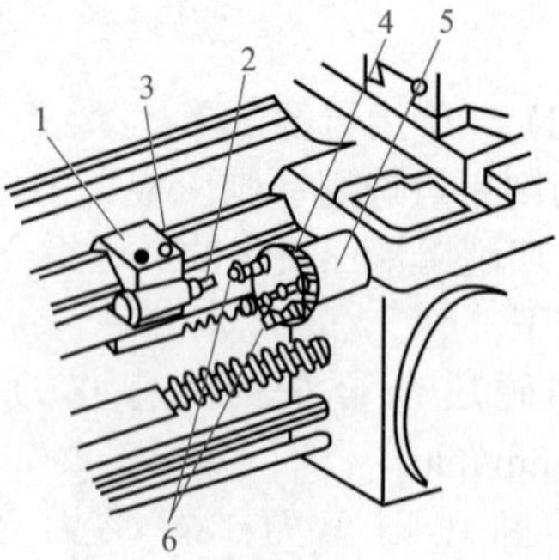 图 4.88　用圆盘式多位挡铁方法车台阶的方法 1—固定挡铁；2—触头；3—螺钉；4—圆盘；5—壳体；6—止挡螺钉

序号	车削方法	详细说明
4	床鞍刻度盘法	台阶长度尺寸也可利用床鞍上的刻度进行控制，如图 4.89 所示。CA6140 车床床鞍的刻度盘 1 格等于 0.5mm，车削时的精度一般在 0.1mm 左右 　　具体步骤如下： 　　①对刀，将车刀刀尖与工件端面轻轻接触 　　②调整床鞍刻度盘刻线使之归零，根据台阶长度计算床鞍行程（床鞍应进给的数值） 　　③调整中滑板刻度值至所需位置，自动纵向进给床鞍进行车削 　　④当快车到长度尺寸时，应改用手动进给方式车削至所需尺寸 　　台阶轴的外圆直径尺寸，可利用中滑板刻度盘来控制，其方法与车削外圆时相同 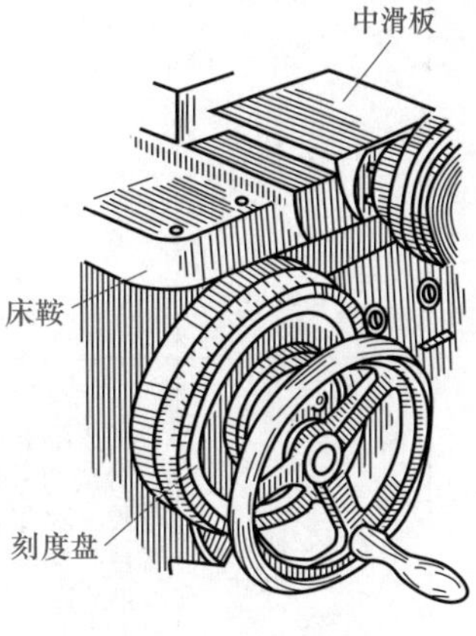	 图 4.89　床鞍刻度盘

（5）车台阶轴的操作步骤（表 4.17）

表 4.17　车台阶轴的操作步骤

序号	车削步骤	详细说明
1	车刀定位	①摇动大、中拖板手柄，使车刀刀尖即将接触工件右端外圆表面 [图 4.90（a）] ②摇动大拖板手柄，使车刀向尾座方向移动，使车刀距工件端面 3～5mm 处 [图 4.90(b)] ③按选定的切削深度，摇动中拖板手柄，使车刀作横向进刀 [图 4.90（c）] 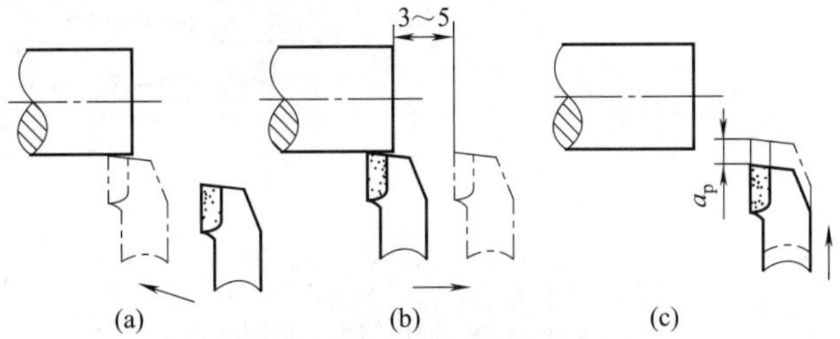 （a）　　　　（b）　　　　（c） 图 4.90　车刀定位
2	试车削	①合上进给手柄，使车刀纵向车削工作 3～5mm [图 4.91（a）]。该步骤称为试车削 ②摇动大拖板手柄，纵向退出车刀，停车测量工件 [图 4.91（b）]，与要求的尺寸比较，得出需要修正的切削深度，根据中拖板刻度盘的刻度调整切削深度 　　注：此步骤非必要，根据实际加工选择 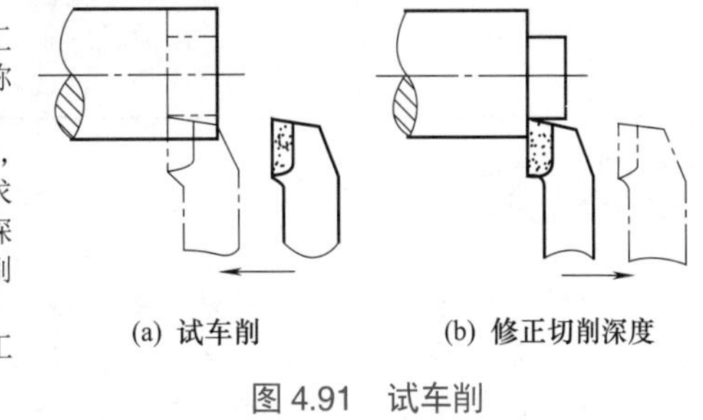 （a）试车削　　　（b）修正切削深度 图 4.91　试车削
3	粗车外圆	移动床鞍，使刀尖靠近工件时合上机动进给手柄，当车刀刀尖距离退刀位置 1～2mm 时停止机动进给，改为手动进给，车至所需长度时将车刀横向退出，床鞍回到起始位置，如图 4.92 所示，然后再做第二次工作行程。台阶外圆和长度粗车各留精车余量 0.5～1mm 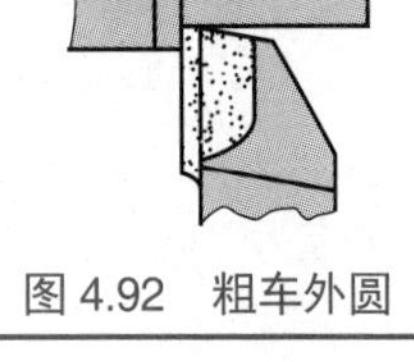 图 4.92　粗车外圆

序号	车削步骤	详细说明
4	停机，检测台阶长度	粗车用钢直尺测量，如图 4.93 所示 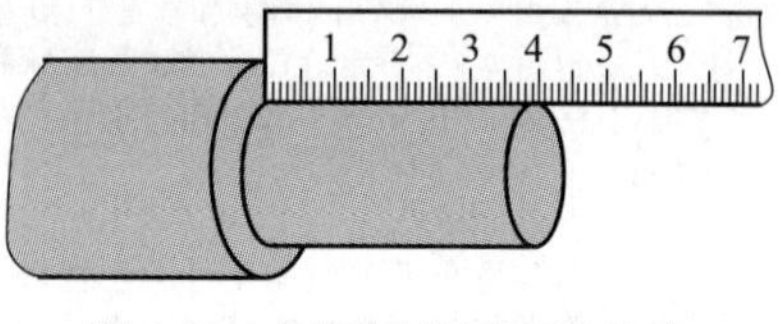 图 4.93　钢直尺检测台阶长度
5	精车台阶外圆和端面	①按精车要求调整切削速度和进给量 ②试切外圆，调整切削速度，尺寸符合图样要求后合上机动进给手柄，精车台阶外圆至离台阶端面 1～2mm 时，停止机动进给，改用手动进给继续车外圆。当刀尖切入台阶面时车刀横向慢慢退出，将台阶面车平，如图 4.95 所示 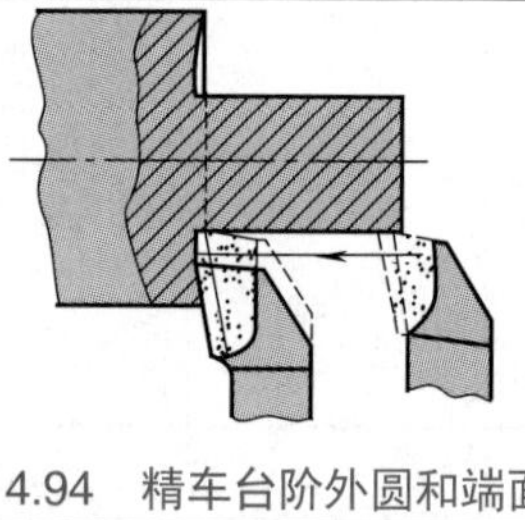 图 4.94　精车台阶外圆和端面
6	停机，检测台阶长度	精车用深度游标卡尺测量，如图 4.95 所示 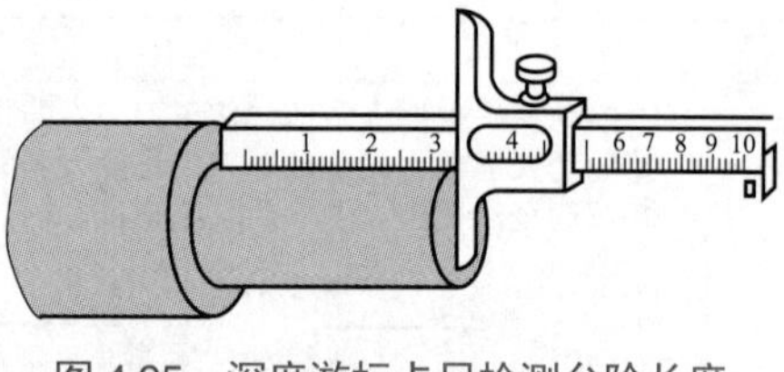 图 4.95　深度游标卡尺检测台阶长度
7	倒角	当工件精车完毕，圆与端面交界处的锐边要用倒角的方法去除。倒角用 45°车刀最方便，如图 4.96 所示。倒角的大小按图样规定尺寸，如图样上未标注的一般按 0.5×45°倒角 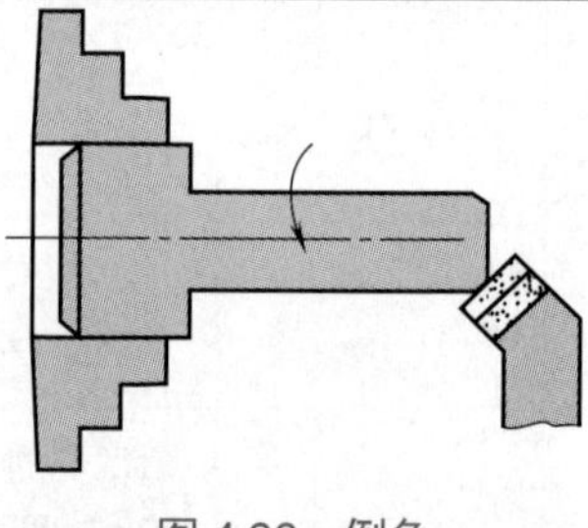 图 4.96　倒角

经验总结

①台阶平面和外圆相交处要清角，防止产生凹坑和出现小台阶。

②多台阶工件长度的测量，应从一个基面量起，以防产生积累误差。

③车未停妥，不准使用游标卡尺测量工件。使用游标卡尺时，应检查主尺和副尺上的零线是否对齐，卡脚之间有无间隙。使用游标卡尺测量工件时，两脚之间的卡紧程度要适当，不能太松或太紧，一般与工件轻轻接触即可。用微调螺钉使卡脚接近工件时，特别要注意不能卡得太紧。从工件上取下游标卡尺时，应把紧固螺钉拧紧，以防取出时副尺移动，影响读数的正确性。

④台阶端面不平直（出现凹凸），其原因可能是车刀没有从里到外横向切削，其次与刀架、车刀、拖板等走动有关。

⑤刀具至少要用两个螺钉压紧，并逐个拧紧刀架螺钉。

4.4.4 车台阶质量缺陷问题分析

车端面和台阶时易产生的质量问题以及预防措施，见表4.18。

表 4.18　车台阶质量缺陷问题分析

序号	质量问题	产生原因	预防措施
1	台阶不垂直	较低的台阶是由于车刀装得歪斜，使主切削刃与工件轴线不垂直	装刀时必须使车刀的主切削刃垂直于工件的轴线，车台阶时最后一刀应从里向外车出
		较高的台阶不垂直的原因与端面凹凸的原因一样	
2	台阶面不平	车刀安装时主偏角小于90°，如图4.97所示 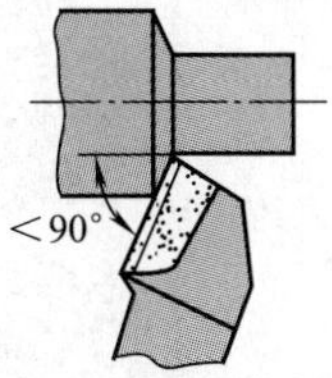 图4.97　车刀安装主偏角小于90°	重新安装车刀
3	台阶直角处不清角或有较大的圆弧	刀刃尖圆，主要是刀尖圆弧太大或过渡刃太宽，如图4.98所示 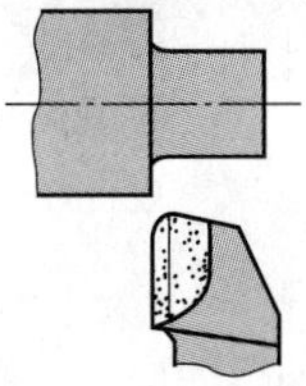 图4.98　刀尖圆弧太大	刃磨或更换车刀
		车外圆和台阶面时，未车到根部	重新车削
4	台阶直角处车成凹形	当用主偏角93°车刀车削时，中滑板未进行由里向外的横向进给，如图4.99所示 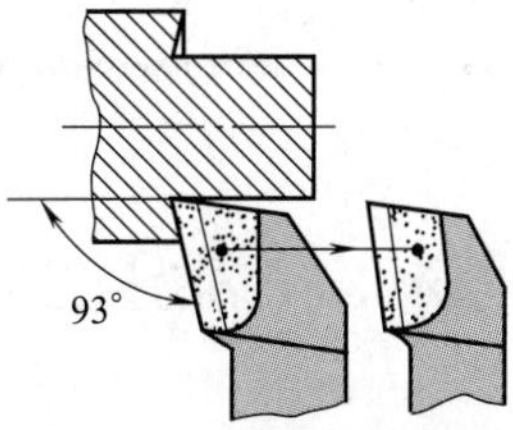 图4.99　中滑板未横向进给	中滑板采用由里向外的横向进给
5	台阶的长度不正确	粗心大意，看错尺寸或事先没有根据图样尺寸进行测量	立质量第一的思想，仔细看清图样尺寸，正确测量工件
		自动进给没有及时关闭，使车刀进给的长度超越应有的尺寸	注意自动进给及时关闭或提前关闭，再用手动进给到尺寸

4.5 钻中心孔

钻中心孔

长轴先钻中心孔，虽小也要仔细弄；
安装完毕先试钻，形要锥坑且居中；
短件直接开始干，到位需停数秒钟；
长轴要上中心架，细细观察慢慢送。

4.5.1　钻中心孔概述

对于长轴类零件，一般采用一夹一顶的装夹方式进行车削加工，如图 4.100 所示为一顶一夹长轴类零件。

利用顶尖安装轴件，必须在轴端用中心钻加工出中心孔，如图 4.101 所示，并以中心孔为定位基准。

图 4.100　一顶一夹长轴类零件

图 4.101　钻中心孔

中心孔就是用于确定工件中心所加工的工艺孔。大多数轴类零件都带有中心孔其主要作用有两点：一是加工时作为工件的定位基准；二是承受工件的自重和切削力。

特别是对精度要求较高的工件，如果忽视了中心孔的作用，将会直接影响工件的加工精度，甚至成为废品。图 4.102 为常见的中心钻。

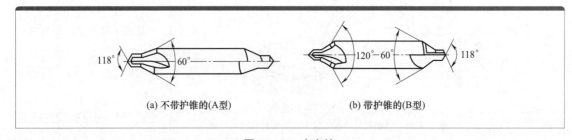

(a) 不带护锥的(A型)　　　　　(b) 带护锥的(B型)

图 4.102　中心钻

4.5.2　中心孔的种类和规格

国家标准 GB/T 145—2001 规定了中心孔的形式和尺寸，其形式有：A 型、B 型、C 型和 R 型，如图 4.103 所示，并将中心钻划分为四类：不带保护锥的 A 型、带保护锥的 B 型、带螺孔的 C 型及弧形中心钻 R 型，详细说明见表 4.19。选择中心孔的不同尺寸和规格，可按工件端部直径、最大直径和质量来确定，或按工件与其他零件配合要求来确定。

钻中心孔主要是尺寸和中心的要求，具体见表 4.20。

4.5.3　中心钻的安装及前期准备工作

中心钻安装及前期准备工作见表 4.21。

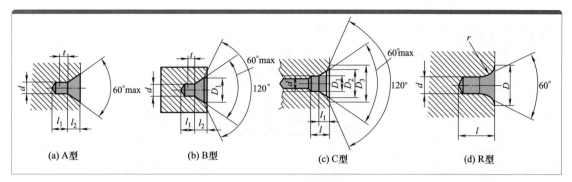

图 4.103　中心孔的类型

表 4.19　中心孔的类型

序号	中心孔的类型	详细说明
1	A 型中心孔	A 型中心孔由圆柱孔和圆锥孔两部分组成。圆锥孔的角度一般为 60°（重型工件为 90°），它与顶尖锥面配合，用来确定中心，承受工件质量和切削力。圆柱孔可储存润滑油，并保证顶尖的锥面和中心孔面配合贴切，同时防止顶尖头触及工件，保证其准确定位。适用于精度要求一般的轴类工件
2	B 型中心孔	B 型中心孔是在 A 型中心孔的端部再加上 120° 的圆锥孔用来保护 60° 锥面不致碰伤，并使工件端面容易加工。适用于精度要求较高、工序较多、需多次重复使用的轴类工件
3	C 型中心孔	C 型中心孔是在 B 型中心孔的 60° 圆锥孔后面，增加一短圆柱孔（保证攻螺纹时不致碰伤 60° 锥孔），后面有一内螺纹孔。通常用于固定轴向装配的零件，或对重型零件吊运时使用
4	R 型中心孔	R 型中心孔是将 A 型中心孔的 60° 圆锥孔改成圆弧面，使之与顶尖锥面的配合变成线接触，在装夹工件时，能自动纠正少量的位置偏差。适用于定位精度要求较高的轴类零件

表 4.20　钻中心孔的要求

序号	钻中心孔要求	详细说明
1	尺寸要求	中心孔尺寸以圆柱孔直径 d 为基本尺寸，d 的大小根据工件的直径或工件的质量，按国家统一标准来选用
2	形状和表面粗糙度要求	轴类零件各回转表面的形状精度和位置精度全靠中心孔的定位精度保证，中心孔上有形状误差会直接反映到工件的回转表面。锥形孔不正确就会与顶尖的接触不良 如果 60° 锥面粗糙度差，就会加剧顶尖的磨损以及引起车削零件的综合误差。60° 锥面的粗糙度值最低标准为 $Ra1.6\mu m$

表 4.21　中心钻的安装及前期准备工作

序号	准备工作	详细说明
1	安装工件	把工件装夹在三爪自定心卡盘上，注意右手拖住工件右端，如图 4.104 所示 图 4.104　安装工件

序号	准备工作	详细说明
2	车端面	用端面车刀车端面（车刀中心必须与机床轴线一致），截取工件总长尺寸，如图 4.105 所示 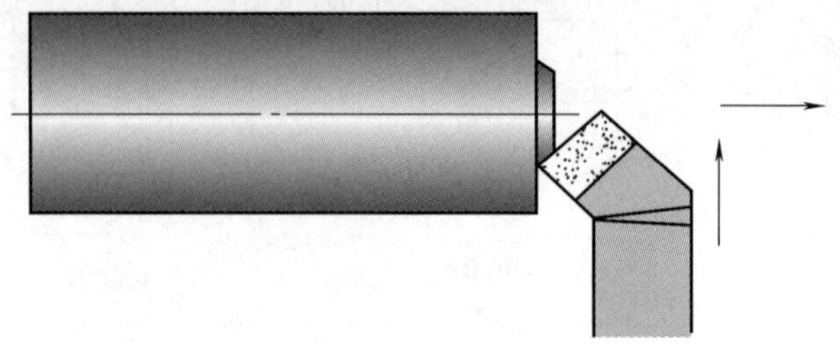 图 4.105　车端面
3	核对参数	使用时要检查中心钻型号和规格是否与图样要求相符
4	安装钻夹头	钻夹头柄部擦干净后放入尾座套筒内并用力插入，使圆锥面结合
5	安装中心钻	将中心钻装入钻夹头内，伸出长度要短些，用力拧紧钻夹头将中心钻夹紧（图 4.106） 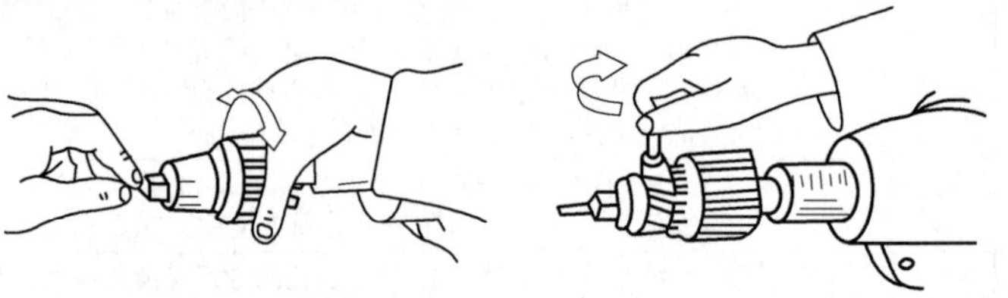 图 4.106　安装中心钻
6	调整尾座与套筒	移动尾座并调整套筒的伸出长度，要求中心钻靠近工件端面，套筒的伸出长度为 50 ～ 70mm，然后将尾座锁紧
7	选择主轴转速	钻中心孔时，主轴转速要高，取 $n>1000r/min$

4.5.4　钻中心孔的步骤

钻中心孔的步骤见表 4.22。

表 4.22　钻中心孔的步骤

序号	钻中心孔步骤	详细说明
1	试钻	向前摇动尾座套筒，当中心钻钻入工件端面约 0.5mm 时退出，目测试钻情况 ［图 4.107（a）］，判断中心钻是否对准工件的放置中心。当中心钻对准工件中心时，钻出的坑呈锥形，如图 4.107（b）所示。若中心偏移，试钻出的坑呈环形，如图 4.107（c）所示。如偏移较少，可能是钻头柄部弯曲所致，可将尾座套筒后退，松开钻夹头，用手转动夹头进行找正。如转动钻夹头无效，应松开尾座，调整尾座两侧的螺钉，使尾座横向位置移动（图 4.108）。当中心找正后，两侧螺钉要同时锁紧 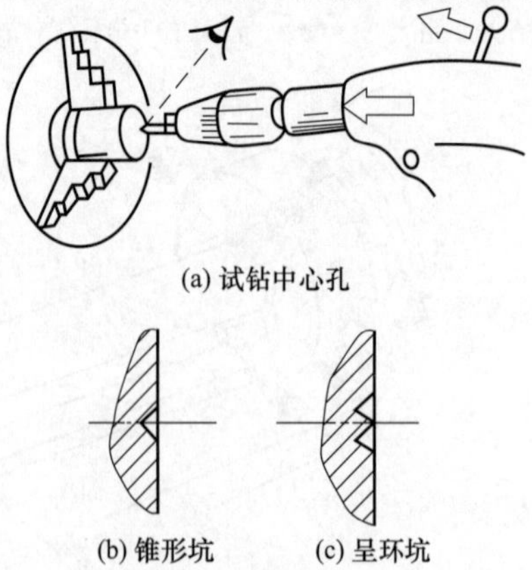 (a) 试钻中心孔 (b) 锥形坑　(c) 呈环坑 图 4.107　试钻中心孔 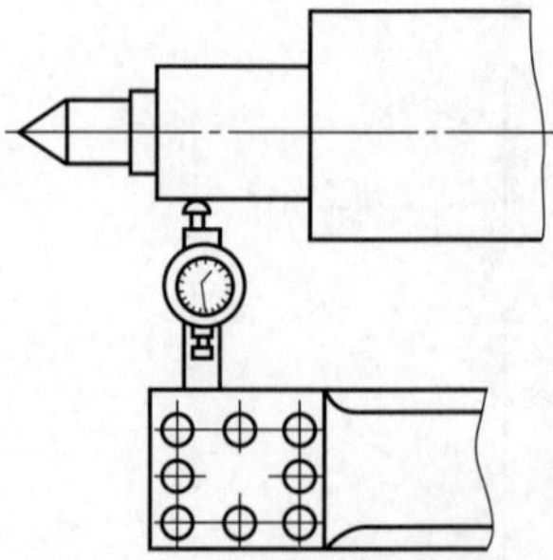　　图 4.108　调整尾座的横向位置

序号	钻中心孔步骤	详细说明
2	钻削方法	向前移动尾座套筒,当中心钻钻入工件端面时,进给速度要减慢,并保持均匀。加切削液,中途退中心钻1～2次,用于去除切屑。要控制圆锥尺寸。当中心孔钻到图样尺寸时,先停止进给再停机,利用主轴惯性使中心孔表面修圆整。在钻成批轴类的中心孔时,要求两端处的中心孔尺寸保持一致,否则影响磨削工序的加工质量
3	较短的工件上钻中心孔	直径6mm以下的中心孔通常用中心钻直接钻出。在较短的工件上钻中心孔时(图4.109),工件尽可能伸出短些,找正后,先车平工件端面,不得留有凸台,然后钻中心孔。当钻至规定尺寸时,让中心钻停留数秒,使中心孔圆整光滑。在钻削中心孔时,应经常退出中心钻,加切削液,使中心孔内保持清洁 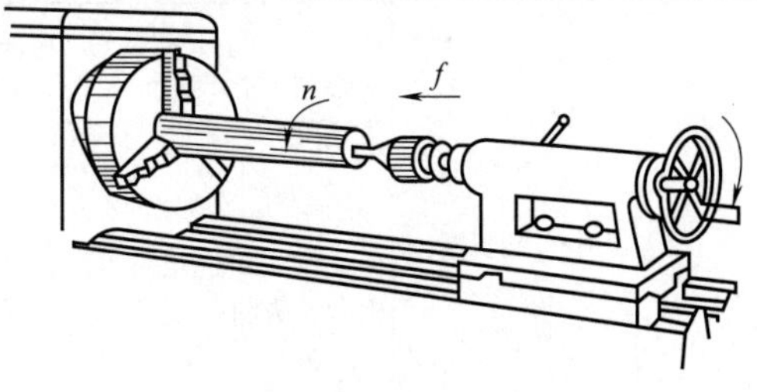 图4.109 较短的工件上钻中心孔
4	大而长的轴上钻中心孔	在工件直径大而长的轴上钻中心孔,可采用卡盘夹持一端,另一端用中心架支撑(图4.110)。工件直径大或形状比较复杂的,无法在车床上钻中心孔时,可在工件上先划好中心,然后在外钻床上或用手电钻钻出中心孔  图4.110 长工件上钻中心孔

经验总结

① 钻中心孔时,应及时进退,以便排屑,并及时注入切削液。

② 随时注意中心钻的磨损状况,磨损后不能强行钻入工件,以避免折断中心钻。

③ 中心孔钻好时中心钻应稍作停留。

④ 中心孔钻得太深,顶尖不能与60°锥孔接触,影响加工质量。

⑤ 车端面时,车刀没有对准工件旋转中心,易使刀尖碎裂。

⑥ 中心钻圆柱部分修磨后变短,造成顶尖与中心孔底部相碰,从而影响质量。

⑦ 钻中心孔虽然操作简单,但如果不注意,会使中心钻折断,给工件的车削带来困难,因此必须熟练掌握钻中心孔的方法。如果中心钻折断了,必须将断头从工件中心孔内取出,并修正中心孔后才能进行车削。

4.5.5 钻中心孔质量缺陷问题分析

钻中心孔质量缺陷问题主要就是钻头的折断问题。钻中心孔时,由于中心钻的圆柱部位直径较小,当切削力过大时容易折断。常见的折断原因和预防方法见表4.23。

表 4.23　钻中心孔质量缺陷问题分析

序号	质量问题	产生原因	预防措施
1	中心钻折断	中心钻轴线与工件旋转轴线不一致，使中心钻受到一附加力而折断。这是因为车床尾座偏移，或钻夹头锥柄与尾座套筒配合不准确而引起偏位等造成	钻中心孔前必须严格找正车床尾座，或将钻夹头转动一个角度来对准中心
		工件端面没有车平，端面中心处留有凸头，使中心钻不能准确地定心而折断	钻中心孔的端面必须车平
		切削用量选用不当，转速太慢而进给太快，使中心钻折断	由于中心钻的圆柱直径很小，所以应选用较高的工件转速，手动进给时应慢些。例如在 CA6140 卧式车床上，用 $\phi2mm$ 中心钻，车床主轴转速选 1400r/min，其切削速度只有 150mm/min 左右。如果用低速钻中心孔，手摇尾座手柄进给的速度不容易控制，这时可能因进给量过大而使中心钻折断
		中心钻磨损后强行钻入工件，使中心钻折断	当发现中心钻磨损后，应及时修磨或调换新的中心钻后继续使用
		钻孔时，没有浇注充分的切削液或没有及时清除切屑，致使切屑堵塞在中心孔内而挤断中心钻	钻中心孔时，应浇注充分的切削液，并及时清除切屑

4.5.6　中心孔的修研

零件在加工过程中，由于中心孔的磨损及热处理后的氧化变形，因此有必要对中心孔进行修研，以保证定位精度。中心孔修研方法见表4.24。图4.111为用磨石修磨中心孔。

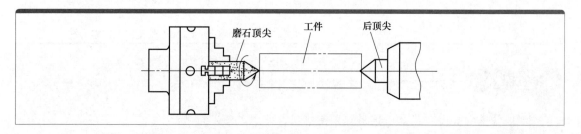

图 4.111　用磨石修磨中心孔

表 4.24　中心孔修研方法

序号	修研方法	修研要点
1	用铸铁顶尖修	将铸铁顶尖夹在车床卡盘上，将工件顶在铸铁顶尖和尾座顶尖之间研磨 修研时加研磨剂
2	用磨石或橡胶砂轮修研	将磨石（或橡胶砂轮）夹在车床卡盘上，将工件顶在磨石（或橡胶砂轮）和尾座顶尖之间研磨 修研时加少量润滑剂，如用低运动黏度的全损耗系统用油
3	用成形内圈砂轮修磨	主要用于修磨淬火变形和尺寸较大的中心孔。将工件夹在内圆磨床卡盘上，校正外圆后，用成形内圆砂轮修磨
4	用硬质合金顶尖刮研	在立式中心孔研磨机上，用四棱硬质合金顶尖进行。刮研时，加入氧化铬研磨剂
5	用中心孔磨床修磨	修磨时，砂轮作行星运动，并沿30°方向进给。适用于修磨淬硬的精密零件中心孔，圆度可达 $0.8\mu m$

4.6 车削长轴类

车削长轴类

长轴毛坯防形变，检查校直要当先；
夹顶操作紧跟上，刀架装表测一遍；
注意避让右顶尖，试车粗车出外圆；
停机测量得尺寸，精车倒角步骤全。

4.6.1 长轴类零件概述

轴类零件根据长径比分为短轴、细长轴和普通轴，轴的长径比大于 5 的称作短轴，大于 20 的称作细长轴，大多数轴介于两者之间。图 4.112 为长轴类零件。

4.6.2 细长轴的变形分析

由于细长轴本身强度差，极易产生弯曲变形，车削前，应对毛坯材料进行调质或正火处理，这样可除它的内应力。热处理后需要校直时，最好在车床上进行。其方法是：将轴件采用一夹一顶法安装在车床主轴与尾座顶尖之间，并找一根一尺多长的木棒斜搭在刀架和小滑板上；然后摇动中滑板手柄，使木棒顶在工件靠近弯曲部位的中心部分，并用柔劲向前顶，同时使工件中速转几秒钟，再缓慢均匀退出，就可松动顶尖。在校直过程中，顶尖不能顶得太紧，如果一次不行，可校第二次；在校直过程中，注意不要转速过高，木棒顶得松紧要合适。

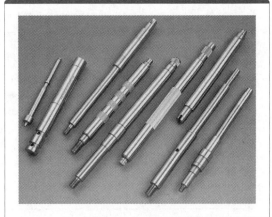

图 4.112 长轴类零件

如果轴件弯曲度很大，就需要进行人工校直。具体方法是使用圆弧扁锤敲打（图 4.113），由弯曲的中间向两边渐进敲直，避免弹性恢复，图中 1 ~ 5 为敲打顺序。调直后，轴的总长度内的弯曲度应控制在 0.3 ~ 0.5mm。

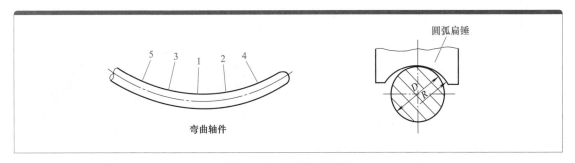

图 4.113 人工敲直轴件

4.6.3 车长轴的操作步骤

车长轴的操作步骤见表 4.25。

表 4.25 车长轴的操作步骤

序号	车削步骤	详细说明
1	一夹一顶装夹工件	一夹一顶装夹工件，调整尾座位置。用外径千分尺分别测量尾座端和卡爪端的工件外圆（图 4.114） 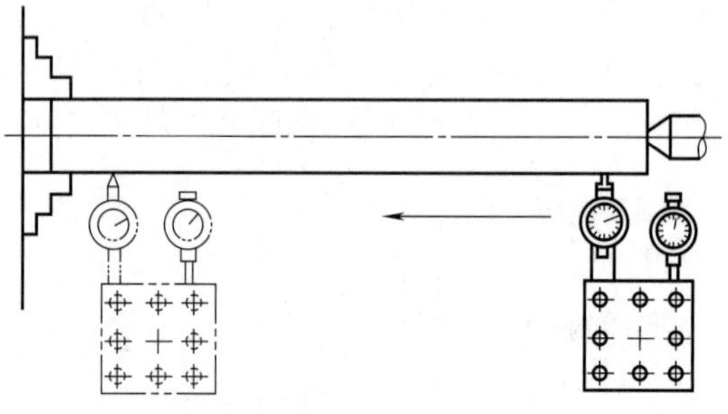 图 4.114 一夹一顶装夹工件
2	车刀定位	注意，由于长轴加工右侧为顶尖，任何操作都要注意避让顶尖位置 ①摇动大、中拖板手柄，使车刀刀尖即将接触工件右端外圆表面［图 4.115（a）］ ②摇动大拖板手柄，使车刀向尾座方向移动，使车刀距工件端面 3 ~ 5mm 处［图 4.115（b）］ ③按选定的切削深度，摇动中拖板手柄，使车刀作横向进刀［图 4.115（c）］ 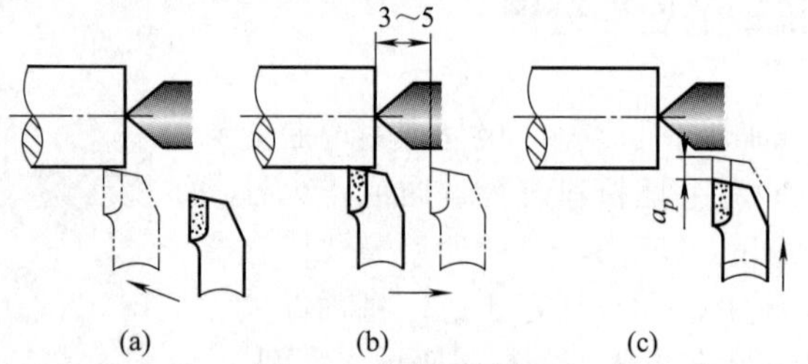 (a)　　　(b)　　　(c) 图 4.115 车刀定位
3	试车削	①合上进给手柄，使车刀纵向车削工作 3 ~ 5mm［图 4.116（a）］。该步骤称为试车削 ②摇动大拖板手柄，纵向退出车刀，停车测量工件［图 4.116（b）］，与要求的尺寸比较，得出需要修正的切削深度，根据中拖板刻度盘的刻度调整切削深度 注：此步骤非必要，根据实际加工选择 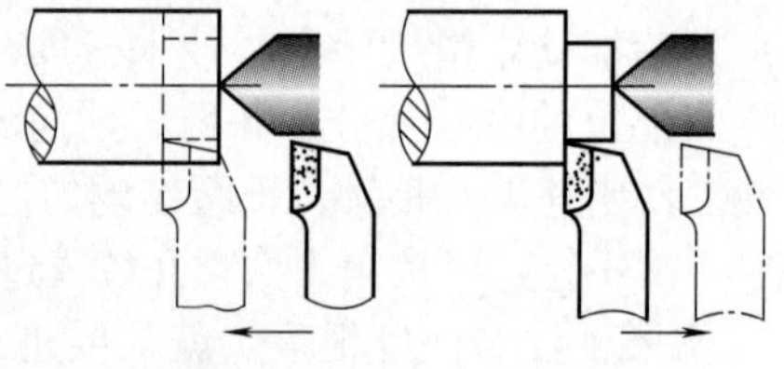 (a) 试车削　　　(b) 退刀 图 4.116 试车削
4	粗车外圆	车削时，将滑板移动至工件右端，并测量工件毛坯外圆尺寸，检查有多少余量可以加工。粗车外圆，将毛坯外圆全部车出，但应注意外圆的余量。如图 4.117 所示 细长轴粗车外圆的加工余量为 2 ~ 3mm，一般不超过 5mm 粗车通常在机床动力条件许可时采用，进刀深、进给量大、转速不宜过快，以合理时间尽快把工件余量车掉 通过粗车可及时发现毛坯内部的缺陷，消除毛坯内部残存的应力和防止热变形 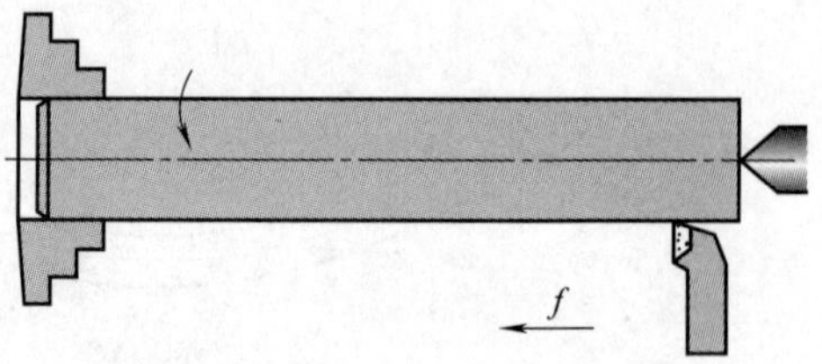 图 4.117 粗车外圆

序号	车削步骤	详细说明
5	停机，测量粗车尺寸	车外圆要准确地控制切削深度，这样才能保证外圆的尺寸公差。通常采用试切削的方法来控制切削深度。试切削的操作步骤如下：首先开动机床，将车刀移至接近工件外圆表面，缓慢转动中滑板使车刀的刀尖轻轻碰到工件表面，再转动床鞍手轮快速移出工件；然后根据工件直径余量的二分之一做横向进刀。工件为毛坯外圆，粗加工时背吃刀量不宜过多，约 1.5mm，纵向车至 2 ~ 5mm 长时，做纵向快速退刀。停机测量如符合要求，就可进行切削，否则按上述方法继续进行试切。试切尺寸粗车可用外卡钳或游标卡尺测量，如图 4.118 所示 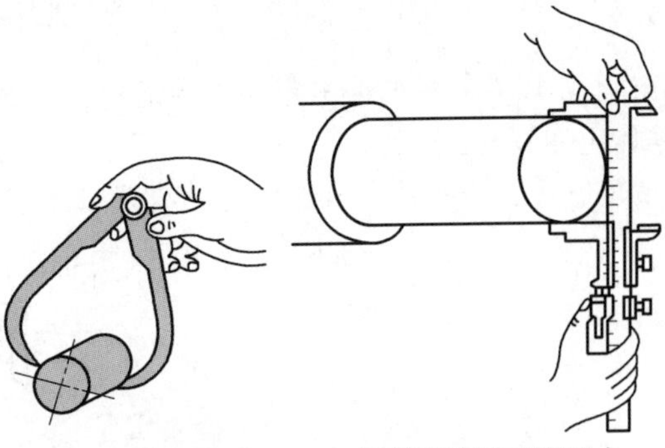 (a) 用外卡钳测量尺寸　　(b) 用游标卡尺测量尺寸 图 4.118　测量粗车尺寸
6	精车外圆	精车要保证零件的尺寸公差和较细的表面粗糙度，因此试切尺寸一定要测量正确，刀具要保持锐利，要选用较高的切削速度，进给量要适当减小，以确保工件的表面质量。如图 4.119 所示 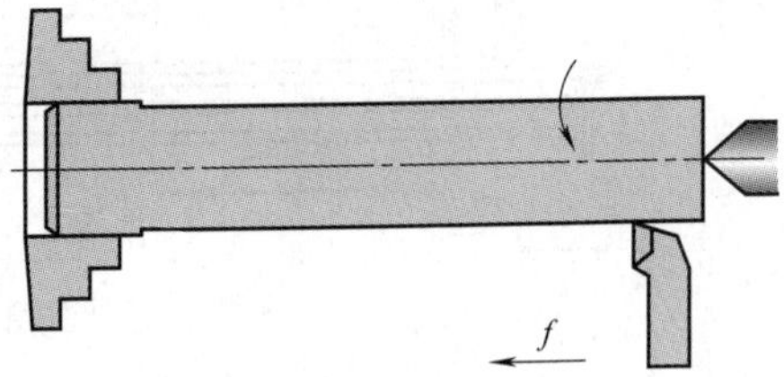 图 4.119　精车外圆
7	停机，测量精车尺寸	如图 4.120 所示，精车用千分尺测量 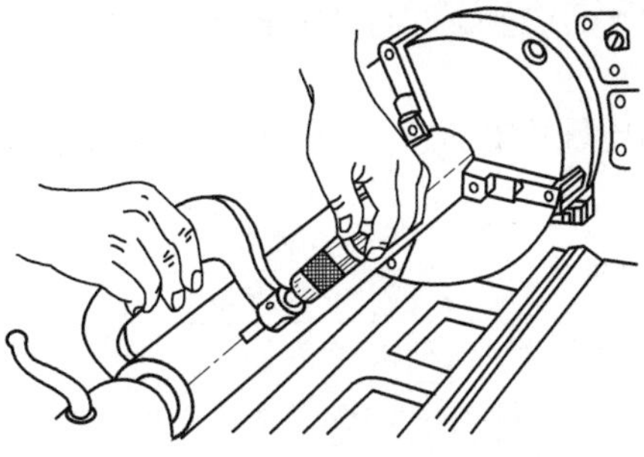 图 4.120　用千分尺测量精车尺寸
8	倒角	当工件精车完毕，圆与端面交界处的锐边要用倒角的方法去除。倒角用 45°车刀最方便，如图 4.121 所示。倒角的大小按图样规定尺寸，如图样上未标注的一般按 0.5×45°倒角 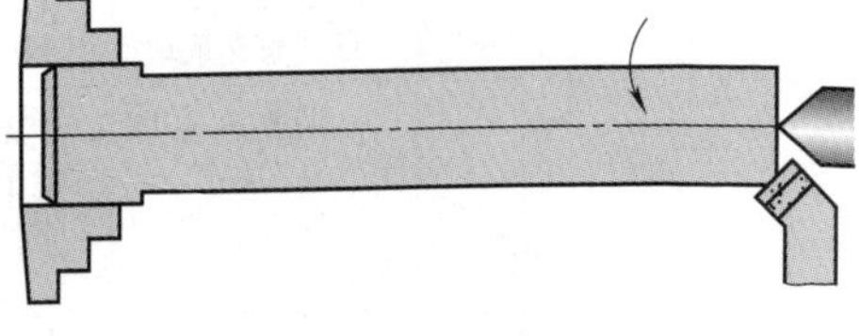 图 4.121　倒角

① 车削细长轴过程中，无论粗车和精车，都要充分浇注切削液。使用硬质合金车刀时，为了防止刀片产生裂纹，在开始切削时就确保供给。

② 车削细长轴过程中，应该使用车床导轨的全部或大部分。一般情况下，在卧式车床上切削短工件比较多，这样靠近床身主轴导轨处 L 部分磨损得较多，造成尾座顶尖中心、车床主轴中心线与全部导轨的不平行（图 4.122）。在精车细长轴时，应该进行相应调整或维修。

③ 在车床两顶尖间装夹工件车削外圆柱面时，两顶尖轴线不应错位，以防止车削的工件成为圆锥体（图 4.123）。

④ 细长轴车完后，为了防止和减少弯曲变形，不宜平放，应该垂直地竖吊起来。

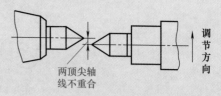

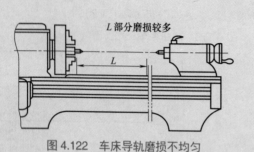

图 4.122　车床导轨磨损不均匀

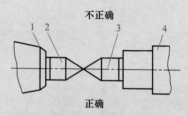

图 4.123　矫正尾座与主轴对中心
1—主轴；2—前顶尖；3—尾顶尖；4—尾座

4.6.4　车削细长轴质量缺陷问题分析

车削细长轴的质量缺陷问题分析及预防措施见表 4.26。

表 4.26　车削细长轴常见的质量缺陷问题分析

序号	质量问题	产生原因	预防措施
1	弯曲	坯料自重和本身弯曲	应经校直和热处理
		工件装夹不良，尾座顶尖与工件中心孔顶得过紧	适当调整顶紧力度，用百分表测量
		刀具几何参数和切削用量选择不当、造成切削力过大	可减小切削深度，增加进给次数
		切削时产生热变形	应采用冷却润滑液
		刀尖与支承块间距离过大	应不超过 2mm 为宜
2	竹节形	在调整和修磨跟刀架支承块后，接刀不直，使第二次和第一次进给的径向尺寸不一致，引起工件全长上出现与支承块宽度一致的周期性直径变化	当车削中出现轻度竹节形时，可调节上侧立承块的压紧力，也可调节中拖板手柄，改变切削深度或减少车床大拖板和中拖板间的间隙
		跟刀架外侧支承块调整过紧，易在工件中出现周期性直径变化	调整压紧力度，使支承块与工件保持良好接触

序号	质量问题	产生原因	预防措施
3	多边形	跟刀架支承块与工件表面接触不良，留有间隙，使工件中心偏离旋转中心	应合理选用跟刀架结构，正确修磨支承块弧面，使其与工件良好接触
		因装夹、发热等各种因素造成的工件偏摆，导致切削深度变化	可利用托架，并改善托架与工件的接触状态
4	锥度	尾座顶尖与主轴中心线对床身导轨的不平行	重新调整安装位置或重新钻中心孔
		刀具磨损	可采用0°后角，磨出刀尖圆弧半径
5	表面粗糙	车削时的振动	重新安装，必要时采用中心架支撑
		跟刀架支承块材料选用不当，与工件接触摩擦不良	增加润滑，或更换支承块
		刀具几何参数选择不当	可磨出刀尖圆弧半径，当工件长度与直径比较大时亦可采用宽刃低速

4.7　切断和切沟槽

切断和切沟槽

切断切槽力度大，排屑降温很重要；
适当增加冷却液，高压冲刷有奇效；
刀板宜选宽且大，轻推慢送好技巧；
遇到阻力细观察，把握切削好力道。

4.7.1　切断工作概述

在车削加工中将毛坯料或工件切成两段（或数段）的加工方法叫做切断，如图4.124所示。切断时采用的刀具叫做切断刀，在切断过程中切削力及切削变形大，产生热量大，刀具刚性差，磨损较快。因此，必须掌握合理的刀具角度及正确的加工方法，以提高刀具使用寿命。

切断刀和切槽刀均以横向进给方式将工件进行切断和切槽，刀具前端的切削刃为主切削刃，两侧切削刃为副切削刃。为节省工件材料和切断时要切到工件的中心，通常切断刀的主切削刃较窄，刀头较长，刀头强度较差。因此，在选择刀头几何形状和切削用量时应特别注意。

图4.124　切断工件

4.7.2 切断的方法

切断工件常用的方法有直进法、左右借刀法及反切法，见表 4.27。

表 4.27 切断的方法

序号	切断的方法	详细说明
1	直进法	切断刀沿工件轴线垂直方向进给，直到将工件切断，如图 4.125 所示 图 4.125 直进法
2	左右借刀法	在刀具、工件及设备刚性不足的情况下，切断刀可适当地左右移动和横向进给，从而将工件切断，如图 4.126 所示 图 4.126 左右借刀法
3	反切法	当工件直径较大时，因刀头较长，刚性较差，因此可安装反切刀，使工件反转将其切断，如图 4.127 所示 使用反切法，切屑向下排出，不容易堵塞在工件槽中。使用反切法时，卡盘与主轴连接的部分必须装有保险装置，否则卡盘会因倒车而从主轴上脱开造成事故 图 4.127 反切法

4.7.3 切断的步骤

（1）切断刀刀头的选择

选择切断刀刀头，有三种主偏角的刃口，分别是平头、左斜刃和右斜刃，见图 4.128。其切削效果见表 4.28。

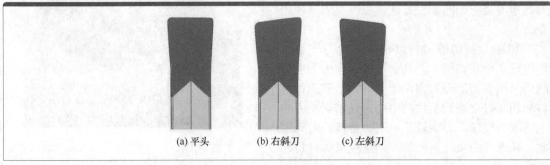

(a) 平头　　　(b) 右斜刀　　　(c) 左斜刀

图 4.128 切断刀刀头

表 4.28　不同刀头的切削效果

序号	切断刀刀头	详细说明
1	平头	平头控制切屑最理想，如图 4.129 所示。刀具寿命较长，但是，两侧会出现中心残留小圆柱或飞边毛刺 图 4.129　平头切断刀切削效果
2	左斜刃	可以消除单侧中心残留小圆柱或飞边毛刺（图 4.130），但是在另外一边会出现残留针尖或飞边毛刺
3	右斜刃	图 4.130　斜刃切断刀切削效果

（2）切断刀的装夹方法

切断刀不宜伸出过长，如图 4.131 所示。

主切削刃要对准工件中心，高或低于中心都不能切到工件中心，如图 4.132 所示。如用硬质合金切断刀，中心高或低则都会使刀片崩裂。

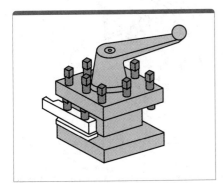

图 4.131　切断刀的装夹

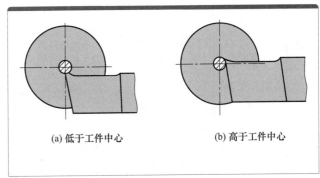

(a) 低于工件中心　　　(b) 高于工件中心

图 4.132　主切削刃与工件中心距离

（3）装刀检查

检查切断刀两侧副偏角方法有两种，见表4.29。

表4.29 切断刀装刀检查

序号	装刀检查	详细说明
1	角尺法	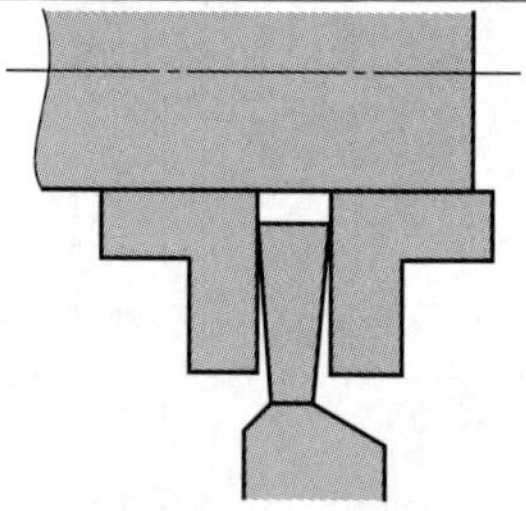 一种是将90°角尺靠在工件已加工外圆上检查，如图4.133所示 图4.133 角尺法
2	端面法	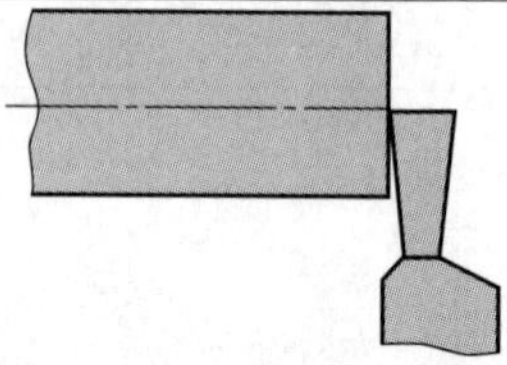 如外圆为毛坯则可将副切削刃紧靠在已加工端面上，刀尖与端面接触，副切削刃与端面间有倾斜间隙，要求间隙最大处约0.5mm，如图4.134所示 图4.134 端面法

（4）切削用量的选择

① 高速钢切断刀 切钢料时，选用的切削速度 $v=30\sim40$mm/min，进给量 $f=0.05\sim0.15$mm/r；切铸铁料时，$v=15\sim25$mm/min，$f=0.10\sim0.20$mm/r。

② 硬质合金切断刀 切钢料时，选用切削速度 $v=80\sim120$mm/min，进给量 $f=0.01\sim0.20$mm/r；切铸铁料时，$v=60\sim80$mm/min，$f=0.15\sim0.25$mm/r。

③ 反切刀 选用切削速度 $v=15\sim20$mm/min，进给量 $f=0.3$mm/r左右。

切断一般可选用转速在 $200\sim300$r/min 之间，进给速度不宜过快，刀具进至工件旋转中心时应减低进给速度。切断时，可浇切削液进行冷却。在车床上切断工件时，随工件外径的变小，切削速度变小，进给量不变，背吃刀量不变。

（5）切断的操作步骤（表4.30）

表4.30 切断的操作步骤

序号	切断步骤	详细说明
1	工件用卡盘装夹	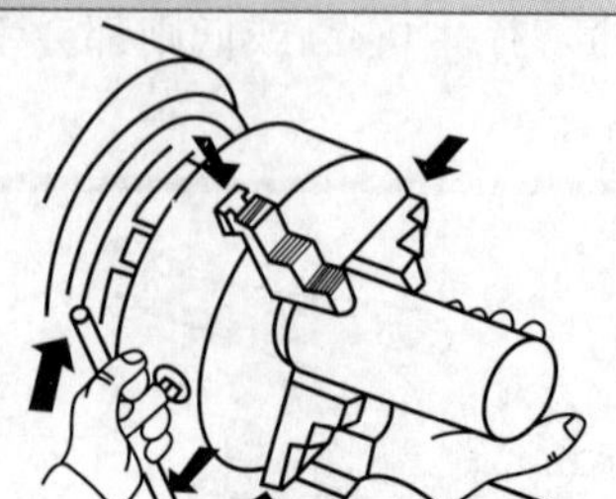 工件用卡盘装夹，伸出长度要加上切断刀宽度和刀具与卡爪间的间隙约5~6mm，工件要用力夹紧，如图4.135所示。 图4.135 装夹工件
2	调整镶条	中、小滑板镶条尽可能调整得紧些
3	调整主轴转速	选择并调整主轴转速，用高速钢刀切断铸铁材料，切削速度约15~25mm/min，切断碳钢材料，切削速度约20~25mm/min；用硬质合金刀切断，切削速度约45~60mm/min

序号	切断步骤	详细说明
4	确定切断位置	确定切断位置，将钢直尺一端靠在切断刀的侧面，移动床鞍，直到钢直尺上要求的长度刻线与工件端面对齐，然后将床鞍固定，如图 4.136 所示 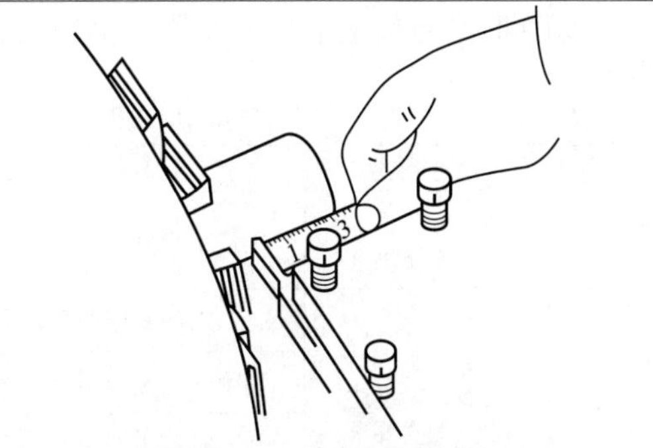 图 4.136　确定切断位置
5	切断	开动机床，加切削液，移动中滑板，进给的速度要均匀而不间断，直至将工件切下，如图 4.137（a）所示 如工件的直径较大或长度较长，一般不切到中心，约留 2～3mm，将车刀退出，停车后用手将工件扳断，如图 4.137（b）所示 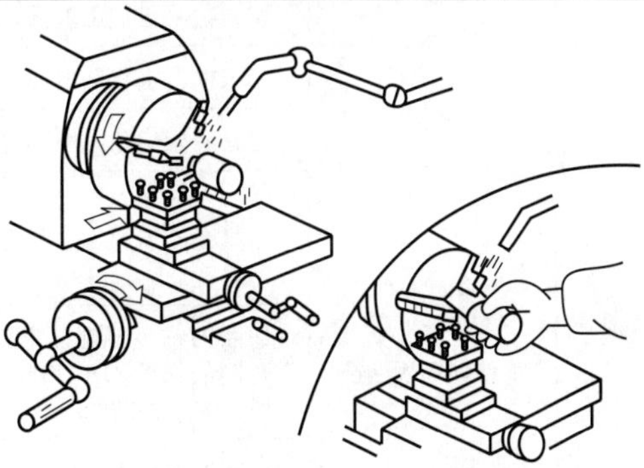 (a) 切断　　　　(b) 用手将工件扳断 图 4.137　切断

经验总结

①切断时，中、小滑板的塞铁可稍紧些，若太松，会引起振动，造成打刀现象发生。

②切断毛坯工件前，最好将工件车削整圆，或尽量减少进给量，以免"扎刀"。

③切断时，切断位置应离卡盘尽可能近。否则易引起振动，容易使工件抬起，压断切断刀。

④手动进给时，摇动手柄应连续、均匀，避免由于切断刀与工件表面长时间摩擦，造成冷硬现象而加快刀具磨损。如中途停止，应先退刀后停止。

使用高速钢切断刀时应浇注充分的切削液；硬质合金车刀，如中途停止，必须先将车刀退出工件再停车。

⑤一夹一顶装夹的工件，切断时应留有余量，卸下工件后再敲断。切断较小的工件时，要用盛具接住，以免切断后的工件混在切屑中或飞出找不到。

⑥切断时不能用两顶尖装夹工件，否则切断后工件会飞出造成事故。

⑦实际切断时是在一个较为封闭的环境中进行，排屑就成了切断车削中的关键，尤其实心棒料的切断。控制排屑的断屑槽型，是切断刀片设计的核心要素。切断进给越深（靠近中心），切削工况越是恶劣。在靠近中心的位置，应该降低进给量，如有可能可用高压切削液冲洗切屑。

⑧在靠近中心 2mm（半径方向）处，降低进给量至所用刀片的最低进给量推荐值（以厂商推荐为准）。

4.7.4 切断质量缺陷问题分析

切断时产生废品的原因及预防措施见表4.31。

表 4.31 切断时的常见问题、产生原因及预防措施

序号	质量问题	产生原因	预防措施
1	切下的工件长度不正确	测量不正确	应仔细、正确测量
2	表面粗糙度达不到图样要求	左、右两侧副偏角太小，切断时产生摩擦	正确选择左、右两侧副偏角
		切削速度选择不当，没有加注切削液	选择合适的切削速度，并浇注切削液
		切断时产生振动	采取防振措施
		切屑拉毛已加工表面	控制切屑的形状和排出方向
3	工件切断面凹凸	车床横滑板移动方向与床身回转中心不垂直	调整机床精度到符合标准精度
		刀具两副偏角大小不等	刃磨两侧，使副偏角基本相等
		刀具两副后角大小不等	刃磨两侧，使副后角基本相等（注意不能太小，决不能成为零度或负值）
		切断刀强度不够，主切削刃不平直，进给时由于两侧的切削力不平衡，使切断刀刀头偏斜，致使切下的工件凹凸不平	增加切断刀的强度，刃磨时必须使主切削刃平直
		切断刀装夹不正确	应正确装夹切断刀
		切断刀几何角度刃磨不正确，左、右两侧副偏角过大并不对称，从而降低刀头强度，产生"让刀"现象	正确刃磨切断刀，保证左、右两侧副偏角和副后角对称
		主切削刃两刀尖刃磨或磨损情况不一致	刀尖磨损到一定程度时，应及时重磨
4	切断时振动	车床主轴承松动或轴承孔不圆等	调整或修复机床的轴承
		刀具主后角太太或刀尖安装过分低于工件中心	选用3°左右的主后角，调整刀尖安装高度
		由于排屑不畅而产生振动	大直径的切断要特别注意排屑，排屑槽要磨有5°～8°排屑倾斜角，以使排屑顺利
		刀具伸出过长或刀杆刚性太弱	选用较好刀杆材料，在满足背吃刀量的前提下，尽量缩短刀具的伸出量
		刀具几何参数不合理	根据工件材料刃磨合理的几何参数
		工件刚性太差	刚性差的工件要尽量减小切削刃宽度
5	主切削刃崩刃	振动造成崩刃	改善切削条件，消除振动
		实心工件将要切断时产生崩刃	切断实心工件时，刀尖安装一般应低于工件中心0.2mm左右
		排屑不畅，卡屑而造成崩刃	根据工件材料刃磨合理的刃形和适当的卷屑槽，配合相应进给量，使切屑卷成弹簧状连续排出，避免卡屑
6	刀具重磨次数少	由于切断刀片尺寸小而窄，加上刃磨卷屑槽后，一般有一次较严重的崩刃就会使刀片报废	在工件材料，切削用量决定以后，尽可能选用定前角结构，以提高刀片重磨次数，增加刀片使用寿命

由于车削的切断操作吃力大，阻力高，是最容易发生崩刃、折断刀具的操作，因此需要特别留意，在此我们针对实际加工遇到的切断问题做详细的经验总结。

① 切断过程中刀刃突然扎入工件内

出现这种情况和切断刀的前角 γ、主后角 α 的正值太大有关。因为前角正值太大时，所形成切屑的正压力 F 会把刀头的前部（刀刃处）拉向工件（图4.138）。

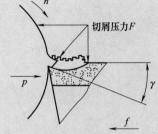

图4.138　切削力分解

当主后角正值太大时，主后面与被切削表面接触就会很小，被切削表面不能抵抗正压力 F 的径向分力作用，使车刀失去控制，造成刀尖不稳定而扎入工件，当车床床鞍和中滑板、小滑板与楔铁配合处的间隙超过允许值时，这种扎刀现象尤其容易出现。

② 切断刀折断

切断过程中，刀头伸入工件越来越深，排屑难度越来越大；同时，切断刀由工件圆周向中心方向移动，切割直径逐渐缩小，切削速度由高到低变化很大，在这样的切削条件下，如果车刀前角太小或卷屑槽选择不合理等原因，造成排屑不畅和切屑堵塞，使刀头承受的压力剧增，当这个压力超过刀头强度时，就会引起切断刀折断。所以，切屑堵塞是造成切断刀折断的主要原因。

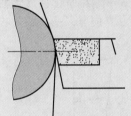

图4.139　刀尖略高于工件中心

在安装车刀中，切断大直径工件常使刀尖略高于工件中心，如图4.139；当切割直径变小时，就会出现车刀后面顶工件，相继出现车刀与切割表面产生摩擦挤压现象。这时如不调整车刀的安装高度，刀头就会受不了强大顶力而折断。

另外，切断刀主后角太大、进给量太大、切断中刀头扭曲、切断刀薄弱，以及安装车刀时刀尖低于工件中心太多等，都容易引起切断刀折断。

③ 切断中产生振动

由于切断刀刀头部分狭长，支承刚性和强度都比较差；同时，在切断时刀刃是沿径向进给的，而车床恰恰是轴向刚性好，而径向刚性差，这在切削力相同情况下，相对来说轴向进给时切削稳定，径向进给时就容易引起振动，这是由车床工作条件和切削特点所决定的。

切断中要尽量防止和减少振动。若出现振动，可从以下几方面找原因：

a. 车床刚性较差，如车床主轴轴承配合间隙过大；床鞍与导轨配合间隙太大，或中滑板与楔铁配合间隙太大；小滑板与楔铁配合间隙太大；自定心卡盘的卡爪有喇叭口，使工件不能稳定装夹等都会引起振动。

b. 工件或车刀的刚性差，如工件细长、切割位置远离卡盘、刀头截面积太小、刀刃太宽等也会引起振动。

c. 车刀主后角太大；或者刀具安装时刀尖低于工件中心太多，使车刀主后面不能托住工件作用而振动。

d. 切割时进给量太小，切削力也就小，刀刃对车床主轴的径向压力小，或径向压力不稳定产生振动。

e.切削力过大，车刀前角正值太小或前角负值太大，棱边太宽，倒棱负前角负值太大等，造成切削负荷太重引起振动。

为了防止振动，可采用"对症下药"的办法。如前角太小引起的振动，就适当增大前角；主切削刃太宽引起的振动，就适当使切削刃变窄；床鞍和滑板处的配合间隙太大引起的振动，就将它们之间的配合间隙调整正确等。另外，还可以采用的防振措施，是使车床主轴反转进行切断和改变刀杆形状，将切断刀刀杆的下部做成鱼肚的形状（图4.140），都能起到较好的效果。采用反转切断法时，要注意使卡盘与车床主轴的连接部分具有保险装置，以防止卡盘倒转时从主轴上脱落而发生事故。

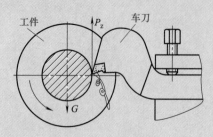

图4.140 反转切断法

④ 被切断表面呈凹形或凸形不平状

由于切断刀的刀头宽度小，刀具强度弱和刚性差，切割中刀头容易向一方偏让，造成被切割表面凸心或凹心。此外，主切削刃不平直，或刀刃与被切割面接触歪斜，或进刀后由于切削力的作用，使车刀向一旁偏扭，都会形成被切割表面的凸凹不平状。

如图4.138所示是使用平刃切断刀时的情况。图4.141（a）表示主切削刃与被切削表面平行，这时径向切削力相平均，切削合力与刀头前面的中心线相一致，主刀刃受力均匀，刀头不会出现偏让现象，被切割表面平直性较好；图4.141（b）所示刀刃的右边偏高，切削中合力方向与刀头前面的中心线不一致，切断时刀头会向右偏让，被切割下来的表面呈凹形；图4.141（c）所示刀刃的左边偏高，切削中合力方向与刀头前面的中心线也不一致，切断时刀头会向左偏让，被切割下来的表面呈凸形。

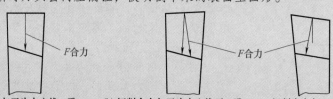

(a) 切削合力与刀头中心线一致　　(b) 切削合力与刀头中心线不一致　　(c) 切削合力与刀头中心线不一致

图4.141 切断刀刃对切割表面的影响（1）

如图4.142所示是使用人字形切断刀时的情况，基本原理与平刃切断刀相同。图4.142（a）表示刀刃角度与斜刃长度完全对称，切削合力与刀头前面的中心线相一致，被切割表面平直性好；图4.142（b）表示刀刃角度与斜刃长度不一致，被切割表面呈凹形；反之，如图4.142（c）所示，切断中刀头会向左偏让，被切割下来的表面呈凸形。

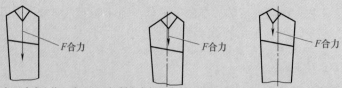

(a) 切削合力与刀头中心线一致　　(b) 切削合力与刀头中心线不一致　　(c) 切削合力与刀头中心线不一致

图4.142 切断刀刃对切割表面的影响（2）

另外，在切割塑性大的薄形工件时，由于在切割中产生大的热量，很大一部分传到工件上，随着切割的进行，切削热量越来越大。因为薄形工件散热面积小，散热条件差，材料随着温度增高而软化，以及其热胀冷缩因素的影响，会出现变形，甚至成为蝶状。

4.8　车削端面槽

端面槽是同心圆，车刀圆弧是关键；
微微小于大半径，刃磨工作做在前；
定位先量外径处，微微切入一点点；
纵向退出测尺寸，方可安心切端面。

4.8.1　车削端面槽概述

车床在端面上切较窄的直槽时车床切槽刀的一个刀尖相当于车削内孔，因此该刀尖的副后刀面必须按端面槽圆弧的大小刃磨成圆弧形并磨有一定的后角，以防与槽的圆弧相碰。图 4.143 为端面槽的车削。

4.8.2　端面槽刀的形状

端面直槽车刀的几何形状及刃磨端面直槽车刀的几何角度与切断刀基本相同，所不同的是车刀的一副后刀面在车直槽外侧面时，会碰圆弧形槽壁，因此相应地要磨成弧形，如图 4.144 所示。图 4.145 为端面槽车刀在端面槽中切削位置。

直槽车刀装夹时主切削刃要对准工件中心，并在已加工端面上对刀，检查主切削刃与端面平行，目测符合要求后将车刀紧固。

图 4.143　端面槽的车削

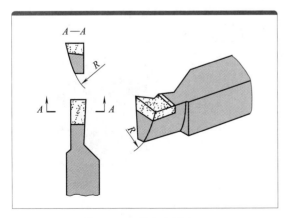

图 4.144　端面直槽车刀

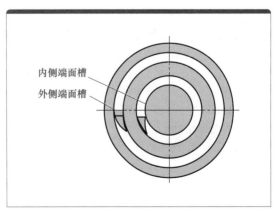

图 4.145　端面槽车刀在端面槽中切削位置

4.8.3 端面直槽的车削步骤

端面直槽的车削步骤见表 4.32。

表 4.32 端面直槽的车削步骤

序号	车削步骤	详细说明
1	确定车槽位置	用钢直尺的一端靠在直槽车刀的侧面,测量槽侧面与工件外径之间的距离 L,如图 4.146 所示 其中: $$L = \frac{D-d}{2}$$ 式中 L——工件外径与直槽外侧面的距离,mm; D——工件外径尺寸,mm; d——直槽外侧面的直径尺寸,mm 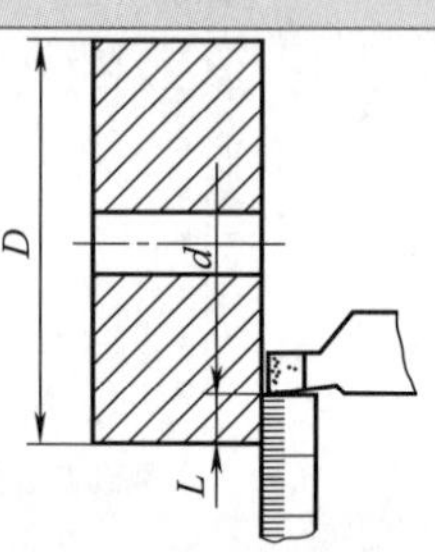 图 4.146 确定车槽位置
2	接触工件	移动床鞍使主切削刃与工件端面轻微接触,将床鞍刻度调至零位,如图 4.147 所示  图 4.147 接触工件
3	试切工件	启动机床,移动床鞍,使主切削刃切入工件端面,试切长度约 1mm,如图 4.148 所示  图 4.148 试切工件
4	停机,测量尺寸数值	车刀纵向退出,测量直槽外侧试切直径尺寸。根据试切尺寸调整车刀的横向位置
5	切断面槽	加切削液,纵向手动或机动进给直至达到槽深所要求的刻度,如图 4.149 所示  图 4.149 切断面槽
6	测量尺寸	用内、外卡钳或游标卡尺测量直槽尺寸

经验总结

① 端面直槽的车削方法基本与车外圆矩形槽相似，如果槽宽大于主刀刃宽，粗车分几次将槽车出，槽底和两侧面各留 0.05mm 精车余量。精车时一般先车槽的一侧面，确定槽的位置尺寸，然后再横向进给车槽底，最后车槽宽至要求尺寸并在槽的两侧面倒去锐角。

② 所谓首切，或者叫初始切削，指的是，端面槽刀在端面上的初始切槽。为了加大槽宽，在初始槽基础上的后续进给，则不属于首切。

③ 对于较宽端面槽的加工方式，推荐如图 4.150 所示。

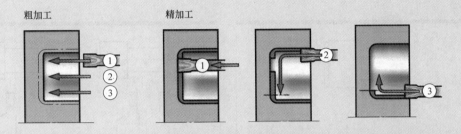

图 4.150 宽端面槽的加工方式

a. 步序建议是，从最大直径处，开始向内（小直径方向）加工，分成①、②、③步执行，如图 4.150 所示。

b. 粗加工的多次轴向进给时，合理分配步距，避免槽底圆角接刀，尽量控制后续进刀切削宽度为刀片宽度的 0.5 ~ 0.8 倍。

c. 避免快速退刀。

d. 横向进给时，需要考虑弹性变形量导致的尺寸补偿问题。

4.9 车削其他表面形状

4.9.1 概述

轴类工件的其他表面形状一般有外圆沟槽、45°外沟槽、圆弧沟槽、端面沟槽（已在上一节详细讲述）、倒角和轴肩圆弧等。车削一般外沟槽的车槽刀，角度和形状基本与切断刀相同。在车削窄外沟槽时，车槽刀的主切削刃宽度应与槽宽相等，刀头长度应尽可能短一些。

如图 4.151 所示为圆弧沟槽。

精度较低的沟槽，一般采用卡钳或钢直尺进行测量。对于精度要求较高的沟槽可采用千

图 4.151 圆弧沟槽

分尺、游标卡尺或样板进行测量。

4.9.2 外圆沟槽车削

外圆沟槽可分为窄沟槽和宽沟槽两种。车削宽度不大的窄沟槽，可以用主切削刃宽度等于槽宽的车刀一次进给车出，这点和切断操作一样，如图 4.152 所示。

车削较宽的沟槽，可以分几次车削来完成。如图 4.153 所示，车削前先用划线法测量好距离。车好一条槽后，退出车刀，向左移动床鞍继续车削，将槽的大部分余量车削掉。车削时在槽的两侧和底部应留有精车余量。最后根据槽的宽度和槽的深度进行精车削。

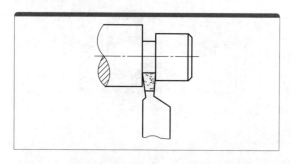

图 4.152　车削窄沟槽

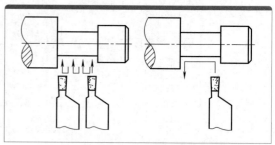

图 4.153　车削宽沟槽

4.9.3 45°外沟槽车削

车削 45°外沟槽，可用专用车刀，车削时把小滑板转过 4°，用小滑板手动进给车削。车削圆弧沟槽和外圆端面沟槽时，可将车刀磨成相应的圆弧形状进行车削，以免副后角与工件相摩擦，如图 4.154 所示。

4.9.4 圆弧沟槽车削

如图 4.155 所示，圆弧沟槽车削时，车刀可根据沟槽的大小磨成相应的圆弧刀头，在圆弧刀头下面，刀须磨有相应的圆弧后面。

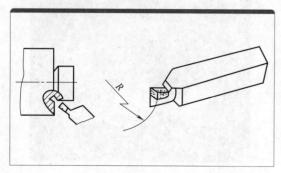

图 4.154　车削 45°外沟槽

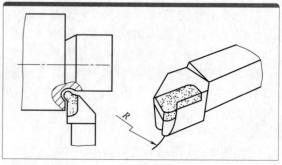

图 4.155　车削圆弧沟槽

4.9.5 端面沟槽车削

具体操作方法在上一节中有详细描述，此处只是做综合的示例。

如图4.156所示，在端面上切沟槽时，车槽刀的副后面必须按端面槽圆弧大小刃磨成相应的圆弧形，并磨出一定的后角，以免在车削时副后刀面与沟槽圆弧相碰撞。

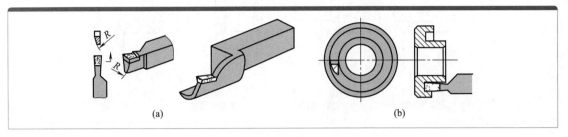

图4.156 车削端面沟槽

4.9.6 倒角

绝大多数零件都要倒角（图4.157），倒角的作用一方面是防止零件尖角锋口划伤人；另一方面便于在该零件上装配其他零件。零件上各处倒角的大小，是设计人员根据零件的直径大小或与该零件相结合的其他零件结构形状来确定的。工件上最常见的是45°倒角。

加工尺寸较小的倒角时，可采用相应角度的车刀，用中拖板或小拖板手动进给车削而成[图4.158（a）]；加工尺寸较大的倒角时，可把小拖板转过相应的角度，用外圆车刀手动进给车削而成[图4.158（b）]。倒角一般安排在加工结束之前进行。

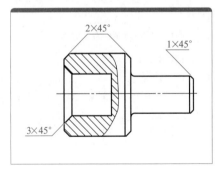

图4.157 零件的倒角

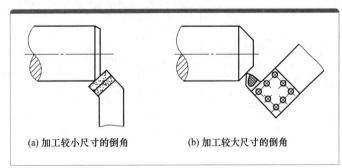

(a) 加工较小尺寸的倒角　　(b) 加工较大尺寸的倒角

图4.158 倒角的方法

有的零件尖角在图纸上无倒角要求，但为了防止尖角锋口伤人，一般在加工结束前仍需倒0.1～0.2mm的角（俗称去毛刺）。

4.9.7 轴肩圆弧车削

轴肩处的圆弧（图4.159）的作用是提高轴的强度，使轴在受交变应力的作用下不致因应力集中而裂断。此外，轴肩圆弧能防止工件在淬火过程中引起裂纹。

圆弧车削一般安排在精加工时进行，车削前，应根据圆弧的结构和尺寸来选择和刃磨刀具。如加工图4.159形状圆弧时，当圆弧半径$R<2$mm时，可在90°车刀上磨出相应的刀尖圆弧，在该车刀车削外圆或阶台面时，直接车削完成[图4.159（a）]；当圆弧半径$R>2$mm时，可把切断刀刀头磨成相应的圆弧，把刀具转过一角度，用双手控制中、小拖板车削完成 [图 4.159（b）]。图 4.159（c）是外圆沟槽的车削方法，图 4.159（d）是 45°圆弧槽的切削方法。圆弧在加工中要特别注意其表面粗糙度要求。

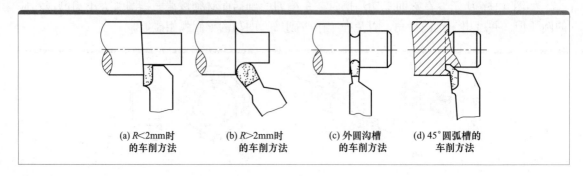

(a) $R<2mm$ 时的车削方法 (b) $R>2mm$ 时的车削方法 (c) 外圆沟槽的车削方法 (d) 45°圆弧槽的车削方法

图 4.159 车削轴肩圆弧

4.9.8 车削其他表面形状质量缺陷问题分析

车削其他表面形状质量问题、产生原因及预防措施见表 4.33。

表 4.33 其他表面形状质量缺陷问题分析

序号	质量问题	产生原因	预防措施
1	沟槽位置不对	车刀定位尺寸计算错误	仔细计算，车内沟槽时，应加上主切削刃宽度
		床鞍、中、小滑板刻度看错	细心看清刻度，特别要注意小滑板刻度盘转动圈数
2	槽宽度尺寸不对	车狭槽时，主切削刃宽度不准	刃磨时仔细测量车槽刀主切削刃宽度
		当车宽槽时，刀具移动尺寸不对	仔细计算刀具移动量
3	槽深度尺寸不对	刀杆刚性差，产生"让刀"	采用刚性较好的刀杆，车到所需尺寸后，让工件继续旋转，等到没有切屑出来时再退刀
		当内孔留有余量时，没有把余量考虑进去	应考虑余量对槽深的影响

4.10 车削圆锥面

车削圆锥面

圆锥细分大小头，小滑板处要转先；
锥度除二是关键，间隙螺母要调全；
粗车稍微留余量，检测角度套圈圈；
微调之后再精车，套规涂色来校验。

4.10.1 车削圆锥面概述

在机床与机械工具中，圆锥面的应用是很广泛的，如机床主轴孔、尾座、固定圆锥销、后顶尖、锥柄麻花钻、铣床刀具等。图 4.160 为圆锥外圆的零件。

4.10.2 锥度知识

要想加工出合格的圆锥零件，必须对圆锥的各部分名称及计算方法有所了解。

（1）圆锥的各部分名称

圆锥面是由与轴线成一定角度、且一端相交于轴线的一条线段（母线），围绕着该轴线旋转形成的表面，如图 4.161（a）所示。如截去尖端，即成截锥体，如图 4.161（b）所示。

图 4.160 圆锥外圆零件

圆锥面又分内圆锥面和外圆锥面。如图 4.162 所示。

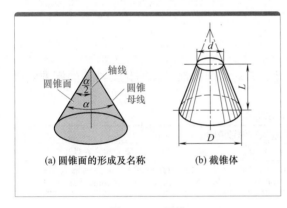

（a）圆锥面的形成及名称 　（b）截锥体

图 4.161 圆锥

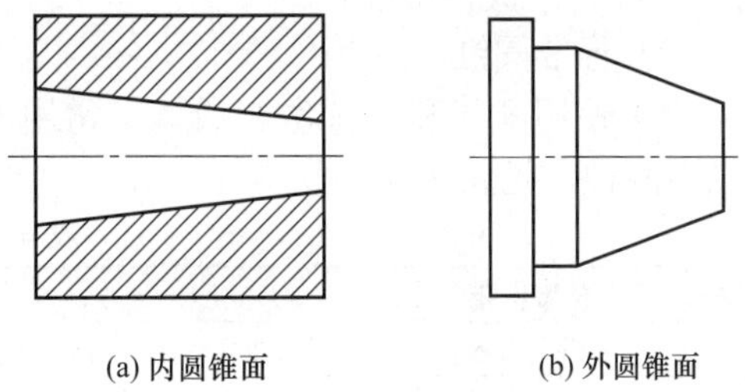

（a）内圆锥面 　　　（b）外圆锥面

图 4.162 圆锥面

圆锥有以下四个基本参数（量）：①圆锥半角（$\alpha/2$）或锥度（C）；②最大圆锥直径（D）；③最小圆锥直径（d）；④圆锥长度（L）。

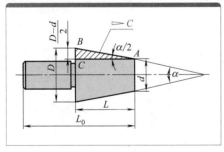

图 4.163 圆锥各部分尺寸的关系

以上四个参量中，只要知道任意三个量，其他一个未知量即可以求出。如图 4.163 所示。

（2）圆锥的各部分尺寸计算

① 圆锥半角　在图样上一般都注明 D、d、L_0。但是在车削圆锥时，往往需要转动小滑板的角度，所以必须计算出圆锥半角 $\alpha/2$。圆锥半角可按下面的公式计算：

$$\tan\frac{\alpha}{2}=\frac{D-d}{2L}$$

② 其他三个量与圆锥半角 $\alpha/2$ 的关系

$$D=d+2L\tan\frac{\alpha}{2}$$

$$d=D-2L\tan\frac{\alpha}{2}$$

$$L = \frac{D - d}{2\tan\dfrac{\alpha}{2}}$$

③ 锥度 C 与圆锥半角 $\alpha/2$ 的关系

$$\tan\frac{\alpha}{2} = \frac{C}{2} = \frac{D - d}{2L}$$

$$C = \frac{D - d}{L}$$

$$\frac{\alpha}{2} = \arctan\frac{D - d}{2L}$$

式中　$\alpha/2$——圆锥半角；

　　　L——圆锥长度；

　　　D——最大圆锥直径（简称大端直径）；

　　　d——最小圆锥直径（简称小端直径）；

　　　C——圆锥锥度。

（3）标准圆锥

为了使用方便和降低生产成本，常用的工具、刀具、圆锥都已标准化。常见的标准圆锥有以下两种，见表 4.34。

表 4.34　标准圆锥

序号	标准圆锥	详细说明
1	莫氏圆锥	莫氏圆锥分成七个号码：0、1、2、3、4、5、6。最小的是 0 号，最大的是 6 号
2	米制圆锥	米制圆锥有 8 个号码，即 4、6、80、100、120、140、160 和 200 号（指圆锥大端直径），其优点是锥度不变，记忆方便。如 100 号米制圆锥，它的大端直径是 100mm，锥度 $C=1:20$

4.10.3　车削外圆锥的方法综述

工件上所形成的圆锥表面是通过车刀相对于工件轴线斜向进给得到的。根据这一原理，常用的车圆锥面的方法有以下几种，见表 4.35。

表 4.35　车削外圆锥的方法

序号	车削方法	详细说明
1	小滑板转位法	如图 4.164 所示，使刀架小滑板绕转盘轴线转动一个圆锥斜角 $\alpha/2$ 后加以固定，然后用手转动小滑板手柄实现斜向进给。这种方法调整方便，操作简单，但不能自动进给，加工后表面较粗糙。另外，小滑板丝杠的长度有限，多用于加工长度小于 100mm 的大锥度圆锥面 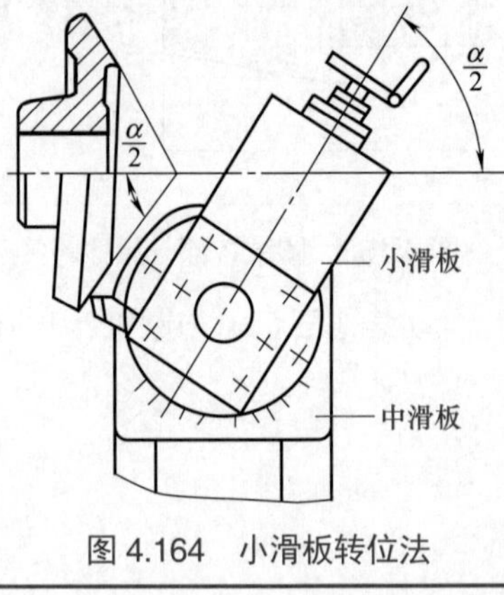 图 4.164　小滑板转位法

序号	车削方法	详细说明
2	偏移尾座法	工件装夹在双顶尖间，车削圆锥面时，尾座在机床导轨上横向调整偏移距离 A，使工件旋转轴线与刀具纵向进给方向的夹角等于锥面的斜角 $\alpha/2$，利用车刀纵向进给，车出所需要的锥面，如图 4.165 所示 偏移量（A）的计算公式 $$A = L\tan\frac{\alpha}{2} = L\frac{D-d}{2l}$$ 当 $\frac{\alpha}{2} < 8°$ 时，$\sin\frac{\alpha}{2} \approx \tan\frac{\alpha}{2}$ 式中　L——工件总长度，mm； 　　　D——圆锥大端直径，mm； 　　　l——圆锥面长度，mm； 　　　d——圆锥小端直径，mm 这种方法能自动进给加工较长的锥面，但不能加工斜度较大的工件。车削时，由于顶尖与工件的中心孔接触不良，工件不稳定，故常用球形顶尖来改善接触状况 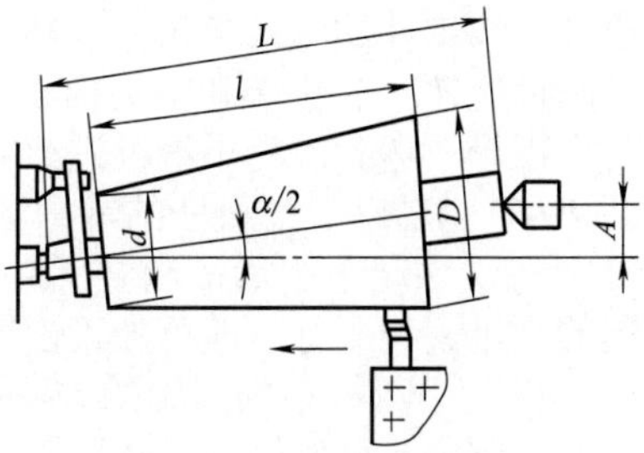 图 4.165　偏移尾座法
3	靠模法	锥度靠模装在床身上，可以方便地调整圆锥斜角。加工时卸下中滑板的丝杠与螺母，使中滑板能横向自由滑动，中滑板的接长杆用滑块铰链与锥度靠模连接。当床鞍纵向进给时，中滑板带动刀架一面纵向移动，一面横向移动，从而使车刀运动的方向平行于锥度靠模，加工成所要求的圆锥面，如图 4.166 所示 用靠模法能加工较长的锥度，精度较高，并能实现自动进给，但不能加工锥度较大的表面 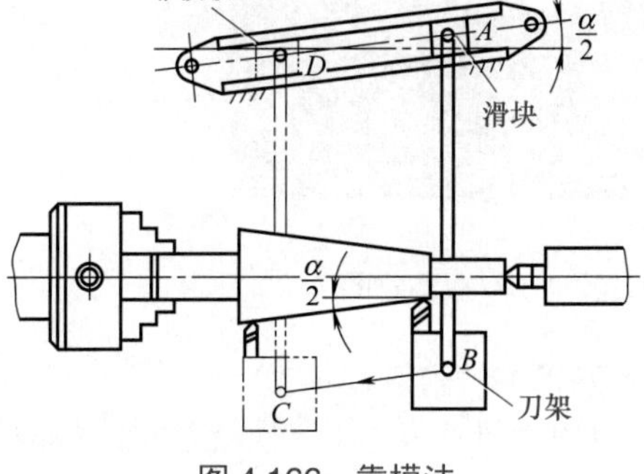 图 4.166　靠模法
4	宽刃刀车削法	简称宽刀法。使用与工件轴线成 $\alpha/2$ 角的宽刃车刀加工较短的圆锥面（L=20～25mm），如图 4.167 所示，切削时车刀作横向或纵向进给即可车出所需的圆锥面。由于容易引起振动，使加工表面产生波纹，所以较长的圆锥面不适于采用此法 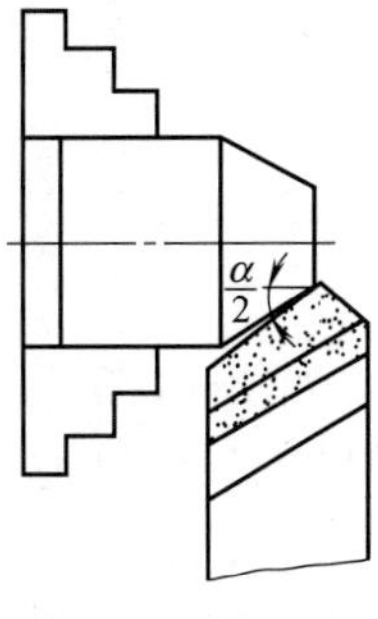 图 4.167　宽刀法

4.10.4 转动小滑板法车外圆锥

加工较短的圆锥体时,可以采用转动小滑板、手动进给的方法进行车削。车削锥体前,应根据工件的锥面长度调整小滑板的行程,并注意调整小滑板间隙,不能过紧或过松。过紧,手动走刀费力,移动不均匀;过松,车出圆锥母线不直。加工前把小滑板前、后两个紧固螺母松开,按工件的圆锥半角正确转动小滑板的角度和方向。当圆锥面小端朝向尾座时,滑板应做逆时针旋转;当小端朝向主轴方向时,滑板应做顺时针旋转。调好角度后,紧固小滑板前、后两个螺母,达到改变小滑板进给方向的目的,然后转动小滑板手柄进行车削,如图4.168所示,图4.169为转动小滑板法的示意图。

每次手动车削后,测量工件角度并校正小滑板转动的角度,使车刀的运动轨迹与所要车削的圆锥素线平行,即可加工出圆锥面。

转动小滑板车削圆锥的方法操作简单,小滑板角度调整范围大,可以车削各种锥度工件,以及车削内、外圆锥面,在同一个工件上车削几种锥度时调整较方便。但由于受小滑板行程的限制,只能加工锥面较短的工件,又由于是手动进给,圆锥面粗糙度不易控制,影响了工件的加工精度。

图 4.168 转动小滑板实物图

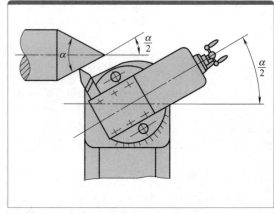

图 4.169 转动小滑板法的示意图

(1)计算小滑板转动的角度

车削前应先计算出圆锥半角 $\alpha/2$,也就是小滑板应转过的角度。可根据已知条件分别代入下列公式算出:

$$\tan\frac{\alpha}{2} = \frac{C}{2} = \frac{D-d}{2L}$$

当圆锥半角在6°以下时,可采用以下简便公式计算:

$$\alpha/2 \approx 28.7° \times \frac{D-d}{L} \text{ 或 } \alpha/2 \approx 28.7° \times C$$

(2)转动小滑板

用扳手将转盘螺母松开,如图4.170(a)所示,把转盘顺着工件圆锥素线方向转动至所需要的圆锥半角 $\alpha/2$。小滑板转动的角度可稍大于计算值 $10' \sim 20'$,如图4.170(b)所示,但不能小于计算值[图4.170(c)],因为角度小会使圆锥素线车长而造成废品[图4.170(d)]。当刻度与基准零线对齐后将螺母锁紧,一般圆锥半角的角度值往往不是整数,其小数部分用目测估计,大致对准以后再通过试车逐步将角度找正。

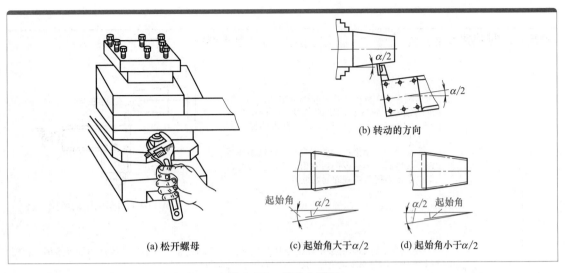

图 4.170　转动小滑板

(a) 松开螺母　　　(b) 转动的方向　　(c) 起始角大于 $\alpha/2$　　(d) 起始角小于 $\alpha/2$

（3）转动小滑板车外圆锥的操作步骤

车外圆锥一般先将圆锥的大端和圆锥部分长度车成圆柱体，然后再车圆锥，见表 4.36。

表 4.36　转动小滑板车外圆锥的操作步骤

序号	车削步骤	详细说明
1	车圆柱体	如图 4.171 所示，车圆柱体的直径和长度 图 4.171　车圆柱体
2	车圆锥体的准备	车削前要调整好小滑板导轨与塞铁的配合间隙，并确定工作行程
3	调整小滑板导轨间隙	调整前先擦净上、下导轨，发现有毛刺等要用锉刀或油石修整，然后涂油润滑。调整塞铁时应边调整边摇动小滑板手柄，达到感觉无过松、过紧时为止。如图 4.172 所示 图 4.172　调整小滑板导轨间隙
4	确定小滑板工作行程	工作行程应大于圆锥加工的长度。将小滑板后退至工作行程的起始位置，然后试移动一次，以检查工作行程是否足够。如图 4.173 所示 工作行程 图 4.173　确定小滑板工作行程

<table>
<tr><th>序号</th><th>车削步骤</th><th>详细说明</th></tr>
<tr><td>5</td><td>粗车圆锥</td><td>

车圆锥与车外圆一样，也要分粗、精车。粗车圆锥时，应找正圆锥的角度，留精车余量 0.5～1mm。图 4.174 所示，车圆锥的操作方法如下

①移动中、小滑板，使刀尖与工件轴端外圆轻轻接触后，小滑板向后退出，中滑板刻度调零位，作为粗车圆锥的起始位置 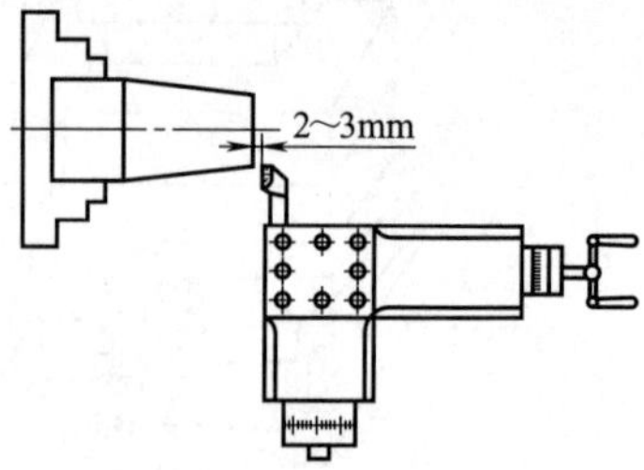

图 4.174　粗车圆锥的步骤

②中滑板刻度向前进给，调至切削深度后，开动机床、双手交替摇动小滑板手柄，如图 4.175 所示，要求手动进给的速度保持均匀而不间断

③车圆锥时，切削深度会逐渐减小，当切削深度接近零时，记下中滑板刻度值后将车刀退出，小滑板则快速后退复位。如图 4.176 所示 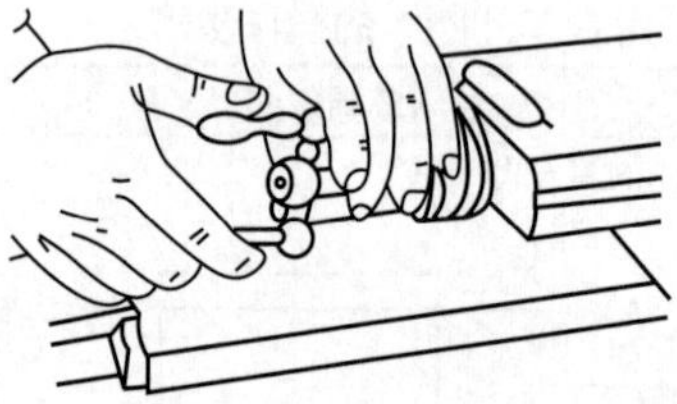

图 4.175　双手交替摇动小滑板车圆锥 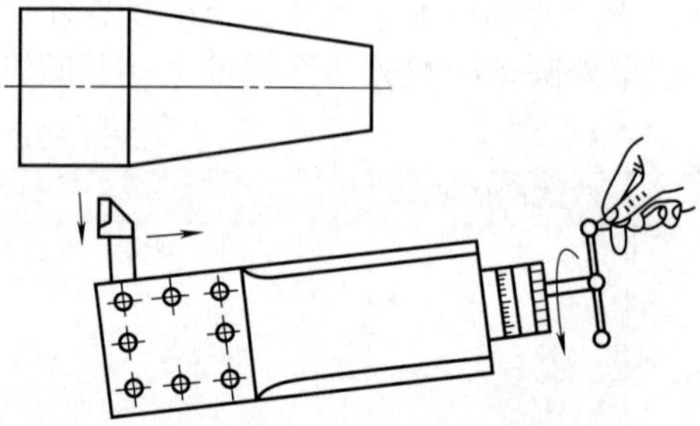　　图 4.176　粗车圆锥结束

④在原刻度的基础上调整切削深度，粗车至圆锥小端直径，留 1.5～2mm 余量

</td></tr>
<tr><td>6</td><td>粗车后检验圆锥角度</td><td>

粗车时应找正圆锥角度，用锥形套规检验前，要求将圆锥车平整，表面粗糙度应小于 $Ra3.2\mu m$。检验时用锥形套规轻轻套在工件圆锥上，用手捏住套规在左、右端分别做上下摆动，如图 4.177 所示

如发现其中一端有间隙，表明工件的圆锥角度不正确。如大端有间隙说明工件圆锥角度太小，如图 4.178 所示。反之，如小端有间隙则说明工件圆锥角度太大，如图 4.179 所示。注意锥形套规使用时，套规与工件表面均应擦干净，否则不仅会影响测量的准确性，而且还会使套规表面拉毛损坏 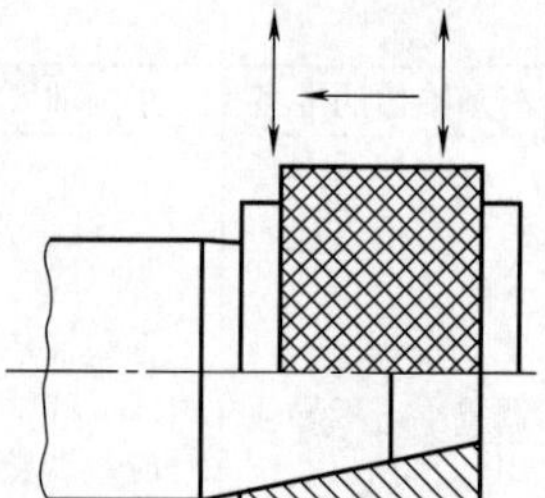

图 4.177　套规做上下摆动 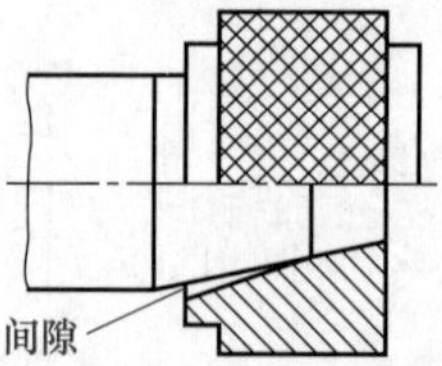

图 4.178　圆锥大端有间隙 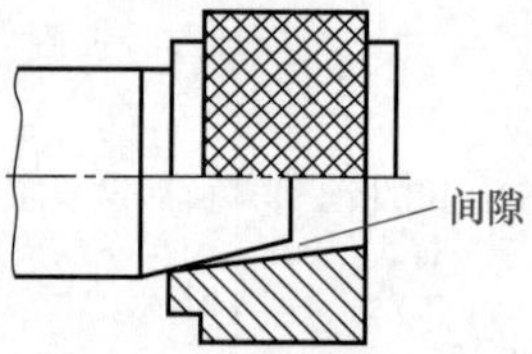　　图 4.179　圆锥小端有间隙

</td></tr>
</table>

序号	车削步骤	详细说明
6	粗车后检验圆锥角度	找正角度的方法及操作步骤如下： ①松开转盘螺母　先旋松靠近工件的螺母后再旋松靠近操作者身边的螺母，以防止扳手碰转盘，使角度变动 ②微量调整角度　用左手拇指按在转盘与中滑板接缝处，右手按角度调整方向轻轻敲动小滑板，使角度朝着正确的方向做极微小的转动。如工件圆锥角小，小滑板应做逆时针转动；如工件圆锥角大，小滑板则做顺时针转动，如图4.180所示 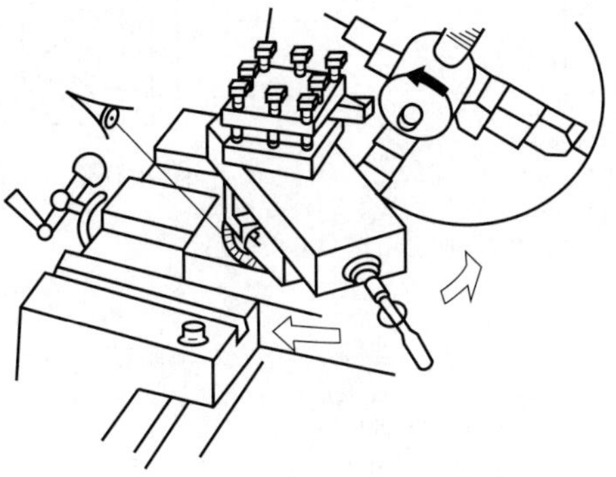 图4.180　小滑板微调的方向 ③锁紧转盘螺母　应先锁紧操作者身边的螺母 ④确定小滑板角度调整后试车削的起始位置　角度调整后，切削深度总是一端多，另一端少，为避免过多或过少切削，其切削的起始点应该选择在圆锥的中间位置。操作的方法是：移动中、小滑板使刀尖处在圆锥长度的中间，并与圆锥外圆轻轻接触，记下刻度值后，车刀横向退出，小滑板退至圆锥小端的端面处，中滑板进给至记下的刻度值，然后移动小滑板做全程切削，此时进给量应小于0.1mm/r。当再次用套规检验时，如左、右两端都不能摆动，说明圆锥角度基本正确，可采用涂色法再做精确检查
7	用涂色法检验圆锥的接触面积	涂色检验时，圆锥面粗糙度$Ra<3.2\mu m$，并应无毛刺。具体操作方法如下： ①涂色方法　用显示剂（印油、红丹粉）在工件表面顺着圆锥素线均匀地涂上三条线（可按三爪的位置等分涂色），涂色要求薄而均匀 ②检验圆锥的方法　手握套规轻轻套在工件圆锥上，稍加轴向推力，并将套规转约半周，如图4.181所示。然后取下套规，观察显示剂擦去的情况。如果三条显示剂全长上擦去均匀，说明圆锥接触良好，锥度正确；如果显示剂被局部擦去，说明圆锥的角度不正确或圆锥素线不直 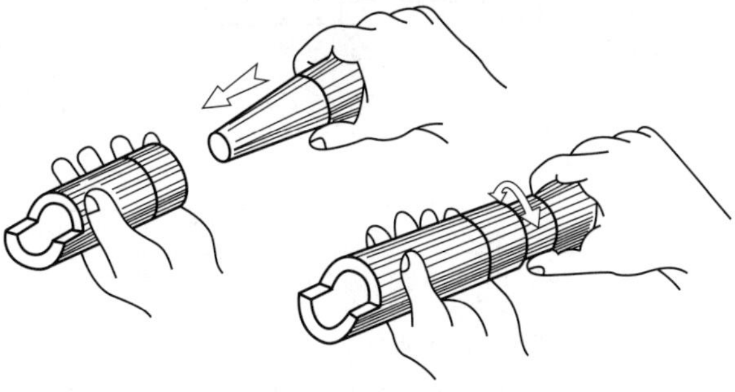 图4.181　涂色法检验圆锥 ③确定角度调整的方向　根据接触面积判断角度大小，并确定小滑板应调整的方向和调整量，调整后再试车削，直到圆锥半角找正为止
8	精车圆锥	精车圆锥的基本要求有以下几点： ①对机床要求　小滑板应具有良好的直线性，塞铁与导轨配合适当，能均匀摇动 ②对刀具要求　要锐利、耐磨，车刀刀尖必须严格对准工件的旋转中心 ③切削用量选择　按精加工要求进行选择

序号	车削步骤	详细说明
8	精车圆锥	精车控制圆锥尺寸的方法如下： ①计算法　用钢直尺或游标卡尺量出工件端面至套规界限面的数值 a，如图 4.182 所示 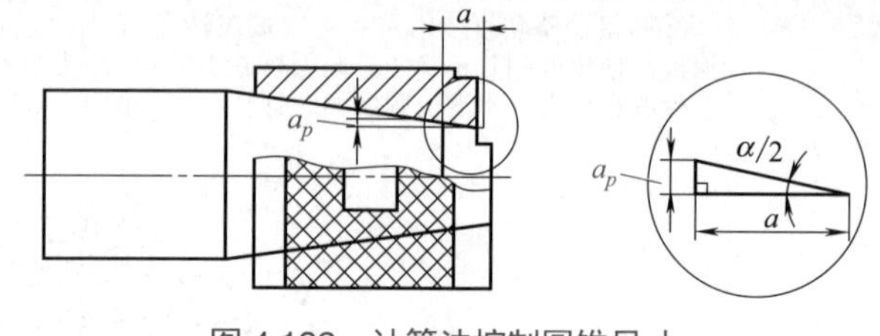 图 4.182　计算法控制圆锥尺寸 用下列公式计算切削深度： $$a_p = \frac{a\tan\alpha}{2} \text{ 或 } a_p = a \times \frac{C}{2}$$ 式中　a_p——当圆锥体端面到圆锥量规阶台中心或刻线中心的距离为 a 时，需要进给的背吃刀量； 　　　α——圆锥角； 　　　C——锥度 　移动中、小滑板，使刀尖在工件圆锥小端处轻轻接触后退出，中滑板刻度按所计算的 a_p 值调整。切削深度 a_p 确定后，小滑板手动进给精车圆锥至要求尺寸，如图 4.183 所示 ②移动床鞍法　用圆锥量规检验工件尺寸时，假如工件端面到量规缺口（或该线）处还相差一个距离 a，如图 4.184 所示，这时取下量规，使车刀轻轻接触工件端面，移动小滑板，使车刀离开工件端面距离为 a，然后移动床鞍，使车刀和工件端面接触，这时车刀已切入一个需要的背吃刀量，再进行车削，即可保证小端直径尺寸 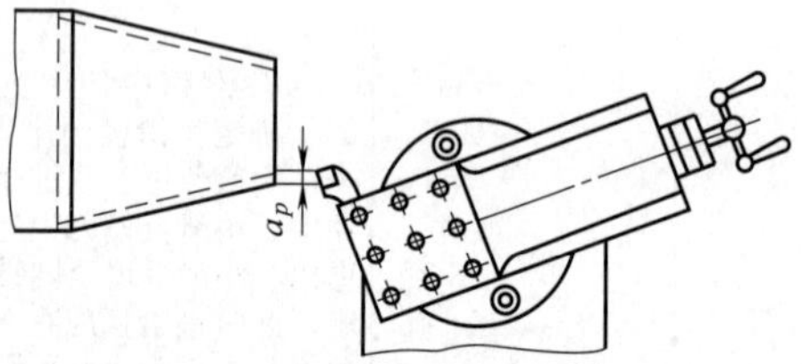 图 4.183　刀尖在工件圆锥小端 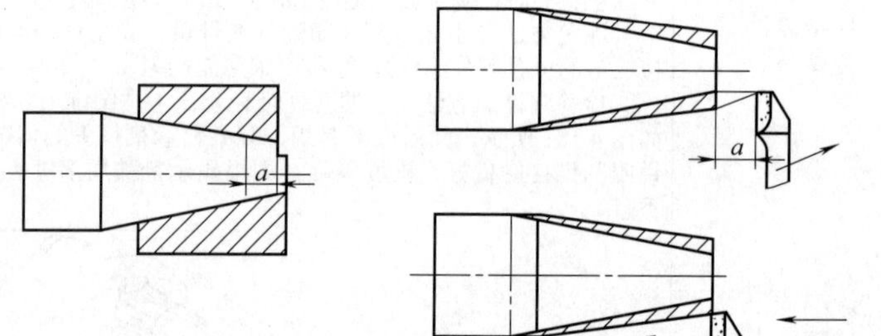 图 4.184　移动床鞍法控制吃刀深度
9	检验圆锥尺寸	如图 4.185 所示，圆锥尺寸在套规的界限之内为合格，在套规的界限以外为不合格 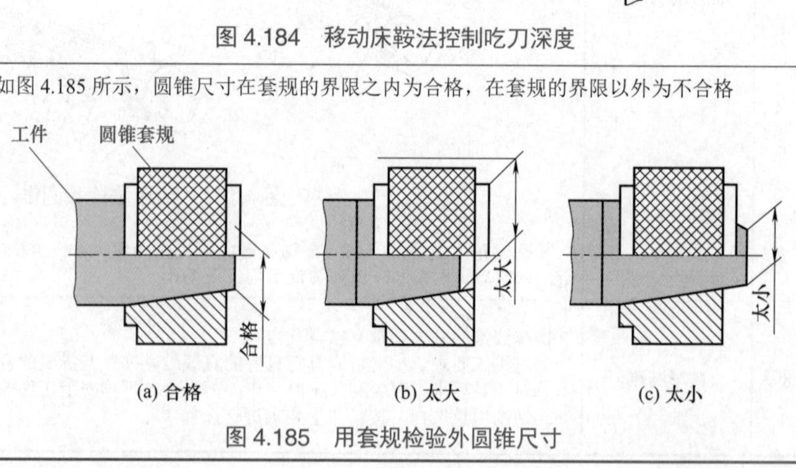 (a) 合格　　　　　(b) 太大　　　　　(c) 太小 图 4.185　用套规检验外圆锥尺寸

车外圆锥精确找正圆锥角度的方法：

车标准圆锥或精度要求较高的圆锥时，首先将样件或标准塞规安在两顶尖间，刀架加以百分表测头触在样件锥面上，摇动小滑板手轮，使百分表测头移动至样件全长，同时观察表针变化情况，如果百分表指针保持不动，说明小滑板角度正确，反之继续调整小滑板，如图 4.186 所示。

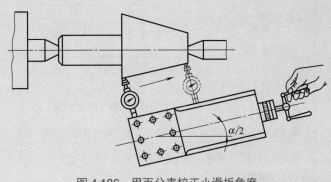

图 4.186　用百分表校正小滑板角度

4.10.5　偏移尾座法车外圆锥

（1）尾座偏移量的计算

在两顶尖之间车削外圆柱时，床鞍进给是平行于主轴轴线移动的，但尾座横向偏移一段距离 s 后，工件旋转中心与纵向进给方向相交成一个角度 $\alpha/2$，因此，工件就车成了圆锥。如图 4.187 所示。

用偏移尾座的方法车削圆锥时，必须注意尾座的偏移量不仅和圆锥长度 L 有关，而且还和两顶尖之间的距离有关，这段距离一般可以近似看作工件全长 L_0。

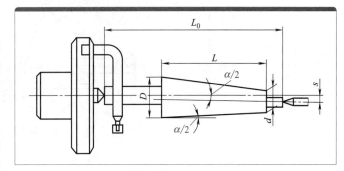

图 4.187　尾座偏移时操作者的方向

尾座偏移量可根据下列公式计算：

$$s = \frac{D-d}{2L}L_0 \quad \text{或} \quad s = \frac{C}{2}L_0$$

式中　s ——尾座偏移量，mm；

　　D ——大端直径，mm；

　　d ——小端直径，mm；

　　L ——圆锥长度，mm；

　　L_0 ——工件全长，mm。

偏移尾座法车圆锥可以利用车床自动进给，车出的工件表面粗糙度较低，且能车较长的圆锥。但由于受尾座偏移量的限制，不能车锥度很大的工件。另外，中心孔接触不良，精度难以控制。因此，用偏移尾座法车圆锥，只适宜于加工锥度较小、长度较大的工件。

（2）偏移尾座法车外圆锥的操作步骤（表 4.37）

表 4.37　偏移尾座法车圆锥的操作步骤

序号	车削步骤	详细说明
1	车圆柱体	如图 4.188 所示，车圆柱体的直径和长度 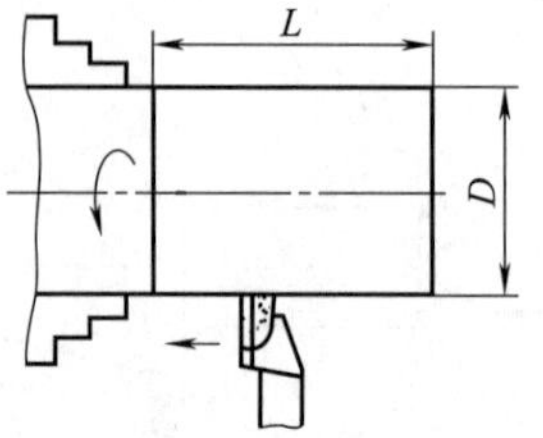 图 4.188　车圆柱体 因为尾座偏移后，就无法加工出圆柱面及与圆柱面垂直的端面
2	计算尾座偏移量	根据工件圆锥尺寸和长度计算尾座偏移量 s（$s = \dfrac{C}{2}L_0$，C 为锥度，L_0 为工件全长），然后按 s 值偏移尾座
3	近似偏移法	常用的偏移方法有以下两种： ①尾座层刻度控制偏移量　先将尾座锁紧螺母旋松，用螺钉旋具转动两旁的调节螺钉，使尾座横向移动一个 s 值的距离，如图 4.189 所示，然后旋紧调节螺钉和尾座的锁紧螺母 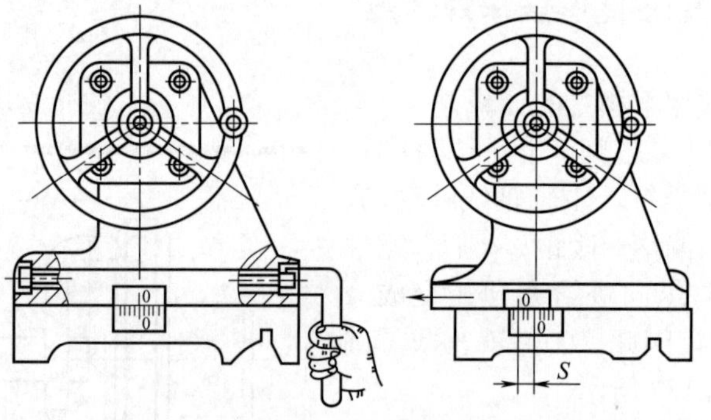 图 4.189　用尾座上下刻度控制偏移量 在尾座无刻度的车床上偏移尾座车圆锥时，其偏移量控制的方法是在尾座下方上、下层各涂一层白粉，画上 oo' 线，如图 4.190 所示，再在尾座下层画一条线痕，使 $oa=s$，然后偏移尾座上层，使 o 线与 a 线对齐，即偏移了一个 s 距离 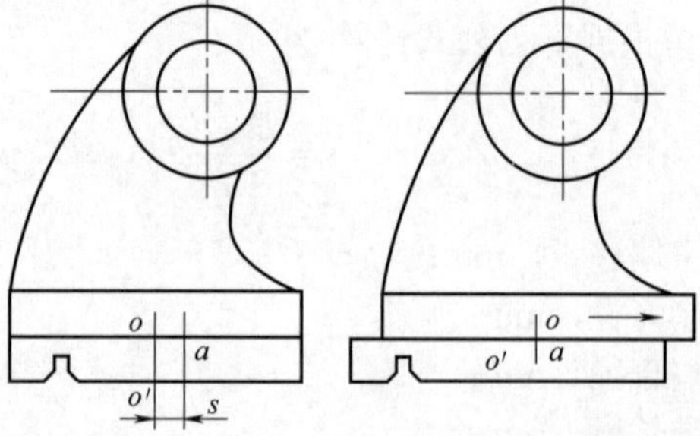 图 4.190　用划线法控制尾座偏移量

序号	车削步骤	详细说明
3	近似偏移法	②中滑板刻度控制尾座偏移量　用中滑板刻度控制尾座偏移量,其方法是在刀架上装夹一根铜棒,移动中滑板,使铜棒与尾座套筒接触,根据刻度把铜棒退出 s 的距离,如图 4.191 所示(注意:应除去刻度盘空行程),然后偏移尾座,直到尾座套筒与筒棒再次轻轻接触为止 　用以上两种方法取得的偏移量都是近似的,仅作初步找正圆锥半角使用,最后还需经过试车削找正。其方法是将工件装在两顶尖上,机动进给车圆锥至约 1/2 圆锥素线长,取下工件,在圆锥表面作涂色检验,如接触面不符合要求,应该继续调整尾座偏移量。如果圆锥小端接触,说明尾座偏移量太小,尾座应向操作者方向调整,反之,则向相反方向调整。一般要经过往复几次的调整和试车,才能将工件圆锥的角度找正。角度找正后,精车圆锥至尺寸,并控制圆锥直径尺寸在套规界限以内 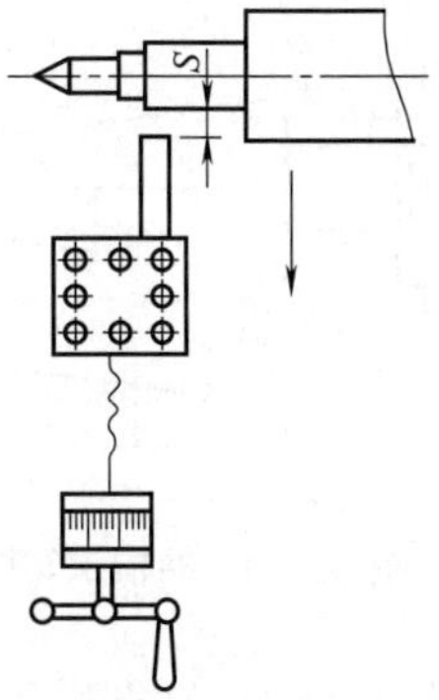 图 4.191　用中滑板刻度控制尾座偏移量
4	精确偏移法	具体步骤为:按尾座刻度偏移至 s 量;用百分表和实样找正尾座偏移量 s,如图 4.192 所示 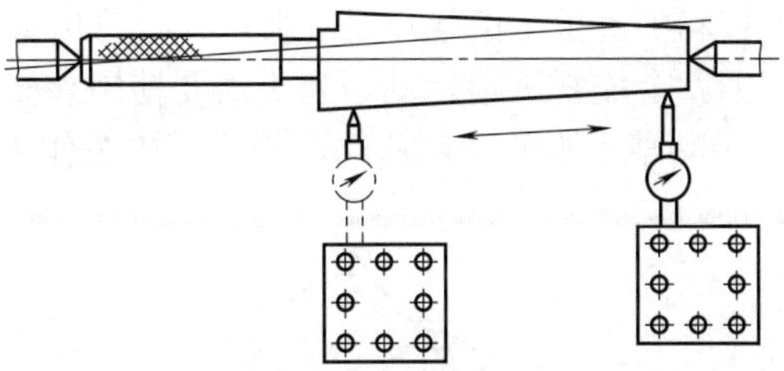 图 4.192　用锥度棒(或样板)偏移尾座 ①将实样用两顶尖顶住,圆锥大端应在卡盘方向 ②将百分表测量头垂直对准工件外圆的切点 ③移动床鞍,使百分表测量头靠近圆锥大端,移动中滑板,当百分表指针转动约半周时转动百分表表面至零位 ④移动床鞍,将百分表测量头移至圆锥小端,根据百分表指针转动的数值和方向,确定尾座调整的方向和调整量。反复移动床鞍和调整尾座的过程中,使百分表读数值在圆锥两端基本达到一致后,锁紧尾座和两旁的调节螺钉。为防止锁紧尾座时产生位移,应再复校一下

经验总结

　①粗车时,进刀不宜过深,应首先找正锥度,以防止工件报废;精车圆锥面时,α_p 和 f 不能太大,否则会影响锥面加工质量。

　②应随时注意两顶尖松紧和前顶尖的磨损情况,以防止工件飞出伤人。

　③偏移尾座时,应仔细、耐心调整,熟练掌握偏移方向。

4.10.6　靠模法车外圆锥

(1) 靠模法的原理

　有的车床上有车锥度的特殊附件,叫做锥度靠模。对于长度较长、精度要求较高的圆锥,一般都用靠模法车削。靠模法车圆锥的基本原理如图 4.193 所示。

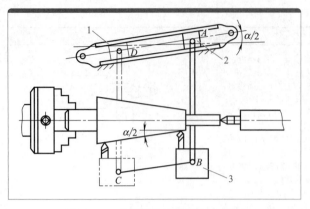

图 4.193　靠模法车圆锥的基本原理

在车床的床身后面安装一块固定靠模板 1，其斜角可以根据工件的圆锥半角调整。刀架 3 通过中滑板与滑块 2 刚性连接（先假设无中滑板丝杠）。当床鞍纵向进给时，滑块 2 沿着固定靠模板中的斜面移动，并带动车刀做平行于靠模板的斜面移动，其运动轨迹 $ABCD$ 为平行四边形，$BC \parallel AD$。因此，就车出了圆锥。

锥度靠模的具体结构如图 4.194 所示。

（2）靠模法车外圆锥的操作步骤

如图 4.194 所示，底座 1 固定在车床床鞍上，它下面的燕尾导轨和靠模体 5 上的燕尾槽滑动配合。靠模体 5 上装有锥度靠板 2，可绕着中心旋转到与工件轴线交成所需的圆锥半角（$\alpha/2$）。两只螺钉 7 用来固定锥度靠板。滑块 4 与中滑板丝杠 3 连接，可以沿着锥度靠板 2 自由滑动。当需要车圆锥时，用两只螺钉 11 通过挂脚 8、调节螺母 9 及拉杆 10 把靠模体 5 固定在车床床身上，螺钉 6 用来调整靠模板斜度。当床鞍做纵向移动时，滑块就沿着靠板斜面滑动。由于丝杠和中滑板上的螺母是连接的，这样床鞍纵向进给时，中滑板就沿着靠板斜度做横向进给，车刀就合成斜进给运动。当不需要使用靠模时，只要把固定在床身上的两只螺钉 11 放松，溜板就带动整个附件一起移动，使靠模失去作用。

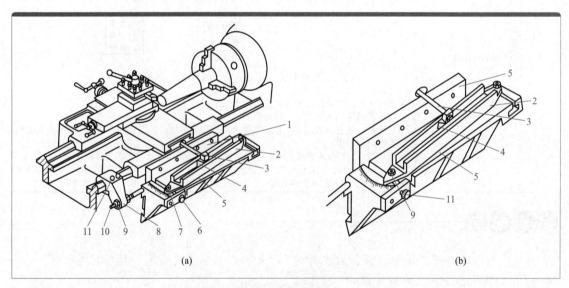

(a)　　　　　　　　　　　　(b)

图 4.194　靠模结构

1—底座；2—靠板；3—丝杠；4—滑块；5—靠模体；6,7,11—螺钉；8—挂脚；9—螺母；10—拉杆

靠模法车锥度的优点是调整锥度既方便又准确；因中心孔接触良好，所以锥面质量高；可自动进给车外圆锥和内圆锥。但靠模装置的角度调节范围较小，一般在 12° 以下。

4.10.7　宽刃刀车削法车外圆锥

（1）宽刃刀车削法的原理

在车削较短的圆锥时，可以用宽刃刀直接车出，如图 4.195 所示。

宽刃刀车削法，实质上是属于成形面车削法。因此，宽刃刀的刀刃必须平直，刀刃与主轴轴线的夹角应等于工件圆锥半角（$\alpha/2$）。使用宽刃刀车圆锥时，车床必须具有很好的刚性，否则容易引起振动。当工件的圆锥斜面长度大于刀刃长度时，可以用多次接刀方法加工，但接刀处必须平整。宽刃刀车圆锥的方法如下。

（2）宽刀刃车刀的选择

对于 30°、45°、60°、75° 的圆锥半角，可选用主偏角与之相对应的车刀。对于其他的圆锥半角，可选用主偏角相接近的车刀，切削刃长度应大于圆锥素线长度。若切削刃长度小于素线长度，圆锥部分要接刀车削成形。切削刃要求平直，如图 4.196 所示，否则会使圆锥素线不直。

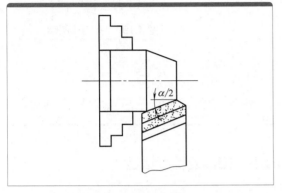

图 6.195　用宽刃车刀车削圆锥

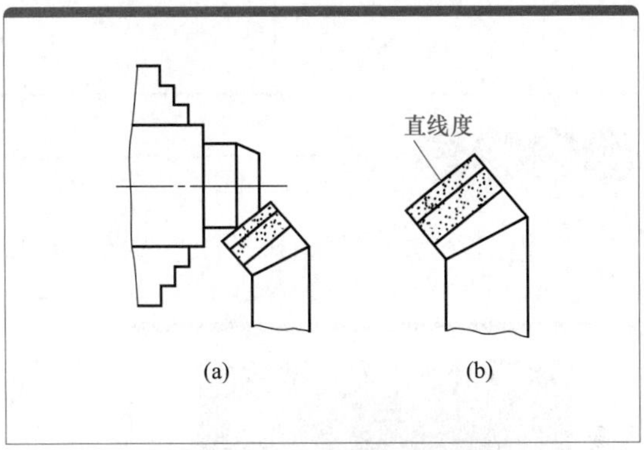

图 4.196　宽刃刀的选择

（3）宽刃刀车刀的安装

宽刃刀的装夹方法如下：如图 4.197 所示，将宽刃刀轻夹在刀架上，在不影响车削的情况下，车刀伸出长度应尽量短。然后将角度样板或万能角度尺紧靠在工件的已加工面上，并使主切削刃与样板或万能角度尺面靠拢，移动中滑板使间隙逐步缩小，做透光检查，发现间隙一致，可用铜棒或锤子轻轻敲刀杆，将角度纠正后锁紧刀架螺钉。锁紧刀架螺钉时，车刀角度有可能偏移，最后还应再检查一次。

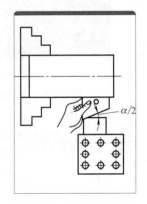

图 4.197　宽刃刀的装夹

（4）宽刃刀车削法车外圆锥的操作步骤（表 4.38）

表 4.38　宽刃刀车削法车外圆锥的操作步骤

序号	车削步骤	详细说明
1	调整机床	采用宽刃刀车圆锥会产生很大的切削力，容易引起振动，在不影响操作的情况下，应将中、小滑板间隙调整得小一些
2	工件的装夹	在不影响切削的情况下，工件伸出长度应尽可能短些，并用力夹紧
3	一次车削成形（切削刃 > 圆锥素线）	当切削刃长度大于圆锥素线长度时，其车削方法是：将切削刃对准圆锥素线一次车削成形，如图 4.198 所示。车削时要锁紧床鞍，开始时中滑板进给速度略快，随着切削刃接触面的增加而逐步减慢，当车到要求尺寸时车刀应稍做滞留，使圆锥面光洁 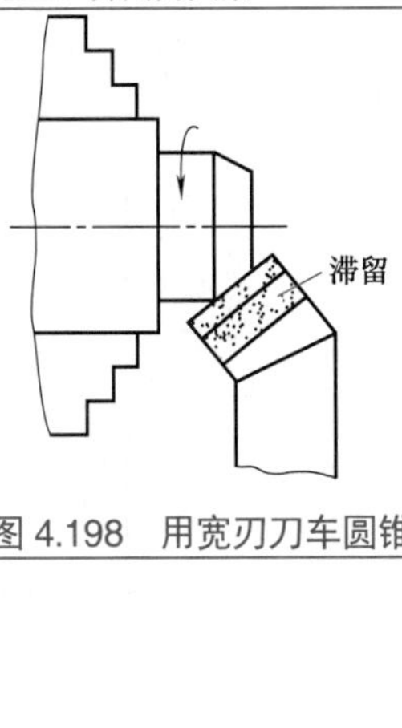 图 4.198　用宽刃刀车圆锥

续表

序号	车削步骤	详细说明	
4	接刀法 （切削刃＜圆锥素线）	当工件圆锥面长度大于切削刃长度时，一般采用接刀的方法加工，如图 4.199 所示，要注意接刀处必须平整 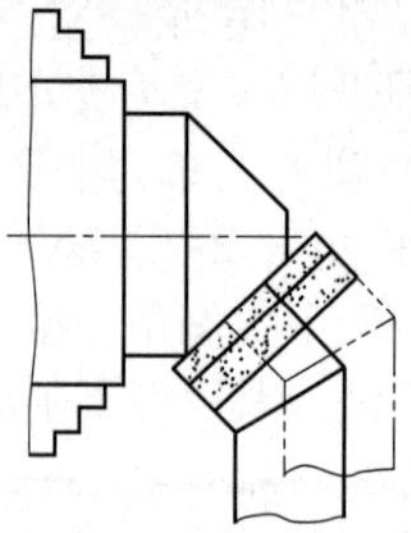	图 4.199　接刀车圆锥

经验总结

根据刀具及工件材料，合理选择切削用量。当车削产生振动时，应适当减慢主轴转速。

图 4.200　涂色检验

4.10.8　圆锥的精度检验

（1）圆锥的精度

对于相配合的锥度和角度零件，根据用途不同，规定不同的锥度和角度公差。

对于相配合精度要求较高的锥度零件，在工厂中一般采用涂色检验，以测量接触面大小来评定锥度精度，如图 4.200 所示。

（2）角度和锥度的检验方法（表 4.39）

表 4.39　角度和锥度的检验方法

序号	检验方法	详细说明
1	用游标量角器	用游标量角器测量工件角度的方法如图 4.201 所示。这种方法测量范围大，测量精度一般为 5′ 或 2′ 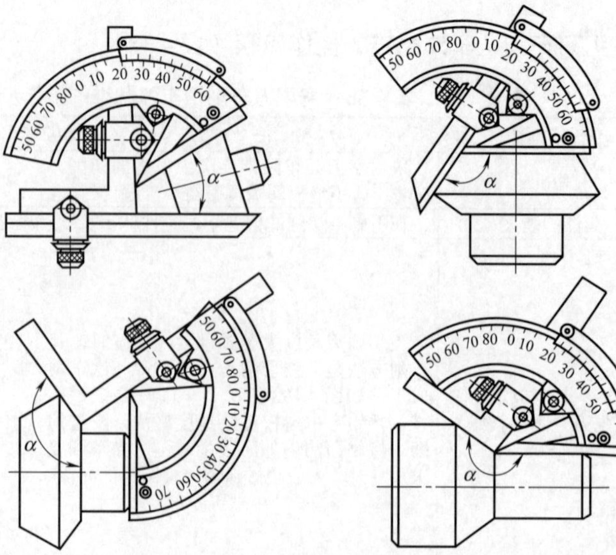

图 4.201　用游标量角器测量工件角度

序号	检验方法	详细说明
2	用角度样板	在成批和大量生产时，可用专用的角度样板来测量工件。用样板测量圆锥齿轮坯角度的方法，如图 4.202 所示 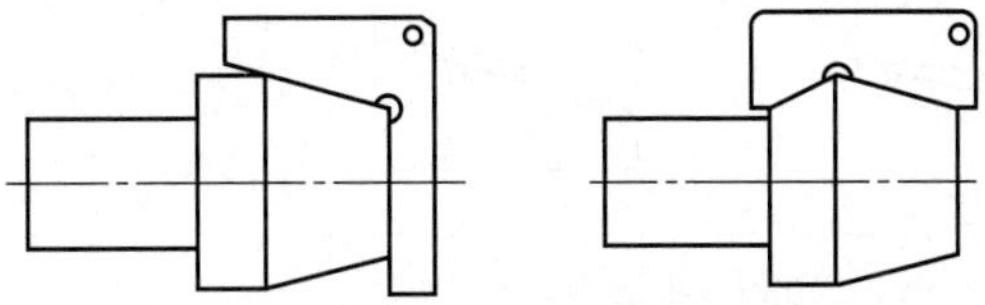 图 4.202　用角度样板测量工件角度
3	用圆锥量规	在检验标准圆锥或配合精度要求高的工件时（如莫氏锥度和其他标准锥度），可用标准塞规或套规来测，如图 4.203 所示 圆锥塞规检验内圆锥时，先在塞规表面顺着圆锥素线用显示剂均匀地涂上三条线（线与线相隔120°），然后把塞规放入内圆锥中约转动半周，观察显示剂擦去的情况。如果显示剂擦去均匀，说明圆锥接触良好、锥度正确。如果小端擦去，大端没擦去，说明圆锥角偏大。反之，就说明圆锥角偏小 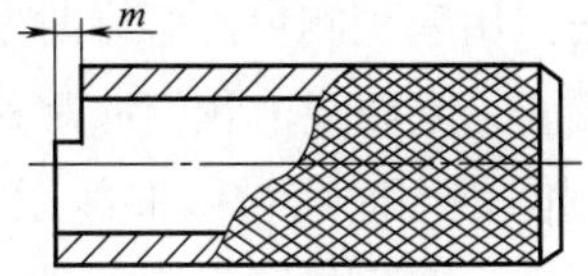 (a) 套规 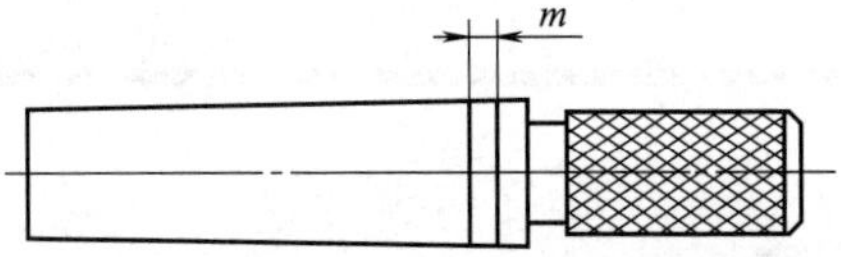 (b) 塞规 图 4.203　圆锥量规
4	用正弦规测圆锥体	测量时把正弦规放在平台上，工件放在正弦规的平面上，正弦规的一侧圆柱下面用量块垫起来，然后用百分表检查工件圆锥的两端高度，如图 4.204 所示 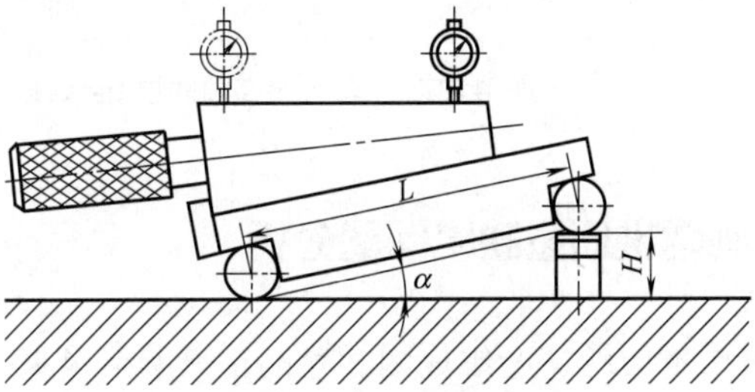 图 4.204　用正弦规测圆锥体 　　如果百分表的读数相同，将正弦规下面的量块组高度 H 值代入公式计算出圆锥角 α。将计算结果和工件所要求的圆锥角相比较，便可得出圆锥角的误差。也可先计算出量块组高度 H 值，把正弦规一端垫高，再把工件放在正弦规平面上，用百分表测量工件圆锥的两端，如百分表读数相同，说明锥度正确 　　正弦规计算圆锥角 α 的公式如下： $$\sin\alpha=\frac{H}{L}\text{ 或 }H=L\sin\alpha$$ 式中　α——圆锥角； 　　　H——量块高度； 　　　L——正弦规圆柱间的中心距 　　例：已知 $\alpha/2=1°30'$，$L=200\text{mm}$。求应垫量块高度 H 值 　　解：$\dfrac{\alpha}{2}=1°30'$，$\alpha=3°$，查正弦函数表得 $\sin3°=0.05234$ $$H=L\sin\alpha=200\times0.05234=10.468\text{mm}$$ 　　应垫量块组高度为 10.468mm 　　正弦规能精确地测量圆锥的角度，但却无法测量圆锥直径尺寸，所以还必须借助其他量具检验它的大小端直径尺寸，一般可用千分尺或界限量规等来检验

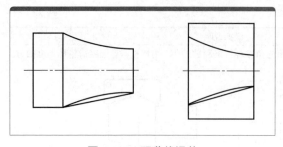

图 4.205　双曲线误差

4.10.9　双曲线误差

车削圆锥面时，往往会产生圆锥角误差、尺寸误差、双曲线误差和表面粗糙度大等不合格工件。对产生的问题必须根据具体情况具体分析，找出原因，采取措施加以解决。

在车削圆锥时，用圆锥套规测量外圆锥时，发现锥体两端附近显示剂被擦去，中间没有被擦去；用塞规测量内圆锥时发现中间显示剂被擦去，两端没有被擦去。车削出的圆锥素线不直，形成了双曲线，我们通常称之为双曲线误差，如图 4.205 所示。

车削圆锥面时产生双曲线误差的原因是车刀没有对准工件中心，当车刀装得高于或低于工件中心时，车出的圆锥素线就成了双曲线。如图 4.206 所示。因此，车削圆锥面时，一定要把车刀刀尖严格地对准工件的中心，以避免产生双曲线误差。

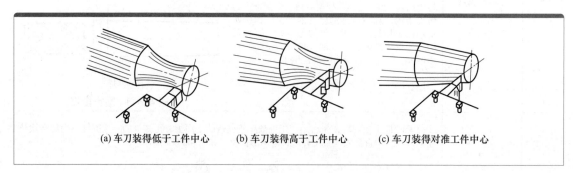

(a) 车刀装得低于工件中心　　(b) 车刀装得高于工件中心　　(c) 车刀装得对准工件中心

图 4.206　车削圆锥面时圆锥母线不直的原因

4.10.10　车削圆锥质量缺陷问题分析

车削圆锥时质量问题、产生原因和预防措施见表 4.40。

表 4.40　车圆锥时质量缺陷问题分析

序号	质量问题	产生原因		预防措施
1	锥（角）度不正确	转动小滑板法	小滑板转动角度不准	按要求的角度和方向转动小滑板，并反复试车校正
			小滑板移动时松紧不匀	调整镶条松紧，使滑板移动均匀
		尾座偏移法	尾座偏移位置不准确	重新计算并调整尾座位置
			工件长度不一	保证工件长度一致
		靠模法	靠模板偏移量即旋转角度不准确	重新计算，调整靠模板的位置
			滑块与靠模板配合差	调整滑块与靠模板的间隙
		铰刀加工	铰刀锥度不准确	修磨铰刀
			铰刀轴线与工件旋转轴线不重合	用百分表和试棒调整尾座套筒中心线位置
		宽刃车刀加工	刀具安装不正确	调整刀刃的安装角度，刀刃应与工件轴线等高
			刀刃不直	修磨刀刃

序号	质量问题	产生原因	预防措施
2	大、小端尺寸不正确	没有经常测量大、小端直径	注意经常测量大、小端直径，并按测量值调整背吃刀量
3	产生双曲线误差	车刀刀尖没有对准工件轴线	安装时必须使刀尖对准工件轴线
4	表面粗糙度大	与车外圆时的原因相似	参考车外圆时的预防措施
		手动进给速度不均匀	保持进给稳定
		偏转小滑板加工时，镶条间隙过大	调整镶条的松紧度
		偏移尾座加工时，中心孔接触不上	用圆头顶尖

经 验 总 结

① 车刀必须对准工件旋转中心，避免产生双曲线（母线不直）误差，可通过把车刀对准实心圆锥体零件端面中心来对刀。

② 车削圆锥体前对圆柱直径的要求，一般应按圆锥体大端直径放余量1mm左右。

③ 单刀刀刃要始终保持锋利，工件表面应一刀车出。

④ 应两手握小拖板手柄，均匀移动小拖板。

⑤ 用量角器检查锥度时，测量边应通过工件中心。用套规检查时，涂色要薄而均匀，转动量一般在半圈之内，多则容易造成误判。

⑥ 防止扳手在扳小拖板紧固螺母时打滑而撞伤手。粗车时，吃刀量不宜过大，应先校正锥度，以防工件车小而报废。一般留精车余量0.5mm。

⑦ 检查锥度时，可先检查套规与工件的配合是否有间隙。

⑧ 在转动小拖板时，应稍大于圆锥斜角 α，然后逐次校准。当小拖板角度调整到相差不多时，只需把螺母稍紧固一些，用左手大拇指放在小拖板转盘和刻度之间，消除中拖板间隙，用铜棒轻轻敲击小拖板所需校准的方向，使手指感到转盘的转动量，这样可较快地校准锥度。

⑨ 小拖板不宜过松，以防工件表面车削痕迹粗细不一。

4.11 钻孔

· 钻孔 ·

钻孔强力温升快，冷却匀速保安全；
直柄锥柄最常用，钻头校正仔细辨；
尾座手轮慢慢摇，快到孔底把速减；
不通孔时要标记，记号定位方法全；
钻头若是小且长，挡铁定心歪斜免；
保证足量切屑液，控制速度是关键。

图 4.207　钻孔

4.11.1　钻孔概述

在实心材料上加工内孔时，首先必须用钻头钻孔，如图 4.207 所示。钻头根据构造和用途不同，可分为：扁钻、麻花钻、中心钻、锪孔钻、深孔钻等，一般用高速钢制成。近些年来，由于高速切削的发展，镶硬质合金的钻头也得到了广泛应用。

多数普通车床钻孔都是手动的，个别的型号可以通过大托板带动尾座的方式自动钻孔。重型机床的尾座是可以自动进给的。钻孔需要的力是和钻头直径成正比的，一般情况下，只要钻头角度刃磨没有太大的问题，通过修磨横刃钻 35mm 的孔都不是太费力，而且钻大直径的孔时通常都会以先钻一个较小的孔，然后再扩孔的方法完成。

4.11.2　钻孔的安全原则

由于钻孔是一种强力车削，实践证明，钻孔操作是车削过程中磨损和断裂刀具最多的一种操作，因此安全问题尤为重要，下面总结了十大安全原则，见表 4.41。

表 4.41　钻孔十大安全原则

序号	钻孔十大安全原则
1	做好钻孔前的准备工作，认真检查钻床和一切用具，工作现场要保持整洁规范，安全防护要妥当
2	操作者应扎紧衣袖，同时严禁戴手套。头部不要靠钻头太近，严防头发碰到钻头。女工必须戴工作帽，以防发生事故
3	工件夹持要牢固，夹具安装要稳妥。不可用手直接拿工件钻孔
4	钻削铸铁等脆性材料时，应该戴防护镜，以防切屑飞出伤人
5	钻削通孔时应在工件底面放垫块，以防钻头钻通时钻坏工作台面或平口钳的底平面
6	钻孔将穿透时，进给力必须小，以防进给量突然增大，造成钻头突然折断，或使工件随钻头转动造成事故
7	钻孔过程中，严禁使用棉纱或手清除切屑，也不能用嘴吹切屑，而要用钩子钩铁屑和用刷子来清理。高速钻削时要及时断屑，以防切屑过长而发生人身伤害和设备损坏事故
8	在钻孔时，不能有两人同时操作或有旁人围观，以免操作不当而伤及他人
9	严禁机床在运转时装卸钻头和工件、检验工件和变换转速
10	钻床和夹具在使用后要及时清理切屑和污水，并为钻夹具涂上防锈油

4.11.3　钻头的装卸

钻头的装卸方法见表 4.42。

表 4.42　钻头的装卸方法

序号	钻头的装卸方法	详细说明
1	直柄钻头的装卸	直柄钻头可用钻夹头装夹。用钻夹头钥匙将钻夹头的三爪打开，放入钻头并将之夹紧。夹紧时，钻头柄部应有少许露出卡爪，然后将钻夹头放入尾座套筒锥孔内即可。如图 4.208 所示 钻头　　钻夹头　　　　　　　钻夹头　　尾座 扳手 (a) 钻头夹紧在钻夹头内　　　　(b) 钻夹头插入尾座锥孔中 图 4.208　尾座上安装直柄钻头

序号	钻头的装卸方法	详细说明
2	锥柄麻花钻的装卸	锥柄的锥度为莫氏锥度，常用的钻头柄部的圆锥规格为 2#、3#、4#。如果钻柄规格与尾座套筒锥孔的规格一致，可直接将钻头装入尾座套筒锥孔内进行钻孔。如果钻柄规格小于套筒锥孔的规格，则还应采用锥套柄作过渡。锥套内锥孔要与钻头锥柄规格一致，外锥则应与尾座套筒内锥孔的规格一致。如图 4.209 所示，图 4.210 为锥柄钻头组装方式 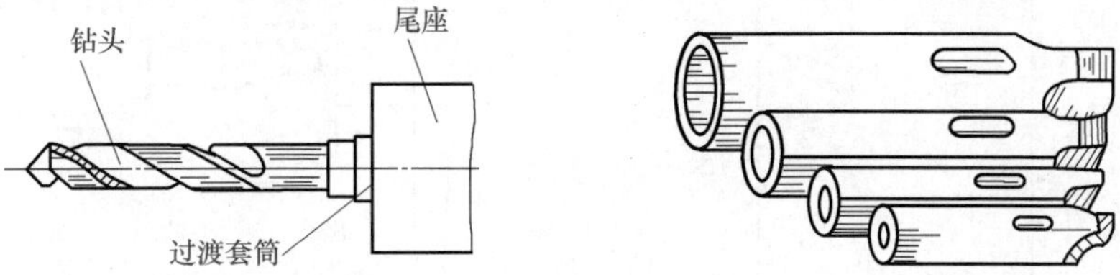 (a) 钻头插进尾座内　　　(b) 过渡套筒 图 4.209　尾座上安装锥柄钻头 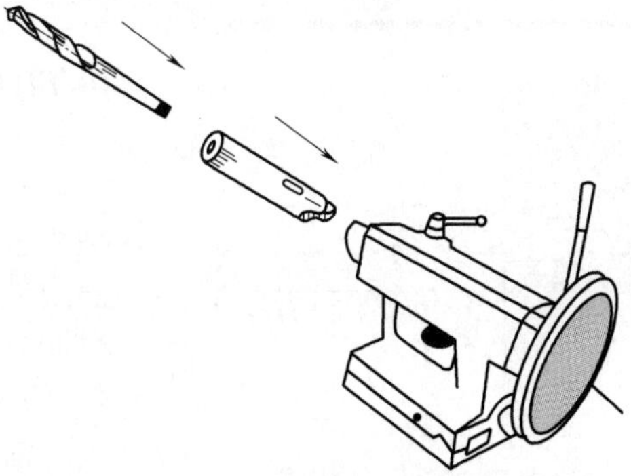 图 4.210　锥柄钻头组装方式
3	用 V 形架装夹	如图 4.211 所示是用两块 V 形架将直柄钻头装夹在刀架上，钻孔前，要先校准中心，钻孔时，可利用床鞍的自动纵向进给进行钻孔 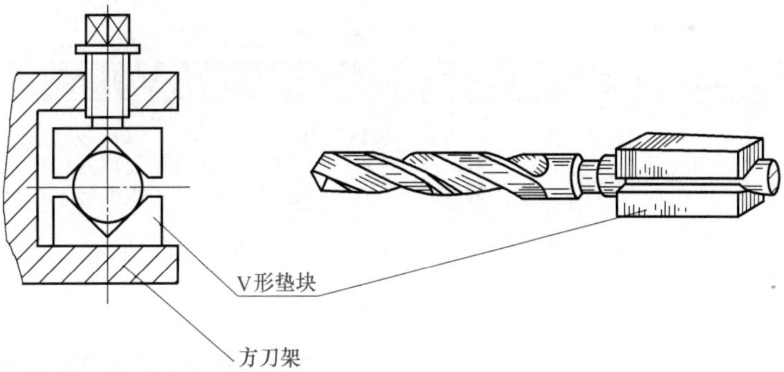 图 4.211　用 V 形架安装钻头
4	用专用夹具装夹	将专用夹具装夹在刀架上（图 4.212），锥柄钻头可插入专用夹具的锥孔中，专用夹具应是圆柱孔，侧面用螺钉紧固。钻削前，应先校准中心，然后利用床鞍的纵向进给进行钻孔，如图 4.213 所示 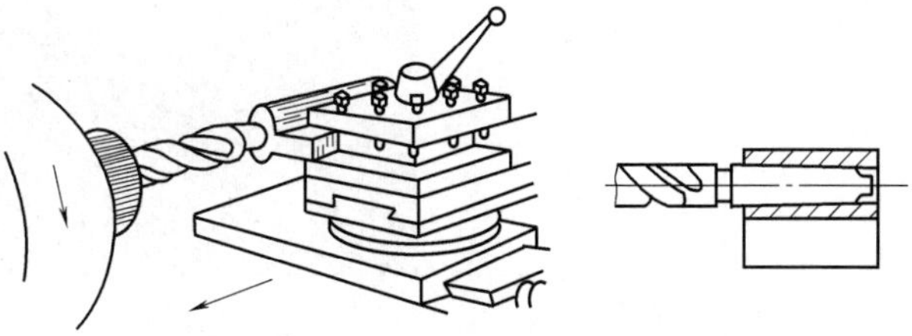 图 4.212　用专用夹具装夹钻头

序号	钻头的装卸方法	详细说明
4	用专用夹具装夹	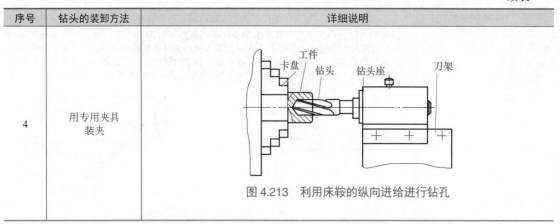 图 4.213　利用床鞍的纵向进给进行钻孔

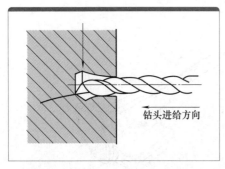

图 4.214　钻孔中初选钻头引偏现象

4.11.4　麻花钻的校正

在车床上钻孔时，如果操作不当，会出现钻头引偏现象（图 4.214）。钻头引偏后，容易出现钻孔蹩劲、孔径呈锥形或腰鼓形等缺陷。引起钻头偏斜的原因，主要是由于钻头与工件钻孔面接触时的定心导向不准确、进给量太大、钻头直径较小及钻头装夹不稳定等原因造成的。

因此，麻花钻装入尾座套筒后，必须校正钻头的中心，使钻头轴线与工件放置轴线重合，以防钻孔时孔径扩大或钻头折断，麻花钻的校正见表 4.43。

表 4.43　麻花钻的校正

序号	麻花钻的校正	详细说明
1	样冲或中心钻中心孔定心	校正时，可把钻头钻尖靠近工件端面，开动车床主轴，观察工件旋转中心与钻头中心是否重合。如不重合，可把钻头转过一个角度重新装夹，再次观察。若数次仍未能达到要求，则可能是钻头弯曲或尾座套筒中心与工件旋转中心不重合。前者应改换钻头，后者应调整套筒中心位置 为了防止钻头引偏，常在钻孔的中心打上样冲眼，或使用中心钻先钻出中心孔（图 4.215），或使用小锋角的短而粗的麻花钻先钻出个小孔，以利于钻头定心，然后再使用所需要的麻花钻钻孔 图 4.215　中心钻先钻出中心孔

序号	麻花钻的校正	详细说明
2	方棒定心（挡铁定心）	在钻孔前必须将工件端面车平，工件中心处不能留有凸起部分。在用较长钻头钻孔时，为防止钻头晃动，可以在刀架上加一方铝棒、方铜棒或挡铁，轻轻支顶钻头头部，强迫钻头没有摆动现象，使它对准工件的旋转中心，当钻头钻削到一定深度后可退出方铝棒、方铜棒或挡铁，如图4.216所示 图4.216 使用方棒抵住钻头头部
3	刀架钻套定心	钻精度要求较高的孔或在大批量加工时，为了避免钻头切入时引偏，常使用钻套为钻头导向。图4.217中，把装有钻套（钻套上无孔）的支承件紧固在刀架上，调好位置后，由装夹在尾座上的钻头先将钻套上的导向孔钻出来。这样，工件每次钻孔都以钻套作为导向件，同时钻套也是钻头的支承件，保证了钻孔位置的准确度 图4.217 利用刀架钻套导向钻孔
4	小滑板钻套定心	如图4.218所示钻孔中的定心导向情况，与图4.217相似，将小滑板转动一定角度，并在小滑板上固定一个支柱，支柱上装夹一块支承板，用螺钉把钻套紧固在支承板上。同样，由尾座上的钻头将钻套上的导向孔钻出来，通过钻套的导向和支承作用，可钻出精度要求较高的孔 图4.218 利用小滑板钻套钻孔

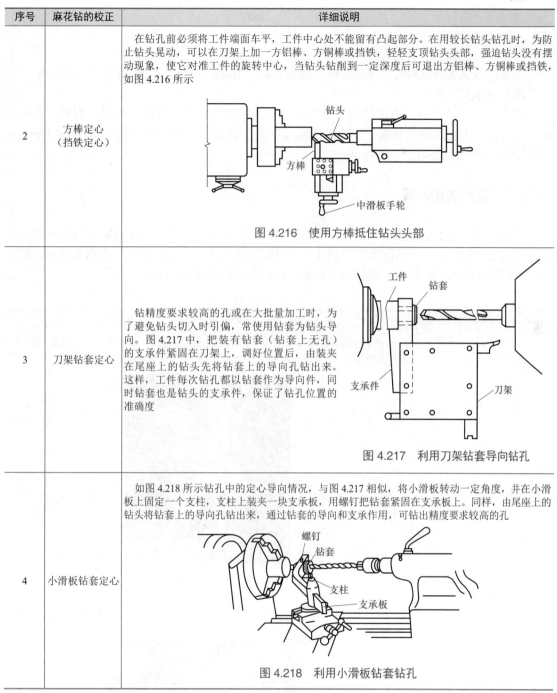

4.11.5 钻孔的切削用量

（1）切削深度（a_p）

钻孔时的切削深度是钻头直径的一半，因此它是随着钻头直径大小而改变的。

（2）切削速度（v）

钻孔时切削速度可按下式计算：

$$v = \frac{\pi D n}{1000}$$

式中　D——钻头的直径，mm;

　　　n——工件转速，r/min。

用高速钢钻头钻钢料时，切削速度一般为 300 ~ 1000mm/min。钻铸铁时，应稍低些。

（3）进给量（f）

在车床上，钻头的进给量是用手慢慢转动车床尾座手轮来实现的。使用小直径钻头钻孔时，进给量太大会使钻头折断。用直径 30mm 的钻头钻削钢料时，进给量选 0.1 ~ 0.35mm/r；钻铸铁时，进给量选 0.15 ~ 0.4mm/r。

4.11.6　钻孔的切削液

钻孔是切削液最困难的应用之一。刀具被所加工的零件包住，这就阻碍了切削液到达切削点。钻孔过程中，由于切削变形及钻头与工件的摩擦将产生大量切削热，会引起切削刃退火和严重损坏，降低切削能力，影响加工质量，对切削液的要求见表 4.44。

表 4.44　钻孔对切削液的要求

序号	对切削液的要求	详细说明
1	充足的流量	如图 4.219 所示，钻削时应注入充足的切削液，以降低切削温度和改善润滑条件，提高钻头耐用度，防止钻头退火，保证钻孔质量和提高钻孔的效率  图 4.219　充足的流量
2	足够的压力	如图 4.220 所示，切削液还应该有足够的压力把所有切屑冲走，否则这些切屑就可能造成堵塞，卡在钻头和孔的边缘上  图 4.220　足够的压力

序号	对切削液的要求	详细说明
3	切削液方向	如图 4.221 所示，切削液应该顺着钻头方向，把稳定的切削液喷向钻头  图 4.221 切削液方向
4	采用分段或循环方式	钻孔加工尽量是采用分段或循环钻削方式，而不是让钻头连续进给。这样加工可以使得钻头退出加工孔时，切屑断开，切削液能够进入并注满孔内，从而可以保持加工点处有切削液存在，如图 4.222 所示  图 4.222 切削液注入孔内

钻钢件时，可用 3% ～ 5% 的乳化液。钻铸铁时，一般不加切削液，或用 5% ～ 8% 的乳化液、煤油连续加注。

4.11.7 钻通孔的操作步骤

钻通孔的操作步骤见表 4.45。

表 4.45 钻通孔的操作步骤

序号	钻通孔步骤	详细说明
1	启动机床，摇动尾座手轮	启动机床，摇动尾座手轮，使钻头慢慢钻入工件，两主切刃全部切入后，加切削液，双手交替地摇动手轮，如图 4.223 所示，使钻头均匀地向前切削，进给量为 0.1 ～ 0.3mm/r。如果钻头刃磨正确，切屑会从两侧螺旋槽内均匀地排出。如果两主切削刃不对称，切屑就从主切削刃高的一面向外排出。此时应将钻头卸下重新修磨后再钻，以防造成因钻孔尺寸扩大而报废 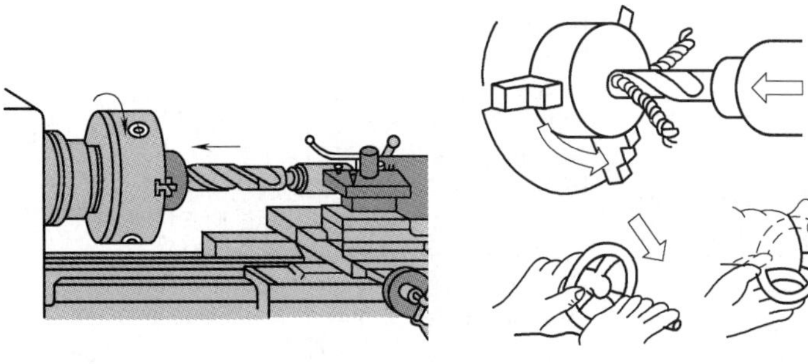 图 4.223 钻孔

续表

序号	钻通孔步骤	详细说明
2	钻孔过程中	如钻孔尺寸较深，要观察切屑排出是否顺利，当切屑排出较困难时，应将钻头退出，清除切屑后再钻
3	即将钻通时	当孔即将钻通时，会感觉到进给的阻力明显减小，此时应减小进给速度，直至完全钻穿为止。当孔钻穿时，切屑向四面飞溅，注意不可直接去观察，以防切屑飞溅损伤眼睛
4	摇动尾座手轮，将钻头退回	刚钻好的孔温度较高，取下时要防止烫手 当钻头直径较小而长度又较长时，钻孔时就很容易产生晃动，而导致钻偏。因此钻直径较小的内孔时，一般应采取定中心措施 常用的有两种方法：一种是在刀架上夹一挡铁，当钻尖与工件端面相接触时，移动中滑板，使挡铁轻轻靠向离钻尖最近的头部，注意正好顶住即可，不可用力过猛使钻头向另一方向偏。挡铁的使用方法如图 4.224 所示。另一种定中心的方法适用于钻头直径小于 5mm 的小直径钻头，即在钻孔前先在端面上钻中心孔，这样当钻孔时，钻头尖顶受到中心孔的限制就起到了定心作用 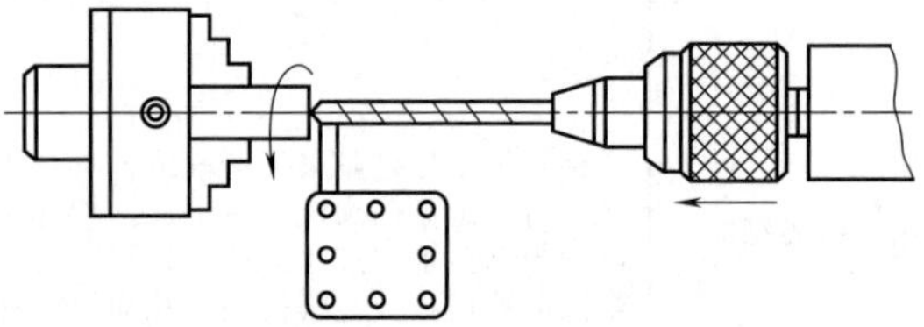 图 4.224　挡铁定心方法

4.11.8　钻不通孔的步骤

钻不通孔与钻通孔的方法基本相同，但需注意钻不通孔时要控制孔的深度。
（1）不通孔的深度确定（表 4.46）

表 4.46　不通孔的深度确定

序号	深度确定	详细说明
1	记号标记法	先用尾座套筒上的刻度或在钻头上做出记号的方法进行钻削。如尾座上无刻度值，可用钢直尺测量套筒的伸出长度，如图 4.225 所示。这种标记法由于存在一定的误差，需使用角尺等工具配合标记  图 4.225　记号标记法
2	刀架定位块标记法	如图 4.226 所示是利用定位块控制钻孔深度。将钻头安装在尾座上，并使钻头与被钻孔端面接触好。在刀架上装夹一个定位块，并使其侧面与尾座套筒端面靠紧，然后用床鞍刻度盘控制，将床鞍向左移动距离 s（s 等于钻孔深度），这样就定好了钻孔位置，将床鞍固定好。钻孔中，当尾座套筒端面抵住定位块（刚刚接触即可）时，即已将孔钻到所需要深度 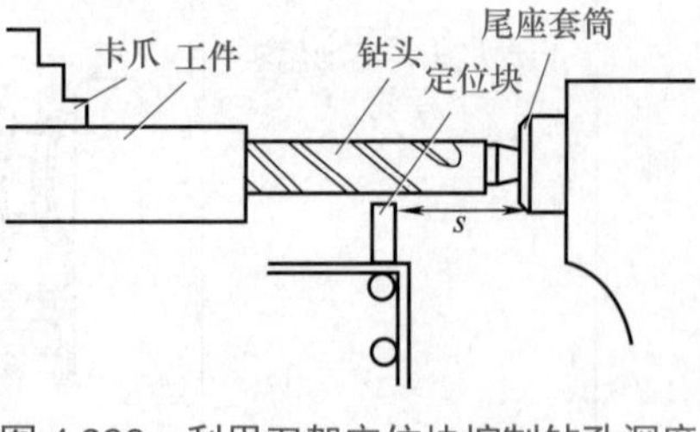 图 4.226　利用刀架定位块控制钻孔深度

序号	深度确定	详细说明
3	钻头定位块标记法	如图 4.227 所示是利用钻头定位块控制钻孔深度的另一种形式。按照钻孔深度，将定位块固定在钻头的适当位置上，这样当定位块左侧面抵住工件起始钻孔的端面时，即达到钻孔深度，这种方法不适合在钻台阶孔中使用。为了防止夹伤钻头的切削刃，定位块可使用软质材料制成 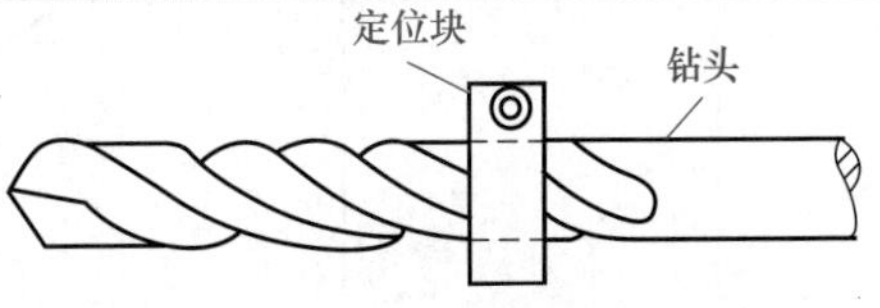 图 4.227　利用钻头定位块控制钻孔深度
4	尾座刻度盘标记法	此方法为精确定位，图 4.228 所示是在尾座手轮上固定一个刻度盘来控制钻孔深度。刻度盘每转一格，尾座套筒向前移动 0.05mm。钻孔时，将划线盘放在车床导轨上，划针尖指向刻度盘上的刻度，这样根据刻度盘转过的刻度数，即可控制钻孔深度 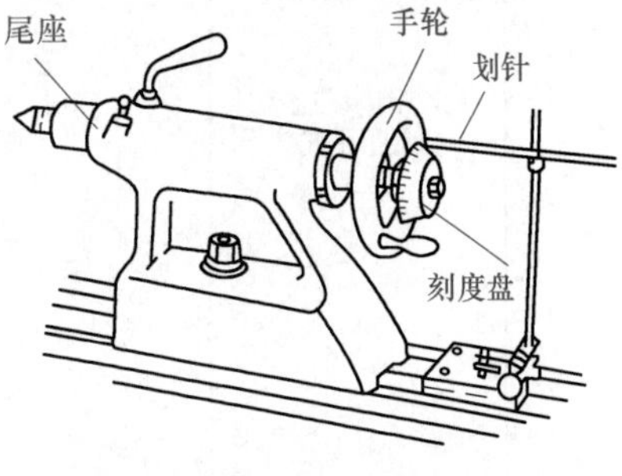 图 4.228　利用刻度盘控制钻孔深度
5	弓形架百分表标记法	此方法为精确定位，利用百分表控制钻孔深度是更为准确的方法。图 4.229 中，将弓形架固定在尾座套筒上，把百分表磁性表座吸在尾座上，并按照能达到钻孔深度的位置，将百分表指针调整到零位。这样在钻孔中，当指针转到零位时，说明已钻到所需要的深度 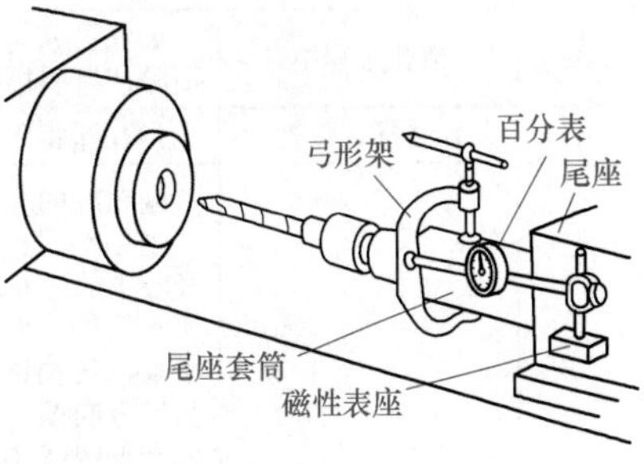 图 4.229　利用弓形架百分表控制钻孔深度
6	定位板百分表标记法	此方法为精确定位，图 4.230 中，连接套上焊接一块定位板，用四只螺钉将连接套固定在尾座套筒上，磁性百分表座吸在尾座上面 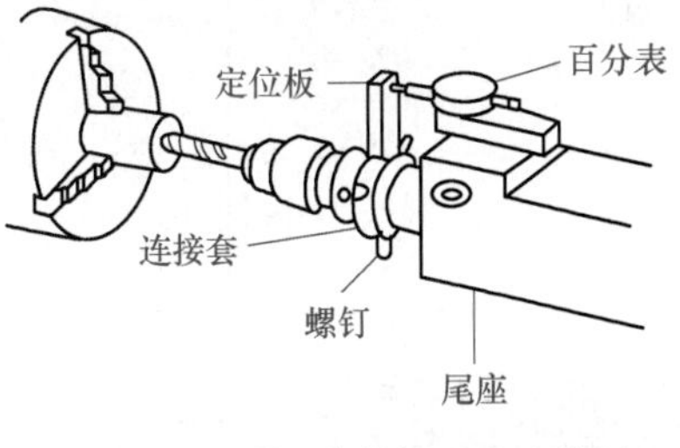 图 4.230　利用定位板百分表控制钻孔深度

（2）钻不通孔的操作步骤（表 4.47）

表 4.47　钻不通孔的操作步骤

序号	钻不通孔步骤	详细说明
1	标记加工深度	用表 4.46 的方法做出钻孔深度的标记
2	启动机床，摇动尾座手轮	启动机床，摇动尾座手轮，使钻头慢慢钻入工件，两主切刃全部切入后，加切削液，双手交替地摇动手轮，如图 4.231 所示，使钻头均匀地向前切削，进给量为 0.1 ～ 0.3 mm /r。如果钻头刃磨正确，切屑会从两侧螺旋槽内均匀地排出。如果两主切削刃不对称，切屑就从主切削刃高的一面向外排出。此时应将钻头卸下重新修磨后再钻，以防造成因钻孔尺寸扩大而报废

序号	钻不通孔步骤	详细说明
2	启动机床，摇动尾座手轮	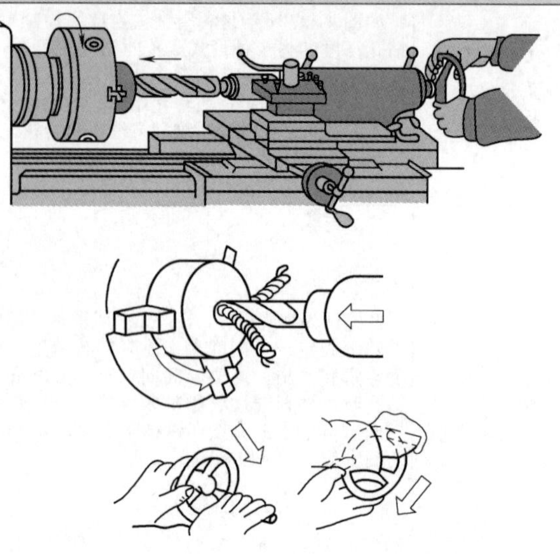 图 4.231 钻孔
3	钻孔过程中	如钻孔尺寸较深，要观察切屑排出是否顺利，当切屑排出较困难时，应将钻头退出，清除切屑后再钻
4	到达标记位置	当孔即将到达标记位置时，此时应减小进给速度，直至到位
5	摇动尾座手轮，将钻头退回	刚钻好的孔温度较高，取下时要防止烫手 当钻头直径较小而长度又较长时，钻孔时就很容易产生晃动，而导致钻偏。因此钻直径较小的内孔时，一般应采取定中心措施 常用的有两种方法：一种是在刀架上夹一挡铁，当钻尖与工件端面相接触时，移动中滑板，使挡铁轻轻靠向离钻尖最近的头部，注意正好顶住即可，不可用力过猛使钻头向另一方向偏。挡铁的使用方法如图 4.232 所示。另一种定中心的方法适用于钻头直径小于 5mm 的小直径钻头，即在钻孔前先在端面上钻中心孔，这样当钻孔时，钻头尖顶受到中心孔的限制就起到了定心作用 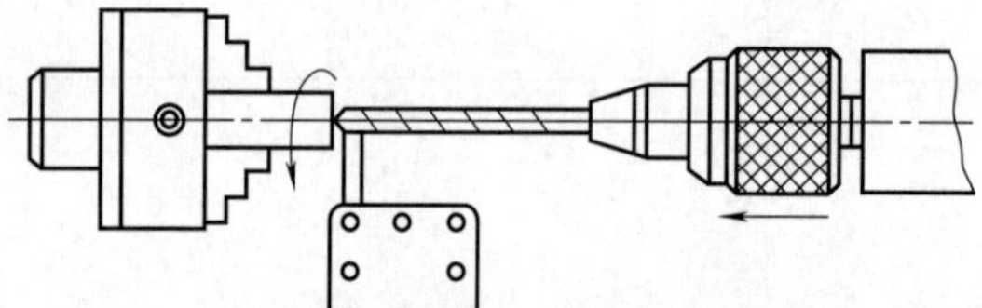 图 4.232 挡铁定心方法

经验总结

① 将麻花钻装入尾座套筒中，找正麻花钻轴线，与工件旋转轴线相重合，否则会使麻花钻折断。

② 检查麻花钻是否弯曲，钻夹头、钻套是否安装正确。

③ 选用较短的麻花钻钻后中心孔时先钻导向孔；在车床上钻时进给量要小，钻削时应经常退出麻花钻，清除铁屑后再钻。

④ 钻孔前，必须将端面车平，中心处不准有凸台。否则钻头不能定心，会使钻头折断。

⑤ 当钻头刚接触工件端面和钻通孔快要钻透时，进给量要小，以防钻头折断。

⑥钻深孔时，切屑不易排出，要经常把钻头退出，清除切屑。

⑦钻深孔时，由于切削液不易到达钻削区域，钻头的冷却和散热条件都较差。因此，钻孔中要及时退出钻头，消除钻头上和孔内的切屑，并冷却切削刃，以防止钻削温度升高。

⑧钻深孔时排除切屑比较困难，为了有利于加工，可在主刀刃上加磨分屑槽。这样使整个切屑变成分段切屑，宽片状变成窄条状，减少了摩擦，增大了切削空间，对排屑和散热都有利。

⑨钻削钢料时，必须浇注充分的切削液，使钻头冷却。钻铸铁时可不用切削液。

⑩手动进给时，不应用力过大，否则会造成钻头弯曲，孔径歪斜。

⑪钻小孔或深孔时，进给量要小，并要及时退钻排屑，以免切屑阻塞而折断钻头，一般在钻深达直径的 3 倍时，一定要退钻排屑。

4.11.9　钻孔质量缺陷问题分析

钻孔时可能出现的问题包括钻孔时由于钻头刃磨不好、切削用量选择不当、工件夹持不合理、钻头夹持不当等原因，产生废品或损坏钻头，常见的问题归纳见表 4.48。

表 4.48　钻孔质量缺陷问题分析

序号	质量问题	产生原因	预防措施
1	孔径增大、误差大	钻头直径选错	看清图样，仔细检查钻头直径
		钻头未对准工件中心	检查钻头是否弯曲，钻夹头、钻套是否装夹正确
		钻头左、右切削刃不对称，摆差大	刃磨保证钻头左、右切削刃对称，摆差在允许范围内
		钻头横刃太长	修磨横刃，减小横刃长度
		钻头刃口崩刃	及时发现崩刃情况，并更换钻头
		钻头刃带上有积屑瘤	将刃带上的积屑瘤用油石修整到合格
		钻头弯曲	校直或更换
		进给量太大	降低进给量
		钻床主轴摆差大或松动	及时调整和维修钻床
		钻头摆动	初钻时宜采用高速小进给量或用挡块支顶，保证锥柄配合良好，防止钻头摆动
2	孔径小	钻头刃带已严重磨损	更换合格钻头
3	钻孔时产生振动或孔不圆	钻头后角太大	减小钻头后角
		无导向套或导向套与钻头配合间隙过大	钻杆伸出过长时必须有导向套，采用合适间隙的导向套或先打中心孔再钻孔
		钻头左、右切削刃不对称，摆差大	刃磨时保证钻头左、右切削刃对称
		主轴轴承松动	调整或更换轴承
		工件夹紧不牢	改进夹具与夹紧装置
		工件表面不平整，有气孔砂眼	更换合格毛坯
		工件内部有缺口、交叉孔	改变工序顺序或改变工件结构
4	孔位超差，孔歪斜	钻头已磨钝	重磨钻头
		钻头左、右切削刃不对称，摆差大	刃磨时保证钻头左、右切削刃对称，摆差在允许范围内
		钻头横刃太长	修磨横刃，减小横刃长度

序号	质量问题	产生原因	预防措施
4	孔位超差，孔歪斜	导向套与钻头配合间隙过大	采用合适间隙的导向套
		主轴与导向套中心线不同轴，主轴与工作台面不垂直	校正机床夹具位置，检查钻床主轴的垂直度
		工件端面不平，或与轴线不垂直	钻孔前车平端面，中心不能有凸头
		尾座偏移	调整尾座轴线与主轴轴线同轴
		钻头在切削时振动	先打中心孔再钻孔，采用导向套或改为工件回转的方式
		钻头摆动	初钻时宜采用高速小进给量或用挡块支顶，保证锥柄配合良好，防止钻头摆动
		工件表面不平整，有气孔砂眼	更换合格毛坯
		工件内部有缺口、交叉孔	改变工序顺序或改变工件结构
		工件内部有缩孔、砂眼、焊渣	应降低主轴转速，减少进给量
		钻头刚度不够，初钻进给量过大	应选用较短钻头钻导向孔，初钻时宜采用高速小进给量或用挡块支顶，保证锥柄配合良好，防止钻头摆动
		导向套底端面与工件表面间的距离太长，导向套长度短	增加导向套长度
		工件夹紧不牢	改进夹具与夹紧装置
		工件表面倾斜	改进定位装置
		进给量不均匀	进给量均匀
5	钻头折断	切削用量选择不当	减少进给量和切削速度
		钻头崩刃	在加工较硬的钢件时，后角要适当减小
		钻头横刃太长	修磨横刃，减小横刃长度
		钻头已钝，刃带严重磨损呈正锥形	及时更换钻头，刃磨时将磨损部分全部磨掉
		导向套底端面与工件表面间的距离太近，排屑困难	适当加大导向套与工件间的距离
		切削液供给不足	切削液喷嘴对准加工孔口；加大切削液流量
		切屑堵塞钻头的螺旋槽，或切屑卷在钻头上，使切削液不能进入孔内	减小切削速度、进给量
		导向套磨损成倒锥形，退刀时钻屑夹在钻头与导向套之间	及时更换导向套
		快速行程终了位置距工件太近	增加工作行程距离
		孔钻通时，由于进给阻力迅速下降而进给量突然增加	修磨钻头顶角，尽可能降低钻孔轴向力；孔将要钻通时，改为手动进给，并控制进给量
		工件或夹具刚度不足，钻通时弹性恢复，使进给量突然增加	改进夹紧定位结构，增加工件、夹具刚性，增加二次进给
		进给丝杠磨损，动力头重锤重量不足，当钻通孔时，动力头自动下落，使进给量增大	及时维修机床，增加动力头重锤重量，增加一次进给
		钻铸件时遇到缩孔	对估计有缩孔的铸件要减少进给量
		钻薄板或铜料时钻头未修磨	按照要求重新刃磨
6	钻头寿命低、磨损过快	切削用量选择不当	减少进给量和切削速度
		钻头横刃太长	修磨横刃，减小横刃长度
		钻头已钝，刃带严重磨损呈正锥形	及时更换钻头，刃磨时将磨损部分全部磨掉

序号	质量问题	产生原因	预防措施
6	钻头寿命低、磨损过快	导向套底端面与工件表面间的距离太近，排屑困难	适当加大导向套与工件间的距离
		切削液供给不足	切削液喷嘴对准加工孔口；加大切削液流量
		切屑堵塞钻头的螺旋槽，或切屑卷在钻头上，使切削液不能进入孔内	减小切削速度、进给量；采用断屑措施；或采用分级进给方式，使钻头退出数次
		钻头切削部分几何形状与所加工的材料不适应	在加工铜件时，钻头应选用较小后角，避免钻头自动钻入工件，使进给量突然增加；加工低碳钢时，可适当增大后角，以增加寿命；加工较硬的钢材时，可采用双重钻头顶角，开分屑槽或修磨横刃等，以增加钻头寿命
		钻钢件时，切削液不足	供足切削液
		其他	改用新型适用的高速钢（铝高速钢、钴高速钢）钻头或采用涂层刀具；消除工件的夹砂、硬点等不正常情况
7	孔壁表面粗糙	钻头不锋利	将钻头磨锋利
		后角太大	采用适当后角
		进给量太大	减小进给量
		切削液供给不足，切削液性能差	加大切削液流量，选择性能较好的切削液
		切屑堵塞钻头的螺旋槽	减小切削速度、进给量；采用断屑措施；或采用分级进给方式，使钻头退出数次
		工件材料硬度过低	增加热处理工序，适当提高工件硬度

4.11.10　特殊的钻孔操作

在车床上钻孔虽然步骤简单，但是用处很多，也最容易出现问题，因此，除了注意前面介绍的知识点、问题点之外，还需对如下的拓展知识有所了解、有所掌握，见表4.49。

表4.49　特殊的钻孔操作

序号	特殊的钻孔操作	详细说明
1	钻直径大的孔	钻直径大的孔（例如，在钢件上钻直径35mm的孔）时，若直接用直径相应的钻头钻孔，因为轴向力和扭矩大，钻头和车床所承受的负荷太大，甚至发生"闷车"。这时，应先钻个小孔（小孔直径约等于所要钻孔直径的一半左右），然后再用大钻头扩孔。如果硬要直接使用大钻头将孔一次钻出，则势必将进给量选择得很小，这样就降低了生产率 另外，钻阶梯大孔时，也应该先用小直径钻头钻通个小孔，然后再用相应的钻头将大孔钻出来
2	曲面或倾斜面上钻孔	在曲面或倾斜面上钻孔，钻头往往定不住中心，使钻头偏斜。这时应将曲斜面处先车出小平面后再钻孔，也可以使用中心钻或短钻头先钻出定心孔（图4.233），然后再正式钻孔 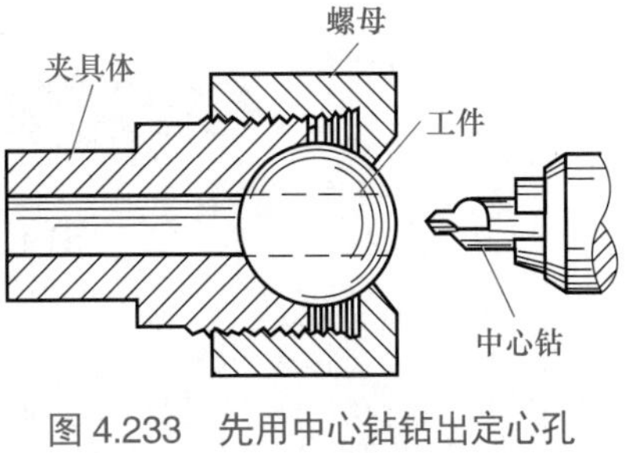 夹具体　螺母　工件　中心钻 图4.233　先用中心钻钻出定心孔

序号	特殊的钻孔操作	详细说明
3	在工件上钻通孔	在工件上钻通孔，当钻头横刃快露出工件时，钻削抗力也随之减小，这时如果不相应地减少进给量，反而由于钻头阻力减小而加大进给量，多半易造成钻头崩刃或折断，或钻头与钻套随同工件一起旋转；若在铸件上钻孔，则使铸件在钻通处出现折裂和缺角。因此在钻孔快钻透时，应适当地减小进给量 如果钻头较长，当横刃露出工件不再起顶住的作用时，而两切削刃在钻削的同时又要起支顶作用，这样就会产生抖动而发出噪声，钻削表面也多出现波浪形
4	铝件上钻孔	有时会出现这样的情况，即使用标准麻花钻能在钢件上钻孔，而在铝件上钻孔时则进刀不顺利，甚至钻不动。这是因为铝材延展性大，切屑易黏附在切削刃上，形成积屑瘤而影响钻孔。为了使钻孔顺利，可采用增大螺旋角，以相应增大前角，使切削轻快；加大锋角，缩短了切削刃长度，减少了切削宽度；减少钻心厚度，以减少轴向力，并获得较大的排屑槽；在主削刃上磨出分屑槽，以减少切削热，有利于排屑；用磨石研磨螺旋槽，适当使用切削液等措施进行解决
5	钻头烧损	钻孔中，当发现钻头切削刃、横刃严重磨钝，钻头的刃带拉毛，整个切削部分呈暗蓝色时，这说明钻头烧损，如图4.234所示  图4.234　钻头烧损 造成钻头烧损的常见原因如下： ①一般高速钢钻头只能在560℃左右保持原有硬度。如果转速过高，切削速度过大，则会产生高温。当超过一定温度，钻头硬度就会下降，失去了切削性能，与工件摩擦以致烧损 ②在钻头主切削刃上，越接近外径，切削速度越大，温度越高；若切削液流量过小，冷却的位置不对时，也能引起钻头烧损 ③被加工工件材料硬度过高，或工件表面有硬皮、硬渣时，钻头和工件接触，切削刃会很快被磨钝，失去切削性能以至烧损 ④钻头钻心横刃过长，钻孔中的轴向力大大增加，或切削刃后角修磨得太低，使钻头后面与被加工材料的接触面相互挤压，也容易使钻头烧损
6	钻头柄部倒锥失效	钻头的外圆越趋近柄部直径越小，呈倒锥形，如图4.235所示。钻头直径为1～6mm时，每100mm长的倒锥量不超过0.03～0.07mm；钻头直径为6～18mm时，每100mm长的倒锥量不超过0.04～0.08mm；钻头直径为18mm以上时，每100mm长的倒锥量不超过0.05～0.1mm。钻头呈倒锥形的主要作用，是减少钻头切削刃的棱边与孔壁的接触面积，从而减少磨损，改善钻头的工作情况。倒锥量大小根据钻头的直径而定 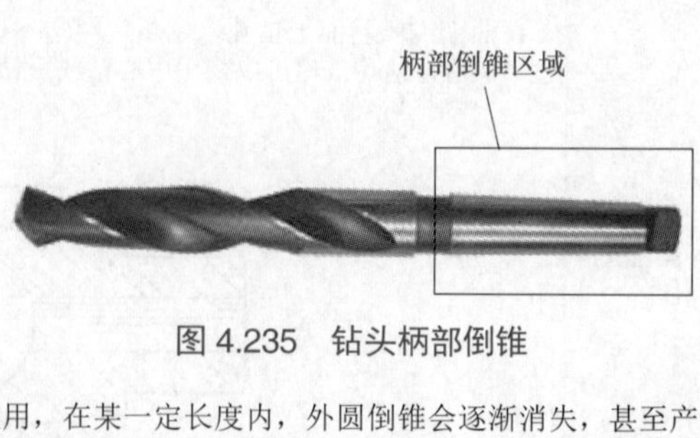 柄部倒锥区域 图4.235　钻头柄部倒锥 钻头经过长期使用，在某一定长度内，外圆倒锥会逐渐消失，甚至产生正锥量。这时钻头在钻孔中的摩擦面积显著增大，切削阻力随之增大。由于钻孔的余量一般较大，进给量也大，这时就容易产生高温，甚至把钻头卡死在孔中，造成钻头扭断，工件报废。钻孔中要注意这方面情况的影响，并且对于失去倒锥量的钻头，一般不能再用

4.12 扩孔

4.12.1 扩孔概述

4.12.2 麻花钻扩孔

4.12.3 扩孔钻扩孔

4.13 锪孔

4.13.1 锪孔概述

4.13.2 圆锥形锪钻

扫二维码阅读 4.12—4.13

4.14 车孔（套类）加工

车孔（套类）

车削内孔难观察，冷却不易排屑差；
刀杆伸出要适当，切削力度不可大；
通孔需要试切削，尺寸正确形状佳；
台阶孔先标刻度，注意操作别刮花；
盲孔刀尖要对准，底部平坦又光滑；
孔径卡钳和游标，百分千分好方法。

4.14.1 套类零件的概述

　　机器中盘套类零件的应用非常广泛。例如，支承回转轴的各种形式的滑动轴承、夹具中的导向套、液压系统中的油缸、内燃机上的汽缸套以及透盖等。图 4.236 为常见的套类零件。

　　套类零件由于用途不同，其结构和尺寸有着较大的差异，但仍有其共同的特点：零件结构不太复杂，主要表面为同轴度要求较高的内外旋转表面；多为薄壁件，容易变形；零件尺寸大小各异，但长度 L 一般大于直径 d，长径

图 4.236 套类零件

比大于 5 的深孔比较多。

车削孔是套类零件加工的最常用方法，就是把预制孔（铸造孔、锻造孔）或钻、扩出来的孔通过继续车削加工，从而得到更高精度的一种加工方法。

车孔是常用的孔加工方法之一，加工范围广，车削精度可达 IT7 ～ IT8，表面粗糙度可达 $Ra3.2 ～ 0.8\mu m$。

4.14.2 套类零件的技术要求

套类零件各主要表面在机器中所起的作用不同，其技术要求差别较大，主要技术要求如表 4.50 所示。

表 4.50 套类零件的技术要求

序号	技术要求	特点和作用	
1	内孔的技术要求	内孔是套类零件起支承或导向作用最主要的表面，通常与运动着的轴、刀具或活塞配合。其直径尺寸精度一般为 IT7，精密轴承套为 IT6；形状公差一般应控制在孔径公差以内，较精密的套筒应控制在孔径公差的 1/3 ～ 1/2，甚至更小。对长套筒除了有圆度要求外，还应对孔的圆柱度有要求。为保证套类零件的使用要求，内孔表面粗糙度 Ra 为 2.5 ～ 1.6μm，某些精密套要求更高，Ra 值可达 0.04μm	
2	外圆的技术要求	外圆表面常以过盈或过渡配合与箱体或机架上的孔相配合起支承作用。其直径尺寸精度一般为 IT7 ～ IT6，形状公差应控制在外径公差以内，表面粗糙度 Ra 为 0.5 ～ 0.63μm	
3	各主要表面间的位置精度	内外圆之间的同轴度	若套筒是装入机座上的孔之后再进行最终加工，这时对套筒内外圆间的同轴度要求较低；若套筒是在装入前进行最终加工则同轴度要求较高，一般为 0.01 ～ 0.05mm
		孔轴线与端面的垂直度	套筒端面（或凸缘端面）如果在工作中承受轴向载荷，或是作为定位基准和装配基准，这时端面与孔轴线有较高的垂直度或端面圆跳动要求，一般为 0.02 ～ 0.05mm

4.14.3 套类零件的车削特点

套类零件主要是圆柱孔的加工，要比车削外圆困难得多，原因有以下几点，见表 4.51。

表 4.51 套类零件和车削特点

序号	特点	特点和作用
1	不利于观察	孔加工是在工件内部进行的，观察切削情况很困难。尤其是孔小而深时，根本无法观察
2	车刀刚性差	刀杆尺寸由于受孔径和孔深的限制，不能做得太粗，又不能太短，因此刚性很差，特别是加工孔径小、长度大的孔时，更为明显
3	排屑和冷却困难	由于在工件内部加工，切屑容易堆积不易排出，而切削液也很难完全深入所有切削区域，因此排屑和冷却困难
4	圆柱孔的测量比外圆困难	圆柱孔的测量比外圆困难，不容易找到测量点、基准测量位置

4.14.4 内孔车刀

车削孔就是把预制孔（铸造孔、锻造孔）或钻、扩出来的孔通过继续车削加工，从而得到更高精度的一种加工方法。车孔是常用的孔加工方法之一，加工范围广，车削精度可达 IT8 ～ IT7，表面粗糙度可达 $Ra3.2 ～ 0.8\mu m$。

根据孔的加工情况，车孔刀可分为通孔车刀和不通孔车刀两种，见表 4.52。

为了节省刀具材料和增加刀杆强度，可以把高速钢或硬质合金做成很小的刀头，装在高速钢或合金钢制成的刀杆上（图 4.239），在顶端用螺钉紧固。内孔车刀杆有车通孔的 ［图 4.239（a）］和车盲孔的［图 4.239（b）］两种。车盲孔的刀杆方孔应做成斜的，内孔车刀杆根据孔径大小及孔的深浅可做成几组，以便在加工时选择使用。

表 4.52　内孔车刀种类

序号	内孔车刀种类	特点和作用
1	通孔车刀	如图 4.237 所示，通孔车刀用于车削通孔，其切削部分的几何形状基本上与外圆车刀相同。为了减小径向切削力、防止振动，主偏角可取大些（45°～47°），副偏角取 15°～30°。 为了防止车孔后刀面与孔壁摩擦，以及不使车刀的后角磨得太大，一般磨成两个后角。主切削刃应磨成正刃倾角，并磨断屑槽，使切屑向前排出，流向待加工表面。 图 4.237　通孔车刀
2	不通孔车刀	如图 4.238 所示，不通孔车刀是用来车削台阶孔或不通孔用的，切削部分的几何形状基本上与偏刀相同。它的主偏角大于 90°（一般为 92°～95°），刀尖在刀柄的最前端，刀尖到刀柄外端的距离应不小于内孔半径，否则孔的底平面就无法车平。主切削刃磨成 0°～ -2°的刃倾角，并磨断屑槽。因加工不通孔时，切屑只能向孔口方向排出，因此应注意排屑情况，切屑不可缠绕在刀杆、刀头上，否则容易"打刀"，车削内孔台阶时，只要不碰到即可。 (a) 不通孔粗车刀 (b) 不通孔精车刀 图 4.238　硬质合金整体式内孔车刀

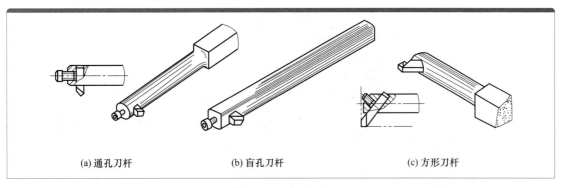

(a) 通孔刀杆　　　(b) 盲孔刀杆　　　(c) 方形刀杆

图 4.239　车孔刀杆

229

如图 4.239（a）和图 4.239（b）所示的内孔车刀杆，其刀杆伸出的长度固定，不能适应各种不同孔深的工件。图 4.239（c）所示的方形刀杆，可根据不同的孔深调整刀杆伸出长度，有利于发挥刀杆的最大刚性。

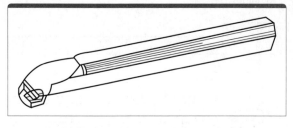

图 4.240　内孔车刀外形

4.14.5　车孔的关键技术

车孔的关键技术是解决内孔车刀的刚性和排屑问题，增加内孔车刀的刚性主要采取以下几项措施，图 4.240 为内孔车刀外形，其关键技术、特点和作用见表 4.53。

表 4.53　车孔的关键技术、特点和作用

序号	车孔的关键技术	特点和作用
1	尽量增加刀杆的截面积	一般的内孔车刀有一个缺点，刀杆的截面积小于孔截面积的 1/4，如图 4.241（b）所示。如果让内孔车刀的刀尖位于刀杆的中心线上，这样刀杆的截面积就可达到最大程度，如图 4.241（a）所示 (a) 刀尖位于刀杆中心　(b) 刀尖位于刀杆上面 图 4.241　刀杆的位置
2	刀杆的伸出长度尽可能缩短	如果刀杆伸出太长，就会降低刀杆刚性，容易引起振动。因此，为了增加刀杆刚性，刀杆伸出长度只要略大于孔深即可。此外，还要求刀杆的伸出长度能根据孔深加以调节［图 4.242（c）］ 图 4.242　刀杆的伸出长度
3	解决排屑问题	主要是控制切屑流出方向。精车孔时要求切屑流向待加工表面（前排屑），前排屑主要是采用正刃倾角内孔车刀 　　典型的通孔车刀如图 4.243 所示。这种车孔刀的几何形状如下：$\kappa_r=75°$；$\kappa_r'=15°$；$\lambda_s=6°$。磨出断屑槽或圆弧形卷屑槽，使切屑向前排出 　　把内孔车刀刀尖位于刀杆中心线上，这样刀杆在孔中截面积就可增大，刀杆刚性好。另外，刀杆上下是两个平面，刀杆做得较长，可根据不同孔深调节刀杆伸出长度，有利于发挥刀杆的最大刚性 图 4.243　前排屑车通孔刀

4.14.6 车内孔的步骤

（1）内孔车刀的装夹

内孔车刀在安装时，刀尖应略高于内孔中心，刀柄应与内孔轴线平行，装好后不能立即车削，应将车刀在孔内前后移动，查看刀杆与内孔壁有无碰撞。图 4.244 为内孔车刀的装夹方式。

（2）车通孔的操作步骤

车孔与车外圆的方法基本相似，不同的是其进退刀动作正好与车外圆相反。控制尺寸的方法与车外圆一样，也要进行试切削。试切削一般在孔口约 2mm 之内进行。车孔的操作方法如下，见表 4.54。

图 4.244　内孔车刀的装夹

表 4.54　车通孔的操作步骤

序号	车削步骤	详细说明	操作类型
1	内孔车刀刀尖与孔壁相接触	开动机床，使内孔车刀刀尖与孔壁相接触（图 4.245），然后车刀纵向退出，将中滑板刻度调零 图 4.245　车刀刀尖与孔壁接触	粗车孔
2	确定粗车的切削深度	根据内孔的加工余量，确定粗车的切削深度（一般为 1～3mm），用中滑板刻度盘控制	
3	粗车内孔	摇动床鞍手轮，使车刀靠近内孔，合上机动进给，观察内孔车削时排屑是否顺利。当车削声停止，表明刀尖已离开孔的末端，应立即停止机动进给，车刀横向不必退刀，直接纵向快速退出。如内孔余量较多，再调整切削深度进行第二次粗车。内孔粗车应比孔径的名义尺寸减小 0.5～1mm 作为粗车余量。粗车也要用试切削方法来控制孔径尺寸，以防将孔径车大	
4	精车刀的刀尖与孔壁相接触	开动机床，使精车刀的刀尖与孔壁相接触，如图 4.246 所示，然后车刀纵向退出 图 4.246　车刀刀尖与孔壁接触	精车孔

序号	车削步骤	详细说明	操作类型
5	确定精车的切削深度	根据精车余量调整切削深度	
6	试切削	摇动床鞍手轮进行精车孔的试切削，试切长度约为2mm，如图4.247所示 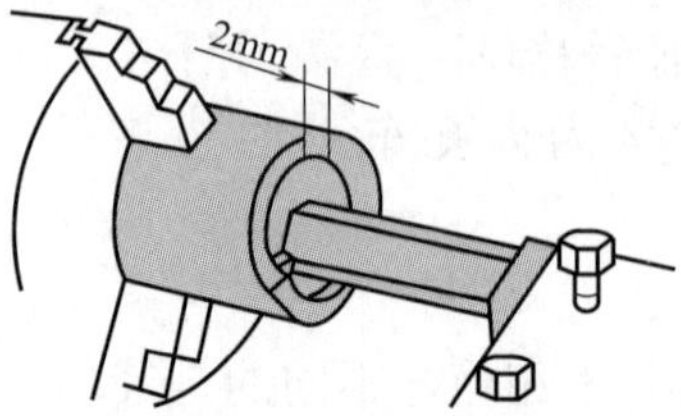 图4.247　试切削	
7	测量试切尺寸	用内卡钳测量试切尺寸（图4.248），若尺寸正确，就可机动进给精车孔。为使孔径表面粗糙度值减小，最末一刀的切削深度 a_p=0.1～0.2mm，进给量 f=0.08～0.15mm/r 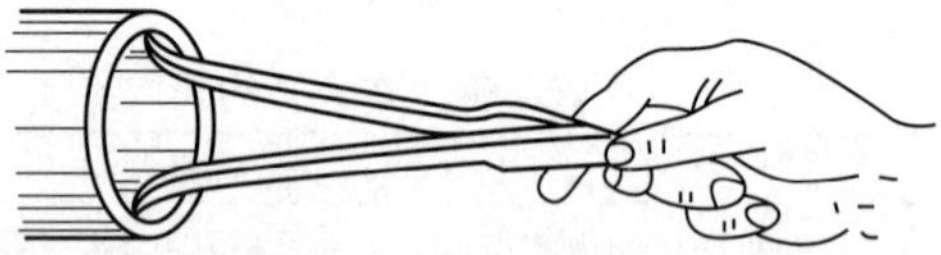 图4.248　测量试切尺寸	精车孔
8	精车内孔	摇动床鞍手轮，使车刀靠近内孔，合上机动进给，观察内孔车削时排屑是否顺利。精车孔时应仔细倾听车削声，当车削声停止，表示刀尖已离开孔末端，应立即停止进给，并记下中滑板的刻度位置	
9	退出车刀	摇动中滑板手柄，使刀尖刚好离开孔壁，如图4.249所示。然后摇动床鞍手轮，将车刀退出 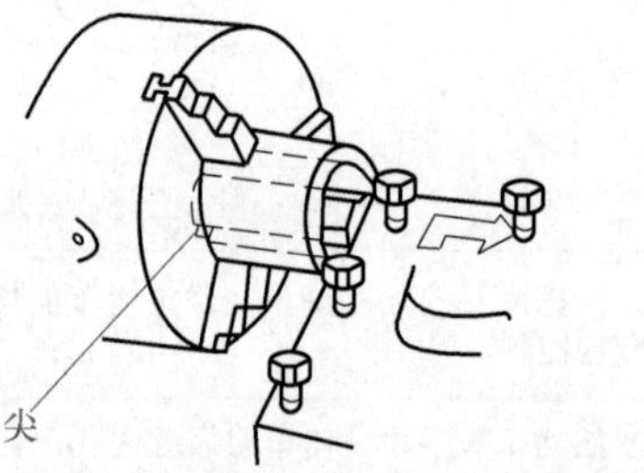 刀尖 图4.249　车刀刀尖在孔底的位置和退出孔	
10	测量内孔尺寸	如果孔径尺寸尚未车到，中滑板应在上一次刻度的基础上调整。然后再通过试切削将内孔精车至要求尺寸。测量内孔常用方法是用内卡钳与千分尺配合测量，或用内径百分表、游标卡尺和内径千分尺测量	

（3）测量内孔尺寸（表4.55）

表4.55　测量内孔尺寸

序号	测量内孔尺寸	特点和作用
1	用内卡钳与千分尺配合测量	适用于一般精度的孔径，但用内卡钳测量孔的全长尺寸比较困难，因此，常用于测量孔口尺寸。例如，内孔的试切尺寸，或测量深度很浅的孔径以及磨削前的半精加工孔等。测量的方法和步骤如下： a. 将千分尺读数调整到所需要的孔径尺寸，然后锁紧使尺寸固定，再调整内卡钳的张开尺寸 b. 左手握千分尺，右手握内卡钳，用左手中指轻轻挡住卡钳的一量脚，作为支点，另一量脚做扇形摆动，如图4.250所示。调整内卡钳的张开尺寸，使卡钳量脚与千分尺测量面间有轻微的接触感

序号	测量内孔尺寸	特点和作用
1	用内卡钳与千分尺配合测量	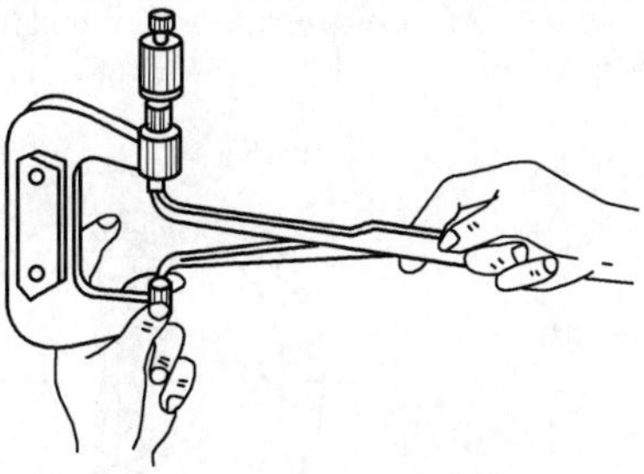 图 4.250　用内卡钳与千分尺配合测量内孔 c. 用调整好尺寸的内卡钳测量孔径尺寸。测量姿势如图 4.251 所示。测量时以一量脚作为支点，做左、右和上、下动。左右摆动的距离一般为 2 ~ 3mm，然后在孔的直径位置上、下摆动，如图 4.252 所示。如有轻微的接触感觉，就说明内孔尺寸正确 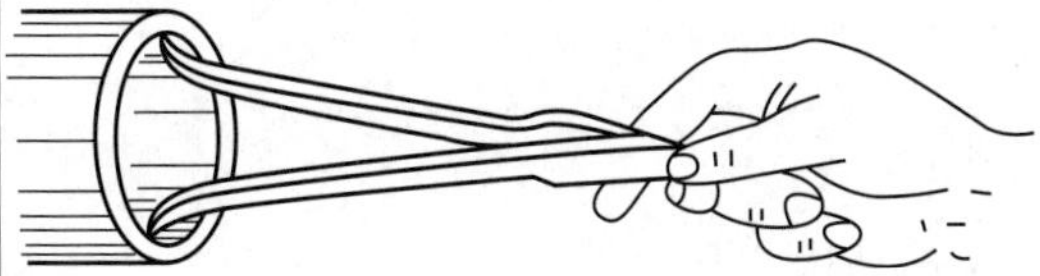 图 4.251　用调整好尺寸的内卡钳测量孔径尺寸 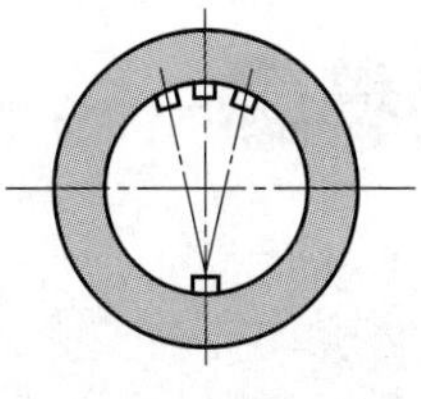　　图 4.252　内孔摆动示意图
2	用游标卡尺测量孔径	适用于测量尺寸精度不太高的内孔。测量时把量脚伸进孔内，使之与孔壁相接触，尺身不可歪斜，并做轻摆动，最大读数值便是孔径的实际尺寸。如图 4.253 所示 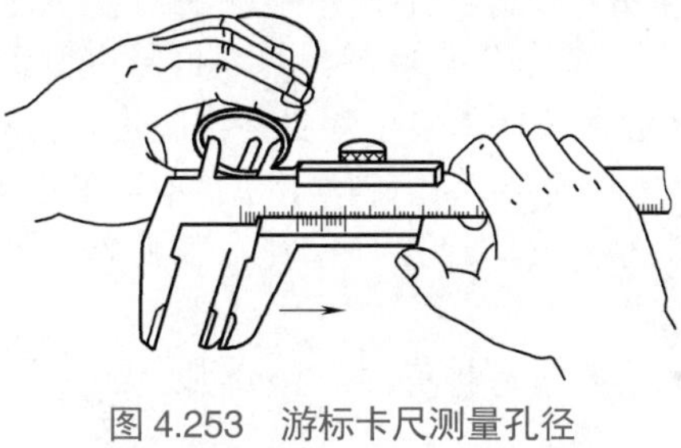 图 4.253　游标卡尺测量孔径
3	用内径百分表测量	用内径百分表测量适用于测量尺寸精度较高的孔径，其操作方法和步骤如下： a. 根据孔径大小选用较长测量头 b. 将测量头装夹在测量杆上并调节伸出长度，使之约等于被测量的孔径尺寸加 0.25mm 左右 c. 找正内径百分表零位尺寸有两种常用方法：一种是将外径千分尺调整至孔的名义尺寸，将尺寸固定，然后百分表倾斜放入千分尺两测量面间，百分表杆做上、下摆动，当出现最小读数值时即转动百分表面将刻度调至零位；另一种是将百分表倾斜放入标准套规中，百分表杆做上、下摆动，出现最小读数值时转动表面将刻度调至零位 d. 将调整好零位的内径百分表倾斜放入工件内孔中，测量杆慢慢做上、下摆动，如图 4.254 所示，其最小读数值即是内孔的实际尺寸 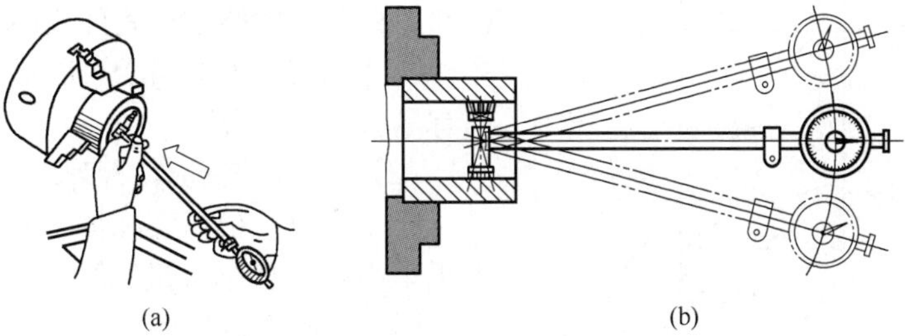 (a)　　　　　　　　　　　　　　　　　(b) 图 4.254　内径百分表测量孔径

序号	测量内孔尺寸	特点和作用
4	用内径千分尺测量	使用内径千分尺测量时，应将千分尺在孔内摆动，如图4.255所示，找出径向最大尺寸和轴向最小尺寸，两尺寸重合，就是孔的实际尺寸 图4.255　内径千分尺测量孔径

经验总结

① 中滑板进、退刀方向与车外圆相反。

② 用内卡钳测量时，两脚连线应与孔径轴心线垂直，并在自然状态下摆动，否则其摆动量不准确，会出现测量误差。

③ 用塞规测量孔径时，应保持孔壁清洁，否则会影响塞规测量。

④ 当孔径温度较高时，不能用塞规立即测量，以防工件冷缩把塞规"咬住"。

⑤ 用塞规检查孔径时，塞规不能倾斜，以防造成孔小的错觉，把孔径车大。相反，在孔径小的时候，不能用塞规硬塞，更不能用力敲击。

⑥ 在孔内取出塞规时，应注意安全，防止与内孔车刀碰撞。

⑦ 车削铸铁内孔至接近孔径尺寸时，不要用手去摸，以防增加车削困难。

⑧ 精车内孔时，应保持刀刃锋利，否则容易产生让刀（因刀杆刚性差），把孔车成锥形。

⑨ 车小孔时，应注意排屑问题，否则由于内孔切屑阻塞，造成内孔车刀严重扎刀而把内孔车废。

4.14.7　车台阶孔的步骤

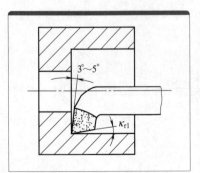

图4.256　内偏刀的装夹要求

（1）内孔刀的装夹

车台阶孔时，内孔车刀的装夹除了刀尖应对准工件中心和刀杆尽可能伸出短些外，内偏刀的主切削刃应和平面成 $3°\sim5°$ 的夹角，如图4.256所示；在车削内平面时，要求横向有足够的退刀余地。

（2）车台阶孔的详细步骤

粗车台阶孔根据实际加工要求氛围车小孔和车大孔。其中粗车小孔留精车余量 $0.3\sim0.5mm$，车小孔的方法与车通孔相同，在此不再赘述；精车小孔至要求尺寸，试切尺寸用内卡钳和塞规检查，符合要求后，纵向机动进给精车内孔。

内孔尺寸用塞规检查，表面粗糙度用目测检查。

粗车大孔，留精车余量 0.3～0.5mm，孔深可车至要求尺寸。其操作步骤如下，见表 4.56。

表 4.56　车台阶孔的操作步骤

序号	车削步骤	详细说明	操作类型
1	调整刻度	开动机床，用内孔车刀车端面并将小滑板刻度调至零位，同时将床鞍刻度调至零位。粗车用床鞍刻度盘控制，精车用小滑板刻度盘控制	
2	内孔车刀刀尖与孔壁相接触	移动床鞍和中滑板，使刀尖与孔壁相接触，车刀纵向退出，将中滑板刻度调至零位	
3	粗车台阶孔	移动中滑板，调整粗车切削深度，试切符合要求后，纵向机动进给粗车孔。当床鞍刻度接近孔深时，机动进给停止，用手动继续进给至刀尖切入内孔阶台面时，停止进给。摇动中滑板手柄，横向进给车台阶孔内端面，如图 4.257 所示 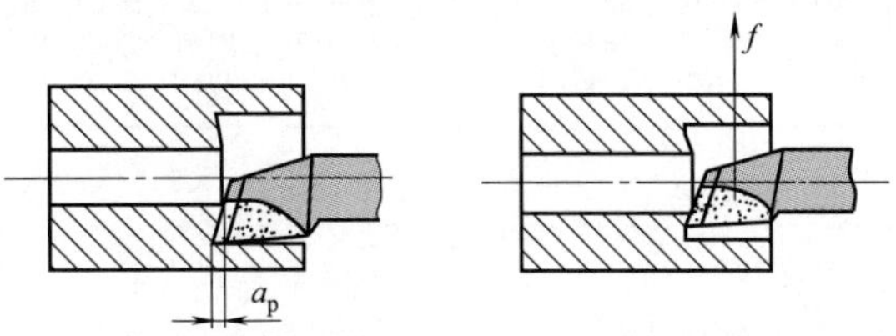 (a) 刀尖切入内端面　　(b) 横向进给车内端面 图 4.257　粗车台阶孔内端面	粗车台阶孔
4	测量内孔尺寸	台阶孔深度用游标深度卡尺测量，测量时将卡尺基座端面与工件端面靠平，尺身沿着孔壁移动，当尺身端面与内孔阶台面轻微接触就读出深度的读数值。深度游标卡尺读数方法与一般游标卡尺完全相同 　　测量后如尺寸未达到所要求值，应记下数值，然后用小滑板控制车台阶孔内端面的切削深度，例如，内孔深度实测比名义尺寸减小 0.10mm，如小滑板刻度每格为 0.05mm，则将小滑板前进 2 格就可将孔深切至要求尺寸，另外也可采用刻线和安放限位来控制车孔长度的方法。粗车时通常采用刀杆上刻线痕作记号（图4.258），或安放限位铜片，如图 4.258（b）所示，以及用床鞍刻度盘的刻线来控制等。精车时还需用钢直尺、游标深度尺等量具重新测量车削至尺寸 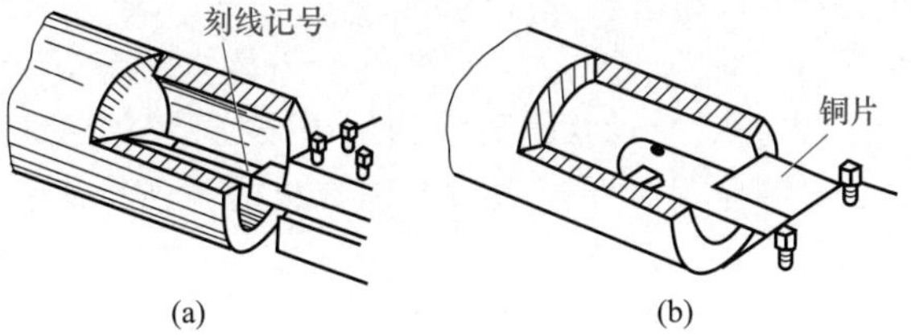 刻线记号　　　　铜片 (a)　　　　　　(b) 图 4.258　控制车孔长度的方法	
5	精车台阶孔	精车大孔，试切尺寸正确后纵向机动进给车内孔。当床鞍刻度值接近孔深时机动进给停止，手动继续进给至刀尖与内阶台面微量接触后稍向后退，停车，将车刀退出。如图 4.259 所示 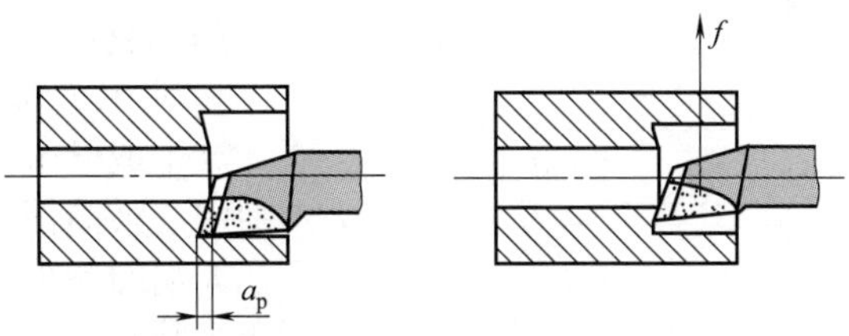 (a) 刀尖切入内端面　　(b) 横向进给车内端面 图 4.259　精车台阶孔内端面	精车台阶孔

续表

序号	车削步骤	详细说明	操作类型
6	退出车刀	摇动中滑板手柄，使刀尖刚好离开孔壁，然后摇动床鞍手轮，将车刀退出，如图4.260所示 图4.260 退出车刀	精车台阶孔
7	倒去锐边	用内孔车刀倒去孔口锐边	
8	测量内孔尺寸	如果孔径尺寸尚未车到，中滑板应在上一次刻度的基础上调整，然后再通过试切削将内孔精车至要求尺寸。测量内孔常用方法是用内卡钳与千分尺配合测量，或用内径百分表、游标卡尺和内径千分尺测量	

经验总结

① 车直径较小的台阶孔时，由于直接观察困难，尺寸精度不易掌握，所以通常采用先粗、精车小孔，后粗、精车大孔的方法进行。

② 车大的台阶孔时，在视线不受影响的情况下，通常采用先粗车大孔和小孔，后精车大孔和小孔的方法进行。

③ 车孔径大小悬殊的台阶孔时，最好采用主偏角小于90°（85°～88°）的刀先进行粗车，然后用内偏刀车至尺寸。因为直接用内偏刀车削，刀尖处于刀刃的最前端，切削时刀尖先切入工件，因其承受的切削力最大，加上刀尖本身强度差，所以容易碎裂。

④ 其次由于刀杆细长，在切削力的作用下，背吃刀量太大，容易产生振动和扎刀。

⑤ 要求内平面平直，孔壁与内平面相交处清角，并防止出现凹坑和小台阶。

⑥ 孔径应防止喇叭口和出现试刀痕迹。

⑦ 用内径百分表测量前，应首先检查整个测量装置是否正常，如固定测量头有无松动，百分表是否灵活，指针转动后是否能回到原来位置，指针转动后是否能回到原来位置，指针对准"零位"是否走动等。

⑧ 用内径百分表测量时，不能超过其弹性极限，强迫把表放入较小的内孔中，在压力作用下，容易损坏机件。

⑨ 内径表测量时，要注意百分表的读法。

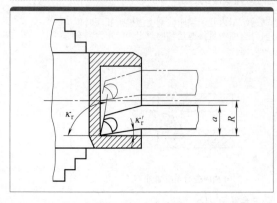

图4.261 车盲孔

4.14.8 车盲孔的步骤

（1）盲孔车刀的装夹

盲孔车刀装夹时刀尖要对准工件旋转中心，高于或低于中心都不能将孔底车平，检验刀尖中心最简便的就是用车端面的方法进行验证，如端面能车至中心，则盲孔的底面也一定能车平整，同时要检查刀尖至刀杆外侧是否小于工件半径，检查方法如图4.261所示。移动中滑板使刀尖刚好超出工件中心，检查刀杆外侧是否与孔壁相碰。

（2）车盲孔的操作步骤（表 4.57）

表 4.57　车盲孔的操作步骤

序号	车削步骤	详细说明	操作类型
1	钻孔	用比盲孔孔径小 2mm 的钻头钻孔，孔深应自钻尖算起。然后，用相同直径的平头钻将孔扩成平底，孔深留 1 ~ 2mm 余量。如图 4.262 所示 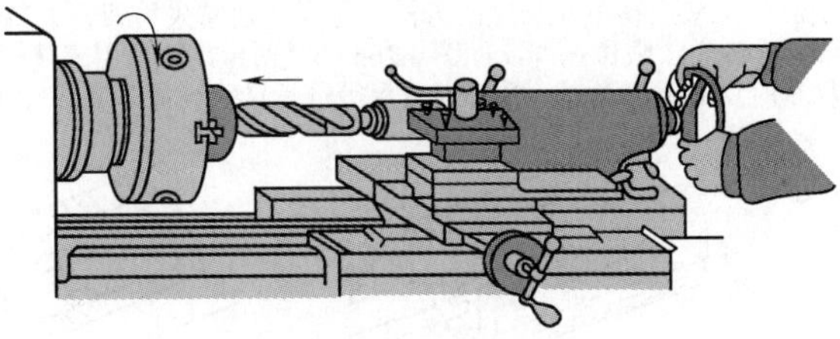 <p style="text-align:center">图 4.262　钻孔</p>	前期操作
2	车端面	中滑板横向进给，直至工件中心，退出床鞍即可。如图 4.263 所示 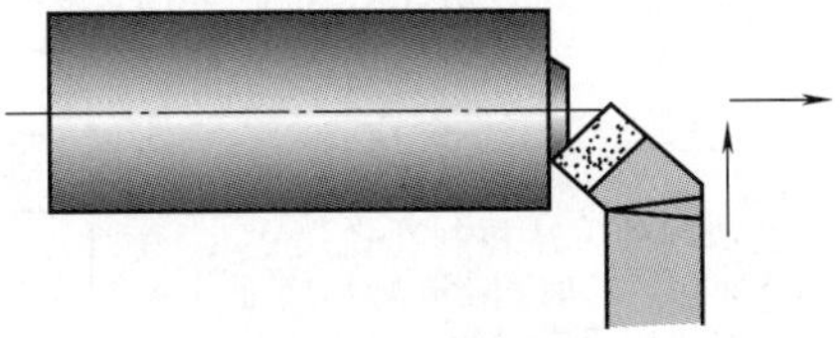 <p style="text-align:center">图 4.263　车端面</p>	
3	标记尺寸	以端面为基准测量扩孔深度，记下孔底面的加工余量	
4	调整刻度	车刀靠近工件端面，移动小滑板，使车刀刀尖与端面轻微接触，将刻度调零，同时将床鞍刻度调零	
5	内孔车刀刀尖与孔壁相接触	将车刀伸入孔内，移动中滑板，当刀尖与孔口接触时车刀纵向退出，将中滑板刻度调零	
6	粗车盲孔	用中滑板刻度值调整切削深度进行粗车盲孔。机动进给车盲孔要防止车刀与孔底面相碰撞，床鞍刻度值离孔深 2 ~ 3mm 时，应停止机动进给，改用手动继续进给。如果孔大而浅，一般车盲孔底面时能看清。反之，若孔小而深，就很难看清楚，通常要凭听觉来判断刀尖是否已切入底面，如果车削声增大，表明刀尖已切入底面。车孔底面时，如车削声消失，切削力也突然减小，就表明孔底面已车出，若再进给，就会使刀杆碰孔壁，应及时将车刀纵向退出 图 4.264 为粗车盲孔 　如果孔底面余量较多，再车第二刀时，纵向保持不动，横向中滑板向后退回至车削的起始位置，即车内孔时的刻度位。然后用小滑板刻度进给控制切削深度，第二刀的车削方法与第一刀相同。粗车盲孔，孔深留 0.2 ~ 0.3mm 作为精车余量 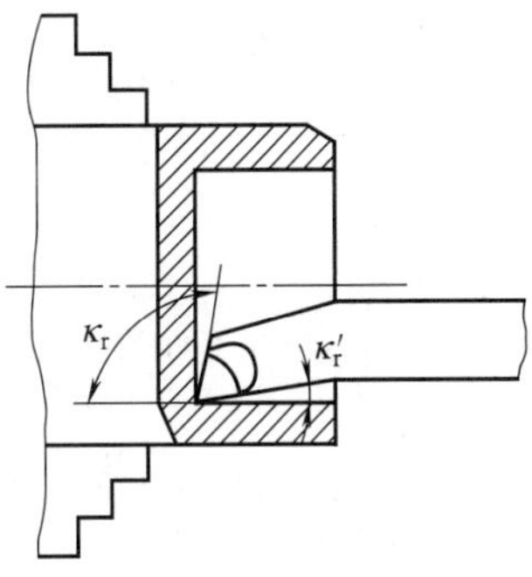 <p style="text-align:center">图 4.264　粗车盲孔</p>	粗车台阶孔

车工和数控车工从入门到精通

序号	车削步骤	详细说明	操作类型
7	测量内孔尺寸	盲孔深度用游标深度卡尺测量，测量时将卡尺基座端面与工件端面靠平，尺身沿着孔壁移动，当尺身端面与盲孔底面轻微接触就读出深度的读数值。深度游标卡尺读数方法与一般游标卡尺完全相同 测量后如尺寸未达到所要求值，应记下数值，然后用小滑板控制车台阶孔内端面的切削深度，例如，内孔深度实测比名义尺寸减小 0.10mm，如小滑板刻度每格为 0.05mm，则将小滑板向前进 2 格就可将孔切至要求尺寸，另外也可采用刻线和安放限位来控制车孔长度的方法。粗车时通常采用刀杆上刻线痕作记号［图 4.265（a）］，或安放限位铜片，如图 4.265（b）所示，以及用床鞍刻度盘的刻线来控制等。精车时还需用钢直尺、游标深度尺等量具重新测量车削至尺寸 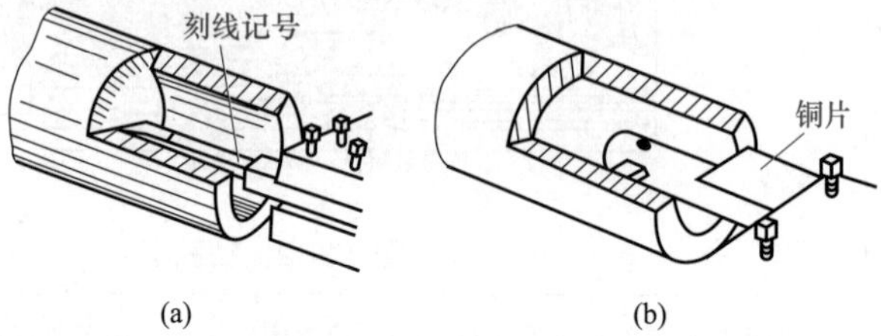 （a）　　　　　（b） 图 4.265　控制车孔长度的方法	粗车台阶孔
8	精车盲孔	精车用试切削的方法控制孔径尺寸，试切正确后纵向机动进给至离孔底面 2～3mm 时，改用手动进给，当刀尖碰到孔底面后，小滑板向前进给，使切削深度约等于底面的精车余量 　然后摇动中滑板手柄精车孔底平面，车削方法与粗车相同 　图 4.266 为精车盲孔 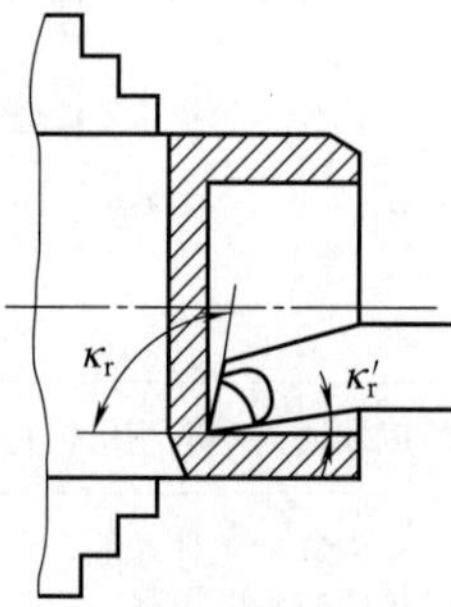 图 4.266　精车盲孔	
9	退出车刀	摇动中滑板手柄，使刀尖刚好离开孔壁，然后摇动床鞍手轮，将车刀退出，如图 4.267 所示 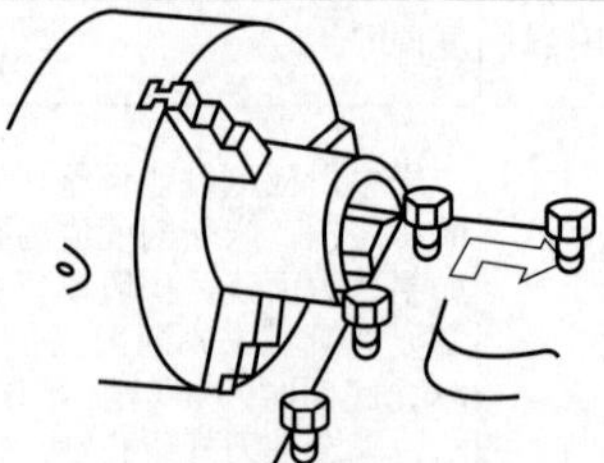 图 4.267　退出车刀	精车台阶孔
10	倒去锐边	用内孔车刀倒去孔口锐边	
11	测量内孔尺寸	盲孔尺寸的检测方法： 　a. 盲孔深度的检测方法与台阶孔相同 　b. 孔底面是否平直可用目测和手感来判断 　c. 孔径尺寸可用不通孔塞规检测，如图 4.268 所示 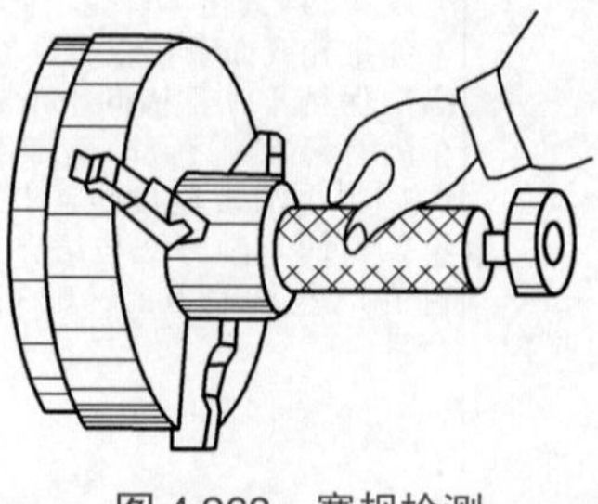 图 4.268　塞规检测	

经 验 总 结

① 在孔内取塞规时，应防止与内孔车刀碰撞。

② 精车内孔时，应保持切削刃锋利，否则易产生让刀，把孔车成锥形。

③ 孔径应防止出现喇叭口和试刀痕迹。

④ 车平底孔时，刀尖必须严格对准工件的旋转中心，否则底平面无法车平。

⑤ 车刀纵向车削至接近底平面时，应停止机动进给，用手动进给代替，以防碰撞底平面。

⑥ 由于视线受影响，车底平面时可以通过手感和听觉来判断切削情况。

⑦ 用塞规检查孔径，应开排气槽，否则会影响测量。

4.14.9 车孔的质量缺陷问题分析

车孔的质量问题、产生原因及预防措施见表 4.58。

表 4.58 车孔的质量缺陷问题分析

序号	质量问题	产生原因	预防措施
1	孔的尺寸大（精度超差）	量具误差或测量不正确	校准量具，正确、仔细测量
		车孔时，没有仔细测量	仔细测量和进行试切削
		铰孔时，铰刀尺寸大于要求，尾座偏位	检查铰刀尺寸，找正尾座，采用浮动套筒
		内孔车刀与孔壁相碰	选择合适的刀柄直径。在开机前，先把内孔车刀在孔内走一遍，检查是否相碰
		产生积屑瘤，增加刀尖长度，使孔径扩大	研磨刀面，使用切削液，并增大前角，选择合理的切削速度
		工件的热胀冷缩	加注充分的切削液
2	孔的尺寸小	在过热情况下精车，工件冷却后，内孔收缩，使孔缩小	注意冷却液的使用或等工件冷却后精车
3	内孔产生锥度	车孔时，内孔车刀磨损	修磨内孔车刀
		刀柄刚度差，产生"让刀"现象	尽量采用大尺寸的刀柄，减小切削用量
		刀柄与孔壁相碰	正确装刀
		车头轴线歪斜	检查机床精度，找正主轴轴线与床身导轨的平行度
		床身不水平，使床身导轨与主轴轴线不平行	找正机床水平
		床身导轨磨损。由于磨损不均匀，使进给轨迹与工作轴线不平行	大修车床
4	孔表面粗糙度大	车孔时，内孔车刀磨损，刀杆产生振动	修磨内孔车刀，采用刚性较大的刀杆
		刀柄细长，产生振动	加粗刀柄并降低切削速度
		内孔车刀刃磨不良，表面粗糙度值大	保证切削刃锋利，研磨车孔刀前面、后面
		铰孔时，铰刀磨损或切削刃上崩口、毛刺	修磨铰刀，刃磨后保管好，不许碰毛
		切削速度选择不当，产生积屑瘤	铰孔时，采用 5m/min 以下的切削速度，加注充分的切削液
		切削用量选择不当	适当降低切削速度，减小进给量

续表

序号	质量问题	产生原因	预防措施
4	孔表面粗糙度大	内孔车刀几何角度不合理，装刀低于工件中心	合理选择刀具角度，精车孔时装刀应略高于工件中心
5	内孔不圆（圆度超差）	孔壁薄，装夹时产生变形	选择合理的装夹方法
		轴承间隙太大，主轴颈成椭圆	大修车床，并检查主轴圆度
		工件加工余量和材料组织不均匀	增加半精车，把不均匀的余量车出，使精车余量尽量减少和均匀，对工件毛坯进行回火处理
6	同轴度、垂直度较差	用一次安装方法车削时，工件移位或机床精度不高	装夹牢固，减小切削用量，调整机床精度
		用心轴装夹时，心轴中心孔毛，或心轴车身同轴度较差	心轴中心孔应保护好，如碰毛，可研修中心孔，而心轴弯曲可校直或重制
		用软卡爪装夹时，软卡爪没有车好	软卡爪应在本机床上车出，直径与工件装夹尺寸基本相同（+0.1mm）

经验总结

薄壁零件已广泛地应用在各种机械设备中，因为它结构紧凑，质量轻，主要是用来支撑轴上的零件及起导向作用的。如图4.269所示为薄壁零件。

在薄壁工件的车削过程中，由于工件的刚性差，经常产生振动，薄壁受切削力的作用，容易产生变形，从而导致出现椭圆或中间小、两头大的"腰形"现象。另外薄壁套管由于加工时散热性差，极易产生热变形，产生尺寸和形位误差。尤其在车削不锈钢及耐热合金时，振动更为突出，工件表面粗糙度极差，刀具使用寿命缩短。下面介绍几种生产中最为简单的防振方法，见表4.59。

图4.269 薄壁零件

表4.59 车削薄壁工件的防振措施

序号	薄壁零件的加工区域	防振措施
1	不锈钢空心细长管工件的外圆	在车削不锈钢空心细长管工件的外圆时，孔内可灌满木屑并塞紧，在工件两头再同时塞上夹布胶木堵头，然后把跟刀架上的支撑爪换成夹布胶木材料的支撑爪，修正好所需的圆弧即可进行不锈钢空心细长杆的车削加工，这种简易的方法可有效地防止空心细长杆在切削加工中的振动和变形
2	耐热（高镍铬）合金薄壁工件内孔	在车削耐热（高镍铬）合金薄壁工件内孔时，由于工件刚性差，刀杆细长，在切削过程中产生严重的共振现象，极易损坏刀具，产生废品。如果在工件的外圆上缠上橡胶条、海绵等减振材料，就可有效地达到防振的作用
3	耐热合金薄壁套类工件外圆	在车削耐热合金薄壁套类工件外圆时，由于耐热合金切削抗力大等综合因素，在切削时极易产生振动和变形，如果采用在工件孔内塞上橡胶、棉丝等杂物，然后用两端面顶紧装夹方法就可有效地防止切削加工中的振动和工件变形，可加工出优质的薄壁套类工件

4.15 铰孔

4.15.1 铰孔概述
4.15.2 铰刀的结构
4.15.3 铰刀的种类
4.15.4 铰刀的装夹
4.15.5 铰孔的切削参数准备
4.15.6 铰通孔的操作步骤
4.15.7 铰不通孔的操作步骤
4.15.8 铰孔质量缺陷问题分析

4.16 车削内沟槽

4.16.1 车削内沟槽概述
4.16.2 车窄内沟槽的操作步骤
4.16.3 车宽内沟槽
4.16.4 车梯形或圆弧沟槽

扫二维码阅读 4.15—4.16

4.17 车削三角形螺纹

三角螺纹车削

三角螺纹六十度，杆件垂直不能忘；
刀具对轴需注意，若高若低坏形状；
车削螺纹按步骤，转速螺距第一样；
开合螺母及时闭，分清进与退方向；
车削螺纹先退刀，反车反向来去往；
善用样板对角度，车出螺纹好模样。

4.17.1 螺纹概述

在机械加工中，螺纹是在一根圆柱形的轴上（或内孔表面）用刀具或砂轮切成的，此时工件旋转，刀具沿着工件轴向移动一定的距离，刀具在工件上切出的痕迹就是螺纹。在外圆表

241

面形成的螺纹称外螺纹；在内孔表面形成的螺纹称内螺纹。

（1）螺纹的作用

在各种机器上都普遍有螺纹零件，螺纹在机器中大体有以下三种用途，见表4.60。

表4.60　螺纹的作用

序号	螺纹的作用	详细说明
1	紧固和连接	如图4.270所示，螺纹可作为紧固和连接零件用，如各种管接头，都是内、外螺纹配合使用的  图4.270　紧固和连接
2	传递动力	如图4.271所示，螺纹可作为传递动力和改变运动形式用，常见螺纹传递形式是丝杠 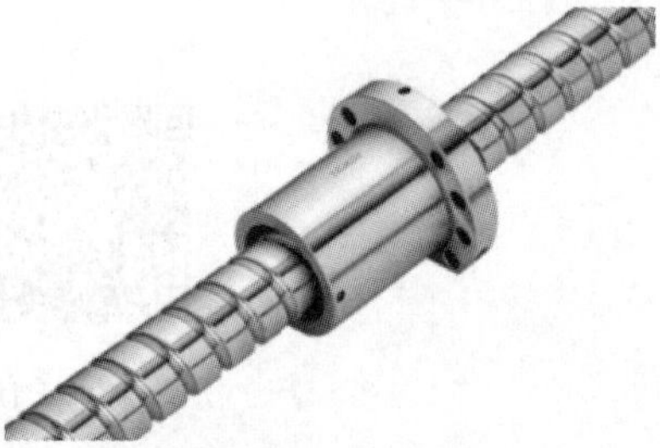 图4.271　传递动力
3	调节和测量	如图4.272所示，螺纹可作为调节和测量用，比如千分尺进行粗量的微分筒和微调的测力装置，都是通过内部的精密螺纹实现的 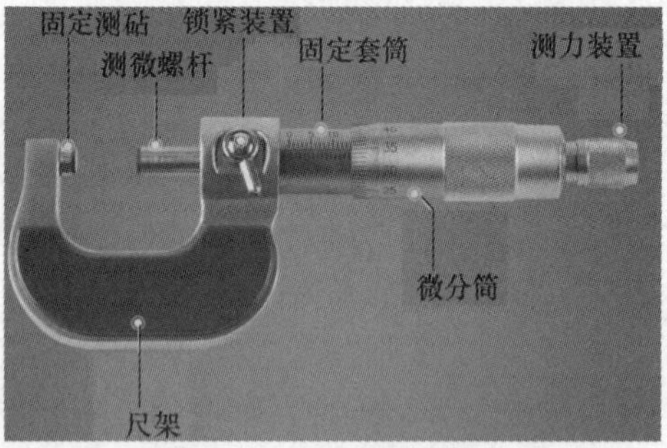 图4.272　调节和测量

（2）螺纹的分类（表4.61）

（3）螺纹的车削原理

车床上加工螺纹叫车螺纹。它的切削原理是：当工件旋转一周，车刀必须移动一个螺距的距离。螺距是根据工件要求确定的，它通过丝杠左端的交换齿轮来实现。在无进给箱车床上车螺纹中的传动系统与交换齿轮啮合情况如图4.277所示。其中，图4.277（a）为车螺纹传动系统，图4.277（b）为交换齿轮啮合情况，图4.277（c）为车外螺纹的情况。

表 4.61　螺纹的分类

序号	分类标准	详细说明
1	用途	螺纹按用途可分为连接螺纹和传动螺纹，如图 4.273 所示 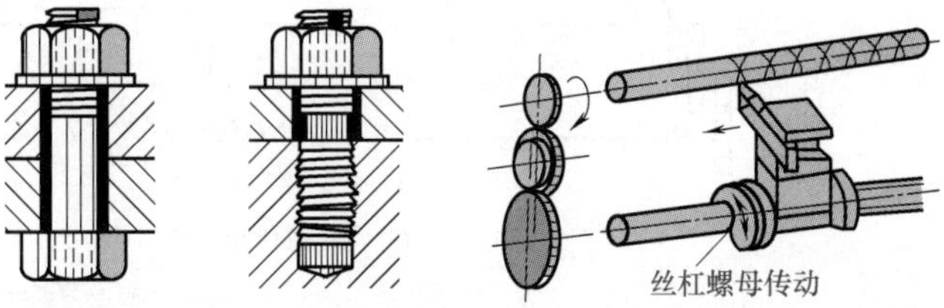 (a) 连接螺纹　　　　　(b) 传动螺纹 图 4.273　螺纹按用途分类
2	牙型	按牙型可分为三角形螺纹、管螺纹、圆形螺纹、矩形螺纹、梯形螺纹和锯齿形螺纹等，如图 4.274 所示 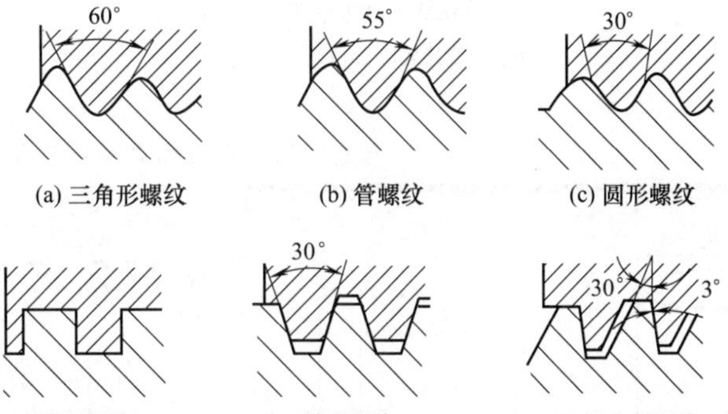 (a) 三角形螺纹　　(b) 管螺纹　　(c) 圆形螺纹 (d) 矩形螺纹　　(e) 梯形螺纹　　(f) 锯齿形螺纹 图 4.274　螺纹按牙型分类
3	螺旋线方向	螺纹按螺旋线方向可分为右旋和左旋螺纹，如图 4.275 所示 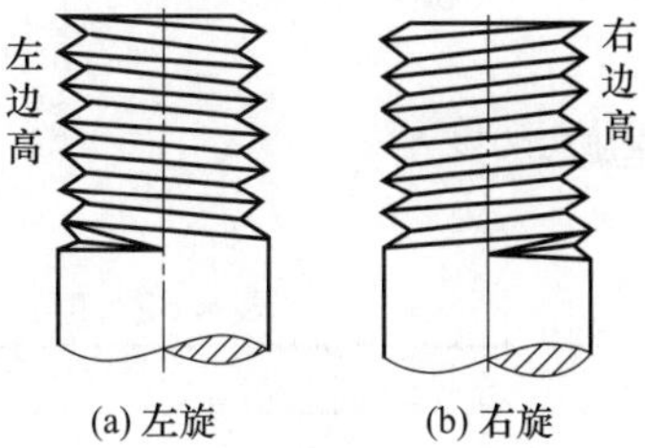 (a) 左旋　　　　(b) 右旋 图 4.275　螺纹按螺旋线方向分类
4	母体形状	螺纹按母体形状可分为圆柱螺纹和圆锥螺纹等，如图 4.276 所示 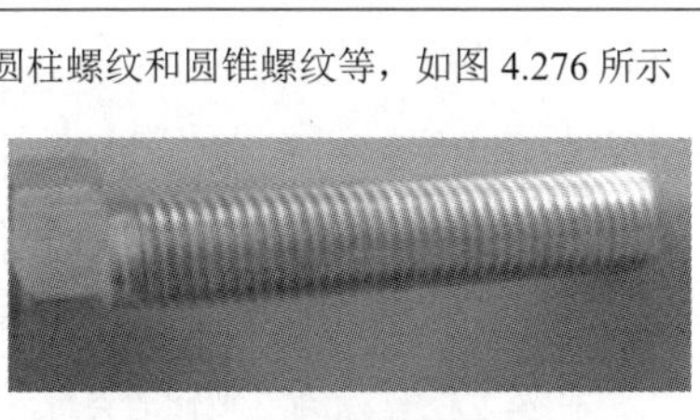 (a) 圆柱螺纹 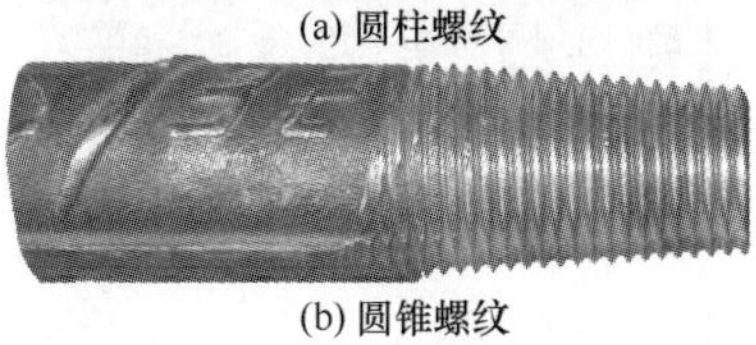 (b) 圆锥螺纹 图 4.276　螺纹按母体形状分类

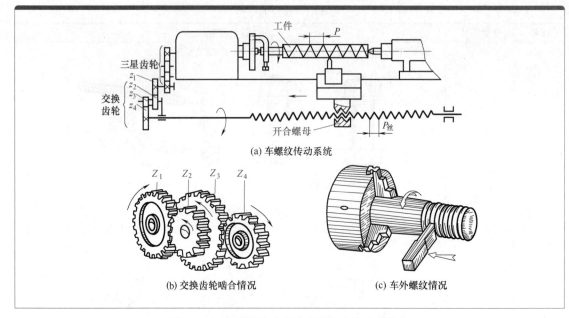

(a) 车螺纹传动系统

(b) 交换齿轮啮合情况

(c) 车外螺纹情况

图 4.277　车螺纹传动系统和交换齿轮啮合情况

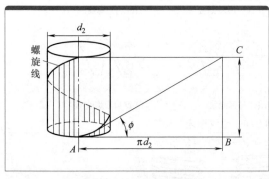

图 4.278　螺旋线的形成

4.17.2　三角形螺纹知识

作为车削最基础的螺纹便是三角螺纹，车削螺纹的操作有一定规律。

（1）螺旋线的形成

直角三角形 ABC 围绕圆柱 d_2 旋转一周，斜边 AC 在圆柱表面上所形成的曲线，就是螺旋线。如图 4.278 所示。

（2）螺纹术语（表 4.62）

表 4.62　螺纹术语

序号	螺纹术语	详细说明
1	螺纹	在圆柱或圆锥表面上，沿着螺旋线所形成的具有规则牙型的连续凸起称为螺纹。如图 4.279 所示 图 4.279　螺纹
2	牙型角（α）	在螺纹牙上，相邻牙侧间的夹角，称牙型角。如图 4.280 所示。螺纹不但要求牙型角正确，还要求牙型半角（$\alpha/2$）相等 图 4.280　牙型角（α）

序号	螺纹术语	详细说明
3	螺纹直径	如图 4.281 所示，各部分含义如下 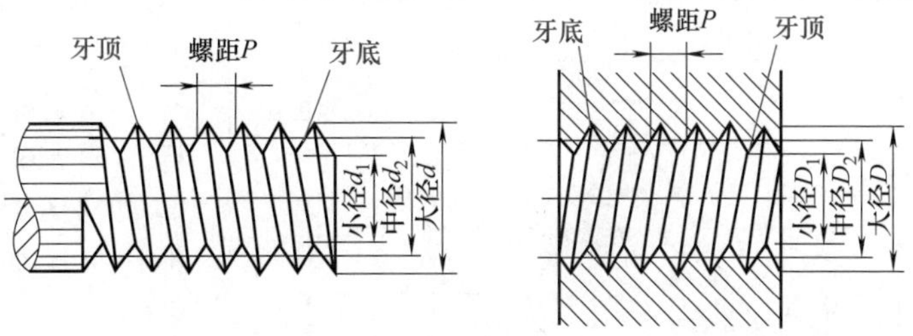 (a) 外螺纹　　　(b) 内螺纹 图 4.281　螺纹直径 公称直径：代表螺纹尺寸的直径，指螺纹大径的基本尺寸 外螺纹大径（d）：亦称外螺纹顶径 内螺纹大径（D）：亦称内螺纹底径 $d=D$ 外螺纹小径（d_1）：亦称外螺纹底径 内螺纹小径（D_1）：亦称内螺纹孔径 中径：中径是一个假想圆柱或圆锥的直径，该圆柱或圆锥的母线通过牙型上沟槽和凸起宽度相等的地方。同规格的外螺纹中径 d_2 和内螺纹中径 D_2 公称尺寸相等
4	螺距（P）	相邻两牙在中径线上对应点间的轴向距离叫螺距。如图 4.281 所示
5	牙型高度（h）	在螺纹牙型上，牙顶到牙底之间，垂直于螺纹轴线方向上的距离。如图 4.282 所示 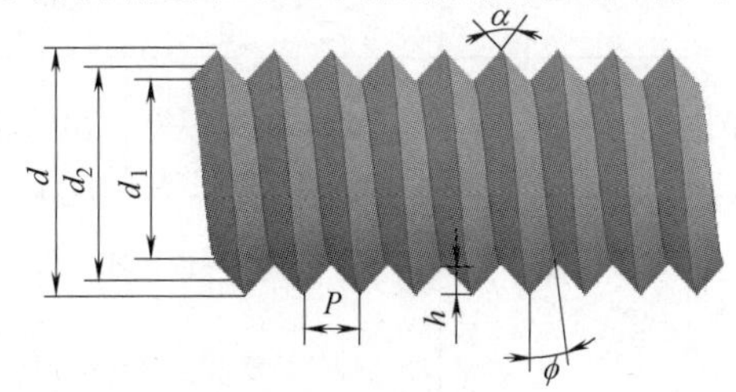 图 4.282　牙型高度（h）
6	螺纹升角（ϕ）	在中径圆柱或中径圆锥上，螺旋线的切线与垂直于螺纹轴线的平面之间的夹角，称为螺纹升角。如图 4.283 所示 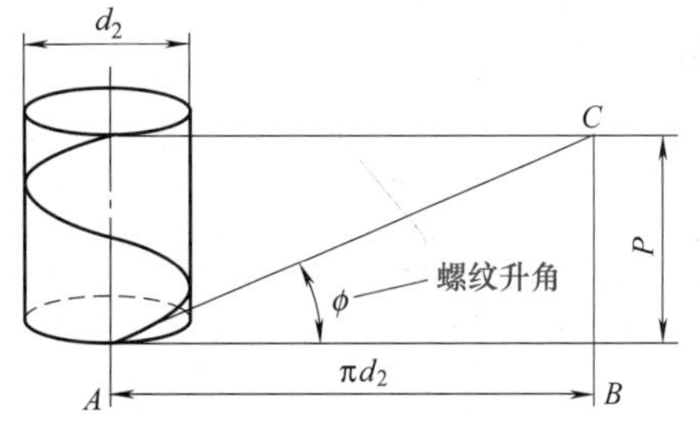 图 4.283　螺纹升角（ϕ） 螺纹升角可按下式计算： $$\tan\phi=\frac{P}{\pi d_2}$$ 式中　ϕ——螺纹升角； 　　　P——螺距，mm； 　　　d_2——中径，mm

（3）普通三角形螺纹尺寸计算

普通三角形螺纹是我国应用最广泛的一种螺纹，牙型角为60°。

三角形螺纹分粗牙螺纹和细牙螺纹，粗牙普通螺纹标记用字母"M"和公称直径表示，如M16、M18等。M6～M24是生产中经常应用的三角形螺纹，它们的螺距应该熟记。

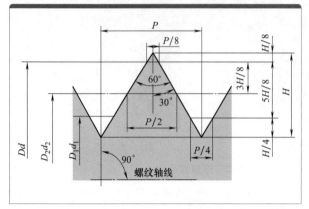

图4.284　普通三角形螺纹基本牙型

左旋螺纹在代号末尾加注"LH"字样。如M6LH、M16×1.5LH等。未注明的如M16×1.5为右旋螺纹。左旋螺纹在标记末尾加"左"字，未注明的为右旋螺纹。

细牙螺纹与粗牙普通螺纹不同的是，当公称直径相同时，螺距比较小。细牙螺纹标记用字母"M"及公称直径×螺距表示，如M20×1.5、M10×1等。

三角形螺纹基本牙型如图4.284所示。

三角形螺纹主要尺寸计算方法如表4.63所示。

表4.63　三角形螺纹主要尺寸计算方法

序号	螺纹术语	详细说明
1	螺纹的公称直径（d、D）	指螺纹大径的基本尺寸
2	原始三角螺纹高度（H）	$H=\dfrac{P}{2}\cot\dfrac{\alpha}{2}=\dfrac{P}{2}\cot30°=0.866P$
3	螺纹中径（d_2、D_2）	$d_2=D_2=d-2\left[\dfrac{3}{8}H\right]=d-0.6495P$
4	削平高度	外螺纹牙顶和螺纹牙底均在$\dfrac{H}{8}$处削平 外螺纹牙底和内螺纹牙顶均在$\dfrac{H}{4}$处削平
5	牙型高度（h）	$h=H-\dfrac{H}{8}-\dfrac{H}{4}=\dfrac{5}{8}H=\dfrac{5}{8}×0.866P=0.5413P$

4.17.3　螺纹车刀的安装

螺纹车刀的安装有两个要求，见表4.64。

表4.64　螺纹车刀的安装要求

序号	安装要求	详细说明
1	安装高度	如图4.285所示，要求刀尖上表面与轴线等高。可以以后顶尖为参照对象来进行调整 图4.285　安装高度

序号	安装要求	详细说明
2	伸出长度	如图 4.286 所示，伸出的长度一般为 20 ～ 50mm，约为刀杆厚度的 1.5 倍  图 4.286　伸出长度

4.17.4　螺纹车刀的对刀

螺纹的加工也有精密度和粗糙度的要求，因此，对于对刀就有了不同的要求，主要有以下三种方式：一般对刀方式（最常用）、车削较为精密的螺纹的对刀方式和车削很精密螺纹的对刀方式，见表 4.65。

表 4.65　螺纹车刀的对刀

序号	螺纹车刀的对刀	详细说明
1	一般对刀方式	正确刃磨螺纹车刀几何角度后，装夹螺纹车刀时要用对刀样板校正车刀，如图 4.287 所示。否则会因为车刀装夹时的左右歪斜造成螺纹半角误差，影响螺纹加工精度，如图 4.288 所示 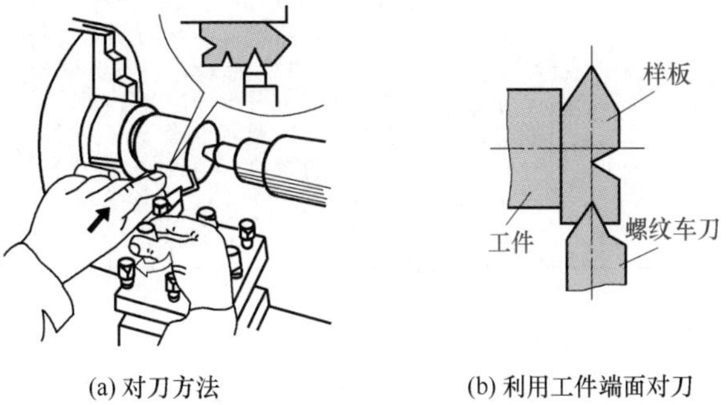 (a) 对刀方法　　　　　(b) 利用工件端面对刀 图 4.287　装夹螺纹车刀 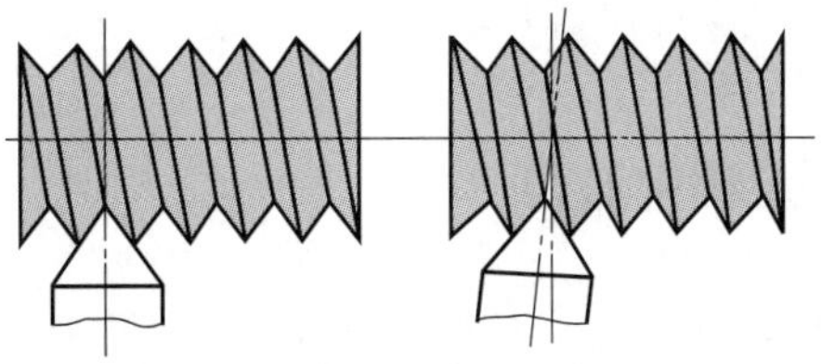 (a) 正确安装牙型正确　　(b) 错误安装牙型歪斜 图 4.288　螺纹车刀安装对牙型角的影响

序号	螺纹车刀的对刀	详细说明
2	较为精密的螺纹	车削较为精密的螺纹，在对刀时可将图 4.289 中的对刀样板加厚，并在其后面做出一个 V 形面。使用时以 V 形面作为基准面，将其跨到工件上，这样使螺纹车刀的刀尖准确地落入角度样板的槽中，校正螺纹车刀的位置。制作该对刀样板时，注意使对刀槽中线（两半角相等）垂直于 V 形块上的 V 形面 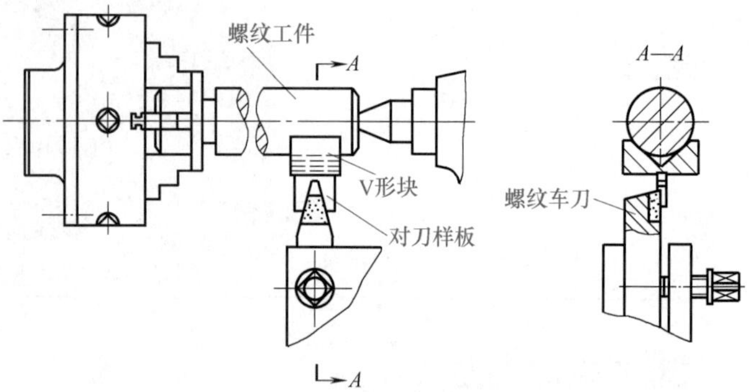 图 4.289　使用 V 形面对刀样板矫正车刀位置
3	很精密螺纹	车削很精密螺纹，在对刀时可使用下面的方法。它不需要使用对刀样板，而是将螺纹车刀的一个侧面作为刃磨车刀和对刀中的统一基准。螺纹车刀的侧面在平面磨床上磨出来，然后刃磨车刀的角度。这时以磨出的侧面定位，并用标准角度块规或正弦规来校正车刀角度，这样刃磨出来的车刀刀尖角半角误差可控制在 ±5′ 以内；刃磨中，把砂轮上下运动的滑板摆成与车刀后角相等的角度，以同时将车刀的后角磨出 　　螺纹车刀角度磨出后，对刀时在床鞍上放上千分表，千分表测量杆与车刀侧面（基准面）接触（图 4.290），摇动中滑板，观察千分表读数，并调整车刀侧面，直至表针无摆动为止，这样车刀位置就准确了。利用这种对刀方法，车削的螺纹半角误差可控制在 ±10′ 以内 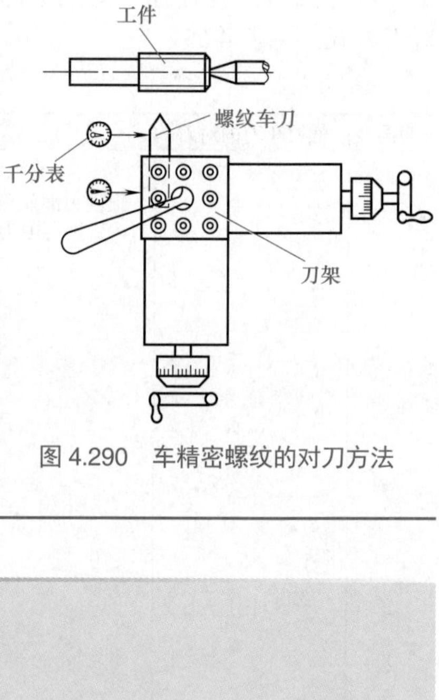 图 4.290　车精密螺纹的对刀方法

经验总结

① 螺纹车刀刀尖必须与工件旋转中心等高。
② 刀尖角的平分线必须与工件轴线垂直。

4.17.5　车削过程中对刀

车螺纹过程中的对刀，主要是部分牙已经车削出来，但是刀具磨损或损坏，需拆下修磨或换刀，再重新装刀时，往往刀尖位置不在原来的螺旋槽中，如继续车削就会乱牙，这时需将刀尖调整到原来的螺旋槽中才能继续车削，这一过程称为对刀。对刀方法可分为静态对刀法和动态对刀法两种，见表 4.66。

表 4.66　车削过程中对刀

序号	车削过程中对刀	详细说明
1	静态对刀法	主轴慢速正转，闭合开合螺母，当刀尖接近螺旋槽时停车。注意：主轴不可倒转。移动中、小滑板将螺纹车刀刀尖移至螺旋槽的中间，如图 4.291 所示，然后记取中滑板刻度值后退出。由于静态对刀法凭目测对刀有一定误差，适用于粗对刀 图 4.291　静态对刀法
2	动态对刀法	精对刀一般采用动态对刀法，对刀时车刀在运动中进行，如图 4.292 所示 　动态对刀的操作方法如下：主轴慢速正转，闭合开合螺母；移动中、小滑板，将螺纹车刀刀尖对准螺纹槽中间，或根据车削需要将其中一侧切削刃与需要切削的螺纹斜面轻轻接触，有极微量切屑时，即记取中滑板刻度值后，退出车刀；动态对刀时，要眼明手快、动作敏捷而准确，在一至二次行程中使车刀对准 图 4.292　动态对刀法

4.17.6　交换齿轮的使用

　　车刀装好后，对机床进行调整，根据工件螺距的大小，查找车床标牌，调整进给箱手柄位置，脱开光杠进给机构，改由丝杠传动。选择较低的主轴转速，调整横溜板导轨间隙和小刀架丝杠与螺母的间隙。低速车削螺纹时可使用冷却液。图 4.293 为交换齿轮。

　　装卸齿轮前应切断机床电源，并将齿轮换向手柄放在空挡位置，以确保人身安全。

　　交换齿轮的组合方法和装卸步骤如表 4.67 所示。

图 4.293　交换齿轮

表 4.67　交换齿轮的使用

序号	使用步骤	详细说明
1	查阅进给箱铭牌	如图 4.294 所示，根据所加工的螺距查阅进给箱铭牌，调整进给箱手柄位置和选用齿轮 图 4.294　进给箱铭牌

续表

序号	使用步骤	详细说明	
2	装卸齿轮	交换齿轮组合有两种类型，一种是单式，另一种是复式 单式组合步骤如下： a. 敞开交换齿轮箱观察齿轮的排列程序及大致结构 b. 卸下上、中、下各轴上的螺母、垫圈和齿轮，擦干净后集中放置以防丢失 c. 略旋松扇形板上螺母 d. 齿轮、轴、套加油润滑后，按铭牌规定的齿轮组合程序，分别装上、下两轴上，用垫圈和螺母锁紧。中轴上装上规定齿轮和垫圈、螺母并锁紧，如图 4.295 所示 e. 移动中轴，使中、下两轴上的齿轮啮合，并锁紧中轴 f. 转动扇形板使上、下两轴上的齿轮啮合，并锁紧扇形板 齿轮的复式组合基本上与单式相同，不同的是，中轴上装有两只齿轮，分别与上、下两轴上的齿轮啮合 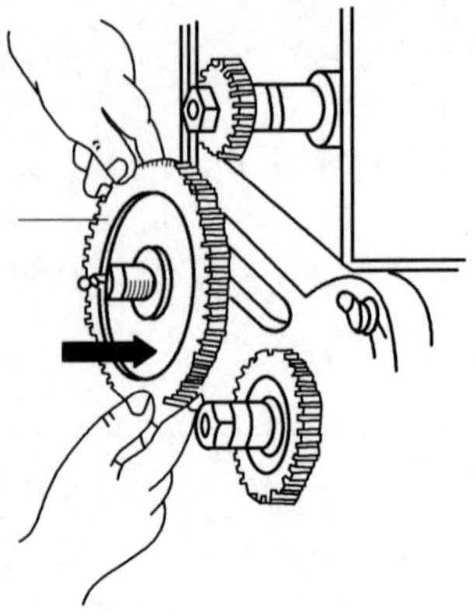	 图 4.295 安装中轴上的齿轮	
3	检查齿轮啮合的松紧程度	齿轮啮合应使齿侧留有 $0.1 \sim 0.2$ mm 的间隙，啮合太紧传动时会产生很大的噪声和损坏齿轮，太松会使齿轮传动不平稳，影响速比的准确性。检查齿轮啮合的方法有以下两种： a. 不开机检查。将齿轮换向手柄放在工作位置，用手转动卡盘，同时目测齿轮中径啮合程度，或如图 4.296 所示用手正反转动中间齿轮，观察和感觉齿轮啮合的间隙。如齿轮有一定的啮合间隙，就表明啮合正常 b. 开机检查。接通电源，主轴慢速运转，如齿轮运转有噪声，应关闭机床电源重新调整齿轮的啮合间隙 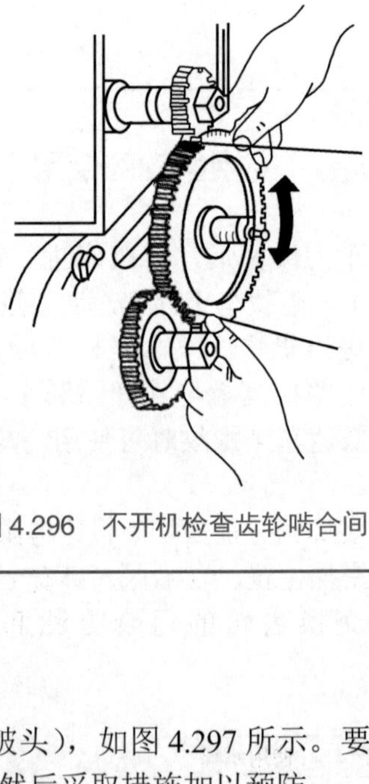	 图 4.296 不开机检查齿轮啮合间隙	

4.17.7 乱扣的产生及预防

在车床上车削螺纹时，有些螺纹在车削时会产生乱扣（破头），如图 4.297 所示。要解决这个问题，必须对产生乱扣的原因进行分析，了解它的规律，然后采取措施加以预防。

（1）乱扣的概念

在车削螺纹时，一般都要分几次工作行程才能车削到所需要的尺寸精度。当一次工作行程完毕后，快速把车刀退出，迅速拉开开合螺母，使之脱离丝杠，并把车刀退回原来位置，使车刀在下一次进给时能切入原来的螺旋槽内。但是，有时在第二次工作行程时，车刀刀尖已不在第一次工作行程的螺旋槽内，而是偏左、偏右或在牙顶中间，结果把螺纹车乱，称为乱扣，如图 4.298 所示。

（2）产生乱扣的原因

产生乱扣的原因主要是，当车床丝杠转过 1 转，工件未转过整转数而造成的。现用下面实例来说明，见表 4.68。

图 4.297　乱扣的螺纹

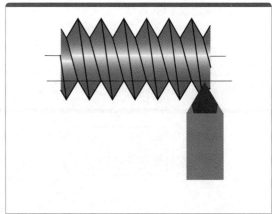

图 4.298　车刀刀尖不在第一次工作行程的螺旋槽内

表 4.68　乱扣的原因

乱扣计算公式	$$i=\frac{P_{工}}{P_{丝}}=\frac{n_{丝}}{n_{工}}=\frac{z_1}{z_2}$$ 式中　$n_{工}$——工件转数； 　　　$n_{丝}$——丝杠转数； 　　　$P_{工}$——工件螺距； 　　　$P_{丝}$——丝杠螺距； 　　　z_1——主动配换齿轮齿数； 　　　z_2——被动配换齿轮齿数
示例 1	车床丝杠螺距 6mm，车削螺纹为 4mm、8mm、12mm 三种螺纹，问它们是否会乱扣？ 解：代入公式得： ① $$i=\frac{4}{6}=\frac{1}{1.5}=\frac{n_{丝}}{n_{工}}$$ 即丝杠转 1r 时，工件转了 1.5r。如果在第二次工作行程时，它的刀尖正好切在牙顶处 ② $$i=\frac{8}{6}=\frac{1}{0.75}=\frac{1}{3/4}=\frac{n_{丝}}{n_{工}}$$ 即丝杠转 1r 时，工件转 3/4r。如果在第二次工作行程时，它的刀尖切入 3/4 牙处 ③ $$i=\frac{12}{6}=\frac{2}{1}=\frac{1}{0.5}=\frac{n_{丝}}{n_{工}}$$ 即丝杠转 1r 时，工件转了 0.5r。如果在第二次工作行程时，它的刀尖也正好切在牙顶处 从上面例子中可得出结论：当丝杠转 1r，而工件不是转整数转时，车刀就切在牙部，即产生了乱扣
示例 2	如果在同样一台车床上，车床丝杠螺距 6mm，车削螺纹为 6mm、3mm、1.5mm 三种螺纹，问它们是否会乱扣？ 解：代入公式得： ① $$i=\frac{6}{6}=\frac{1}{1}=\frac{n_{丝}}{n_{工}}$$ 即丝杠转 1r 时，工件也是转 1r，只要把开合螺母按下，刀尖总是在原来的螺旋槽内，不会乱扣 ② $$i=\frac{3}{6}=\frac{1}{2}=\frac{n_{丝}}{n_{工}}$$ 即丝杠转 1r 时，工件转过 2r，同样不会产生乱扣 ③ $$i=\frac{1.5}{6}=\frac{1}{4}=\frac{n_{丝}}{n_{工}}$$ 即丝杠转 1r 时，工件转过 4r，也不会乱扣 因此，从上面例子中又可得出结论：当丝杠转 1r 时，工件转数是整数时，不会产生乱扣。也就是说，丝杠螺距是工件螺距整数倍时，不会产生乱扣

（3）预防乱扣的方法

预防车螺纹时乱扣的方法常用的是开倒顺车法。开倒顺车防止乱扣的方法是每一次工作行程以后，立即横向退刀，不提起开合螺母，开倒车，使车刀退回原来的位置，再开顺车，进行下一次工作行程，这样反复来回车削螺纹。因为车刀与丝杠的传动链没有分离过，车刀始终在原来的螺旋槽中倒顺运动，这样就不会产生乱扣。其操作方法如图 4.299 所示。

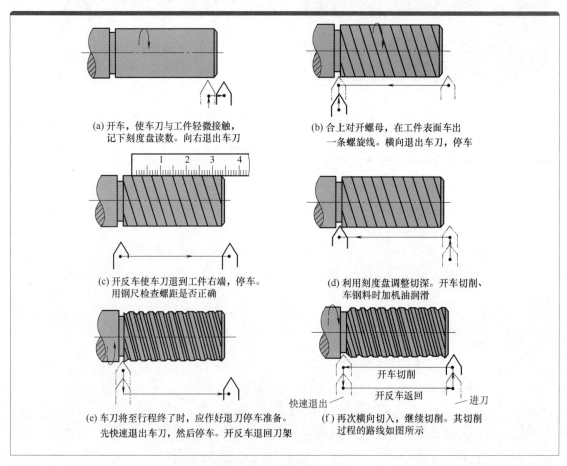

(a) 开车，使车刀与工件轻微接触，
记下刻度盘读数。向右退出车刀

(b) 合上对开螺母，在工件表面车出
一条螺旋线。横向退出车刀，停车

(c) 开反车使车刀退到工件右端，停车。
用钢尺检查螺距是否正确

(d) 利用刻度盘调整切深。开车切削、
车钢料时加机油润滑

(e) 车刀将至行程终了时，应作好退刀停车准备。
先快速退出车刀，然后停车。开反车退回刀架

(f) 再次横向切入，继续切削。其切削
过程的路线如图所示

图 4.299　预防乱扣的方法

4.17.8　三角形螺纹车削方法

车削螺纹时，一般可采用低速切削和高速切削两种方法。低速车削螺纹可以获得较高的尺寸精度和较小的表面粗糙度 Ra 值，但生产效率很低；高速车削螺纹比低速车削螺纹生产效率可提高 10 倍以上，也可以获得较小的表面粗糙度 Ra 值，因此被广泛采用。

（1）低速车削三角形螺纹

在低速车削螺纹时，为了保持螺纹车刀的锋利状态，车刀的材料最好用高速钢制成，并且把车刀分成粗、精车刀进行加工。如图 4.300 所示，加工螺纹主要有以下几种方法，见表 4.69。

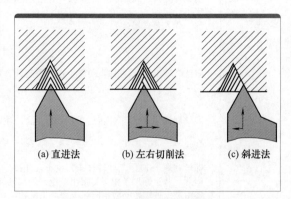

(a) 直进法　　(b) 左右切削法　　(c) 斜进法

图 4.300　车削三角螺纹的进刀方法

表 4.69　低速车削三角形螺纹

序号	车削方法	详细说明	
1	直进法	直进法车螺纹时，只利用中拖板的垂直进刀，在几次行程中车好螺纹，这种方法叫直进法车螺纹。直进法车螺纹可以得到比较正确的齿形，但车刀刀尖全部参加切削，螺纹不易车光，并且容易产生"扎刀"现象，因此只适用于螺距 $P<1mm$ 的三角形螺纹	
2	左右切削法	左右切削法车削螺纹时，除了用中拖板刻度控制螺纹车刀的垂直进给外，同时使用小拖板的刻度控制车刀左、右微量进给（借刀），这样重复切削几次行程，直至螺纹的牙型全部车好，这种方法叫做左右切削法	左右切削法和斜进法车螺纹时，因为车刀是单面切削的，所以不容易产生"扎刀"现象。精车时，选择很低的切削速度（$v<6m/min$），再加上冷却润滑液，可以获得较小的表面粗糙度 Ra 值。但是采用左右切削法时，车刀左右进给量不能过大，精车时一般要小于 0.07mm，否则，会使牙底过宽或凹凸不平
3	斜进法	斜进法在粗车时，为了操作方便，除了中拖板进给外，小拖板可先向一个方向进给。这种方法称斜进法。但精车时，必须用左右切削法才能使螺纹的两侧面都获得较小表面粗糙度 Ra 值	

经 验 总 结

① 在实际工作中，可用观察法控制借刀量，当排出切屑像锡纸一样薄时，车出的螺纹表面粗糙度 Ra 值一定很小。

② 低速车螺纹时，最好采用弹性刀杆，这种刀杆当切削力超过一定值时，车刀能自动让开，使切屑保持适当的厚度，可避免"扎刀"现象。

（2）高速车削三角形螺纹

高速车削三角形螺纹采用硬质合金车刀，采用直进法，车削速度在 50 ～ 100m/min。如果采用左右切削法，或斜进法车削，车刀只有一个切削刃工作，高速排出的切屑会拉毛另一牙侧，增大螺纹表面粗糙度值，如图 4.301 所示。

高速切削三角形螺纹，一般只需进给 3 ～ 5 次就可以完成螺纹加工，生产率高。车削不同螺距三角形螺纹的进给次数可参考表 4.70。

图 4.301　拉毛的螺纹

表 4.70　车削不同螺距三角形螺纹的进给次数

螺距 /mm		1.5 ～ 2	3	4	5	6
车削次数	粗车削	2 ～ 3	3 ～ 4	4 ～ 5	5 ～ 6	6 ～ 7
	精车削	1 ～ 2	2	2	2	2

图 4.302　车削内孔螺纹

（3）车削内孔螺纹的方法

车削内孔螺纹的方法同车削外螺纹的方法基本相同，但也有区别，就是吃刀方向和工件的形状有所不同，如图 4.302 所示。车削内螺纹时操作者是看不见切削情况的，而且退刀也有一定困难，因此切削内螺纹选择车刀时要和工件内孔相适应，刀杆的长度、粗细都应充分考虑。刀杆过长，引起振动；刀杆过细，刚性不够；而刀杆过粗又易碰伤螺纹甚至不能车削。在选择刀杆时，从刀头算起要有工件螺纹螺距的 2 ～ 3 倍间隙，刀杆长度应比实际螺纹车削长度长出 5 ～ 10mm，便于退刀。

车削内螺纹之前，先摇动大拖板检查刀杆是否有受阻碍的地方，以及刀杆是否够长，然后在刀杆上做一记号，表示螺纹加工长度，或者对好大拖板刻度。当车刀切削至记号或者大拖板刻度线长度时，应左手缓车右手退出车刀，同时反车使车刀沿螺纹方向退回。缓车的目的是给退刀发出信号。"预备""退刀""反车"，这些动作都是靠双手同时做出的，尤其在使用硬质合金车刀高速车内孔螺纹时，车刀接近退刀槽就应缓车、退刀、反车，这样做既保险也不至于使操作者紧张。

4.17.9　模拟车螺纹

车螺纹有两种基本的操作方法，一种是用开合螺母车螺纹，另一种是用倒顺车车螺纹，两种方法都要熟练掌握。用开合螺母车螺纹，要求工件螺距与车床丝杠螺距成整数比，当不成整数比时，一定要用以倒顺车的方法车削，否则会使螺纹产生乱牙而报废。

（1）准备工作（表 4.71）

表 4.71　模拟车螺纹准备工作

序号	准备工作	详细说明
1	车外圆及作车螺纹的退刀标记	练习车螺纹前要先将工件外圆车圆整，并用螺纹车刀刀尖在螺纹长度的终止位置上刻出线痕，作为车螺纹时的退刀标记，如图 4.303 所示 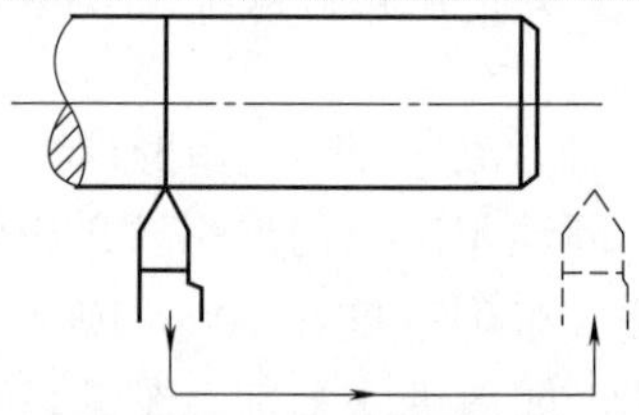 图 4.303　螺纹终止退刀线
2	调整进给箱手柄位置及交换齿轮	按螺距 $P=2$mm，查阅进给箱铭牌，调整交换齿轮和手柄位置。如图 4.304 和图 4.305 所示  图 4.304　调整交换齿轮 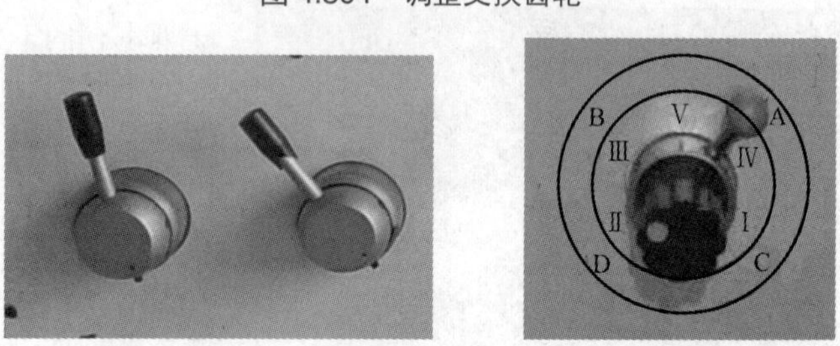 (a) 手柄形状一　　　(b) 手柄形状二 图 4.305　调整手柄位置

序号	准备工作	详细说明
3	调整主轴转速	车螺纹转速范围为 200 ～ 300r/min。开始车削时，转速应低些，以后再逐步提高
4	调整中、小滑板间隙	间隙应适当，要求手柄摇动自如，基本无间隙。如图 4.306 所示 调整滑板间隙 图 4.306　调整滑板间隙

（2）开合螺母模拟车螺纹

开合螺母模拟车螺纹的示意图如图 4.307 所示。模拟车削步骤见表 4.72。

（3）倒顺车模拟车螺纹

倒顺车模拟车螺纹的示意图如图 4.310 所示。模拟车削步骤见表 4.73。

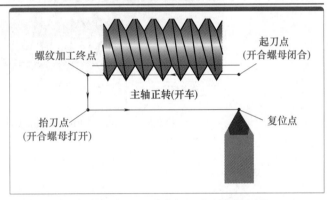

螺纹加工终点　　起刀点（开合螺母闭合）

主轴正转（开车）

抬刀点（开合螺母打开）　　复位点

图 4.307　开合螺母模拟车螺纹

表 4.72　开合螺母模拟车螺纹

序号	模拟车削步骤	详细说明
1	开机，调整初始位置	开动机床，使刀尖与工件外圆相擦，作为车螺纹的起始位置，将中滑板刻度调零位。摇动床鞍手柄使刀尖离轴端 5 ～ 10mm。中滑板模拟进给后，左手仍握在手柄上做好退刀准备，右手将开合螺母手柄向下压，如图 4.308 所示 5～10 图 4.308　用开合螺母分合法车削螺纹
2	开车	当开合螺母一经闭合，床鞍就迅速向前移动，此时右手仍握在手柄上，做好脱开准备

序号	模拟车削步骤	详细说明
3	退刀	当刀尖进入退刀位置时，左手迅速摇动中滑板手柄，使车刀退出，刀尖离开工件的同时，右手立即将开合螺母手柄提起使床鞍停止移动。如图 4.309 所示 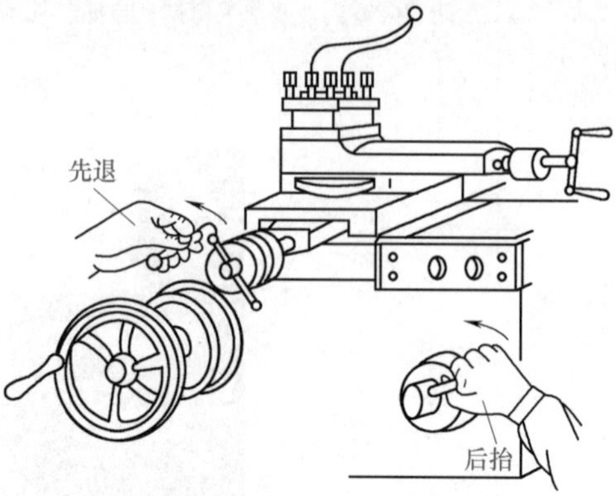 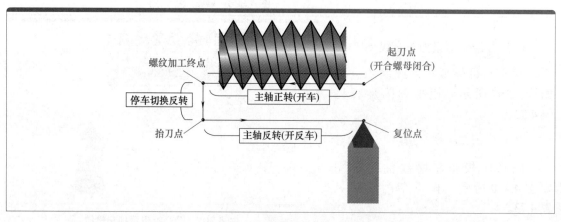 图 4.309　先退刀后抬开合螺母
4	复位	摇动床鞍手柄，使其复位，然后再做重复练习，直至熟练

图 4.310　倒顺车模拟车螺纹示意图

表 4.73　倒顺车模拟车螺纹

序号	模拟车削步骤	详细说明
1	检查保险装置	车削前应检查卡盘与主轴间的保险装置是否完好，以防反转时卡盘脱落
2	操纵手柄上吊重锤块	开合螺母操纵手柄上最好吊上重锤块，以使开合螺母与丝杠配合间隙保持一致
3	开机，调整初始位置	开动机床，一手提起操纵杆，另一手握中滑板手柄，如图 4.311 所示。当刀尖离轴端 3 ～ 5mm 处，操纵杆即刻放在中间位置，使主轴停止转动 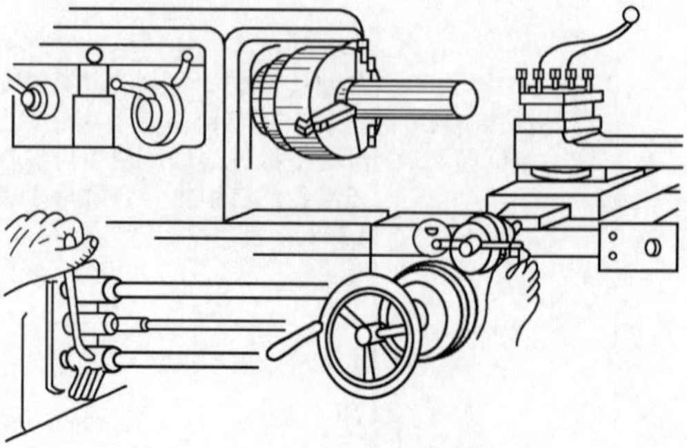 图 4.311　倒顺车法车削螺纹

序号	模拟车削步骤	详细说明
4	控制背吃刀量	用中滑板刻度控制背吃刀量，因练习的需要，背吃刀量可小些，每次约取 0.05mm
5	进退刀动作练习	纵杆向上提起，车床主轴正转，此时车刀刀尖切入外圆，并迅速向前移动，在外圆上切出浅浅一条螺旋槽。当刀尖离退刀位置 2～3mm 时，要做好退刀准备，操纵杆开始向下，此时主轴由于惯性作用仍在做顺向转动，但车速逐渐下降，当刀尖进入退刀位置时，要迅速摇动中滑板手柄将车刀退出。当刀尖离开工件时，操纵杆迅速向下推，使主轴做反转，床鞍后退至车刀离工件轴端 3～5mm 时，操纵杆放在中间位置使主轴停止转动。进退刀动作要反复练习才能达到基本熟练。如图 4.312 所示 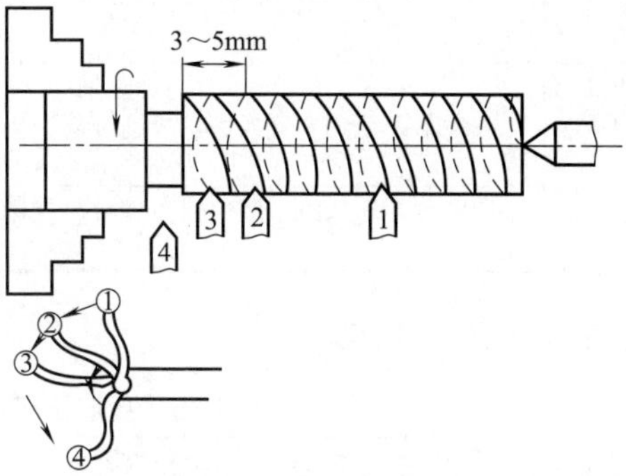 图 4.312　进退刀动作练习 进退刀动作过程可归纳为：进刀（中滑板刻度控制背吃刀量）→操纵杆向上，主轴顺转纵向进给车螺纹→车刀横向退刀→停车，操纵杆向下，主轴做倒转，床鞍复位→操纵杆放中间，主轴停止转动
6	退刀	摇动床鞍手柄，使其复位，然后再做重复练习，直至熟练

经 验 总 结

①操作时应严格按规定要求练习，以免发生安全事故。

②在做进、退刀动作时，应全神贯注，眼看刀尖，动作敏捷，在刹那间，先退刀后脱开开合螺母（或进行倒车）。

③由于初学车螺纹，操作不熟练，建议用较低的切削速度。

④倒顺车换向不能过快，否则机床受瞬时冲击，容易损坏机件。

4.17.10　车削三角形外螺纹

（1）准备工作

车削三角形外螺纹准备工作见表 4.74。

表 4.74　车削三角形外螺纹准备工作

序号	准备工作	详细说明
1	计算螺纹长度	按螺纹规格车螺纹外圆及长度，计算出螺纹长度终止线痕及大小径数值 螺纹外圆应比螺纹大径尺寸减小 0.12P 例如车 M16 螺纹，螺距 P 为 2mm，其外圆直径可按下列公式计算确定： $$d=16-0.12P=16-0.12\times2=15.76（mm）$$ 式中　d——外螺纹大径，mm； 　　　P——螺距，mm

续表

序号	准备工作	详细说明
2	车螺纹外圆	车螺纹外圆，并用螺纹车刀切削刃中间部位倒角至小径尺寸（可略小），并按螺纹长度刻退刀位置线痕，如图4.313所示 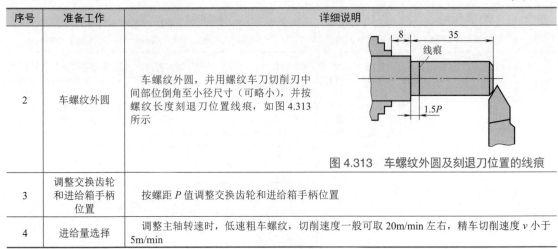 图4.313　车螺纹外圆及刻退刀位置的线痕
3	调整交换齿轮和进给箱手柄位置	按螺距P值调整交换齿轮和进给箱手柄位置
4	进给量选择	调整主轴转速时，低速粗车螺纹，切削速度一般可取20m/min左右，精车切削速度 v 小于5m/min

（2）直进法车螺纹（表4.75）

表4.75　直进法车螺纹

序号	车削步骤	详细说明
1	确定车螺纹背吃刀量的起始位置	开动机床，移动床鞍及中滑板使刀尖与螺纹外圆接触，床鞍向外退出，将中滑板刻度调整至零位
2	用钢直尺或游标卡尺初检螺距	一般先在外圆上用螺纹车刀刀尖车出一条很浅的螺旋线，用钢直尺或游标卡尺检查螺距，如图4.314所示 为了减少误差，测量时应多量几牙，并应凑成整数，例如螺距为1.5mm，可测量10牙，即为15mm，或8牙（为12mm） 图4.314　用钢直尺检查螺距
3	用螺距规终检螺距	当螺纹车削完毕后，执行此步操作。检查时，把标明螺距的螺距规平行轴线方向嵌入牙型中，如图4.315所示。如完全符合，则说明被测的螺距正确。如不符合要求，应检查交换齿轮齿数与安装位置是否正确，同时还应仔细检查进给箱手柄位置是否正确 图4.315　用螺距规检查螺距
4	控制螺纹背吃刀量	利用中滑板刻度，根据螺纹的总背吃刀量，合理分配每刀切削量，即第一刀背吃刀量约1/4牙型高，以后逐步递减，如图4.316所示，即"直进法"车螺纹 图4.316　控制螺纹背吃刀量

序号	车削步骤	详细说明
5	牙型的检查	牙型检查主要是检查歪斜。当粗车螺纹初步成形后，应做牙型检查。在灯光的配合下目测牙型，如牙型歪斜，如图4.317(a)所示，是车刀未装正造成的。纠正的方法是，用螺纹样板将车刀的两半角重新调整至相等位置后，才能继续车削，如图4.317（b）所示 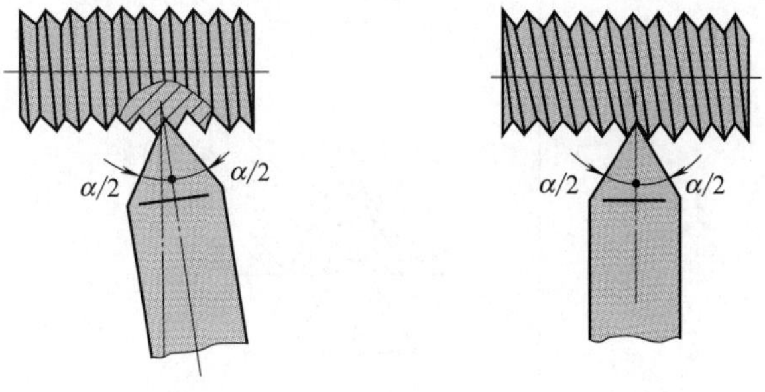 (a) 歪斜　　　　　　　(b) 正确 图 4.317　检查螺纹牙型
6	收尾要求	收尾痕迹应清晰，尾部长度应控制在2/3周范围内

（3）斜进法车螺纹

螺距较大的螺纹（一般情况下 $P>1.5$mm）粗车用斜进法，精车用左右切削法，车削步骤见表4.76。

表 4.76　斜进法车螺纹

序号	车削步骤	详细说明
1	确定车螺纹背吃刀量的起始位置	开动机床，移动床鞍及中滑板使刀尖与螺纹外圆接触，床鞍向外退出，将中滑板刻度调整至零位
2	用钢直尺或游标卡尺初检螺距	一般先在外圆上用螺纹车刀刀尖车出一条很浅的螺旋线，用钢直尺或游标卡尺检查螺距，如图4.318所示 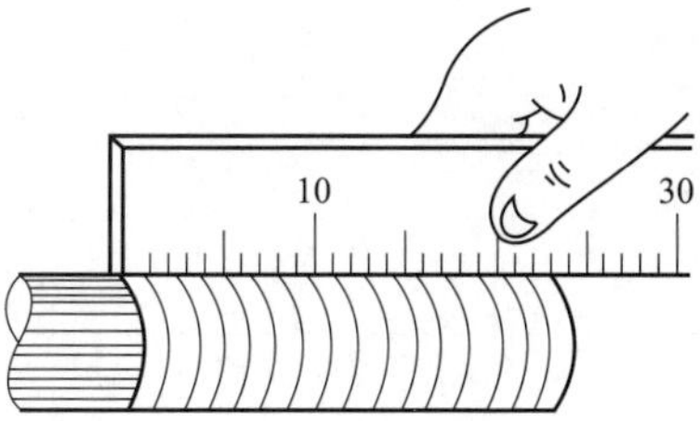 图 4.318　用钢直尺检查螺距 为了减少误差，测量时应多量几牙，并应凑成整数，例如螺距为1.5mm，可测量10牙，即为15mm，或8牙（为12mm）
3	用螺距规终检螺距	当螺纹车削完毕后，执行此步操作。检查时，把标明螺距的螺距规平行轴线方向嵌入牙型中，如图4.319所示。如完全符合，则说明被测的螺距正确。如不符合要求，应检查交换齿轮齿数与安装位置是否正确，同时还应仔细检查进给箱手柄位置是否正确 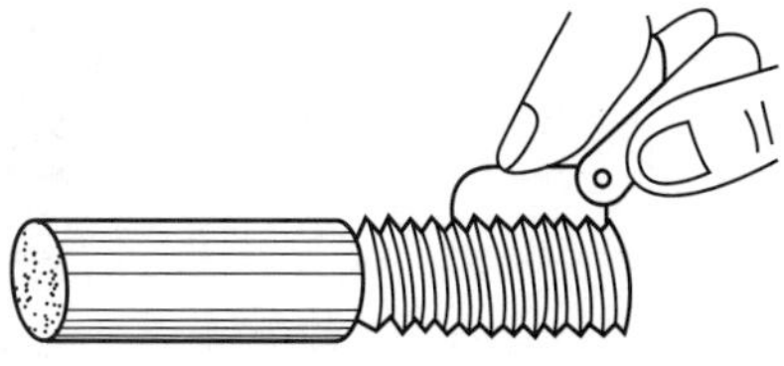 图 4.319　用螺距规检查螺距

序号	车削步骤	详细说明
4	控制背吃刀量	斜进法车螺纹控制背吃刀量有以下两种方法： a. 用中、小滑板交替进给的斜进法。开始一至二刀用直进法车削，以后用中、小滑板交替进给，如图 4.320 所示，小滑板切削量约为中滑板的 1/30，粗车螺纹留 0.2mm 作精车余量 b. 用小滑板转动角度斜进法。转动小滑板等于 1/2 牙型角，并锁紧；转动刀架用角度样板校准螺纹车刀的刀尖角，使其有正确的位置，如图 4.321 所示 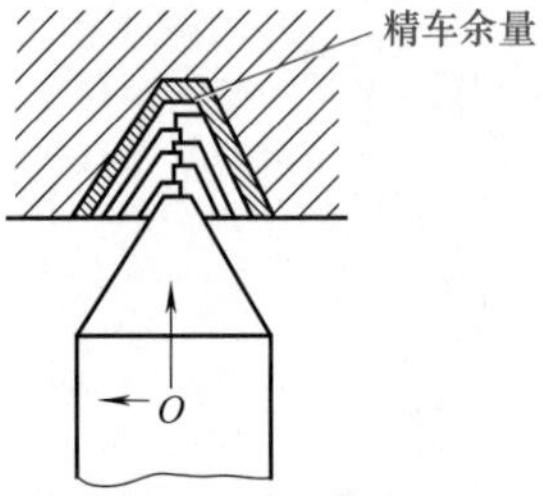 图 4.320　用斜进法车削三角螺纹 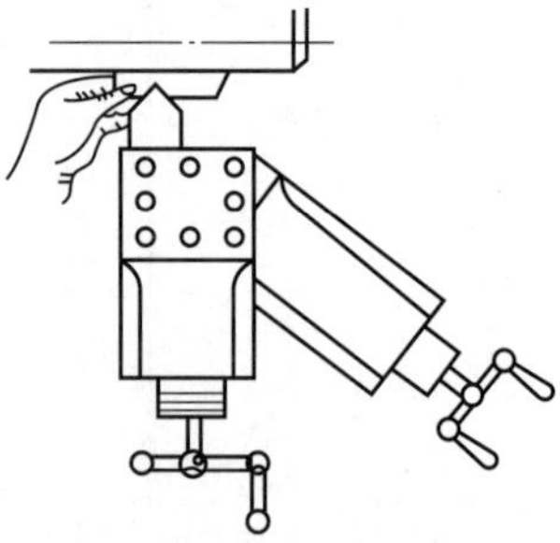　图 4.321　用角度样板校准螺纹车刀刀尖角 c. 车削方法是：当刀尖与外圆接触后将中滑板刻度调至零位以后车削时，中滑板每次进至刻度的零位，用小滑板进给控制粗车螺纹的背吃刀量，如图 4.322 所示 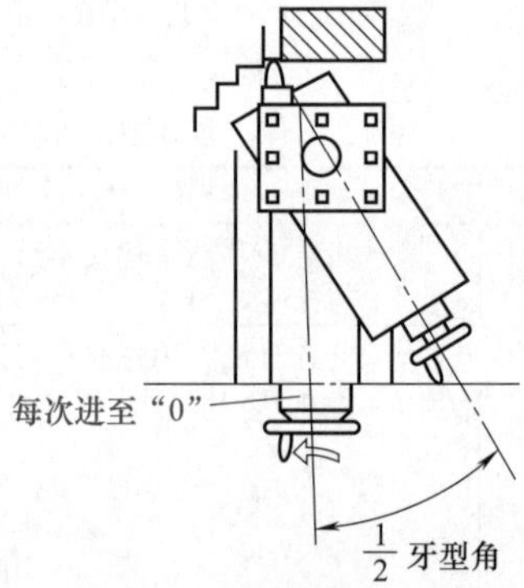 图 4.322　用斜进法车螺纹
5	牙型的检查	牙型检查主要是检查歪斜。当粗车螺纹初步成形后，应做牙型检查。在灯光的配合下目测牙型，如牙型歪斜，如图 4.323（a）所示，是车刀未装正造成的。纠正的方法是，用螺纹样板将车刀的两半角重新调整至相等位置后，才能继续车削，如图 4.323（b）所示 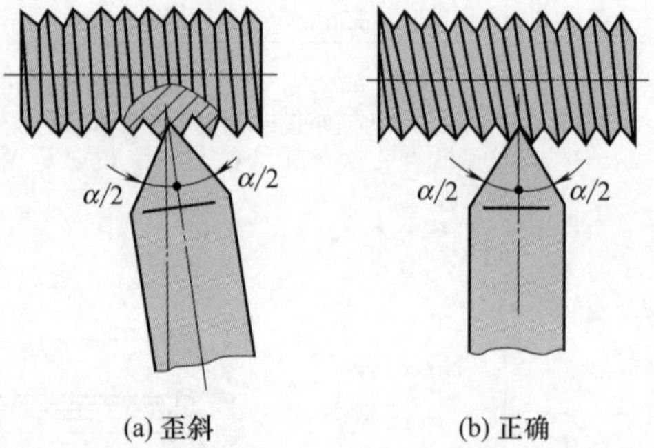 (a) 歪斜　　　　　　(b) 正确 图 4.323　检查螺纹牙型
6	收尾要求	收尾痕迹应清晰，尾部长度应控制在 2/3 周范围内

（4）左右切削法车螺纹（表 4.77）

表 4.77　左右切削法车螺纹

序号	车削步骤	详细说明
1	确定车螺纹背吃刀量的起始位置	开动机床，移动床鞍及中滑板使刀尖与螺纹外圆接触，床鞍向外退出，将中滑板刻度调整至零位
2	用钢直尺或游标卡尺初检螺距	一般先在外圆上用螺纹车刀刀尖车出一条很浅的螺旋线，用钢直尺或游标卡尺检查螺距，如图 4.324 所示 为了减少误差，测量时应多量几牙，并应凑成整数，例如螺距为 1.5mm，可测量 10 牙，即为 15mm，或 8 牙（为 12mm） 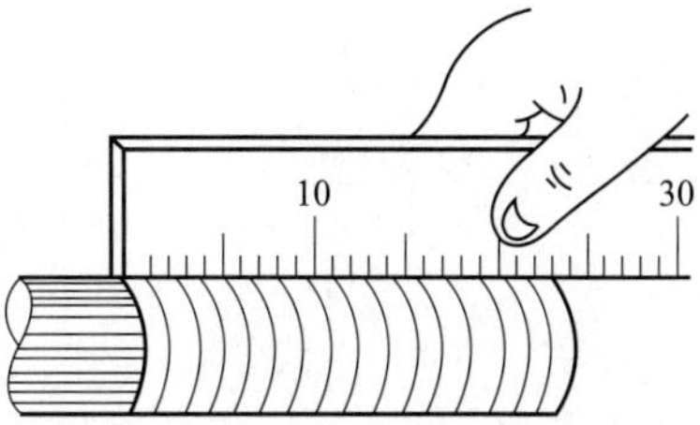 图 4.324　用钢直尺检查螺距
3	用螺距规终检螺距	当螺纹车削完毕后，执行此步操作。检查时，把标明螺距的螺距规平行轴线方向嵌入牙型中，如图 4.325 所示。如完全符合，则说明被测的螺距正确。如不符合要求，应检查交换齿轮齿数与安装位置是否正确，同时还应仔细检查进给箱手柄位置是否正确 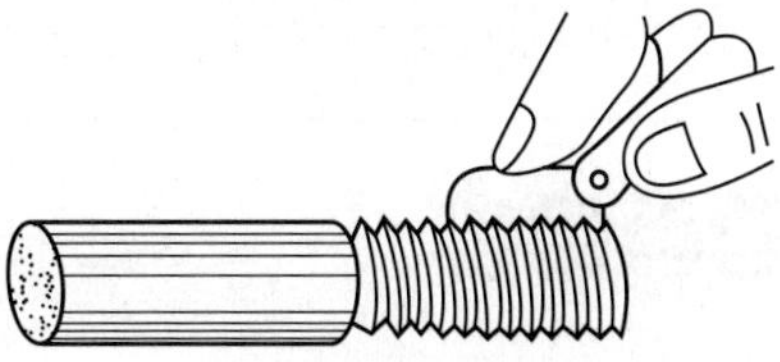 图 4.325　用螺距规检查螺距
4	左右切削法车螺纹控制背吃刀量	左右切削法车螺纹的背吃刀量示意图 4.326 所示 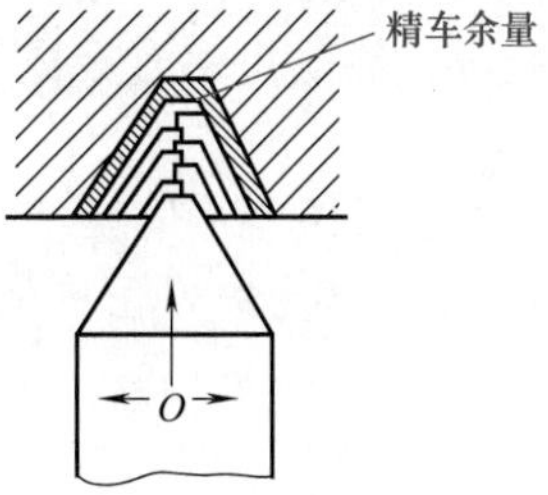 图 4.326　用左、右车削法车削三角螺纹 a. 先将螺纹车刀对准螺旋槽中，当刀尖与牙底接触后记下中滑板刻度以后每刀车削时，除了用中滑板进给外，同时小滑板做微量进给，并加注切削液以使螺纹表面粗糙度值减小，当一侧面车光后再用同样的方法精车另一侧面 注意：车刀左、右移动量不能过大，每次约 0.05mm，为避免牙底扩大，中滑板应适量进给 b. 当螺纹牙尖处宽度接近 $P/8$ 时，应用螺纹环规检查螺纹精度，如图 4.327 所示。环规有通端和止端，通端应旋到底，止端不可旋进，如旋进就表明螺纹中径尺寸已车小 c. 牙尖用细平锉锉去毛刺，螺纹不完全牙的锐边用车刀切除 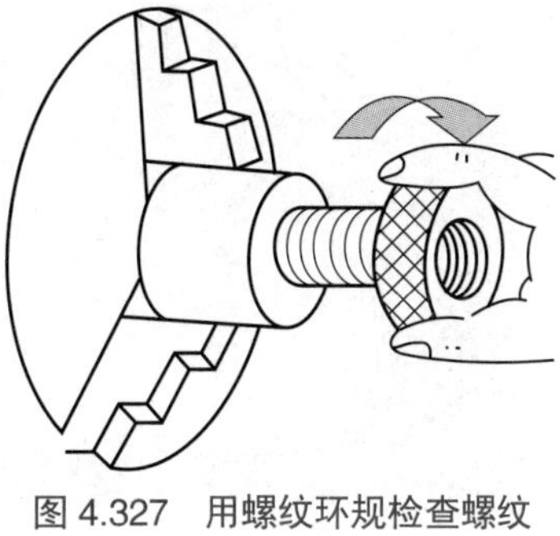 图 4.327　用螺纹环规检查螺纹

序号	车削步骤	详细说明
5	牙型的检查	牙型检查主要是检查歪斜。当粗车螺纹初步成形后，应做牙型检查。在灯光的配合下目测牙型，如牙型歪斜，如图4.328（a）所示，是车刀未装正造成的。纠正的方法是，用螺纹样板将车刀的两半角重新调整至相等位置后，才能继续车削，如图4.328（b）所示 （a）歪斜　　　　　　　　（b）正确 图4.328　检查螺纹牙型
6	收尾要求	收尾痕迹应清晰，尾部长度应控制在2/3周范围内

经 验 总 结

①车螺纹时，必须注意中滑板手柄一圈都不能多摇，否则会造成刀尖崩刃或损坏工件和机床。

②退刀要及时、准确，尤其要注意退刀方向，先让中滑板向后退，使刀尖退出工件表面后，再纵向退刀（车内螺纹与车外螺纹刀尖退出方向相反）。

③使用环规检查时，不能用力过大或用扳手强拧，以免环规严重磨损或使工件发生移位。

④对于让刀产生的锥度误差（用螺纹套规检查时，只能在进口处拧几牙），不能盲目地加大切深，应让车刀在原来的进刀位置反复车削，直到逐步消除锥度误差。

4.17.11　车削三角形内螺纹

图4.329　内螺纹

车削三角形内螺纹的原理和外螺纹相同，但是由于车刀刀柄细长，刚性差，切屑不易排出，切削液不易注入，且不便于观察等原因，比车削外螺纹要困难得多。如图4.329所示为内螺纹。

三角形内螺纹工件形状常见的有三种：通孔、不通孔和台阶孔，如图4.330所示。由于工件形状不同，螺纹车刀也不同，这里主要介绍通孔螺纹的车削方法。

（1）车刀的选择

根据所加工内螺纹面的三种形状来选择内螺纹车刀。它的尺寸大小受到螺纹孔径尺寸的限制。车削通孔内螺纹时用如图 4.331（a）、（b）、（c）所示形状的车刀，车削不通孔或台阶孔内螺纹时可用如图 4.331（c）、（d）所示形状的车刀。

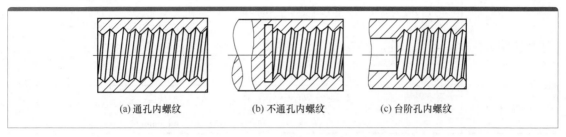

(a) 通孔内螺纹　　　　　　　(b) 不通孔内螺纹　　　　　　　(c) 台阶孔内螺纹

图 4.330　内螺纹工件形状

（2）车刀的安装

无论是刃磨还是安装，内螺纹车刀的刀尖角的平分线必须与刀柄垂直，否则车削时会出现刀柄碰伤工件内孔的现象，如图 4.332 所示。刀尖宽度一般为 0.1P（P 为螺距）。

安装内螺纹车刀时，左手拿角度样板，使一个侧面靠在工件端面，内螺纹车刀的左侧主切削刃与样板的右侧角度边靠平，然后装夹刀杆，如图 4.333 所示。

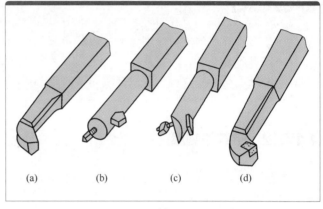

(a)　　(b)　　(c)　　(d)

图 4.331　内螺纹车刀的选择

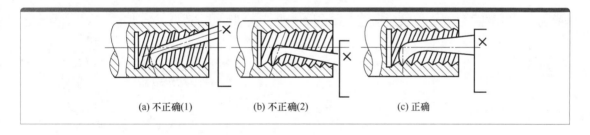

(a) 不正确(1)　　　　　　　(b) 不正确(2)　　　　　　　(c) 正确

图 4.332　内螺纹车刀的安装

内螺纹车刀安装好后，车削前应用手摇床鞍使车刀在孔内试车削一遍，如图 4.334 所示，检查刀杆是否与孔壁碰撞。

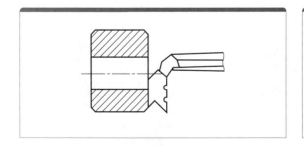

图 4.333　用角度样板安装内螺纹车刀

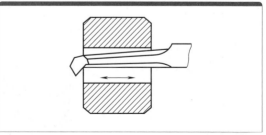

图 4.334　用手摇床鞍先试车削

（3）三角形内螺纹孔径计算（表 4.78）

表 4.78　三角形内螺纹孔径计算

内螺纹计算公式	在车内螺纹时，一般先钻孔或扩孔。通常可按下式计算孔径 $D_孔$ 车削塑性金属时：$D_孔 = D - P$ 车削脆性金属时：$D_孔 \approx D - 1.05P$ 式中　D——内螺纹大径，mm； 　　　P——螺距，mm 其尺寸公差可查普通螺纹有关公差表
示例	需在铸铁工件上车削 M36×1.5 的内螺纹，试求车削螺纹之前孔径 答：此材料为铸铁，铸铁为脆性材料，根据公式 $$D_孔 \approx D - 1.05P = 36 - 1.05 \times 1.5 = 34.4（\text{mm}）$$

经验总结

① 车内螺纹的有效长度，可在刀柄上划线或用反映床鞍的刻度盘控制。
② 车不通孔时，一定要小心，退刀一定要迅速，否则车刀刀体会与孔底相撞。
③ 查不通孔螺纹时，螺纹塞规通端拧进长度应达到图样要求的长度。

4.17.12　螺纹的测量

根据不同的测量要求，对应选择不同的测量方法。常见的测量方法有单项测量法和综合测量法两种。

（1）单项测量法（表 4.79）

表 4.79　单项测量法

序号	测量步骤	详细说明
1	外径测量	由于螺纹顶径公差比较大，一般只需用游标卡尺或千分尺测量即可。如图 4.335 所示 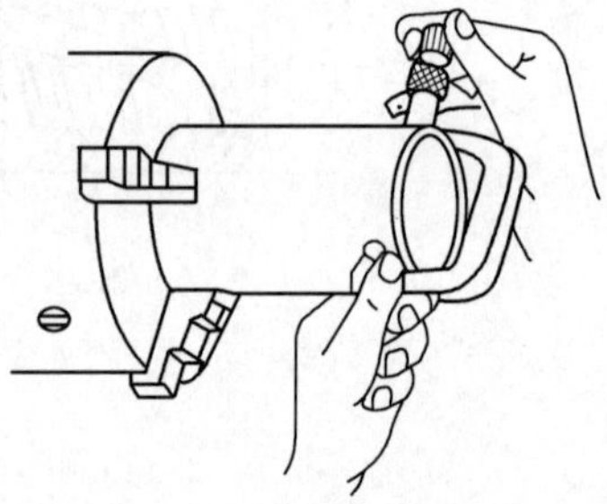 图 4.335　外径测量
2	螺距测量	可以利用钢直尺，如图 4.336 所示。用直尺测量时可多测几个螺距长度，然后取平均值，计算出螺距大小 用螺距规测量螺距如图 4.337 所示。测量时应将螺距规沿轴向放入螺纹牙槽中，观察吻合情况，来确定螺距是否正确  图 4.336　钢直尺测量螺距 　　图 4.337　螺距规测量螺距

序号	测量步骤	详细说明
3	中径测量	a. 螺纹千分尺测中径。三角形螺纹的中径可用螺纹千分尺测量，如图4.338所示  图4.338　螺纹千分尺 螺纹千分尺的结构和使用方法与一般千分尺相似，其读数原理与一般千分尺相同，只是它有两个V形测头，V形测头与螺纹牙型相吻合。测量不同螺距的螺纹时，换上相应的测头，测量所得到的千分尺读数就是螺纹中径的实际尺寸。如图4.339和图4.340所示  图4.339　螺纹千分尺测量中径　图4.340　螺纹千分尺测量中径（局部放大） 　一般螺纹千分尺附有两套（60°和55°牙型角）适用于不同螺纹的螺距测量头，可根据需要进行选择，测量头分别插入千分尺的轴杆和尺架的孔中，更换测量头之后，必须调整测头的位置，使千分尺对准零位，方可测量 　b. 千分尺三针测中径。三针测量法常用来测量较精密的螺纹和螺纹量规。用三针测量螺纹中径时，必须选择适当直径的量针（三针直径的选用如表4.80所示） 将三根直径相同的量针分别放入螺纹的沟槽内，如图4.341所示。然后用千分尺测量出三根量针外表面之间的尺寸 M 值，再由 M 值通过下面近似值计算出螺纹的实际中径： 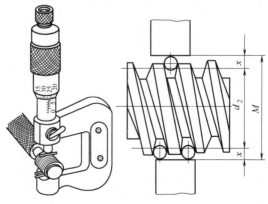 图4.341　三针测量法 $$d_2=M-3d_{针}+0.866P$$ 式中　d_2——螺纹实际中径； 　　$d_{针}$——三针直径； 　　P——螺距

表 4.80　三针直径的选用　　　　　　　　　　　　　　单位：mm

螺距	三针直径	螺距	三针直径	螺距	三针直径
0.2	0.118	0.7	0.402	2.5	1.44
0.25	0.142	0.75	0.433	3	1.732
0.3	0.17	0.8	0.461	3.5	2.05
0.35	0.201	1	0.572	4	2.311
0.4	0.232	1.25	0.724	4.5	2.595
0.45	0.26	1.5	0.866	5	2.886
0.5	0.291	1.75	1.008	5.5	3.177
0.6	0.343	2	1.157	6	3.468

（2）综合测量法

综合测量是采用螺纹量规对螺纹各部分主要尺寸同时进行综合检验的一种测量方法。这种方法效率高，使用方便，能较好地保证互换性，广泛应用于标准螺纹或大批量生产螺纹工件的测量。

螺纹量规包括螺纹环规和螺纹塞规两种，如图4.342所示，而每一种又有通规和止规之分。

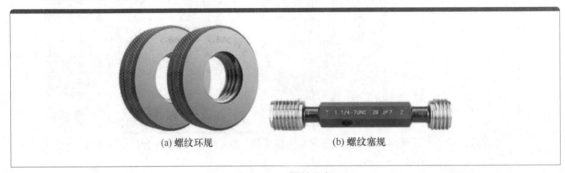

(a) 螺纹环规　　　　　　　　　(b) 螺纹塞规

图 4.342　螺纹量规

螺纹环规用来测量外螺纹，螺纹塞规用来测量内螺纹。测量时如果通规刚好能旋入，而止规不能旋入，则说明螺纹精度合格。对于精度要求不高的螺纹，也可用标准螺母和螺杆来检验，以旋入工件时是否顺利和松动的程度来确定是否合格。

图 4.343 为大尺寸螺纹的旋入方法，需用双手配合；图 4.344 为小尺寸螺纹的旋入方法，单手即可。

图 4.343　大尺寸螺纹测量

图 4.344　小尺寸螺纹量

4.17.13 车削螺纹质量缺陷问题分析

车削螺纹常见问题的产生原因与解决方法见表 4.81。

表 4.81 车削螺纹质量缺陷问题分析

序号	质量问题	产生原因	预防措施
1	螺纹牙型角超差	车刀刃尖角刃磨不准确	重新刃磨车刀
		车刃安装不正确	车刀刃刀尖对准工件轴线，使车刀刀尖角平分角线与工件轴线垂直
		车刀磨损严重	及时换刀，用耐磨材料制造车刀，提高刃磨质量，降低切割用量
2	螺距不正确	机床调整手柄放错	逐项检查，改正错误
		交换齿轮在计算或搭配时错误和进给箱手柄位置放错	在车削第一个工件时，先车出一条很浅的螺旋线，停机用钢直尺测量螺距的尺寸是否正确
3	局部螺距不正确	车床丝杠和主轴的窜动较大	加工螺纹之前，对主轴与丝杠轴向窜动和开合螺母的间隙进行调整，并将床鞍的手柄与传动齿条脱开，使床鞍能匀速运动
		溜板箱手轮转动时轻重不均匀	
		开合螺母间隙太大	
4	螺距周期性误差超差	机床主轴或机床丝杠轴向窜动太大	调整机床主轴和丝杠，消除轴向窜动
		交换齿轮间隙不当	调整交换齿轮啮合间隙，其值在 0.1～0.15mm 范围内
		交换齿轮磨损，齿形有毛刺	妥善保管交换齿轮，用前检查、清洗、去毛刺
		主轴、丝杠或挂轮轴轴颈径向圆跳动太大	按技术要求调主轴、丝杠和交换齿轮轴轴颈圆跳动
		中心孔圆度超差、孔深太浅或与顶尖接触不良	中心孔锥面和标准顶尖接触面不少于85%，机床顶尖不要太尖，以免和中心孔底部相碰；两端中心孔要研磨，使其同轴
		工件弯曲变形	合理安排工艺路线，降低切削用量，充分冷却
5	螺距累积误差超差	机床导轨对工件轴线的平行度超差或导轨的直线度超差	调整尾座使工件轴线和导轨平行、或刮研机床导轨，使直线度合格
		工件轴线对机床丝杠轴线的平行度超差	调整丝杠或机床尾座使工件和丝杠平行
		丝杠副磨损超差	更换新的丝杠副
		环境温度变化太大	工作地要保持温度在规定范围内变化
		切削热、摩擦热使工件伸长，测量时缩短	合理选择切削用量和切削液，切削时加大切削液流量和压力
		刀具磨损太严重	选用耐磨性强的刀具材料，提高刃磨质量
		机床主轴或机床丝杠轴向窜动太大	调整机床主轴和丝杠，消除轴向窜动
		交换齿轮间隙不当	调整交换齿轮啮合间隙，其值在 0.1～0.15mm 范围内
		交换齿轮磨损，齿形有毛刺	妥善保管交换齿轮，用前检查、清洗、去毛刺

序号	质量问题	产生原因	预防措施
5	螺距累积误差超差	主轴、丝杠或挂轮轴轴颈径向跳动太大	按技术要求调主轴、丝杠和交换齿轮轴轴颈跳动
		中心孔圆度超差、孔深太浅或与顶尖接触不良	中心孔锥面和标准顶尖接触面不少于85%，且大头硬，机床顶尖不要太尖，以免和中心孔底部相碰；两端中心孔要研磨，使其同轴
		顶尖顶力太大，使工件变形	车削过程中经常调整尾座顶尖压力
		工件其他原因的弯曲变形	合理安排工艺路线，降低切削用量，充分冷却
6	螺纹中径几何形状超差	中心孔质量低	提高中心孔质量，研或磨削中心孔，保证圆度和接触精度，两端中心孔要同轴
		机床主轴圆柱度超差	修理主轴，使其符合要求
		工件外圆圆柱度超差，和跟刀架孔配合太松	提高工件外圆精度、减少配合间隙
		刀具磨损大	提高刀具耐磨性，降低切削用量，充分冷却
		中滑板刻度不准	精车时，检查刻度盘是否松动
		高速切削时，切入深度未掌握好	应严格掌握螺纹的切入深度并及时测量工件
7	螺纹牙型表面粗糙度参数值超差	刀具刃口质量差	降低各刃磨面的粗糙度参数值，减小刀刃钝圆半径，刃口不得有毛刺、缺口
		精车进给太小产生刮挤现象	使切屑厚度大于刀刃的圆角半径
		切削速度选择不当	合理选择切削速度，避免积屑瘤的产生
		切削液的润滑性不佳	选用有极性添加剂的切削液，或采用动（植）物油极化处理，以提高油膜的抗压强度
		机床振动大	调整机床各部位间隙，采用弹性刀杆，硬质合金车刀刀尖适当装高，机床安装在单独基础上，有防振沟
		刀具前、后角太小	适当增加前、后角
		工件切削性能差	车螺纹前增加调质工序
		切屑刮伤已加工面	改为径向进刀
		高速切削螺纹时，切削厚度太小或切屑倾斜排出，拉毛牙侧表面	高速切削螺纹时，最后一刀切削厚度一般不小于0.1mm，切屑要垂直轴线方向排出
		产生积屑瘤	用高速钢车刀切削时，应降低切削速度；切削厚度小于0.07mm，并加注切削液
		刀杆刚性不够，切削时引起振动	刀杆不要伸出过长
		车刀切削刃磨得不光洁，或在车削中损伤了切削刃	提高车刀刃磨质量
8	螺纹牙型不正确	车刀装夹不正确，产生螺纹的半角误差	一定要使用螺纹样板对刀
		车刀刀尖角刃磨得不正确	正确刃磨和测量刀尖角

序号	质量问题	产生原因	预防措施
8	螺纹牙型不正确	车刀磨损	合理选择切削用量和及时修磨车刀
		车刀磨损严重	及时换刀,用耐磨材料制造车刀,提高刃磨质量.降低切削用量
9	扎刀和打刀	刀杆刚性差	刀头伸出刀架的长度应不大于1~5倍的刀杆高度,采用弹性刀杆,内螺纹车刀刀杆选择较硬的材料,并淬火至35~45HRC
		车刀安装高度不当	车刀刀尖应对准工件轴线,硬质合金车刀高速车螺纹时,刃尖应略高于轴线,高速钢车刀低速车螺纹时,刀尖应略低于工件轴线
		进刀方式不当	改径向进刀为斜向或轴向进刀
		机床各部间隙太大	调整车床各部间隙,特别是减少车床主轴和拖板间隙
		车刀前角太大,径向切削分力将车刀推向切削面	减小车刀前角
		车刀前角太大,中滑板丝杠间隙较大	减小车刀前角,调整中滑板的丝杠间隙
		工件刚性差,而切削用量选择太大	采用跟刀架支持工件,采用轴向进刀切削,降低进给量
10	螺纹乱扣	机床丝杠螺距值不是工件螺距值的整数倍时,返回行程提起了开合螺母	当机床丝杠螺距不是工件螺距整数倍时,返回行程打反车,不得提起开合螺母
		车床丝杠螺距不是工件螺距的整数倍时,直接启动开合螺母车削螺纹	当车床丝杠螺距不是工件螺距整数倍时,采用开倒顺车方法车螺纹
		开倒顺车车螺纹时,开合螺母抬起	调整开合螺母的镶条,用重物挂在开合螺母的手柄上
11	多线螺纹有大小牙	分线不准	提高分线精度
		中途改变了车刀径向或轴向位置	每当车刀的径(轴)向位置改变,必须将多线螺纹都车削一遍

4.18 攻螺纹

攻螺纹

小孔丝锥攻螺纹,快速方便效率高;
首先钻孔到初位,选择工具第二条;
计算尺寸需注意,锪钻麻花来倒角;
丝锥装夹需找正,手轮匀速向前绕;
折断不要太惊慌,安全取出有门道;
钳夹反冲和气焊,勤学苦练有技巧。

4.18.1 概述

（1）攻螺纹概述

图 4.345 攻螺纹

用丝锥切削内螺纹叫做攻螺纹，一般适用于加工各种中小尺寸内螺纹，通常也称作攻丝，如图 4.345 所示。

（2）丝锥的结构

丝锥结构简单，使用方便，既可手工操作，也可以在机床上使用，在生产中应用得非常广泛。特别是小直径的内螺纹，一般只能用丝锥加工。丝锥的结构和形状如图 4.346 所示。

丝锥上面开有容屑槽，这些槽形成了丝锥的切削刃，同时也起排屑作用。前部是切削部分，铲磨成有后角的圆锥形，它担任主要切削工作。中部是校准整形部分，起校正齿型的作用。

丝锥有很多种类，但主要分成手用丝锥和机用丝锥两大类。

手用丝锥用手工操作攻制螺纹，常用于单件、小批生产或修配工作。手用丝锥一般由两只或三只组成一套，即头攻、二攻、三攻，攻螺纹时依次使用，如图 4.347 所示。

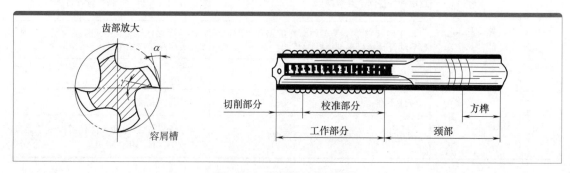

图 4.346　丝锥的结构和形状

机用丝锥与手用丝锥形状相似，只在尾柄部有所不同，其尾柄除有方榫外，还有防止丝锥从夹头中脱落的环形槽，如图 4.348 所示。此外，尾柄部和工作部分同轴度要求较高。机用

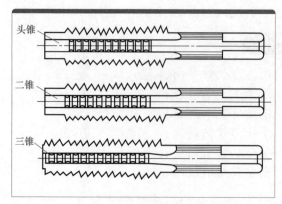

图 4.347　手用丝锥

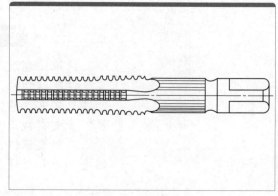

图 4.348　机用丝锥

丝锥常用单只攻螺纹，一次成形，效率较高。机用丝锥的齿型一般经过螺纹磨床磨削及齿侧面铲磨，因此攻出的内螺纹精度较高、表面粗糙度较好。

机用丝锥使用时切削速度较高，因此用高速钢制成。

4.18.2 攻螺纹时孔径的确定

直径不大的内螺纹，通常是钻孔以后，在车床上用丝锥一次攻出。攻螺纹时孔径的确定很重要，由于在挤压力的作用下把一部分材料挤到丝锥的内径，所以攻螺纹时的孔径必须比螺纹小径稍微大一些，以减小切削抗力和避免丝锥折断。其计算方法与车削内螺纹相同，如图 4.349 所示。

攻不通孔螺纹时，由于切削刃部分不能攻出完整的螺纹，钻孔深度要等于需要的螺纹深度加上丝锥切削刃的长度，约为螺纹大径的 0.7 倍，如图 4.350 所示。

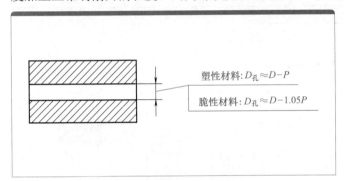

图 4.349 攻螺纹时孔径的确定

塑性材料：$D_孔 \approx D-P$

脆性材料：$D_孔 \approx D-1.05P$

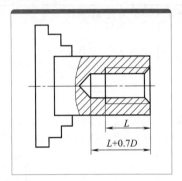

图 4.350 攻不通孔螺纹时的钻孔深度计算

4.18.3 攻螺纹工具

铰杠是手工攻螺纹时用来夹持丝锥的工具，分普通铰杠和 T 形铰杠两类。普通铰杠又有固定式和活络式两种，如图 4.351 所示。T 形铰杠的结构，分活络式和固定式两种，如图 4.352 所示。机用攻螺纹工具如图 4.353 所示。

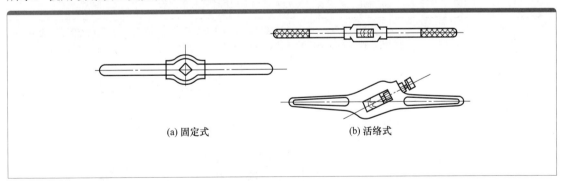

(a) 固定式   (b) 活络式

图 4.351 普通铰杠

4.18.4 用手用丝锥攻内螺纹

在车床上用丝锥攻螺纹适用于 M6 以上的螺纹，小于 M6 的螺纹一般是在孔口攻 3～4 牙后，再由手工攻螺纹。规格较大的螺纹，可采用先粗车后再攻螺纹或直接用车内螺纹的方法加工。用手用丝锥攻内螺纹步骤见表 4.82。

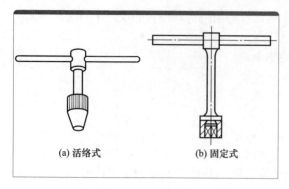

(a) 活络式　　　　　(b) 固定式

图 4.352　T 形铰杠

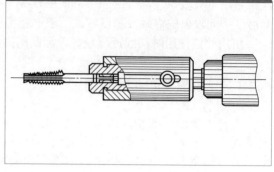

图 4.353　机用攻螺纹工具

表 4.82　用手用丝锥攻内螺纹

序号	攻内螺纹步骤	详细说明
1	计算螺纹小径尺寸确定钻孔直径	内螺纹孔径 D_1，可按下列近似公式计算求得： $$D_1=d-P$$ 式中　d——外螺纹大径，mm； 　　　P——螺距，mm
2	钻孔及孔口倒角	根据所计算的小径尺寸，选用钻头直径。钻孔时用挡铁挡住钻头前端以减少钻孔时径向跳动。并用 120° 锪钻或麻花钻在孔口倒角，倒角直径应略大于 d，角度为 30°～45°，如图 4.354 所示，要求孔与端面在一次装夹中完成，以保证两者垂直 图 4.354　钻螺纹孔及孔口倒角
3	丝锥选择方法	核对丝锥上所标的规格，并检查丝锥的齿部是否完好和锐利，见表 4.83 常用公制丝锥孔径对照表和表 4.84 常用英制丝锥孔径对照表
3	丝锥的装夹方法	用铰杠套在丝锥方榫上锁紧，如图 4.355 所示，用顶尖轻轻顶在丝锥尾部的中心孔内，使丝锥前端圆锥部分进入孔口 图 4.355　丝锥的选择和装夹

序号	攻内螺纹步骤	详细说明
4	丝锥的找正	找正尾座中心，参照尾座刻度零线进行找正
5	用丝锥攻内螺纹	用手用丝锥在车床上攻螺纹时，一般分头攻、二攻，要依次攻入螺纹孔内，操作方法如下： 　　a. 将主轴转速调整至最低速，以使卡盘在攻螺纹时不会因受力而转动 　　b. 攻螺纹时，用左手扳动铰杠带动丝锥做顺时针转动，同时右手摇动尾座手轮，使顶尖始终与丝锥中心孔接触（不可太紧或太松），以保持丝锥轴线与机床轴线基本重合。攻入 1～2 牙后，用手逆时针扳铰杠半周左右以做断屑，然后继续顺时针扳动攻螺纹，顶尖则始终随进随退。随着丝锥攻进的深度增加而应该逐渐增加反转丝锥断屑的次数，直至丝锥攻出孔口 1/2 以上，再用二攻重复攻螺纹至中径尺寸。攻螺纹时应加注切削液润滑，以减小螺纹的表面粗糙度值 　　如果攻不通孔内螺纹，则由于丝锥前端有段不完全牙，因此要将孔钻得深一些，丝锥攻入深度要大于螺纹有效长度 3～4 牙。螺纹攻入深度的控制方法有两种：一种是将螺纹攻入深度预先量出，用线或铁丝扎在丝锥上做记号，如图 4.356 所示；另一种方法是测量孔的端面与铰杠之间的距离 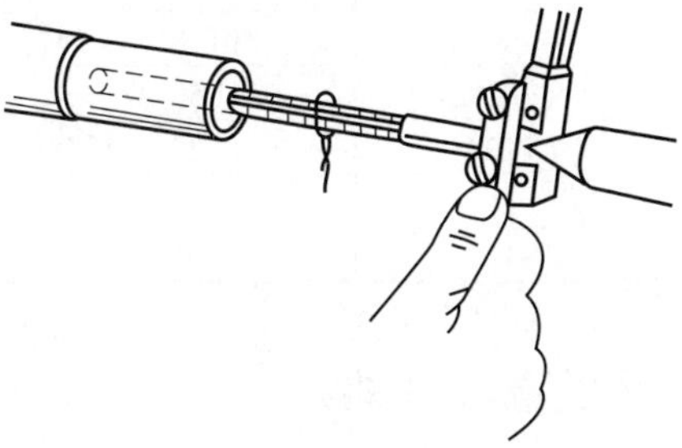 图 4.356　预先量出螺纹攻入深度用线或铁丝扎在丝锥上做记号
6	内螺纹质量的检查	用螺纹塞规检查内螺纹

表 4.83　常用公制丝锥孔径对照表

规格	螺距 /mm	精度等级	螺丝牙饱和率——预孔直径 /mm			
			100%	90%	80%	70%
M1	0.25	4	0.86	0.87	0.89	0.9
M1.2	0.25	4	1.06	1.07	1.09	1.1
M1.4	0.3	4	1.23	1.25	1.26	1.28
M1.6	0.35	4	1.4	1.42	1.44	1.46
M1.7	0.35	4	1.5	1.52	1.54	1.56
M1.8	0.35	4	1.6	1.62	1.64	1.66
M2.0	0.4	4	1.77	1.8	1.82	1.84
M2.2	0.45	4	1.94	1.97	2	2.02
M2.3	0.4	4	2.07	2.1	2.12	2.14
M2.5	0.45	4	2.24	2.27	2.3	2.32
M2.6	0.45	4	2.34	2.37	2.4	2.42
M3	0.5	5	2.72	2.74	2.77	2.8
M3.5	0.6	5	3.16	3.19	3.23	3.26
M4	0.7	6	3.6	3.64	3.68	3.72
M5	0.8	6	4.55	4.59	4.64	4.68
M6	1	7	5.43	5.49	5.55	5.6
M7	1	7	6.43	6.49	6.55	6.6

表 4.84　常用英制丝锥孔径对照表

规格	精度等级	螺丝牙饱和率——预孔直径 /mm			
		100%	90%	80%	70%
NO.1-64UNC	4	1.63	1.65	1.67	1.7
NO.2-58UNC	4	1.93	1.95	1.98	2
NO.3-48UNC	4	2.21	2.24	2.27	2.3
NO.4-40UNC	5	2.49	2.52	2.56	2.59
NO.5-40UNC	5	2.82	2.85	2.89	2.92
NO.6-32UNC	5	3.05	3.1	3.14	3.19
NO.8-32UNC	6	3.72	3.76	3.81	3.85
NO.10-24UNC	6	4.23	4.29	4.35	4.41
NO.12-24UNC	6	4.89	4.95	5.01	5.07
1/4-20UNC	6	5.63	5.7	5.77	5.85
5/16-18UNC	7	7.14	7.22	7.3	7.38
3/8-16UNC	7	8.62	8.71	8.8	8.89
7/16-14	8	10.08	10.19	10.29	10.39
1/2-13UNC	8	11.59	11.7	11.81	11.92
9/16-12	10	13.29	13.21	13.33	13.45
5/8-11UNC	11	14.55	14.68	14.81	14.94
3/4-10UNC	12	17.61	17.75	17.9	18.04

4.18.5　用机用丝锥攻内螺纹

如图 4.357 所示，把攻螺纹工具装在尾座套筒内，同时把机用丝锥装进螺纹工具方孔中，移动尾座向工件靠近并固定，根据螺纹所需长度在攻螺纹工具上做好标记。开机转动尾座手轮使丝锥在孔中切进头几牙后手轮便可停止转动，攻螺纹工具自动跟随丝锥前进直到需要的尺寸，开倒车退出丝锥。攻钢件取 v=3 ～ 15m/min，铸铁、青铜取 v=6 ～ 24m/min。最好采用有浮动装置的攻螺纹工具。

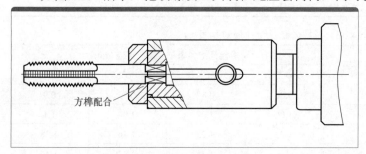

方榫配合

图 4.357　用机用丝锥攻内螺纹

4.18.6　丝锥折断原因及取出方法

攻不通孔螺纹时，必须在攻螺纹工具（或尾座套筒）上标记好螺纹长度尺寸，一旦丝锥攻到孔底就被折断，如图 4.358（a）所示。

底孔直径小使切削阻力大、丝锥与工件孔径不同轴、工件材料硬而且没有很好润滑、丝锥碰孔底等都可造成丝锥折断，操作过程中要采取相应措施避免折断，如图 4.358（b）所示。

当孔外有折断丝锥的露出部分时，可用尖嘴钳夹住伸出部分反向旋转出来，如图 4.359（a）所示。还可用冲子反方向冲出来，如图 4.359（b）所示。当丝锥折断部分在孔内时，可用三根钢丝插入丝锥槽中反向旋转取出，如图 4.359（c）所示。用以上方法实在取不出折断丝锥，可以用气焊的方法，在折断的丝锥上堆焊一个弯曲成 90°的杆，然后转动弯杆旋出，如图 4.359（d）所示。

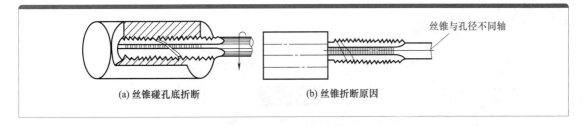

(a) 丝锥碰孔底折断   (b) 丝锥折断原因

丝锥与孔径不同轴

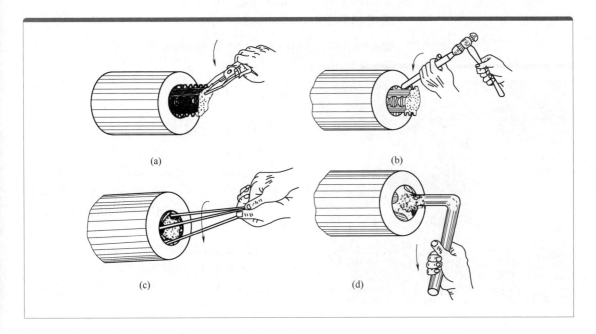

图 4.358　丝锥折断及原因

(a)　　　　　　　(b)

(c)　　　　　　　(d)

图 4.359　丝锥折断取出方法

4.18.7　攻螺纹质量缺陷问题分析

攻螺纹质量问题、产生原因及预防措施见表 4.85。

表 4.85　攻螺纹时质量缺陷问题分析

序号	质量问题	产生原因	预防措施
1	牙型高度不够	攻螺纹前的内孔钻得太大	按计算的尺寸来加工外圆和内孔
2	螺纹中径尺寸不对	丝锥装夹歪斜	找正尾座跟主轴同轴度，使其在 0.05mm 以内
		丝锥磨损	更换丝锥
3	螺纹表面粗糙度高	切削速度太高	降低切削速度
		切削液减少或选用不当	合理选择和充分浇注切削液
		丝锥齿部崩裂	修磨或调换丝锥
		容屑槽切屑挠塞	经常清除容屑槽中切屑

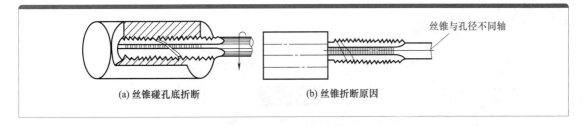

4.19　套螺纹

4.19.1　概述

（1）套螺纹概述

套螺纹使用板牙在圆柱棒上切出外螺纹的加工方法称为套螺纹，俗称套扣、攻牙（与攻丝对应），如图 4.360 所示。用板牙套螺纹，一般用在不大于 M16 或螺距小于 2mm 的螺纹。

（2）板牙的结构

板牙的实物图如图 4.361 所示，其结构形状如图 4.362 所示，像一个螺母。板牙上一般有 3～5 个排屑孔，可以容纳和排出切屑，排屑孔的缺口与螺纹的相交处形成前角 γ_p=15°～20° 的切削刃，在后刀面磨有

图 4.360　套螺纹

α_p=7°～9° 的后角，切削部分的 $2\kappa_r$=50°。板牙两端都有切削刃，因此正反面都可以使用。

图 4.361　板牙

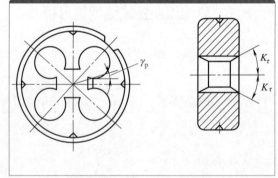

图 4.362　板牙的结构形状

4.19.2　板牙套螺纹时工件外径的确定

用板牙套螺纹时，切削刃在切削金属的同时，也在挤压金属产生塑性变形，使牙顶膨胀。

若套螺纹的外圆直径与螺纹大径相等，由挤压力引起的塑性变形部分金属无处堆积，被迫被切屑带走，引起螺纹牙顶崩裂，造成烂牙，甚至使板牙齿部崩裂；外圆直径过小，会使螺纹的实际牙型高度不够。因此，套螺纹时必须根据工件材料及螺纹螺距的大小来确定外圆直径。外圆直径可按下列经验公式计算：

$$d_{外}=d-(0.1 \sim 0.5)P$$

式中　$d_{外}$——套螺纹时外圆直径，mm；

　　　d——外螺纹大径，mm；

　　　P——螺距，mm。

加工塑性材料时取大值，加工脆性材料时取小值。

4.19.3　套螺纹工具

如图 4.363 所示，套螺纹工具装在尾座上，在工具体 2 左端装上板牙，并用螺钉 1 固定。套筒 4 上有一条长槽，套螺纹时工具体 2 可自动随着螺纹向前移动。销钉 3 用来防止工具体切削时转动。

板牙架是手工套螺纹时用来夹持圆板牙的工具，其结构如图 4.364 所示。

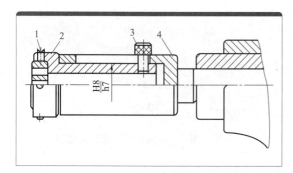

图 4.363　车床套螺纹工具

1—螺钉；2—工具体；3—销钉；4—套筒

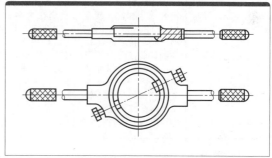

图 4.364　板牙架

4.19.4　用手用板牙套螺纹

将板牙左端面与工件右端面平行放置，右手掌推住板牙同时加轴向力旋转，使板牙正确定位后再用两手均匀交替旋转板牙架，如图 4.365 所示。

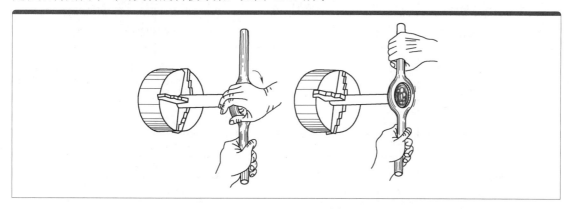

图 4.365　用手用板牙套螺纹

4.19.5 用套螺纹工具套螺纹

用套螺纹工具套螺纹步骤见表 4.86。

表 4.86 用套螺纹工具套螺纹

序号	套螺纹步骤	详细说明	
1	准备工作	车螺纹外圆、长度及沟槽，并倒角至尺寸	
2	选择和装夹板牙	使用前应看清板牙端面所标的规格是否与图样相符，并检查齿部是否有缺损，不完好的板牙一般不宜使用	
3	装夹套螺纹工具的方法	插入尾座套筒内	擦干净套螺纹工具的锥柄和尾座套筒锥孔，用较大的推力将套螺纹工具插入尾座套筒内
		装夹板牙	擦干净板牙并放到工具体阶台孔内，注意正面应朝外，反面与孔底靠平，并将板牙外圆上的定位浅孔对准套上的锁紧螺钉孔，然后旋紧螺钉将板牙紧固
		找正尾座的中心位置	找正尾座的中心位置，参照尾座刻度零线进行找正
		调整主轴转速	切削速度 v 应小于 5m/min
4	板牙套螺纹的方法	套螺纹时，一手握浮动套，另一手摇动尾座套筒手轮，使板牙轻轻套在工件外圆上，如图 4.366 所示。然后开动机床，并用力拉动尾座，使板牙在轴向力的作用下切入工件外圆。套螺纹时，应加注充分的切削液，以减小螺纹表面粗糙度值。当板牙进入至接近工件端面 2～3mm 时，将操纵杆放中间，但主轴在惯性作用下仍做慢速转动，当板牙与工件端面即将接触时，迅速倒车使板牙退出，然后用锉刀修去螺纹牙尖处的毛刺 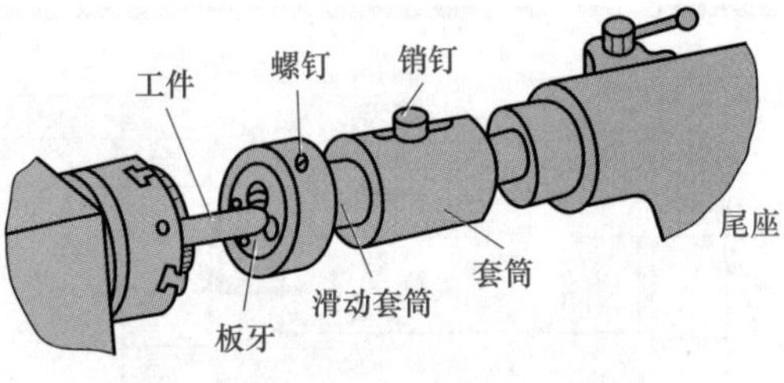	 图 4.366 车床上利用板牙套螺纹
5	检查套螺纹质量	螺纹质量用螺纹环规检查，并要求通端螺纹环规端面与螺钉端面旋平	

4.19.6 套螺纹质量缺陷问题分析

套螺纹质量问题、产生原因及预防措施见表 4.87。

表 4.87 套螺纹时质量缺陷问题分析

序号	质量问题	产生原因	预防措施
1	牙型高度不够	套螺纹前的外圆车得太小	按计算的尺寸来加工外圆和内孔
2	螺纹中径尺寸不对	板牙装夹歪斜	找正尾座跟主轴同轴度，使其在 0.05mm 以内，板牙端面必须装得跟主轴轴线垂直
		板牙磨损	更换板牙
3	螺纹表面粗糙度高	切削速度太高	降低切削速度
		切削液减少或选用不当	合理选择和充分浇注切削液
		板牙齿部崩裂	修磨或调换板牙
		容屑槽切屑堵塞	经常清除容屑槽中切屑

4.20　车削梯形螺纹

4.21　车削内圆锥

4.22　车削成形面

4.23　表面修饰加工

4.24　车床绕弹簧

扫二维码阅读 4.20—4.24

第5章 车床调整及维修

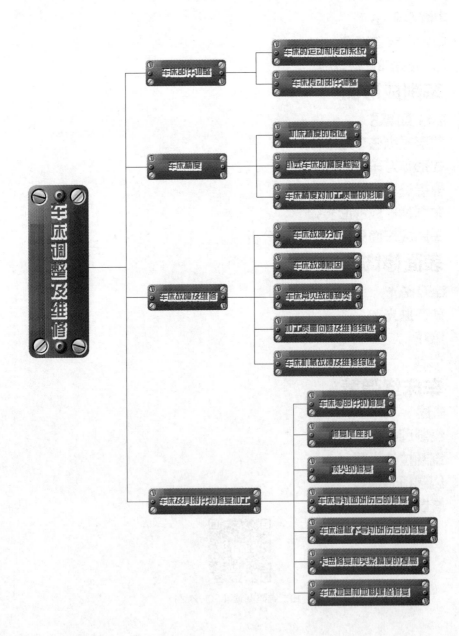

5.1 车床部件调整

车床在长期加工过程中，伴随着振动、环境的影响，在运行到某个节点后，就有必要对车床整体或部分部件进行调教、修整。

5.1.1 车床的运动和传动系统

车床在切削工件中有两种主要形式的运动：主轴上的卡盘（或其他夹具）夹持工件后进行旋转，并且主轴旋转速度越快，消耗的功率也随之增大，这是主体运动；刀架带着车刀顺着主轴方向纵向移动和垂直于主轴方向的横向移动，它是保证金属层不断被切离的运动，这是进给运动。主体运动和进给运动都是形成切削表面所必需的运动，它们互相之间的关系是由车床的传动系统所决定的。

图 5.1 所示是 CA6140 型卧式车床的传动系统图，表 5.1 是采用国家制图标准中所规定的传动元件符号画出的。

表 5.1　传动元件标准符号

序号	名称		基本符号	可用符号
1	齿轮传动	圆柱齿轮	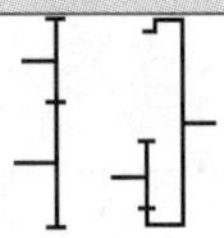	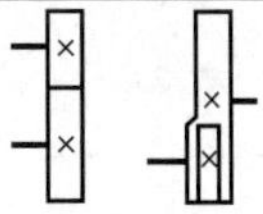
		圆锥齿轮	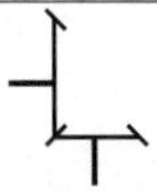	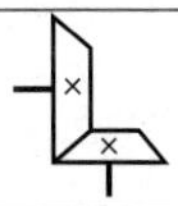
		蜗轮与圆柱蜗杆	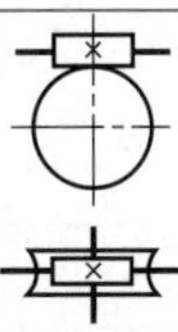	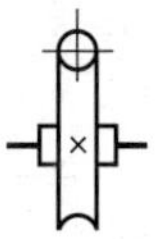
		齿轮齿条	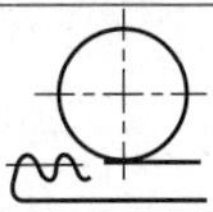	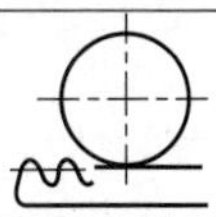
2	圆柱凸轮		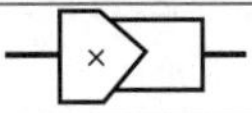	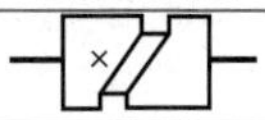
3	外啮合槽轮机构		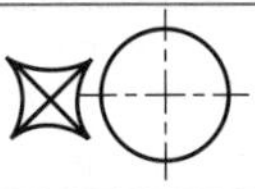	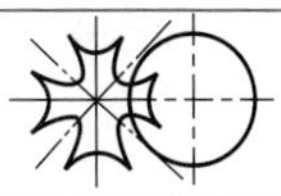
4	联轴器	一般符号		
		固定联轴器	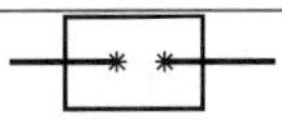	
		弹性联轴器	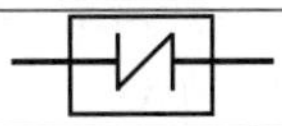	
5	啮合式离合器	单向式	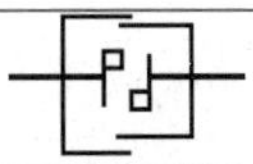	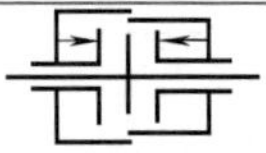
		双向式	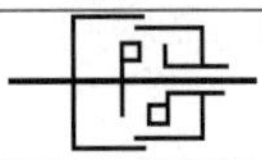	
6	摩擦离合器	单向式	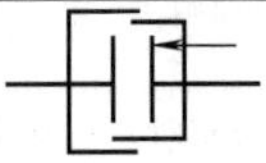	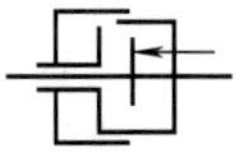

序号	名称		基本符号	可用符号
6	摩擦离合器	双向式		
7	液压离合器（一般符号）			
8	电磁离合器			
9	离心摩擦离合器			
10	超越离合器			
11	制动器			
12	带传动		V带 平带	
13	链传动		环形链 滚子链 无声链	
14	整体螺母			
15	开合螺母			
16	滚珠螺母			
17	向心轴承	普通轴承		
		滚动轴承		
18	推力轴承	单向推力普通轴承		
		双向推力普通轴承		
		推力滚动轴承		
19	向心推力轴承	单向向心推力普通轴承		
		双向向心推力普通轴承		
		滚动轴承		

注：表中的摩擦离合器，如需表明控制方式时，可在箭头的上方用英文字母 E 代表电磁控制，P 代表液压控制等。

车工和数控车工从入门到精通

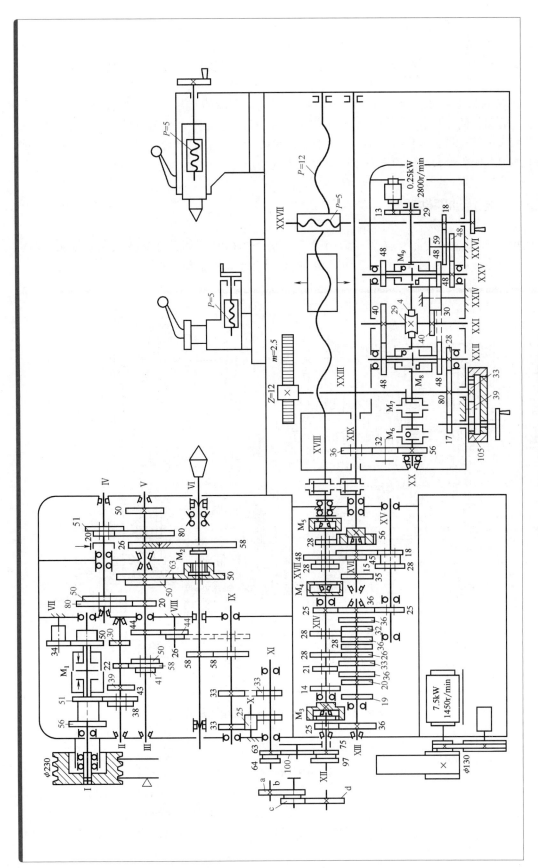

图 5.1 CA6140 型卧式车床的传动系统图

车床的传动系统是由传动链组成的。传动链就是两部件间的传动联系，一台车床上有几个运动，就有几条传动链。每条传动链都具有一定的传动比，在图 5.1 所示的传动系统中，由主运动传动链、车螺纹运动传动链、纵向和横向进给运动传动链及刀架快速移动传动链组成。

在车床的传动系统图中，载明了电动机的转速、齿轮的齿数、带轮直径、丝杠的螺距、齿条的模数和轴的编号等，用以了解车床的传动关系、传动路线、变速方式及传动元件的装配关系（如固定键连接、滑移键连接、空套）等，并以此可计算出传动比和转速。车床传动系统图对于使用车床、调整车床和维修车床都有很大的作用。

5.1.2　车床传动部件调整

在车床中，CA6140 型卧式车床应用最为广泛。CA6140 型卧式车床主要由主轴箱、溜板箱和进给箱等传动部件组成，图 5.2 为 CA6140 型卧式车床主轴箱展开图。

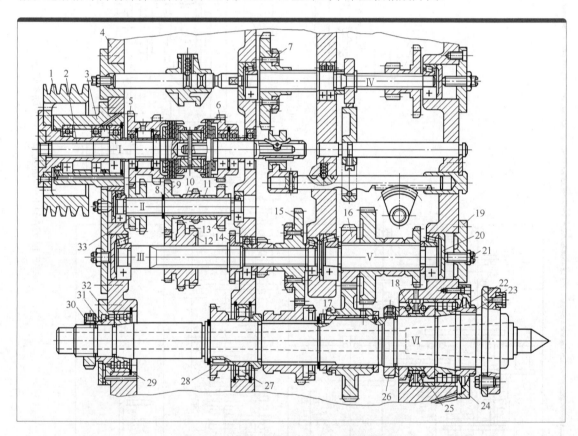

图 5.2　CA6140 型卧式车床主轴箱展开图

1—带轮；2—花键套；3—法兰；4—主轴箱体；5—双联空套齿轮；6—空套齿轮；7，33—双联滑移齿轮；8—半圆环；
9，10，13，14，28—固定齿轮；11，25—隔套；12—三联滑移齿轮；15—双联固定齿轮；16，17—斜齿轮；
18—双向推力角接触球轴承；19—盖板；20—轴承压板；21—调整螺钉；22，29—双列圆柱滚子轴承；
23，26，30—螺母；24，32—轴承端盖；27—圆柱滚子轴承；31—套筒

由于车床在使用中的相互运动和摩擦，会有松动、窜动和间隙的或大或小等不正常情况的出现，这时就需要及时进行调整，否则会影响切削，甚至损坏机件而造成事故。常出现的调整处有主轴箱内的摩擦离合器间隙、主轴轴承间隙、制动器、溜板箱内的开口螺母，以及控制中滑板的横向进给丝杠螺母间隙等。

（1）摩擦离合器的调整

在 CA6140 型卧式车床主轴箱的轴Ⅰ上装有双向多片式摩擦离合器（图 5.3），其作用一是传递动力，二是能起过载保护的作用。它由结构相同而片数量不同的左、右两部分组成。左离合器片数较多，用于传动主轴正转；右离合器片数较少，用于传动主轴反转。

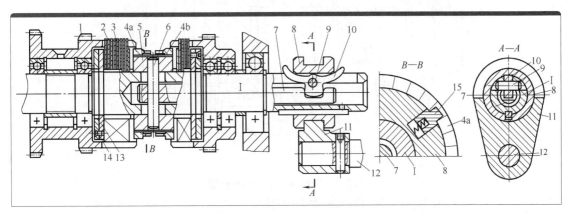

图 5.3　双向多片式摩擦离合器

1—双联齿轮；2—外摩擦片；3—内摩擦片；4a—左调整螺圈；4b—右调整螺圈；5，8—滑套；6—销子；7—拉杆；
9—圆柱销；10—摆块；11—拨叉；12—轴；13，14—止推环；15—弹簧销

离合器内外摩擦片，在松开时的间隙要适当。若间隙太大，压紧时摩擦片会互相打滑；如间隙太小，易损坏操纵机件，甚至会损坏摩擦片。所以，车床运转中，如发现主轴转速减慢甚至停转造成闷车，或者离合器发热一类的情况，应立即停车，对离合器的间隙进行调整。

调整摩擦片的间隙时，先压下弹簧销 15，然后转动左调整螺圈 4a，使摩擦片相对滑套 5 作轴向移动，即可改变摩擦片间的间隙和压紧力。调整好后，使弹簧销 15 重新插入左调整螺圈 4a 的槽内，这样左调整螺圈 4a 在主轴运转中就不会松动，在正式切削前，应使用试车的方法对调整情况进行检查

（2）主轴轴承间隙的调整

CA6140 型卧式车床的主轴（图 5.1 和图 5.2 的轴Ⅵ）安装在主轴箱内的三个支承结构上，前支承中有两个滚动轴承，即双列圆柱滚子轴承和双向推力角接触球轴承，中间支承为圆柱滚子轴承，后支承是一个双列圆柱滚子轴承。

主轴支承和轴承的间隙对主轴的回转精度影响很大，若轴承间隙超大，会导致主轴轴向窜动和径向跳动加大；轴承间隙过小，会使主轴和轴承发热。所以，对主轴轴承间隙应及时和定期进行调整。调整前双列圆柱滚子轴承 7（图 5.4）时，先松开右端螺母 8，再松开螺母 4 上的紧定螺钉 5，然后拧动螺母 4，使主轴相对于轴承轴向左移，在 1∶12 锥形轴颈作用下，使薄壁的轴承内圈产生径向弹性变形，从而消除滚子与内外圈之间的间隙。调整完毕必须拧紧螺母 8 和 4 上的紧定螺钉 5。一般情况下，只调整前轴承就可以了。当需要调整后双列圆柱滚子轴承 3 时，先松开螺母 1 上的紧定螺钉 2，然后拧动螺母 1，经套筒推动轴承内圈在 1∶12 轴颈上右移而消除轴承间隙，调整完毕必须锁紧螺母 1 上的紧定螺钉 2。双列角接触推力球轴承 6 一般情况下不需要进行调整。

（3）制动器的调整

车床在停机过程中，当需要克服主轴箱内各运动件的惯性时，可操作制动器。它的制动原理是当移动齿条轴（图 5.5），其上凸起部分 b 与杠杆下端接触时，杠杆绕轴逆时针摆动，拉紧制动带而使轴Ⅳ制动，通过传动齿轮使主轴迅速停止转动、调整制动器制动力的大小时，拧动调节螺钉就可以了。

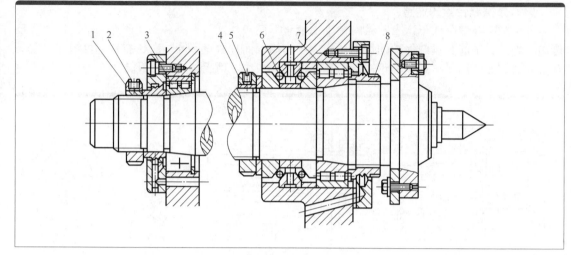

图 5.4　调整车床主轴轴承间隙

1,4,8—螺母；2,5—紧定螺钉；3,7—双列圆柱滚子轴承；6—双列角接触推力球轴承

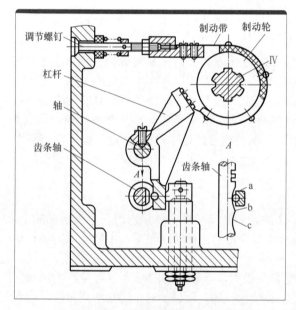

图 5.5　CA6140 卧式车床制动器结构

（5）横向进给丝杠和螺母间隙的调整

横向进给丝杠配合螺母传动，使中滑板和刀架实现横向进给运动。

横向进给丝杠采用可调的双螺母结构（图 5.7），利用调节螺母可调整轴向间隙的大小。当由于磨损致使丝杠与螺母之间的间隙过大时，可将斜面螺母上的紧定螺钉松开，然后拧动楔块上的螺钉，而将楔块向上拉紧，依靠斜楔的作用将斜面螺母往左挤，使斜面螺母与丝杠之间产生相对位移，而使两者之间的配合间隙适宜。间隙调好后，拧紧紧定螺钉。

（6）长丝杠轴向间隙的调整

长丝杠在运转过程中，由于长时间摩擦会使轴向间隙加大，这在加工螺纹类工件时容易引起丝杠轴向窜动，甚至出现径向跳动现象。

调整长丝杠间隙时，先松开右螺母（图 5.8），然后拧动左螺母，调整后将右螺母重新拧紧。调整后的轴向间隙不超过 0.04mm，轴向窜动不应超过 0.01mm。

（4）开合螺母的调整

接通开合螺母，即可带动滑板和刀架上的车刀进行车螺纹和车蜗杆工作。当开合螺母与丝杠间隙过大时，会使床鞍出现轴向窜动，而给车削工作带来不良影响。

开合螺母如图 5.6 所示，它由上半螺母和下半螺母等组成。当扳动手柄，使圆盘逆时针转动时，通过曲线槽带动两个销子，使上下半螺母合拢，与丝杠啮合，接通车螺纹运动。若扳动手柄使圆盘顺时针转动，则上下半螺母分开，与丝杠脱开啮合，断开车螺纹运动。

调整开合螺母的开合量时拧动长螺钉，这时调整了销钉从下螺母的伸出长度，从而限定开合螺母合上时的位置，即调整了丝杠与螺母间的间隙。松开锁紧螺母，转动调节螺钉，经平镶条，可调整开合螺母与燕尾形导轨间隙。

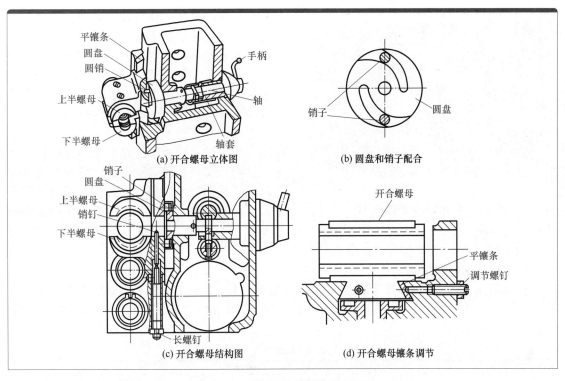

图 5.6　CA6140 卧式车床开合螺母

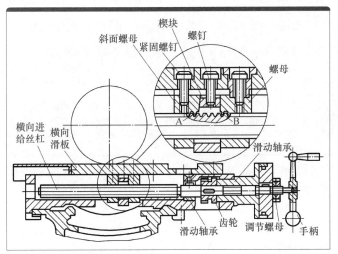

图 5.7　CA6140 卧式车床横向进给丝杠结构

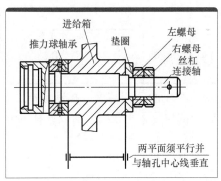

图 5.8　调整长丝杠轴向间隙

5.2　车床精度

5.2.1　机床精度概述

机床上加工工件所能达到的精度与许多因素有关，如机床、刀具、夹具、切削用量以及操作工艺等。其中，机床精度对加工精度的影响最大。

如果是新设备，假如加工尺寸精度普通的可以到一个丝（0.01mm），那么该批次所有的车

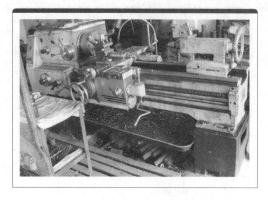

图 5.9　长期使用后的普通车床

都一样，除此之外，要达到设定精度关键看操作人的水平。普通的车床比方说 CA6140A，出厂精度为 0.02mm，因为它的遛板箱上的刻度最小为 0.02mm，不可能让机床精确运动 0.02mm 以下的距离，所以它的精度是 0.02mm，所以排除人为因素，就需要从车床方面着手。

车床的加工精度由两部分决定：一是车床进给刻度盘的小读数；二是车床本身的精度决定。这两个又是有相互关系的。假如车床老化了，溜板移动对主轴和顶尖公共轴线的平行度不符合检验要求而偏大了，那么加工出来的圆棒直径就会有大有小。

图 5.9 为长期使用后的普通车床。

（1）机床精度的分类

机床的精度通常是指机床在未受外载荷（如切削力，工件、夹具、刀具的重力）条件下的原始精度，包括几何精度、传动精度、定位精度和工作精度等方面。不同的机床对各方面的要求不同，见表 5.2。

表 5.2　机床精度要求

序号	精度要求	详细说明
1	几何精度	几何精度是指机床在不运动或运动速度很低时的精度。如决定加工精度的主要零部件的几何精度、主要零部件的低速空运转时的运动精度、主要零部件之间及其运动轨迹的相对位置精度等。几何精度是保证加工精度最基本的条件，所有的机床都应具有一定的几何精度要求
2	传动精度	传动精度是指内联系传动链两端件之间的相对运动精度。凡是有内联系传动链的机床都相应地规定了各内联系传动链的传动精度
3	定位精度	定位精度是指机床运动部件从某一位置运动到预期的另一位置时所能达到的实际位置的精度。对于主要通过试切法和测量工件尺寸来确定运动部件终点位置的机床（如卧式车床、万能升降台铣床等），对定位精度要求不高。但对于依靠机床本身的测量装置或自动控制系统来确定部件终点位置的机床（如坐标镗床、自动化机床、数控机床等），对定位精度有很高的要求
4	工作精度	机床在实际工作状态下，由于受到夹紧力、切削力、切削热以及运动部件速度等因素的影响，会产生振动、热变形、爬行等现象，使机床精度发生变化，从而影响加工精度。把机床在外载、温升、振动等因素的作用下测得的精度称为工作精度。生产中，一般用加工出的工件精度来考核机床的综合动态精度，即工作精度

机床的几何精度、传动精度、定位精度通常是在没有切削载荷及机床不运动或运动速度较低的情况下测量的，所以统称为静态精度。

（2）机床精度的级别

按照机床精度的高低，可将机床分为三个精度等级，即普通精度等级、精密级和高精度级。这几种精度等级的允差，若以普通精度级为 1，则依次大致比例为 1：0.4：0.25。不是所有类型的机床都有上述三个等级。普通精度级的机床最常用，如应用广泛的中、重型车床，各种钻床，升降台铣床等因其加工精度要求不高，一般只有普通精度级。丝杠车床专门用于加工精密丝杠，则只有精密级和高精度级；坐标镗床只有高精度级，其中又分为 I、II 两级。

（3）机床的检验

新机床或大修后的机床在投入生产前，均必须按照国家规定的精度标准中的检验项目进行验收。机床的检验包括如表 5.3 所示的几方面。

表 5.3　机床的检验

序号	机床的检验	详细说明
1	基本参数	机床基本参数和尺寸规格的检验（一般对新机床进行抽检）
2	空载试验	检验机床在空载条件下，各机构是否能平稳、正常地工作
3	负荷试验	检验机床在额定功率和短时间超负荷的情况下，各机构是否能正常、平稳地工作
4	精度检验	主要是对定位精度和加工精度的检验

表 5.4　CA6140 型卧式车床精度检验项目

序号	检验内容	检验方法	示意图	允差/mm 在 1m 行程上	允差/mm 在全部行程上	对加工精度的影响
1	溜板移动在垂直平面内的直线度	将水平仪纵向放在溜板上，移动溜板在全部行程上检验。常用水平仪图解法	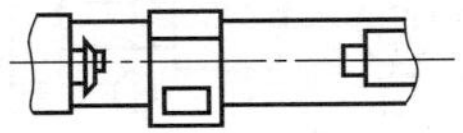	0.02	0.04	主要是反映床身导轨的形状及相互位置误差，当然溜板的运动误差也反映一部分，实际为一项综合性的运动误差。它直接影响着加工工件的精度，如母线直线度或圆柱度。检验第一项目时，所得的运动曲线，在全部行程上只凸起，以便补偿导轨磨损和弹性变形
2	溜板移动时的倾斜	将水平仪横向放在溜板上，移动溜板在全部行程上检验。取其读数的差值	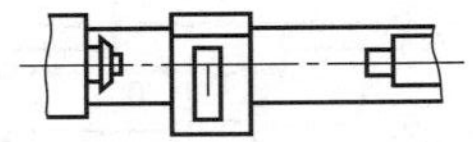	$\dfrac{0.03}{1000}$	$\dfrac{0.04}{1000}$	
3	溜板移动在水平面内的直线度	在前后顶尖间顶起一根检验棒 1，调整好百分表 2 在检验棒两端的读数相等，摇动溜板在全部行程上的读数最大差值	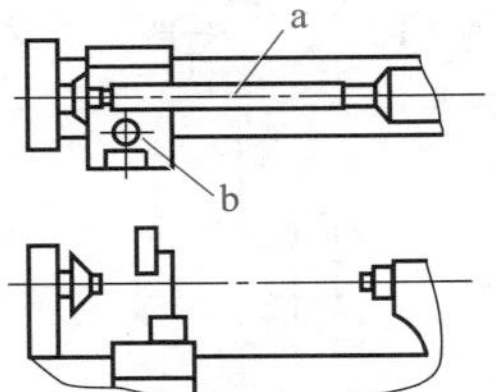	0.015	0.025	直接影响加工精度，反映在工件母线的直线度上
4	尾座移动和溜板移动的平行度	百分表顶在尾座套筒母线 a 和 b 处，同时移动溜板和尾座进行检验		a　0.03 b　0.03	a　0.05 b　0.04	
5	主轴锥孔中心线的径向圆跳动	将 300mm 的带柄的检验棒插入主轴锥孔中，旋转主轴，视百分表在 a 和 b 处的跳动	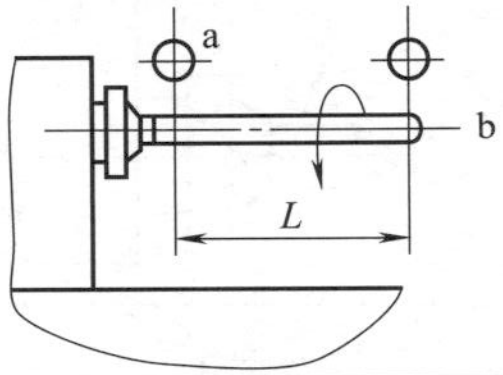	测量距离（$L=300$） a　0.01 b　0.02		该项精度是主轴锥孔中心线和主轴旋转中心线之间同轴度的误差，将引起主轴顶头中心线的径向圆跳动，如用顶尖加工外圆时，就产生圆度误差
6	溜板移动对主轴中心线的平行度	将 300mm 的带锥柄的检验棒插入主轴锥孔中，百分表放置在溜板上 300mm，百分表上的读数差	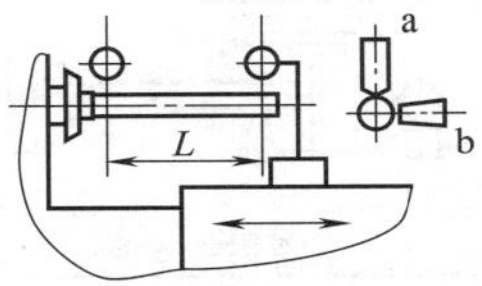	测量距离（$L=300$） a　0.01 b　0.02		能反映加工外圆时的圆柱度误差，如在垂直方向，则为锥度。在水平面内，主轴中心线只许前偏，以抵消径向切削力对加工精度的影响，在垂直平面内主轴中心线只许上偏，以补偿工件和卡盘的重量对加工精度的影响

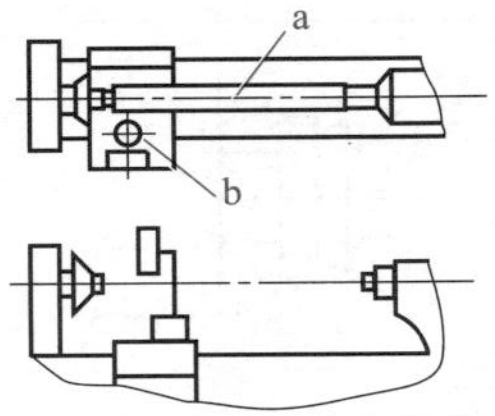

通精型门入十车（数和工车）

序号	检验内容	检验方法	示意图	允差/mm	对加工精度的影响
7	小刀架移动对主轴轴中心线的平行	检验棒插入主轴孔中,用百分表调整小刀架,使侧母线上母线在上母线上检验,移动小刀架在上母线上检验	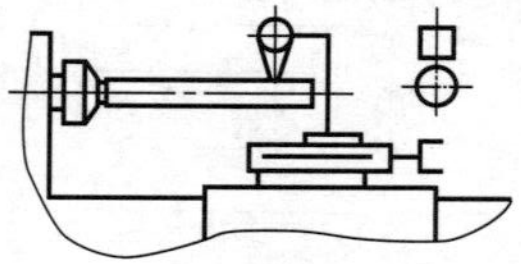	在小刀架全部行程上为0.03	当走动小刀架来加工工件时,反映到工件母线的直线度上
8	主轴的轴向窜动	将带锥度的短检验棒插入主轴孔中,在检验棒的中心孔内置一钢球,然后用平头百分表旋转主轴即可测出	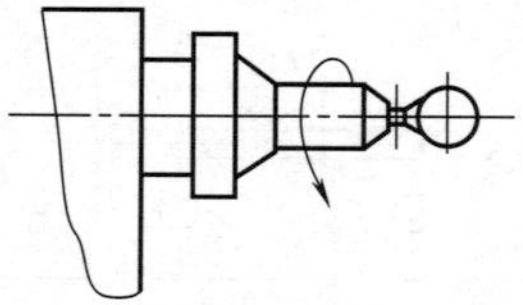	0.02	主要是影响加工端面平面度,加工表面的表面粗糙度和加工螺纹时的螺距误差
9	主轴轴肩支承面的端面圆跳动	用百分表测头触及支承面a处和b处,旋转主轴,即可测出a处和b处跳动	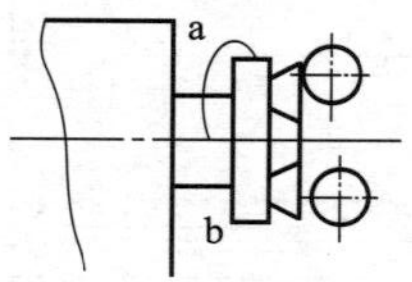	0.02	主轴轴肩支承面和定心轴径面,是安装夹具的定位面,会直接影响加工工件的定位精度,径向圆跳动和端面圆跳动会影响加工工件的表面粗糙度和圆度
10	主轴定心轴的径向圆跳动	用百分表测头触及主轴定位圆柱套筒上,旋转主轴即可测出跳动	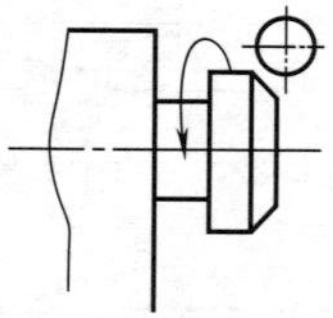	0.01	
11	溜板移动对尾座顶尖套锥孔中心线的平行度	在尾座中插入300mm检验棒,摇动溜板溜板,分别测出母线a处和母线b处的读数差	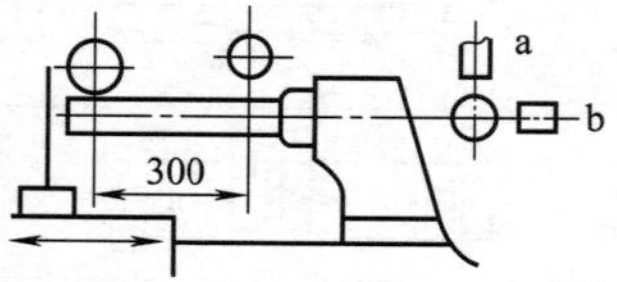	0.03	主要是影响尾座装卡刀具和以顶尖定位加工轴的精度
12	溜板移动对尾座伸出方向的单母度	不用验棒,将百分表测头直接接触及尾座套顶尖套,摇动溜板母线a处和b处,分别测出母线a处和b处的读数差	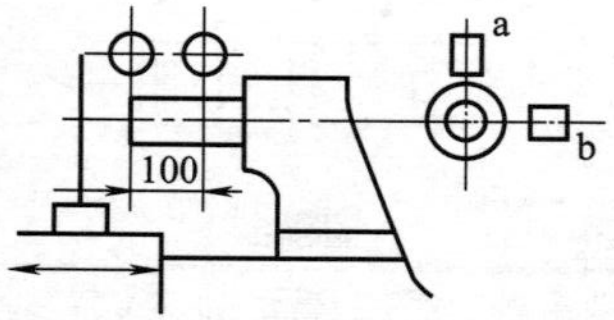	a 0.015 / b 0.01 顶尖套端部只许向上偏和向内偏	该项检验规定顶尖套端部只许向上偏,以抵消加工大型工件时的重量下沉对顶尖套的影响,内向偏主要是补偿径向切削力所引起的顶头后移量

序号	检验内容	检验方法	示意图	允差/mm	对加工精度的影响
13	主轴锥孔中心线和尾座顶尖套锥孔中心线对床身导轨移动的不等高度	在主轴和尾座两顶尖间上检验棒,百分表测头触及检验棒两端,摇动溜板测得读数差	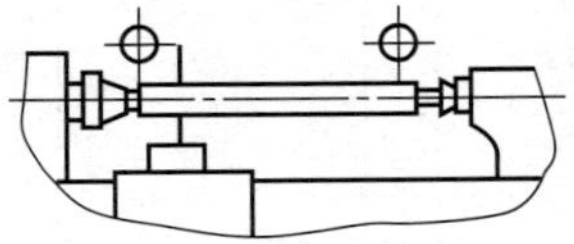	0.6 / 只许尾座高	当用顶尖加工轴时,影响母线的直线度;当用孔加工刀具加工孔时,会使孔径扩大;只许尾座高,一是考虑到床身导轨和尾座的磨损,二是考虑
14	丝杠两轴中心线和开合螺母中心线对床身导轨的不等距离	将百分表固定在专用的桥板上,桥板放置在床身上,然后在Ⅰ、Ⅱ、Ⅲ位置闭合开合螺母,测得百分表的差值	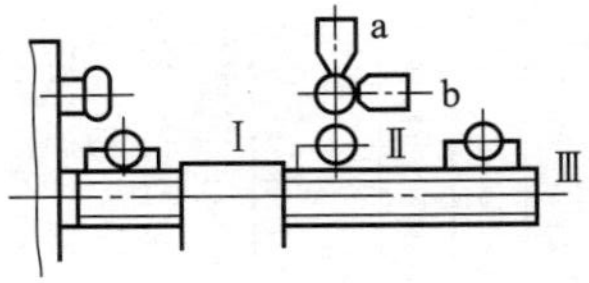	b 0.15 / b 0.15	主要是控制丝杠对床身导轨的位置精度,以便于丝杠传动平稳性而引起的加工工件的螺距误差和表面粗糙度
15	丝杠的轴向窜动	用黄油将钢球粘在丝杠右端中心孔中,闭合开合螺母,旋转丝杠。测得百分表的最大读数差	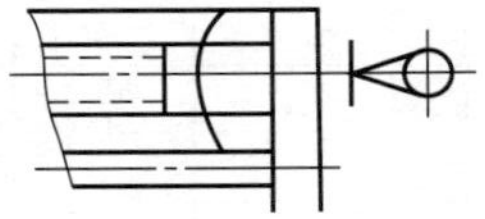	0.01	直接影响加工工件的螺距误差和表面粗糙度
16	精车螺纹的螺距精度	在两顶尖间,将一根直径和机床丝杠相等、长度不小于300mm的试件,精车出和丝杠螺距相等的单线梯形螺纹。检验试件的螺距累计误差(不用尾座)	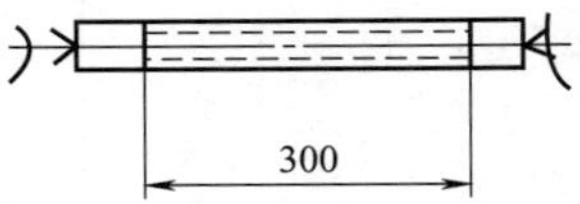	在每100mm的测量长度上螺距累计允差为0.04	直接考核零件的加工精度
17	精车外圆的圆度和圆柱度	精车钢料圆柱形试件的外圆试件用卡盘夹持	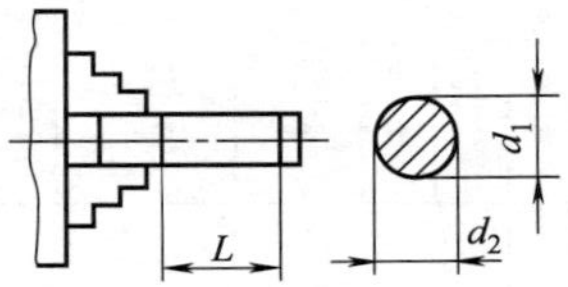	圆度0.01 圆柱度0.01/100	
18	精车端面的平面度	精车铸料圆盘试件的端面,试件用卡盘夹持	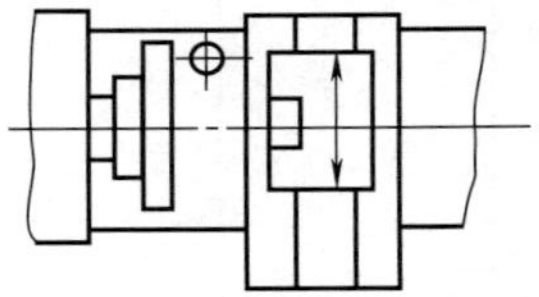	当试件直径≤200mm时允差为0.015 / 只许端面凹	直接考核加工精度。被加工端面只许凹,主要是考虑到凹凸的端面接触较好

5.2.2 卧式车床的精度检验

为控制机床的制造质量，保证工件达到所需要的加工精度和粗糙度，国家对各类通用机床都规定了精度标准。标准规定了机床精度检验的项目、检验方法和允许的误差。

卧式车床的精度检验的内容共有两类18项。检验项目、检验方法、允差及对加工精度的影响见表5.4。第一类为几何精度检验，即表5.4中的第1项至第15项；第二类为机床的工作精度检验，即表5.4中的第16、17、18项。

机床精度不符合检验项目中所规定的允差值，加工时就会在被加工零件上反映出来，影响零件的加工质量和生产效率。在实际生产中，可依据有关影响的具体因素对车床的精度误差进行调整或修理。车床精度对加工质量的影响及消除缺陷的方法见表5.5。

表 5.5 车床精度对加工质量的影响及消除缺陷的方法

序号	质量问题	与机床有关的因素	消除方法
1	工件外圆圆柱度超差	主轴箱主轴轴线与床鞍导轨平行度超差	找正主轴箱主轴轴线与床鞍导轨的平行度
		床身导轨严重磨损	修刮导轨，甚至进行大修
		两顶尖装夹工件时，尾座套筒轴线与主轴轴线不重合	调整尾座两侧的横向螺钉
		固定螺钉松动，致使原调整的床身导轨水平精度有变化	调整垫铁，重新找正床身导轨的水平精度，并紧固螺钉
2	工件外圆圆度超差	主轴轴承间隙过大	调整主轴轴承的间隙
		主轴轴颈的圆度误差过大	修磨主轴轴颈
3	车外圆时表面上有混乱的振动波纹	主轴滚动轴承滚道磨损，间隙过大	调整或更换主轴滚动轴承
		主轴的轴向窜动太大	调整主轴、圆柱滚子轴承的间隙
		滑板的滑动表面间隙过大	调整所有导轨副的压板和镶条，使间隙小于0.04mm，并使移动平稳轻便
4	精车外圆时表面轴向上出现有规律的波纹	溜板箱的纵向进给小齿轮与齿条啮合不良	如波纹之间距离与齿条的齿距相同时，即可认为这种波纹是由齿轮与齿条引起的，这时应调整齿轮与齿条的间隙，或更换齿轮齿条
		光杠弯曲或光杠、丝杠的三孔不同轴，以及与车床导轨不平行	如波纹出现的规律与光杠回转一周有关，可确定为光杠弯曲所引起，这时必须将光杠拆下校直，装配时应保证三孔在同一轴线上，使滑板移动时不能有轻重不匀的现象
		溜板箱内某一传动齿轮损坏或由于分度圆径向圆跳动而引起啮合不良	检查与校正溜板箱内传动齿轮，对已损坏的齿轮必须更换
		主轴箱、进给箱中的轴弯曲或齿轮损坏	校直传动轴，用手转动各轴，在空转时应无轻重现象。更换已损坏的齿轮
		滑板在作纵向移动时受切削力的作用而使滑板顺导轨斜面抬起	检查滑板、压板与床身导轨的配合间隙
5	精车外圆时在圆周表面上出现有规律的波纹	主轴上的传动齿轮齿形不良，齿部损坏或啮合不良	出现这种波纹时如果波纹的条纹与主轴上传动齿轮齿数相同，就可确定是主轴上传动齿轮所引起的，这时必须研磨或更换主轴齿轮
		电动机旋转不平衡而引起机床振动	校正电动机转子的平衡，消除其振动
		因带轮等旋转零件振幅太大而引起振动	校正带轮等旋转零件的平衡
		主轴间隙过大或过小	调整主轴间隙
6	精车工件端面时平面度超差	床鞍移动对主轴轴线的平行度超差	校正主轴轴线位置
		中滑板导轨与主轴轴线垂直度超差	修刮中滑板导轨
		主轴轴向窜动过大	调整主轴圆柱滚子轴承的间隙
7	精车大平面工件时在平面上出现螺旋状波纹	主轴后轴承磨损或损坏	调整主轴后轴承的间隙或更换圆柱滚子轴承

序号	质量问题	与机床有关的因素	消除方法
8	车削螺纹时螺距精度超差	丝杠的轴向窜动过大	调整丝杠连接轴的轴向间隙
		开合螺母磨损,与丝杠同轴度超差而造成啮合不良或间隙过大,并由于燕尾导轨的磨损而造成开合螺母闭合时不稳定	修正开合螺母,并调整开合螺母间隙
		由主轴经交换齿轮而来的传动链间隙过大	调整交换齿轮啮合间隙

5.3 车床故障及维修

普通车床属于机械行业中最为常见的装备,运行中涉及到很多技术,如电机技术、传感技术、自动化技术等,表现出综合性的特点。普通车床的工作能力强,其可提供高精度、高水平的机械制造服务。虽然普通车床的工作能力强,但是仍旧面临着故障的干扰。

5.3.1 车床故障分析

车床在机械行业中,用于加工各种各样的回转表面,如圆面、锥面等,同时也能够加工螺纹、沟槽等,利用床身、刀架等普通车床的部件,配合普通车床的工作原理,实现主运动、进给运动,在车床车刀、工件的运动过程中,将毛坯加工成指定的几何尺寸。

普通车床使用中,故障是不可避免的,如果不能在第一时间排除车床内的故障,就会干扰车床的运行水平,进而影响到车床加工的精度、效率。普通机床的故障出现于日常的运行和使用中,为了提高普通车床的工作能力,应该将故障作为首要的监督对象,监控好普通机床的运行过程。普通车床故障中存在一些典型的征兆,有经验的操作人员会根据车床故障的征兆,大概地判断运行故障,及时把控车床运行中的故障信息,弥补车床运行时的缺陷,运用好故障排除的方法。

5.3.2 车床故障原因

普通车床的故障原因表现出多样化的特点,表5.6列举普通车床故障中最常见的故障原因。

表5.6 车床故障原因

序号	最常见的故障原因	详细说明
1	车床零部件质量问题	普通车床零部件的质量原因,车床本身的机械装置、元件设备等,其在车床运行的过程中发生了质量问题,导致自身出现失灵或失控的情况,就会影响到普通车床的整体情况,出现磨损、破坏等问题,直接影响到车床的加工精度,进而干扰普通车床的实际运行。零部件的质量原因是普通车床故障中最直接的原因,会引起一系列的故障问题
2	车床安装和装配工艺差	普通车床主体安装中,如主轴箱、进给箱,其在安装中没有严格按照精度实行控制,只要有一处出现故障,就会干扰到普通车床的整体精度,不能保障普通车床的有效装配,导致安装与装配误差,在车床运行中引出故障干扰,逐渐降低了车床运行的精确度
3	车床使用不合理	普通车床使用时,存在不合理的操作,干扰了车床的技术参数,导致车床在自身加工的范围内,缺乏有效的工作能力。普通车床操作中,如果操作人员不能按照车床的工作规程执行,就会引起诸多故障问题,尤其是普通车床的精确度,直接增加了车床的运行负担,加重了车床的使用压力
4	日常保养与维修不到位	普通车床在运行中,保养与维修措施不到位。保养与维修是降低故障发生率的一项措施,而且决定了车床的使用效率。车床缺乏保养、维修,导致车床处于带病作业的状态,不能维持良好的工作状态,就会缩短车床的运行寿命,不能提高普通车床的加工效率

5.3.3 车床常见故障种类

结合车床以及故障原因分析，表5.7列举了普通车床运行中常见的故障及相关的排除方法，以此来维护普通车床的运行性能。

表 5.7 车床常见故障种类

序号	故障种类	详细说明
1	振动故障	普通车床的振动故障是最为常见的故障类型，车床在加工生产期间，振动是很难避免的，存在一些振动属于正常的运行范围，当振动较为剧烈时，就会影响普通车床的加工精度，降低车床的生产效率，同时还会加重车床的磨损，不利于车床刀具的稳定性。当普通车床出现振动故障时，在加工陶瓷、硬质合金时，故障的表现最为明显 车床振动的原因有：工作时螺栓松动，安装不正确；胶带轮等旋转件的跳动太大，引起车床振动；主轴中心线的径向摆动过大。排除该故障时应注意：调整并紧固地脚螺栓；磨削刀具以保持切削性能；校正顶尖安装位置，使其略高于工件中心；校正胶带轮等旋转件的径向圆跳动；设法调整减小主轴摆动，若无法调整，可采用角度选配法来减小主轴摆动
2	噪声故障	噪声故障不仅影响普通车床的运行，同时也会影响车床运行的环境。一般情况下，噪声是故障发生的前提，当普通车床运行时，出现不符合常规的噪声，就表示车床出现了故障，维修人员需准确地分析噪声的来源及成因，以便快速地排除故障。普通车床运行后，噪声会随着周期、温度、负荷的增加而增加，最终导致车床进入不良的运行状态，干扰正常的运行 噪声故障的排除要根据普通车床的实际情况执行。列举普通车床噪声故障中，常见的排除方法，如：①维护人员检查普通车床的运动副，结合运动副反馈出的情况，调整、修复引起噪声的零件，促使车床的主轴可以恢复正常，处理噪声的干扰，保障车床的工作精度；②全面检查普通车床的管道，杜绝出现管道不通畅的情况，疏通有堵塞的管道；③噪声故障内，很大一部分是因为相互摩擦，所以定期安排润滑工作，在适当的位置增加润滑，控制润滑油的用量、位置，保证润滑油符合相关的规定
3	发热故障	在车床上，主轴一般都与滚动轴承或滑动轴承组装成一体，并以很高的转速旋转，从而产生较大热量，主轴轴承是主轴箱内的主要热源，如果它制造的热量没有及时排出，将导致轴承过热，使车床相应部位温度升高，从而产生热变形，严重时会使主轴与尾架不等高，这不仅影响车床本身精度和加工精度，而且会把轴承甚至主轴烧坏 轴承过热的原因可归纳为：主轴轴承间隙过小使摩擦力和摩擦热增加；在长期的全负荷车削中，主轴刚性降低，发生弯曲，传动不平稳而发热。排除该故障时应注意：要调整主轴轴承间隙使之合适；应控制润滑油的供给，疏通油路；尽量避免车床承担长期负荷
4	漏油故障	漏油在普通车床故障中比较常见，增加了车床的油耗，引起了较大的经济损失，干扰了车床的运行性能 普通车床漏油故障处理需采取日常的检测方法，安排漏油检查的相关工作，及时发现漏油问题并处理
5	轴承故障	普通车床的轴承故障，影响车床加工的传动工作，影响载荷的运行，属于故障多发点 轴承故障的排除需采取更换和改进的措施，检查轴承的性能，选择恰当的排除措施，一般情况下，轴承零部件损坏，可直接更换零部件，传动轴承断裂，就需要改进内部结构，重新布设轴承装置，以此来解决故障问题
6	刀架故障	普通车床的刀架故障，表现为卡刀、接触器烧毁，最终导致刀盘不转动 刀架故障排除时，需根据具体的故障，逐渐缩小故障的范围，明确故障的原因后并定位。对于刀架的常见故障，如果刀盘不动，可能出现的问题是机械卡阻、刀架电机烧坏或接触器、控制继电器损坏，现场应逐步排查故障原因，缩小故障范围，最后准确定位故障，如果刀盘上车刀位连续回转不停，一般是车刀位对应的霍尔元件损坏所致，将其更换即可解决，如果刀盘换刀时不到位或过位，一般是磁钢位置在圆周方向相对霍尔元件太靠前或太靠后所致，可在刀架锁紧状态下用内六方扳手先松开磁钢盘，再转动适当角度，使磁钢与霍尔元件位置相对即可
7	手柄故障	车床手柄最容易出现脱开的故障 以普通车床的溜板箱自动进给手柄脱开故障为例，分析排除的方法，如：调整手柄的弹簧压力，保持手柄在正常负荷下的稳固性，利用焊补的方法修复手柄故障，定位孔出现磨损后，要采用铆补的方式打孔
8	床鞍故障	普通车床经过较长时间使用后，常常会发生床鞍下沉的现象，导致车床工作不正常，严重影响车床工作效率，甚至造成车床完全丧失工作能力 造成床鞍下沉的原因主要有：床身导轨面磨损，床鞍下导轨面磨损，在日常修理及床鞍下沉不严重时，无需修复机床导轨，通常可改变纵走刀小齿轮技术参数及溜板箱上纵向移动刻度盘刻度，以改善纵走刀小齿轮与床身齿条的啮合状况，这种方法具有简便易操作、技术难度较小、修理周期较短等优点，不过其修理效果是有限的，在床鞍下沉严重或机床大修时，应采用恢复床鞍高度的方法

5.3.4 加工质量问题及维修综述

（1）外圆加工形状误差问题及处理（表 5.8）

表 5.8 外圆加工形状误差问题及处理

序号	质量问题	产生原因	处理方式
1	圆柱工件加工后素母线直线度超差（或一头大，一头小）	主轴箱主轴中心线对溜板移动的平行度超差	重新校正主轴箱中心线的安装精度或修刮主轴箱底部，使其符合精度要求
		床身导轨倾斜或安装精度丧失，而产生变形	用调整垫铁重新校正床身的安装精度，如果工件直径靠床头箱的一头大，则将尾座端靠操作者的一边的地脚垫板调低，相反则调高
		床身导轨严重变形	修刮、研磨导轨，恢复导轨精度
		主轴箱温升过高，引起热变形	降低润滑油黏度，检查润滑泵进油管是否堵塞，检查调整摩擦离合器、主轴轴承间的间隙，并定期换油降低油温
		地脚螺钉松动或垫铁松动	跳平机床，紧固地脚螺钉
		两顶尖支承工件时产生锥度	调整尾座两侧的横向调整螺钉
2	工件加工后圆柱度超差	主轴箱主轴中心线对溜板导轨的平行度超差	重新校正主轴箱主轴中心线的安装位置，使其在允差范围之内。选用长为 300mm 的检验棒测量。上母线允差小于或等于 0.03mm，侧母线允差小于或等于 0.015mm。检验棒伸出的一端只许向上偏、向刀架偏（可参考卧式车床的精度检验表）
		床身导轨倾斜度超差或装配后发生变形	用调整垫铁重新校正床身导轨的倾斜度、溜板允差
		床身导轨面严重磨损，溜板移动时，在水平面内的直线度和溜板移动时的倾斜度均超差	超差较小时，且导轨面无大面积划伤，用刮研法进行修复；如超差较大，可精刨或精磨导轨
		主轴锥孔与尾座顶尖套锥孔同轴度超差	调整尾座两侧的横向螺钉
		切削刀刃不耐磨	根据工件材料，正确选择刀具、切削速度和进给量
		主轴箱温升过高，引起机床热变形	如冷态加工时工件精度合格，而运转数小时之后工件才超差，可适当调整主轴前轴承润滑的供油量，并检查润滑油黏度是否合适。必要时更换润滑油，调整轴承间隙
		坯料弯曲	进行校直
		工件的后顶尖不等高或中心偏移	调整顶尖位置
		顶尖顶紧力不当	调整顶尖顶紧力或改用弹性顶尖
		工件装夹刚度不够	前后顶尖顶紧改为卡盘、顶尖夹顶，或用跟刀架、托架支承等以增加工件加工刚度
		刀具在一次进给中磨损或刀杆过细，造成让刀（对孔）	应降低车削速度，提高刀具耐磨性和增加刀杆刚度
		由车床应力和车削热产生变形	消除应力，并尽可能提高车削速度和进给量，减小背吃刀量，多次调头加工，加强冷却润滑
		刀尖离跟刀架支承处距离过大	减小距离（一般为 2mm）
3	加工圆柱形工件出现椭圆及棱圆	主轴轴承间隙过大，主轴轴套外径与箱体孔配合间隙大，或主轴颈圆度超差	调整主轴轴承的间隙，应根据机床日常使用转速范围内进行调整，如果经常在高速下工作，调整的间隙要稍大一些；如果经常在低速下工作，则间隙要小一些。前后轴承调整后，应进行 1h 高速空运转，主轴轴承温度不得超过 70℃
		主轴轴承锥面与主轴锥面接触不良	修研锥面，要求接触面不小于 50%，轴承锥面与主轴锥面配合应注意大端面接触
		主轴承外环与床头箱孔配合太松	镗床头箱孔，镶套或电镀达到配合要求
		机床顶尖磨偏，或工件顶尖孔不圆	修磨顶尖或工件顶尖孔
		卡盘法兰与主轴定位轴颈配合太松	修研主轴定位轴颈，重新配法兰盘
		工件孔壁较薄，装夹变形	采用液性塑料夹具或留工艺夹头，以便装夹
		主轴轴颈圆度误差过大	修复主轴轴颈，以达到对圆度的精度要求

序号	质量问题	产生原因	处理方式
3	加工圆柱形工件出现椭圆及棱圆	主轴箱体轴孔有椭圆,或轴孔径向尺寸超差,使配合间隙过大	用镗孔压套,或采用无槽镀镍等方法修复箱体轴孔的圆度超差
		卡盘法兰内孔与主轴轴颈配合不好,或主轴螺纹配合松动	重新配制法兰盘
		机床顶针尖磨偏,或工件顶针孔不圆	修磨顶针或工件顶针孔
		主轴末级齿轮精度超差,转动时有振动	将齿轮换边使用,或更换末级齿轮
4	锥度和尺寸超差	刀架转角或尾座偏移有误差	进行刀架和尾座的调整
		背吃刀量控制不准	控制背吃刀量,注意观察
		车刀刀尖与工件轴线没对准	注意安装车刀的检验

（2）外圆加工表面质量问题及处理（表 5.9）

表 5.9　外圆加工表面质量问题及处理

序号	质量问题	产生原因	处理方式
1	精车外圆时在圆周表面上每隔一定长度重复出现一次波纹（定距波纹）	溜板箱的纵走刀小齿轮与齿条啮合不良	如波纹之间的距离与齿条的齿距相同时,即可认为这种波纹是由齿轮与齿条引起的,这时应调整齿轮齿条的间隙,必要时更换齿轮齿条
		光杠弯曲,或光杠、丝杠、操纵杆的三孔中心线与运动轨迹不平行	校直光杠,以床身导轨平直度为基础,调整三孔,使孔的中心线与导轨平行,溜板在移动时无轻重不均现象
		溜板箱内某一传动齿轮（或蜗轮）损坏或由于节径振摆而引起的啮合不良	检查校正溜板箱内传动齿轮.更换已损坏的齿轮（或蜗轮）
		主轴箱、进给箱中的轴弯曲或齿轮损坏	校直传动轴,装配后用手转动各轴,应无忽轻忽重的现象。更换磨损严重的齿轮
		进给系统传动齿轮啮合间隙不正常或损坏	更换新的传动齿轮
		大滑板纵向两侧压板与床身导轨间隙过大	将间隙调整适当
2	精车外圆时表面上重复出现有规律曲波纹	主轴上的传动齿轮齿形不良或齿轮啮合不良	出现这种波纹时,如果波纹的条数与主轴上传动齿轮齿数相同,就可确定是主轴上传动齿轮引起的,这时必须研磨或更换主轴齿轮
		主轴轴承的间隙太大或太小	调整主轴轴承间隙
		主轴箱上的带轮外径（或带轮槽）振摆大	修正带轮,做静平衡,消除其振摆
		电动机旋转不平衡而引起机床振动	校正电动机转子的平衡,消除其振动
		电动机、带轮及高速旋转零件的平稳性差,摆动大	消除机件偏重
		主轴轴承钢球局部损坏	换轴承
		顶尖与锥孔配合不好,尾座紧固不牢	重新进行顶尖与锥孔配合,紧固尾座
		溜板箱纵走刀齿轮与齿条啮合不正确	校正齿条,修复或更换齿轮。调整齿轮间隙:0.06～0.08mm
		进给箱、溜板箱、托架的三孔不同轴,使走刀产生规律性摆动和不匀速	测量三杆同轴度偏差,调整托架定位销孔,使其达到定位要求
		光杆或走刀杆弯曲	校正光杆和走刀杆
		溜板箱内某轴弯曲或某一齿轮节圆跳动啮合不正确,使走刀运转时产生轧滞现象	检查溜板箱内轴和齿轮有无变形和损坏,并进行修复和更换
		床身导轨在某一长度位置上有碰伤或凸点,当走刀至该处时由于增加阻力而产生停滞现象	检查床身导轨表面等的碰伤、凸点,用刮刀或油石修正

序号	质量问题	产生原因	处理方式
2	精车外圆时表面上重复出现有规律曲波纹	刀具工件之间引起的振动	检查刀杆伸出量，太长容易颤振，应缩短，一般 $L \leqslant 1.5b$（图 5.10）；调整刀尖安装位置，使刀尖略高于工件中心线，但高出量不超过 0.5mm；采用正前角切削，过渡刃不易太大，始终保持其切削性能 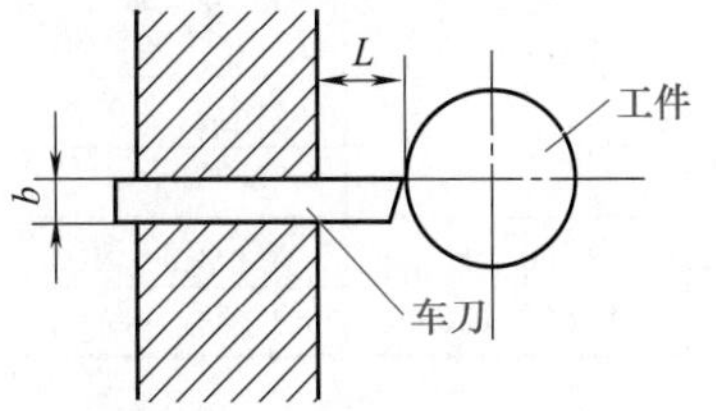 图 5.10　调整刀杆示意图
		光杆弯曲变形引起溜板的浮动	拆下光杆进行校直
		电动机旋转不平稳及带轮摆振等原因引起机床振动	检修电机，最好将电机转子进行动平衡。消除带轮振摆，对其进行光整车削修正
3	精车外圆时圆周表面在固定的长度上（固定位置）有一节波纹凸起	床身导轨在固定的长度位置上有碰伤、凸痕等	用油石或刮刀修平碰伤、凸痕等
		齿条表面在某处有凸痕或齿条之间的接缝不良	修正齿形以使齿条齿形无伤痕及凸点，校正齿条接缝，使齿轮在齿条接缝处过渡平稳
4	精车外圆时圆周表面有混乱的波纹	主轴滚动轴承的滚道磨损	更换主轴滚动轴承
		主轴的轴向游隙太大或主轴的主轴承滚道磨损，引起主轴旋转不稳定	调整主轴后端推力球轴承的间隙
		主轴的滚动轴承外环与主轴箱轴孔有间隙	镗孔镶套或采用轴孔局部镀铬达到滚动轴承外环与箱体孔的配合技术要求
		用卡盘夹持工件车削时，因卡盘法兰孔内螺纹与主轴前端的定心轴颈螺纹配合松动而引起工件不稳定	改变工件的夹持方法，用尾座支持住进行切削。如乱纹消失，即可判定是由于卡盘法兰的磨损所致。这时可按主轴的定心轴颈及前端螺纹配制新的卡盘法兰
		方刀架因夹刀具而变形，引起其底面与上刀架之间间隙过大	调整所有导轨副的塞铁，使其配合均匀，摇动平稳，滑动面间隙不超过 0.03mm
		进给箱、溜板箱、托架的三支撑不同轴	修正光杠、丝杠、操纵杆三个支撑，相应的孔位要同轴，使溜板箱纵向移动无阻尼现象
		使用尾座支撑工件切割时，顶尖套不稳定	检查尾座顶尖套与轴孔以及夹紧装置，如失去作用时，可先修复轴孔，然后根据轴孔修复后的实际尺寸，单配尾座顶尖套
		卡盘卡爪呈喇叭孔形状，使工件夹持不稳定	磨削修复卡爪或在加工工件时加垫铜皮
		主轴轴承外圈与主轴箱孔有间隙	修复主轴轴承安装孔径（压套或镀镍），保证配合精度
		电动机、带轮及外来的振动等使机床产生振动，影响切削	更换电动机滚动轴承，修整三角带轮槽，机器移位、避离外来的振动源
		上下刀架（包括溜板）滑动表面之间间隙过大	调整压板、镶条的间隙，使其配合均匀，移动平稳，轻便自如
5	主轴每转动一次，在工件圆周表面上有一处振痕	主轴滚动轴承的某一颗或几颗滚柱磨损严重	更换轴承
		主轴上的传动齿轮节径振摆过大	消除主轴齿轮的节径振摆，或更换齿轮副
6	表面粗糙度太高	刀具刃磨不良或刀尖高于工件轴线	重新刃磨刀具，使刀尖位置与工件轴线等高或略低（对于孔应略高于工件轴线）
		润滑不良，切屑液过滤不好或选用不当	选择合适切屑液
		工件金相组织不好	粗加工后应进行改善金相组织的热处理

（3）端面加工形状误差问题及处理（表5.10）

表5.10　端面加工形状误差问题及处理

序号	质量问题	产生原因	处理方式
1	精车端面时平面度超差	溜板的上导轨面燕尾槽面不直	刮研、修直上导轨面，保证直线度在全长上为0.01mm
		中拖板丝杠与螺母同轴度超差，同时溜板的上导轨塞铁松动	修整丝杠螺母副，使其同心，并调整塞铁间隙
		大滑板上下导轨不垂直而引起端面凹凸	修刮大滑板上导轨和调整中溜板镶条间隙
		主轴轴向窜动	调整主轴轴承和消除轴肩端面跳动
2	精车后的工件端面圆跳动超差	主轴轴向游隙或轴向窜动较大	调整主轴的轴向油隙及窜动，允差为0.01mm
		主轴末端推力轴承支撑面或轴承损坏	更换轴承，修复支撑面对孔的垂直度

（4）端面加工表面质量问题及处理（表5.11）

表5.11　端面加工表面质量问题及处理

序号	质量问题	产生原因	处理方式
1	精车后工件端面中凸	溜板移动对主轴箱主轴中心线的平行度超差	校正主轴箱主轴中心线的位置，在保证工件正锥合格的前提下，即远离床头端稍小，要求主轴中心线向前偏，即偏向刀架
		溜板的上、下导轨垂直度超差	大修后的机床出现该误差，必须重新刮研溜板下导轨面；未经大修而溜板上导轨磨损严重时，可刮研溜板的上导轨面
		溜板上下导轨垂直度超差，偏向床尾或主轴轴线与床身导轨的平行度超差	刮研溜板导轨，使垂直度允差在允许的精度范围之内
		刀架中拖板丝杠磨损，镶条配合不好，中间松、两头紧	修刮镶条和丝杠副，使拖板移动自如、均匀
		横向燕尾形导轨的直线性差，或自动进给走刀不均匀	检查走刀杠径向跳动，走刀传动链齿轮的损坏情况，并进行修正和更换
2	精车工件端面时出现螺纹状波纹	主轴后端的推力轴承中有某一粒钢球尺寸较大	可更换D级精度推力轴承
		溜板上下导轨垂直度超差，偏向床尾或主轴轴线与床身导轨的平行度超差	刮研溜板导轨，使垂直度允差在允许的精度范围之内
		刀架中拖板丝杠磨损，镶条配合不好，中间松、两头紧	修刮镶条和丝杠副，使拖板移动自如、均匀
		横向燕尾形导轨的直线性差，或自动进给走刀不均匀	检查走刀杠径向跳动、走刀传动链齿轮的损坏情况，并进行修正和更换
3	精车大端面工件时每隔一定距离重复出现波纹	溜板上导轨磨损，使刀架下滑座移动时出现间断等不稳定现象	刮研导轨及塞铁，使刀架下滑座移动时稳定
		中拖板丝杠弯曲	校直中拖板
		中拖板丝杠与螺母因磨损而间隙过大	调整丝杠与螺母的间隙，先将左端螺母的螺钉松开后，用中间的螺钉把楔铁拉上，调整至适当的间隙后，再将左端的螺母拧紧

（5）螺纹加工质量问题及处理（表5.12）

表5.12　螺纹加工质量问题及处理

序号	质量问题	产生原因	处理方式
1	车削螺纹乱扣	换挂轮后再加工原螺纹时没进行对刀	换挂轮后要进行螺纹对刀，如果对刀后螺距还不对，证明挂轮挂错，需重新配挂轮
		换刀后没有对刀	换刀后要进行螺纹对刀
		反转变正转进给时，没有消除游隙	反转变正转时，要空行程一段距离，可以消除丝杠游隙

序号	质量问题	产生原因	处理方式
1	车削螺纹乱扣	进刀过大	应适当进刀
		开合螺母、走刀丝杠磨损，或接触不良稳定性不好	更换磨损件，调整开合螺母副的塞铁螺钉，使其间隙适当，开合轻便，而工作稳定
		丝杠的轴向间隙过大，丝杠弯曲，丝杠的联轴器销钉配合不好	校直丝杠，调整丝杠的轴向间隙，重新装配联轴器的销钉
		主轴的轴向游隙过大，或由主轴经挂轮的传动链间隙过大	调整主轴轴向游隙，检查经挂轮传动链中的齿轮啮合间隙。更换磨损严重的零件
		小溜板镶条调整不当，间隙过大	调整小拖板塞铁间的间隙
2	车出的螺纹不均或精车螺纹的螺距精度超差	丝杠弯曲变形	应校直丝杠
		丝杠轴向游隙及窜动	丝杠在正反转动时，轴向游隙控制在 0.04mm 之内，工作转速较低的机床可在 0.01～0.02mm 之间；丝杠轴向窜动在 0.01mm 内
		溜板箱开合螺母燕尾导轨间隙过大或燕尾导轨磨损	调整开合螺母镶条间隙，修刮导轨，修刮时应注意相关尺寸链的精度要求
		开合螺母间隙调整过大，车削中开合螺母自动上抬	调整下闸瓦孔中的偏轴，使闸瓦闭合间隙合适。闸瓦螺母磨损严重，可重新配作开合螺母。开合螺母自动抬起，可以调整燕尾镶条螺钉
		主轴窜动大	调整主轴间隙
		丝杠磨损不匀和丝杠精密度差	修理丝杠与螺母
		丝杠对床身导轨不平行	丝杠两轴承中心线和开合螺母中心线对床身导轨的距离保证上母线、侧母线差值小于 0.15mm
		传动系统间隙调整不当	检查传动系统，合理调整间隙。车精密的螺纹可以用精密的挂轮，传动系统走直接连接丝杠的系统，减少传动误差
		用顶尖支撑加工螺纹时，尾架中心线与主轴中心线的同轴度超差	调整尾座套筒顶尖中心线与主轴中心线的同轴度符合要求
3	用跟刀架车细长杠螺纹工件时产生变形	跟刀架调整不当	调整跟刀架触头与工件接触，使吃刀后工件无变形
		主轴转速过快	精车时转速要低一些
		进刀量太大	应选择进刀量为 0.05～0.1mm
4	车螺纹时出现乱扣刀或螺纹崩牙	车刀前角太大，主轴转速太高，吃刀量太大，刀具安装过低	重新刃磨刀具，降低主轴转速，减少吃刀量，正确安装刀具
5	车螺纹时螺纹型面不平或底径不清晰	刀具切削刃不直，刀刃磨损或进刀量太大	重新刃磨刀具，适当减少进刀量
6	车出的内螺纹有锥度	刀具刚性差，刀具安装得低，刀刃磨钝	适当加粗刀杆，刀尖要高于中心线，刀刃要锋锐
7	精车螺纹时表面有波纹	床身导轨磨损使溜板倾斜下沉，造成开合螺母与丝杠呈单片啮合	用补偿法修复导轨，恢复尺寸链精度
		托架支撑孔磨损，造成丝杠回转中心线不稳定	托架支撑孔采取镗孔镶套
		方刀架与小刀架底板接触不良	修刮刀架底座前，恢复接触精度
		丝杠轴向窜动过大	调整丝杠的轴向间隙，一般间隙应≤0.01mm
8	粗车梯形螺纹时产生"扎刀"现象	螺纹车刀安装得低于中心线	应重新对刀
		主轴和长丝杠窜动大，大、中、小拖板间隙较大	应调整主轴间隙或丝杠间隙
		刀具刃磨不正确	重新刃磨刀具

5.3.5 车床机械故障及维修综述

（1）机床启停故障及维修（表 5.13）

表 5.13 机床启停故障及维修

序号	故障现象	产生原因	处理方式
1	机床启动后噪声过大	齿轮啮合间隙不均匀，齿面粗糙	对间隙过大的啮合齿轮，其中一个采用变位齿轮；间隙过小的进行对研
		传动轴的轴承损坏，相对应的轴承不同心或传动轴弯曲变形	可修复或更换轴承，修理轴支撑孔，校直传动轴
		电动机轴承损坏	
		电动机外壳紧固面接触不良	
		润滑不良	
2	停车后主轴不能很快停止转动	摩擦离合器调整过紧，摩擦片粘连	调整或更换摩擦片
		制动器过松，刹车带磨损	调整制动器或更换刹车带

（2）重力切削故障及维修（表 5.14）

表 5.14 重力切削故障及维修

序号	故障现象	产生原因	处理方式
1	重切削时主轴转速降低或自行停车	片式摩擦离合器调整过松或磨损，或摩擦片翘曲变形	调整好离合器片接触松紧度，更换或修理磨损、翘曲的摩擦片
		电动机传动带过松或磨损严重	适当调紧传动带或更换磨损严重的传动带
		主轴箱体主轴孔与滚动轴承外环配合松动	用压套或镀镍的方法修复
		带式制动器（刹车）没有调整好	调整带式制动器的刹车阻力
		电动机传动带过松打滑	调整带的松紧程度
		电动机功率达不到额定值	检查电机的连接和电流、电压值，要求功率达到额定标准
		主轴箱内滑动齿轮定位失灵，使齿轮脱开	加大定位件的弹簧力
		操纵离合器的拨叉或杠杆（元宝销）磨损	修复磨损部位，严重的予以更新
2	切槽、重切外径时振痕严重	主轴轴承间的径向间隙过大	调整主轴轴承的间隙
		刀架结合面松动	检查接触情况，调整间隙，各结合面用 0.03 ～ 0.04mm 塞尺不入
		主轴两轴承的同轴度超差	修整主轴两端轴颈的同轴度，或更换主轴。修整主轴箱体前后主轴孔，使其达到精度要求
		主轴中心线或与滚动轴承配合的轴颈的径向振摆过大	调整主轴径向振摆至最小值，如滚动轴承的振摆无法避免时，可采用角度选配法来减小主轴的振摆
		小刀架镶条过松，刀台底面接触不好	调整镶条，修到接触面

（3）刀架相关故障及维修（表 5.15）

表 5.15 刀架相关故障及维修

序号	故障现象	产生原因	处理方式
1	方刀架上的压紧手柄压紧后小刀架手柄转不动	方刀架的底面不平	用刮刀修刮方刀架底面
		方刀架与小刀架底板的接触面不良	用刮刀修刮接触面
		刀架压紧后，方刀架产生变形	检查变形量，修整变形部位
2	刀架转位后不能复位	刀架定位凸台磨损与刀架孔配合间隙过大	压套修复凸台，使其精度达到要求
		压紧定位销或定位块的弹簧折断或弹力太小	更换弹簧
		定位销或定位块磨损，而与定位套之间间隙过大	更换磨损件，保证配合间隙
3	用小刀架精车锥孔成双曲线或锥孔表面粗糙度差	小刀架移动轨迹对主轴轴线平行度超差	研刮小刀架导轨，使其与主轴轴线的平行度达到精度要求
		主轴径向回转精度不高	调整主轴轴承间隙，提高主轴回转精度

（4）操作手柄相关故障及维修（表 5.16）

表 5.16　操作手柄相关故障及维修

序号	故障现象	产生原因	处理方式
1	车床溜板箱上的自动走刀手柄容易脱落	溜板箱内脱落蜗杆的压力弹簧过松	可旋进脱落蜗杆调整螺母，但不能把弹簧压得太紧，否则在机床过载时蜗杆不能脱开而失去其应有作用
		自动走刀手柄定位弹簧松动	调整弹簧，若定位孔磨损严重，应修复定位孔
		蜗杆托架上的控制板与拉杆的倾角磨损	修复控制板，并将挂钩处修锐
2	车床溜板箱上的自动走刀手柄不易脱开	溜板箱脱落蜗杆压力弹簧过紧，手柄不易脱落，失去保险和定位作用	调节脱落蜗杆（或过载安全离合器）压力弹簧的压力，使其在正常情况下能传递纵、横向进给力和起过载保护作用
		脱落蜗杆的控制板与拉杆的倾角磨损，蜗杆的锁紧螺母紧死	焊补控制板，并将挂钩处修锐，调整锁紧蜗杆的螺母
3	车螺纹时开合螺母经常脱开	开合螺母燕尾槽内镶条过松	旋紧镶条螺钉
		丝杠中心线与开合螺母的中心线偏差过大	将开合螺母上的手柄等全部零件装在溜板箱上。溜板箱上方朝下放在平板上，把检验心轴放入开合螺母，测量螺纹部分，计算丝杠中心，修整控制手柄的开合凸轮
		定位销失灵	修复定位销

（5）进给运动故障及维修（表 5.17）

表 5.17　进给运动故障及维修

序号	故障现象	产生原因	处理方式
1	光杠、丝杠同时转动	溜板箱内互锁保险机构的拨叉磨损失灵	修理拨叉
		光杠、丝杠交换手柄定位不准	修理手柄定位装置
2	纵向走刀爬行	导轨变形研伤	调整机床水平，刮研导轨
		齿条齿轮啮合间隙不均匀	调整、修理齿条齿轮，使啮合间隙均匀
		镶条调整不当	调整镶条螺钉，使厚 0.04mm 塞尺不能插入
		光杠弯曲	校直光杠
		进给箱、溜板箱、托架的三支撑同轴度超差，转动憋劲	检查各支承，必要时拆下进行修理
		润滑不良	导轨上加导轨油可防止爬行

（6）机械磨损故障及维修（表 5.18）

表 5.18　机械磨损故障及维修

序号	故障现象	产生原因	处理方式
1	溜板箱内零件损坏	保险装置失灵，超载时不起保险作用	调整或更换保险装置的预压弹簧
		溜板箱走刀时碰到了卡盘或尾架	注意及时停车，脱开传动装置
		溜板箱内互锁机构损坏，同时接通了光杠、丝杠	修复互锁机构，检查互锁机构的操纵手柄，对有错位的手柄进行修理或更换
2	尾座锥孔内，钻头、顶尖等顶不出来	尾座丝杠头部磨损	烧焊加长丝杠顶端
3	床身导轨研坏、拉沟	导轨与溜板之间进入铁屑或砂粒	清洗溜板、导轨，更换油毡垫，对拉沟的部位进行修补
		长期不给导轨加油或加油方法不对	定期加油，合理选用润滑油
		导轨材质松软、硬度低	用表面淬火提高硬度

（7）主轴箱损耗故障及维修（表 5.19）

表 5.19　主轴箱损耗故障及维修

序号	故障现象	产生原因	处理方式
1	主轴箱内运转时发出尖叫声	严重缺油，轴承干磨，传动件干磨	检查缺油原因，清洗加油
		损坏	更换轴承
2	主轴箱油窗不注油	油泵、活塞磨损间隙过大，吸不上油或压力过小	修复或更换活塞
		压力油油路泄漏	查明原因，拧紧管接头
		滤油器输油管道堵塞	清洗滤油器及管道
		主轴箱内油液太少	加油至游标线
		柱塞油泵的柱塞磨损，压力过小，油量过少	更换新的柱塞
		管路内泵体充气，接口不严	泵内注油，用油排除空气。严封各接口，使接口无渗漏
3	主轴变速位置不准	变速链条松动	松开锁紧螺钉，调整偏心轴，把链条拉紧，拧紧锁紧螺钉，将偏心轴通过钢球固定在主轴箱体上
4	主轴箱油窗不见注油	滤油器、油管堵塞	清理滤油器、油管，无法清理时更换
5	主轴箱冒烟或有异味	摩擦片离合器调得过紧	重新调整摩擦片离合器，烧坏的应予更换
		轴承磨损，温升过高	更换轴承，检查油路，改善润滑条件

（8）润滑系统损耗故障及维修（表 5.20）

表 5.20　润滑系统损耗故障及维修

序号	故障现象	产生原因	处理方式
1	油泵不启动或启动后吸不上油	油箱里油面过低油泵的旋转方向不对	往油箱里加油，使油面达到油箱上的油位要求
		吸油管的过滤圆筒露出油面	调整油泵的安装方向，或调整电动机的旋转方向
		吸油管或油泵有严重漏气现象	如果发现漏气现象，一定要逐一排除
		油不清洁，吸油管的过滤筒被堵塞	将过滤筒拆下，清洗后再装上，并把油过滤一次
		油泵的配合处配合过紧，或填料筒内的填料压得过紧，消耗功率太多	对新装配的油泵进行检查，发现有这种情况，应按间隙配合公差重新刮研，达到正确尺寸后再装配
		油泵内零件有严重磨损，间隙过大	应把磨损严重的零件修理好，或更换后再装配使用
		电压过低	检查电源，必要时配上稳压器
		油泵转速过低	在保证安全的前提下，适当修改参数
		输油管被堵塞	清理或更换输油管
		低温时润滑油黏度过高	更换抗低温润滑油
2	油泵发生噪声，压力不稳定和油量不足	电动机轴与油泵轴不在同一中心线上，使油泵内发出金属的摩擦声	调整安装误差或检修弹性联轴器
		有漏气现象，空气进入了油泵，发生噪声造成压力不稳定，油量不足	造成漏气现象原因很多，但主要是吸油管漏气或油泵本身漏气。可以采用油壶在可疑的接头处和油泵接头处浇油试验的办法进行检查，如发现油被吸入，则该处就是漏的地方，用涂料将接头处堵严或将接头处重新拧紧。另外，油泵的油封损坏也能使空气进入泵内，可更换上新的油封。油箱内油面低或吸油管过滤筒局部露出油面，也能使空气进入泵内，所以要注意检查
		吸油管面积过小，使润滑油不能及时补充到油泵内，造成空室现象	将吸油管加粗（吸油管一般应大于出油管或等于出油管）。另外，吸油管或滤油器不清洁，部分滤油网被杂质堵塞，造成进油面积不足，也能造成空室现象。应清洗滤油器，消除油管中的杂质
		回油管安装不正确或油箱中油面低得太多，使回油管末端露出油面，油中就会充满气泡	检查回路油管，或夹住润滑油
		油泵零件（如齿轴、轴套、叶片、定子圈和泵体等）安装不好，或者某些零件磨损严重甚至损坏，这样会出现漏油增多、出油不均、油量不足或发生噪声等现象	进行修理或更换零件

序号	故障现象	产生原因	处理方式
2	油泵发生噪声，压力不稳定和油量不足	油泵的某些部分（齿轮的牙齿间、齿轮端面与泵体间、叶片与转子或定子圈等）装配不好或磨损造成间隙过大	检修时，齿轮端面与泵体间的间隙应不超过 0.04～0.08mm；叶片与转子或定子圈宽度间的间隙应保持在 0.015～0.03mm 之间
		油泵的转速过高或过低都会造成压力不稳定和油量不足的毛病	检查油泵的转速情况，选择适合的转速润滑
3	油泵产生振动	油泵中进入空气	造成漏气现象原因很多，但主要是吸油管漏气或油泵本身漏气。可以采用油壶在可疑的接头处和油泵接管处浇油试验的办法进行检查，如发现油被吸入，则该处就是漏气的地方，用涂料将接头处堵严或将接头处重新拧紧。另外，油泵的油封损坏也能使空气进入泵内，可更换上新的油封。油箱内油面低或吸油管过滤筒局部露出油面，也能使空气进入泵内，所以要注意检查
		油泵内部零件（齿轮、叶片、活塞等）有损坏现象，并时常有刺耳的敲击声出现	油泵拆开检修
		油泵松动	检查安装情况，拧紧即可消除
		吸油管太细或被堵塞，滤油器、分配阀被堵塞，润滑油不能顺利通过	把堵塞的杂质清除，使润滑油顺利通过即可消除振动
		油质黏度太大也能使油泵产生振动	应更换上黏度低的润滑油

5.3.6 车床常见典型机械故障案例分析

（1）主轴箱维修案例分析（表 5.21）

表 5.21　主轴箱维修案例分析

序号	故障内容	产生原因	排除方法
1	闷车：即开动机床时主轴不启动或切削时主轴转速自动停机	摩擦片磨损或碎裂： 当机床切削载荷超过调整好的摩擦片所传递的转矩时，摩擦片之间就会产生相对滑动现象，其表面很容易被拖研出较深的沟痕，使摩擦片表面的渗碳淬硬层被逐渐磨损直至全部磨削掉，造成离合器失去应有的传递转矩的效能，影响主轴启动或正常的运转	更新摩擦片。对严重磨损或碎裂的摩擦片更换新的摩擦片
		摩擦片打滑： 由于摩擦片之间的间隙太大，当主轴处于运转常态时，摩擦片没有完全被压紧，所以一旦受到切削力的影响或切削力较大时，主轴就会停止正常运转，产生摩擦片打滑，造成"闷车"现象	调整摩擦片间隙。增大摩擦力，使主轴能正常运转，调整方法如图 5.11 所示。先用一字旋具把弹簧销 1 或 4 从加压套 2 的缺口中按下，然后转动加压套，使其相对螺圈 3 作微量轴向位移，即可改变摩擦片的间隙。调整后，应使弹簧销从加压套的任一缺口弹出，以防止加压套在旋转中松脱 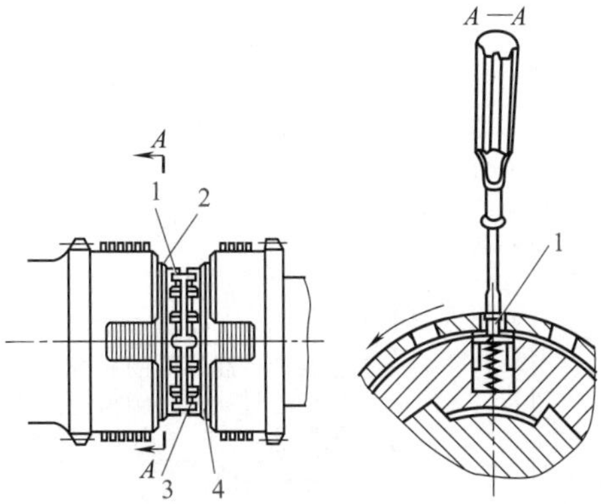 图 5.11　双向多片式摩擦离合器的调整 1，4—弹簧销；2—加压套；3—螺圈

序号	故障内容	产生原因	排除方法
1	闷车：即开动机床时主轴不启动或切削时主轴转速自动停机	主轴箱外变速手柄定位不牢靠： 由于变速手柄定位弹簧过松，使定位不可靠，当主轴受到切削力作用时，啮合齿轮可能发生轴向位移，脱离了正常啮合位置，使主轴停止转动	调接变换手柄定位弹簧压力。使手柄定位可靠，不易脱档，并检查手柄定位位置与齿轮啮合状况使其正确
		电动机 V 带过松： V 带太松或松紧不一致，使 V 带与带轮槽之间的摩擦力明显减小，因此，当主轴受到切削力作用时，容易造成 V 带与带轮槽之间互相打滑，使主轴转速降低或停止转动	调整两带轮之间的轴线距离或更换 V 带。使四根 V 带受力基本均匀。运转时，有足够的摩擦力。但不能使 V 带太紧，否则会引起电动机发热
2	摩擦离合器操纵手柄处于停机位置时，主轴制动不灵	摩擦片之间的间隙过小： 当操纵手柄处于停机位置时，如果摩擦片之间的间隙过小时，内、外摩擦片之间就不能完全脱开，或者无法完全脱开。这时摩擦离合器传递运动转矩的效能并没有随之消失，主轴仍然继续旋转，因此，出现了停机后主轴制动不灵的"自转"现象，这样就失去了保险作用，并且操纵费力	调整内、外摩擦片使其间隙适当，既能保证传递额定的转矩，又不至于发生过热现象
		制动器制动带太松或制动带断裂： 制动器的操纵与双向多片式摩擦离合器的操纵是联动的。当主轴处于转动状态时，此时制动器不起作用。如果操纵手柄处于停机位置时，离合器的内、外摩擦片已经脱开，这时如果制动带在制动盘上太松或断裂，这时制动器的功用失去在摩擦离合器脱开时克服主轴旋转的惯性。主轴不能迅速地停止转动，即主轴制动不灵的"自转"现象	调整制动带的松紧程度。调整后制动带在制动轮上的松紧程度应适当。即停机后，由主轴旋转的惯性所造成的"自转"应控制在原转速的1%左右为宜，但制动带不能拉得过紧，以免摩擦力太大，使摩擦表面烧坏，使制动带扭曲变形。如果发现制动带断裂，则应更换新件
		齿条轴与制动器杠杆的接触位置不对： 主轴箱内齿条轴所处的轴向位置正确与否，将直接影响车床的正常运动与刹车制动。当操纵手柄处于停机位置时，制动器杠杆应处于齿条轴凸起部分中间。正转或反转时，杠杆应处于凸起部分左、右的凹圆弧处。如果两者所处位置不对，会造成在制动状态下主轴运转	调整齿条轴与扇形齿的啮合位置，使齿条轴处于正确的转向位置
3	主轴发热（非正常温升），使主轴箱温升过高，引起车床的热变形	主轴轴承间隙过小： 在主轴高速运转及切削力作用下，使轴承间摩擦力增加而产生摩擦热	调整主轴轴承，适当增大间隙。前轴承在调整前先取下罩壳。调整时松开左端带锁紧螺钉的调整螺母，拧动支承右端的调整螺母，这时短圆柱滚子轴承的内环就相对于主轴锥面向左移动，由于轴承内环很薄，而且内孔也和主轴锥度一样，具有 1：12 的锥度，因此，内环在轴向移动的同时产生径向性缩，从而达到调整轴承径向间隙的目的。调整后应装上罩壳，并用螺钉固定 轴承调整后，应检测主轴的径向圆跳动误差和轴向窜动误差，并在主轴高速运转 1h 后，轴承温度不应高于 70℃
		主轴轴承供油过小： 由于缺油润滑造成干摩擦，使主轴发热，主轴前、后轴承的润滑油由油泵供油，润滑油通过油孔对轴承进行充分润滑，并带走轴承运转时所产生的热量	控制润滑油的供给。清洗过滤器，疏通油路，使主轴轴承充分润滑
		主轴弯曲： 在长期的全负荷车削中，主轴刚性降低，发生弯曲，传动不平稳而使接触部位产生摩擦而发热	尽量避免长期全负荷车削

（2）进给箱维修案例分析（表 5.22）

表 5.22　进给箱维修案例分析

序号	故障内容	产生原因	排除方法
1	进给箱上变换手柄在开车时发生振动	齿轮端面与轴线的垂直度误差大，这会引起进给箱上手柄在开动机床时发生振动	修复齿轮端面。首先要查清哪一档转速发生此故障，然后就能找出哪只齿轮端面有问题，接着拆卸齿轮装夹在心轴上对端面修复
		传动轴弯曲。进给箱传动轴直线度严重超差，开动机床时也会产生振动	拆卸传动轴，对其校直或更换
2	在车削过程中进给箱外手柄移位	手柄定位不可靠。手柄的定位不正确或定位弹簧失去作用，切削时引起手柄移位	手柄重新定位或更换弹簧
		齿轮端面与轴线垂直度严重超差，这也会引起切削时进给箱手柄移位	对齿轮端面进行修复

（3）溜板箱维修案例分析（表 5.23）

表 5.23　溜板箱维修案例分析

序号	故障内容	产生原因	排除方法
1	溜板箱自动进给手柄容易脱开	进给手柄的定位弹簧压力不足	调整弹簧压力。若手柄定位孔磨损，可焊补后重新钻孔
		安全离合器弹簧压力不足，使进给时进给手柄脱开。对于其他采用"脱落蜗杆"结构（图 5.12）的车床，如果溜板箱内脱落蜗杆的压力弹簧 10 调节太松，或者蜗杆托架上的控制板 9（又称长板）与压杆 7 的倾角磨损得太多，都会造成溜板自动进给手柄脱开 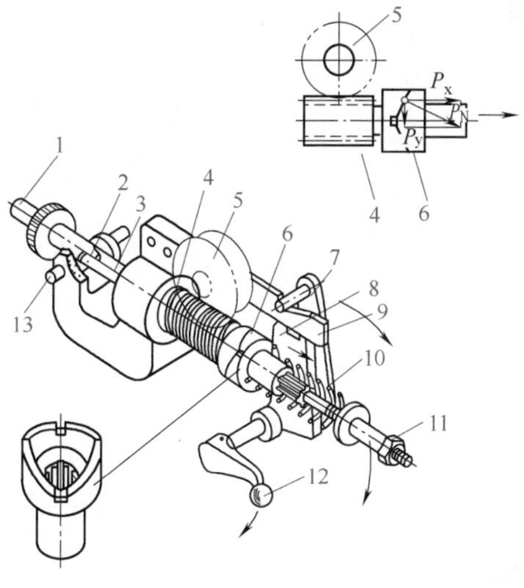	调整安全离合器弹簧压力。因机床许可的最大进给力取决于弹簧调定的压力，调整方法如图 5.13 所示。用旋具将溜板箱左边的盖板打开，先用呆扳手松开螺母，然后拧紧螺母 2，通过拉杆 3 和箱内横销调整弹簧座的轴向位置，使弹簧的压力松紧程度适当。即当进给力过载时，进给箱能迅速停止即可。然后用螺母 1 锁紧脱落蜗杆的负载能力，由图 5.12 所示的弹簧 10 的压力来决定，如果蜗杆在进给力不大却又自行脱落时，只要拧紧图 5.12 中螺母 11 来调整弹簧的压力。调整后应保证在切削时，既能正常传递动力进行纵、横向进给，又能保证过载时自行脱开，停止进给。若托架上的控制板与压杆的倾角磨损得太多，可以焊补控制板，将其修锐 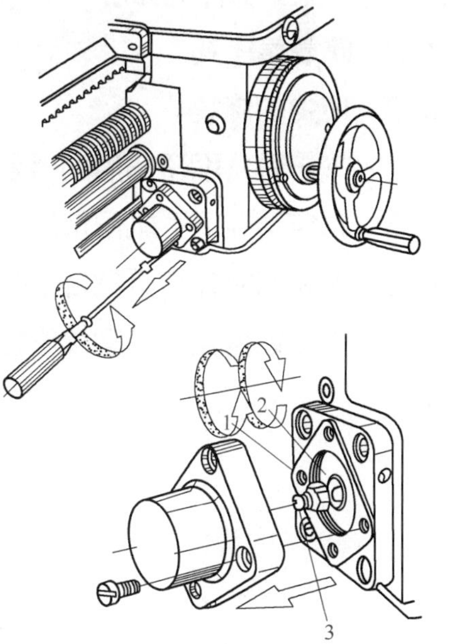

图 5.12　脱落蜗杆结构图

1—传动轴；2—万向接头；3、13—轴；4—蜗杆；
5—蜗轮；6—离合器；7—压杆；8—杠杆；
9—控制板；10—弹簧；11—螺母；12—手柄

图 5.13　安全离合器的调整

1—锁紧螺母；2—调整螺母；3—拉杆

续表

序号	故障内容	产生原因	排除方法
2	开合螺母闭合时不稳定	开合螺母磨损，与丝杠同轴度超差而造成啮合不良或间隙过大，或由于燕尾导轨的磨损而造成	修正开合螺母，并调整开合螺母间隙。开合螺母与燕尾导轨的配合间隙（一般应小于 0.03 mm）可用螺钉支紧或放松镶条进行调整，调整后用螺母锁紧

（4）滑板部分维修案例分析（表 5.24）

表 5.24　滑板部分维修案例分析

序号	故障内容	产生原因	排除方法
1	横向移动手柄转动不灵活，轻重不一致及刻度圈会自动转动，刻度读数不易正确	中滑板丝杠弯曲。产生与螺母接触不良，转动丝杠时使手柄轻重不一致	拆卸中滑板丝杠对其校直
		中滑板丝杠与螺母间隙未调整好。由于左、右两半螺母间隙不一，使手柄转动时不灵活	正确调整中滑板丝杠与螺母的间隙
		镶条接触不良。使中滑板与床鞍导轨间隙调整不好，造成手柄转动不灵活	修刮镶条，使其与中滑板导轨接触良好
		中滑板刻度圈在加工时产生变形。使端面与轴线不垂直；圆盘端面与内孔轴线不垂直或中滑板上孔轴线与端面不垂直等因素使手柄转动轻重不一致。刻度圈松动时会自行转动，因而无法读准刻度值。如果刻度圈过紧，则刻度读数不易调整准确	修配刻度圈及圆盘端面，使其与轴线垂直；修刮中滑板，使该面与孔轴线垂直
		中滑板与小滑板的贴合面接触不良。紧固 T 形螺钉后，使中滑板产生变形	修刮中、小滑板的结合面提高接触精度
2	小滑板手柄转动不灵活	小滑板丝杠弯曲，造成与螺母接触不良，使手柄转动不灵活	校直小滑板丝杠使其直线度在使用范围内
		刀架体底面与小滑板的结合面不平，接触不良，压紧后或刀具紧固后小滑板产生变形	修刮刀架体与小滑板接触面，提高接触精度，增加刚性

5.4　车床及其附件的修复加工

5.4.1　车床零部件的修复

5.4.2　修复尾座孔

5.4.3　顶尖的修复

5.4.4　车床导轨面研伤后的修复

5.4.5　车床溜板下导轨研伤后的修复

5.4.6　卡盘修复和夹紧精度的提高

5.4.7　车床地基和地脚螺栓修复

扫二维码阅读 5.4

第 6 章　数控机床基础知识

6.1　数控机床的概念

　　普通机床经历了近两百年的历史。传统的机械加工是由车、铣、镗、刨、磨、钻等基本加工方法组成的，围绕着不同工序人们使用了大量的车床、铣床、镗床、刨床、磨床、钻床等。随着电子技术、计算机技术及自动化，以及精密机械与测量等技术的发展与综合应用，普通的车、铣、镗、钻床所占的比例逐年下降，发展出了机电一体化的新型机床——数控机床，包括数控车床、数控铣床立式加工中心、卧式加工中心等。

　　图 6.1 所示为数控车床，图 6.2 所示为数控铣床，图 6.3 所示为加工中心。数控机床一经使用就显示出了它独特的优越性和强大的生命力，使原来不能解决的许多问题有了科学解决途径。

图 6.1　数控车床　　　　　　　图 6.2　数控铣床　　　　　　　图 6.3　加工中心

6.1.1　数控机床和数控技术

　　数控机床是一种通过数字信息控制机床按给定的运动轨迹进行自动加工的机电一体化的加工装备。经过半个世纪的发展，数控机床已是现代制造业的重要标志之一。在我国制造业中，数控机床的应用也越来越广泛，是一个企业综合实力的体现。而数控技术是控制数控机床的方法，两者之间既有联系又有区别，见表 6.1。

表 6.1　数控技术和数控机床的内容

序号	内容	详　细　说　明	
1	数控技术	是通过数字来控制和操控某项指令的技术，简称数控，是指利用数字化的代码构成的程序对控制对象的工作过程实现自动控制的一种方法 简单来说，数控技术是操作的手段，而数控机床是操作的对象	
2	数控机床	国际信息处理联合会（IFIP）第五技术委员会对数控机床定义如下：数控机床是一台装有程序控制系统的机床，该系统能够逻辑地处理具有使用号码或其他符号编码指令规定的程序。这个定义中所说的程序控制系统即数控系统 我们可以简单理解为：用数字化的代码把零件加工过程中的各种操作和步骤以及刀具与工件之间的相对位移量记录在介质上，送入计算机或数控系统，经过译码运算、处理，控制机床的刀具与工件的相对运动，加工出所需的零件，这样的机床就称为数控机床	
		数字化的代码	即我们编制的程序，包括字母和数字构成的指令
		各种操作	指改变主轴转速、主轴正反转、换刀、切削液的开关等操作
		刀具与工件之间的相对位移量	即刀具运行的轨迹。我们通过对刀实现刀具与工件之间相对值的设定
		介质	即程序存放的位置，如磁盘、光盘、纸带等
		译码运算、处理	指将我们编制的程序翻译成数控系统或计算机能够识别的指令，即计算机语言

6.1.2　数控技术的构成

机床数控技术是现代制造技术、设计技术、材料技术、信息技术、绘图技术、控制技术、检测技术及相关的外部支持技术的集成，其由机床附属装置、数控系统及其外围技术组成。图 6.4 所示为机床数控技术的组成。

6.1.3　数控技术的应用领域

数控技术的应用领域见表 6.2。

表 6.2　数控技术的应用领域

序号	应用领域	详　细　说　明
1	制造行业	制造行业是最早应用数控技术的行业，它担负着为国民经济各行业提供先进装备的重任。现代化生产中很多重要设备都是数控设备，如：高性能三轴和五轴高速立式加工中心、五坐标加工中心、大型五坐标龙门铣床等；汽车行业发动机、变速箱、曲轴柔性加工生产线上用的数控机床和高速加工中心，以及焊接设备、装配设备、喷漆机器人、板件激光焊接机和激光切割机等；航空、船舶、发电行业加工螺旋桨、发动机、发电机和水轮机叶片零件用的高速五坐标加工中心、重型车铣复合加工中心等
2	信息行业	在信息产业中，从计算机到网络、移动通信、遥测、遥控等设备，都需要采用基于超精技术、纳米技术的制造装备，如芯片制造的引线键合机、晶片键合机和光刻机等，这些装备的控制都需要采用数控技术
3	医疗设备行业	在医疗行业中，许多现代化的医疗诊断、治疗设备都采用了数控技术，如 CT 诊断仪、全身伽马刀治疗机以及基于视觉引导的微创手术机器人等
4	军事装备	现代的许多军事装备都大量采用伺服运动控制技术，如火炮的自动瞄准控制、雷达的跟踪控制和导弹的自动跟踪控制等
5	其他行业	采用多轴伺服控制（最多可达几十个运动轴）的印刷机械、纺织机械、包装机械以及木工机械等；用于石材加工的数控水刀切割机；用于玻璃加工的数控玻璃雕花机；用于床垫加工的数控绗缝机和用于服装加工的数控绣花机等

6.1.4　数控机床的组成

数控机床是用数控技术实施加工控制的机床，是机电一体化的典型产品，是集机床、计算机、电动机及其拖动、运动控制、检测等技术为一体的自动化设备。数控机床一般由输入/

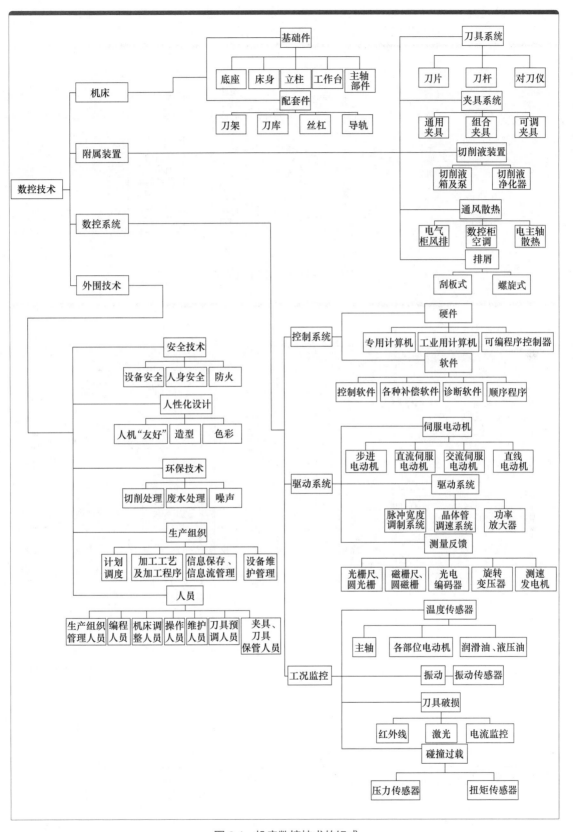

图 6.4　机床数控技术的组成

输出（I/O）装置、数控装置、伺服系统、测量反馈装置和机床本体等组成，如图 6.5 和图 6.6 所示。表 6.3 所示为数控机床各组成部分的详细介绍。

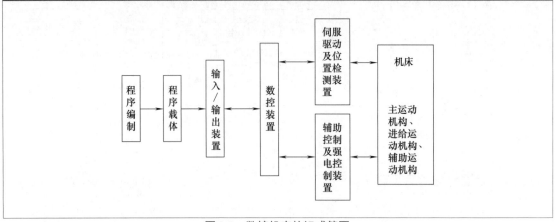

图 6.5　数控机床的组成简图

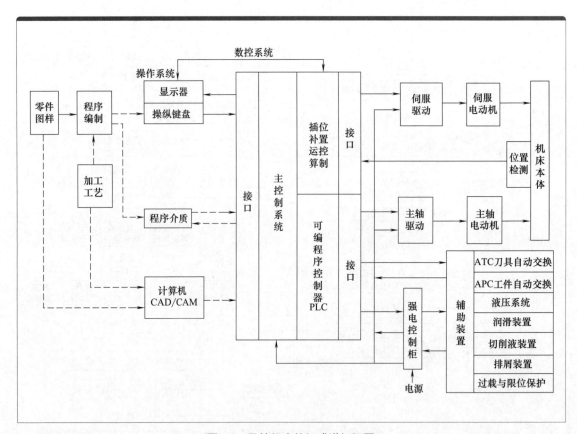

图 6.6　数控机床的组成详细框图

表 6.3　数控机床各组成部分的详细介绍

序号	内容	详细说明
1	输入/输出装置	数控机床工作时，不需要人去直接操作机床，但又要执行人的意图，这就必须在人和数控机床之间建立某种联系，这种联系的中间媒介物即为程序载体，常称为控制介质。在普通机床上加工零件时，工人按图样和工艺要求操纵机床进行加工。在数控机床加工时，控制介质是存储数控加工所需要的全部动作和刀具相对于工件位置等信息的信息载体，它记载着零件的加工工序

序号	内容	详细说明
1	输入/输出装置	数控机床中，常用的控制介质有：穿孔纸带、盒式磁带、软盘、磁盘、U盘、网络及其他可存储代码的载体。至于采用哪一种，则取决于数控系统的类型。早期使用的是8单位（8孔）穿孔纸带，并规定了标准信息代码 ISO（国际标准化组织制定）和 EIA（美国电子工业协会制定）两种代码。随着技术的不断发展，控制介质也在不断改进。不同的控制介质有相应的输入装置：穿孔纸带，要配用光电阅读机；盒式磁带，要配用录放机；软磁盘，要配用软盘驱动器和驱动卡。现代数控机床还可以通过手动方式（MDI方式）、DNC 网络通信、RS-232C 串口通信甚至直接 U 盘复制等方式输入程序
2	数控装置	数控装置是数控机床的核心。它接收输入装置输入的数控程序中的加工信息，经过译码、运算和逻辑处理后，发出相应的指令给伺服系统，伺服系统带动机床的各个运动部件按数控程序预定要求动作。数控装置是由中央处理单元（CPU）、存储器、总线和相应的软件构成的专用计算机。整个数控机床的功能强弱主要由这一部分决定。数控装置作为数控机床的"指挥系统"，能完成信息的输入、存储、变换、插补运算以及实现各种控制功能。它具备的主要功能如下： ①多轴联动控制 ②直线、圆弧、抛物线等多种函数的插补 ③输入、编辑和修改数控程序功能 ④数控加工信息的转换功能，包括 ISO/EIA 代码转换、公英制转换、坐标转换、绝对值和相对值的转换、计数制转换等 ⑤刀具半径、长度补偿，传动间隙补偿，螺距误差补偿等补偿功能 ⑥具有固定循环、重复加工、镜像加工等多种加工方式 ⑦在 CRT 上显示字符、轨迹、图形和动态演示等功能 ⑧具有故障自诊断功能 ⑨通信和联网功能
3	伺服系统	伺服系统由伺服驱动电动机和伺服驱动装置组成，是接收数控装置的指令驱动机床执行机构运动的驱动部件。它包括主轴驱动单元（主要是速度控制）、进给驱动单元（主要有速度控制和位置控制）、主轴电动机和进给电动机等。一般来说，数控机床的伺服驱动系统要求有好的快速响应性能，以及能灵敏、准确地跟踪指令的功能。数控机床的伺服系统有步进电动机伺服系统、直流伺服系统和交流伺服系统等，现在常用的是后两者，都带有感应同步器、编码器等位置检测元件，而交流伺服系统正在取代直流伺服系统 机床上的执行部件和机械传动部件组成数控机床的进给系统，它根据数控装置发来的速度和位移指令控制执行部件的进给速度、方向和位移量。每个进给运动的执行部件都配有一套伺服系统。伺服系统的作用是把来自数控装置的脉冲信号转换为机床移动部件的运动，它相当于操作人员的手，使工作台（或溜板）精确定位或按规定的轨迹作严格的相对运动，最后加工出符合图样要求的零件
4	反馈装置	反馈装置是闭环（半闭环）数控机床的检测环节，该装置由检测元件和相应的电路组成。其作用是检测数控机床坐标轴的实际移动速度和位移，并将信息反馈到数控装置或伺服驱动装置中，构成闭环控制系统。检测装置的安装、检测信号反馈的位置，取决于数控系统的结构形式。无测量反馈装置的系统称为开环系统。由于先进的伺服系统都采用了数字式伺服驱动技术（称为数字伺服），伺服驱动装置和数控装置间一般都采用总线进行连接。反馈信号在大多数场合都是与伺服驱动装置进行连接，并通过总线传送到数控装置的，只有在少数场合或采用模拟量控制的伺服驱动装置（称为模拟伺服装置）时，反馈装置才需要直接与数控装置进行连接。伺服电动机中的内装式脉冲编码器和感应同步器、光栅及磁尺等都是数控机床常用的检测器件 伺服系统及检测反馈装置是数控机床的关键环节
5	机床本体	机床本体是数控机床的主体，它包括机床的主运动部件、进给运动部件、执行部件和基础部件，如底座、立柱、工作台、滑鞍、导轨等。数控机床的主运动和进给运动都由单独的伺服电动机驱动，因此它的传动链短，结构比较简单。为了保证数控机床的高精度、高效率和高自动化加工要求，数控机床的机械机构应具有较高的动态特性、动态刚度、耐磨性以及抗热变形等性能。为了保证数控机床功能的充分发挥，还有一些配套部件（如冷却、排屑、防护、润滑、照明等一系列装置）和辅助装置（如对刀仪、编程机等） 对于加工中心类的数控机床，还有存放刀具的刀库、交换刀具的机械手等部件。数控机床的机床本体，在其诞生之初沿用的是普通机床结构，只是在自动变速、刀架或工作台自动转位和手柄等方面作些改变。随着数控技术的发展，对机床结构的技术性能要求更高，在总体布局、外观造型、传动系统结构、刀具系统以及操作性能方面都已经发生很大的变化。因为数控机床除切削用量大、连续加工发热量大等会影响工件精度外，其加工是自动控制的，不能由人工来进行补偿，所以其设计要比通用机床更完善，其制造要比通用机床更精密

6.1.5　数控机床工作过程

数控机床加工零件时，首先必须将工件的几何数据和工艺数据等加工信息按规定的代码和格式编制成零件的数控加工程序，这是数控机床的工作指令。将加工程序用适当的方法输入到数控系统，数控系统对输入的加工程序进行数据处理，输出各种信息和指令，控制机床主运动的变速、启停和进给的方向、速度和位移量，以及其他如刀具选择交换、工件的夹紧松开、冷却润滑的开关等动作，使刀具与工件及其他辅助装置严格地按照加工程序规定的顺序、轨迹和参数进行工作。数控机床的运行处于不断地计算、输出、反馈等控制过程中，以保证刀具和工件之间相对位置的准确性，从而加工出符合要求的零件。

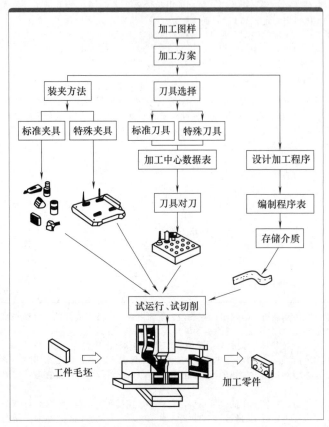

图 6.7　数控机床的工作过程

数控机床的工作过程如图 6.7 所示，首先要将被加工零件图样上的几何信息和工艺信息用规定的代码和格式编写成加工程序，然后将加工程序输入数控装置，按照程序的要求，数控系统对信息进行处理、分配，使各坐标移动若干个最小位移量，实现刀具与工件的相对运动，完成零件的加工。

6.1.6　数控机床发展

20 世纪中叶，随着信息技术革命的到来，机床也由之前的手工测绘、简单操作逐渐演变为数字操控、全自动化成形部件的数控机床。

1946 年诞生了世界上第一台电子计算机，这表明人类创造了可增强和部分代替脑力劳动的工具。它与人类在农业、工业社会中创造的那些只是增强体力劳动的工具相比，有了质的飞跃，为人类进入信息社会奠定了基础。

6 年后，即在 1952 年，计算机技术应用到了机床上，在美国诞生了第一台数控机床。从此，传统机床产生了质的变化。半个多世纪以来，数控系统经历了两个阶段和六代的发展。

表 6.4 详细描述了数控机床的发展过程。

数控机床是一种高度机电一体化的产品，在传统的机床基础上引进了数字化控制，将以往凭借工人经验的操作变为数字化、可复制的自动操作，其加工柔性好，加工精度高，生产率高，减轻操作者劳动强度、改善劳动条件，有利于生产管理的现代化以及经济效益的提高。数控机床的特点及其应用范围使其成为国民经济和国防建设发展的重要装备。目前，工业发达国家机床产业的数控化比例通常在 60% 以上，在日本和德国更是超过了 85%。

表 6.4 数控机床的发展过程

序号	发展阶段		详 细 说 明
1	数控（NC）阶段 （1952～1970年）		早期计算机的运算速度低，对当时的科学计算和数据处理影响还不大，但不能适应机床实时控制的要求。人们不得不采用数字逻辑电路"搭"成一台机床专用计算机作为数控系统，被称为硬件连接数控（Hard-Wired NC），简称为数控（NC）
		第1代数控系统	始于20世纪50年代初，系统全部采用电子管元件，逻辑运算与控制采用硬件电路完成
		第2代数控系统	始于20世纪50年代末，以晶体管元件和印刷电路板广泛应用于数控系统为标志
		第3代数控系统	始于20世纪60年代中期，由于小规模集成电路的出现，其体积变小，功耗降低，可靠性提高，推动了数控系统的进一步发展
2	计算机数控（CNC）阶段 （1970年至今）	第4代数控系统	到1970年，小型计算机业已出现并成批生产。于是将它移植过来作为数控系统的核心部件，从此进入了计算机数控（CNC）阶段。到1971年，美国INTEL公司在世界上第一次将计算机的两个最核心的部件——运算器和控制器采用大规模集成电路技术集成在一块芯片上，称之为微处理器（microprocessor），又可称为中央处理单元（简称CPU）
		第5代数控系统	到1974年微处理器被应用于数控系统。这是因为小型计算机功能太强，控制一台机床能力有富余（故当时曾用于控制多台机床，称之为群控），不如采用微处理器经济合理。而且当时的小型机可靠性也不理想。早期的微处理器速度和功能虽还不够高，但可以通过多处理器结构来解决。由于微处理器是通用计算机的核心部件，故仍称为计算机数控
		第6代数控系统	到了1990年，PC机（个人计算机，国内习惯称微机）的性能已发展到很高的阶段，可以满足作为数控系统核心部件的要求。数控系统从此进入了基于PC的阶段

注：虽然国外早已改称为计算机数控（即 CNC 了），而我国仍习惯称数控（NC）。所以我们日常讲的"数控"，实质上已是指"计算机数控"了。

我国真正的工业化进程起始于 20 世纪 50 年代。自 20 世纪末开始，我国开始了大规模引进西方技术，同时在引进技术的基础上吸收、融合、创造，最终发展出我们自己的数控机床制造产业。这一时期，我国的整体制造业也开始逐渐由制造大国向制造强国迈进，机床制造业也跟着取得了数控机床快速增长的业绩。机床的发展和创新在一定程度上能映射出加工技术的主要趋势。近年来，我国在数控机床和机床工具行业对外合资合作进一步加强，无论是在精度、速度、性能方面还是智能化方面都取得了相当不错的成绩。

目前，国内生产的数控机床可以大致分为经济型机床、普及型机床、高档型机床三种类型。经济型机床基本都是采用开环控制技术；普及型机床采用半闭环控制技术，分辨率可达到 1μm。

6.1.7 数控机床未来发展的趋势

表 6.5 详细描述了数控机床未来的发展趋势。

表 6.5 数控机床的发展趋势

序号	发展趋势	详 细 说 明
1	继续向开放式、基于PC的第六代方向发展	基于PC所具有的开放性、低成本、高可靠性、软硬件资源丰富等特点，更多的数控系统生产厂家会走上这条道路。至少采用PC机作为它的前端机，来处理人机界面、编程、联网通信等问题，由原有的系统承担数控的任务。PC机所具有的友好的人机界面将普及到所有的数控系统。远程通信、远程诊断和维修将更加普遍
2	加工过程绿色化	随着社会的不断发展与进步，人们越来越重视环保，所以数控机床的加工过程也会向绿色化方向发展。比如在金属切削机床的发展中，需要逐步实现切削加工工艺的绿色化，就目前的加工过程来看，主要是依靠不使用切削液手段来实现加工过程绿色化，因为这种切削液会污染环境，而且还会严重危害人们的身体健康

序号	发展趋势	详 细 说 明
3	向着高速化、高精度化和高效化方向发展	伴随航空航天、船务运输、汽车行业以及高速火车等国民及国防事业的快速发展，新兴材料得到了广泛的应用。伴随着新兴材料的发展，行业对于高速和超高速数控机床的需求也越来越大。高速和超高速数控机床不仅可以提高企业生产效率，同时也可以对传统机床难于加工的材料进行切削，提高加工精度 数控机床最大的优势和特点在于其主轴运动速度转速和进给速度大。现在使用的数控机床通常采用64bit的较高的处理器，未来数控机床将广泛采用超大规模的集成电路与多微处理器，从而实现较高的运算速度，使得智能专家控制系统和多轴控制系统成为可能。数控机床也可以通过自动调节和设定工作参数，得到较高的加工精度提高设备的使用寿命和生产效率 以加工中心为例，其主要精度指标——直线坐标的定位精度和重复定位精度都有了明显的提高，定位精度由 $\pm5\mu m$ 提高到 $\pm0.15\sim\pm0.3\mu m$，重复定位精度由 $\pm2\mu m$ 提高到 $\pm1\mu m$。为了提高加工精度，除了在结构总体设计、主轴箱、进给系统中采用低热胀系数材料、通入恒温油等措施外，在控制系统方面采取的措施是： ①采用高精度的脉冲当量。从提高控制入手来提高定位精度和重复定位精度 ②采用交流数字伺服系统。伺服系统的质量直接关系到数控系统的加工精度。采用交流数字伺服系统，可使伺服电动机的位置、速度及电流环路等参数都实现数字化，因此也就实现了几乎不受负载变化影响的高速响应的伺服系统 ③前馈控制。所谓前馈控制，就是在原来的控制系统上加上指令各阶导数的控制。采用它，能使伺服系统的追踪滞后1/2，改善加工精度 ④机床静摩擦的非线性控制。对于具有较大静摩擦的数控设备，由于过去没有采取有效的控制，使圆弧切削的圆度不好。而新型数字伺服系统具有补偿机床驱动系统静摩擦的非线性控制功能，可改善圆弧的圆度
4	向着自诊断方向发展	随着人工智能技术的不断成熟与发展，数控机床性能也得到了明显的改善。在新一代的数控机床控制系统中大量采用了模糊控制系统、神经网络控制系统和专家控制系统，使数控机床性能大大改善。通过数控机床自身的故障诊断程序，自动实现对数控机床硬件设备、软件程序和其他附属设备进行故障诊断和自动预警 数控机床可以依据现有的故障信息，实现快速定位故障源，并给出故障排除建议，使用者可以通过自动预警提示及时解决故障问题，实现故障自恢复，防止和解决各种突发性事件从而进行相应的保护 现代数控系统智能化自诊断的发展，主要体现以下几个方面： ①工件自动检测、自动定心 ②刀具磨损检测及自动更换备用刀具 ③刀具寿命及刀具收存情况管理 ④负载监控 ⑤数据管理 ⑥维修管理 ⑦利用前馈控制实施补偿矢量的功能 ⑧根据加工时的热变形，对滚珠丝杠等的伸缩实施补偿功能
5	向着网络化全球性方向发展	随着互联网技术的普及与发展，在企业日常工作管理过程中网络化管理模式已经日益普及。管理者往往可以通过手中的鼠标实现对企业的管理。数控机床作为企业生产的重要工具也逐渐进行了数字化的改造。数控机床的网络化推进了柔性制造自动化技术的快速发展，使数控机床的发展更加具有信息集成化、智能化和系统化的特点 数控机床的网络化发展方向也体现在远程监控与故障处理上。当数控机床运行过程中出现故障后，数控机床生产厂家不用直接亲临现场就可以通过互联网对故障数控机床进行远程诊断与故障排除，这样不仅可以大大减少数控机床的维修成本，而且还可以大大提高企业的生产效率。数控机床的网络化发展方向还表现在远程操作与培训上，可以通过把数控机床共享到网络上，从而实现多地、多用户的远程操作与培训，甚至可以依靠电子商务平台任意组成网上虚拟数控车间，实现跨地域全球性的 CAD/CAM/CNC 网络制造
6	向着模块化方向发展	模块化的设计思想已经广泛应用于各设计行业。数控机床设计也不例外地广泛使用模块制造功能各异的设备。所设计的模块往往是通用的，企业用户可以根据生产需要随时更换所需模块。采用模块化思想的数控机床提高了数控机床的灵活性，降低了企业生产成本，提高了企业生产效率，增强了企业竞争的能力。严格按照模块化的设计思想设计数控机床，不仅能有效地保障操作员和设备运行的安全，同时也能保证数控机床能够达到产品技术性能、充分发挥数控机床的加工特点；此外，模块化的设计还有助于增强数控机床的使用效率，减小故障率，提高数控机床的生产水平
7	极端制造扩张新的技术领域	极端制造技术是指极大型、极微型、极精密型等极端条件下的制造技术，是数控机床技术发展的重要方向。重点研究微纳机电系统的制造技术，超精密制造、巨型系统制造等相关的数控制造技术、检测技术及相关的数控机床研制，如微型、高精度、远程控制手术机器人的制造技术和应用；应用于制造大型电站设备、大型舰船和航空航天设备的重型、超重型数控机床的研制；IT产业等高新技术的发展需要超精细加工和微纳米级加工技术，研制适应微小尺寸的微纳米级加工新一代微型数控机床和特种加工机床；极端制造领域的复合机床的研制等

序号	发展趋势	详细说明
8	五轴联动加工和复合加工机床快速发展	采用五轴联动对三维曲面零件的加工，可用刀具最佳几何形状进行切削，不仅光洁度高，而且效率也大幅度提高。一般认为，1 台五轴联动机床的效率可以等于 2 台三轴联动机床，特别是使用立方氮化硼等超硬材料铣刀进行高速铣削淬硬钢零件时。五轴联动加工可比三轴联动加工发挥更高的效益。但在过去因五轴联动数控系统、主机结构复杂等原因，其价格要比三轴联动数控机床高出数倍，加之编程技术难度较大，制约了五轴联动机床的发展。当前出现的电主轴使得实现五轴联动加工的复合主轴头结构大为简化，其制造难度和成本大幅度降低，数控系统的价格差距缩小。这促进了复合主轴头类型五轴联动机床和复合加工机床（含五面加工机床）的发展 　　目前，新日本工机株式会社的五面加工机床采用复合主轴头，可实现 4 个垂直平面的加工和任意角度的加工，使得五面加工和五轴加工可在同一台机床上实现，还可实现倾斜面和倒锥孔的加工。德国 DMG 公司展出 DMU Voution 系列加工中心，可在一次装夹下五面加工和五轴联动加工，可由 CNC 系统控制或 CAD/CAM 直接或间接控制
9	小型化机床的优势凸显	数控技术的发展提出了数控装置小型化的要求，以便机、电装置更好地糅合在一起。目前许多数控装置采用最新的大规模集成电路（LSI）、新型液晶薄型显示器和表面安装技术，消除了整个控制机架。机械结构小型化以缩小体积。同时伺服系统和机床主体进行了很好的机电匹配，提高了数控机床的动态特性

6.2　数控车床概述与结构特点

6.2.1　数控车床概述

数控车床是数字程序控制车床的简称，它集通用性好的万能型车床、加工精度高的精密型车床和加工效率高的专用型车床的特点于一身，是国内使用量最大、覆盖面最广的一种数控机床。要学好数控车床理论和操作，就必须勤学苦练，从平面几何、三角函数、机械制图、普通车床的工艺和操作等方面打好基础。

因此，必须首先具有普通车工工艺学知识，然后才能从掌握人工控制转移到数字控制方面来；另外，若没有学好有关数学、电工学、公差与配合及机械制造等内容，要学好数控原理和程序编制等，也会感到十分困难。由于数控机床加工的特殊性，要求数控机床加工人员既是操作者，又是程序员，同时具备初级技术人员的某些素质。因此，操作者必须熟悉被加工零件的各项工艺（技术）要求，如加工路线、刀具及其几何参数、切削用量、尺寸及形状位置公差。在熟悉了各项工艺要求，并对出现的问题正确进行处理后，才能减少工作盲目性，保证整个加工工作圆满完成。

6.2.2　数控车床的结构

如图 6.8 所示，数控车床与普通车床一样，也是用来加工零件旋转表面的。一般能够自动完成外圆柱面、圆锥面、球面以及螺纹的加工，还能加工一些复杂的回转面，如双曲面等。数控车床和普通车床的工件安装方式基本相同，为了提高加工效率，数控车床多采用液压、气动和电动卡盘。

数控车床的外形与普通车床相似，即由床身、主轴箱、刀架、进给系统、液压系统、冷却和润滑系统等部分组成。数控车床的进给系统与普通车床有质的区别，传统普通车床有进给箱和交换齿轮架，而数控车床是直接用伺服电机通过滚珠丝杠驱动溜板和刀架实现进给运动，因而进给系统的结构大为简化。

图 6.8   数控车床结构

1—脚踏开关；2—对刀仪；3—主轴卡盘；4—主轴箱；5—机床防护门；6—压力表；
7—对刀仪防护罩；8—防护罩；9—对刀仪转臂；10—操作面板；
11—回转刀架；12—尾座；13—滑板；14—床身

6.2.3　数控车床的分类

数控车床可分为卧式和立式两大类。卧式车床又有水平导轨和倾斜导轨两种。档次较高的数控卧车一般都采用倾斜导轨。按刀架数量分类，又可分为单刀架数控车床和双刀架数控车，前者是两坐标控制，后者是四坐标控制。双刀架卧车多数采用倾斜导轨。由于数控车床品种繁多，规格不一，可按表 6.6 方法进行分类。

表 6.6   数控车床的分类

序号	数控车床分类		使用现状
1	按车床主轴位置分类	立式数控车床	立式数控车床（见图 6.9）简称为数控立车，其车床主轴垂直于水平面，一个直径很大的圆形工作台用来装夹工件。这类机床主要用于加工径向尺寸大、轴向尺寸相对较小的大型复杂零件 图 6.9 立式数控车床
		卧式数控车床	卧式数控车床（见图 6.10）又分为数控水平导轨卧式车床和数控倾斜导轨卧式车床。其倾斜导轨结构可以使车床具有更大的刚性，并易于排除切屑 图 6.10 卧式数控车床

序号	数控车床分类		使用现状
2	按加工零件的基本类型分类	卡盘式数控车床	这类车床没有尾座，适合车削盘类（含短轴类）零件。夹紧方式多为电动或液动控制，卡盘结构多具有可调卡爪或不淬火卡爪（即软卡爪）
		顶尖式数控车床	这类车床配有普通尾座或数控尾座，适合车削较长的零件及直径不太大的盘类零件
3	按刀架数量分类	单刀架数控车床	数控车床一般都配置有各种形式的单刀架，如四工位卧动转位刀架或多工位转塔式自动转位刀架
		双刀架数控车床	这类车床的双刀架配置平行分布，也可以是相互垂直分布
4	按功能分类	经济型数控车床	采用步进电动机和单片机对普通车床的进给系统进行改造后形成的简易型数控车床，成本较低，但自动化程度和功能都比较差，车削加工精度也不高，适用于要求不高的回转类零件的车削加工
		普通数控车床	根据车削加工要求在结构上进行专门设计并配备通用数控系统而形成的数控车床，数控系统功能强，自动化程度和加工精度也比较高，适用于一般回转类零件的车削加工。这种数控车床可同时控制两个坐标轴，即 X 轴和 Z 轴
		车削加工中心	在普通数控车床的基础上，增加了 C 轴和动力头，更高级的数控车床带有刀库，可控制 X、Z 和 C 三个坐标轴，联动控制轴可以是 $(X、Z)$、$(X、C)$ 或 $(Z、C)$。由于增加了 C 轴和铣削动力头，这种数控车床的加工功能大大增强，除可以进行一般车削外，还可以进行径向和轴向铣削、曲面铣削、中心线不在零件回转中心的孔和径向孔的钻削等加工
5	其他分类方法		按数控系统的不同控制方式等指标，数控车床可以分很多类，如直线控制数控车床、两主轴控制数控车床等；按特殊或专门工艺性能可分为螺纹数控车床、活塞数控车床、曲轴数控车床等

6.2.4　数控车床的特点

（1）数控车床加工特点

与传统车床相比，数控车床比较适合于车削具有表 6.7 所示要求和特点的回转体零件。

表 6.7　数控车床加工特点

序号	加工对象的特点	使用现状
1	精度要求高的零件	由于数控车床的刚性好，制造和对刀精度高，以及能方便和精确地进行人工补偿甚至自动补偿，所以它能够加工尺寸精度要求高的零件。在有些场合可以以车代磨。此外，由于数控车削时刀具运动是通过高精度插补运算和伺服驱动来实现的，再加上机床的刚性好和制造精度高，所以它加工对直线度、圆度、圆柱度要求高的零件
2	表面粗糙度小的回转体零件	数控车床能加工出表面粗糙度小的零件，不但是因为机床的刚性好和制造精度高，还由于它具有恒线速度切削功能。在材质、精车余量和刀具已定的情况下，表面粗糙度取决于进给速度和切削速度。使用数控车床的恒线速度切削功能，就可选用最佳线速度来切削端面，这样切出的粗糙度既小又一致。数控车床还适合于车削各部位表面粗糙度要求不同的零件。粗糙度小的部位可以用减小进给速度的方法来达到，而这在传统车床上是做不到的
3	轮廓形状复杂的零件	数控车床具有圆弧插补功能，所以可直接使用圆弧指令来加工圆弧轮廓。数控车床也可加工由任意平面曲线所组成的轮廓回转件，既能加工可用方程描述的曲线，也能加工列表曲线。如果说车削圆柱零件和圆锥零件既可选用传统车床也可选用数控车床，那么车削复杂转体零件就只能使用数控车床
4	带一些特殊类型螺纹的零件	传统车床所能切削的螺纹相当有限，它只能加工等节距的直、锥面公、英制螺纹，而且一台车床只限定加工若干种节距。数控车床不但能加工任何等节距直、锥面公、英制和端面螺纹，而且能加工增节距、减节距，以及要求等节距、变节距之间平滑过渡的螺纹。数控车床加工螺纹时主轴转向不必像传统车床那样交替变换，它可以一刀又一刀不停顿地循环，直至完成，所以它车削螺纹的效率很高。数控车床还配有精密螺纹切削功能，再加上一般采用硬质合金成形刀片，以及可以使用较高的转速，所以车削出来的螺纹精度高、表面粗糙度小。可以说，包括丝杠在内的螺纹零件很适合于在数控车床上加工
5	淬硬零件	在大型模具加工中，有不少尺寸大而形状复杂的零件，这些零件热处理后的变形量较大，磨削加工有困难，而在数控车床上可以用陶瓷车刀对淬硬后的零件进行车削加工，以车代磨，提高加工效率

（2）数控车床结构和工作特点（表 6.8）

表 6.8　数控车床结构和工作特点

序号	结构和工作特点	使用现状
1	采用了全封闭或半封闭防护装置	数控车床采用封闭防护装置可防止由于切屑或切削液飞出给操作者带来的意外伤害
2	采用自动排屑装置	数控车床大都采用斜床身结构布局，排屑方便，便于采用自动排屑机
3	主轴转速高，工件装夹安全可靠	数控车床大都采用了液压卡盘，夹紧力调整方便可靠，同时也降低了操作工人的劳动强度
4	可自动换刀	数控车床都采用了自动回转刀架，在加工过程中可自动换刀，连续完成多道工序的加工
5	双伺服电路驱动	由于数控车床刀架的两个方向运动分别由两台伺服电动机驱动，所以它的传动链短。不必使用挂轮、光杠等传动部件，用伺服电动机直接与丝杠连接带动刀架运动。伺服电动机丝杠间也可以用同步带或齿轮副连接
6	无级变速	多功能数控车床是采用直流或交流主轴控制单元来驱动主轴，按控制指令作无级变速，主轴之间不用多级齿轮来进行变速。为扩大变速范围，现在一般还要通过一级齿轮副，以实现分段无级调速，即使这样，床头箱内的结构已比传统车床简单得多。数控车床的另一个结构特点是刚度大，这是为了与控制系统的高精度控制相匹配，以便适应高精度的加工
7	轻拖动	刀架移动一般采用滚珠丝杠副。滚珠丝杠副是数控车床的关键机械部件之一，滚珠丝杠两端安装的滚动轴承是专用轴承，它的压力角比常用的向心推力球轴承要大得多。这种专用轴承配对安装，是选配的，最好在轴承出厂时就是成对的

6.3　数控车床的维护与保养

　　数控机床和传统机床相比，虽然在结构和控制上有根本区别，但维修管理及维护内容在许多方面与传统机床仍是共同的。如必须坚持设备使用上的定人、定机、定岗制度；开展岗位培训，严禁无证操作；严格执行设备点检和定期、定级保养制度；对维修者实行派工卡，认真做好故障现象、原因和维修的记录，建立完整的维修档案；建立维修协作网，开展专家诊断系统工作等。本章只介绍数控机床与传统机床在不同方面的维修管理及维护内容。

6.3.1　数控机床的维护与保养概述

　　由前面数控机床工作原理可知，高效地加工出高质量的合格产品是最终目的。而产品的"合格"加工，是指加工误差在许可的范围内。如何来减小和控制加工误差，一直是数控机床加工中的重要问题。因此，我们有必要了解数控机床的加工误差是如何形成的。

　　由图 6.11 可见，数控机床加工误差由三大部分组成：主机空间误差、工件及夹具系统位置误差与刀具系统位置误差。

　　主机空间误差与承载变形误差以及热变形有关。其中，承载变形误差与安装条件有关，而热变形与工作环境温度有关。同样，在刀具与工件系统中也存在热变形问题。所以，机床安装是否满足要求、机床工作环境温度的大幅波动、冷却与润滑系统是否正常维护等，将直接影响加工精度。伺服系统的位移误差也直接与机床安装与调试精度有关。传动元件的制造与安装精度不良以及传动部件的磨损等，致使出现传动中的失衡、不同轴或不对中、间隙过大、松动等，将导致机床振动与噪声过大；以及润滑不良或导轨间隙不当造成的爬行等现象，均会影响加工精度。显然，位置检测元件的相对位移以及位置检测系统的测量误差，必将直接影响加工精度。同样，刀具与工件的安装以及刀具调整也存在误差问题。误差过大或刀具磨损过大等，会造成刀颤动或弹性变形，严重影响加工精度。

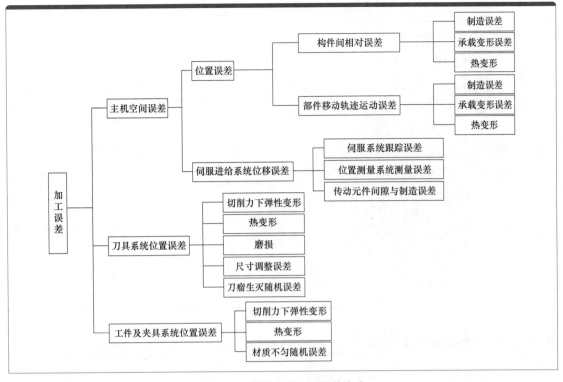

图 6.11　数控机床加工误差构成

一台数控设备的正常运行与加工精度的保证，涉及其是否具有"先天条件"与"后天条件"的保证。良好的设计与制造是其"先天条件"，而包装、运输、开箱验收、安装、调试与验收、正常使用，乃至日常维护与管理等，则是关系到设备运行效果、效率与寿命的大事，所以它们是数控设备的"后天条件"。那么，一台数控机床运行不正常或出现加工精度问题，就不能仅就眼前现象分析，而应该"追根寻源"，分析它是否是一个健康生产物，其所有的活动经历是否满足正常要求条件，它是否在足够的"关爱"环境与条件下工作的。

因此，数控机床的维护与管理是一项系统工程，它是包括从设备的购买、运输、验收、使用，直到报废，一生全过程的维护与管理。

6.3.2　数控车床的环境要求

在机床制造厂提供的数控机床安装使用指南中，对数控机床的使用提出了明确的要求，如数控机床运行的环境温度、湿度、海拔高度、供电指标、接地要求、振动等。数控机床属于高精度的加工设备，其控制精度一般都能够达到0.01mm以内。有些数控机床的控制精度更高，甚至达到纳米级的精度等级。机床制造厂在生产数控机床以及进行精度调整时，都是基于数控机床标准的检测条件进行的，如生产车间必须保证一定的温度和湿度。金属材料对温度变化的反应将影响数控机床的定位精度。数控机床的用户要想达到数控机床的标定精度指标，就必须满足数控机床安装调试手册中定义的基本工作条件，否则数控机床的设计精度指标在生产现场是难以达到的。

数控机床必须工作在一定的条件下，也就是说，必须满足一定的使用要求。使用要求一般可以分成电源要求、工作温度要求、工作湿度要求、位置环境要求和海拔高度要求等五个方面。表 6.9 详细描述了数控机床的使用条件。

表 6.9　数控机床的使用条件

序号	要求	详细说明	
1	电源	电压相对稳定	在允许的范围内波动，例如，380V±10%，则需要配备稳压电源
		频率稳定与波形畸变小	例如，50Hz±1Hz，要求不与高频电感设备共用一条电源线
		电源相序	按要求正规排序
		电源线与保险丝	按要求，应满足总供电容量（例如：15kVA）与机床匹配。完好的电源电缆线与接头，良好的接插
		可靠的接地保护	例如，接地电阻 <0.4Ω，导线截面积 >6mm²
2	工作温度		普通数控机床　　　　　　　高精度数控机床
3	工作湿度	环境温度	<40℃　　　　　　　　　　20℃恒温室
		相对湿度	<80% 不结露　　　　　　　<80% 不结露
4	位置环境	具有防振沟或远离振源、远离高频电感设备	
		无直接日照与热辐射	
		洁净的空气：无导电粉尘、盐雾、油雾；无腐蚀性气体；无易爆气体；无尘埃	
		周围足够的活动空间	
		坚实牢固的基础（安装留有电缆管道、预留地脚螺栓、预埋件位置、用垫块与螺栓调水平等）	
5	海拔高度	允许的海拔高度一般低于 1000m，当超过这个指标时，伺服驱动系统的输出功率将有所下降，因而会影响加工的效果	

6.3.3　数控机床点检管理流程

在设备使用过程中，为了提高、维持生产设备的原有性能，通过人的感官或者借助工具、仪器，按照预先设定的周期和方法，对设备上的规定部位（点）进行有无异常的预防性周密检查，以使设备的隐患和缺陷能够得到早期发现、早期预防、早期处理，这样的设备检查称为点检。

点检管理一般涵盖以下四个环节：①指定点检标准和点检计划；②按计划和标准实施点检和修理工程；③检查实施结果，进行实绩分析；④在实绩分析的基础上制订措施，自主改进。

下面就数控机床的生产活动讲述机床的点检流程、内容和注意事项。

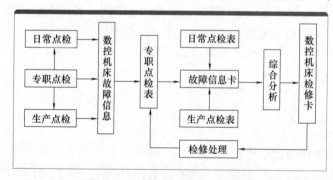

图 6.12　数控机床点检管理流程图

由于数控机床集机、电、液、气等技术为一体，因此对它的维护要有科学的管理，有目的地制定出相应的规章制度。对维护过程中发现的故障隐患应及时清除，避免停机待修，从而延长设备平均无故障时间，提高机床的利用率。机床点检是数控机床维护的有效办法。图 6.12 是数控机床点检管理流程图，简单概述了点检管理在数控维修中的功能和作用。

6.3.4　数控机床设备点检的内容

以点检为基础的设备维修，是日本在引进美国的预防维修制的基础上发展起来的一种点检管理制度。点检就是按有关维护文件的规定，对设备进行定点、定时的检查和维护。其优点是可以把出现的故障和性能的劣化消灭在萌芽状态，防止过修或欠修；缺点是定期点检工作量大。这种在设备运行阶段以点检为核心的现代维修管理体系，能达到降低故障率和维修费用、提高维修效率的目的。我国自 20 世纪 80 年代初引进日本的设备点检定修制，把设备操作者、维修人员和技术管理人员有机地组织起来，按照规定的检查标准和技术要求，对设备可能出现问题的部位，定人、定点、定量、定期、定法地进行检查、维修和管理，保证了设备持续、稳定的运行，促进了生产发展和经营效益的提高。

数控机床的点检，是开展状态监测和故障诊断工作的基础，主要包括下列内容，见表 6.10。

表 6.10 数控机床设备点检的内容

序号	内容	说明
1	定点	首先要确定一台数控机床有多少个维护点，科学地分析这台设备，找准可能发生故障的部位。只要把这些维护点"看住"，有了故障就会及时发现
2	定标	对每个维护点要逐一制定标准，例如间隙、温度、压力、流量、松紧度等等，都要有明确的数量标准，只要不超过规定标准就不算故障
3	定期	多长时间检查一次，要定出检查周期。有的点可能每班要检查几次，有的点可能一个或几个月检查一次，要根据具体情况确定
4	定项	每个维护点检查哪些项目也要有明确规定。每个点可能检查一项，也可能检查几项
5	定人	由谁进行检查，是操作者、维修人员还是技术人员，应根据检查的部位和技术精度要求，落实到人
6	定法	怎样检查也要有规定，是人工观察还是用仪器测量，是采用普通仪器还是精密仪器
7	检查	检查的环境、步骤要有规定，是在生产运行中检查，还是停机检查；是解体检查，还是不解体检查
8	记录	检查要详细做记录，并按规定格式填写清楚。要填写检查数据及其与规定标准的差值、判定印象、处理意见，检查者要签名并注明检查时间
9	处理	检查中间能处理和调整的要及时处理和调整，并将处理结果记入处理记录。没有能力或没有条件处理的，要及时报告有关人员，安排处理。但任何人、任何时间处理都要填写处理记录
10	分析	检查记录和处理记录都要定期进行系统分析，找出薄弱"维护点"，即故障率高的点或损失大的环节，提出意见，交设计人员进行改进设计

6.3.5 数控机床设备点检的周期

数控机床的点检可分为日常点检和专职点检两个层次。日常点检负责对机床的一般部件进行点检，处理和检查机床在运行过程中出现的故障，由机床操作人员进行。专职点检负责对机床的关键部位和重要部件按周期进行重点点检和设备状态监测与故障诊断，制定点检计划，做好诊断记录，分析维修结果，提出改善设备维护管理的建议，由专职维修人员进行。数控机床的点检作为一项工作制度，必须认真执行并持之以恒，只有这样才能保证机床的正常运行。为便于操作，数控机床的点检内容可以列成简明扼要的表格，见表 6.11。

表 6.11 数控机床设备点检的周期

序号	检查周期	检查部位	检查要求
1	每天	导轨润滑油箱	检查油标、油量，及时添加润滑油，润滑泵能定时启动及停止
2	每天	X、Y、Z 轴向导轨面	清除切屑及脏物，检查润滑油是否充分、导轨面有无划伤损坏
3	每天	压缩空气气源压力	检查气动控制系统压力是否在正常范围内
4	每天	气源自动分水滤水器和自动空气干燥器	及时清理分水器中滤出的水分，保证自动空气干燥器工作正常
5	每天	气液转换器和增压器油面	发现油面不够时及时补充油
6	每天	主轴润滑恒温油箱	工作正常，油量充足并调节温度范围
7	每天	机床液压系统	油箱、液压泵无异常噪声，压力表指示正常。管路及各接头无泄漏，工作油面高度正常
8	每天	液压平衡系统	平衡压力指示正常，快速移动时平衡阀工作正常
9	每天	CNC 的输入 / 输出单元	如读卡、链接设备接口清洁，结构良好
10	每天	各种电气柜散热通风装置	各电气柜冷却风扇工作正常，风道过滤网无堵塞
11	每天	各种防护装置	导轨、机床防护罩等应无松动、泄漏
12	每半年	滚珠丝杠	清洗丝杠上旧的润滑脂，涂上新的油脂
13	每半年	液压油路	清洗溢流阀、减压阀、滤油器及油箱底，更换或过滤液压油
14	每半年	主轴润滑恒温油箱	清洗过滤器，更换润滑脂

序号	检查周期	检查部位	检查要求
15	每年	检查并更换直流伺服电动机炭刷	检查换向器表面，吹净炭粉，去除毛刺，更换长度过短的电刷，并应在跑合后使用
16	每年	润滑液压泵，清洗滤油器	清理润滑油池底，更换滤油器
17	不定期	检查各轴轨道上镶条、压紧滚轮松紧状态	按机床说明书调整
18	不定期	冷却水箱	检查液面高度，切削液太脏时须更换并清理水箱底部，经常清洗过滤器
19	不定期	排屑器	经常清理切屑，检查有无卡住
20	不定期	清理废油池	及时取走滤油池中废油，以免外溢
21	不定期	调整主轴驱动带松紧	按机床说明书调整

6.3.6 数控车床日常点检卡

表 6.12 详细描述了机加工车间数控车床日常点检卡。

表 6.12 机加工车间数控车床日常点检卡

设备名称：		设备型号：		设备编号：			日期：		年 月 日		
序号	点检部位及内容					点检时间及记录					
						一	二	三	四	五	六	日
1	检查电源电压是否正常（380V±38V）										
2	卡盘内、刀链刀套或刀架内有无铁屑										
3	工作导轨上有无铁屑										
4	导轨面、丝杠、操纵杆表面是否有拉伤、研伤现象										
5	是否有零件缺损										
6	散热排风或空调系统是否正常										
7	控制室内有无异常声响、有无异味										
8	早班暖机 5min（各轴往复移动，刀塔回转运动）										
9	NC 操作面板确认										
10	手轮运动是否正常										
11	排屑装置是否到位、排屑孔是否堵塞										
12	花盘卡爪漏油检查										
13	地面漏油确认										
14	导轨润滑装置工作是否正常，必要时添加润滑油										
15	液压泵站内液压油是否在油标规定范围内										
16	液压泵站内油温表是否在规定范围内（<60℃）										
17	液压泵站油压是否为 4～5MPa										
18	气动装置输出压力是否为 0.5MPa，有无漏气现象										
19	油冷却系统油位是否在游标规定范围内										
20	油冷却系统油温显示是否在设定温度范围内（20～30℃）										
21	机床防溅护板动作是否灵活密封是否良好										
22	冷却液和切削输送机装置是否正常										
23	切屑时螺旋输送机排屑是否正常										
24	主轴系统声音是否正常										
25	主轴正反转及刹车是否正常										
26	刀库（或刀架）旋转时声音是否正常										
27	尾坐运行是否顺畅										
28	X 轴、Z 轴是否可以正常返回参考点										
29	液压系统有无漏油现象										
30	检查气动三联件气路润滑油液位，必要时添加润滑油										
	点检人员签名										
导轨润滑油：			气路润滑油：				油压单位：				
点检工作由每天 □白班 □夜班 负责				记录符号：		完好√ 异常△ 当场修好○ 待修×					

6.4 数控机床的安全生产和人员安排

安全生产是现代企业制度中一项十分重要的内容，操作者除了掌握好数控机床的性能、精心操作外，一方面要管好、用好和维护好数控机床；另一方面还必须养成文明生产的良好工作习惯和严谨的工作作风，应具有较好的职业素质、责任心和良好的合作精神。

6.4.1 数控机床安全生产的要求

表 6.13 详细描述了数控机床安全生产的要求。

表 6.13　数控机床安全生产的要求

序号	安全生产要求	详 细 说 明
1	技术培训	操作工在独立使用设备前，需经过对数控机床应用必要的基本知识和技术理论及操作技能的培训；在熟练技师的指导下实际上机训练，达到一定的熟练程度。技术培训的内容包括数控机床结构性能、数控机床工作原理、传动装置、数控系统技术特性、金属加工技术规范、操作规程、安全操作要领、维护保养事项、安全防护措施、故障处理原则等
2	实行定人定机持证操作	参加国家职业资格的考核鉴定，鉴定合格并取得资格证后，方能独立操作所使用的数控机床。严禁无证上岗操作。严格实行定人定机和岗位责任制，以确保正确使用数控机床和落实日常维护工作。多人操作的数控机床应实行机长负责制，由机长对使用和维护工作负责。公用数控机床应由企业管理者指定专人负责维护保管。数控机床定人定机名单由使用部门提出，报设备管理部门审批，签发操作证；精、大、稀、关键设备定人定机名单，设备部门审核报企业管理者批准后签发。定人定机名单批准后，不得随意变动。对技术熟练能掌握多种数控机床操作技术的工人，经考试合格可签发操作多种数控机床的操作证
3	建立使用数控机床的岗位责任制	数控机床操作工必须严格按"数控机床操作维护规程""四项要求""五项纪律"的规定正确使用与精心维护设备。实行日常点检，认真记录。做到班前正确润滑设备，班中注意运转情况，班后清扫擦拭设备，保持清洁，涂油防锈。在做到"三好"的要求下，练好"四会"基本功，做好日常维护和定期维护工作；配合维修工人检查修理自己操作的设备；保管好设备附件和工具，并参加数控机床维修后的验收工作。认真执行交接班制度和填写好交接班及运行记录。发生设备事故时立即切断电源。保持现场，及时向生产工长和车间机械员（师）报告，听候处理。分析事故时如实说明经过，对违反操作规程等造成的事故应负直接责任 具体要求见表 6.14
4	建立交接班制度	连续生产和多班制生产的设备必须实行交接班制度。交班人除完成设备日常维护作业外，必须把设备运行情况和发现的问题详细记录在交接班簿上，并主动向接班人介绍清楚，双方当面检查，在交接班簿上签字。接班人如发现异常或情况不明、记录不清时，可拒绝接班。如交接不清，设备在接班后发生问题，由接班人负责。企业对在用设备均需设交接班簿，不准涂改撕毁。区域维修部（站）和机械员（师）应及时收集分析，掌握交接班执行情况和数控机床技术状态信息

6.4.2 数控机床生产的岗位责任制

表 6.14 详细描述了数控机床生产的岗位责任制。

表 6.14　数控机床生产的岗位责任制

序号	岗位责任制		详 细 说 明
1	三好	管好数控机床	掌握数控机床的数量、质量及其变动情况，合理配置数控机床，严格执行关于设备的移装、调拨、借用、出租、封存、报废、改装及更新的有关管理制度，保证财产的完整齐全，保持其完好和价值。操作工必须管好自己使用的机床，未经上级批准不准他人使用，杜绝无证操作现象
		用好数控机床	正确使用和精心维护好数控机床生产应依据机床的能力合理安排，不得有超性能使用和拼设备之类的短期化行为。操作工必须严格遵守操作维护规程，不超负荷使用及采取不文明的操作方法，认真进行日常保养和定期维护，使数控机床保持"整齐、清洁、润滑、安全"的标准
		修好数控机床	车间安排生产时应考虑和预留计划维修时间，防止机床带病运行。操作工要配合维修工修好设备，及时排除故障。要贯彻"预防为主，养为基础"的原则，实行计划预防修理制度，广泛采用新技术、新工艺，保证修理质量，缩短停机时间，降低修理费用，提高数控机床的各项技术经济指标

序号	岗位责任制		详 细 说 明
2	四会	会使用	操作工应先学习数控机床操作规程，熟悉设备结构性能、传动装置，懂得加工工艺和工装工具在数控机床上的正确使用方法
		会维护	能正确执行数控机床维护和润滑规定，按时清扫，保持设备清洁完好
		会检查	了解设备易损零件部位，知道检查项目、标准和方法，并能按规定进行日常检查
		会排除故障	熟悉设备特点，能鉴别设备正常与异常现象，懂得其零部件拆装注意事项，会做一般故障调整或协同维修人员进行排除
3	四项要求	整齐	工具、工件、附件摆放整齐，设备零部件及安全防护装置齐全，线路管道完整
		清洁	设备内外清洁，无"黄袍"，各滑动面、丝杠、齿条、齿轮无油污、无损伤；各部位不漏油、漏水、漏气，铁屑清扫干净
		润滑	按时加油、换油，油质符合要求；油枪、油壶、油杯、油嘴齐全，油毡、油线清洁，油标明亮，油路畅通
		安全	实行定人定机制度，遵守操作维护规程，合理使用，注意观察运行情况，不出安全事故
4	五项纪律		凭操作证使用设备，遵守安全操作维护规程
			经常保持机床整洁，按规定加油，保证合理润滑
			遵守交接班制度
			管好工具、附件，不得遗失
			发现异常立即通知有关人员检查处理

6.4.3　数控加工中人员分工

表 6.15 详细描述了数控加工中的人员分工。

表 6.15　数控加工中的人员分工

任务	人 员			
	数控加工编程人员	机床调整人员	机床操作人员	刀辅夹具准备人员
加工程序编制	●		○	
加工程序检验	●		○	
加工程序测试	○	●	●	
加工程序修改	○		○	
加工程序优化	●		○	
加工程序保管	●			
机床调整		●	○	
机床整备		○	●	
机床操作			●	
工作过程监视			●	
程序输入			●	
零件校验			○	
刀辅具运输			○	
刀辅具保管				○
刀具预调（对刀）			○	●
夹具运输			○	●
夹具保管				●
夹具组装				●
夹具整备				●

注：●—主要工作，○—可能参与的工作。

　　具体组织生产时，可灵活变通，机床台数较少时，有可能令编程人员或机床操作人员承担上述全部工作；机床较多时，机床调整工作及刀具、辅具、夹具准备工作也交由一人承担。

6.4.4　数控加工对不同人员的要求

表 6.16 详细描述了数控加工对不同人员的要求。

表 6.16　数控加工对不同人员的要求

序号	人员分工	专业知识			个人素质
		基本知识	工艺知识	加工程序知识	
1	数控编程人员	①阅读生产图样 ②利用公式、图表进行计算 ③几何图形分析计算 ④能运用 CAD 软件获取相关点的坐标，能运用 CAD/CAM 软件生成数控加工程序	①机床控制系统的结构和工作原理 ②机床的加工范围、机床能力 ③正确选择刀具及相应的工艺参数、切削用量 ④正确选择定位、夹紧部位及正确地选用夹具	①正确使用循环加工程序和子程序 ②会手工编程和使用计算机辅助编程 ③熟知安全操作规程，能排除突然出现的故障和使用事故	①细心、缜密、精确 ②逻辑思维能力强 ③反应敏捷 ④概括能力 ⑤工作积极 ⑥能承担重任 ⑦利用信息的能力 ⑧与人沟通合作的能力
2	机床操作人员	生产加工应知应会		加工程序应知应会	
		①能读懂加工图样 ②掌握基本数学、几何运算 ③熟悉机加工工艺 ④会使用机床键盘及操作面板 ⑤会维护保养机床 ⑥正确安装调整零件 ⑦正确向刀库装刀 ⑧正确使用测量工具进行测量 ⑨必要时进行尺寸修正 ⑩具备零件材料方面的知识 ⑪知晓安全操作规程及应急措施		①加工工艺过程 ②正确合理地使用刀具 ③与加工程序有关的数学、几何运算 ④按机床编程说明书进行手工编程	①责任心 ②严格认真 ③能承担重任 ④思维、动作敏捷 ⑤独立工作能力 ⑥团队精神
3	维修人员	①掌握机械、液压、气动、电工、电子、计算机、伺服控制的基本知识 ②熟知机床和附属装置、机械结构和信号点、动作联锁关系 ③熟知控制系统结构，印制电路板上设置开关及短路棒的使用，功能区（或功能模块）及发光二极管指示的工作状态 ④熟知机床参数的设置；熟知键盘、操作面板的功能及信号流向 ⑤会编制、测试、修改加工程序 ⑥正确使用维修中用到的各种仪器仪表			①细心、缜密、精确 ②逻辑思维能力强，推理能力强 ③思维敏捷、善于透过现象深入本质 ④记忆和联想能力 ⑤善于学习总结经验 ⑥钻研精神 ⑦向困难挑战的精神 ⑧利用信息的能力 ⑨与人沟通合作的能力
4	车间管理人员	生产技术方面			①责任心 ②承担重任 ③创见性 ④预见性 ⑤自觉性 ⑥团队组织能力
		①组织程序编制 ②熟知数控机床工艺特征 ③刀具和夹具的特性及使用 ④生产、经营数据的收集分析 ⑤生产调度 ⑥经济地使用数控机床			

7 第7章 数控车削工艺学

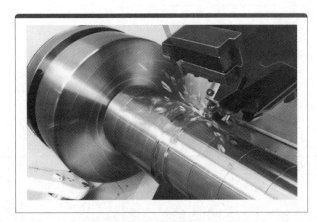

图 7.1 正在进行车削加工的轴类零件

数控车削是数控加工中用得最多的加工方法之一。图 7.1 所示为正在进行车削加工的轴类零件。本节介绍数控车削工艺拟定的过程、工序的划分方法、工序顺序的安排和进给路线的确定等工艺知识，数控车床常用的工装夹具，数控车削用刀具类型和选用，选择切削用量。这里以典型零件的数控车削加工工艺为例，以便对数控车削工艺知识能有一个系统的认识，并能对一般数控车削零件加工工艺进行分析及制订加工方案。

7.1 数控车削（车削中心）加工工艺

7.1.1 数控车床的主要加工对象

由于数控车床加工精度高、具有直线和圆弧插补功能以及在加工过程中能自动变速等特点，因此其加工范围比普通车床大得多。凡是能在数控车床上装夹的回转体零件都能在数控车床上加工。数控车床比较适合车削具有以下要求和特点的回转体零件。表 7.1 详细描述了数控车床车削的优点。

表 7.1 数控车床车削的优点

序号	优点	详 细 说 明
1	精度要求高的零件	由于数控车床的刚性好，制造和对刀精度高，以及能方便和精确地进行人工补偿甚至自动补偿，因此它能够加工尺寸精度要求高的零件。在有些场合可以车代磨。此外，由于数控车削时刀具运动是通过高精度插补运算和伺服驱动来实现的，再加上机床的刚性好和制造精度高，因此它能加工对直线度、圆度、圆柱度要求高的零件

序号	优点	详细说明
1	精度要求高的零件	磁盘、录像机磁头（图 7.2）、激光打印机的多面反射体、复印机的回转鼓、照相机等光学设备的透镜及其模具，以及隐形眼镜等要求超高的轮廓精度和超低的表面粗糙度值，它们适合在高精度、高功能的数控车床上加工。以往很难加工的塑料散光用的透镜，现在也可以用数控车床来加工 数控车床的控制分辨率一般为 0.1～0.001mm。特种精密数控车床还可加工出几何轮廓精度达 0.0001mm、表面粗糙度 Ra 达 0.02μm 的超精零件（如复印机中的回转鼓及激光打印机上的多面反射体等），数控车床通过恒线速度切削功能，可加工表面精度要求高的各种变径表面类零件 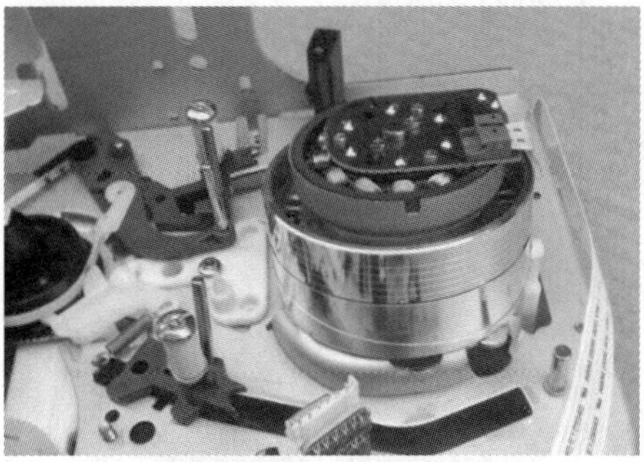 图 7.2 录像机磁头
2	表面粗糙度好的回转体零件	数控车床能加工出表面粗糙度小的零件，不但是因为机床的刚性好和制造精度高，还由于它具有恒线速度切削功能。在材质、精车余量和刀具已定的情况下，表面粗糙度取决于进给速度和切削速度。使用数控车床的恒线速度切削功能，就可选用最佳线速度来切削端面，这样切出的粗糙度既小又一致。数控车床还适合于车削各部位表面粗糙度要求不同的零件。粗糙度小的部位可以用减小进给速度的方法来达到，而这在传统车床上是做不到的
3	轮廓形状复杂或难于控制尺寸的零件	数控车床具有圆弧插补功能，所以可直接使用圆弧指令来加工圆弧轮廓。数控车床也可加工由任意平面曲线所组成的轮廓回转零件，既能加工可用方程描述的曲线，也能加工列表曲线。如果说车削圆柱零件和圆锥零件既可选用传统车床也可选用数控车床，那么车削复杂转体零件就只能使用数控车床 对于一些具有封闭内成形面的壳体零件，如"口小肚大"的孔腔，在数控车床上则很容易加工出来，如图 7.3 所示 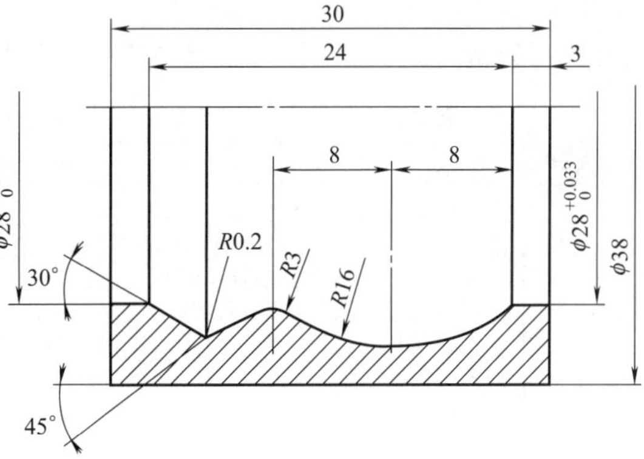 图 7.3 成形内腔壳体零件
4	带一些特殊类型螺纹的零件	传统车床所能切削的螺纹相当有限，它只能加工等节距的直、锥面公、英制螺纹，而且一台车床只限定加工若干种节距。数控车床不但能加工任何等节距直、锥面公、英制螺纹和端面螺纹，而且能加工增节距、减节距以及要求等节距、变节距之间平滑过渡的螺纹。数控车床加工螺纹时主轴转向不必像传统车床那样交替变换，它可以一刀又一刀不停顿地循环，直至完成，所以它车削螺纹的效率很高。数控车床还配有精密螺纹切削功能，再加上一般采用硬质合金成形刀片，以及可以使用较高的转速，所以车削出来的螺纹精度高、表面粗糙度小。可以说，包括丝杠在内的螺纹零件很适合于在数控车床上加工。图 7.4 所示为丝杠的螺纹零件 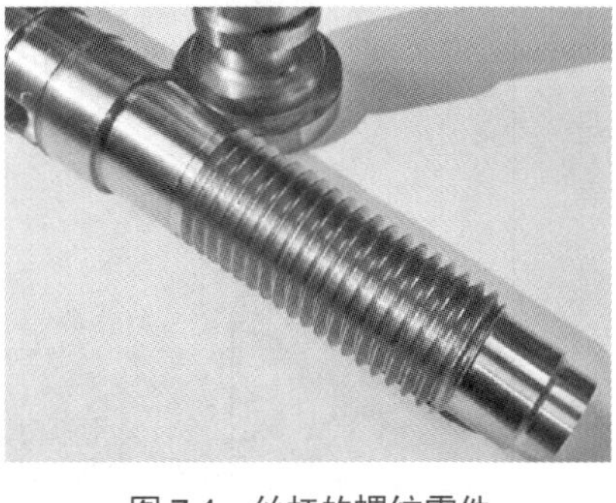 图 7.4 丝杠的螺纹零件

序号	优点	详 细 说 明
5	淬硬工件的加工	在大型模具加工中，有不少尺寸大而形状复杂的零件。这些零件热处理后的变形量较大，磨削加工有困难，而在数控车床上可以用陶瓷车刀对淬硬后的零件进行车削加工，以车代磨，提高加工效率
6	高效率加工	为了进一步提高车削加工效率，可通过增加车床的控制坐标轴，就能在一台数控车床上同时加工出两个多工序的相同或不同的零件
7	其他结构复杂的零件	图 7.5 所示结构复杂的零件多采用车铣加工中心加工  (a) 连接套零件　　(b) 阀门壳体件　　(c) 高压连接杆　　(d) 隔套零件 图 7.5　结构复杂的零件

7.1.2　数控车削加工零件工艺性分析

工艺分析是数控车削加工的前期工艺准备工作。工艺制订得是否合理，对程序编制、数控车床的加工效率和零件的加工精度都有重要影响。因此，应遵循一般的工艺原则并结合数控车床的特点，认真而详细地制订好零件的数控车削加工工艺。数控车削加工零件工艺性分析包括：零件结构形状的合理性、几何图素关系的确定性、精度及技术要求的可实现性、工件材料的可切削性能以及加工数量等。表 7.2 详细描述了数控车削加工零件工艺性分析的内容。

表 7.2　数控车削加工零件工艺性分析的内容

序号	工艺性分析内容	详 细 说 明
1	零件结构形状的合理性	零件的结构工艺性是指零件对加工方法的适应性，即所设计的零件结构应便于加工成形。在数控车床上加工零件时，应根据数控车削的特点，认真审视零件结构的合理性，并在满足使用要求的前提下考虑加工的可行性和经济性，尽量避免悬臂、窄槽、内腔尖角以及薄壁、细长杆之类的结构，减少或避免采用成形刀具加工的结构，孔系、内转角半径等尽量按标准刀具尺寸统一，以减少换刀次数，深腔处窄槽和转角尺寸要充分考虑刀具的刚度等 例如，图 7.6（a）所示零件，需用三把不同宽度的切槽刀切槽，如无特殊需要，显然是不合理的。若改成图 7.6(b) 所示结构，只需一把刀即可切出三个槽，既减少了刀具数量，少占了刀架刀位，又节省了换刀时间 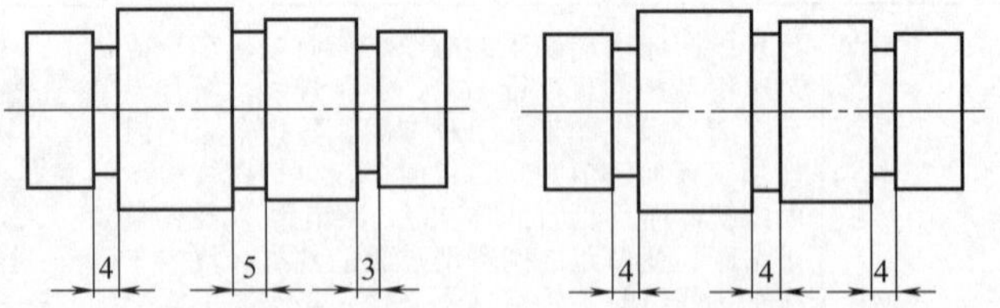 (a) 不合理　　　　　　　　　(b) 合理 图 7.6　零件结构的合理性（1） 对于孔的设计中，悬伸长度 L 和孔口直径 D 与刀杆直径 $D_{杆}$ 之间应该满足关系 $L<D-D_{杆}$，如图 7.7 所示 手工编程要计算每个节点坐标，而自动编程则要对构成零件轮廓的所有几何元素进行定义。因此在分析零件图时，要分析几何元素的给定条件是否充分

序号	工艺性分析内容	详细说明
1	零件结构形状的合理性	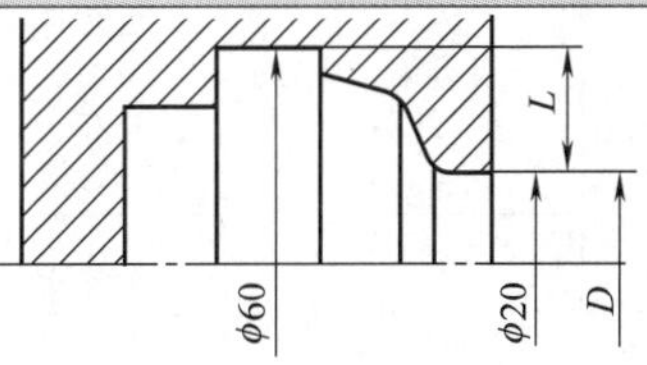 图 7.7　零件结构的合理性（2）
2	几何图素关系的确定性	视图完整、正确，表达清楚无歧义，几何元素的关系应明确，避免在图样上可能出现加工轮廓的数据不充分、尺寸模糊不清及尺寸封闭干涉等缺陷。若图样上出现以上缺陷，就会增加编程的难度，有时甚至无法编写程序
3	精度及技术要求的可实现性	对被加工零件的精度及技术要求进行分析，是零件工艺性分析的重要内容，只有充分分析了零件尺寸精度、几何公差和表面粗糙度，才能正确合理地选择加工方法、装夹方式、刀具及切削用量等。在满足使用要求的前提下若能降低精度要求，则可降低加工难度，减少加工次数，提高生产率，降低成本。尺寸标注应便于编程且尽可能利于设计基准、工艺基准、测量基准和编程原点的统一
		①尺寸公差要求：在确定控制零件尺寸精度的加工工艺时，必须分析零件图样上的公差要求，从而正确选择刀具及确定切削用量等 在尺寸公差要求的分析过程中，还可以同时进行一些编程尺寸的简单换算，如中值尺寸及尺寸链的解算等。在数控编程时，常常对零件要求的尺寸取其最大极限尺寸和最小极限尺寸的平均值（即"中值"）作为编程的尺寸依据 对尺寸公差要求较高时，若采用一般车削工艺达不到精度要求，则可采取其他措施（如磨削）弥补，并注意后续工序留有余量。一般来说，粗车的尺寸公差等级为 IT12～IT11，半精车的为 IT10～IT9，精车的为 IT8～IT7（外圆精度可达 IT6）
		②几何公差要求：图样上给定的几何公差是保证零件精度的重要指标。在工艺准备过程中，除了按其要求确定零件的定位基准和检测基准，并满足其设计基准的规定外，还可以根据机床的特殊需要进行一些技术性处理，以便有效地控制其几何误差。例如，对有较高位置精度要求的表面，应在一次装夹下完成这些表面的加工
		③表面粗糙度要求：表面粗糙度是合理安排车削工艺、选择机床、刀具及确定切削用量的重要依据。例如，对表面粗糙度要求较高的表面，应选择刚度高的机床并确定选用恒线速度切削。一般地，粗车的表面粗糙度 Ra 为 25～12.5μm，半精车 Ra 为 6.3～3.2μm，精车 Ra 为 1.6～0.8μm（精车有色金属 Ra 可达 0.8～0.4μm）
4	工件材料的可切削性能	材料要求和零件毛坯材料及热处理要求，是选择刀具（材料、几何参数及使用寿命）和确定加工工序、切削用量及选择机床的重要依据
5	加工数量	零件的加工数量对工件的装夹与定位、刀具的选择、工序的安排及走刀路线的确定等都是不可忽视的参数 批量生产时，应在保证加工质量的前提下突出加工效率和加工过程的稳定性，其加工工艺涉及的夹具选择、走刀路线安排、刀具排列位置和使用顺序等都要仔细斟酌 单件生产时，要保证一次合格率，特别是复杂高精度零件，效率退居到次要位置，且单件生产要避免过长的生产准备时间，尽可能采用通用夹具或简单夹具、标准机夹刀具或可刃磨焊接刀具，加工顺序、工艺方案也应灵活安排

7.1.3　数控车削加工工艺方案的拟定

在分析零件形状、精度和其他技术要求的基础上，选择在数控车床上加工的内容。数控车削加工工艺方案的拟订包括拟订工艺路线和确定走刀路线等。表 7.3 详细描述了数控车削加工工艺方案的拟订过程。

表 7.3 数控车削加工工艺方案的拟订过程

序号	工艺方案拟定		详 细 说 明
1	拟订工艺路线	（1）加工方法的选择	回转体零件的结构形状虽然是多种多样的，但它们都是由平面、内外圆柱面、圆锥面、曲面、螺纹等组成的。每一种表面都有多种加工方法，实际选择时应结合零件的加工精度、表面粗糙度、材料、结构形状、尺寸及生产类型等因素全面考虑
		（2）划分工序和合理安排工序的顺序	在选定加工方法后，就要划分工序和合理安排工序的顺序。零件的加工工序通常包括切削加工工序、热处理工序和辅助工序等 安排零件车削加工顺序在工序集中原则的前提下，一般还应遵循下列原则： ①基准先行原则。加工一开始，总是先把精基准加工出来，即首先对定位基准进行粗加工和半精加工，必要时还进行精加工 如图 7.8 所示零件，$\phi40$mm 外圆是有同轴度要求锥面的基准，加工时应夹持毛坯外圆，把该基准先加工出来，作为加工其他要素的基准 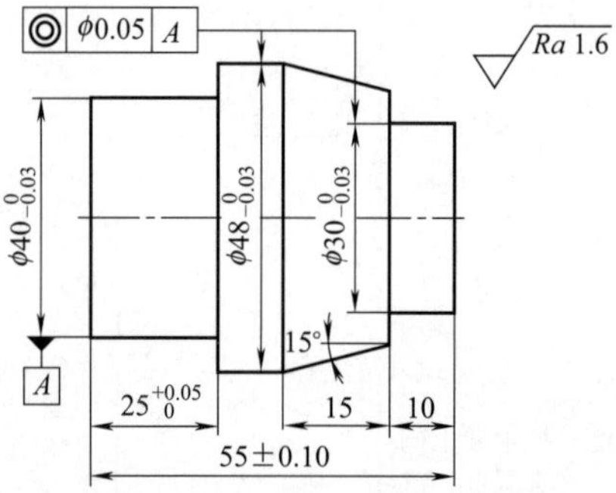 ◎ $\phi0.05$ A　　$\sqrt{Ra\ 1.6}$ $\phi40_{-0.03}^{\ 0}$　$\phi48_{-0.03}^{\ 0}$　$\phi30_{-0.03}^{\ 0}$　15° A　$25_{\ 0}^{+0.05}$　15　10　55 ± 0.10 图 7.8　基准先行的原则 ②先粗后精。按照粗车—半精车—精车的顺序进行 ③先近后远。通常在粗加工时，离换刀点近的部位先加工，离换刀点远的部位后加工，以便缩短刀具移动距离，缩短空行程时间，并且有利于保持坯件或半成品件的刚度，改善其切削条件。如图 7-9 所示的零件，是直径相差不大的台阶轴，当第一刀的切削深度未超限时，刀具宜按 $\phi40$mm → $\phi42$mm → $\phi44$mm 的顺序加工。如果按 $\phi44$mm → $\phi42$mm → $\phi40$mm 的顺序安排车削，不仅会延长刀具返回换刀点所需的空行程时间，而且还可能使台阶的外直角处产生毛刺 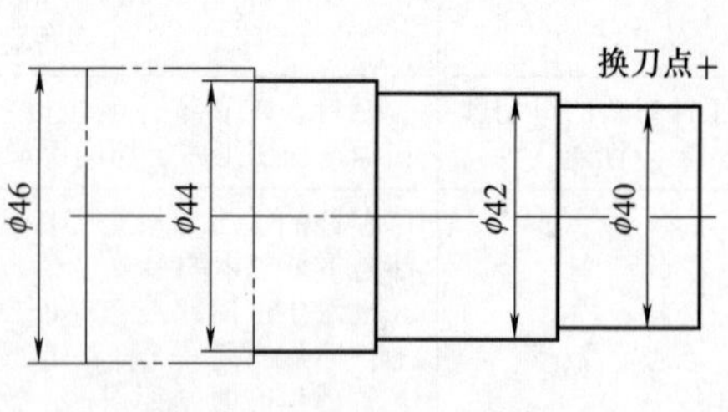 换刀点+ $\phi46$　$\phi44$　$\phi42$　$\phi40$ 图 7.9　先近后远的原则 ④先主后次原则。零件上的工作表面及装配精度要求较高的表面都属于主要表面，应先加工；自由表面、键槽、紧固用的螺孔和光孔等表面，精度要求较低，属于次要表面，可穿插进行，一般安排在主要表面加工达到一定精度后，最终精加工之前进行 ⑤内外交叉。对既有内表面（内型、腔）又有外表面的零件，安排加工顺序时，应先粗加工内外表面，然后精加工内外表面。加工内外表面时，通常先加工内型和内腔，然后加工外表面 ⑥刀具集中。尽量用一把刀加工完相应各部位后，再换另一把刀加工相应的其他部位，以减少空行程和缩短换刀时间 ⑦基面先行。用作精基准的表面应优先加工出来

序号	工艺方案拟定	详 细 说 明
2	热处理工序安排	热处理主要用来改善零件的切削性能并消除内应力，热处理工序在加工工序中的常规安排如图7.10所示 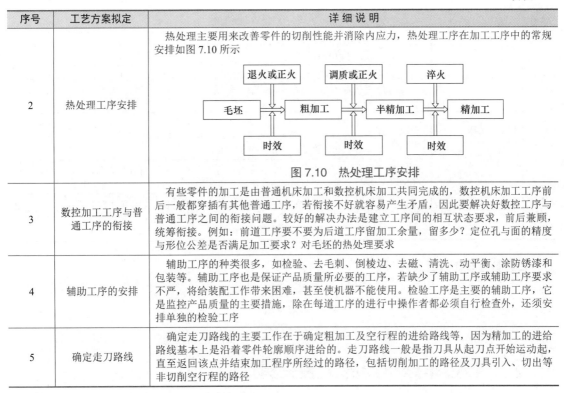 图7.10 热处理工序安排
3	数控加工工序与普通工序的衔接	有些零件的加工是由普通机床加工和数控机床加工共同完成的，数控机床加工工序前后一般都穿插有其他普通工序，若衔接不好就容易产生矛盾，因此要解决好数控工序与普通工序之间的衔接问题。较好的解决办法是建立工序间的相互状态要求，前后兼顾，统筹衔接。例如：前道工序要不要为后道工序留加工余量，留多少？定位孔与面的精度与形位公差是否满足加工要求？对毛坯的热处理要求
4	辅助工序的安排	辅助工序的种类很多，如检验、去毛刺、倒棱边、去磁、清洗、动平衡、涂防锈漆和包装等。辅助工序也是保证产品质量所必要的工序，若缺少了辅助工序或辅助工序要求不严，将给装配工作带来困难，甚至使机器不能使用。检验工序是主要的辅助工序，它是监控产品质量的主要措施，除在每道工序的进行中操作者都必须自行检查外，还须安排单独的检验工序
5	确定走刀路线	确定走刀路线的主要工作在于确定粗加工及空行程的进给路线等，因为精加工的进给路线基本上是沿着零件轮廓顺序进给的。走刀路线一般是指刀具从起刀点开始运动起，直至返回该点并结束加工程序所经过的路径，包括切削加工的路径及刀具引入、切出等非切削空行程的路径

7.1.4 数控车削加工工序划分原则和方法

（1）数控车削加工工序划分的原则

数控车削加工工序划分的原则有工序集中原则和工序分散原则两类，见表7.4。

表7.4 工序划分的原则

序号	工序划分原则	详 细 说 明
1	工序集中原则	是指每道工序包含尽可能多的加工内容，从而减少工序总数。数控车床特别适合于采用工序集中原则，能够减少工件的装夹次数，保证各表面之间的相对位置精度；减少夹具数量和缩短装夹工件的辅助时间，极大地提高生产效率
2	工序分散原则	是指使每道工序所包含的工作量尽量减少。采用工序分散的优点是能够简化加工设备和工艺装备结构，使设备调整和维修方便；有利于选择合理的切削用量，缩短机动时间。但是工艺路线较长，所需设备较多，占地面积大

（2）数控车削加工工序划分的方法

数控车削加工工序划分的方法如下，见表7.5。

表7.5 工序划分的方法

序号	工序划分方法	详 细 说 明
1	按安装次数划分工序	以每一次装夹作为一道工序，这种划分方法主要适用于加工内容不多的零件
2	按加工部位划分工序	按零件的结构特点分成几个加工部分，每个部分作为一道工序
3	按所用刀具划分工序	刀具集中分序法就是按所用刀具划分工序的，即用同一把刀或同一类刀具加工完成零件所有需要加工的部位，以达到节省时间、提高效率的目的

续表

序号	工序划分方法		详 细 说 明
4	按粗、精加工划分工序		对易变形或精度要求较高的零件常用这种方法。这种划分工序的方法一般不允许一次装夹就完成加工，而是粗加工时留出一定的加工余量，重新装夹后再完成精加工
		粗加工阶段	粗加工阶段的主要任务是切除毛坯的大部分加工余量，使毛坯在形状和尺寸上接近零件成品。粗加工应注意两方面的问题：在满足设备承受力的情况下提高生产效率；粗加工后应给半精加工或精加工留有均匀的加工余量
		半精加工阶段	半精加工阶段的主要任务是使主要表面达到一定的精度，留有较少的精加工余量，为主要表面的精加工（精车、精磨）做好准备，并完成一些次要表面的诸如扩孔、攻螺纹、铣键槽等的加工
		精加工阶段	精加工阶段的主要任务是保证各个主要表面达到图样尺寸精度要求和表面粗糙度要求，全面保证零件加工质量
		光整加工阶段	对于尺寸精度和表面粗糙度要求很高的零件（尺寸精度在 IT6 以上，表面粗糙度 Ra 在 0.2μm 以下），需要进行光整加工，提高尺寸精度，减小表面粗糙度。光整加工一般不用来提高位置精度

（3）数控车削加工工序设计

数控车削加工工序划分后，对每个加工工序都要进行设计。设计任务主要包括确定装夹方案，选用合适的刀具并确定切削用量，相关内容在下面几节中详细介绍。

7.2 数控车床常用的工装夹具

选择零件安装方式时，要合理选择定位基准和夹紧方案，主要注意以下两点：力求设计、工艺与编程计算的基准统一，这样有利于提高编程时数值计算的简便性和精确性；在数控机床上加工零件时，为了保证加工精度，必须先使工件在机床上占据一个正确的位置，即定位，然后将其夹紧。这种定位与夹紧的过程称为工件的装夹。另外，夹具设计要尽量保证减少装夹次数，尽可能在一次装夹后，加工出全部待加工面。图 7.11 所示为三爪自定心卡盘，图 7.12 所示为四爪单动卡盘。

图 7.11 三爪自定心卡盘

图 7.12 四爪单动卡盘

7.2.1 数控车床加工夹具要求

数控车床夹具必须具有适应性，要适应数控车床的高精度、高效率、多方向同时加工、数字程序控制及单件小批生产的特点。随着数控车床的发展，对数控车床夹具也有了以下的新要求。表 7.6 详细描述了数控车床加工夹具要求。

表 7.6　数控车床加工夹具要求

序号	要求	工艺文件的编制原则
1	标	推行标准化、系列化和通用化
2	专	发展组合夹具和拼装夹具，降低生产成本
3	精	提高装夹精度，为数控车削做好保证
4	牢	夹紧后应保证工件在加工过程中的位置不发生变化。夹具在机床上安装要准确可靠，以保证工件在正确的位置上加工
5	正	夹紧后应不破坏工件的正确定位
6	快	操作方便，安全省力，夹紧迅速，装卸工件要迅速方便，以缩短机床的停机时间，提高夹具的自动化水平
7	简	结构简单紧凑，有足够的刚性和强度且便于制造

7.2.2　常用数控车床工装夹具

在数控车床上车削工件时，要根据工件结构特点和工件加工要求，确定合理的装夹方式，选用相应的夹具。如轴类零件的定位方式通常是一端外圆固定，即用三爪自定心卡盘、四爪单动卡盘或弹簧套固定工件的外圆表面，但此定位方式对工件的悬伸长度有一定的限制。工件的悬伸长度过长在切削过程中会产生较大的变形，严重时将无法切削。切削长度过长的工件可以采用一夹一顶或两顶尖装夹。

通用夹具是指已经标准化、无需调整或稍加调整就可用于装夹不同工件的夹具。数控车床或数控卧式车削加工常用装夹方案和通用工装夹具有以下几种，见表 7.7。

表 7.7　常用数控车床工装夹具

序号	夹具类型	工艺文件的编制原则	
1	三爪自定心卡盘	三爪自定心卡盘如图 7.13 所示，是数控车床最常用的夹具，它限制了工件四个自由度。它的特点是可以自定心，夹持工件时一般不需要找正，装夹速度较快，但夹紧力较小，定心精度不高，适于装夹中小型圆柱形、正三边或正六边形工件，不适合同轴度要求高的工件的二次装夹。三爪自定心卡盘常见的有机械式和液压式两种。数控车床上经常采用液压卡盘，液压卡盘特别适合于批量生产	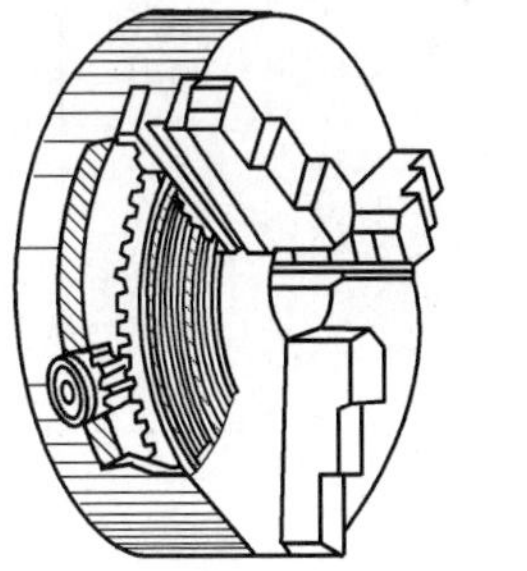 图 7.13　三爪自定心卡盘
2	四爪单动卡盘	四爪单动卡盘装夹是数控车床最常见的装夹方式。它有四个独立运动的卡爪，因此装夹工件时每次都必须仔细校正工件位置，使工件的旋转轴线与车床主轴的旋转轴线重合。用四爪单动卡盘装夹时，夹紧力较大，装夹精度较高，不受卡爪磨损的影响，但夹持工件时需要找正，如图 7.14 所示。它适于装夹偏心距较小、形状不规则或大型的工件等	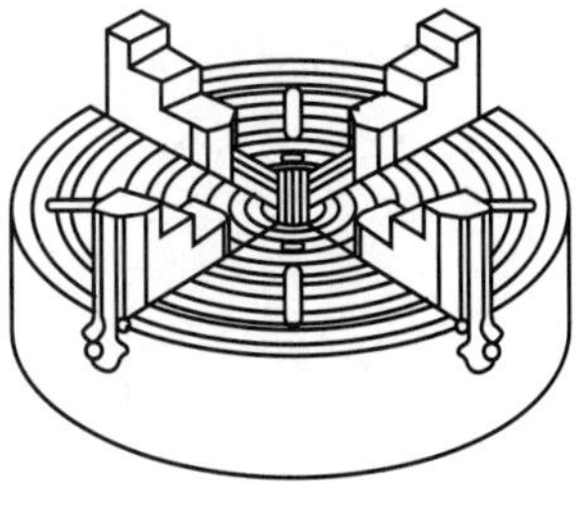 图 7.14　四爪单动卡盘

车工和数控车工从入门到精通

序号	夹具类型	工艺文件的编制原则
3	软爪	由于三爪自定心卡盘定心精度不高，当加工同轴度要求高的工件二次装夹时，常常使用软爪，如图 7.15 所示。软爪是一种可以加工的卡爪，在使用前配合被加工工件的特点特别制造 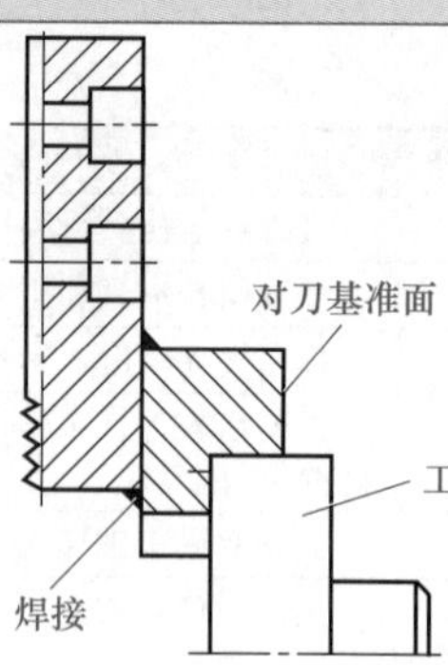 图 7.15　软爪
4	中心孔定位顶尖	①两顶尖拨盘 对于较长的或必须经过多次装夹才能完成加工的轴类工件，如长轴、长丝杠、光杠等细长轴类零件车削，或工序较多、在车削后还要铣削或磨削的工件，为了保证每次装夹时的安装精度，可用两顶尖装夹工件。如图 7.16 所示，其前顶尖为普通顶尖，装在主轴孔内，并随主轴一起转动；后顶尖为活顶尖，装在尾架套筒内。工件利用中心孔被顶在前后顶尖之间，并通过鸡心夹头带动旋转。这种方式，不需找正，装夹精度高，适用于多工序加工或精加工 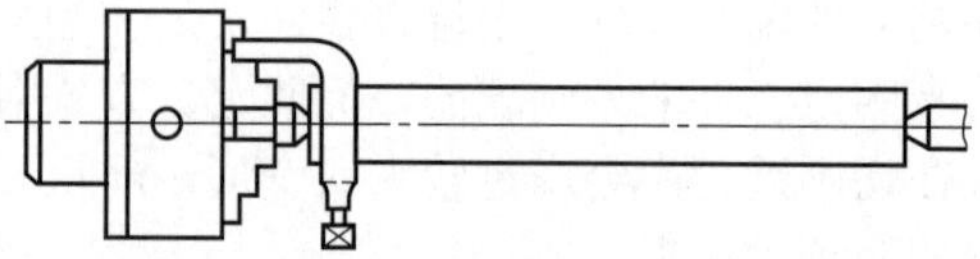 图 7.16　两顶尖装夹 ②拨动顶尖 拨动顶尖有内、外拨动顶尖和端面拨动顶尖两种。内、外拨动顶尖是通过带齿的锥面嵌入工件拨动工件旋转，端面拨动顶尖是利用端面的拨爪带动工件旋转的，适合装夹直径在 $\phi50 \sim \phi150mm$ 之间的工件，如图 7.17 所示 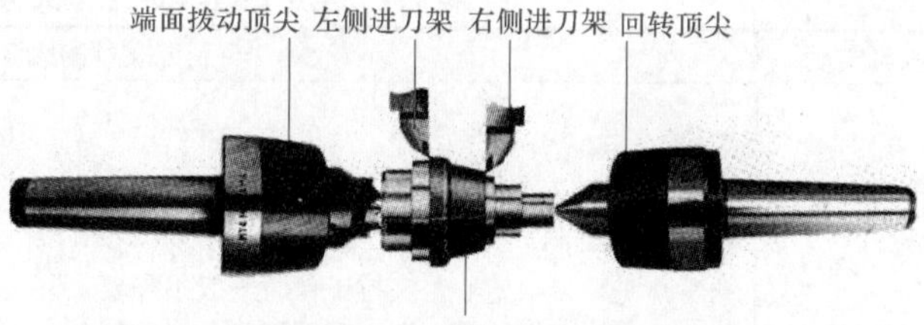 图 7.17　拨动顶尖 ③一夹一顶 用双顶尖装夹工件虽然精度高，但刚度较低。车削较重较长的轴体零件时要用一端夹持、另一端用后顶尖顶住的方式安装工件，这样可使工件更为稳固，从而能选用较大的切削用量进行加工。为了防止工件因切削力作用而产生轴向窜动，必须在卡盘内装一限位支承，或用工件的台阶作限位，如图 7.18 所示。此装夹方法比较安全，能承受较大的轴向切削力，故应用很广泛 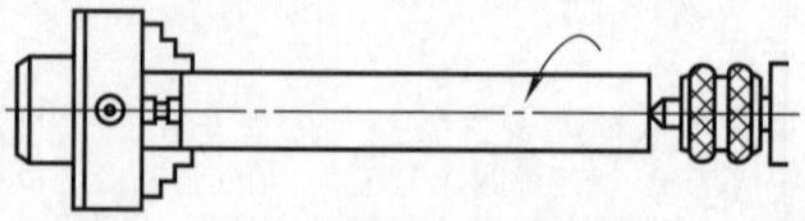 (a) 用限位支承 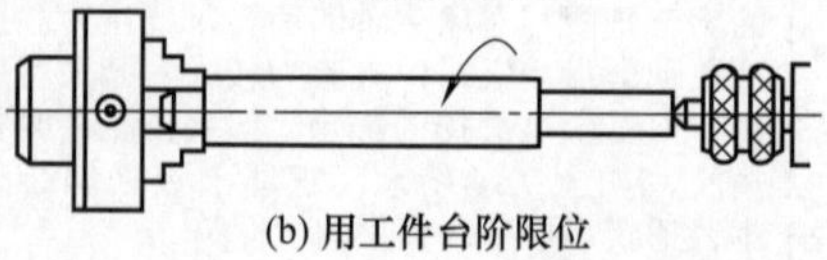 (b) 用工件台阶限位 图 7.18　一夹一顶安装工件

序号	夹具类型	工艺文件的编制原则
5	心轴与弹簧卡头	以孔为定位基准，用心轴装夹来加工外表面。以外圆为定位基准，采用弹簧卡头装夹来加工内表面。用心轴或弹簧卡头装夹工件的定位精度高，装夹工件方便、快捷，适于装夹内外表面的位置精度要求较高的套类零件。图 7.19 为心轴安装工件的示意图 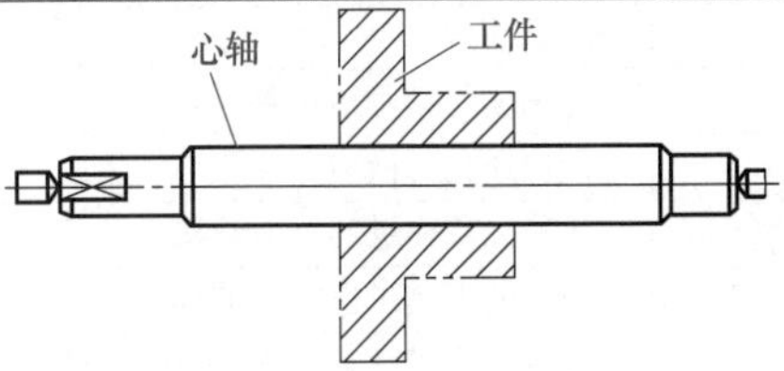 图 7.19　心轴安装工件
6	花盘、弯板	当在非回转体零件上加工圆柱面时，由于车削效率较高，经常用花盘、弯板进行工件装夹。图 7.20 所示为车间中花盘的实际操作，图 7.21 所示为花盘的结构组成  图 7.20　车间中花盘的实际操作 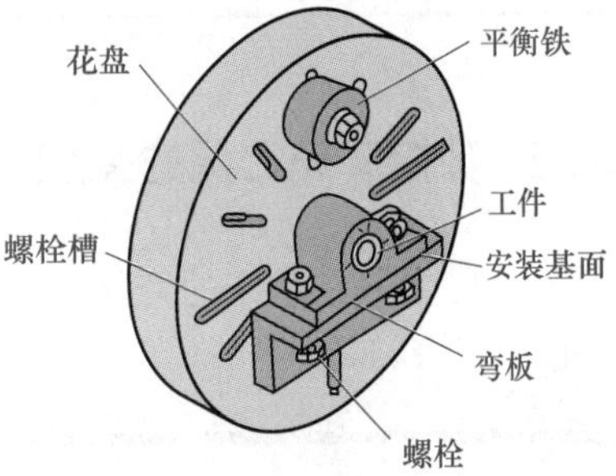　　图 7.21　花盘的结构组成
7	其他工装夹具	数控车削加工中有时会遇到一些形状复杂和不规则的零件，不能用三爪或四爪卡盘等夹具装夹，需要借助其他工装夹具装夹，如花盘、角铁等；对于批量生产，还要采用专用夹具或组合夹具装夹

7.3　数控车床刀具

　　数控车床能兼作粗、精加工。为使粗加工能以较大切削深度、较大进给速度进行加工，要求粗车刀具强度高、耐用度好。精车首先是保证加工精度，所以要求刀具的精度高、耐用度好。为缩短换刀时间和方便对刀，应尽可能多地采用机夹刀。

　　数控车床还要求刀片耐用度的一致性好，以便于使用刀具寿命管理功能。在使用刀具寿命管理功能时，刀片耐用度的设定原则是以该批刀片中耐用度最低的刀片作为依据的。在这种情况下，刀片耐用度的一致性甚至比其平均寿命更重要。

7.3.1　数控车床切削对刀具的要求

　　数控切削加工作为自动化机械加工的一种类型，它要求切削加工刀具除了应满足一般机床用刀具应具备的条件外，还应满足自动化加工所必需的下列要求，见表 7.8。

表 7.8　数控车床切削对刀具的要求

序号	数控车床切削对刀具的要求
1	刀具切削性能稳定
2	断屑或卷屑可靠

序号	数控车床切削对刀具的要求
3	耐磨性好
4	能迅速、精确地调整
5	能快速自动换刀
6	尽量采用先进的高效结构
7	可靠的刀具工作状态监控系统
8	刀具的标准化、系列化和通用化结构体系必须与数控加工的特点和数控机床的发展相适应。数控加工的刀具系统应是一种模块化、层次式可分级更换组合的结构体系
9	对于刀具及其工具系统的信息，应建立完整的数据库及其管理系统。对刀具的结构信息包括刀具类型、规格、刀片、刀头、刀夹、刀杆及刀座的构成，工艺数据等给予详尽完整的描述
10	应有完善的刀具组装、预调、编码标识与识别系统
11	应建立切削数据库，以便合理地利用机床与刀具，获得良好的综合效益

7.3.2 数控车床刀具的类型

图 7.22 为数控车床的刀具、刀座（套）和刀盘关系简图，表 7.9 详细描述了数控车床和车削中心上常用的刀具。

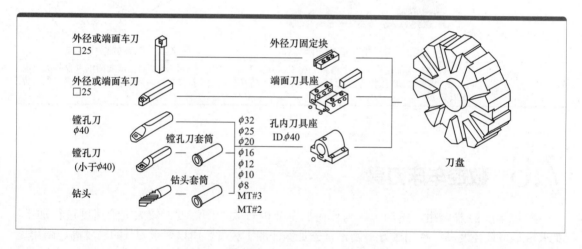

图 7.22 数控车床的刀具、刀座（套）和刀盘

表 7.9 数控车床和车削中心上常用的刀具

序号	刀具名称	简图	应用
1	外圆左偏粗车刀		用于后置刀架的数控车床上粗车外圆和端面
2	外圆左偏精车刀		用于后置刀架的数控车床上精车外圆和端面

序号	刀具名称	简图	应用
3	45°车刀	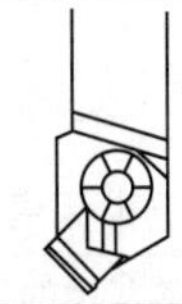	用于工件端面及外圆的粗加工
4	外圆切槽刀		用于车削外圆槽和切断
5	外圆螺纹刀	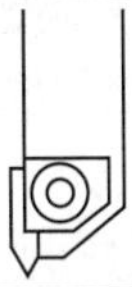	用于车削外螺纹
6	中心钻	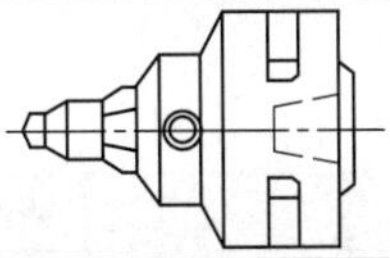	用于加工长轴的中心定位孔；端面钻中心孔
7	镗孔刀	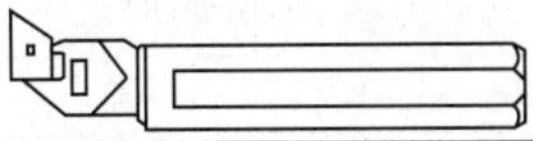	用于镗孔，为加工内圆形状做准备
8	内圆粗车刀	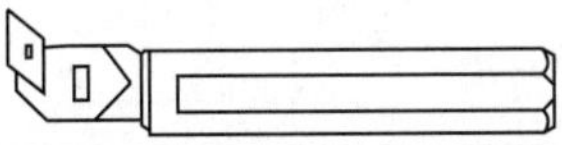	用于工件孔的粗车加工
9	内圆精车刀	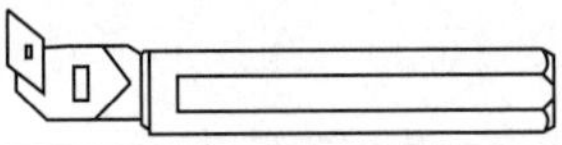	用于工件孔的精车加工
10	麻花钻	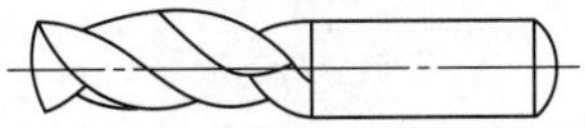	用于钻孔和扩孔加工
11	Z向铣刀		车削中心上铣端面槽和平行于主轴线的孔
12	X向铣刀		车削中心上铣径向孔平面、平面、直槽及螺旋槽
13	球头铣刀		在车削中心上铣弧形槽

7.3.3 数控车刀的类型及选择

（1）数控车削刀具选择
表 7.10 详细描述了数控车削刀具选择主要考虑的几个方面因素。

表 7.10 数控车削刀具选择因素

序号	数控车削刀具选择主要考虑的因素
1	一次连续加工表面尽可能多
2	在切削过程中，刀具不能与工件轮廓发生干涉
3	有利于提高加工效率和加工表面质量
4	有合理的刀具强度和寿命

数控车削对刀具的要求更高，不仅要求精度高、刚度好、寿命长，而且要求尺寸稳定、耐用度高、断屑和排屑性能好，同时要求安装调整方便，以满足数控机床高效率的要求。

（2）选刀与工艺分析
数控车床刀具的选刀过程，先从对被加工零件图样的分析开始，有表 7.11 所示两条路径可以选择。

表 7.11 选刀与工艺分析

序号	选刀考虑因素	工艺分析的流程
1	主要考虑机床和刀具的情况	零件图样→机床影响因素→选择刀杆→刀片夹紧系统→选择刀片形状
2	主要考虑工件的情况	工件影响因素→选择工件材料代码→确定刀片的断屑槽型→选择加工条件

综合这两条路线的结果，才能确定所选用的刀具。

（3）数控车削常用的车刀
数控车削常用的车刀一般分为三类，即尖形车刀、圆弧形车刀和成形车刀，见表 7.12。

表 7.12 数控车削常用的车刀

序号	选刀考虑因素	工艺分析的流程
1	尖形车刀	尖形车刀的刀尖（也称为刀位点）由直线形的主、副切削刃构成，切削刃为一直线形。如 90° 内外圆车刀、端面车刀、切断（槽）车刀等都是尖形车刀 尖形车刀是数控车床加工中用得最为广泛的一类车刀。用这类车刀加工零件时，其零件的轮廓形状主要由一个独立的刀尖或一条直线形主切削刃位移后得到。尖形车刀主要根据工件的表面形状、加工部位及刀具本身的强度等进行选择，应选择合适的刀具几何角度，并应适合数控加工的特点（如加工路线、加工干涉等）
2	圆弧形车刀	圆弧形车刀的主切削刃的刀刃形状为圆度或线轮廓度误差很小的圆弧，该圆弧上每一点都是圆弧形车刀的刀尖，其刀位点不在圆弧上，而在该圆弧的圆心上，如图 7.23 所示 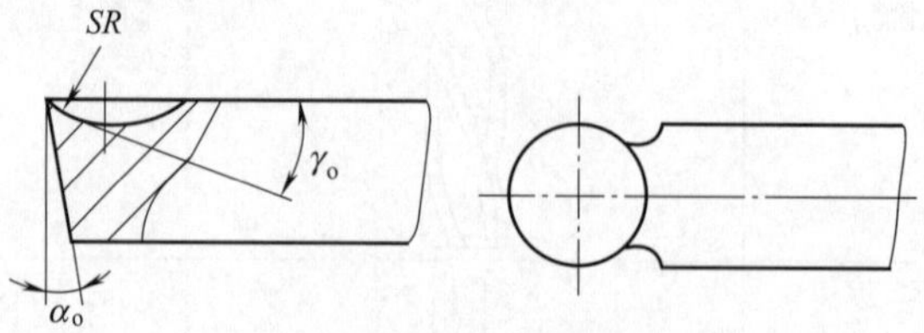 <p align="center">图 7.23 圆弧形车刀</p><p align="center">γ_o—前角；α_o—后角</p>当某些尖形车刀或成形车刀（如螺纹车刀）的刀尖具有一定的圆弧形状时，也可作为这类车刀使用 圆弧形车刀是较为特殊的数控车刀，可用于车削工件内、外表面，特别适合于车削各种光滑连接（凸凹形）成形面。圆弧形车刀的选择，主要是选择车刀的圆弧半径，具体应考虑两点：一是车刀切削刃的圆弧半径应小于零件凹形轮廓上的最小曲率半径，以免发生加工干涉；二是该半径不宜太小，否则不但制造困难，而且还会削弱刀具强度，降低刀体散热性能

序号	选刀考虑因素	工艺分析的流程
2	圆弧形车刀	车刀结构与适用性如图 7.24 所示，使用尖刀加工时，圆弧点处背吃刀量 $a_{p1}>a_p$，用圆弧刀则相差不大 图 7.24　数控车刀的适应性
3	成形车刀	成形车刀俗称样板车刀，其加工零件的轮廓形状完全由车刀刀刃的形状和尺寸决定。数控车削加工中，常见的成形车刀有小半径圆弧车刀、非矩形切槽刀和螺纹车刀等。在数控加工中，应尽量少用或不用成形车刀，当确有必要选用时，应在工艺文件或加工程序单上进行详细说明。在加工成形面时要选择副偏角合适的刀具，以免刀具的副切削刃与工件产生干涉，如图 7.25 所示 (a) 副偏角大，不干涉　　　　　(b) 副偏角大，产生干涉 图 7.25　副偏角对加工的影响

7.4　数控刀具的切削用量选择

7.4.1　切削用量的选择原则

数控编程时，编程人员必须确定每道工序的切削用量，并以指令的形式写入程序中，所以编程前必须确定合适的切削用量。切削用量包括主轴转速、背吃刀量及进给速度等，如图 7.26 所示。

切削用量的大小对加工质量、刀具磨损、切削功率和加工成本等均有显著影响。切削加工时，需要根据加工条件选择适当的切削速度（或主轴转速）、进给量（或进给速度）和背吃刀量的数值。切削速度、进给量和背吃刀量，统称为切削用量三要素。数控加工中选择切削用量时，要在保证加工质量和刀具耐用度的前提下，充分发挥机床性能和刀具切削性能，使切削效率最高、加工成本最低。对于不同的加工方法，需要选用不同的切削用量。切削用量的选择原则是：保证零件加

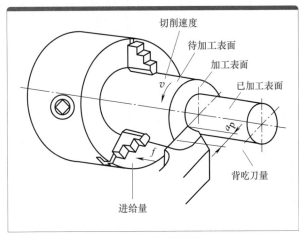

图 7.26　切削用量

工精度和表面粗糙度，充分发挥刀具的切削性能，保证合理的刀具耐用度，充分发挥机床的性能，最大限度提高生产率，降低成本。

切削用量的选择受生产率、切削力、切削功率、刀具耐用度和加工表面粗糙度等许多因素的限制。选择切削用量的基本原则是，所确定的切削用量应能达到零件的加工精度和表面粗糙度要求，在工艺系统强度和刚度允许的条件下，充分利用机床功率和发挥刀具切削性能。表7.13详细描述了粗加工、精加工和半精加工切削用量选择原则。

表7.13 切削用量选择原则

序号	加工方法	切削用量选择原则
1	粗加工	粗车时一般以提高生产效率为主，兼顾经济性和加工成本。首先选取尽可能大的背吃刀量；其次要根据机床动力和刚性的限制条件等，选取尽可能大的进给量；最后根据刀具耐用度确定最佳切削速度
2	精加工、半精加工	首先根据粗加工后的余量确定背吃刀量；其次根据已加工表面的粗糙度要求，选取较小的进给量，一般情况下一刀切去余量；最后在保证刀具耐用度的前提下，尽可能选取较高的切削速度

粗加工以提高生产效率为主，但也要考虑经济性和加工成本；而半精加工和精加工时，以保证加工质量为目的，兼顾加工效率、经济性和加工成本。具体数值应根据机床说明，参考切削用量手册，并结合实践经验而定。

7.4.2 切削用量各要素的选择方法

切削用量各要素的选择方法见表7.14。

表7.14 切削用量各要素的选择

序号	切削用量各要素	切削用量选择原则
1	背吃刀量的选择	根据工件的加工余量确定。在留下精加工及半精加工的余量后，在机床动力足够、工艺系统刚性好的情况下，粗加工应尽可能将剩下的余量一次切除，以减少进给次数。如果工件余量过大或机床动力不足而不能将粗切余量一次切除时，也应将第一、二次进给的背吃刀量尽可能取得大一些。另外，当冲击负荷较大（如断续切削）或工艺系统刚性较差时，应适当减小背吃刀量
2	进给量（mm/r）和进给速度（mm/min）的选择	进给量（或进给速度）是数控车床切削用量中的重要参数，主要根据零件的加工精度和表面粗糙度要求以及刀具和工件材料来选择。粗加工时，对加工表面粗糙度要求不高，进给量（或进给速度）可以选择得大些，以提高生产效率。而半精加工及精加工时，表面粗糙度值要求低，进给量（或进给速度）应选择小些 最大进给速度受机床刚度和进给系统性能的限制。一般数控机床进给速度是连续变化的，各挡进给速度可在一定范围内进行无级调整，也可在加工过程中通过机床控制面板上的进给速度倍率开关进行人工调整 在选择进给速度时，还应注意零件加工中的某些特殊因素。比如在轮廓加工中选择进给量时，应考虑由于惯性或工艺系统的变形而造成轮廓拐角处的"超程"或"欠程"问题
3	切削速度的选择	切削速度的选择主要考虑刀具和工件的材料以及切削加工的经济性。必须保证刀具的经济使用寿命，同时切削负荷不能超过机床的额定功率。在选择切削速度时，还应考虑以几点： ①要获得较小的表面粗糙度值时，切削速度应尽量避开积屑瘤的生成速度范围，一般可取较高的切削速度 ②加工带硬皮工件或断续切削时，为减小冲击和热应力，应选取较低的切削速度 ③加工大件、细长件和薄壁工件时，应选用较低的切削速度

总之，选择切削用量时，除考虑被加工材料、加工要求、刀具材料、生产效率、工艺系统刚性、刀具寿命等因素以外，还应考虑加工过程中的断屑、卷屑要求，因为可转位刀片上不同形式的断屑槽有其各自适用的切削用量。如果选用的切削用量与刀片不相适合，断屑就达不到预期的效果。这一点在选择切削用量时必须注意。

7.4.3 基本切削用相关表

（1）硬质合金刀具切削用量参考值

表 7.15 详细描述了硬质合金刀具切削用量参考值。

表 7.15　硬质合金刀具切削用量参考值

工件材料	热处理状态	$a_p=0.3 \sim 2mm$ $f=0.08 \sim 0.3mm/r$ $v_c/m \cdot min^{-1}$	$a_p=2 \sim 6mm$ $f=0.3 \sim 0.6mm/r$ $v_c/m \cdot min^{-1}$	$a_p=6 \sim 10mm$ $f=0.6 \sim 1mm/r$ $v_c/m \cdot min^{-1}$
低碳钢 易切钢	热轧	$140 \sim 180$	$100 \sim 120$	$70 \sim 90$
中碳钢	热轧 调质	$130 \sim 160$ $100 \sim 130$	$90 \sim 110$ $70 \sim 90$	$60 \sim 80$ $50 \sim 70$
合金结构钢	热轧 调质	$100 \sim 130$ $80 \sim 110$	$70 \sim 90$ $50 \sim 70$	$50 \sim 70$ $40 \sim 60$
工具钢	退火	$90 \sim 120$	$60 \sim 80$	$50 \sim 70$
灰铸铁	HBS<190 HBS=190 $\sim$ 225	$90 \sim 120$ $80 \sim 110$	$60 \sim 80$ $50 \sim 70$	$50 \sim 70$ $40 \sim 60$
高锰钢 [w（Mn）=13%]			$10 \sim 20$	
铜及铜合金		$300 \sim 250$	$120 \sim 180$	$90 \sim 120$
铝及铝合金		$300 \sim 600$	$200 \sim 400$	$150 \sim 200$
铸铝合金 [w（Si）=13%]		$100 \sim 180$	$80 \sim 150$	$60 \sim 100$

注：切削钢及灰铸铁时刀具耐用度为 60min。

（2）数控车床切削用量简表

表 7.16 为数控车床切削用量简表。

表 7.16　数控车床切削用量简表

工件材料	加工方式	背吃刀量 /mm	切削速度 /m · min^{-1}	进给量 /mm · r^{-1}	刀具材料
碳素钢 δ_b>600MPa	粗加工	$5 \sim 7$	$60 \sim 80$	$0.2 \sim 0.4$	YT 类
		$2 \sim 3$	$80 \sim 120$	$0.2 \sim 0.4$	
	精加工	$0.2 \sim 0.3$	$120 \sim 150$	$0.1 \sim 0.2$	
	车螺纹		$70 \sim 100$	导程	
	钻中心孔		$500 \sim 800r/min$		W18Cr4V
	钻孔		$1 \sim 30$	$0.1 \sim 0.2$	
	切断（宽度 <5mm）		$70 \sim 110$	$0.1 \sim 0.2$	YT 类
合金钢 δ_b=1470MPa	粗加工	$2 \sim 3$	$50 \sim 80$	$0.2 \sim 0.4$	YT 类
	精加工	$0.1 \sim 0.15$	$60 \sim 100$	$0.1 \sim 0.2$	
	切断（宽度 <5mm）		$40 \sim 70$	$0.1 \sim 0.2$	
铸铁 200HBS 以下	粗加工	$2 \sim 3$	$50 \sim 70$	$0.2 \sim 0.4$	
	精加工	$0.1 \sim 0.15$	$70 \sim 100$	$0.1 \sim 0.2$	
	切断（宽度 <5mm）		$50 \sim 70$	$0.1 \sim 0.2$	
铝	粗加工	$2 \sim 3$	$600 \sim 1000$	$0.2 \sim 0.4$	YG 类
	精加工	$0.2 \sim 0.3$	$800 \sim 1200$	$0.1 \sim 0.2$	
	切断（宽度 <5mm）		$600 \sim 1000$	$0.1 \sim 0.2$	
黄铜	粗加工	$2 \sim 4$	$400 \sim 500$	$0.2 \sim 0.4$	
	精加工	$0.1 \sim 0.15$	$450 \sim 600$	$0.1 \sim 0.2$	
	切断（宽度 <5mm）		$400 \sim 500$	$0.1 \sim 0.2$	

（3）按表面粗糙度选择进给量的参考值

表 7.17 详细描述了按表面粗糙度选择进给量的参考值。

表 7.17　按表面粗糙度选择进给量的参考值

工件材料	表面粗糙度 $Ra/\mu m$	切削速度范围 $v_c/m \cdot min^{-1}$	刀尖圆弧半径 r_ζ/mm		
			0.5	1.0	2.0
			进给量 $f/mm \cdot r^{-1}$		
铸铁、青铜、铝合金	>5 ~ 10	不限	0.25 ~ 0.40	0.40 ~ 0.50	0.50 ~ 0.60
	>2.5 ~ 5		0.15 ~ 0.25	0.25 ~ 0.40	0.40 ~ 0.60
	>1.25 ~ 2.5		0.10 ~ 0.15	0.15 ~ 0.20	0.20 ~ 0.35
碳钢及合金钢	>5 ~ 10	<50	0.30 ~ 0.50	0.45 ~ 0.60	0.55 ~ 0.70
		>50	0.40 ~ 0.55	0.55 ~ 0.65	0.65 ~ 0.70
	>2.5 ~ 5	<50	0.18 ~ 0.25	0.25 ~ 0.30	0.30 ~ 0.40
		>50	0.25 ~ 0.30	0.30 ~ 0.35	0.30 ~ 0.50
	>1.25 ~ 2.5	<50	0.10	0.11 ~ 0.15	0.15 ~ 0.22
		50 ~ 100	0.11 ~ 0.16	0.16 ~ 0.25	0.25 ~ 0.35
		>100	0.16 ~ 0.20	0.20 ~ 0.25	0.25 ~ 0.35

注：r_ζ=0.5mm，12mm×12mm 以下刀杆；r_ζ=1.0mm，30mm×30mm 以下刀杆；r_ζ=2.0mm，30mm×45mm 以下刀杆。

（4）按刀杆尺寸和工件直径选择进给量的参考值

表 7.18 详细描述了按刀杆尺寸和工件直径选择进给量的参考值。

表 7.18　按刀杆尺寸和工件直径选择进给量的参考值

工件材料	车刀刀杆尺寸 $B \times H/mm$	工件直径 d_w/mm	背吃刀量 a_p/mm				
			≤ 3	>3 ~ 5	>5 ~ 8	>8 ~ 12	>12
			进给量 $f/mm \cdot r^{-1}$				
碳素结构钢合金结构钢及耐热钢	16×25	20	0.3 ~ 0.4	—	—	—	—
		40	0.4 ~ 0.5	0.3 ~ 0.4	—	—	—
		60	0.6 ~ 0.9	0.4 ~ 0.6	0.3 ~ 0.5	—	—
		100	0.6 ~ 0.9	0.5 ~ 0.7	0.5 ~ 0.6	0.4 ~ 0.5	—
		400	0.8 ~ 1.2	0.7 ~ 1.0	0.6 ~ 0.8	0.5 ~ 0.6	—
	20×30 25×25	20	0.3 ~ 0.4	—	—	—	—
		40	0.4 ~ 0.5	0.3 ~ 0.4	—	—	—
		60	0.5 ~ 0.7	0.5 ~ 0.7	0.4 ~ 0.6	—	—
		100	0.8 ~ 1.0	0.7 ~ 0.9	0.5 ~ 0.7	0.4 ~ 0.7	—
		400	1.2 ~ 1.4	1.0 ~ 1.2	0.8 ~ 1.0	0.6 ~ 0.9	0.4 ~ 0.6
铸铁及钢合金	16×25	40	0.4 ~ 0.5	—	—	—	—
		60	0.5 ~ 0.9	0.5 ~ 0.8	0.4 ~ 0.7	—	—
		100	0.9 ~ 1.3	0.8 ~ 1.2	0.7 ~ 1.0	0.5 ~ 0.7	—
		400	1.0 ~ 1.4	1.0 ~ 1.2	0.8 ~ 1.0	0.6 ~ 0.8	—
	20×30 25×25	40	0.4 ~ 0.5	—	—	—	—
		60	0.5 ~ 0.9	0.5 ~ 0.8	0.4 ~ 0.7	—	—
		100	0.9 ~ 1.3	0.8 ~ 1.2	0.7 ~ 1.0	0.5 ~ 0.8	—
		400	1.2 ~ 1.8	1.2 ~ 1.6	1.0 ~ 1.3	0.9 ~ 1.1	0.7 ~ 0.9

注：1. 加工断续表面及有冲击的工件时，表内进给量应乘系数 k=0.75 ~ 0.85。

2. 在无外来批量加工的订单时，表内进给量应乘系数 k=1.1。

3. 加工耐热钢及其合金时，进给量不大于 1mm/r。

4. 加工淬硬钢时，进给量应减小，当钢的硬度为 44 ~ 56HRC 时乘系数 k=0.8；当钢的硬度为 57 ~ 62HRC 时乘系数 k=0.5。

第8章 FANUC 数控车床编程

8.1 数控机床编程的必备知识点

数控车床编程是数控加工零件的一个重要步骤，程序的优劣决定了加工质量，应熟练掌握数控编程的指令与方法，灵活运用。数控加工程序是数控机床自动加工零件的工作指令，所以，在数控机床上加工零件时，首先要进行程序编制，在对加工零件进行工艺分析的基础上，确定加工零件的安装位置与刀具的相对运动的尺寸参数、零件加工的工艺路线或加工顺序、工艺参数以及辅助操作等加工信息，用标准的文字、数字、符号组成的数控代码按规定的方法和格式编写成加工程序单，并将程序单的信息通过控制介质或 MDI 方式输入到数控装置，来控制机床进行自动加工。因此，从零件图样到编制零件加工程序和制作控制介质的全过程，称为加工程序编制。

数控编程是编程者（程序员或数控车床操作者）根据零件图样和工艺文件的要求，编制出可在数控机床上运行以完成规定加工任务的一系列指令的过程。具体来说，数控编程是由分析零件图样和工艺要求开始到程序检验合格为止的全部过程。

8.1.1 数控编程步骤

图 8.1 是数控编程的流程图，表 8.1 详细描述了编程步骤的内容。

8.1.2 数控车床的坐标系和点

数控车床的坐标系分为机床坐标系和工件坐标系（编程坐标系）两种。无论哪种坐标系，都规定与机床主轴轴线平行的方向为 Z 轴方向。刀具远离工件的方向为 Z 轴方向，即从卡盘中心至尾座顶尖中心的方向为正方向。X 轴位于水平面内，且垂直于主轴轴线方向，刀具远离主轴轴线的方向为 X 轴的正方向，如图 8.2 所示。

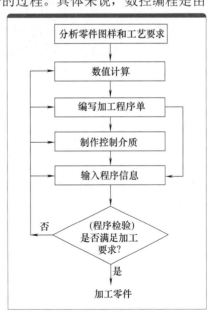

图 8.1 数控编程流程图

表 8.1　编程步骤内容详解

序号	内容	详细说明
1	分析零件图样和工艺要求	分析零件图样和工艺要求的目的，是为了确定加工方法，制订加工计划，以及确认与生产组织有关的问题。此步骤的内容包括： ①确定该零件应安排在哪类或哪台车床上进行加工 ②采用何种装夹具或何种装卡位方法 ③确定采用何种刀具或采用多少把刀进行加工 ④确定加工路线，即选择对刀点、程序起点（又称加工起点，加工起点常与对刀点重合）、走刀路线、程序终点（程序终点常与程序起点重合） ⑤确定背吃刀量、进给速度、主轴转速等切削参数 ⑥确定加工过程中是否需要提供切削液、是否需要换刀、何时换刀等
2	数值计算	根据零件图样几何尺寸，计算零件轮廓数据，或根据零件图样和走刀路线计算刀具中心（或刀尖）运行轨迹数据。数值计算的最终目的是为了获得编程所需要的所有相关位置坐标数据
3	编写加工程序单	在完成上述两个步骤之后，即可根据已确定的加工方案及数值计算获得的数据，按照数控系统要求的程序格式和代码格式编写加工程序等
4	制作控制介质，输入程序信息	程序单完成后，编程者或机床操作者可以通过数控车床的操作面板，在 EDIT 方式下直接将程序信息键入数控系统程序存储器中；也可以把程序单的程序存放在计算机或其他介质上，再根据需要传输到数控系统中
5	程序检验	对于编制好的程序，在正式用于生产加工前，必须进行程序运行检查，有时还需做零件试加工检查。根据检查结果，对程序进行修改和调整—检查—修改—再检查—再修改……这样往往要经过多次反复，直到获得完全满足加工要求的程序为止

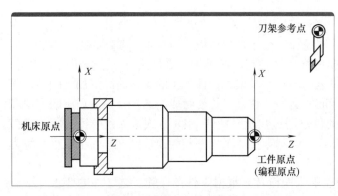

图 8.2　数控车床的坐标系

（1）机床坐标系（MCS）

① 机床原点　机床原点为机床上的一个固定点。数控车床的机床原点一般定义为主轴旋转中心线与卡盘后端面的交点，如图 8.2 所示。

② 机床坐标系　以机床原点为坐标系原点，建立一个 Z 轴与 X 轴的直角坐标系，则此坐标系就称为机床坐标系。机床坐标系是机床固有的坐标系，它在出厂前已经调整好，一般不允许随意变动，机床坐标系是制造和调整机床的基础，也是设置工件坐标系的基础。

（2）工件坐标系（编程坐标系，WCS）

① 工件原点（编程原点）　工件图样给出以后，首先应找出图样上的设计基准点。其他各项尺寸均是以此点为基准进行标注的，该基准点称为工件原点或编程的程序原点，即编程原点。

② 工件坐标系　以工件原点为坐标原点建立一个 Z 轴与 X 轴的直角坐标系，称为工件坐标系。工件坐标系是编程时使用的坐标系，又称编程坐标系。数控编程时应该首先确定工件坐标系和工件原点。

工件坐标系的原点是人为任意设定的，它是在工件装夹完毕后通过对刀确定的。工件原点设定的原则是既要使各尺寸标注较为直观，又要便于编程。合理选择工件原点（编程原点）的位置，对于编制程序非常重要。通常工件原点选择在工件左端面、右端面或卡爪的前端面中心处。将工件安装在卡盘上，则机床坐标系与工件坐标系一般是不重合的。工件坐标系的 Z 轴一般与主轴轴线重合，X 轴随工件原点位置不同而异。各轴正方向与机床坐标系相同。

在车床上工件原点的选择如图 8.2 所示，Z 轴应选择在工件的旋转中心即主轴轴线上，而 X 轴一般选择在工件的左端面或右端面。

（3）刀架参考点

刀架参考点是刀架上的一个固定点。当刀架上没有安装刀具时，机床坐标系显示的是刀架参考点的坐标位置。而加工时是用刀尖加工，不是用刀架参考点，因此必须通过对刀方式确定刀尖在机床坐标系中的位置。

机床通电之后，不论刀架位于什么位置，此时显示器上显示的 Z 轴与 X 轴的坐标值均为零。当完成回参考点的操作后，则马上显示此时刀架中心（对刀参考点）在机床坐标系中的坐标值，就相当于在数控系统内部建立一个以机床原点为坐标原点的机床坐标系。

8.1.3　进给速度

用 F 表示刀具中心运动时的进给速度，由地址码 F 和后面若干位数字构成。这个数字的单位取决于每个系统所采用的进给速度的指定方法。具体内容见所用机床编程说明书。注意以下事项，见表 8.2。

表 8.2　编程时进给速度的注意事项

序号	注意事项
1	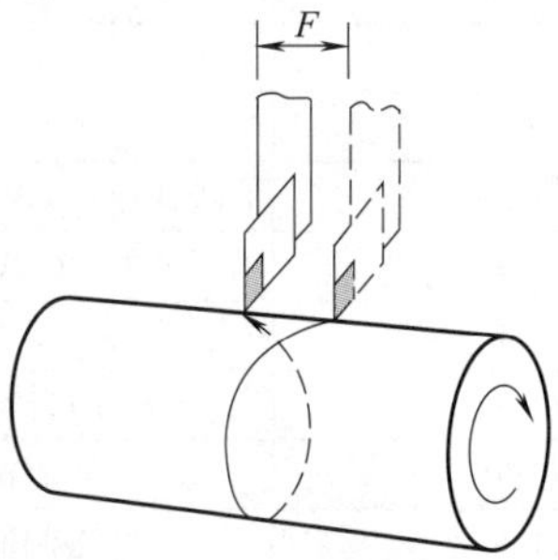 进给速度的单位是直线进给速度 mm/min，还是旋转进给速度 mm/r，取决于每个系统所采用的进给速度的指定方法。直线进给速度与旋转进给速度的含义如图 8.3 和图 8.4 所示 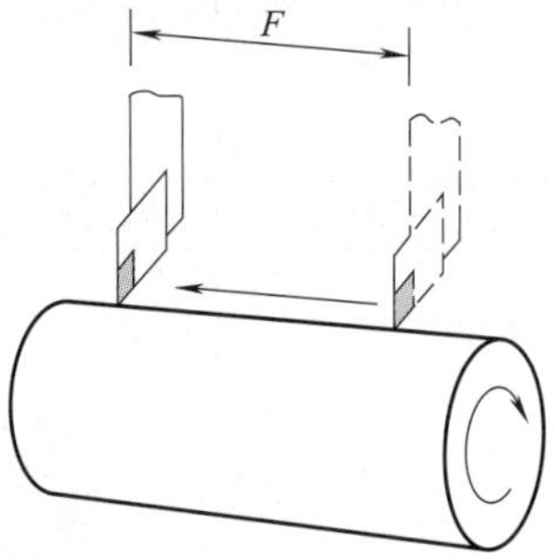 直线进给速度(每分钟进给量,如F100、F80)　　旋转进给速度(每转进给量,如F0.1、F0.3) 图 8.3　直线进给　　　　图 8.4　旋转进给
2	当编写程序时，第一次遇到直线（G01）或圆弧（G02/G03）插补指令时，必须编写进给速度 F，如果没有编写 F 功能，则 CNC 采用 F0。当工作在快速定位（G00）方式时，机床将以通过机床参数设定的快速进给速度移动，与编写的 F 指令无关
3	F 功能为模态指令，实际进给速度可以通过 CNC 操作面板上的进给倍率旋钮，在 0~120% 之间控制

8.1.4　常用的辅助功能

辅助功能也叫 M 功能或 M 代码，它是控制机床或系统开关功能的一种命令，有些指令在车床操作面板上都有相对应的按钮。常用的辅助功能编程代码见表 8.3。

表 8.3　常用的辅助功能编程代码

功能	含义	用途
M00	程序停止	实际上是一个暂停指令。当执行有 M00 指令的程序段后，主轴的转动、进给、切削液都将停止。它与单程序段停止相同，模态信息全部被保存，以便进行某一手动操作，如换刀、测量工件的尺寸等。重新启动机床后，继续执行后面的程序
M01	选择停止	与 M00 的功能基本相似，只有在按下"选择停止"键后，M01 才有效，否则机床继续执行后面的程序段；按"启动"键，继续执行后面的程序
M02	程序结束	该指令编在程序的最后一条，表示执行完程序内所有指令后，主轴停止、进给停止、切削液关闭，机床处于等待复位状态
M03	主轴正转	用于主轴顺时针方向转动

功能	含义	用途
M04	主轴反转	用于主轴逆时针方向转动
M05	主轴停止转动	用于主轴停止转动
M07	冷却液开（液体状）	用于切削液开
M08	冷却液开（雾状）	用于切削液开，高压喷射雾状冷却液
M09	冷却液关	用于切削液关
M30	程序结束	使用 M30 时，除表示执行 M02 的内容之外，还返回到程序的第一条语句，准备下一个工件的加工

8.1.5　编程指令全表

编程时不会应用到所有的指令（包括 G 指令和 M 指令），在表 8.4 中列出系统中给出的所有指令，以后遇见时便可简单地查找。

表 8.4　FANUC 0i-TC 的 G 指令的列表

G 代码	功能	G 代码	功能
*G00	定位（快速移动）	G70	精加工循环
G01	直线切削	G71	外径粗车循环
G02	圆弧插补（CW，顺时针）	G72	端面粗车循环
G03	圆弧插补（CCW，逆时针）	G73	复合形状粗车循环
G04	暂停	G74	镗孔循环
G09	停于精确的位置	G75	切槽循环
G20	英制输入	G76	复合螺纹切削循环
G21	公制输入	*G80	固定循环取消
G22	内部行程限位 有效	G83	钻孔循环
G23	内部行程限位 无效	G84	攻螺纹循环
G27	检查参考点返回	G85	正面镗循环
G28	参考点返回	G87	侧钻循环
G29	从参考点返回	G88	侧攻螺纹循环
G30	回到第二参考点	G89	侧镗循环
G32	切螺纹	G90	简单外径循环
*G40	取消刀尖半径偏置	G92	简单螺纹循环
G41	刀尖半径偏置（左侧）	G94	简单端面循环
G42	刀尖半径偏置（右侧）	G96	恒线速度控制
G50	①主轴最高转速设置 ②坐标系设定	*G97	恒线速度控制取消
G52	设置局部坐标系	G98	指定每分钟移动量
G53	选择机床坐标系	*G99	指定每转移动量
*G54	选择工件坐标系 1		
G55	选择工件坐标系 2		
G56	选择工件坐标系 3		
G57	选择工件坐标系 4	（未指定 G 指令部分为预留指令 供操作人员自己设定）	
G58	选择工件坐标系 5		
G59	选择工件坐标系 6		

注：带"*"者表示在开机时会初始化的代码。

8.1.6 相关的数学计算

① 勾股定理：在直角三角形中，斜边的平方等于两条直角边的平方和。

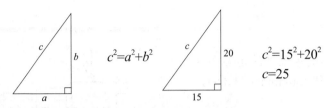

② 三角函数：相关数值由计算器或三角函数表得出。

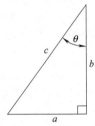

$$\sin\theta = \frac{a}{c} \qquad \cos\theta = \frac{b}{c} \qquad \tan\theta = \frac{a}{b}$$

常用的三角函数值：

$\sin 0° = 0.5$	$\cos 30° = 0.866$	$\tan 30° = 0.577$
$\sin 45° = 0.707$	$\cos 45° = 0.707$	$\tan 45° = 1$
$\sin 60° = 0.866$	$\cos 60° = 0.5$	$\tan 60° = 1.732$

③ 相似三角形：两三角形相似，它们相对应的边的比值相等。

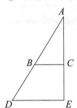

$$\frac{AB}{AC} = \frac{AD}{AE} \qquad \frac{AB}{BC} = \frac{AD}{DE} \qquad \frac{AC}{BC} = \frac{AE}{DE}$$

8.2 坐标点的寻找

数控编程的根本就是点的连接，即坐标点的寻找，因此，拿到图纸后必须将图形中的所有点找出，并求出其坐标。

由于数控车床加工的工件为回转体零件，所以在求 X 方向的坐标值时必须按照直径值去求，如图 8.5 中所示的点的坐标分别为：

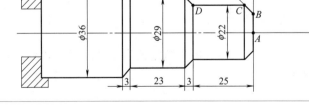

图 8.5 工件坐标点

X	Z
A（0,	0）
B（14,	0）
C（22,	−4）
D（22,	−25）
E（29,	−28）
F（29,	−51）
G（36,	−54）

对于比较难计算的坐标点，也可采用 CAD 制图，用标注的方式求出坐标值。

8.3　快速定位 G00

8.3.1　指令功能

快速定位，用于不接触工件的走刀和远离工件走刀时，速度可以达到 15m/min（图 8.6）。

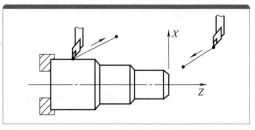

图 8.6　快速定位 G00（一）

8.3.2　指令格式

G00 X__ Z__
其中，X、Z 表示走刀的终点坐标。

> ★ G00 走刀不车削工件，即平常所说的走空刀，对减少加工过程中的空运行时间有很大作用。
>
> ★ G00 指令不需指定进给速度 F 的值，由机床系统默认设定，一般可达到 15m/min（图 8.7）。

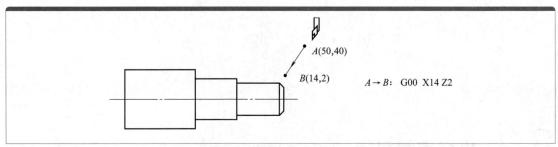

$A(50,40)$
$B(14,2)$　$A \to B$:　G00　X14 Z2

图 8.7　快速定位 G00（二）

8.4　直线 G01

8.4.1　指令功能

车削工件时，刀具按照指定的坐标和速度，以任意斜率由起始点移动到终点位置作直线运动（图 8.8）。

8.4.2　指令格式

G01 X__ Z__ F__
其中，X、Z 是终点（目标点）的坐标；F 是进给速度，即走刀速度，为模态码。

> ★ 模态码，只要在程序中设定一次就一直有效，直到下次改变，如格式中的 F__。

8.4.3　编程实例

如图 8.9 所示，编制相应程序。

根据图 8.9，首先找出加工中所需要走到的点：

起刀点（200，200）

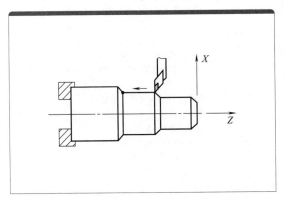

图 8.8　直线 G01

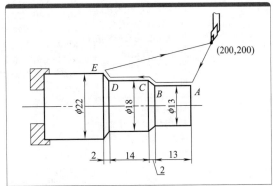

图 8.9　编程实例（一）

A（13，0）	B（13，−13）	C（18，−15）
D（18，−29）	E（22，−31）	

由确定的坐标点编制程序如下：

G01 X13 Z0 F100　　起刀点→A，由起刀点到接触工件，走刀速度为 100mm/min。

G01 X13 Z−13　　　A→B，加工直径 13mm 的部分。

G01 X18 Z−15　　　B→C，走斜线。

G01 X18 Z−29　　　C→D，加工直径 18mm 的部分。

G01 X22 Z−31　　　D→E，走斜线。

G00 X200 Z200　　　E→起刀点，快速退刀。

8.4.4　完整程序的编制

如图 8.10 所示，编制完整的程序。

★如图 8.10 中所绘制的程序编制路径与图 8.9 所示的例子有所不同，包括了加工工件所必需的车端面的过程，也就是在加工工件时先将外圆车刀移动到工件的正上方，加工到（0，0）坐标的位置，再走工件的轮廓。

★由此节开始，我们在编制程序的时候就要书写完整格式，包括程序的段号、主轴速度、走刀速度等等。

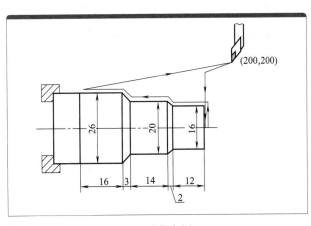

图 8.10　编程实例（二）

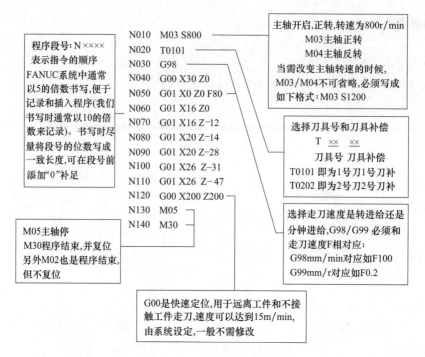

程序段号：N ××××
表示指令的顺序
FANUC系统中通常
以5的倍数书写,便于
记录和插入程序(我们
书写时通常以10的倍
数来记录)。书写时尽
量将段号的位数写成
一致长度,可在段号前
添加"0"补足

N010　M03 S800
N020　T0101
N030　G98
N040　G00 X30 Z0
N050　G01 X0 Z0 F80
N060　G01 X16 Z0
N070　G01 X16 Z-12
N080　G01 X20 Z-14
N090　G01 X20 Z-28
N100　G01 X26 Z-31
N110　G01 X26 Z-47
N120　G00 X200 Z200
N130　M05
N140　M30

主轴开启,正转,转速为800r/min
M03主轴正转
M04主轴反转
当需改变主轴转速的时候,
M03/M04不可省略,必须写成
如下格式：M03 S1200

选择刀具号和刀具补偿
T　××　××
刀具号　刀具补偿
T0101 即为1号刀1号刀补
T0202 即为2号刀2号刀补

M05主轴停
M30程序结束,并复位
另外M02也是程序结束,
但不复位

选择走刀速度是转进给还是
分钟进给,G98/G99 必须和
走刀速度F相对应:
G98mm/min对应如F100
G99mm/r对应如F0.2

G00是快速定位,用于远离工件和不接
触工件走刀,速度可以达到15m/min,
由系统设定,一般不需修改

此例是基本的加工最终轮廓的描述，暂时不考虑多次切削，即认为一刀切到位；但是作为完整的格式，程序的开始、车端面、结束必须完整书写，这也是对以后编写程序的基本要求。

8.4.5　倒角的切入

当工件的前端为倒角时（仅当前端），做完端面后，应按照倒角的延长线切入，而不是直接由倒角点拐入，这样可以有效保护刀具，避免碰伤刀尖，也可以保证整个工件表面光洁程度（粗糙度）的一致性。详细走刀路径如图 8.11 所示。

在做倒角时从倒角的延长线（A' 点）出发，直接到达倒角的尾部（B 点），不需经过图中的 A 点。

8.4.6　倒角的练习

如图 8.12 所示，求出倒角延长线的点的坐标。

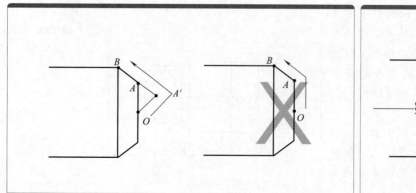

图 8.11　走刀路径

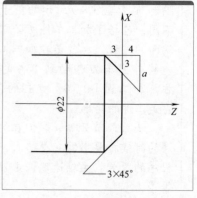

图 8.12　倒角延长点

前端为 3×45° 的倒角，我们向 Z 的正方向延长 4mm，可以得出如图 8.12 所示的延长点。此时延长点的 Z 值已知，下面求延长点的 X 值根据相似三角形的比例关系可以求出线段 a 的长度。

由：$\dfrac{3}{3}=\dfrac{3+4}{a}$，得：$a=7$

由于 a 求出的是半径值，而坐标按照直径值描写，所以延长点的 X 坐标应为：22−2a=22−14=8，得出延长点的坐标为：（8，4）。

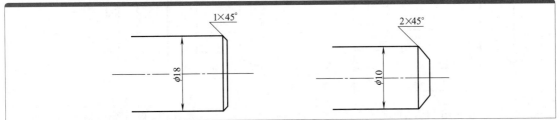

图 8.13　倒角的练习

那么程序的编制的顺序应该为：

G00 X25 Z0	刀具走到工件正上方。
G01 X0 Z0 F80	车端面。
G00 X8 Z4	定位到倒角的延长点。
G01 X22 Z−3	直接车削到倒角尾部。

因为每个人的 Z 向延长取值不同，所以得出的延长点的坐标也不尽相同。

如图 8.13 所示，求出倒角延长线的点的坐标，请读者自行练习。

8.4.7　倒角编程实例

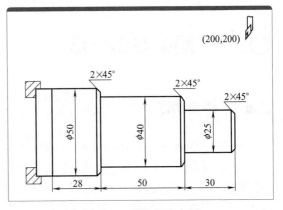

图 8.14　倒角编程实例

如图 8.14 所示，编制完整的程序。

N010	M03 S800	主轴正转，转速为 800r/min
N020	T0101	换 1 号外圆车刀
N030	G98	指定走刀按照 mm/min 进给
N040	G00 X55 Z0	快速定位工件端面上方
N050	G01 X0 Z0 F100	做端面，走刀速度为 100mm/min
N060	G00 X15 Z3	定位至倒角的延长线上
N070	G01 X25 Z−2 F100	直接做倒角，车削到工件 ϕ25mm 的右端
N080	G01 X25 Z−30	车削工件 ϕ25mm 的部分
N090	G01 X36 Z−30	车削至 ϕ36mm 处
N100	G01 X40 Z−32	斜向车削倒角
N110	G01 X40 Z−80	车削到工件 ϕ40mm 的右端
N120	G01 X46 Z−80	车削至 ϕ46mm 处
N130	G01 X50 Z−82	斜向车削倒角
N140	G01 X50 Z−108	车削到工件 ϕ50mm 的右端
N150	G00 X200 Z200	快速退刀
N160	M05	主轴停
N170	M30	程序结束

我们在做倒角的延长线的时候，只针对最右侧起点处的倒角，在工件中间的倒角按照轮廓路径描述即可。

8.4.8　练习题

如图 8.15 和图 8.16 所示，将程序写在题目右边，起刀点和退刀点均为（150、150）。

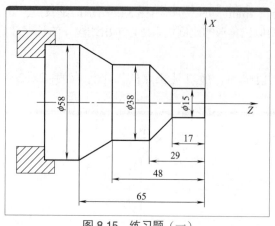

图 8.15 练习题（一）

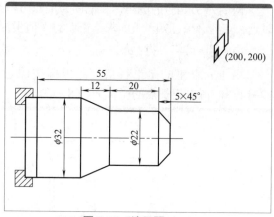

图 8.16 练习题（二）

8.5 圆弧 G02/03

8.5.1 指令功能

圆弧指令命令刀具在指定的平面内按给定的速度 F 做圆弧运动，车削出圆弧轮廓。圆弧分为顺时针圆弧和逆时针圆弧，与走刀方向、刀架位置有关。因此建议绘制全图，观察零件图的上半部分（图 8.17）。

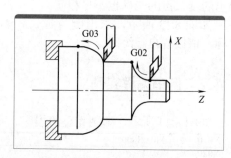

图 8.17 圆弧指令

8.5.2 指令格式

G02 X__ Z__ R__ F__   顺时针圆弧
G03 X__ Z__ R__ F__   逆时针圆弧
其中，X、Z 为圆弧终点坐标；R 为圆弧半径；F 是进给速度。

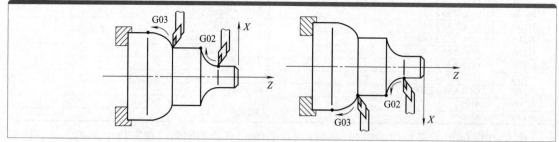

图 8.18 圆弧顺逆的判断

8.5.3 圆弧顺逆的判断

圆弧指令分为顺时针指令（G02）和逆时针指令（G03），圆弧的顺逆和刀架的前置后置有关，参见图 8.18 的判断。

用简单的坐标方式表示，如图 8.19 所示。

如图 8.20 所示，在程序中圆弧指令的写法为：

$A \rightarrow B$ G03 X10 Z−7 R2

$C \rightarrow D$ G02 X18 Z−17 R4

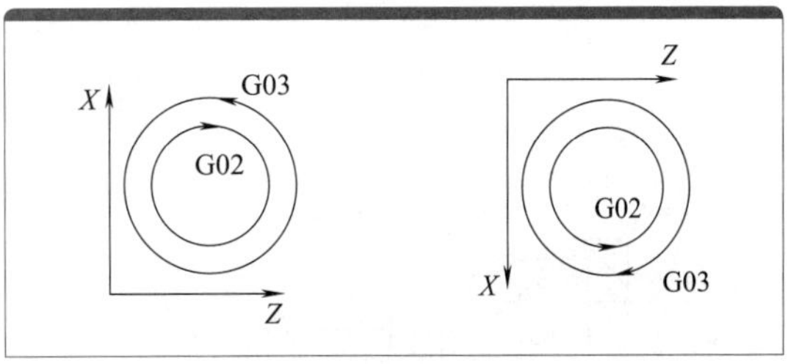

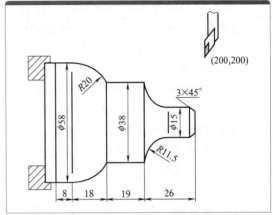

图 8.19   简单的坐标方式

8.5.4   编程实例

如图 8.21 所示，编写出完整的程序。

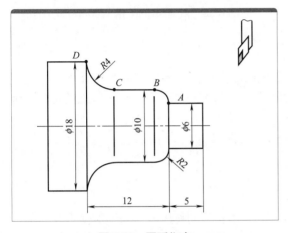

图 8.20   圆弧指令

图 8.21   编程实例

N010	M03 S800	主轴正转，转速为 800r/min
N020	T0101	换 1 号外圆车刀
N030	G98	指定走刀按照 mm/min 进给
N040	G00 X62 Z0	快速定位工件端面上方
N050	G01 X0 Z0 F100	做端面，走刀速度为 100mm/min
N060	G00 X5 Z2	快速定位至倒角的延长线上
N070	G01 X15 Z−3 F100	直接做倒角，车削到工件 ϕ15mm 的右端
N080	G01 X15 Z−14.5	车削工件 ϕ15mm 的部分
N090	G02 X38 Z−26 R11.5	车削 R11.5mm 的圆弧
N100	G01 X38 Z−45	车削工件 ϕ38mm 的部分
N110	G03 X58 Z−63 R20	车削 R20mm 的圆弧
N120	G01 X58 Z−71	车削工件 ϕ58mm 的部分
N130	G00 X200 Z200	快速退刀
N140	M05	主轴停
N150	M30	程序结束

8.5.5   前端为球形的圆弧编程

如图 8.22 和图 8.23 所示，当零件的前端是个球形时，则必须按照圆弧切入。

分析：

零件的前端是个球形时，应该按照相切的圆弧做圆弧的过渡切入，如图中从 A' 点圆弧过渡到 A 点，再做连续圆弧加工零件。

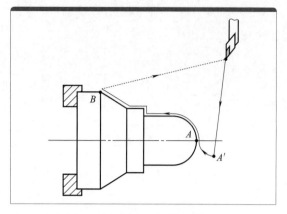

图 8.22　前端为球形的圆弧编程（一）

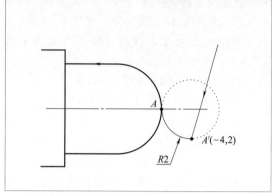

图 8.23　前端为球形的圆弧编程（二）

这样可以有效地防止加工过程中在零件头部出现残留。

计算相切圆弧的起点：

相切圆弧的点不是一个固定的点，根据每个人的取点不同而不同。原点在 A 点，在这里我们取一个比较方便的点，即做一个 $R2mm$ 的圆，取其左下的 1/4，可以得出 A' 点的坐标，因为 X 坐标必须是直径，这里 X 的值一般为 Z 值的 2 倍，此题中 $A'(-4, 2)$。

如果 $R3mm$ 的圆相切，则取点可为（-6, 3），以此类推。

程序段为：G00　X-4 Z2　　　到 A' 点

　　　　　　G02　X0 Z0 R2　　到 A 点

如图 8.24 和图 8.25 所示，读者可自行练习。

如图 8.24 和图 8.25 所示，求出 A' 点的坐标，并写出相应的程序段（加工到 B 点）。

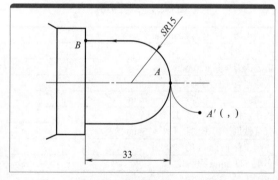

图 8.24　圆弧练习（一）

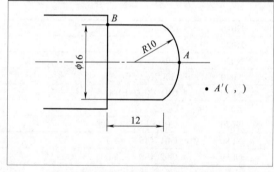

图 8.25　圆弧练习（二）

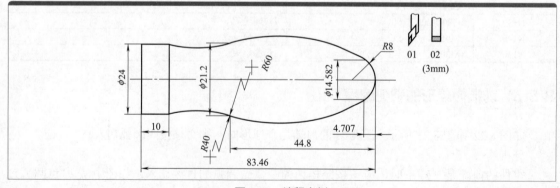

图 8.26　编程实例

8.5.6 编程实例

如图 8.26 所示，编写出完整的程序，起刀点为（200，400），换刀点为（200，200），最后割断。

N010	M03 S800	主轴正转，转速为 800r/min
N020	T0101	换 1 号外圆车刀
N030	G98	指定走刀按照 mm/min 进给
N040	G00 X−4 Z2	快速定位到相切圆弧的起点
N050	G02 X0 Z0 R2 F100	$R2$mm 圆弧切入，速度为 100mm/min
N060	G03 X14.582 Z−4.707 R8	加工 $R8$mm 的圆弧
N070	G03 X21.2 Z−44.8 R60	加工 $R60$mm 的圆弧
N080	G02 X24 Z−73.46 R40	加工 $R40$mm 的圆弧
N090	G01 X24 Z−83.46	车削至 $\phi24$mm 处
N100	G00 X200 Z200	快速移动到换刀点
N110	T0202	换 2 号切槽刀
N120	G00 X28 Z−86.46	快速定位在切断处
N130	G01 X0 Z−86.46 F20	切断
N140	G00 X200 Z400	快速退刀至起刀点
N150	M05	主轴停
N160	M30	程序结束

8.5.7 练习题

① 按照图 8.27 所示的要求，写出完整的程序。
② 按照图 8.28 所示的要求，写出完整的程序。

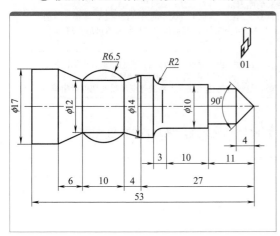

图 8.27 练习题（一）

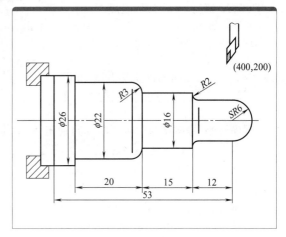

图 8.28 练习题（二）

8.6 复合形状粗车循环 G73

在之前我们编制的程序只用了一刀便加工到位，即只考虑零件最后的成形轮廓。而在实际情况下，对于零件的加工我们采取的是多次车削、先粗车后精车的过程，粗车循环后再精车一次达到加工要求。从这节起，所编制的程序均可用于实际操作和加工中。

8.6.1　指令功能

复合形状粗车循环又称为粗车轮廓循环、平行轮廓切削循环。车削时按照轮廓加工的最终路径形状，进行反复循环加工。如图8.29和图8.30分别给出了加工的走刀路径和编程的描述路径。

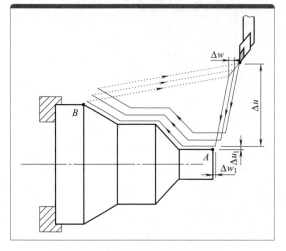

图8.29　加工路径（走刀路径）

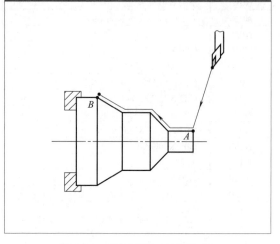

图8.30　描述路径（编程路径）

8.6.2　指令格式

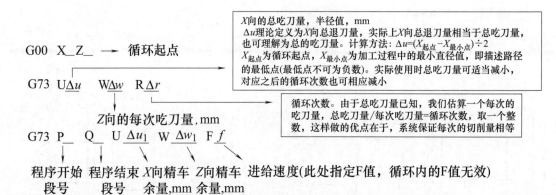

G00　X_ Z__ ⟶ 循环起点

G73　UΔu　　WΔw　RΔr

> X向的总吃刀量，半径值，mm
> Δu理论定义为X向总退刀量，实际上X向总退刀量相当于总吃刀量，也可理解为总的吃刀量。计算方法：$\Delta u=(X_{起点}-X_{最小点})\div 2$
> $X_{起点}$为循环起点，$X_{最小点}$为加工过程中的最小直径值，即描述路径的最低点（最低点不可为负数）。实际使用时总吃刀量可适当减小，对应之后的循环次数也可相应减小

Z向的每次吃刀量,mm

> 循环次数。由于总吃刀量已知，我们估算一个每次的吃刀量，总吃刀量/每次吃刀量=循环次数，取一个整数，这样做的优点在于，系统保证每次的切削量相等

G73　P_　Q_　UΔu_1　WΔw_1　F f

程序开始　程序结束　X向精车　Z向精车　进给速度(此处指定F值，循环内的F值无效)
段号　　　段号　　余量,mm　余量,mm

　　★ 循环起点定位不仅可用G00指令，还可以使用G01、G02、G03等，这里用G00只是格式说明，并且用G00指令可以实现快速定位。

　　★ 循环指令均可自动退刀，我们不需指定。注意自动退刀要避免产生刀具干涉。

　　★ 该指令可以切削凹陷形的零件。

　　★ 循环起点要大于毛坯外径，即定位在工件的外部。

　　★ 粗车循环后用精车循环G70指令进行精加工，将粗车循环剩余的精车余量切削完毕。

格式如下：

　　G00　X__ Z __ ⟶循环起点

　　G70　P__ Q__F f ⟶进给速度

　　程序开始段号　程序结束段号

　　★ 精车时要提高主轴转速，降低进给速度，以达到表面要求。

　　★ 精车循环指令常常借用粗车循环指令中的循环起点，因此不必指定循环起点。

8.6.3　编程实例

如图 8.31 所示，编写出完整的循环程序，毛坯为 $\phi58mm$ 的铝件，起刀点为（200，200）。

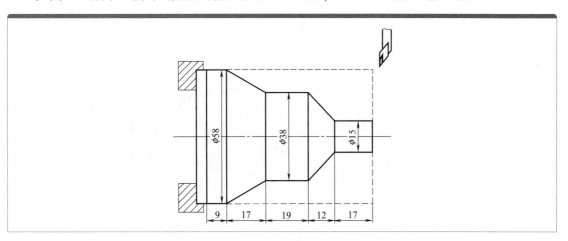

图 8.31　编程实例

开始	N010	M03 S800	主轴正转，转速为 800r/min
	N020	T0101	换 1 号外圆车刀
	N030	G98	指定走刀按照 mm/min 进给
端面	N040	G00 X60 Z0	快速定位工件端面上方
	N050	G01 X0 Z0 F100	车端面，走刀速度为 100mm/min
粗车	N060	G00 X60 Z2	快速定位循环起点
	N070	G73 U22.5 W3 R8	X 向切削总量为 22.5mm，循环 8 次（可优化为 U19，R4）
	N080	G73 P90 Q140 U0.2 W0.2 F100	循环程序段 90~140
轮廓	N090	G00 X15 Z1	让出 1mm，可快速定位
	N100	G01 X15 Z−17	车削工件 $\phi15mm$ 的部分
	N110	G01 X38 Z−29	斜向车削到 $\phi38mm$ 的右端
	N120	G01 X38 Z−48	车削到工件 $\phi38mm$ 的部分
	N130	G01 X58 Z−65	斜向车削到 $\phi58mm$ 的右端
	N140	G01 X58 Z−74	车削到工件 $\phi58mm$ 的部分
精车	N150	M03 S1200	提高主轴转速到 1200r/min
	N160	G70 P90 Q140 F40	精车
结束	N170	G00 X200 Z200	快速退刀
	N180	M05	主轴停
	N190	M30	程序结束

编写完成一段程序后，如本例所示，将程序分段检查，清楚地查看各段程序的作用。

仔细观察程序后，发现循环内第一步（N090）未用 G01 走刀，采用了 G00，即：

N090 G01 X15 Z0　→　G00 X15 Z1

N100 G01 X15 Z−17　　　G01 X15 Z−17

G00 的走刀速度远高于 G01，只要不接触工件，就可以使用 G00 走刀，可以大大地提高工作效率。

8.6.4　中间带有凹陷部分的工件

对于中间带有凹陷部分的工件，必须判断凹陷部分的最低点是否就是加工的最低点，如

图 8.32 所示，总吃刀量的的算法各有不同。

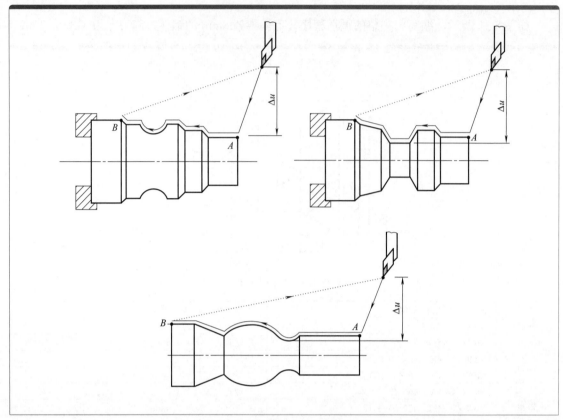

图 8.32　中间带有凹陷部分的工件

8.6.5　头部有倒角的工件

当工件头部为倒角，同时又是工件轮廓的最低点时，总吃刀量的最低点一般为倒角延长线的终点（图 8.33）。具体算法参见前述。

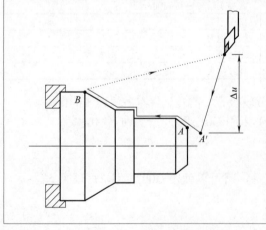

图 8.33　头部有倒角的工件

8.6.6　头部有倒角的工件的编程实例

如图 8.34 所示，编写出完整的程序，毛坯为铝件，起刀点为（200，400），不需切断。

分析：

① 首先确定题目中的循环起点，取（43，3）。再由图中得知，倒角处即为工件轮廓的最低点，根据自己设定的延长线，计算出延长点的坐标（14，1）。得出 Δu=（43-14）÷2=14.5，可分 5 次循环切削。

② 工件 ϕ18mm 的长度标注为（8），表示有效长度，并非实际长度（即允许的范围），需根据其他条件计算出其实际长度，本题用三角函数计算出 ϕ18mm 的左侧的 Z 坐标。

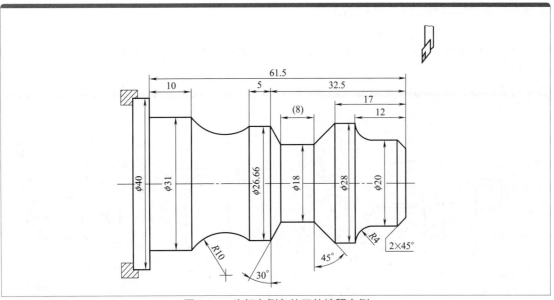

图 8.34　头部有倒角的工件编程实例

	N010	M03 S800	主轴正转，转速为 800r/min
开始	N020	T0101	换 1 号外圆车刀
	N030	G98	指定走刀按照 mm/min 进给
端面	N040	G00 X43 Z0	快速定位工件端面上方
	N050	G01 X0 Z0 F100	做端面，走刀速度为 100mm/min
	N060	G00 X43 Z3	快速定位循环起点
粗车	N070	G73 U14.5 W3 R5	X 向切削总量为 14.5mm，循环 5 次（可优化为 U8，R3）
	N080	G73 P90 Q200 U0.2 W0.2 F100	循环程序段 90~200
	N090	G00 X14 Z1	快速定位倒角的延长点
	N100	G01 X20 Z−2	车削倒角
	N110	G01 X20 Z−8	车削 ϕ20mm 的部分
	N120	G02 X28 Z−12 R4	车削 R4mm 的顺时针圆弧
	N130	G01 X28 Z−17	车削 ϕ28mm 的部分
轮廓	N140	G01 X18 Z−22	斜向车削到 ϕ18mm 的右端
	N150	G01 X18 Z−30	车削到 ϕ18mm 的部分
	N160	G01 X26.66 Z−32.5	斜向车削到 ϕ26.66mm 的右端
	N170	G01 X26.66 Z−37.5	车削 ϕ26.66mm 的部分
	N180	G02 X31 Z−51.5 R10	车削 R10mm 的顺时针圆弧
	N190	G01 X31 Z−61.5	车削 ϕ31mm 的部分
	N200	G01 X41 Z−61.5	车削尾部
精车	N210	M03 S1200	提高主轴转速到 1200r/min
	N220	G70 P90 Q200 F40	精车
	N230	G00 X200 Z400	快速退刀
结束	N240	M05	主轴停
	N250	M30	程序结束

8.6.7　头部为球形的工件

对于头部为球形的工件，如图 8.35 所示，虽然加工路径中 A' 点为最小点，但由于工件的大小，即直径值不能为负数，在这里我们取 X0 为工件最小点，例如循环起点为（20，2），那么 Δu=10，刚好总吃刀量为循环起点 X 坐标值的一半。

8.6.8　头部为球形的工件编程实例

如图 8.36 所示，编写出完整的程序，毛坯为 ϕ28mm 的铝件，起刀点为（200，200），不需切断。

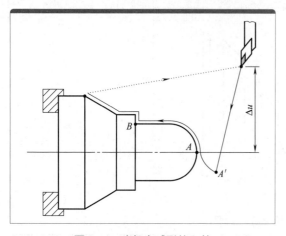

图 8.35　头部为球形的工件　　　　　图 8.36　头部为球形的工件编程实例

分析：

首先确定题目中的循环起点，取（30，3）。再由图 8.36 中得知，工件轮廓的最低点为（0，0），计算出 Δu=（30-0）÷2=15，可分 5 次循环切削，编制程序如下：

开始	N010	M03 S800	主轴正转，转速为 800r/min
	N020	T0101	换 1 号外圆车刀
	N030	G98	指定走刀按照 mm/min 进给
粗车	N040	G00 X30 Z3	快速定位循环起点
	N050	G73 U15 W3 R5	X 向切削总量为 15mm，循环 5 次（可优化为 U6，R3）
	N060	G73 P70 Q150 U0.2 W0.2 F100	循环程序段 70~150
轮廓	N070	G00 X-4 Z2	快速定位到相切圆弧的起点
	N080	G02 X0 Z0 R2	相切圆弧切入
	N090	G03 X12.4 Z-6.2 R6.2	车削 R6.2mm 的逆时针圆弧
	N100	G01 X12.4 Z-18	车削 ϕ12.4mm 的外圆
	N110	G01 X20 Z-30	车削至 ϕ20mm 的部分
	N120	G02 X21 Z-37.1 R5.2	车削 R5.2mm 的顺时针圆弧
	N130	G01 X21 Z-50.6	车削 ϕ21mm 的外圆
	N140	G01 X25.5 Z-55.1	车削到 ϕ25.5mm 的外圆
	N150	G01 X25.5 Z-63.9	车削 ϕ25.5mm 的外圆
精车	N160	M03 S1200	提高主轴转速到 1200r/min
	N170	G70 P90 Q150 F40	精车
结束	N180	G00 X200 Z200	快速退刀
	N190	M05	主轴停
	N200	M30	程序结束

8.6.9　练习题

① 如图 8.37 所示，编写出完整的程序，毛坯为 ϕ28mm 的铝件，退刀点为（200，200），最后割断。

② 如图 8.38 所示，编写出完整的程序，毛坯为 $\phi17\text{mm}$ 的铝件，退刀点为（100，150），最后割断。

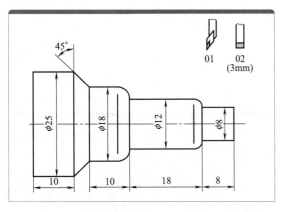

图 8.37　练习题（一）

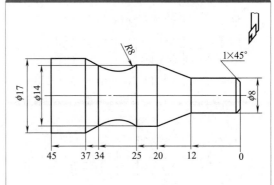

图 8.38　练习题（二）

③ 如图 8.39 所示，编写出完整的程序，毛坯为 $\phi54\text{mm}$ 的铝件，退刀点为（200，200），最后割断。

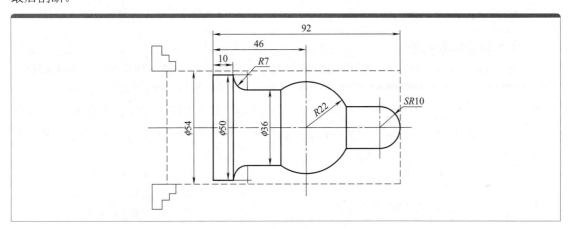

图 8.39　练习题（三）

8.7　螺纹切削 G32

8.7.1　螺纹的牙深的计算和吃刀量的给定

牙深的计算：数控车床由于是高精度加工设备，在计算螺纹相关数据时区别于普通车床，计算参数为 1.107（并非普通车床中的 1.3 或 1.299），即牙深的计算公式为：

$$h= \frac{\text{螺距} \times 1.107}{2}$$

牙深为半径值，故在计算时除以 2。

每次吃刀量的给定：

走刀，即加工螺纹的过程按照逐步递减的方法加工到位，如图 8.40 所示。

下面我们举例来看螺纹的牙深和每次吃刀计算。

（1）指定螺距的螺纹

螺距为 2mm，则 h＝（2×1.107）/2＝1.107（mm），给定的每次吃刀量（图 8.41），写出相对应 X 轴每次切深的坐标值。注意：牙深为半径值，而 X 坐标值为直径值。

第 1 刀，半径切 0.5mm → X 19；

第 2 刀，半径切 0.3mm → X 18.4；

第 3 刀，半径切 0.2mm → X 18；

第 4 刀，半径切 0.107mm → X 17.786。

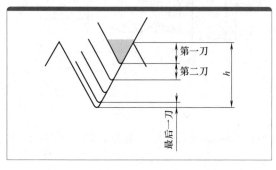

图 8.40　走刀过程

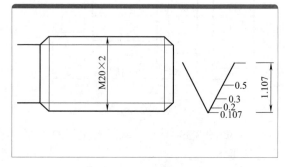

图 8.41　指定螺距的螺纹

（2）未指定螺距的螺纹

对于未指定螺距的螺纹，按照普通螺纹的粗牙（第一系列）去计算螺距值（参见螺纹参

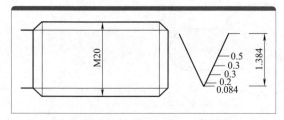

图 8.42　未指定螺距的螺纹

数表）。题中 M20 的螺纹螺距为 2.5mm，得出牙深 h＝（2.5×1.107）/2＝1.384（mm），给定每次吃刀量（图 8.42），写出相对应 X 轴每次切深的坐标值。

第 1 刀，半径切 0.5mm → X 19；

第 2 刀，半径切 0.3mm → X 18.4；

第 3 刀，半径切 0.3mm → X 17.8；

第 4 刀，半径切 0.2mm → X 17.4；

第 5 刀，半径切 0.084mm → X 17.232。

【练习】　计算牙深，给定的每次吃刀量（图 8.43 和图 8.44），写出相对应 X 轴每次切深的坐标值。

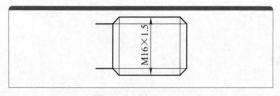

图 8.43　练习（一）

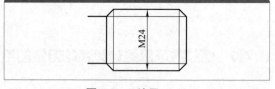

图 8.44　练习（二）

8.7.2　螺纹切削 G32

G32 指令车削螺纹的方法和普通车床一样，采用多次车削、逐步递减的方式（图 8.45）。该指令可用来车削等距直螺纹、锥度螺纹，本节暂时只介绍直螺纹的编程方法（暂时只讲述单线螺纹，即导程＝螺距）。

8.7.3　格式

G32 X__ Z__ F__

其中，X、Z 是螺纹终点坐标；F 是螺距。

> ★ 该指令不需指定进给速度，进给速度和主轴转速由系统自动配给，保证螺纹加工到位。
>
> ★ 如图 8.46 所示，在螺纹加工过程中，直线部分是螺纹加工部分，用 G32 指令；虚线部分是退刀和定位部分，用 G00/G01 指令；图中标示的每个坐标点必须经过。

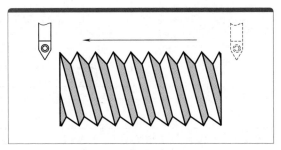

图 8.45　螺纹的车削方式

【例题】　写出图 8.47 中所示螺纹部分的程序。

螺距为 2mm，则 $h = (2 \times 1.107)/2 = 1.107$（mm），给定的每次吃刀量，写出相对应 X 轴每次切深的坐标值。注意：牙深为半径值，X 坐标为直径值。

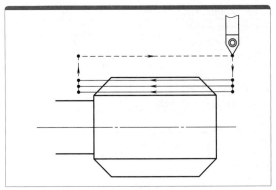

图 8.46　螺纹描述方式　　　　　　图 8.47　例题

第 1 刀，半径切 0.5mm → X 29；

第 2 刀，半径切 0.3mm → X 28.4；

第 3 刀，半径切 0.2mm → X 28；

第 4 刀，半径切 0.107mm → X 27.786。

编制程序如下：

G00 X29 Z3	定位	G00 X33 Z−23	退刀及定位	G00 X27.786 Z3	
G32 X29 Z−23 F2	第 1 刀	G00 X33 Z3 G00 X28 Z3		G32 X27.786 Z−23F2	第 4 刀
G00 X33 Z−23 G00 X33 Z3 G00 X28.4 Z3	退刀及定位	G32 X28 Z−23 F2	第 3 刀	G00 X33 Z−23 G00 X200 Z200	退刀
		G00 X33 Z−23 G00 X33 Z3	退刀及定位		
G32 X28.4 Z−23 F2	第 2 刀				

8.7.4　编程实例

如图 8.48 所示，编写出完整的程序，毛坯为铝件，退刀点和换刀点为（200，200），最后割断。

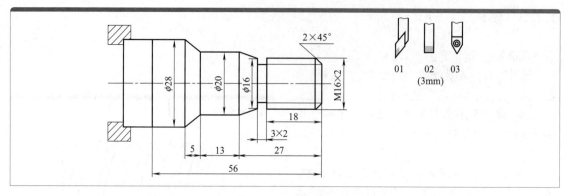

图 8.48　编程实例

	N010	M03 S800	主轴正转，转速为 800r/min
开始	N020	T0101	换 1 号外圆车刀
	N030	G98	指定走刀按照 mm/min 进给
端面	N040	G00 X35 Z0	快速定位工件端面上方
	N050	G01 X0 Z0 F100	做端面，走刀速度为 100mm/min
粗车	N060	G00 X35 Z3	快速定位循环起点
	N070	G73 U9.5 W3 R4	X 向切削总量为 9.5mm，循环 4 次（可优化为 U4，R3）
	N080	G73 P90 Q140 U0.2 W0.2 F100	循环程序段 90~140
轮廓	N090	G00 X16 Z1	快速定位到轮廓右端 1mm 处
	N100	G01 X16 Z−21	车削 φ16mm 的外圆
	N110	G01 X20 Z−27	斜向车削到 φ20mm 的右端
	N120	G01 X20 Z−40	车削 φ20mm 的外圆
	N130	G01 X28 Z−45	斜向车削到 φ28mm 的右端
	N140	G01 X28 Z−56	车削 φ28mm 的外圆
精车	N150	M03 S1200	提高主轴转速到 1200r/min
	N160	G70 P90 Q140 F40	精车
倒角	N170	M03 S800	主轴正转，转速为 800r/min
	N180	G00 X10 Z1	快速定位到倒角延长线
	N190	G01 X16 Z−2 F80	车削倒角
	N200	G00 X200 Z200	快速退刀
切槽	N210	T0202	换 02 号切槽刀
	N220	G00 X20 Z−21	快速定位至槽上方
	N230	G01 X12 Z−21 F20	切槽，速度为 20mm/min
	N240	G04 P1000	暂停 1s，清槽底，保证形状
	N250	G01 X20 Z−21 F40	提刀
	N260	G00 X200 Z200	快速退刀
螺纹	N270	T0303	换螺纹刀
	N280	G00 X15 Z3	定位到第 1 次切深处
	N290	G32 X15 Z−19.5 F2	第 1 刀攻螺纹
	N300	G00 X19 Z−19.5	提刀
	N310	G00 X19 Z3	定位到螺纹正上方
	N320	G00 X14.4 Z3	定位到第 2 次切深处
	N330	G32 X14.4 Z−19.5 F2	第 2 刀攻螺纹
	N340	G00 X19 Z−19.5	提刀
	N350	G00 X19 Z3	定位到螺纹正上方
	N360	G00 X14 Z3	定位到第 3 次切深处
	N370	G32 X14 Z−19.5 F2	第 3 刀攻螺纹
	N380	G00 X19 Z−19.5	提刀
	N390	G00 X19 Z3	定位到螺纹正上方
	N400	G00 X13.786 Z3	定位到第 4 次切深处
	N410	G32 X13.786 Z−19.5 F2	第 4 刀攻螺纹
	N420	G00 X19 Z−19.5	提刀
	N430	G00 X200 Z200	快速退刀

	N440	T0202	换切断刀，即切槽刀
切断	N450	M03 S800	主轴正转，转速为800r/min
	N460	G00 X35 Z−59	快速定位至切断处
	N470	G01 X0 Z−59 F20	切断
	N480	G00 X200 Z200	快速退刀
结束	N490	M05	主轴停
	N500	M30	程序结束

★ 由于G32和G01一样是基本指令，每一次的切削、退刀、定位都要描述，程序显得烦琐冗长，但必不可少。

★ 螺纹的倒角在这里不像前面介绍的在循环里面描述，而是单独描述，螺纹的倒角只是为了攻螺纹的时候方便旋入，不做工艺一致性方面的要求，只要切削量允许，便可直接加工，单独切削倒角可以节省加工的时间。

8.7.5 练习题

如图8.49所示，编写出完整的程序，毛坯为ϕ35mm的铝件，起刀点为（200，200）。

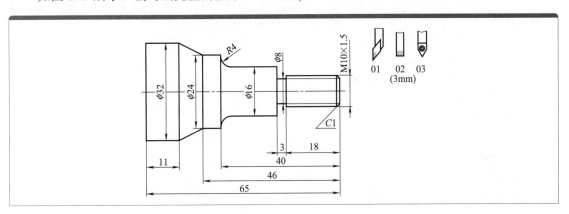

图8.49 练习题

8.8 简单螺纹循环 G92

8.8.1 指令功能

G92指令和G32一样都是车削螺纹，所不同的是，G92是简单循环（图8.50），只需指定每次螺纹加工的循环起点和螺纹终点坐标。该指令可用来车削等距直螺纹、锥度螺纹，本节暂时只介绍直螺纹的编程方法。

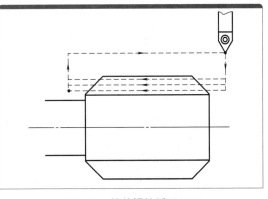

图8.50 简单螺纹循环 G92

8.8.2　指令格式

G00 X__ Z__

G92 X__ Z__ R__ F__

其中，X、Z是螺纹终点坐标；R是锥度，直螺纹时可不写；F是螺距。

★ 该指令不需指定进给速度，进给速度和主轴转速由系统自动给定，保证螺纹加工到位。

★ 由图8.50中得知，虚线部分不用描述，该指令只需要描述循环起点和每次螺纹加工终点。

★ 由于每次的循环起点可设为一个点，因此起点只需要指定一次，模态有效。

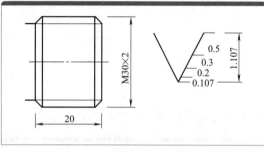

图 8.51　例题

8.8.3　编程实例

【例题1】　写出图8.51中所示螺纹部分的程序。螺距为2mm，则 $h=(2×1.107)/2=1.107$（mm），给定的每次吃刀量，写出相对应X轴每次切深的坐标值。注意：牙深为半径值，X坐标为直径值。

第1刀，半径切0.5mm → X 29；

第2刀，半径切0.3mm → X 28.4；

第3刀，半径切0.2mm → X 28；

第4刀，半径切0.107mm → X 27.786。

程序编写为：

G00 X33 Z3		G00 X33 Z3
G92 X29 Z−23 F2		G92 X29 Z−23 F2
G92 X28.4 Z−23 F2	G92、X、Z、F 均是模态码，指定一次，一直有效 程序可简化为	X28.4
G92 X28 Z−23 F2		X28
G92 X27.786 Z−23 F2		X27.786

【例题2】　如图8.52所示，编写出完整的程序，毛坯为铝件，退刀点和换刀点为（200，200），最后割断。

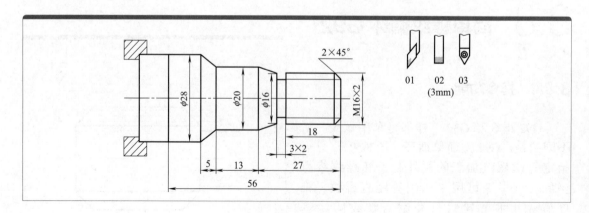

图 8.52　编程实例

开始	N010	M03 S800	主轴正转，转速为 800r/min
	N020	T0101	换 01 号外圆车刀
	N030	G98	指定走刀按照 mm/min 进给
端面	N040	G00 X35 Z0	快速定位工件端面上方
	N050	G01 X0 Z0 F100	做端面，走刀速度为 100mm/min
粗车	N060	G00 X35 Z3	快速定位循环起点
	N070	G73 U9.5 W3 R4	X 向切削总量为 9.5mm，循环 4 次（可优化为 U4，R3）
	N080	G73 P90 Q140 U0.2 W0.2 F100	循环程序段 90~140
轮廓	N090	G00 X16 Z1	快速定位到轮廓右端 1mm 处
	N100	G01 X16 Z−21	车削 φ16mm 的部分
	N110	G01 X20 Z−27	斜向车削到 φ20mm 的右端
	N120	G01 X20 Z−40	车削 φ20mm 的部分
	N130	G01 X28 Z−45	斜向车削到 φ28mm 的右端
	N140	G01 X28 Z−56	车削 φ28mm 的部分
精车	N150	M03 S1200	提高主轴转速到 1200r/min
	N160	G70 P90 Q140 F40	精车
倒角	N170	M03 S800	主轴正转，转速为 800r/min
	N180	G00 X10 Z1	快速定位到倒角延长线
	N190	G01 X16 Z−2 F 100	车削倒角
	N200	G00 X200 Z200	快速退刀
切槽	N210	T0202	换 02 号切槽刀
	N220	G00 X20 Z−21	快速定位至槽上方
	N230	G01 X12 Z−21 F20	切槽，速度为 20mm/min
	N240	G04 P1000	暂停 1s，清槽底，保证形状
	N250	G01 X20 Z−21 F40	提刀
	N260	G00 X200 Z200	快速退刀
螺纹	N270	T0303	换螺纹刀
	N280	G00 X18 Z3	定位到螺纹循环起点
	N290	G92 X15 Z−19.5 F2	第 1 刀攻螺纹终点
	N300	X14.4	第 2 刀攻螺纹终点
	N310	X14	第 3 刀攻螺纹终点
	N320	X13.786	第 4 刀攻螺纹终点
	N330	G00 X200 Z200	快速退刀
切断	N340	T0202	换切断刀，即切槽刀
	N350	M03 S800	主轴正转，转速为 800r/min
	N360	G00 X35 Z−59	快速定位至切断处
	N370	G01 X0 Z−59 F20	切断
	N380	G00 X200 Z200	快速退刀
结束	N390	M05	主轴停
	N400	M30	程序结束

8.8.4　练习题

如图 8.53 所示，编写出完整的程序，毛坯为 φ35mm 的铝件，起刀点为（200，200）。

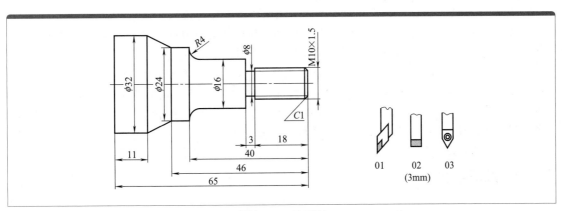

图 8.53　练习题

8.9 G71 外径粗车循环

8.9.1 指令功能

该指令由刀具平行于 Z 轴方向（纵向）进行切削循环，又称纵向切削循环，适合加工轴类零件。其走刀路径与描述路径如图 8.54 和图 8.55 所示。

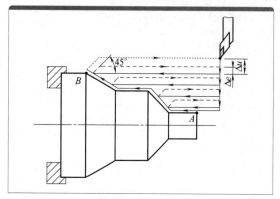

图 8.54 走刀路径

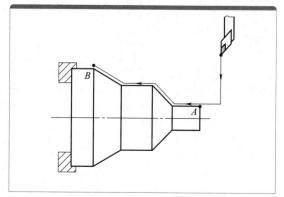

图 8.55 描述路径（编程路径）

8.9.2 指令格式

G00　X＿ Z＿ → 循环起点

G71　UΔu　RΔe

↓ 　　 ↳ 退刀量

X 向的每次吃刀量，mm

G71　P＿　Q＿　　UΔu₁　　WΔw₁　　　　　　　F f

程序开始　程序结束　X 向精车　Z 向精车　进给速度（此处指定 F 值，循环内的 F 值无效）
段号　　段号　　余量，mm　余量，mm

> ★ G71 循环程序段的第一句只能写 X 值，不能写 Z 或 X、Z 同时写入。
> ★ 该循环的起始点位于毛坯外径处。
> ★ 该指令只能切削前小后大的工件，不能切削凹进形的轮廓。
> ★ 用 G98（即用 mm/min）编程时，螺纹切削后用割断刀的进给速度 F 一定要写，否则进给速度的单位将变成 mm/r 并用螺纹切削的进给速度，引起撞刀。
> ★ 使用该指令头部倒角，由于实际加工是最后加工，描述路径时无需按照延长线描述。
> ★ 由 G71 每一次循环都可以车削得到工件，避免了 G73 出现的走空刀的情况。因此，当加工程序既可用 G71 编制也可用 G73 编制时，尽量选取 G71 编程。由于 G71 循环按照直线车削，加工速度高于 G73，因此有利于提高工作效率。

8.9.3 编程实例

编制图 8.56 所示零件的加工程序：用 G71 外径粗车循环编写程序，毛坯为铝棒，要求循

环起始点在 A（46，3），X 方向精加工余量为 0.4mm，Z 方向精加工余量为 0.1mm，其中点划线部分为工件毛坯。

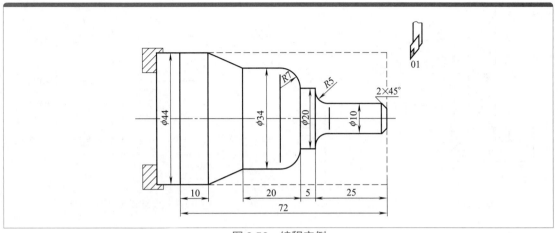

图 8.56　编程实例

	N010	M03 S800	主轴正转，转速为 800r/min
开始	N020	T0101	换 01 号外圆车刀
	N030	G98	指定走刀按照 mm/min 进给
端面	N040	G00 X46 Z0	快速定位工件端面上方
	N050	G01 X0 Z0 F100	做端面，走刀速度为 100mm/min
粗车	N060	G00 X46 Z3	快速定位循环起点
	N070	G71 U3 R1	X 向每次吃刀量为 3mm，退刀量为 1mm
	N080	G71 P90 Q180 U0.4 W0.1 F100	循环程序段 90~180
轮廓	N090	G00 X6	处置移动到最低处，不能有 Z 值
	N100	G01 X6 Z0	移至倒角处
	N110	G01 X10 Z−2	车削倒角
	N120	G01 X10 Z−20	车削 $\phi10$mm 的外圆
	N130	G02 X20 Z−25 R5	车削 $R5$mm 的顺时针圆弧
	N140	G01 X20 Z−30	车削 $\phi20$mm 的外圆
	N150	G03 X34 Z−37 R7	车削 $R7$mm 的逆时针圆弧
	N160	G01 X34 Z−50	车削 $\phi34$mm 的外圆
	N170	G01 X44 Z−62	斜向车削到 $\phi44$mm 的右端
	N180	G01 X44 Z−72	车削 $\phi44$mm 的外圆（若退刀时刀具产生干涉，可增加 G01 X46 抬刀）
精车	N190	M03 S1200	提高主轴转速到 1200r/min
	N200	G70 P90 Q180 F40	精车
结束	N210	G00 X200 Z200	快速退刀
	N220	M05	主轴停
	N230	M30	程序结束

8.9.4　练习题

① 编制如图 8.57 所示零件的加工程序：写出完整的加工程序，用 G71 外径粗车循环编写程序，毛坯为 $\phi50$mm 铝棒，X 方向精加工余量为 0.2mm，Z 方向精加工余量为 0.1mm，最后切断。

② 编制如图 8.58 所示零件的加工程序：写出完整的加工程序，用 G71 外径粗车循环编写程序，毛坯为 45 钢，X 方向精加工余量为 0.2mm，Z 方向精加工余量为 0.2mm，最后切断。

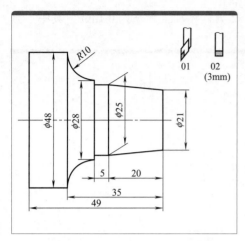
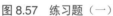

图 8.57　练习题（一）

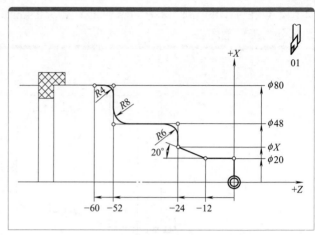

图 8.58　练习题（二）

8.10　G72 端面粗车循环

8.10.1　指令功能

该指令又称横向切削循环，与 G71 指令类似，不同之处是 G72 的刀具路径是按径向（X 轴方向）进行切削循环的，适合加工盘类零件。其走刀路径和描述路径如图 8.59 和图 8.60 所示。

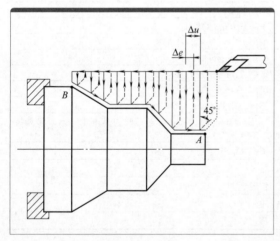

图 8.59　走刀路径

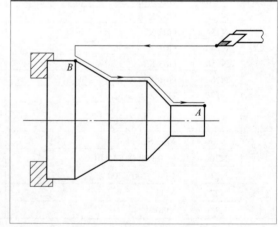

图 8.60　描述路径（编程路径）

8.10.2　指令格式

G00　X__ Z__ →循环起点

G72　WΔw　　RΔe

　　　　↓　　　↳ 退刀量

Z 向的每次吃刀量，mm

G72 P__ Q__   UΔu_1 WΔw_1 F f

程序开始　程序结束　　　X 向精车　Z 向精车　进给速度（此处指定 F 值，循环内的 F 值无效）
段号　　　段号　　　　　余量，mm　余量，mm

★ G72 精加工程序段的第一句只能写 Z 值，不能写 X 或 X、Z 同时写入。

★ 该循环的起刀点位于毛坯外径处。

★ 该指令只能切削前小后大的工件，不能切削凹进形的轮廓。

★ 一般上 G72 指令采用平放的外圆车刀，防止竖放的外圆车刀扎入工件，引起撞刀。在精度允许的条件下，G72 刀具也可以选择切槽刀，但无论如何选择，装夹时，必须保证主切削刃平行于 Z 轴。

★ 由于 G72 走刀是逐步深入工件内部，因此 G72 指令可以加工内孔轮廓工件。

★ 使用该指令头部倒角，由于实际加工走刀的关系，描述路径时无需按照延长线描述。

★ G72 描述路径与 G73 和 G71 不同，G72 从工件后部开始描述，相应地出现了圆弧的方向问题，如图 8.61 所示。

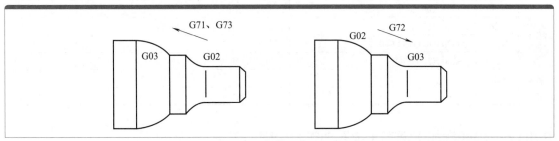

图 8.61　G72 描述路径与 G73 和 G71 的区别

8.10.3　编程实例

编制图 8.62 所示零件的加工程序：G72 端面粗车循环，毛坯为铝棒，要求循环起始点在 A(46, 3)，X 方向精加工余量为 0.2mm，Z 方向精加工余量为 0.2mm，其中点划线部分为工件毛坯。

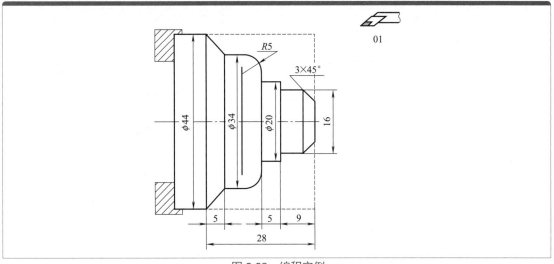

图 8.62　编程实例

	N010	M03 S800	主轴正转，转速为800r/min
开始	N020	T0101	换01号外圆车刀
	N030	G98	指定走刀按照mm/min进给
端面	N040	G00 X46 Z0	快速定位工件端面上方
	N050	G01 X0 Z0 F100	做端面，走刀速度为100mm/min
粗车	N060	G00 X46 Z3	快速定位循环起点
	N070	G72 W3 R1	Z向每次吃刀量为3mm，退刀量为1mm
	N080	G72 P90 Q180 U0.2 W0.2 F100	循环程序段90～180
轮廓	N090	G00 Z−28	移动到工件尾部，不能有X值
	N100	G01 X44 Z−28	接触工件
	N110	G01 X34 Z−23	斜向车削到φ34mm的外圆处
	N120	G01 X34 Z−19	车削φ34mm的外圆
	N130	G02 X24 Z−14 R5	车削R5mm的顺时针圆弧
	N140	G01 X20 Z−14	车削至φ20mm的外圆处
	N150	G01 X20 Z−9	车削φ20mm的外圆
	N160	G01 X16 Z−9	车削至φ16mm的外圆处
	N170	G01 X16 Z−3	车削φ16mm的外圆
	N180	G01 X10 Z0	车削倒角
精车	N190	M03 S1200	提高主轴转速到1200r/min
	N200	G70 P90 Q180 F40	精车
结束	N210	G00 X200 Z200	快速退刀
	N220	M05	主轴停
	N230	M30	程序结束

8.10.4 内轮廓加工循环（内孔加工、内圆加工）

G72走刀是逐步深入工件内部，所以G72指令可以加工内孔轮廓工件。由于G71走刀一次加工到工件的尾部，会引起撞刀，与G73类似。

G72的走刀路径和描述路径如图8.63和图8.64所示。

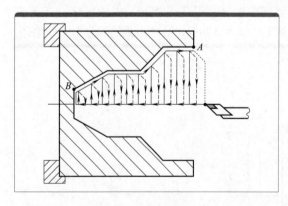

图 8.63　走刀路径

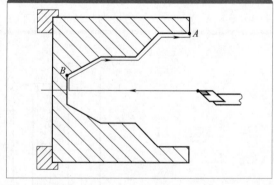

图 8.64　描述路径（编程路径）

★ G72做内部轮廓加工时，给定的精车余量为负值，如G72 P__ Q__ U−0.2 W0.1 F__，此时U为负值，才会使粗车加工留有余量。

★ 钻孔时，根据题目要求来确定钻孔深度，如图8.65所示。

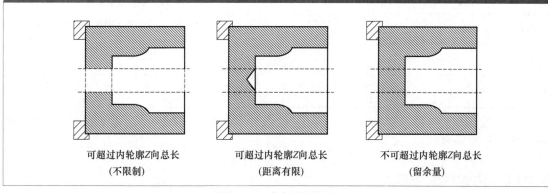

图 8.65　确定钻孔深度

8.10.5　车削内孔时刀的选用和切削用量的选择

（1）车孔刀的特点

车孔刀与外圆车刀相比有如下特点，见表 8.5。

表 8.5　车孔刀的特点

序号	车孔刀的特点
1	由于尺寸受到孔径的限制，装夹部分结构要求简单、紧凑，夹紧件最好不外露，夹紧可靠
2	刀杆悬臂使用，刚性差，为增强刀具刚性尽量选用大断面尺寸刀杆，缩短刀杆长度
3	内孔加工的断屑、排屑可靠性比外圆车刀更为重要，因而刀具头部要留有足够的排屑空间

（2）品种规格的选用

常用的车刀有三种不同截面形状的刀柄，即圆柄、矩形柄和正方形柄。普通型和模块式的圆柄车刀多用于车削加工中心和数控车床上。矩形和方形柄多用于普通车床。表 8.6 所示为车孔刀品种规格的选用。

表 8.6　车孔刀品种规格的选用

序号	品种规格的选用	详细说明
1	刀柄截面形状的选用	优先选用圆柄车刀。由于圆柄车刀的刀尖高度是刀柄高度的二分之一，且柄部为圆形，有利于排屑，因此在加工相同直径的孔时圆柄车刀的刚性明显高于方柄车刀，所以在条件许可时应尽量采用圆柄车刀。在卧式车床上因受四方刀架限制，一般多采用正方形或矩形柄车刀。如用圆柄车刀，为使刀尖处于主轴中心线高度，当圆柄车刀顶部超过四方刀架的使用范围时，可增加辅具后再使用
2	刀柄截面尺寸的选用	标准内孔车刀已给定了最小加工孔径。对于加工最大孔径范围，一般不超过比它大一个规格的车孔刀所定的最小加工孔径，如特殊需要，也应小于再大一个规格的使用范围
3	刀柄形式的选用	通常大量使用的是整体钢制刀柄，这时刀杆的伸出量应在刀杆直径的 4 倍以内。当伸出量大于 4 倍或加工刚性差的工件时，应选用带有减振机构的刀柄。如加工很高精度的孔，应选用重金属（如硬质合金）制造的刀柄，如在加工过程中刀尖部需要充分冷却，则应选用有切削液送孔的刀柄

（3）车孔刀的切削用量

车孔刀的切削用量三要素及选用原则与外圆、端面车刀相同。因内孔切削条件较差，故选用切削用量时应小于外圆切削。加工 $\phi25mm$ 以下的孔通常不采用大背吃刀量加工。粗车的切削用量与长径比（刀杆伸出刀架长度与被加工孔径的比值）有关，这里只介绍当孔壁有足够刚性时粗车切削用量的推荐值。半精车、精车常按图样要求选取用量。

　　① 背吃刀量的选用如表 8.7 所示。

　　② 进给量的选用如表 8.8 所示。

	表 8.7 背吃刀量的选用		
序号	长径比	加工内孔时的背吃刀量为 加工外圆时的百分比 /%	
1	<2	80	
2	2~3	65	
3	3~4	50	
4	4~5	30	

	表 8.8 进给量的选用	
序号	长径比	加工内孔时的进给量为 加工外圆时的百分比 /%
1	<2	75
2	2~3	60
3	3~4	45
4	4~5	30

③ 切削速度的选用。在被加工直径相同的条件下，加工内孔的切削速度应是加工外圆的切削速度的 70%~80%。

8.10.6 内轮廓编程实例

编制如图 8.66 所示零件的加工程序：G72 端面粗车循环，毛坯为铝棒，X 方向精加工余量为 0.2mm，Z 方向精加工余量为 0.2mm。

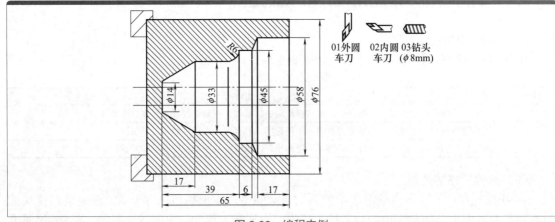

图 8.66 编程实例

	N010	M03 S800	主轴正转，转速为 800r/min
开始	N020	T0101	换 01 号外圆车刀
	N030	G98	指定走刀按照 mm/min 进给
端面	N040	G00 X80 Z0	快速定位工件端面上方
	N050	G01 X0 Z0 F100	做端面，走刀速度为 100mm/min
	N060	G00 X200 Z200	回换刀点
钻孔	N070	T0303	换 03 号钻头
	N080	G00 X0 Z2	定位在工件中心
	N090	G01 X0 Z-64 F20	钻孔，走刀速度为 20mm/min
	N100	G01 X0 Z2 F40	退出
	N110	G00 X200 Z200	回换刀点
粗车	N120	T0202	换 02 号内圆车刀
	N130	G00 X0 Z2	定位循环起点
	N140	G72 W3 R1	Z 向每次吃刀量为 3mm，退刀量为 1mm
	N150	G72 P160 Q230 U-0.2 W0.2 F100	循环程序段 160~230
轮廓	N160	G01 Z-65	工件最内部
	N170	G01 X14 Z-65	工件内部 ϕ14mm 处
	N180	G01 X33 Z-48	斜向车削到 ϕ33mm 的左端
	N190	G01 X33 Z-32	车削 ϕ33mm 的内孔
	N200	G03 X45 Z-26 R6	车削 R6mm 的圆弧右端
	N210	G01 X45 Z-20	车削 ϕ45mm 的内孔
	N220	G01 X58 Z-17	斜向车削到 ϕ58mm 的左端
	N230	G01 X58 Z0	车削 ϕ58mm 的内孔

	N240	M03 S1200	提高主轴转速到 1200r/min
精车	N250	G70 P160 Q230 F40	精车
	N260	G00 X200 Z200	退刀
结束	N270	M05	主轴停
	N280	M30	程序结束

8.10.7 练习题

① 编制如图 8.67 所示零件的加工程序：G72 端面粗车循环，写出完整的加工程序，毛坯为铝棒，要求 X 方向精加工余量为 0.2mm，Z 方向精加工余量为 0.2mm，其中点划线部分为工件毛坯，最后切断。

② 编制图 8.68 所示零件的加工程序：G72 端面粗车循环，写出完整的加程序。毛坯为 45 钢，要求，X 方向精加工余量为 0.1mm，Z 方向精加工余量为 0.15mm。

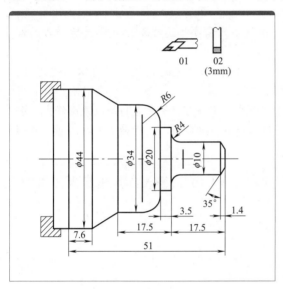

图 8.67　练习题（一）

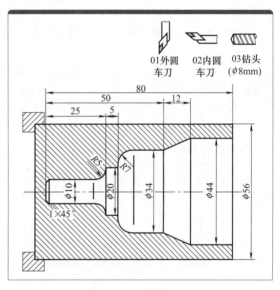

图 8.68　练习题（二）

8.11 G76 螺纹切削循环

8.11.1 程序功能

G76 指令和 G92 一样都是车削螺纹，所不同的是，G92 是简单循环，G76 是复合循环，G76 只需指定螺纹加工的循环地点和最后一刀螺纹终点坐标即可（图 8.69）。该指令可用来车削等距直螺纹、锥度螺纹，本节暂时只介绍直螺纹的编程方法。

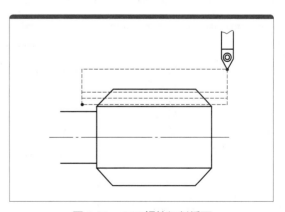

图 8.69　G76 螺纹切削循环

8.11.2　程序格式

G00　X__　Z__　→　螺纹加工循环起点

G76　P $my\theta$　QΔd_{min}　RΔe

最小背吃刀量，半径值 μm　精车余量，半径值 mm

G76　X__　Z__　Ph　QΔd_{max}　R__　F__　→　导程（导程＝螺距×线数）

螺纹终点坐标　牙深　　最大背吃刀量　锥度（螺纹半径差）
半径值，μm　半径值，μm　　半径值，mm

> m：精加工重复次数（01~99）
> γ：螺纹尾部倒角量，即斜向退刀量（0~99mm）
> θ：螺纹刀刀尖角度，允许配合牙形角角度为80°、60°、55°、30°、29°、0°
> 此类命令中均是2位数指定，不足的补"0"，精加工4次，无倒角量，60螺纹刀→P040060

> ★ 该指令不需指定进给速度，进给速度和主轴转速由系统自动给定，保证螺纹加工到位。
> ★ 由图8.69中得知，虚线部分不用描述，该指令只需要描述循环起点和最后一刀的螺纹加工终点。
> ★ 该指令不需指定精确的最大和最小切深，系统根据给定的数值计算每次的吃刀量，按递减方式切深。
> ★ G76内的相关数值设定：精车次数根据工艺要求确定即可，目的是将螺纹表面修光；若题目中未指定螺纹刀的角度，则按照60°处理；精车余量一般取值不大于最小背吃刀量。直螺纹时锥度写R0。

例如，写出如图8.70所示螺纹的G76程序段。h=1.107，螺纹终点坐标为（27.786，−23）。

G00 X32 Z3
G76 P020060 Q100 R0.1
G76 X27.786 Z−23 P1107 Q500 R0 F2

8.11.3　编程实例

编制如图8.71所示零件的加工程序：写出加工程序，毛坯为 ϕ35mm 铝棒，X 方向精加工余量为 0.2mm，Z 方向精加工余量为 0.1mm，最后割断。

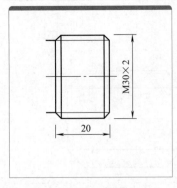

图 8.70　螺纹

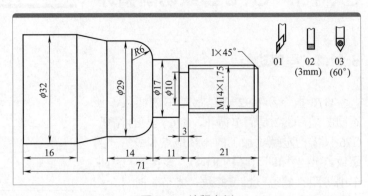

图 8.71　编程实例

	N010	M03 S800	主轴正转，转速为 800r/min
开始	N020	T0101	换 01 号外圆车刀
	N030	G98	指定走刀按照 mm/min 进给
端面	N040	G00 X38 Z0	快速定位工件端面上方
	N050	G01 X0 Z0 F100	做端面，走刀速度为 100mm/min
粗车	N060	G00 X38 Z3	快速定位循环起点
	N070	G71 U3 R1	X 向每次吃刀总量为 3mm，退刀量为 1mm
	N080	G71 P90 Q160 U0.2 W0.1 F100	循环程序段 90～160
轮廓	N090	G00 X14	垂直移动到 φ14mm 位置
	N100	G01 X14 Z-24	车削 φ14mm 的外圆
	N110	G01 X17 Z-24	车削 φ17mm 的右端面
	N120	G01 X17 Z-32	车削 φ17mm 的外圆
	N130	G03 X29 Z-38 R6	车削 R6mm 的圆弧
	N140	G01 X29 Z-46	车削 φ29mm 的外圆
	N150	G01 X32 Z-55	斜向车削到 φ32mm 的右端
	N160	G01 X32 Z-75	车削 φ32mm 的外圆，让出一个切槽刀刀宽
精车	N170	M03 S1200	提高主轴转速到 1200r/min
	N180	G70 P90 Q160 F40	精车
倒角	N190	M03 S800	主轴正转，转速为 800r/min
	N200	G00 X10 Z1	快速定位到倒角延长线
	N210	G01 X14 Z-1 F 100	车削倒角
	N220	G00 X200 Z200	快速退刀
切槽	N230	T0202	换 02 号切槽刀
	N240	G00 X18 Z-24	快速定位至槽上方
	N250	G01 X10 Z-24 F20	切槽，速度为 20mm/min
	N260	G04 P1000	暂停 1s，清槽底，保证形状
	N270	G01 X18 Z-24 F40	提刀
	N280	G00 X200 Z200	快速退刀
螺纹	N290	T0303	换螺纹刀
	N300	G00 X16 Z3	定位到螺纹循环起点
	N310	G76 P020060 Q100 R0.1	G76 螺纹循环固定格式
	N320	G76 X12.063 Z-22 P969 Q500 R0 F1.75	G76 螺纹循环固定格式
	N330	G00 X200 Z200	快速退刀
切断	N340	T0202	换切断刀，即切槽刀
	N350	M03 S800	主轴正转，转速为 800r/min
	N360	G00 X35 Z-74	快速定位至切断处
	N370	G01 X0 Z-74 F20	切断
	N380	G00 X200 Z200	快速退刀
结束	N390	M05	主轴停
	N400	M30	程序结束

8.11.4 练习题

编制如图 8.72 所示零件的加工程序：写出程序，毛坯为 φ55mm 铝棒，X 方向精加工余量为 0.2mm，Z 方向精加工余量为 0.1mm，最后割断。

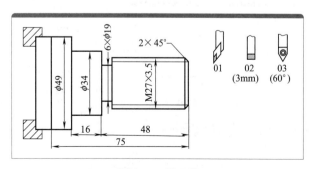

图 8.72　练习题

8.12 切槽循环 G75

8.12.1 指令功能

在 X 方向对工件进行切槽的处理。其走刀路径和描述路径见图 8.73。

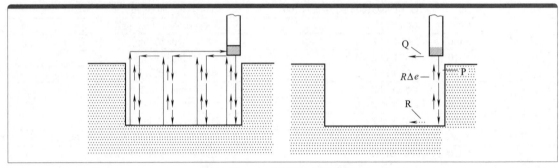

图 8.73 走刀路径和描述路径

8.12.2 指令格式

```
G00 X__  Z__              切槽加工循环起点
G75 R△e                  切完一个刀宽后
  ↓                      槽底的 Z 向移动量，一般不指定，半径值，μm
退刀量，半径值 mm            ↑
G75 X__  Z__  Ph   Q__  R__  F__  →    进给速度
  ↓        ↓      ↘
  切槽     每次 X 向      切完一个刀宽后
  终点     背吃刀量      槽顶的 Z 向移动量
  坐标     半径值，μm  半径值，μm
```

★ 槽顶部的移动量要小于切槽刀的宽度。注：切槽刀的宽度实际上是包括主切削刃的宽度和两侧与侧刃的圆弧过渡长度，因此移动量需去除两侧过渡值。若加工时接刀痕明显，或没有切干净，则需减少移动量，一般使其小于主切削刃至少 2/3 的长度。

★ 切槽进给采用的是且进且退的方式，有利于排屑。

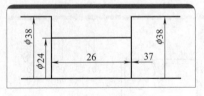

图 8.74 螺纹

例如，写出如图 8.74 所示螺纹的 G75 程序段，切槽刀宽 3mm。

```
G00 X40 Z-40
G75 R1
G75 X24 Z-63 P3000 Q2800 R0 F20
```

8.12.3 编程实例一

编制如图 8.75 所示零件的加工程序：写出加工程序，毛坯为铝棒，X 方向精加工余量为

0.1mm，Z 方向精加工余量为 0.1mm，最后割断。

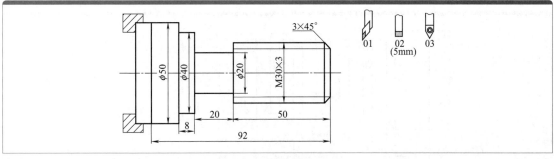

图 8.75　编程实例（一）

	N010	M03 S800	主轴正转，转速为 800r/min
开始	N020	T0101	换 01 号外圆车刀
	N030	G98	指定走刀按照 mm/min 进给
端面	N040	G00 X55 Z0	快速定位工件端面上方
	N050	G01 X0 Z0 F100	车端面
粗车	N060	G00 X52 Z2	快速定位循环起点
	N070	G71 U3 R1	X 向每次吃刀量为 3mm，退刀量为 1mm
	N080	G71 P90 Q140 U0.1W0.1 F100	循环程序段 90 ～ 140
	N090	G00 X30	垂直移动到 ϕ30mm 位置
	N100	G01 X30 Z-70	车削 ϕ30mm 的外圆
轮廓	N110	G01 X40 Z-70	车削 ϕ40mm 的右端面
	N120	G01 X40 Z-78	车削 ϕ40mm 的外圆
	N130	G01 X50 Z-78	车削 ϕ50mm 的右端面
	N140	G01 X50 Z-92	车削 ϕ50mm 的外圆
精车	N150	M03 S1200	提高主轴转速到 1200r/min
	N160	G70 P90 Q140 F40	精车
	N170	M03 S800	主轴正转，转速为 800r/min
倒角	N180	G00 X22 Z1	快速定位到倒角延长线
	N190	G01 X30 Z-3 F 100	车削倒角
	N200	G00 X200 Z200	快速退刀
	N210	T0202	换 02 号切槽刀
	N220	G00 X41 Z-55	快速定位至槽上方
切槽	N230	G75 R1	G75 切槽循环固定格式
	N240	G75 X20 Z-70 P3000 Q4800 R0 F20	G75 切槽循环固定格式，若此处槽底接刀痕明显，Q 值应适当减小。之后的切槽循环也是如此考虑
	N250	G00 X200 Z200	快速退刀
	N260	T0303	换螺纹刀
	N270	G00 X32 Z3	定位到螺纹循环起点
螺纹	N280	G76 P020060 Q100 R0.1	G76 螺纹循环固定格式
	N290	G76 X26.679 Z-53 P1661 Q900 R0 F3	G76 螺纹循环固定格式
	N300	G00 X200 Z200	快速退刀
	N310	T0202	换切断刀，即切槽刀
	N320	M03 S800	主轴正转，转速为 800r/min
切断	N330	G00 X52 Z-97	快速定位至切断处
	N340	G01 X0 Z-97 F20	切断
	N350	G00 X200 Z200	快速退刀
结束	N360	M05	主轴停
	N370	M30	程序结束

8.12.4　编程实例二

　　编制如图 8.76 所示零件的加工程序：写出加工程序，毛坯为铝棒，X 方向精加工余量为

0.1mm，Z 方向精加工余量为 0.1mm，最后割断（槽刀宽 4mm）。

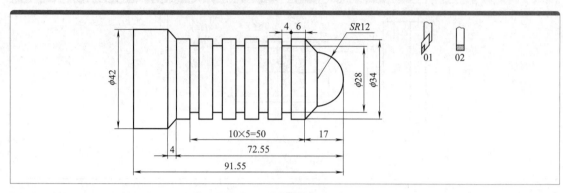

图 8.76　编程实例（二）

分析：此题为等距槽，尽量选用与槽宽一致的切槽刀。在切槽循环中，每槽间距为 6mm，刀宽 4mm，因此槽顶的移动量设置为 10mm，即 10000μm。

	N010	M03 S800	主轴正转，转速为 800r/min
开始	N020	T0101	换 01 号外圆车刀
	N030	G98	指定走刀按照 mm/min 进给
粗车	N040	G00 X50 Z2	快速定位循环起点
	N050	G73 U25 W3 R9	X 向总吃刀量为 25mm，循环 9 次（可优化为：U8 R3）
	N060	G73 P70 Q130 U0.1W0.1 F100	循环程序段 70～130
轮廓	N070	G00 X-4 Z2	快速定位到相切圆弧
	N080	G02 X0 Z0 R2	相切的圆弧过渡
	N090	G03 X24 Z-12 R12	车削 R12mm 的球头部分
	N100	G01 X34 Z-17	斜向车削到 ϕ34mm 外圆处
	N110	G01 X34 Z-72.55	车削 ϕ34mm 的外圆
	N120	G01 X42 Z-76.55	斜向车削到 ϕ42mm 外圆处
	N130	G01 X42 Z-91.55	车削 ϕ42mm 的外圆
精车	N140	M03 S1200	提高主轴转速到 1200r/min
	N150	G70 P70 Q130 F40	精车
切槽	N160	M03 S800	主轴正转，转速为 800r/min
	N170	G00 X200 Z200	快速退刀
	N180	T0202	换 02 号切槽刀
	N190	G00 X38 Z-27	快速定位至槽上方
	N200	G75 R1	G75 切槽循环固定格式
	N210	G75 X28 Z-67 P3000 Q10000 R0 F20	G75 切槽循环固定格式
切断	N220	G00 X52 Z-27	快速抬刀
	N230	G00 X52 Z-95.55	快速定位至切断处
	N240	G01 X0 Z-95.55 F20	切断
结束	N250	G00 X200 Z200	快速退刀
	N260	M05	主轴停
	N270	M30	程序结束

8.12.5　练习题

① 写出如图 8.77 所示零件的加工程序：写出加工程序，毛坯为铝棒，X 方向精加工余量为 0.2mm，Z 方向精加工余量为 0.2mm，最后割断。

② 写出如图 8.78 所示零件的加工程序：写出加工程序，毛坯为铝棒，X 方向精加工余量为 0.2mm，Z 方向精加工余量为 0.2mm，最后割断（未注倒角 $C3$）。

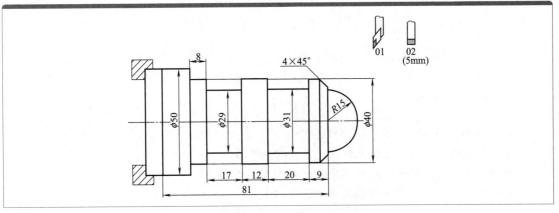

图 8.77　练习题（一）

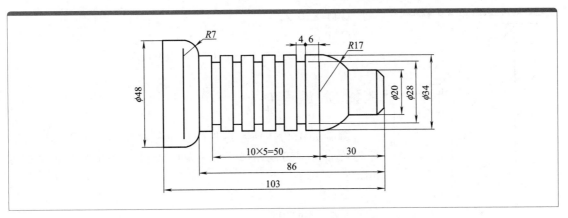

图 8.78　练习题（二）

8.13　镗孔循环 G74

8.13.1　程序功能

在 X 方向对工件进行切槽或切断的处理。

其走刀方式和切槽循环类似，在镗孔之前需要先钻孔，以方便镗孔刀的镗入，如图 8.79 所示。

8.13.2　程序格式

G00 X__　Z__　→　　镗孔加工循环起点

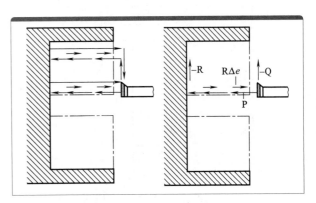

图 8.79　走刀路径和描述路径

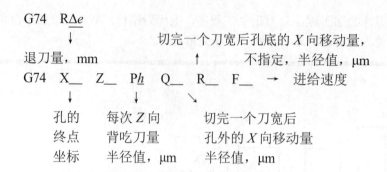

G74　RΔe
　　　　↓　　　　　　　　　切完一个刀宽后孔底的 X 向移动量，
退刀量，mm　　　　　↑　　　　不指定，半径值，μm
G74　X__　Z__　Ph　Q__　R__　F__　→　进给速度
　　　↓　　　↓　　　　　↓　　　↘
　　　孔的　　每次 Z 向　　切完一个刀宽后
　　　终点　　背吃刀量　　孔外的 X 向移动量
　　　坐标　　半径值，μm　　半径值，μm

★ 孔顶部的移动量要小于镗孔刀的宽度。
★ 切槽进给采用的是且进且退的方式，有利于排削。
★ 镗孔之前必须钻孔，编写程序时注意 X 的坐标值。
★ 实际加工中，尽量使用 G01 加工，方便控制。

例如，写出如图 8.80 所示切槽的 G74 程序段，切槽刀宽 3mm。

G00　X10　Z2
G74　R1
G74　X37　Z-19　P3000　Q2800　R0　F20

8.13.3　编程实例

编制如图 8.81 所示零件的加工程序：写出加工程序，毛坯为 45 钢，X 方向精加工余量为 0.1mm，Z 方向精加工余量为 0.1mm。

8.13.4　练习题

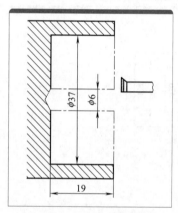

图 8.80　切槽

编制如图 8.82 所示零件的加工程序：写出加工程序，毛坯为 45 钢，X 方向精加工余量为 0.1mm，Z 方向精加工余量为 0.1mm。

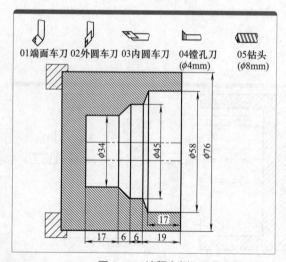

图 8.81　编程实例

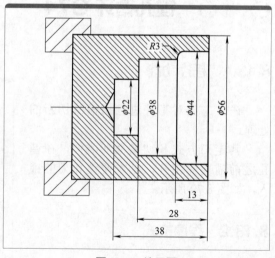

图 8.82　练习题

开始	N010	M03 S800	主轴正转，转速为 800r/min
	N020	T0101	换 01 号端面车刀
	N030	G98	指定走刀按照 mm/min 进给
端面	N040	G00 X80 Z0	快速定位工件端面上方
	N050	G01 X0 Z0 F100	做端面，走刀速度为 100mm/min
	N060	G00 X200 Z200	快速退刀
钻孔	N070	T0505	换 05 号钻头
	N080	G00 X0 Z2	定位钻头在工件中心端
	N090	G01 X0 Z–47.5 F20	钻孔，留有余量
	N100	G01 X0 Z1 F40	退出钻头
	N110	G00 X200 Z200	快速退刀
镗孔	N120	T0404	换 04 号镗孔刀
	N130	G00 X8 Z2	定位镗孔循环起点
	N140	G74 R1	G74 镗孔循环固定格式
	N150	G74 X34 Z–48 P3000 Q3800 R0 F20	G74 镗孔循环固定格式
	N160	G00 X200 Z200	快速退刀
粗车	N170	T0303	换 03 号内圆车刀
	N180	G00 X32 Z2	定位循环起点
	N190	G72 W1.5 R1	Z 向每次吃刀量为 1.5mm，退刀量为 1mm
	N200	G72 P210 Q250 U–0.1 W0.1 F80	循环程序段 210 ～ 250
轮廓	N210	G01 Z–31	工件最内部
	N215	G01 X34 Z–31	接触工件
	N220	G01 X45 Z–25	工件内部 ϕ45mm 处
	N230	G01 X45 Z–19	车削 ϕ45mm 的内圆
	N240	G01 X58 Z–17	斜向车削到 ϕ58mm 的左端
	N250	G01 X58 Z0	车削 ϕ58mm 的内圆
精车	N260	M03 S1200	提高主轴转速到 1200r/min
	N270	G70 P210 Q250 F40	精车
结束	N280	G00 X200 Z200	快速退刀
	N290	M05	主轴停
	N300	M30	程序结束

8.14 锥度螺纹

8.14.1 锥度螺纹概述

锥度螺纹是螺纹的前后具有半径差的螺纹，半径差由前端的螺纹半径值减去尾端的螺纹的半径值得出，因此：顺锥，锥度 $R < 0$；逆锥，锥度 $R > 0$（图 8.83）。

由图 8.84 中得知，锥度 R 并非是工件成形螺纹的半径差，螺纹加工的起点是以循环起点为基础所作出的延长线（A' 点）来计算的，因为螺纹加工的循环起点必须在工件外部，即按照：起点 → A' → B 的顺序进行加工。

延长线的计算方法和倒角的类似，用相似三角形，不再赘述。

G92 和 G76 指令只需给出加工的终点，而 A' 点不需指出，在计算的时候只需我们给定锥度（半径的差值）即可。

例如，计算并写出图 8.85 所示锥度螺纹的程序。

首先确定螺纹的循环起点为（45，3），可知 Z 向伸出 3mm，由图 8.85（b）计算：

$$\frac{31}{8.5} = \frac{31+3}{R}$$ R=9.323mm，顺锥取负值，锥度为 –9.323mm。

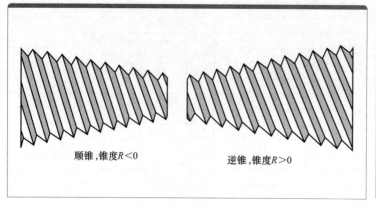
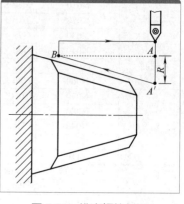

图 8.83　锥度螺纹　　　　　　图 8.84　锥度螺纹加工

程序如下：

G00　X45　Z3	G00　X45 Z3
G92　X39 Z−31 R−9.323 F2	G76 P020260 R100 Q0.08
X38.4　　或	G76 X37.786 Z−31 P1107 Q500 R−9.323 F2
X38	
X37.786	

8.14.2　编程实例

编制如图 8.86 所示零件的加工程序：写出加工程序，毛坯为 45 钢，X 方向精加工余量为 0.1mm，Z 方向精加工余量为 0.1mm，最后切断。

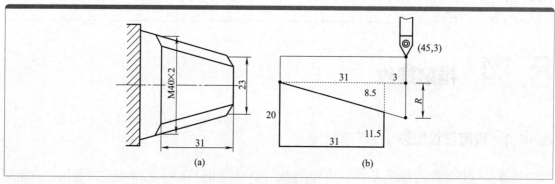

图 8.85　锥度螺纹

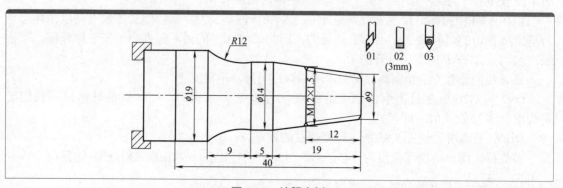

图 8.86　编程实例

车工和数控车工从入门到精通

开始	N010	M03 S800	主轴正转，转速为 800r/min
	N020	T0101	换 01 号外圆车刀
	N030	G98	指定走刀按照 mm/min 进给
端面	N040	G00 X22 Z0	快速定位工件端面上方
	N050	G01 X0 Z0 F100	车削端面
粗车	N060	G00 X22 Z3	快速定位循环起点
	N070	G73 U6.5 W1 R5	X 向切削总量为 6.5mm，循环 5 次（可优化为：U3，R2）
	N080	G73 P90 Q140 U0.2 W0.2 F100	循环程序段 90 ～ 140
轮廓	N090	G00 X9 Z1	快速定位到轮廓右端 1mm 处
	N100	G01 X9 Z0	接触工件
	N110	G01 X14 Z-19	斜向车削至 ϕ14mm 的部分
	N120	G01 X14 Z-24	车削 ϕ14mm 的外圆
	N130	G02 X19 Z-33 R12	车削到 R12mm 的圆弧
	N140	G01 X19 Z-40	车削 ϕ19mm 的外圆
精车	N150	M03 S1200	提高主轴转速到 1200r/min
	N160	G70 P90 Q140 F40	精车
螺纹	N170	M03 S800	降低主轴转速到 800r/min
	N180	G00 X200 Z200	快速定位到换刀点
	N190	T0303	换螺纹刀
	N200	G00 X14 Z3	定位到螺纹循环起点
螺纹	N210	G76 P020260 Q100 R0.1	G76 螺纹循环固定格式
	N220	G76 X10.34 Z-12 P830 Q400 R-1.875 F3	G76 螺纹循环固定格式
	N230	G00 X200 Z200	快速退刀
切断	N240	T0202	换切断刀，即切槽刀
	N250	M03 S800	主轴正转，转速为 800r/min
	N260	G00 X22 Z-43	快速定位至切断处
	N270	G01 X0 Z-43 F20	切断
结束	N280	G00 X200 Z200	快速退刀
	N290	M05	主轴停
	N300	M30	程序结束

8.14.3　练习题

① 编制如图 8.87 所示零件的加工程序：写出加工程序，毛坯为 45 钢，X 方向精加工余量为 0.1mm，Z 方向精加工余量为 0.1mm。

② 编制如图 8.88 所示零件的加工程序：写出加工程序，毛坯为 45 钢，X 方向精加工余量为 0.1mm，Z 方向精加工余量为 0.1mm。

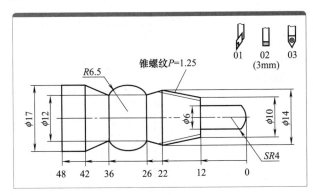

图 8.87　练习题（一）

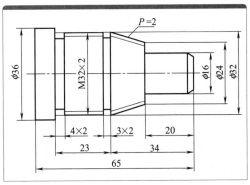

图 8.88　练习题（二）

8.15 多头螺纹

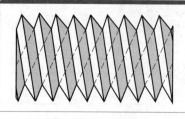

图 8.89　多头螺纹

8.15.1　多头螺纹概述

多头螺纹一般用 G92 指令来实现，通过分度旋入的方法加工出所需的螺纹，度数指定按照微度，即 180°要写成 180000。只需指定每次螺纹加工的循环起点、螺纹终点坐标和分度度数。该指令可用来车削多头等距直螺纹、多头锥度螺纹（图 8.89）。

8.15.2　格式

G00 X__ Z__
G92 X__ Z__ R__ F__ Q__

其中，X、Z 螺纹终点坐标；R 是锥度，直螺纹时可不写；F 是导程，导程＝线数×螺距；Q 是螺纹分度度数。

★ 该指令不需指定进给速度，进给速度和主轴转速由系统自动配给，保证螺纹加工到位。

★ M20×3（P1.5）表示该螺纹导程为 3mm，螺距为 1.5mm，则该螺纹为双头螺纹。

★ 加工方法同 G92 指令。

★ Q 为非模态码，因此每步必须要写。

★ 根据不同机床设定，有的机床系统采用 LXX 作为多头螺纹分线规则，如 G92 X_Z_ F_L_，具体含义请参照机床说明书。本书以 Q 作为分度依据。

其走刀路径如图 8.90 所示。

例如，写出图 8.91 中所示螺纹部分的程序。

双头螺纹，螺距为 1.5mm，则 $h=(1.5×1.107)/2=0.830$（mm），导程为 3mm，写出相对应的 G92 程序段。

```
G00  X22  Z3
G92  X19.2  Z-33  F3      Q0
     X18.6                Q0
     X18.34               Q0
G92  X19.2  Z-33  F3      Q180000
     X18.6                Q180000
     X18.34               Q180000
```

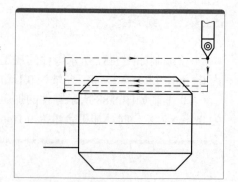

图 8.90　走刀路径

8.15.3　编程实例

编制图 8.92 所示零件的加工程序：写出加工程序，毛坯为铝棒，X 方向精加工余量为 0.2mm，Z 方向精加工余量为 0.1mm，最后切断。

图 8.91　例题

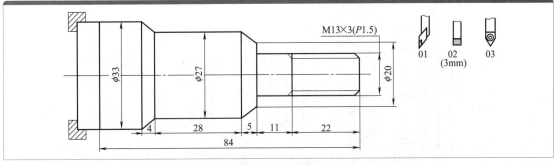

图 8.92　编程实例

开始	N010	M03 S800	主轴正转，转速为 800r/min
	N020	T0101	换 01 号外圆车刀
	N030	G98	指定走刀按照 mm/min 进给
端面	N040	G00 X35 Z0	快速定位工件端面上方
	N050	G01 X0 Z0 F100	车端面
粗车	N060	G00 X35 Z3	快速定位循环起点
	N070	G71 U3 R1	X 向切削量为 3mm，退刀量为 1mm
	N080	G71 P90 Q170 U0.2 W0.1 F100	循环程序段 90 ～ 170
轮廓	N090	G00 X10	垂直移动
	N100	G01 X10 Z0	接触工件
	N110	G00 X13 Z−1.5	车削倒角
	N120	G01 X13 Z−33	车削 φ13mm 的外圆
	N130	G01 X20 Z−33	车削到 φ27mm 的右端面
	N140	G01 X27 Z−38	斜向车削到 φ27mm 的右端
	N150	G01 X27 Z−66	车削 φ27mm 的外圆
	N160	G01 X33 Z−70	斜向车削到 φ33mm 的右端
	N170	G01 X33 Z−84	车削 φ27mm 的外圆
精车	N180	M03 S1200	提高主轴转速到 1200r/min
	N190	G70 P90 Q170 F40	精车
多头螺纹	N200	M03 S800	降低主轴转速到 800r/min
	N210	G00 X200 Z200	快速定位到换刀点
	N220	T0303	换螺纹刀
	N230	G00 X14 Z2	定位到螺纹循环起点
	N240	G92 X12.2 Z−22　F3 Q0	双头螺纹第一头，G92 第一刀
	N250	X11.6　　　Q0	G92 第二刀
	N260	X11.34　　　Q0	G92 第三刀
	N270	G92 X12.2 Z−22　F3 Q180000	双头螺纹第二头，G92 第一刀
	N280	X11.6　　　Q180000	G92 第二刀
	N290	X11.34　　　Q180000	G92 第三刀
	N300	G00 X200 Z200	快速退刀
切断	N310	T0202	换切断刀，即切槽刀
	N320	M03 S800	主轴正转，转速为 800r/min
	N330	G00 X40 Z−87	快速定位至切断处
	N340	G01 X0 Z−87 F20	切断
结束	N350	G00 X200 Z200	快速退刀
	N360	M05	主轴停
	N370	M30	程序结束

8.15.4　练习题

编制如图 8.93 所示零件的加工程序：写出加工程序，毛坯为 45 钢，X 方向精加工余量为 0.1mm，Z 方向精加工余量为 0.1mm。

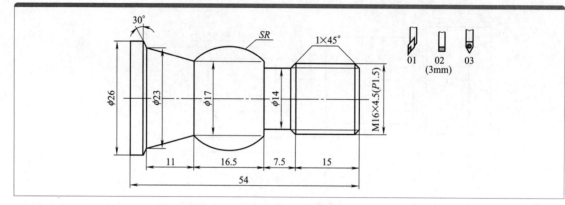

图 8.93　练习题

8.16　椭圆

8.16.1　椭圆概述

由于椭圆的编程涉及参数编程和变量，这里所介绍椭圆编程只是众多编程方法中的一种。数控车床加工曲线的原理是"拟合曲线"，即用直线模拟曲线，由于机床设定 Z 向脉冲（即最小移动量）是个定值，因此，机床加工曲线实际上是根据每次 Z 向的移动量去计算 x 值，并用直线连接，如图 8.94 所示。

我们在碰到任何一个数学方程表达的图形时，首先将其转换为 $X=\cdots\cdots$ 的格式。椭圆的计算与编程也遵循这个原理。

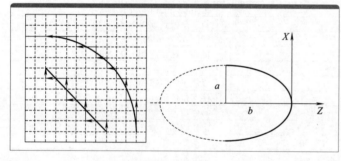

图 8.94　椭圆

8.16.2　公式转换

根据几何里面的椭圆计算公式：

$$\frac{x^2}{a^2}+\frac{z^2}{b^2}=1$$

将其转换为 x 求值方式：

$$x=a\times\sqrt{1-z^2/b^2}$$

8.16.3　椭圆程序格式

用单词 SQRT 表示 $\sqrt{}$ ，设两个变量分别为 #102 和 #101，#102 代替 x，#101 代替 z，公式可写为：

$$\#102=a\times\text{SQRT}\left[1-\#101\times\#101/b^2\right]$$

椭圆的程序格式：

N200	#100=c	#100 为中间变量，用于指定 z 的值，c 是椭圆 Z 向起点的坐标
N210	#101=#100+b	为椭圆公式中的 z 值（#101）赋值
N220	#102=a×SQRT［1−#101×#101/b^2］	椭圆的计算公式。由于每一行程序的长度有限，故此处 b^2 应计算出数值然后填入
N230	G01×［2×#102］Z［#100］	由直线拟合曲线，#102 是半径值，故须 ×2
N240	#100=#100−0.1	Z 方向每次移动 −0.1mm，0.1mm 为脉冲量，脉冲量越小，零件越精密，但加工时间越长
N250	IF［#100 GT−d］GOTO 210	判断语句 d 为椭圆 Z 向终点的坐标。GOTO 是指向语句 用于比较刀具当前是否到达 d 值（椭圆 Z 向终点），如不到达，则返回第二行（N210）段反复执行，直到到达 d 值为止

例如，写出如图 8.95 所示椭圆的编程程序。

N200 #100= 0
N210 #101= #100+36
N220 #102= 20×SQRT［1−#101×#101/1296］
N230 G01 X［2×#102］Z［#100］
N240 #100=#100−0.1
N250 IF［#100GT−36］GOTO 210

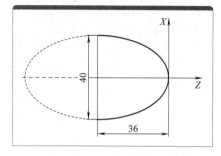

图 8.95　椭圆

8.16.4　编程实例

编制如图 8.96 所示零件的加工程序：写出加工程序，毛坯为铝棒，X 方向精加工余量为 0.2mm，Z 方向精加工余量为 0.1mm，最后切断。

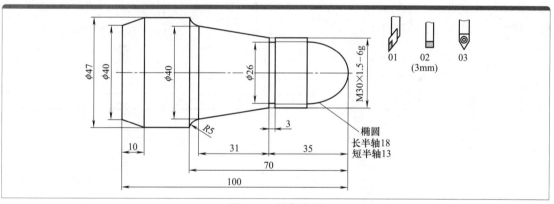

图 8.96　编程实例

	N010	M03 S800	主轴正转，转速为 800r/min
开始	N020	T0101	换 01 号外圆车刀
	N030	G98	指定走刀按照 mm/min 进给
	N040	G00 X50 Z3	快速定位循环起点
粗车	N050	G73 U25 W3 R9	X 向总切削量为 25mm，循环 9 次（可优化为：U10，R3）
	N060	G73 P70 Q220 U0.2 W0.1 F100	循环程序段 70 ～ 220
	N070	G00 X−4 Z2	快速定位到相切圆弧起点
	N080	G02 X0 Z0 R2	相切圆弧
	N090	#100=0	
	N100	#101=#100+18	
轮廓	N110	#102=13×SQRT［1− #101×#101/324］	椭圆的加工
	N120	G01 X［2×#102］Z［#100］	
	N130	#100=#100−0.1	
	N140	IF［#100 GT−18］GOTO 100	

	N150	G01 X30 Z–18	车削 φ30mm 右侧面
轮廓	N160	G01 X30 Z–35	车削 φ30mm 的外圆
	N170	G01 X40 Z–66	斜向车削至 R5mm 的圆弧处
	N180	G02 X47 Z–70 R5	车削 R5mm 的顺时针圆弧
	N190	G01 X47 Z–90	车削 φ47mm 的外圆
	N200	G01 X40 Z–100	斜向车削至 φ40mm 的外圆处
	N210	G01 X40 Z–103	为切断让一个刀宽值
	N220	G01 X50 Z–103	提刀，避免退刀时碰刀
精车	N230	M03 S1200	提高主轴转速到 1200r/min
	N240	G70 P70 Q220 F40	精车
切槽	N241	G00 X200 Z200	退刀
	N243	M03 S600	降低主轴转速 600r/min
	N244	T0202	换 02 号切槽刀
	N245	G00 X32 Z–35	快速定位至槽上方
	N246	G01 X26 Z–35 F20	切槽
	N247	G04 P1000	暂停 1s，清槽底，保证形状
	N248	G01 X32 Z–35 F40	提刀
	N249	G00 X200 Z200	快速退刀
螺纹	N250	M03 S800	降低主轴转速到 800r/min
	N260	G00 X200 Z200	快速定位到换刀点
	N270	T0303	换螺纹刀
	N280	G00 X34 Z–15	定位到螺纹循环起点
	N290	G92 X29.2 Z–33.5 F1.5	G92 第一刀
	N300	X28.6	G92 第二刀
	N310	X28.34	G92 第三刀
切断	N320	G00 X150 Y150	快速退刀
	N330	T0202	换切断刀，即切槽刀
	N340	M03 S800	主轴正转，转速为 800r/min
	N350	G00 X55 Z–103	快速定位至切断处
	N360	G01 X0 Z–103 F20	切断
结束	N370	G00 X200 Z200	快速退刀
	N370	M05	主轴停
	N380	M30	程序结束

8.16.5　练习题

编制如图 8.97 所示零件的加工程序：写出加工程序，毛坯为 45 钢，X 方向精加工余量为 0.1mm，Z 方向精加工余量为 0.1mm。

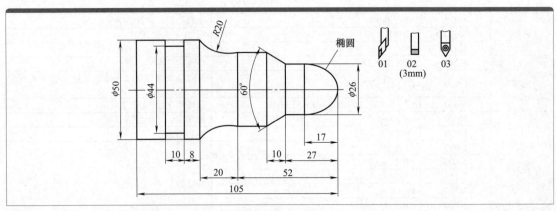

图 8.97　练习题

车工和数控车工从入门到精通

8.17 简单外径循环 G90

8.17.1 指令格式

G00 X__ Z__   循环起点
G90 X__ Z__ R__ F__

> ★ X、Z 为切削终点坐标值。
> ★ F 是进给速度，R 为锥度。
> ★ 刀具按如图 8.98 所示的路径循环操作。

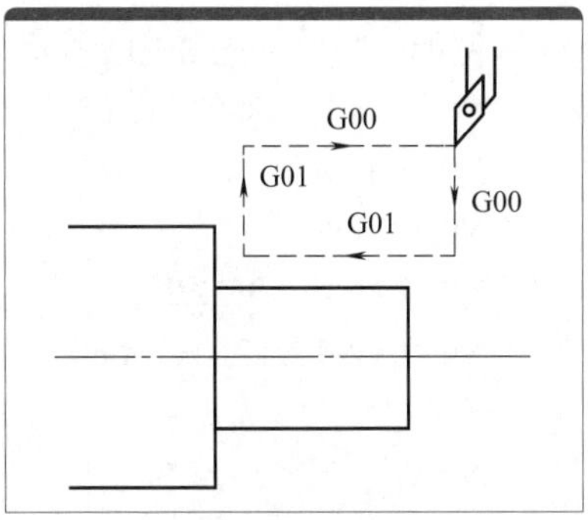

例如，写出如图 8.99 所示外圆的 G90 编程程序。

N010 T0101
N020 M03 S800
N030 G98
N040 G00 X55 Z2   循环起点
N050 G90 X36 Z–16 F80   切削循环，第一刀
N060   X30   第二刀
N070   X26   第三刀
N080   X22   最后一刀
N090 G00 X200 Z100
N100 M05
N110 M30

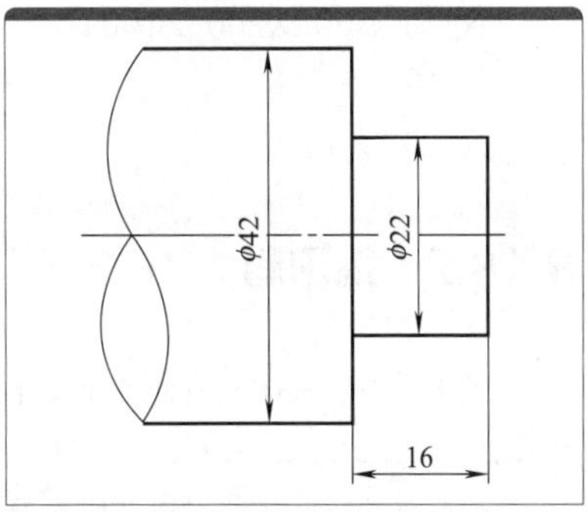

8.17.2 练习题

写出如图 8.100 所示外圆的 G90 编程程序。

> ★ 注意：由于 G90 的走刀运动方式，一般上只做粗加工中的去大量毛坯操作，不做精加工。

8.18 简单端面循环 G94

8.18.1 指令格式

G00 X__ Z__   循环起点
G94 X__ Z__ R__ F__

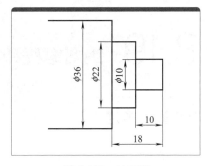

图 8.98　刀具路径

图 8.99　外圆

图 8.100　练习题

★ X、Z 为切削终点坐标值。

★ F 是进给速度，R 为锥度。

★ 刀具按如图 8.101 所示的路径循环操作。

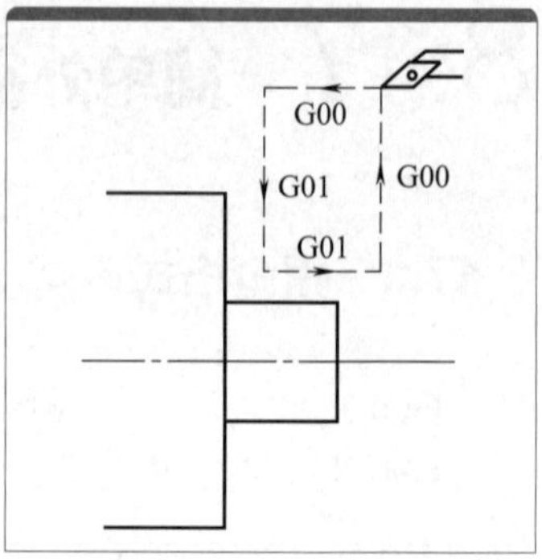

图 8.101　刀具路径

例如，写出如图 8.102 所示外圆的 G94 编程程序。

N010	M03 S800T0101	
N020	T0101	
N030	G98	
N040	G00 X35 Z2	循环起点
N050	G94 X11 Z-1 F80	切削循环，第一刀
N060	Z-3	第二刀
N070	Z-6	第三刀
N080	Z-9	第四刀
N090	Z-11	最后一刀
N100	G00 X200 Z100	
N110	M05	
N120	M30	

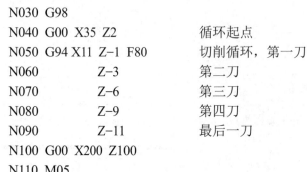

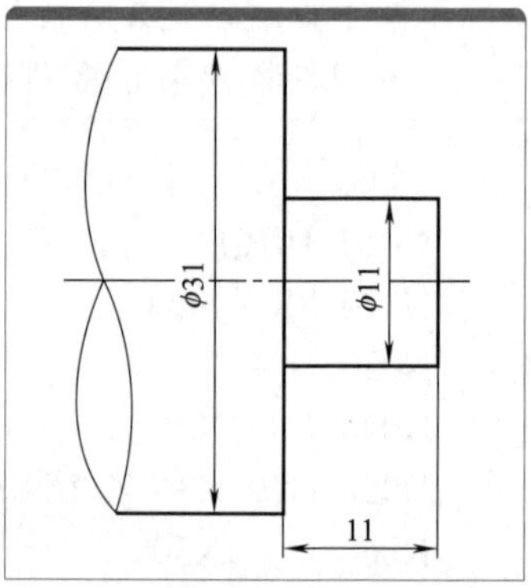

图 8.102　外圆

8.18.2　练习题

写出如图 8.103 所示外圆的 G94 编程程序。

★注意：由于 G94 的走刀运动方式，一般上只做粗加工中的去大量毛坯操作，不做精加工。

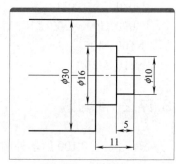

图 8.103　练习题

8.19　绝对编程和相对编程

8.19.1　概述

数控车床有两个控制轴，有两种编程方法：绝对坐标命令方法和相对坐标命令方法，即绝对编程和相对编程。相对编程是相对于刀具现在的位置的坐标为基准计算，绝对编程是以工作坐标系为零点的位置计算。此外，这些方法能够被结合在一个指令里。

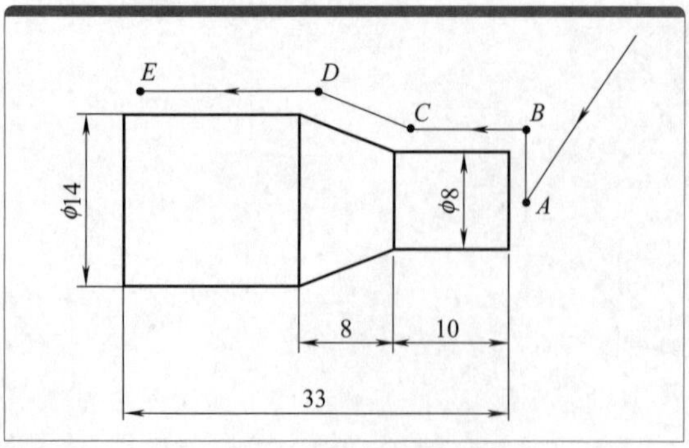

对于 X 轴和 Z 轴的相对坐标指令是 U 和 W，指 X 方向或 Z 方向移动了多少距离。X 向差值根据系统不同，可以是半径值，也可以是直径值，此处 X 方向差值以直径举例说明。

例如，写出如图 8.104 所示零件的绝对编程和相对编程。

图 8.104　例题

坐标点	绝对编程	相对编程	混合编程
A	G01 X0 Z0	G01 X0 Z0	G01 X0 Z0
B	G01 X8 Z0	G01 U8 Z0	G01 X8 Z0
C	G01 X8 Z-10	G01 U0 W-10	G01 U0 W-10
D	G01 X14 Z-18	G01 U6 W-8	G01 X14 W-8
E	G01 X14 Z-33	G01 U0 W-15	G01 U0 Z-33

8.19.2　练习题

相对编程或者混合编程的方式写出图 8.105 所示 $A \rightarrow B$ 零件轮廓，如上述例题方式。

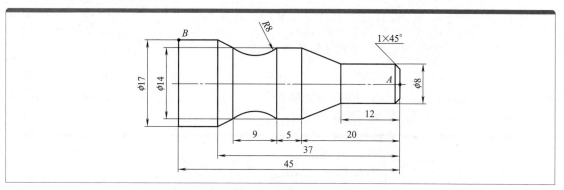

图 8.105　练习题

8.20　综合练习

① 编制如图 8.106 所示零件的加工程序：选择刀具，写出完整的加工步序和程序，毛坯为铝棒，要求循环起始点在 A（46，3），X 方向精加工余量为 0.4mm，Z 方向精加工余量为 0.1mm，其中点划线部分为工件毛坯，最后切断。

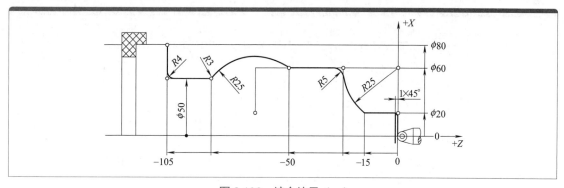

图 8.106　综合练习（一）

② 编制如图 8.107 所示零件的加工程序：选择刀具，写出完整的加工步序和程序，毛坯为铝棒，要求循环起始点在 A（46，3），X 方向精加工余量为 0.4mm，Z 方向精加工余量为 0.1mm，其中点划线部分为工件毛坯，最后切断。

③ 编制如图 8.108 所示零件的加工程序：选择刀具，写出完整的加工步序和程序，毛坯为铝棒，要求循环起始点在 A（46，3），X 方向精加工余量为 0.4mm，Z 方向精加工余量为 0.1mm，其中点划线部分为工件毛坯，最后切断。

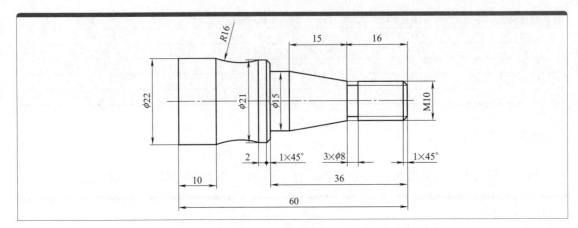

图 8.107　综合练习（二）

④编制如图 8.109 所示零件的加工程序：选择刀具，写出完整的加工步序和程序，毛坯为铝棒，要求循环起始点在 $A(46, 3)$，X 方向精加工余量为 0.4mm，Z 方向精加工余量为 0.1mm，其中点划线部分为工件毛坯，最后切断。

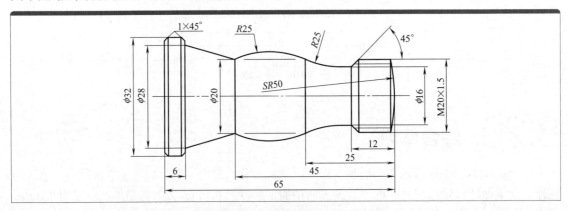

图 8.108　综合练习（三）

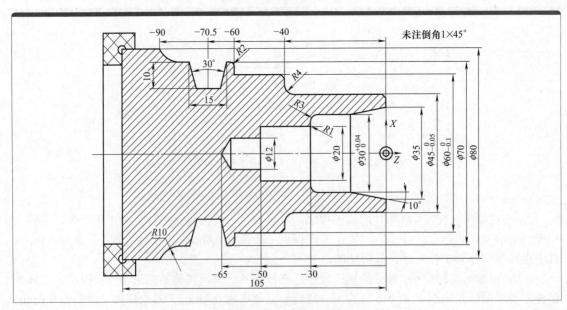

图 8.109　综合练习（四）

9 第9章 数控车削典型零件加工

9.1 螺纹特型轴数控车床加工工艺分析及编程

图 9.1 所示为螺纹特型轴。

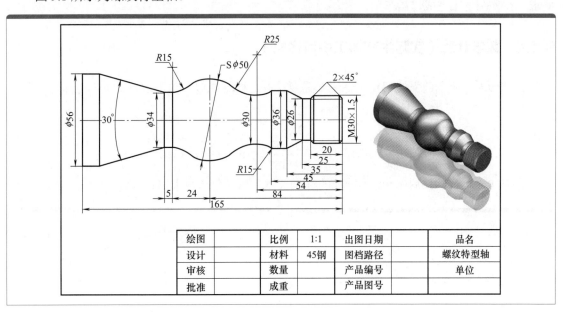

图 9.1 螺纹特型轴

绘图		比例	1:1	出图日期		品名	
设计		材料	45钢	图档路径		螺纹特型轴	
审核		数量		产品编号		单位	
批准		成重		产品图号			

9.1.1 零件图工艺分析

该零件表面由圆柱、圆锥、顺圆弧、逆圆弧及外螺纹等表面组成。球面 $S\phi50\text{mm}$ 的尺寸公差兼有控制该球面形状（线轮廓）误差的作用。尺寸标注完整，轮廓描述清楚。零件材料为45 钢，无热处理和硬度要求。

通过上述分析，采取以下几点工艺措施。

① 对图样上给定的几个精度要求较高的尺寸，全部取其基本尺寸即可。

② 在轮廓曲线上，有三处为相切之圆弧，其中两处为既过象限又改变进给方向的轮廓曲

线，因此在加工时应进行机械间隙补偿，以保证轮廓曲线的准确性。

③ 因为工件较长，右端面应先粗车出并钻好中心孔。毛坯选 $\phi60mm$ 棒料。

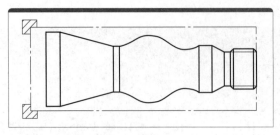

图 9.2　装夹方案

9.1.2　确定装夹方案

左端采用三爪自定心卡盘定心夹紧，右端用顶尖顶紧，如图 9.2 所示。

9.1.3　确定加工顺序及进给路线

加工顺序按由粗到精、由近到远（由右到左）的原则确定。即先从右到左进行粗车（留 0.2mm 精车余量），然后从右到左进行精车，最后车削螺纹。

数控车床具有粗车循环和车螺纹循环功能，只要正确使用编程指令，机床数控系统就会自行确定其进给路线，因此，该零件的粗车循环、精车循环和车螺纹循环不需要人为确定其进给路线。该零件是从右到左沿零件表面轮廓进给的，如图 9.3 所示。螺纹倒角不作工艺性要求，在外圆加工完成以后车削。

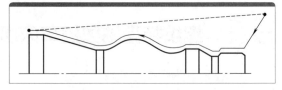

图 9.3　外轮廓加工走刀路线

9.1.4　数学计算（实际生产加工中可省略）

① 图 9.4 中所示圆弧的切点坐标未知需要计算，根据相似三角形求解：

$$\frac{25}{a}=\frac{25+25}{30}\ a=15,\quad \frac{25}{b}=\frac{25+25}{25+15}\ b=20,\ 得出\ A（40，-69）$$

$$\frac{15}{c}=\frac{15+25}{24}\ c=9,\quad \frac{25}{d}=\frac{25+15}{17+15}\ d=20,\ 得出\ B（40，-99）$$

② 图 9.5 所示零件后端 30° 锥度处的终点未知，由三角函数求出：

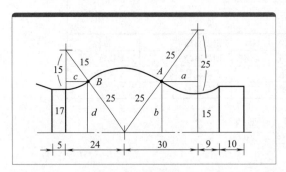

图 9.4　数学计算（一）

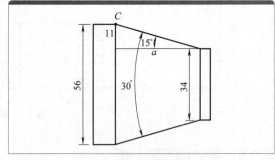

图 9.5　数学计算（二）

$$\tan15°=\frac{11}{a}，\ a=41.053，得出\ C（56，154.053）$$

9.1.5　刀具选择

① 选用 $\phi5mm$ 中心钻钻削中心孔。

② 车轮廓及平端面选用 45°硬质合金右偏刀，以防止副后刀面与工件轮廓干涉。

③ 将所选定的刀具参数填入表 9.1 所示的数控加工刀具卡片中，以便于编程和操作管理。

表 9.1　螺纹特型轴数控加工刀具卡片

产品名称或代号		数控车工艺分析实例		零件名称	螺纹特型轴		零件图号	Lathe-01
序号	刀具号	刀具规格名称		数量	加工表面		刀尖半径 /mm	备注
1	T01	硬质合金 45°外圆车刀		1	车端面及车轮廓			右偏刀
2	T02	切断刀（割槽刀）		1	宽 4mm			
3	T03	硬质合金 60°外螺纹车刀		1	螺纹			
编制	×××	审核	×××	批准	×××		共 1 页	第 1 页

9.1.6　切削用量选择

① 背吃刀量的选择　轮廓粗车循环时选 3mm。

② 主轴转速的选择　车直线和圆弧时，查表或根据资料选得粗车切削速度为 80mm/min、精车切削速度为 40mm/min，主轴转速粗车时为 800r/min、精车时为 1200r/min。车螺纹时，主轴转速为 300r/min。

将前面分析的各项内容综合成如表 9.2 所示的数控加工工序卡，此卡是编制加工程序的主要依据和操作人员配合数控程序进行数控加工的指导性文件，主要内容包括：工步顺序、工步内容、各工步所用的刀具及切削用量等。

表 9.2　螺纹特型轴数控加工工序卡

单位名称	××××	产品名称或代号		零件名称		零件图号	
		数控车工艺分析实例		螺纹特型轴		Lathe-01	
工序号	程序编号	夹具名称		使用设备		车间	
001	Lathe-01	三爪卡盘和活动顶尖		FANUC 0i		数控中心	
工步号	工步内容	刀具号	刀具规格 /mm	主轴转速 /r·min⁻¹	进给速度 /mm·min⁻¹	背吃刀量 /mm	备注
1	平端面	T01	25×25	800	80		自动
2	粗车轮廓	T01	25×25	800	80	3	自动
3	精车轮廓	T01	25×25	1200	40	0.2	自动
4	螺纹倒角	T01	25×25	800	80		自动
5	车削螺纹	T03	25×25	系统配给	系统配给		自动
6	切断工件	T02	4×25	800	20		自动
编制	×××	审核	×××	批准	×××	年　月　日	共 1 页　第 1 页

9.1.7　数控程序的编制

开始	N010	M03 S800		主轴正转，转速为 800r/min
	N020	T0101		换 01 号外圆车刀
	N030	G98		指定走刀按照 mm/min 进给
端面	N040	G00 X60 Z0		快速定位工件端面上方
	N050	G01 X0	F80	做端面，走刀速度为 80mm/min
粗车	N060	G00 X60 Z3		快速定位循环起点
	N070	G73 U17 W3 R6		X 向切削总量为 17mm，循环 6 次
	N080	G73 P90 Q210 U0.2 W0.2 F80		循环程序段 90 ～ 210
轮廓	N090	G00 X30 Z1		快速定位到轮廓右端 1mm 处
	N100	G01　　Z−18		车削 ϕ30mm 的部分
	N110	G01 X26 Z−20		斜向车削到 ϕ26mm 的右端
	N120	G01　　Z−25		车削 ϕ26mm 的部分
	N130	G01 X36 Z−35		斜向车削到 ϕ36mm 的右端

	N140	G01　　　Z-45	车削φ36mm的部分
轮廓	N150	G02 X30 Z-54 R15	车削R15的顺时针圆弧
	N160	G02 X40 Z-69 R25	车削R25的顺时针圆弧
	N170	G03 X40 Z-99 R25	车削φ50mm（R25mm）的逆时针圆弧
	N180	G02 X34 Z-108 R15	车削R15的顺时针圆弧
	N190	G01　　　Z-113	车削φ34mm的部分
	N200	G01 X56 Z-154.053	车削30°外圆至φ56mm的右端
	N210	G01　　　Z-165	车削φ56mm的部分
精车	N220	M03 S1200	提高主轴转速到1200r/min
	N230	G70 P90 Q210 F40	精车
倒角	N240	M03 S800	主轴正转，转速为800r/min
	N250	G00 X24 Z1	快速定位到倒角延长线
	N260	G01 X30 Z-2 F 100	车削倒角
	N270	G00 X200 Z200	快速退刀
螺纹	N280	T0303	换螺纹刀
	N290	G00 X32 Z3	定位到螺纹循环起点
	N300	G92 X29.2 F2	第1刀攻螺纹终点
	N310	X28. 8	第2刀攻螺纹终点
	N320	X28.5	第3刀攻螺纹终点
	N330	X28.34	第4刀攻螺纹终点
切断	N340	G00 X200 Z200	快速退刀
	N350	T0202	换切断刀，即切槽刀
	N360	M03 S800	主轴正转，转速为800r/min
	N370	G00 X62 Z-169	快速定位至切断处
	N380	G01 X0　　　F20	切断
结束	N390	G00 X200 Z200	快速退刀
	N400	M05	主轴停
	N410	M30	程序结束

9.2 细长轴类零件数控车床加工工艺分析及编程

图9.6所示为细长轴类零件。

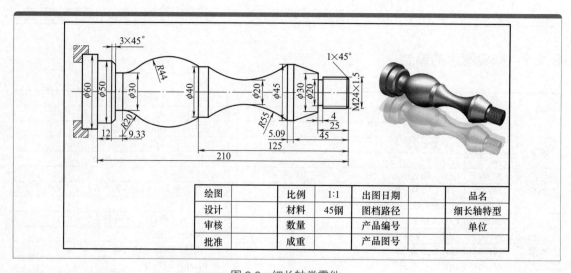

图9.6　细长轴类零件

9.2.1 零件图工艺分析

该零件表面由内外圆柱面、顺圆弧、逆圆弧、螺纹退刀槽及外螺纹等表面组成，零件图尺寸标注完整，符合数控加工尺寸标注要求；轮廓描述清楚完整；零件材料为 45 钢，切削加工性能较好，无热处理和硬度要求。

通过上述分析，采取以下几点工艺措施。

① 零件图样上带公差的尺寸取基本尺寸即可。

② 该零件为细长轴零件，加工前，应该先将左右端面车出来，手动粗车端面，钻中心孔。

③ 细长轴零件注意切削用量和进给速度的选择。

9.2.2 确定装夹方案

用三爪自动定心卡盘夹紧，心轴右端留有中心孔并用尾座顶尖顶紧以提高工艺系统的刚性，如图 9.7 所示。注意：实际加工在切断前应撤出顶尖，防止撞刀。此处仅作编程说明。

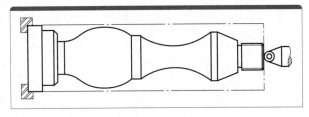

图 9.7 装夹方案

9.2.3 确定加工顺序及走刀路线

加工顺序按由内到外、由粗到精、由近到远的原则确定，在一次装夹中尽可能加工出较多的工件表面。结合本零件的结构特征，可先粗车外圆表面，然后加工外轮廓表面。由于该零件圆弧部分较多较长，因此采用 G73 循环，走刀路线设计不必考虑最短进给路线或最短空行程路线，外轮廓表面车削走刀可沿零件轮廓顺序进行，按路线加工，注意外圆轮廓的最低点在 $\phi20$mm 的圆弧处，加工如图 9.8 所示。螺纹倒角不作工艺性要求，在外圆加工完成以后车削。

数学计算略。

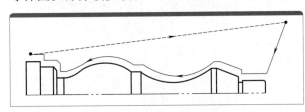

图 9.8 外轮廓加工走刀路线

9.2.4 刀具选择

将所选定的刀具参数填入表 9.3 所示的细长轴特型件数控加工刀具卡片中，以便于编程和操作管理。注意：车削外轮廓时，为防止副后刀面与工件表面发生干涉，应选择较大的副偏角，必要时可作图检验。

表 9.3 细长轴类零件数控加工刀具卡片

产品名称或代号		数控车工艺分析实例		零件名称	细长轴类零件		零件图号	Lathe-02
序号	刀具号	刀具规格名称	数量	加工表面		刀尖半径 /mm		备注
1	T01	45°硬质合金端面车刀	1	车端面 1		0.1		25mm×25mm
2	T02	切断刀（割槽刀）	1	宽 4mm				
3	T03	硬质合金 60°外螺纹车刀	1	螺纹				
4	T06	ϕ5mm 中心钻	1	钻 ϕ5mm 中心孔				
编制	×××	审核	×××	批准	×××	共 1 页		第 1 页

9.2.5 切削用量选择

根据被加工表面质量要求、刀具材料和工件材料，参考切削用量手册或有关资料选取切削速度与每转进给量，计算主轴转速和进给速度填入表 9.4 所示工序卡中。

表 9.4 细长轴类零件数控加工工序卡

单位名称	××××	产品名称或代号		零件名称		零件图号	
		数控车工艺分析实例		细长轴类零件		Lathe-02	
工序号	程序编号	夹具名称		使用设备		车间	
001	Lathe-02	三爪卡盘和活动顶尖		FANUC 0i		数控中心	
工步号	工步内容	刀具号	刀具规格 /mm	主轴转速 /r·min⁻¹	进给速度 /mm·min⁻¹	背吃刀量 /mm	备注
1	平端面	T01	25×25	800	80		手动
2	钻 5mm 中心孔	T06	ϕ5	800	20		手动
3	粗车轮廓	T01	25×25	800	80	1.5	自动
4	精车轮廓	T01	25×25	1200	40	0.2	自动
5	螺纹倒角	T01	25×25	800	80		自动
6	螺纹退刀槽	T02	4×25	800	20		自动
7	车削螺纹	T03	25×25	系统配给	系统配给		自动
8	切断工件	T02	4×25	800	20		自动
编制	×××	审核	×××	批准	×××	年 月 日	共1页 第1页

9.2.6 数控程序的编制

	N010	M03 S800	主轴正转，转速为 800r/min
开始	N020	T0101	换 01 号外圆车刀
	N030	G98	指定走刀按照 mm/min 进给
粗车	N040	G00 X65 Z3	端面已做，直接粗车循环
	N050	G73 U22.5 W3 R12	X 向切削总量为 22.5mm，循环 12 次
	N060	G73 P70 Q190 U0.2 W0.2 F80	循环程序段 70 ~ 190
轮廓	N070	G00 X24 Z1	快速定位到轮廓右端 1mm 处
	N080	G01　　Z−25	车削 ϕ25mm 的外圆
	N085	G01 X30	车削至 ϕ30 的右侧
	N090	G01 X45 Z−45	斜向车削到 ϕ45mm 的右端
	N100	G01　　Z−50.09	车削 ϕ45mm 的外圆
	N110	G02 X40 Z−116.623 R55	车削 R55mm 的顺时针圆弧
	N120	G01　　Z−125	车削 ϕ40mm 的外圆
轮廓	N130	G03 X38.058 Z−176.631 R44	车削 R44mm 的逆时针圆弧
	N140	G02 X30 Z−188.67 R20	车削 R20mm 的顺时针圆弧
	N150	G01　　Z−195	车削 ϕ30mm 的外圆
	N160	G01 X44	车削至 3mm×45°倒角右侧
	N170	G01 X50 Z−198	车削 3mm×45°倒角
	N180	G01　　Z−210	车削 ϕ50mm 的外圆
	N190	G01 X61	提刀
精车	N200	M03 S1200	提高主轴转速到 1200r/min
	N210	G70 P70 Q190 F40	精车
倒角	N220	M03 S800	主轴正转，转速为 800r/min
	N230	G00 X20 Z1	快速定位倒角延长线
	N240	G01 X24 Z−1 F80	车削倒角
切槽	N250	G00 X100 Z200	快速退刀准备换刀
	N260	T0202	换 02 号切槽刀
	N270	G00 X35 Z−25	快速定位至槽上方
	N280	G01 X20　　　F20	切槽，速度为 20mm/min

切槽	N290	G04 P1000	暂停 1s，清槽底，保证形状
	N300	G01 X35　　　F40	提刀
	N310	G00 X100 Z100	快速退刀
螺纹	N320	T0303	换 03 号螺纹刀
	N330	G00 X26 Z3	定位到螺纹循环起点
	N340	G76 P040060 Q100 R0.1	G76 螺纹循环固定格式
	N350	G76 X22.34 Z−23 P830 Q400 R0 F1.5	G76 螺纹循环固定格式
	N360	G00 X200 Z200	快速退刀
切断	N370	T0202	换切断刀，即切槽刀
	N380	M03 S800	主轴正转，转速为 800r/min
	N390	G00 X62 Z−214	快速定位至切断处
	N400	G01 X0　　　F20	切断
	N410	G00 X200 Z200	快速退刀
结束	N420	M05	主轴停
	N430	M30	程序结束

9.3 特长螺纹轴零件数控车床加工工艺分析及编程

图 9.9 所示为特长螺纹轴零件。

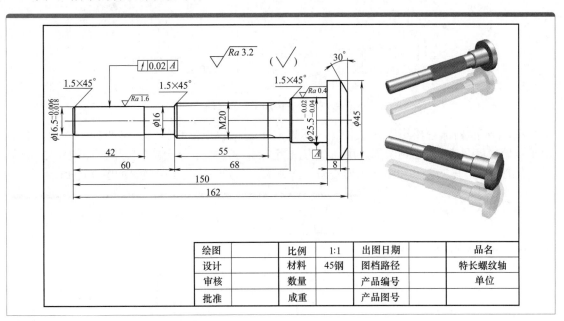

图 9.9 特长螺纹轴零件

9.3.1 零件图工艺分析

该零件表面由外圆柱面及外螺纹等表面组成，其中多个直径尺寸与轴向尺寸有较高的尺寸精度和表面粗糙度要求。零件图尺寸标注完整，符合数控加工尺寸标注要求；轮廓描述清楚完整；零件材料为 45 钢，切削加工性能较好，无热处理和硬度要求。加工时按照从左到右的顺序进行程序编制和加工。

通过上述分析，采取以下几点工艺措施。

① 零件图样上带公差的尺寸，考虑到公差值影响，故编程时取其平均值。

② 该零件为细长轴零件，加工前，应该先将左右端面车出来，手动粗车端面，钻中心孔。

③ 细长轴零件注意切削用量和进给速度的选择。

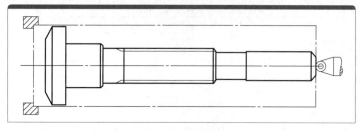

图 9.10　装夹方案

9.3.2　确定装夹方案

用三爪自动定心卡盘夹紧，心轴右端留有中心孔并用尾座顶尖顶紧以提高工艺系统的刚性，如图 9.10 所示。

9.3.3　确定加工顺序及走刀路线

加工顺序按由内到外、由粗到精、由近到远的原则确定，在一次装夹中尽可能加工出较多的工件表面。结合本零件的结构特征，由于该零件外圆部分由直线构成，因此采用 G71 循环，轮廓表面车削走刀路线以一次车削较长尺寸为优，按图 9.11 所示路线加工。

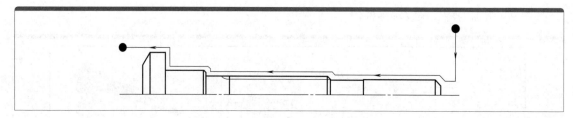

图 9.11　外轮廓加工走刀路线

$\phi 16mm$ 的槽部分不影响螺纹加工，所以在车完螺纹以后切槽，以减少换刀次数，并且由于单边深度只有 0.25mm，因此用切槽刀采用直线 G01 指令一次精车完毕，如图 9.12 所示。尾部的 30°角部分和切断，用切槽刀一次完成，走刀路线和车削效果如图 9.13 所示。

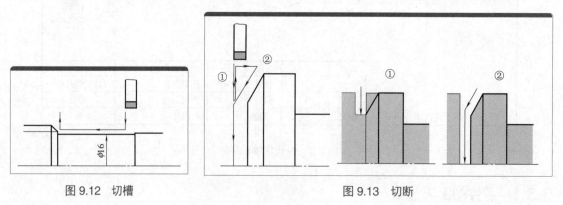

图 9.12　切槽　　　　　　　　　图 9.13　切断

9.3.4　刀具选择

将所选定的刀具参数填入表 9.5 所示特长螺纹轴零件数控加工刀具卡片中，以便于编程和操作管理。

表 9.5 特长螺纹轴数控加工刀具卡片

产品名称或代号		数控车工艺分析实例		零件名称		特长螺纹轴	零件图号	Lathe-03
序号	刀具号	刀具规格名称		数量	加工表面		刀尖半径 /mm	备注
1	T01	45°硬质合金外圆车刀		1	车端面 1		0.5	25mm×25mm
2	T02	切断刀（割槽刀）		1	宽 4mm			
3	T03	硬质合金 60°外螺纹车刀		1	螺纹			
4	T06	ϕ5mm 中心钻		1	钻 ϕ5mm 中心孔			
编制		×××	审核	×××	批准	×××	共 1 页	第 1 页

9.3.5 切削用量选择

根据被加工表面质量要求、刀具材料和工件材料，参考切削用量手册或有关资料选取切削速度与每转进给量，计算主轴转速与进给速度（计算过程略），计算结果填入表 9.6 所示工序卡中。

表 9.6 特长螺纹轴数控加工工序卡

单位名称		××××	产品名称或代号		零件名称		零件图号	
			数控车工艺分析实例		特长螺纹轴		Lathe-03	
工序号		程序编号	夹具名称		使用设备		车间	
001		Lathe-03	三爪卡盘和活动顶尖		FANUC 0i		数控中心	
工步号	工步内容		刀具号	刀具规格 /mm	主轴转速 /r·min⁻¹	进给速度 /mm·min⁻¹	背吃刀量 /mm	备注
1	平端面		T01	25×25	800	80		手动
2	钻 5mm 中心孔		T06	ϕ5	800	20		手动
3	粗车轮廓		T01	25×25	800	80	1.5	自动
4	精车轮廓		T01	25×25	1200	40	0.2	自动
5	车削螺纹		T03	25×25	系统配给	系统配给		自动
6	ϕ16mm 的槽		T02		800	20		自动
7	30°倒角		T02	4×25	800	80		自动
8	切断工件		T02	4×25	1200	20		自动
编制	×××	审核	×××	批准	×××	年 月 日	共 1 页	第 1 页

9.3.6 数控程序的编制

开始	N010	M03 S800	主轴正转，转速为 800r/min
	N020	T0101	换 01 号外圆车刀
	N030	G98	指定走刀按照 mm/min 进给
粗车	N040	G00 X60 Z1	端面已做，直接粗车循环
	N050	G71 U1.5 R1	X 向每次吃刀量为 1.5mm，退刀量为 1mm
	N060	G71 P70 Q180 U0.2 W0.2 F80	循环程序段 70 ～ 180
轮廓	N070	G00 X13.5	快速定位到轮廓右端 1mm 处
	N080	G01　　Z0	接触工件
	N090	G01 X16.488 Z-1.5	车削 1.5mm×45°倒角
	N100	G01　　Z-60	车削 ϕ16.5mm 的外圆
	N110	G01 X17	车削至 ϕ17mm 的外圆处
	N120	G01 X20 Z-61.5	车削 1.5mm×45°倒角
	N130	G01　　Z-128	车削 ϕ20mm 的外圆
	N140	G01 X-22.5	车削至 ϕ23.5mm 的外圆处
	N150	G01 X25.47 Z-129.5	车削 1.5mm×45°倒角
	N160	G01　　Z-150	车削 ϕ25.5mm 的外圆
	N170	G01 X45	车削至 ϕ45.5mm 的外圆处
	N180	G01　　Z-166	车削 ϕ45mm 的外圆并让刀宽

	N190	M03 S1200	提高主轴转速到 1200r/min
精车	N200	G70 P70 Q180 F40	精车
	N230	G00 X100 Z100	快速退刀准备换刀
	N300	T0303	换 03 号螺纹刀
螺纹	N310	G00 X22 Z−55	定位到螺纹循环起点
	N320	G76 P020260 Q100 R0.1	G76 螺纹循环固定格式
	N330	G76 X17.2325 Z−115 P1384 Q600 R0 F2.5	G76 螺纹循环固定格式[①]
	N340	G00 X100 Z100	快速退刀准备换刀
	N350	T0202	换 02 号切槽刀
精车	N360	M03 S1200	提高主轴转速到 1200r/min
浅槽	N370	G00 X17 Z−46	快速定位至槽上方
	N380	G01 X16 F20	切槽，速度为 20mm/min
	N390	G01 Z−60 F20	横向车削槽
	N400	G01 X50 F80	提刀
	N410	G00 Z−166	定位到工件尾部
	N420	M03 S800	主轴转速降为 800r/min
30°	N430	G01 X31.135 F20	切第一次，为 30°倒角做准备
倒角	N440	G01 X45 F40	提刀
	N450	G01 Z−162	定位在 30°倒角的位置
	N460	G01 X31.135 Z−166 F20	斜向车削，做倒角
切断	N470	G01 X0	切断
	N480	G00 X200 Z200	快速退刀
结束	N490	M05	主轴停
	N500	M30	程序结束

① 此处坐标值 X17.2325，可能有的机床会出现报错或者不执行的情况，原因是机床系统识别的精度有限，可修改为 X17.233 或是符合机床识别的精度数值即可。以后遇到类似例题，均不再赘述。

9.4 复合轴数控车床加工工艺分析及编程

图 9.14 所示为复合轴零件。

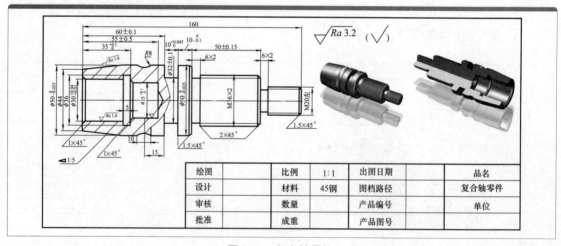

图 9.14　复合轴零件

9.4.1　零件图工艺分析

该零件表面由内外圆柱面及外螺纹等表面组成，其中多个直径尺寸与轴向尺寸有较高的尺寸精度和表面粗糙度要求。零件图尺寸标注完整，符合数控加工尺寸标注要求；轮廓描述清楚完整；零件材料为 45 钢，切削加工性能较好，无热处理和硬度要求。加工时按照从右到左的顺序进行程序编制和加工。

通过上述分析，采取以下几点工艺措施。

① 零件图样上带公差的尺寸，因长度尺寸公差值较小，故编程时不必取其平均值，而取基本尺寸即可；直径考虑到配合件的套入，取中差值。

② 左右端面均为多个尺寸的设计基准，注意尺寸的选择和加工速度的确定。

③ 零件需要掉头加工，注意掉头的对刀和端面找准。

9.4.2 确定装夹方案、加工顺序及走刀路线

（1）先加工右侧带有两个螺纹的部分

用三爪自动定心卡盘夹紧，加工顺序按由外到内、由粗到精、由近到远的原则确定，在一次装夹中尽可能加工出较多的工件表面。结合本零件的结构特征，可先粗车外圆表面，然后加工外轮廓表面。由于该零件外圆部分由直线构成，因此采用 G71 循环，轮廓表面车削走刀可沿零件轮廓顺序进行，按图 9.15 所示路线加工。

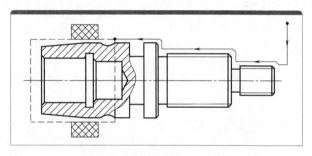

图 9.15 外轮廓加工走刀路线

（2）掉头加工左侧外圆并带有内圆的部分

先用铜皮将 M36×2mm 的螺纹处包好，再用三爪自动定心卡盘夹紧，按照由外到内、由粗到精、由近到远的原则加工顺序。结合本零件的结构特征，可先粗车外圆表面，然后加工外轮廓表面。由于该零件外圆部分由直线和圆弧构成，因此采用 G73 循环，轮廓表面车削走刀可沿零件轮廓顺序进行，按图 9.16 所示路线加工。内圆部分先钻孔，后镗孔，再用镗孔刀精车内圆，如图 9.16 所示。

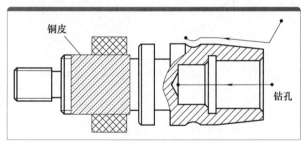

图 9.16 外轮廓加工及钻孔走刀路线

9.4.3 刀具选择

将所选定的刀具参数填入表 9.7 所示复合轴数控加工刀具卡片中，以便于编程和操作管理。注意：车削外轮廓时，为防止副后刀面与工件表面发生干涉，应选择较大的副偏角，必要时可作图检验。

9.4.4 切削用量选择

根据被加工表面质量要求、刀具材料和工件材料，参考切削用量手册或有关资料选取切削速度与每转进给量，计算结果填入表 9.8 所示工序卡中。

表9.7 复合轴数控加工刀具卡片

产品名称或代号		数控车工艺分析实例		零件名称	复合轴		零件图号	Lathe-04
序号	刀具号	刀具规格名称	数量	加工表面		刀尖半径 /mm		备注
1	T01	45°硬质合金外圆车刀	1	车端面		0.5		25mm×25mm
2	T02	宽 3mm 切断刀（割槽刀）	1	宽 4mm				
3	T03	硬质合金 60°外螺纹车刀	1	螺纹				
4	T04	内圆车刀	1					
5	T05	宽 4mm 镗孔刀	1	镗内孔基准面				
6	T06	宽 3mm 内割刀（内切槽刀）	1	宽 3mm				
7	T07	ϕ10mm 中心钻	1					
编制	×××	审核	×××	批准	×××	共 1 页		第 1 页

表9.8 复合轴数控加工工序卡

单位名称	××××		产品名称或代号		零件名称		零件图号	
			数控车工艺分析实例		复合轴		Lathe-04	
工序号	程序编号		夹具名称		使用设备		车间	
001	Lathe-04		卡盘和自制心轴		FANUC 0i		数控中心	
工步号	工步内容		刀具号	刀具规格 /mm	主轴转速 /r·min⁻¹	进给速度 /mm·min⁻¹	背吃刀量 /mm	备注
1	平端面		T01	25×25	800	80		自动
2	粗车外轮廓		T01	25×25	800	80	1.5	自动
3	精车外轮廓		T01	25×25	1200	40	0.2	自动
4	切槽（共 3 个）		T02	4×25	800	20		自动
5	车 M20、M36 螺纹		T03	20×20	系统配给	系统配给		自动
6	掉头装夹							
7	粗车外轮廓		T01	25×25	800	80	1.5	自动
8	精车外轮廓		T01	25×25	800	80	0.2	自动
9	钻底孔		T07	ϕ10	800	15		自动
10	镗 ϕ25mm 和 ϕ30mm 孔		T05	20×20	800	20		自动
11	精车内孔		T05	20×20	1100	30		自动
12	切内槽		T06	18×18	600	20	2.5	自动
编制	×××	审核	×××	批准	×××	年 月 日	共 1 页	第 1 页

9.4.5 数控程序的编制

（1）加工零件右侧（带有双螺纹的部分）

开始	N010	M03 S800	主轴正转，转速为 800r/min
	N020	T0101	换 01 号外圆车刀
	N030	G98	指定走刀按照 mm/min 进给
端面	N040	G00 X60 Z0	快速定位工件端面上方
	N050	G01 X0　　F80	做端面，走刀速度为 80mm/min
粗车	N060	G00 X60 Z2	快速定位循环起点
	N070	G71 U1.5 R1	X 向每次吃刀量为 1.5mm，退刀量为 1mm
	N080	G71 P90 Q180 U0.2 W0.2 F80	循环程序段 90～180
轮廓	N090	G00 X17	快速定位到轮廓右端 2mm 处
	N100	G01　　Z0	接触工件
	N110	G01 X20 Z−1.5	车削 1.5mm×45°倒角
	N120	G01　　Z−30	车削 ϕ20mm 的外圆
	N130	G01 X32	车削至 ϕ32mm 的外圆处
	N140	G01 X36 Z−32	车削 2mm×45°倒角
	N150	G01　　Z−80	车削 ϕ36mm 的外圆
	N160	G01 X47	车削至 ϕ47mm 的外圆处
	N170	G01 X49.9875 Z−81.5	车削 1.5mm×45°倒角
	N180	G01　　Z−110	车削 ϕ50mm 的外圆

精车	N190	M03 S1200	提高主轴转速到 1200r/min
	N200	G70 P90 Q180 F40	精车循环
切槽	N210	M03 S800	降低主轴转速到 800r/min
	N220	G00 X100 Z100	快速退刀，准备换刀
	N230	T0202	换 02 号切槽刀
	N240	G00 X38 Z−27	快速定位至槽上方，切削 φ16mm 的槽
	N250	G75 R1	G75 切槽循环固定格式
	N260	G75 X16 Z−30 P3000 Q2800 R0 F20	G75 切槽循环固定格式
	N270	G00 X51 Z−77	快速定位至槽上方，切削 φ32mm 的槽
	N280	G75 R1	G75 切槽循环固定格式
	N290	G75 X32 Z−80 P3000 Q2800 R0 F20	G75 切槽循环固定格式
	N300	G00 X51 Z−93	快速定位至槽上方，切削 φ32mm 的槽
	N310	G75 R1	G75 切槽循环固定格式
	N320	G75 X32 Z−100 P3000 Q2800 R0 F20	G75 切槽循环固定格式
螺纹	N330	G00 X100 Z100	快速退刀，准备换刀
	N340	T0303	换 03 号螺纹刀
	N350	G00 X22 Z−27	攻 M20 反螺纹，定位在螺纹后部
	N360	G76 P020060 Q100 R0.1	G76 螺纹循环固定格式
	N370	G76 X17.2325 Z3 P1384 Q600 R0 F2.5	G76 螺纹循环固定格式，向前加工
	N380	G00 X38 Z−27	定位循环起点，攻 M30×2mm 的螺纹
	N390	G76 P020060 Q100 R0.1	G76 螺纹循环固定格式
	N400	G76 X33.786 Z−77 P1107 Q500 R0 F2	G76 螺纹循环固定格式
结束	N410	G00 X200 Z200	快速退刀
	N420	M05	主轴停
	N430	M30	程序结束

（2）加工零件左侧（带有内孔的部分）

开始	N010	M03 S800	主轴正转，转速为 800r/min
	N020	T0101	换 01 号外圆车刀
	N030	G98	指定走刀按照 mm/min 进给
端面	N040	G00 X60 Z0	快速定位工件端面上方
	N050	G01 X0 F80	做端面，走刀速度为 80mm/min
粗车	N060	G00 X60 Z3	快速定位循环起点
	N070	G73 U8 W2 R4	X 向切削总量为 8mm，循环 4 次
轮廓	N080	G73 P90 Q130 U0.1 W0.1 F80	循环程序段 90～130
	N090	G00 X44 Z1	快速定位到轮廓右端 1mm 处
	N100	G01 Z0	接触工件
	N110	G01 X50 Z−30	斜向车削到 φ50mm 的右端
	N120	G01 Z−40	车削 φ50mm 的外圆
	N130	G02 X49.9875 Z−50 R8	车削 R8mm 的顺圆弧
精车	N140	M03 S1200	提高主轴转速到 1200r/min
	N150	G70 P90 Q130 F40	精车
钻孔	N160	M03 S800	主轴正转，转速为 800r/min
	N170	G00 X150 Z150	快速退刀，准备换刀
	N180	T0707	换 07 号钻头
	N200	G00 X0 Z1	快速定位到孔外部
	N210	G01 Z−57 F15	钻孔
	N220	G01 Z1	退出孔
镗孔	N230	G00 X150 Z150	快速退刀，准备换刀
	N240	T0505	换 05 号镗孔刀
	N250	G00 X16 Z1	定位镗孔循环的起点，镗 φ25mm 孔
	N260	G74 R1	G74 镗孔循环固定格式
	N270	G74 X25.05 Z−55 P3000 Q3800 R0 F20	G74 镗孔循环固定格式
	N280	G00 X24 Z1	定位镗孔循环的起点，镗 φ30mm 孔
	N290	G74 R1	G74 镗孔循环固定格式
	N300	G74 X30.025 Z−35 P3000 Q3800 R0 F20	G74 镗孔循环固定格式

	N310	M03 S1100	提高主轴转速到 1100r/min
精车内孔	N320	G00 X32 Z1	快速定位到ϕ32mm 右端 1mm 处
	N330	G01 X32 Z0 F30	接触工件，走刀速度为 80mm/min
	N340	G01 X30.025 Z−1	车削右端倒角（带公差）
	N350	G01　　Z−35	车削ϕ30mm 的内圆
	N360	G01 X25.05 Z−36	车削中间倒角（带公差）
	N370	G01　　Z−55	车削ϕ25mm 的内圆
	N380	G01 X0	车削孔底，清除杂质
	N390	G01　　Z2 F80	退出内孔
切槽	N400	M03 S700	降低主轴转速到 700r/min
	N410	G00 X150 Z150	快速退刀，准备换刀
	N420	T0606	换 06 号内割刀（内切槽刀）
	N430	G00 X28 Z2	快速定位到孔的右端 2mm 处
	N440	G01X28 Z−33 F40	伸入孔，定位循环起点
	N450	G75 R1	G75 切槽循环固定格式
	N460	G75 X36 Z−35 P3000 Q2800 R0 F20	G75 切槽循环固定格式
	N470	G01 X28 Z2 F40	退出内孔
结束	N480	G00 X200 Z200	快速退刀
	N490	M05	主轴停
	N500	M30	程序结束

9.5　圆锥销配合件数控车床加工工艺分析及编程

图 9.17 所示为圆锥销配合件。

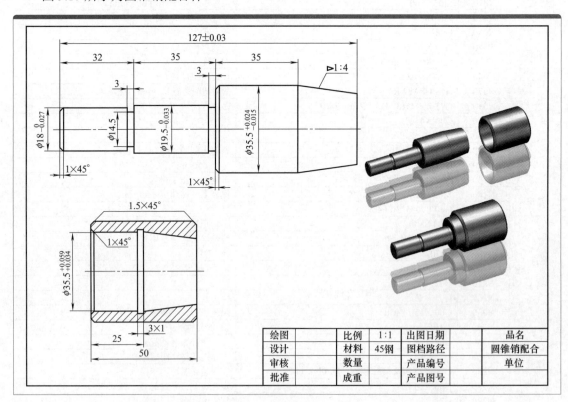

图 9.17　圆锥销配合件

9.5.1　零件图工艺分析

该零件表面由内外圆柱面及外螺纹等表面组成，其中多个直径尺寸与轴向尺寸有较高的尺寸精度和表面粗糙度要求。零件图尺寸标注完整，符合数控加工尺寸标注要求；轮廓描述清楚完整；零件材料为45钢，切削加工性能较好，无热处理和硬度要求。加工时按照从左到右的顺序进行程序编制和加工。

通过上述分析，采取以下几点工艺措施。

① 零件图样上带公差的尺寸，因公差值涉及零件配套使用，故编程时必须取其平均值。而取基本尺寸即可。

② 左右端面均为多个尺寸的设计基准，相应工序加工前，应该先将左右端面车出来。

③ 细长轴零件注意切削用量和进给速度的选择。

④ 套件的车削注意公差的取值，一般内圆部分取其平均值或公差上限。

9.5.2　确定装夹方案、加工顺序及走刀路线

用三爪自动定心卡盘夹紧，如图9.18所示。右侧加工时根据实际情况判断是否使用顶尖顶紧，本题编程不使用顶尖，故必须车端面。

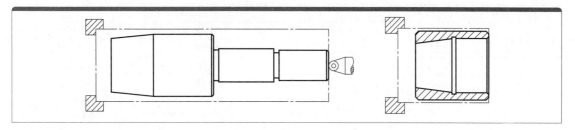

图9.18　装夹方式

加工顺序按由内到外、由粗到精、由近到远的原则确定，在一次装夹中尽可能加工出较多的工件表面。结合本零件的结构特征，可先粗车外圆表面，然后精加工外轮廓表面。由于该零件外圆部分由外圆直线和部分 X 坐标值减少的直线构成，为一次性编程加工，采用 G73 循环，轮廓表面车削走刀可沿零件轮廓顺序进行，按图9.19所示路线加工。

套件部分先用 G73 加工外圆，再用 G74 加工内圆，加工路线如图9.20所示。

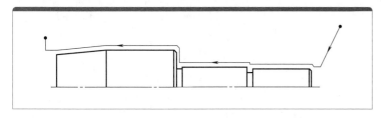

图9.19　外轮廓加工走刀路线

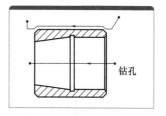

图9.20　套件外圆及内圆加工路线

9.5.3　刀具选择

将所选定的刀具参数填入表9.9所示圆锥销配合件数控加工刀具卡片中，以便于编程和操作管理。注意：车削外轮廓时，为防止副后刀面与工件表面发生干涉，应选择较大的副偏角，必要时可作图检验。

表 9.9　圆锥销配合件数控加工刀具卡片

产品名称或代号		数控车工艺分析实例		零件名称	圆锥销配合件	零件图号	Lathe-05
序号	刀具号	刀具规格名称	数量	加工表面		刀尖半径/mm	备注
1	T01	45°硬质合金外圆车刀	1	车端面		0.5	25mm×25mm
2	T02	宽3mm切断刀（割槽刀）	1	宽3mm			
3	T03	硬质合金60°外螺纹车刀	1	螺纹			
4	T04	内圆车刀	1				
5	T05	宽4mm镗孔刀	1	镗内孔基准面			
6	T06	宽3mm内割刀（内切槽刀）	1	宽3mm			
7	T07	ϕ10mm中心钻	1				
8	T08	ϕ5mm中心钻	1	钻ϕ5mm中心孔			
编制	×××	审核	×××	批准	×××	共1页	第1页

9.5.4　切削用量选择

根据被加工表面质量要求、刀具材料和工件材料，参考切削用量手册或有关资料选取切削速度与每转进给量，计算结果填入表 9.10 所示工序卡中。

表 9.10　圆锥销配合件数控加工工序卡

（1）加工圆锥销的部分

单位名称	××××	产品名称或代号		零件名称	零件图号	
		数控车工艺分析实例		圆锥销配合件	Lathe-05	
工序号	程序编号	夹具名称		使用设备	车间	
001	Lathe-05	三爪卡盘和活动顶尖		FANUC 0i	数控中心	
工步号	工步内容	刀具号	刀具规格/mm	主轴转速/r·min⁻¹	进给速度/mm·min⁻¹	背吃刀量/mm	备注
1	平端面	T01	25×25	800	80		手动
2	钻5mm中心孔	T08	ϕ5	800	20		手动
3	粗车轮廓	T01	25×25	800	80	1	自动
4	精车轮廓	T01	25×25	1200	40	0.2	自动
5	切ϕ14.5mm和ϕ18mm槽	T02		800	20		自动
6	切断工件	T02	3×25	800	20		自动
编制	×××	审核	×××	批准	×××	年 月 日	共1页	第1页

（2）加工圆锥销套的部分

单位名称	××××	产品名称或代号		零件名称	零件图号	
		数控车工艺分析实例		圆锥销配合件	Lathe-05	
工序号	程序编号	夹具名称		使用设备	车间	
001	Lathe-05	卡盘和自制心轴		FANUC 0i	数控中心	
工步号	工步内容	刀具号	刀具规格/mm	主轴转速/r·min⁻¹	进给速度/mm·min⁻¹	背吃刀量/mm	备注
1	粗车外轮廓	T01	25×25	800	80	1.5	自动
2	精车外轮廓	T01	25×25	800	80	0.2	自动
3	钻孔	T07	ϕ10	800	20		自动
4	镗内孔	T05	20×20	800	60		自动
5	精车内孔	T05	20×20	1000	30		自动
6	切内槽	T06	18×18	600	15		自动
7	切断	T02	3×25	800	20		自动
编制	×××	审核	×××	批准	×××	年 月 日	共1页	第1页

9.5.5 数控程序的编制

（1）加工圆锥销的部分

开始	N010	M03 S800	主轴正转，转速为 800r/min
	N020	T0101	换 01 号外圆车刀
	N030	G98	指定走刀按照 mm/min 进给
端面	N040	G00 X60 Z0	快速定位工件端面上方
	N050	G01 X0　　　F80	做端面，走刀速度为 80mm/min
粗车	N060	G00 X55 Z2	快速定位循环点
	N070	G73 U19.5 W2 R10	X 向总吃刀量为 19.5mm，循环 10 次
	N080	G73 P90 Q200 U0.1 W0.1 F80	循环程序段 90 ～ 200
轮廓	N090	G00 X16	快速定位到轮廓右端 2mm 处
	N100	G01　　　Z0	接触工件
	N110	G01 X17.9865 Z−1	车削 1.5mm×45° 倒角
	N120	G01　　　Z−33	车削 φ17.9865mm 的外圆
	N130	G01 X19.4835	车削至 φ19.4835mm 的外圆处
	N140	G01　　　Z−67	车削 φ19.4835mm 的外圆
	N150	G01 X33.5	车削至 φ33.5mm 的外圆处
	N160	G01 X35.5045 Z−68	车削 1.5mm×45° 倒角
	N170	G01　　　Z−102	车削 φ35.5045mm 的外圆
	N180	G01 X29.25 Z−127	斜向车削至尾部
	N190	G01　　　Z−130	为切槽让一个刀宽
	N200	G01 X48	抬刀
精车	N210	M03 S1200	提高主轴转速到 1200r/min
	N220	G70 P90 Q200 F40	精车循环
切槽	N230	M03 S800	降低主轴转速到 800r/min
	N240	G00 X100 Z100	快速退刀，准备换刀
	N250	T0202	换 02 号切槽刀
	N260	G00 X20 Z−32	定位到第一个槽的正上方
	N270	G01 X14. 3　　　F20	切槽
	N280	G04 P1000	暂停 1s，清理槽底
	N290	G01 X20　　　F40	抬刀
	N300	G00 X36 Z−67	定位到第二个槽的正上方
	N310	G01 X17.8　　　　F20	切槽
	N320	G04 P1000	暂停 1s，清理槽底
	N330	G01 X50　　　F40	抬刀
切断	N340	G00 X50 Z−130	快速定位至工件尾部
	N350	G01 X0　　　F20	切断
结束	N360	G00 X200 Z200	快速退刀
	N370	M05	主轴停
	N380	M30	程序结束

（2）加工圆锥销套的部分

开始	N010	M03 S800	主轴正转，转速为 800r/min
	N020	T0101	换 01 号外圆车刀
	N030	G98	指定走刀按照 mm/min 进给
端面	N040	G00 X60 Z0	快速定位工件端面上方
	N050	G01 X0　　　F80	做端面，走刀速度为 80mm/min

	N060	G00 X55 Z2	快速定位循环起点
粗车	N070	G73 U6.5 W2 R5	X向切削总量为 6.5mm，循环 5 次
	N080	G73 P90 Q140 U0.1 W0.1 F80	循环程序段 90 ～ 140
	N090	G00 X39 Z1.5	快速定位到倒角延长线起点
	N100	G01 X44.9805 Z-1.5	车削 1.5mm×45°倒角
轮廓	N110	G01 　　Z-48.5	车削 ϕ44.9805mm 的外圆
	N120	G01 X42 Z-50	车削 1.5mm×45°倒角
	N130	G01 　　Z-53	为切槽让一个刀宽
	N140	G01 X55	抬刀
精车	N150	M03 S1200	提高主轴转速到 1200r/min
	N160	G70 P90 Q140 F40	精车
	N170	M03 S800	主轴正转，转速为 800r/min
	N180	G00 X150 Z150	快速退刀，准备换刀
钻孔	N200	T0707	换 07 号钻头
	N210	G00 X0 Z1	用镗孔循环钻孔，有利于排屑
	N220	G74 R1	G74 镗孔循环固定格式
	N230	G74 X0 Z-55 P3000 Q0 R0 F20	G74 镗孔循环固定格式
	N240	G00 X150 Z150	快速退刀，准备换刀
	N250	T0505	换 05 号镗孔刀
	N260	G00 X16 Z1	镗孔循环的起点，镗 ϕ29.25mm 孔
镗孔	N270	G74 R1	G74 镗孔循环固定格式
	N280	G74 X29.25 Z-52 P3000 Q3800 R0 F20	G74 镗孔循环固定格式
	N290	G00 X26 Z1	镗孔循环的起点，镗 ϕ35.5465mm 孔
	N300	G74 R1	G74 镗孔循环固定格式
	N310	G74 X35.5465 Z-25 P3000 Q3800 R0 F20	G74 镗孔循环固定格式
	N320	M03 S1100	提高主轴转速到 1100r/min
	N330	G00 X37.5 Z1	快速定位到 ϕ32mm 右端 1mm 处
精车	N340	G01 X37.5 Z0 F20	接触工件
内孔	N350	G01 X25.5465 Z-1	车削右端倒角
	N360	G01 　　Z-25	车削 ϕ30mm 的内圆
	N370	G01 X29.25 Z-50	车削中间锥度部分
	N380	G01 　　Z2 F80	退出孔
	N390	M03 S700	降低主轴转速到 700r/min
	N400	G00 X150 Z150	快速退刀，准备换刀
	N410	T0606	换 06 号内割刀（内切槽刀）
	N420	G00 X30 Z2	快速定位到孔的右端 2mm 处
切槽	N430	G01 X30 Z-25 F40	伸入孔，定位槽正下方
	N440	G01 X37.5 F20	切槽
	N450	G04 P1000	暂停 1s，清理槽底
	N460	G01 X30 　　F40	退出槽
	N470	G01 　　Z2 F80	退出孔
	N480	G00 X200 Z200	快速退刀
切断	N490	T0202	换 02 号切槽刀
	N500	G00 X50 Z-53	快速定位至尾部
	N510	G01 X20 　　F20	切断
	N520	G00 X200 Z200	快速退刀
结束	N530	M05	主轴停
	N540	M30	程序结束

9.6 螺纹手柄数控车床加工工艺分析及编程

图 9.21 所示为螺纹手柄。

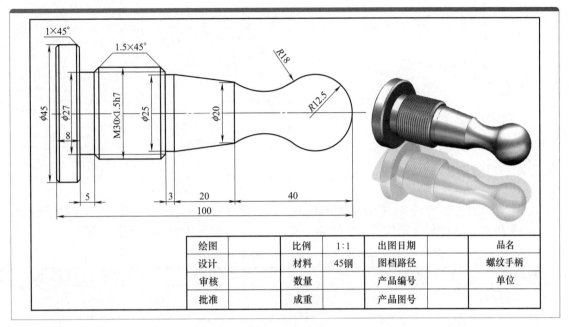

图 9.21 螺纹手柄

9.6.1 零件图工艺分析

该零件表面由圆柱、圆锥、顺圆弧、逆圆弧及螺纹等表面组成。尺寸标注完整，轮廓描述清楚。零件材料为 45 钢，无热处理和硬度要求。

通过上述分析，采取以下几点工艺措施。

① 对图样上给定的尺寸，全部取其基本尺寸即可。

② 在轮廓曲线上，应取三处为圆弧，分别为相切圆弧切入，后接零件圆弧部分，保证右端原点处的表面光洁，再接逆时针圆弧加工至 $\phi20$mm 处，以保证轮廓曲线的准确性。

9.6.2 确定装夹方案

确定坯件轴线和右端面（设计基准）为定位基准。左端采用三爪自定心卡盘定心夹紧，如图 9.22 所示。

9.6.3 确定加工顺序及进给路线

加工顺序按由粗到精、由近到远（由右到左）的原则确定。即先从右到左进行粗车（留 0.2mm 精车余量），然后从右到左进行精车，最后车削螺纹。

数控车床具有粗车循环和车螺纹循环功能，只要正确使用编程指令，机床数控系统便会自行确定其进给路线，因此，该零件的粗车循环、精车循环是从右到左沿零件表面轮廓进给的，如图 9.23 所示。

数学计算略。

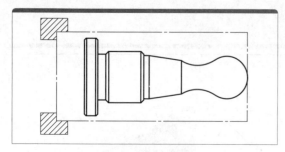

图 9.22　装夹方式

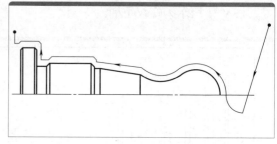

图 9.23　精车轮廓进给路线

9.6.4　刀具选择

车轮廓及平端面选用 45° 硬质合金右偏刀，以防止副后刀面与工件轮廓干涉。将所选定的刀具参数填入表 9.11 所示螺纹手柄数控加工刀具卡片中，以便于编程和操作管理。

表 9.11　螺纹手柄数控加工刀具卡片

产品名称或代号		数控车工艺分析实例	零件名称	螺纹手柄	零件图号	Lathe-06
序号	刀具号	刀具规格名称	数量	加工表面	刀尖半径 /mm	备注
1	T01	硬质合金 45° 外圆车刀	1	车端面及车轮廓		右偏刀
2	T02	切断刀（割槽刀）	1	宽 3mm		
3	T03	硬质合金 60° 外螺纹车刀	1	螺纹		
编制	×××	审核	×××	批准	×××	共 1 页	第 1 页

9.6.5　切削用量选择

① 背吃刀量的选择　轮廓粗车循环时选 2mm。

② 主轴转速的选择　车直线和圆弧时，查表或根据材料得粗车切削速度为 80mm/min、精车切削速度为 40mm/min，主轴转速粗车时为 800r/min、精车时为 1200r/min。

将前面分析的各项内容综合成如表 9.12 所示数控加工工序卡，此卡是编制加工程序的主要依据和操作人员配合数控程序进行数控加工的指导性文件，主要内容包括：工步顺序、工步内容、各工步所用的刀具及切削用量等。

表 9.12　螺纹手柄数控加工工序卡

单位名称		××××	产品名称或代号		零件名称		零件图号	
			数控车工艺分析实例		螺纹手柄		Lathe-06	
工序号		程序编号	夹具名称		使用设备		车间	
001		Lathe-06	三爪卡盘和活动顶尖		FANUC 0i		数控中心	
工步号	工步内容		刀具号	刀具规格 /mm	主轴转速 /r·min⁻¹	进给速度 /mm·min⁻¹	背吃刀量 /mm	备注
1	粗车轮廓		T01	25×25	800	80	3	自动
2	精车轮廓		T01	25×25	1200	40	0.2	自动
3	车削螺纹		T03	25×25	系统配给	系统配给		自动
4	切断工件		T02	3×25	800	20		自动
编制	×××	审核	×××	批准	×××	年　月　日	共 1 页	第 1 页

9.6.6 数控程序的编制

开始	N010	M03 S800	主轴正转，转速为 800r/min
	N020	T0101	换 01 号外圆车刀
	N030	G98	指定走刀按照 mm/min 进给
粗车	N040	G00 X52 Z3	快速定位循环起点
	N050	G73 U26 W2 R13	X 向切削总量为 26mm，循环 13 次
	N060	G73 P70 Q250 U0.2 W0.2 F80	循环程序段 70 ～ 250
轮廓	N070	G00 X–4 Z2	快速定位到相切圆弧的起点处
	N080	G02 X0 Z0 R2	车削 R2mm 的顺时针圆弧
	N090	G03 X20.47 Z–19.676 R12.5	车削 R12.5mm 的逆时针圆弧
	N100	G02 X20 Z–40 R18	车削 R18mm 的顺时针圆弧
	N110	G01 X25 Z–60	斜车削到 ϕ25mm 的右端
	N120	G01　Z–63	车削 ϕ25mm 的外圆
	N130	G01 X27	车削至 ϕ27mm 处
	N140	G01 X30 Z–64.5	螺纹前端倒角
	N150	G01　Z–85.5	车削 ϕ30mm 的外圆
	N160	G01 X27 Z–87	螺纹尾部倒角
	N170	G01　Z–92	车削 ϕ27mm 的外圆
	N180	G01 X43	车削至 ϕ43mm 处
	N190	G01 X45 Z–93	车削 ϕ45mm 外圆的前端倒角
	N200	G01　Z–99	车削 ϕ45mm 的外圆
	N210	G01 X43 Z–100	车削 ϕ45mm 外圆的尾部倒角
	N220	G01　Z–103	车削 ϕ43mm 的外圆，为切槽让刀宽
	N250	G01 X60	提刀
精车	N260	M03 S1200	提高主轴转速到 1200r/min
	N270	G70 P70 Q250 F40	精车
螺纹	N280	M03 S800	主轴正转，转速为 800r/min
	N290	G00 X200 Z200	快速退刀
	N300	T0303	换螺纹刀
	N310	G00 X32 Z–60	定位到螺纹循环起点
	N320	G92 X29 Z–89 F1.5	第 1 刀攻螺纹终点
	N330	X28.6	第 2 刀攻螺纹终点
	N340	X28.34	第 3 刀攻螺纹终点
切断	N350	G00 X200 Z200	快速退刀
	N360	T0202	换切断刀，即切槽刀
	N370	M03 S800	主轴正转，转速为 800r/min
	N380	G00 X62 Z–103	快速定位至切断处
	N390	G01 X0　　F20	切断
	N400	G00 X200 Z200	快速退刀
结束	N410	M05	主轴停
	N420	M30	程序结束

9.7 螺纹特型件数控车床轴件加工工艺分析及编程

图 9.24 所示为螺纹特型件。

9.7.1 零件图工艺分析

该零件左侧表面由内外圆柱面及外螺纹等表面组成，其中多个直径尺寸与轴向尺寸有较高的尺寸精度和表面粗糙度要求。该零件右侧由外圆表面和内孔组成。零件图尺寸标注完整，符合数控加工尺寸标注要求；轮廓描述清楚完整；零件材料为45钢，切削加工性能较好，无热处理和硬度要求。加工时按照从左到右的顺序进行程序编制和加工。

通过上述分析，采取以下几点工艺措施。

① 零件图样上带公差的尺寸，因公差值较小，故编程时取其基本尺寸。

② 左右端面均为多个尺寸的设计基准，注意尺寸的选择和加工速度的确定。

③ 零件需要掉头加工，注意掉头的对刀和端面找准。

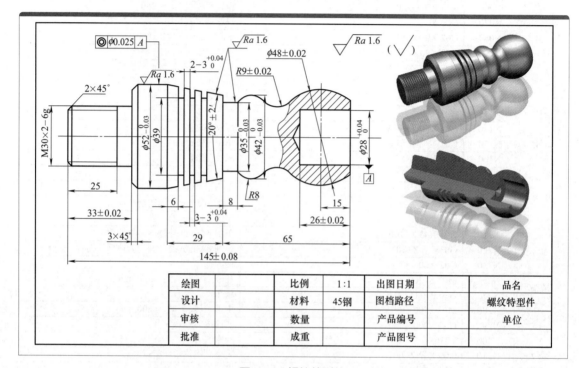

绘图		比例	1:1	出图日期		品名	
设计		材料	45钢	图档路径		螺纹特型件	
审核		数量		产品编号		单位	
批准		成重		产品图号			

图 9.24　螺纹特型件

9.7.2　确定装夹方案、加工顺序及走刀路线

（1）加工左侧带有两个螺纹的部分

用三爪自动定心卡盘夹紧，加工顺序按由粗到精、由近到远的原则确定，在一次装夹中尽可能加工出较多的工件表面。结合本零件的结构特征，可先粗车外圆表面，然后精加工外轮廓表面。由于该零件外圆部分由直线和圆锥面构成，因此采用 G73 循环，轮廓表面车削走刀可沿零件轮廓顺序进行，按图 9.25 所示路线加工。

（2）加工右侧带有圆弧和内孔的部分

用三爪自动定心卡盘按照图 9.26 所示位置夹紧，加工顺序按由外到内、由粗到精、由近到远的原则确定。结合本零件的结构特征，可先粗车外圆表面，然后加工外轮廓表面。由于该零件外圆部分由直线和大段圆弧面构成，因此采用 G73 循环，轮廓表面车削走刀可沿零件轮廓顺序进行，按图 9.26 所示路线加工；内圆部分采取先钻孔后镗孔的方法。

9.7.3　刀具选择

将所选定的刀具参数填入表 9.13 所示复合轴数控加工刀具卡片中，以便于编程和操作管理。注意：车削外轮廓时，为防止副后刀面与工件表面发生干涉，应选择较大的副偏角，必要时可作图检验。

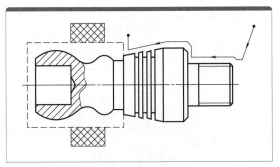

图 9.25 外轮廓加工走刀路线（一）

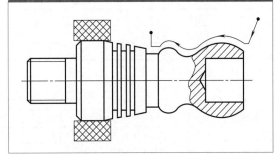

图 9.26 外轮廓加工走刀路线（二）

表 9.13 螺纹特型件数控加工刀具卡片

产品名称或代号		数控车工艺分析实例		零件名称	螺纹特型件	零件图号	Lathe-07
序号	刀具号	刀具规格名称		数量	加工表面	刀尖半径 /mm	备注
1	T01	45°硬质合金外圆车刀		1	车端面	0.5	25mm×25mm
2	T02	宽 3mm 切断刀（割槽刀）		1	宽 3mm		
3	T03	硬质合金 60°外螺纹车刀		1	螺纹		
4	T04	内圆车刀		1			
5	T05	宽 4mm 镗孔刀		1	镗内孔基准面		
6	T06	宽 3mm 内割刀（内切槽刀）		1	宽 3mm		
7	T07	ϕ10mm 中心钻		1			
编制	×××	审核	×××	批准	×××	共 1 页	第 1 页

9.7.4 切削用量选择

根据被加工表面质量要求、刀具材料和工件材料，参考切削用量手册或有关资料选取切削速度与每转进给量，见表 9.14。

表 9.14 螺纹特型件数控加工工序卡

单位名称	××××	产品名称或代号		零件名称		零件图号
		数控车工艺分析实例		螺纹特型件		Lathe-07
工序号	程序编号	夹具名称		使用设备		车间
001	Lathe-07	卡盘和自制心轴		FANUC 0i		数控中心
工步号	工步内容	刀具号	刀具规格 /mm	主轴转速 /r·min⁻¹	进给速度 /mm·min⁻¹	背吃刀量 /mm	备注
---	---	---	---	---	---	---	---
1	平端面	T01	25×25	800	80		自动
2	粗车外轮廓	T01	25×25	800	80	1.5	自动
3	精车外轮廓	T01	25×25	1200	40	0.2	自动
4	螺纹前端倒角	T01	25×25	800	80		自动
5	车 M30×2mm 螺纹	T03	20×20	系统配给	系统配给		自动
6	掉头装夹						
7	粗车外轮廓	T01	25×25	800	80	1.5	自动
8	精车外轮廓	T01	25×25	800	80	0.2	自动
9	钻底孔	T07	ϕ10	800	20		自动
10	镗 ϕ28.02mm 的内孔	T05	20×20	800	20		自动
编制	×××	审核	×××	批准	×××	年 月 日	共 1 页	第 1 页

9.7.5 数控程序的编制

（1）加工零件右侧（带有双螺纹的部分）

开始	N010	M03 S800	主轴正转，转速为 800r/min
	N020	T0101	换 01 号外圆车刀
	N030	G98	指定走刀按照 mm/min 进给
端面	N040	G00 X60 Z0	快速定位工件端面上方
	N050	G01 X0 F80	做端面，走刀速度为 80mm/min
粗车	N060	G00 X62 Z3	快速定位循环起点
	N070	G73 U18 W1 R18	X 向总吃刀量为 18mm，循环 18 次
	N080	G73 P90 Q150 U0.1 W0.1 F80	循环程序段 90 ～ 150
轮廓	N090	G00 X30 Z1	快速定位到轮廓右端 1mm 处
	N100	G01 Z–33	车削 $\phi30$mm 的外圆
	N110	G01 X46	车削至 $\phi46$mm 的外圆处
	N120	G01 X52 Z–36	车削 1.5mm×45° 倒角
	N130	G01 Z–51	车削 $\phi52$mm 的外圆
	N140	G01 X41.773 Z–80	斜向车削至 $\phi41.773$mm 外圆处
	N150	G01 X55	抬刀
精车	N160	M03 S1200	提高主轴转速到 1200r/min
	N170	G70 P90 Q150 F40	精车循环
螺纹倒角	N190	M03 S800	降低主轴转速到 800r/min
	N200	G00 X24 Z1	倒角的延长线
	N210	G01 X30 Z–2 F80	车倒角
螺纹	N220	G00 X150 Z150	快速退刀，准备换刀
	N230	T0303	换 03 号螺纹刀
	N240	G00 X33 Z–3	快速定位
	N250	G76 P020060 Q100 R0.08	G76 螺纹循环固定格式
	N260	G76 X27.786 Z–25 P1107 Q500 R0 F2	G76 螺纹循环固定格式
切槽	N270	G00 X150 Z150	快速退刀，准备换刀
	N280	T0202	换 02 号切槽刀
	N290	G00 X55 Z–60	定位到第一个槽的上方
	N300	G01 X39 F20	切槽
切槽	N310	G04 P1000	暂停 1s，清槽底
	N320	G01 X55 F40	提刀
	N330	G00 Z–66	定位到第二个槽的上方
	N340	G01 X39 F20	切槽
	N350	G04 P1000	暂停 1s，清槽底
	N360	G01 X55 F40	提刀
	N370	G00 Z–72	定位到第三个槽的上方
	N380	G01 X39 F20	切槽
	N390	G04 P1000	暂停 1s，清槽底
	N400	G01 X55 F40	提刀
结束	N410	G00 X200 Z200	快速退刀
	N420	M05	主轴停
	N430	M30	程序结束

（2）加工零件左侧（带有内孔的部分）

开始	N010	M03 S800	主轴正转，转速为 800r/min
	N020	T0101	换 01 号外圆车刀
	N030	G98	指定走刀按照 mm/min 进给

	N040	G00 X60 Z0	快速定位工件端面上方
端面	N050	G01 X0　　F80	做端面，走刀速度为 80mm/min
粗车	N060	G00 X60 Z3	快速定位循环起点
	N070	G73 U13.036 W2 R7	循环 7 次
	N080	G73 P90 Q150 U0.1 W0.1 F80	循环程序段 90 ～ 150
轮廓	N090	G00 X37.47 Z1	快速定位到轮廓右端 1mm 处
	N100	G01　　Z0	接触工件
	N110	G03 X35.08 Z−31.382 R24	车削到 R24mm 的逆时针圆弧
	N120	G02 X36.463 Z−44.333R9	车削到 R9mm 的顺时针圆弧
	N130	G03 X34.985 Z−57 R8	车削到 R8mm 的逆时针圆弧
	N140	G01　　Z−65	车削 φ34.985mm 的外圆
	N150	G01 X50	提刀
精车	N160	M03 S1200	提高主轴转速到 1200r/min
	N170	G70 P90 Q150 F40	精车
钻孔	N180	M03 S800	主轴正转，转速为 800r/min
	N200	G00 X150 Z150	快速退刀，准备换刀
	N210	T0707	换 07 号钻头
	N220	G00 X0 Z1	定位到孔外部
	N230	G01　　Z−26 F15	钻孔（或 Z > 26）
	N240	G01　　Z1 F40	退出孔
镗孔	N250	G00 X150 Z150	快速退刀，准备换刀
	N260	T0505	换 05 号镗孔刀
	N270	G00 X16 Z1	定位镗孔循环的起点，镗 φ28mm 孔
	N280	G74 R1	G74 镗孔循环固定格式
	N290	G74 X28.02 Z−26 P3000 Q3800 R0 F20	G74 镗孔循环固定格式
结束	N300	G00 X200 Z200	快速退刀
	N310	M05	主轴停
	N320	M30	程序结束

9.8　球头特种件数控车床零件加工工艺分析及编程

图 9.27 所示为球头特种件。

9.8.1　零件图工艺分析

　　该零件表面由内外圆柱面及球头形状等表面组成，其中多个直径尺寸与轴向尺寸有较高的尺寸精度和表面粗糙度要求。零件图尺寸标注完整，符合数控加工尺寸标注要求；轮廓描述清楚完整；零件材料为 45 钢，切削加工性能较好，无热处理和硬度要求。加工时按照从左到右的顺序进行程序编制和加工。

　　通过上述分析，采取以下几点工艺措施。

　　① 零件图样上带公差的尺寸，因公差值较小，故编程时不必取其平均值，而取基本尺寸即可。

　　② 零件需要掉头加工，注意掉头的对刀和端面找准。

　　③ 在轮廓曲线上，应取两处为圆弧。前端应取相切圆弧切入，后接零件圆弧部分，保证

右端的表面光洁，以保证轮廓曲线的准确性。

④ 加工球头时注意避免刀具干涉的产生。

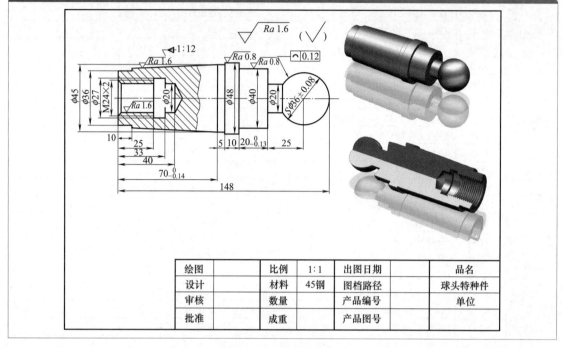

绘图		比例	1:1	出图日期		品名	
设计		材料	45钢	图档路径		球头特种件	
审核		数量		产品编号		单位	
批准		成重		产品图号			

图 9.27　球头特种件

9.8.2　确定装夹方案、加工顺序及走刀路线

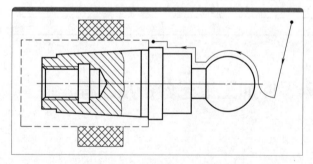

图 9.28　工件的装夹和外轮廓加工走刀路线（一）

（2）加工零件左侧带有内圆的部分

用三爪自动定心卡盘按照图 9.29 所示的位置夹紧，结合本零件的结构特征，由于该零件外圆部分由单一直线构成，因此采用 G71 循环，以取得速度的要求，轮廓表面车削走刀可沿零件轮廓顺序进行，按路线加工；内圆部分，应先钻孔后镗孔，再用镗孔刀精车内圆，保证内部的零件形状要求，加工如图 9.29 所示。

（1）加工零件右侧带有球头的部分

用三爪自动定心卡盘夹紧，加工顺序按由粗到精、由近到远的原则确定，在一次装夹中尽可能加工出较多的工件表面。结合本零件的结构特征，由于该零件外圆部分由直线和圆弧构成，因此采用 G73 循环，轮廓表面车削走刀可沿零件轮廓顺序进行，按图 9.28 所示路线加工。

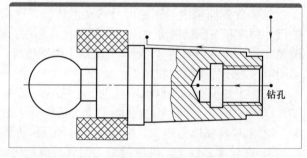

图 9.29　工件的装夹和外轮廓加工走刀路线（二）

9.8.3　刀具选择

将所选定的刀具参数填入表 9.15 所示球头特种件数控加工刀具卡片中，以便于编程和操作管理。注意：车削外轮廓时，为防止副后刀面与工件表面发生干涉，应选择较大的副偏角，必要时可作图检验。

表 9.15　球头特种件数控加工刀具卡片

产品名称或代号		数控车工艺分析实例	零件名称	球头特种件	零件图号	Lathe-08
序号	刀具号	刀具规格名称	数量	加工表面	刀尖半径 /mm	备注
1	T01	45°硬质合金外圆车刀	1	车端面	0.5	25mm×25mm
2	T02	宽 3mm 切断刀（割槽刀）	1	宽 3mm		
3	T03	硬质合金 60°外螺纹车刀	1	螺纹		
4	T04	内圆车刀	1			
5	T05	宽 4mm 镗孔刀	1	镗内孔基准面		
6	T06	宽 3mm 内割刀（内切槽刀）	1	宽 3mm		
7	T07	$\phi20$mm 钻头	1			
8	T08	硬质合金 60°内螺纹车刀	1			
编制	×××	审核	×××	批准	×××	共 1 页	第 1 页

9.8.4　切削用量选择

根据被加工表面质量要求、刀具材料和工件材料，参考切削用量手册或有关资料选取切削速度与每转进给量，计算主轴转速与进给速度，计算结果填入表 9.16 所示工序卡中。

表 9.16　球头特种件数控加工工序卡

单位名称	××××		产品名称或代号		零件名称		零件图号	
			数控车工艺分析实例		球头特种件		Lathe-08	
工序号	程序编号		夹具名称		使用设备		车间	
001	Lathe-08		卡盘和自制心轴		FANUC 0i		数控中心	
工步号	工步内容	刀具号	刀具规格 /mm	主轴转速 /r·min^{-1}	进给速度 /mm·min^{-1}	背吃刀量 /mm	备注
1	粗车外轮廓	T01	25×25	800	80	1.5	自动
2	精车外轮廓	T01	25×25	1200	40	0.2	自动
3	掉头装夹						
4	粗车外轮廓	T01	25×25	800	80	1.5	自动
5	精车外轮廓	T01	25×25	800	80	0.2	自动
6	钻底孔	T07	$\phi20$	800	20		自动
7	镗 $\phi28.02$mm 的内孔	T05	20×20	800	20		自动
8	切内槽	T06	宽 3	800	20		
9	加工内螺纹	T08		系统配给	系统配给		
编制	×××	审核	×××	批准	×××	年　月　日	共 1 页	第 1 页

9.8.5　加工程序编制

（1）加工零件右侧（带有球头的部分）

	N010	M03 S800	主轴正转，转速为 800r/min
开始	N020	T0101	换 01 号外圆车刀
	N030	G98	指定走刀按照 mm/min 进给
粗车	N040	G00 X55 Z3	快速定位循环起点
	N050	G73 U22.5 W1.5 R15	X 向总吃刀量为 22.5mm，循环 15 次
	N060	G73 P70 Q140 U0.1 W0.1 F80	循环程序段 70～140

轮廓	N070	G00 X-4 Z2	快速定位到相切圆弧起点
	N080	G02 X0 Z0 R2	车削 R2mm 的过渡顺时针圆弧
	N090	G03 X20 Z-32.967 R18	车削 R18mm 的逆时针圆弧
	N100	G01 X20 Z-43	车削 ϕ20mm 的外圆
	N110	G01 X40	车削至 ϕ40mm 外圆处
	N120	G01 Z-63	车削 ϕ40mm 的外圆
	N130	G01 X48	车削至 ϕ48mm 外圆处
	N140	G01 Z-73	车削 ϕ48mm 的外圆
精车	N150	M03 S1200	提高主轴转速到 1200r/min
	N160	G70 P70 Q140 F40	精车循环
结束	N170	G00 X200 Z200	快速退刀
	N180	M05	主轴停
	N190	M30	程序结束

（2）加工零件左侧（带有内孔的部分）

开始	N010	M03 S800	主轴正转，转速为 800r/min
	N020	T0101	换 01 号外圆车刀
	N030	G98	指定走刀按照 mm/min 进给
端面	N040	G00 X60 Z0	快速定位工件端面上方
	N050	G01 X0 F80	做端面，走刀速度为 80mm/min
粗车	N060	G00 X55 Z3	快速定位循环起点
	N070	G71 U1.5 R1	X 向每次切削量为 1.5mm，退刀 1 次
	N080	G71 P90 Q140 U0.1 W0.1 F80	循环程序段 90 ～ 140
轮廓	N090	G00 X36	快速定位到轮廓右端 3mm 处
	N100	G01 Z-10	车削 ϕ36mm 的外圆
	N110	G01 X40	车削 ϕ40mm 外圆的右端
	N120	G01 X45 Z-70	车削锥度外圆
	N130	G01 Z-75	车削 ϕ45mm 的外圆
	N140	G01X48	提刀
精车	N160	M03 S1200	提高主轴转速到 1200r/min
	N170	G70 P90 Q140 F40	精车
钻孔	N180	M03 S800	主轴正转，转速为 800r/min
	N200	G00 X150 Z150	快速退刀，准备换刀
	N210	T0707	换 07 号钻头
	N220	G00 X0 Z1	用镗孔循环钻孔，有利于排削
	N230	G74 R1	G74 镗孔循环固定格式
	N240	G74 X0 Z-40 P3000 Q0 R0 F10	G74 镗孔循环固定格式
镗孔（精车内孔）	N250	G00 X150 Z150	快速退刀，准备换刀
	N260	T0505	换 05 号镗孔刀
	N270	G00 X20 Z1	定位孔的外部
	N280	G01 Z-40 F15	精修孔壁
	N290	G01 Z1 F40	退出孔
倒角	N300	G00 X25.786 Z1	移至倒角外侧 1mm 处
	N310	G01 X25.786 Z0 F30	接触工件
	N320	G01 X21.786 Z-2	倒角
	N330	G01 X0 Z0	孔底部
	N340	G00 X200 Z200	快速退刀
内槽	N350	T0606	换 06 号内切槽刀
	N360	G00 X20 Z1	移至孔的外部
	N370	G01 X20 Z-28 F40	定位切槽循环的起点
	N380	G75 R1	G75 镗孔循环固定格式

	N390	G75 X27 Z–33 P3000 Q2800 R0 F20	G75 镗孔循环固定格式
内槽	N400	G01 X20 Z1 F40	退出孔
内螺纹	N410	G00 X200 Z200	快速退刀，准备换刀
	N420	T0808	换 08 号内螺纹刀
	N430	G00 X18 Z3	定位螺纹环的起点
	N440	G76 P020060 Q100 R–0.08	G76 螺纹循环固定格式
	N450	G76 X24 Z–29 R0 P1107 Q500 F2	G76 螺纹循环固定格式
结束	N460	G00 X200 Z200	快速退刀
	N470	M05	主轴停
	N480	M30	程序结束

9.9 弧形轴特件数控车床零件加工工艺分析及编程

图 9.30 所示为弧形轴特件。

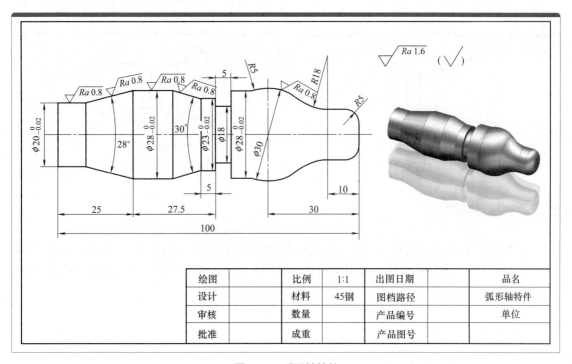

图 9.30　弧形轴特件

9.9.1 零件图工艺分析

该零件表面由内外圆柱面及弧面等表面组成，其中多个直径尺寸与轴向尺寸有较高的尺寸精度和表面粗糙度要求。零件图尺寸标注完整，符合数控加工尺寸标注要求；轮廓描述清楚完整；零件材料为 45 钢，切削加工性能较好，无热处理和硬度要求。加工时按照从左到右的顺序进行程序编制和加工。

通过上述分析，采取以下几点工艺措施。

① 零件图样上带公差的尺寸，因公差值较小，故编程时不必取其平均值，而取基本尺寸即可。

② 零件需要掉头加工，注意掉头的对刀和端面找准。

③ 切槽留到最后一步制作，防止先切时直径过细影响加工。

9.9.2 确定装夹方案、加工顺序及走刀路线

（1）加工零件左侧的部分

用三爪自动定心卡盘夹紧，加工顺序按由粗到精、由近到远的原则确定，在一次装夹中尽可能加工出较多的工件表面。结合本零件的结构特征，由于该零件外圆部分形状具有凹陷，因此采用 G73 循环，轮廓表面车削走刀可沿零件轮廓顺序进行，按图 9.31 所示路线加工。

（2）加工零件右侧的部分

用三爪自动定心卡盘按照图 9.32 所示的位置夹紧，结合本零件的结构特征，由于该零件外圆部分由圆弧构成，因此采用 G73 循环，轮廓表面车削走刀可沿零件轮廓顺序进行，按图 9.32 所示路线加工。

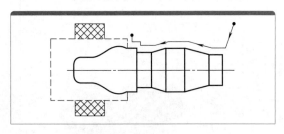

图 9.31 装夹方式

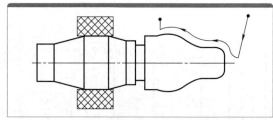

图 9.32 掉头装夹示意图

9.9.3 刀具选择

将所选定的刀具参数填入表 9.17 所示弧形轴特件数控加工刀具卡片中，以便于编程和操作管理。注意：车削外轮廓时，为防止副后刀面与工件表面发生干涉，应选择较大的副偏角，必要时可作图检验。

表 9.17 弧形轴特件数控加工刀具卡

产品名称或代号	数控车工艺分析实例		零件名称	弧形轴特件	零件图号	Lathe-09
序号	刀具号	刀具规格名称	数量	加工表面	刀尖半径 /mm	备注
1	T01	45°硬质合金外圆车刀	1	车端面	0.5	25mm×25mm
2	T02	宽 3mm 切断刀（割槽刀）	1	宽 3mm		
编制	×××	审核	×××	批准	×××	共 1 页	第 1 页

9.9.4 切削用量选择

根据被加工表面质量要求、刀具材料和工件材料，参考切削用量手册或有关资料选取切削速度与每转进给量，填入表 9.18 所示工序卡中。

表 9.18　弧形轴特件数控加工工序卡

单位名称	××××	产品名称或代号		零件名称		零件图号
		数控车工艺分析实例		弧形轴特件		Lathe-09
工序号	程序编号	夹具名称		使用设备		车间
001	Lathe-09	卡盘和自制心轴		FANUC 0i		数控中心
工步号	工步内容	刀具号	刀具规格/mm	主轴转速/r·min⁻¹	进给速度/mm·min⁻¹	背吃刀量/mm	备注
---	---	---	---	---	---	---	---
1	平端面	T01	25×25	800	80		自动
2	粗车外轮廓	T01	25×25	800	80	1.5	自动
3	精车外轮廓	T01	25×25	1200	40	0.2	自动
4	掉头装夹						
5	粗车外轮廓	T01	25×25	800	80	1.5	自动
6	精车外轮廓	T01	25×25	800	80	0.2	自动
7	切槽	T02		800	20		
编制	×××	审核	×××	批准	×××	年　月　日	共1页　第1页

9.9.5　数控程序的编制

（1）加工零件左侧

开始	N010	M03 S800	主轴正转，转速为800r/min
	N020	T0101	换01号外圆车刀
	N030	G98	指定走刀按照mm/min进给
端面	N040	G00 X60 Z0	快速定位工件端面上方
	N050	G01 X0　F80	做端面，走刀速度为80mm/min
粗车	N060	G00 X40 Z3	快速定位循环起点
	N070	G73 U18.751 W1.5 R13	X向总吃刀量为18.751mm，循环13次
	N080	G73 P90 Q170 U0.1 W0.1 F80	循环程序段90～170
轮廓	N090	G00 X2.298 Z2	快速定位到圆弧起点处
	N100	G02 X6.498 Z0 R2	圆弧切入
	N110	G01 X28 Z-25	斜向车削至φ28mm的外圆处
	N120	G01　Z-38.17	车削φ28mm的外圆
	N130	G01 X23 Z-47.5	斜向车削至φ23mm的外圆处
	N140	G01　Z-57.5	车削φ23mm的外圆
	N150	G01 X28	车削至φ28mm的外圆处
	N160	G01　Z-63.755	车削φ23mm的外圆
	N170	G01 X35	抬刀
精车	N180	M03 S1200	提高主轴转速到1200r/min
	N190	G70 P90 Q160 F40	精车循环
结束	N200	G00 X200 Z200	快速退刀
	N210	M05	主轴停
	N220	M30	程序结束

（2）加工零件右侧

开始	N010	M03 S800	主轴正转，转速为800r/min
	N020	T0101	换01号外圆车刀
	N030	G98	指定走刀按照mm/min进给
端面	N040	G00 X60 Z0	快速定位工件端面上方
	N050	G01 X0　F80	做端面，走刀速度为80mm/min

	N060	G00 X40 Z3	快速定位循环起点
粗车	N070	G73 U10 W1.5 R7	*X*向切削总量为10mm，循环7次
	N080	G73 P90 Q160 U0.1 W0.1 F80	循环程序段90～160
轮廓	N090	G01 X6.498 Z1	快速定位到轮廓右端1mm处
	N100	G01 Z0	接触工件
	N110	G03 X16.498 Z−5 R5	车削*R*5mm的逆时针圆弧
	N120	G01 Z−10	车削*R*16.498mm的外圆
	N130	G02 X23.863 Z−20.909 R18	车削*R*18mm的顺时针圆弧
	N140	G03 X28.5 Z−34.684 R15	车削*R*15mm的逆时针圆弧
	N150	G02 X28 Z−36.245 R5	车削*R*5mm的顺时针圆弧
	N160	G01X35	抬刀
精车	N170	M03 S1200	提高主轴转速到1200r/min
	N180	G70 P90 Q160 F40	精车
内槽	N190	M03 S800	降低主轴转速到800r/min
	N200	G00 X200 Z200	快速退刀
	N210	T0202	换02号切槽刀
	N220	G00 X35 Z−45.5	定位切槽循环的起点
	N230	G75 R1	G75切槽循环固定格式
	N240	G75 X18 Z−47.5 P3000 Q2800 R0 F20	G75切槽循环固定格式
结束	N250	G00 X200 Z200	快速退刀
	N260	M05	主轴停
	N270	M30	程序结束

9.10 螺纹配合件数控车床零件加工工艺分析及编程

图9.33所示为螺纹配合件。

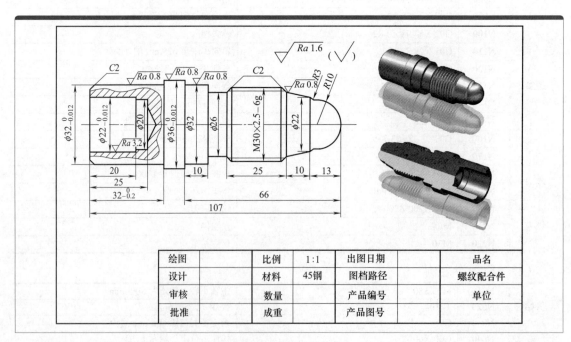

图9.33　螺纹配合件

9.10.1 零件图工艺分析

该零件表面由内外圆柱面及外螺纹等表面组成，其中多个直径尺寸与轴向尺寸有较高的尺寸精度和表面粗糙度要求。零件图尺寸标注完整，符合数控加工尺寸标注要求；轮廓描述清楚完整；零件材料为45钢，切削加工性能较好，无热处理和硬度要求。加工时按照从右到左的顺序进行程序编制和加工。

通过上述分析，采取以下几点工艺措施。

① 零件图样上带公差的尺寸，因公差值较小，故编程时不必取其平均值，而取基本尺寸即可。

② 加工时以球头端为加工的设计基准。

③ 在轮廓曲线上，应取三处为圆弧，分别为相切圆弧切入，后接零件圆弧部分，保证右端的表面光洁，以保证轮廓曲线的准确性。

9.10.2 确定装夹方案、加工顺序及走刀路线

（1）加工右侧带有螺纹的部分

用三爪自动定心卡盘夹紧，加工顺序按由粗到精、由近到远的原则确定，在一次装夹中尽可能加工出较多的工件表面。结合本零件的结构特征，可先粗车外圆表面，然后加工外轮廓表面。由于该零件外圆部分由直线和圆锥面构成，因此采用G73循环，轮廓表面车削走刀可沿零件轮廓顺序进行，按图9.34所示路线加工。

（2）加工左侧带有内孔的部分

用三爪自动定心卡盘按照图9.35所示位置夹紧，加工顺序按由外到内、由粗到精、由近到远的原则确定，在一次装夹中尽可能加工出较多的工件表面。结合本零件的结构特征，可先粗车外圆表面，然后加工外轮廓表面。由于该零件外圆部分由直线构成，因此采用G71循环，轮廓表面车削走刀可沿零件轮廓顺序进行，按图9.35所示路线加工；内圆部分采取先钻孔后镗孔的方法。

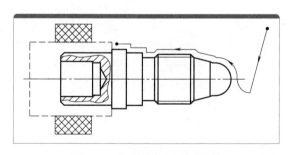

图9.34 外轮廓加工走刀路线

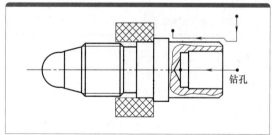

图9.35 外轮廓及钻孔加工走刀路线

9.10.3 刀具选择

将所选定的刀具参数填入表9.19所示螺纹配合单件数控加工刀具卡片中，以便于编程和操作管理，必要时可作图检验。

9.10.4 切削用量选择

根据被加工表面质量要求、刀具材料和工件材料，参考切削用量手册或有关资料选取切削速度与每转进给量，填入表9.20所示工序卡中。

表 9.19　螺纹配合件数控加工刀具卡片

产品名称或代号		数控车工艺分析实例	零件名称	螺纹配合件	零件图号	Lathe-10
序号	刀具号	刀具规格名称	数量	加工表面	刀尖半径 /mm	备注
1	T01	45°硬质合金外圆车刀	1	车端面和外圆	0.5	25mm×25mm
2	T02	宽 3mm 切断刀（割槽刀）	1	宽 3mm		
3	T03	硬质合金 60°外螺纹车刀	1	螺纹		
4	T04	内圆车刀	1			
5	T05	宽 4mm 镗孔刀	1	镗内孔基准面		
6	T06	宽 3mm 内割刀（内切槽刀）	1	宽 3mm		
7	T07	ϕ10mm 中心钻	1			
编制	×××	审核	×××	批准	×××	共 1 页　第 1 页

表 9.20　螺纹配合件数控加工工序卡

单位名称	××××	产品名称或代号	零件名称	零件图号		
		数控车工艺分析实例	螺纹配合件	Lathe-10		
工序号	程序编号	夹具名称	使用设备	车间		
001	Lathe-10	卡盘和自制心轴	FANUC 0i	数控中心		
工步号	工步内容	刀具号	刀具规格 /mm	主轴转速 /r·min⁻¹	进给速度 /mm·min⁻¹	背吃刀量 /mm	备注
1	粗车外轮廓	T01	25×25	800	80	1.5	自动
2	精车外轮廓	T01	25×25	1200	40	0.2	自动
3	车 M30×2mm 螺纹	T03	20×20	系统配给	系统配给		自动
4	掉头装夹						
5	粗车外轮廓	T01	25×25	800	80	1.5	自动
6	精车外轮廓	T01	25×25	800	80	0.2	自动
7	钻底孔	T07	ϕ10	800	20		自动
8	镗 ϕ22mm 和 ϕ20mm 内孔	T05	20×20	800	20		自动
9	精车内孔	T05	20×20	1100	20		自动
编制	×××	审核	×××	批准	×××	年　月　日	共 1 页　第 1 页

（注：表头主轴转速单位为 /r·min⁻¹，进给速度单位为 /mm·min⁻¹）

9.10.5　数控程序的编制

（1）加工零件右侧

开始	N010	M03 S800	主轴正转，转速为 800r/min
	N020	T0101	换 01 号外圆车刀
	N030	G98	指定走刀按照 mm/min 进给
粗车	N040	G00 X45 Z3	快速定位循环起点
	N050	G73 U22.5 W1.5 R15	X 向总吃刀量为 22.5mm，循环 15 次
	N060	G73 P70 Q200 U0.1 W0.1 F80	循环程序段 70 ～ 200
轮廓	N070	G00 X−4 Z2	快速定位到相切圆弧起点
	N080	G02 X0 Z0 R2	车削 $R2$mm 的过渡顺时针圆弧
	N090	G03 X19.967 Z−10.573 R10	车削 $R10$mm 的逆时针圆弧
	N100	G02 X22 Z−13 R3	车削 $R3$mm 的顺时针圆弧
	N110	G01 X26 Z−23	车削锥度外圆至螺纹倒角处
	N120	G01 X30 Z−25	螺纹右侧倒角
	N130	G01　　Z−46	车削 ϕ30mm 的外圆
	N140	G01 X26 Z−48	螺纹左侧倒角
	N150	G01　　Z−56	车削 ϕ26mm 的外圆
	N160	G01 X32	车削至 ϕ32mm 外圆处
	N170	G01　　Z−66	车削 ϕ32mm 的外圆
	N190	G01 X36	车削至 ϕ36mm 外圆处
	N200	G01　　Z−76	车削 ϕ36mm 的外圆

	N210	M03 S1200	提高主轴转速到 1200r/min
精车	N220	G70 P70 Q200 F40	精车循环
	N230	G00 X150 Z150	快速退刀，准备换刀
螺纹	N240	T0303	换 03 号螺纹刀
	N250	G00 X33 Z−20	快速定位循环起点
	N260	G76 P050060 Q100 R0.08	G76 螺纹循环固定格式
	N270	G76 X27.2325 Z−50 P1384 Q600 R0 F2	G76 螺纹循环固定格式
	N280	G00 X200 Z200	快速退刀
结束	N290	M05	主轴停
	N300	M30	程序结束

（2）加工零件左侧

	N010	M03 S800	主轴正转，转速为 800r/min
开始	N020	T0101	换 01 号外圆车刀
	N030	G98	指定走刀按照 mm/min 进给
端面	N040	G00 X40 Z0	快速定位工件端面上方
	N050	G01 X0　　F80	做端面，走刀速度为 80mm/min
	N060	G00 X40 Z3	快速定位循环起点
粗车	N070	G71 U1.5 R1	X 向每次切削量为 1.5mm，退刀量为 1mm
	N080	G71 P90 Q130 U0.1 W0.1 F80	循环程序段 90～130
	N090	G00 X28	快速定位到轮廓右端 1mm 处
	N100	G01　　Z0	接触工件
轮廓	N110	G01 X32 Z−2	车削倒角
	N120	G01　　Z−32	车削 ϕ32mm 的外圆
	N130	G01 X38	车削 ϕ36mm 外圆的右端
精车	N140	M03 S1200	提高主轴转速到 1200r/min
	N160	G70 P90 Q130 F40	精车
	N170	M03 S800	主轴正转，转速为 800r/min
	N180	G00 X150 Z150	快速退刀，准备换刀
钻孔	N200	T0707	换 07 号钻头
	N210	G00 X0 Z1	快速定位
	N220	G01　　Z−25 F15	钻孔
	N230	G01　　Z1 F40	退出孔
	N240	G00 X150 Z150	快速退刀，准备换刀
	N250	T0505	换 05 号镗孔刀
镗孔	N260	G00 X16 Z1	定位镗孔循环的起点
	N270	G74 R1	G74 镗孔循环固定格式
	N280	G74 X20 Z−25 P3000 Q3800 R0 F20	G74 镗孔循环固定格式
	N290	M03 S1100	提高主轴转速到 1100r/min
	N300	G00 X22 Z1	定位到孔外部
	N310	G01　　Z−20 F20	车削 ϕ22mm 的内圆
精车内孔	N320	G01 X20	车削倒 ϕ20mm 外圆处
	N330	G01　　Z−25	车削 ϕ20mm 的外圆
	N335	Z17	离开孔壁边缘，防止损伤刀具和工件
	N340	G01　　Z1 F40	退出孔内部
	N350	G00 X200 Z200	快速退刀
结束	N360	M05	主轴停
	N370	M30	程序结束

9.11 螺纹多槽件数控车床零件加工工艺分析及编程

图 9.36 所示为螺纹多槽件。

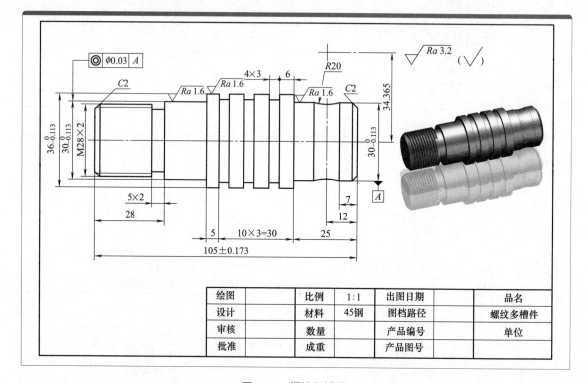

绘图		比例	1:1	出图日期		品名	
设计		材料	45钢	图档路径		螺纹多槽件	
审核		数量		产品编号		单位	
批准		成重		产品图号			

图 9.36 螺纹多槽件

9.11.1 零件图工艺分析

该零件表面由内外圆柱表面组成，其中多个直径尺寸与轴向尺寸有较高的尺寸精度和表面粗糙度要求。零件图尺寸标注完整，符合数控加工尺寸标注要求；轮廓描述清楚完整；零件材料为 45 钢，切削加工性能较好，无热处理和硬度要求。加工时按照从左到右的顺序进行程序编制和加工。

通过上述分析，采取以下几点工艺措施。

① 零件图样上带公差的尺寸，因公差值较小，故编程时不必取其平均值，而取基本尺寸即可。

② 左右端面均为多个尺寸的设计基准，注意尺寸的选择和加工速度的确定。

③ 细长轴零件用顶尖顶紧，注意吃刀量和走刀速度。

9.11.2 确定装夹方案、加工顺序及走刀路线

本节的加工无需掉头，具体装夹和加工方法如下。

用三爪自动定心卡盘夹紧，加工顺序按由粗到精、由近到远的原则确定，在一次装夹中尽可能加工出较多的工件表面。结合本零件的结构特征，可先粗车外圆表面，然后加工外轮廓

表面。由于该零件外圆部分由直线构成，因此采用 G71 循环加工基本外圆，轮廓表面车削走刀可沿零件轮廓顺序进行，按图 9.37 所示路线加工。

切完槽后，加工螺纹，再用 G73 循环加工零件尾部形状，具体的走刀路线如图 9.38 所示。

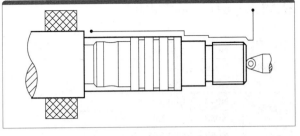

图 9.37　轮廓表面车削走刀路线

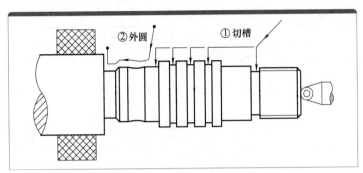

图 9.38　切槽及加工螺纹走刀路线

9.11.3　刀具选择

将所选定的刀具参数填入表 9.21 所示螺纹多槽零件数控加工刀具卡片中，以便于编程和操作管理。

9.11.4　切削用量选择

根据被加工表面质量要求、刀具材料和工件材料，参考切削用量手册或有关资料选取切削速度与每转进给量，见表 9.22。

表 9.21　螺纹多槽件数控加工刀具卡

产品名称或代号		数控车工艺分析实例	零件名称	螺纹多槽件	零件图号	Lathe-11
序号	刀具号	刀具规格名称	数量	加工表面	刀尖半径 /mm	备注
1	T01	45°硬质合金外圆车刀	1	车端面	0.5	25mm×25mm
2	T02	宽 4mm 切断刀（割槽刀）	1	宽 4mm		
3	T03	硬质合金 60°外螺纹车刀	1	螺纹		
4	T08	φ5mm 中心钻	1			
编制	×××	审核	×××	批准	×××	共 1 页　第 1 页

表 9.22　螺纹多槽件数控加工工序卡

单位名称	××××	产品名称或代号		零件名称	零件图号
		数控车工艺分析实例		螺纹多槽件	Lathe-11
工序号	程序编号	夹具名称		使用设备	车间
001	Lathe-11	卡盘和自制心轴		FANUC 0i	数控中心

工步号	工步内容	刀具号	刀具规格 /mm	主轴转速 /r·min⁻¹	进给速度 /mm·min⁻¹	背吃刀量 /mm	备注
1	平端面	T01	25×25	800	80		手动
2	钻 5mm 中心孔	T08	φ5	800	20		手动
3	粗车外轮廓	T01	25×25	800	80	1.5	自动
4	精车外轮廓	T01	25×25	1200	40	0.2	自动
5	螺纹前端倒角	T01	25×25	800	80		自动
6	切槽（共 5 个）	T02	4×25				自动
7	车 M28×2mm 螺纹	T03	20×20	系统配给	系统配给		自动
8	粗车尾部外轮廓	T01	25×25	800	80	1.5	自动
9	精车尾部外轮廓	T01	25×25	800	80	0.2	自动
10	切断	T02	4×25	800	20		自动
编制	×××	审核	×××	批准	×××	年　月　日	共 1 页　第 1 页

9.11.5 数控程序的编制

	N010	M03 S800	主轴正转，转速为 800r/min
开始	N020	T0101	换 01 号外圆车刀
	N030	G98	指定走刀按照 mm/min 进给
端面	N040	G00 X45 Z0	快速定位工件端面上方
	N050	G01 X0 F80	做端面，走刀速度为 80mm/min
粗车循环	N060	G00 X45 Z3	快速定位循环起点
	N070	G71 U1.5 R1	X 向每次吃刀量为 1.5mm，退刀量为 1mm
	N080	G71 P90 Q160 U0.1 W0.1 F80	循环程序段 90 ～ 160
轮廓	N090	G00 X24	快速定位到轮廓右端 3mm 处
	N100	G01 X24 Z0	接触工件
	N110	G01 X28 Z-2	车削螺纹倒角
	N120	G01 Z-28	车削 ϕ28mm 的外圆
	N130	G01 X30	车削到 ϕ30mm 外圆处
	N140	G01 Z-45	车削 ϕ30mm 的外圆
	N150	G01 X36	车削至 ϕ36mm 外圆处
	N160	G01 Z-108	车削 ϕ30mm 的外圆
精车循环	N170	M03 S1200	提高主轴转速到 1200r/min
	N180	G70 P90 Q160 F40	精车
切槽	N190	M03 S800	主轴正转，转速为 800r/min
	N200	G00 X200 Z200	快速退刀，准备换刀
	N230	T0202	换 02 号切槽刀
	N300	G00 X32 Z-27	定位螺纹退刀槽的循环起点
	N310	G75 R1	G75 切槽循环固定格式
	N320	G75 X24 Z-28 P3500 Q2800 R0 F20	G75 切槽循环固定格式
	N330	G00 X38	提刀
	N340	G00 X38 Z-50	定位连续槽的循环起点
	N350	G75 R1	G75 切槽循环固定格式
	N360	G75 X32 Z-74 P3000 Q10000 R0 F20	G75 切槽循环固定格式
	N370	G00 X38 Z-84	定位尾部槽的循环起点
	N380	G75 R1	G75 切槽循环固定格式
	N390	G75 X30 Z-88 P3000 Q3500 R0 F20	G75 切槽循环固定格式
螺纹	N400	G00 X150 Z150	快速退刀，准备换刀
	N410	T0303	换 03 号螺纹刀
	N420	G00 X30 Z3	定位螺纹循环起点
	N430	G76 P020060 Q100 R0.08	G76 螺纹循环固定格式
	N440	G76 X25.786 Z-25 P1107 Q500 R0 F2	G76 螺纹循环固定格式
尾部粗车循环	N450	G00 X200 Z200	快速退刀，准备换刀
	N460	T0101	换 01 号外圆车刀
	N470	G00 X40 Z-85	快速定位循环起点
	N480	G73 U7 W1 R5	X 向总吃刀量为 7mm，循环 5 次
	N490	G73 P500 Q550 U0.1 W0.1 F80	循环程序段 500 ～ 500
轮廓	N500	G01 X30 Z-88	接触工件
	N510	G02 X30 Z-98 R20	车削 R20mm 的顺时针圆弧
	N520	G01 X30 Z-103	车削 ϕ30mm 的外圆
	N530	G01 X26 Z-105	车削尾部的倒角
	N540	G01 Z-109	车削 ϕ26mm 的外圆，为切断作准备
	N550	G01 X40	提刀

精车循环	N560	M03 S1200	提高主轴转速到 1200r/min
	N570	G70 P500 Q550 F40	精车
	N575	M00	在实际加工中暂停后撤出顶尖，再执行后续
切断	N580	M03 S800	主轴正转，转速为 800r/min
	N590	G00 X200 Z200	快速退刀，准备换刀
	N600	T0202	换 02 号切槽刀
	N610	G00 X38 Z-107	移动至尾部倒角的正上方
	N620	G01 X30　　　F20	接触倒角
	N630	G01 X26 Z-109	精车倒角
	N640	G01 X0	切断
结束	N650	G00 X200 Z200	快速退刀
	N660	M05	主轴停
	N670	M30	程序结束

9.12 双头孔轴数控车床零件加工工艺分析及编程

9.12.1 零件图工艺分析

9.12.2 确定装夹方案、加工顺序及走刀路线

9.12.3 刀具选择

9.12.4 切削用量选择

9.12.5 数控程序的编制

扫二维码阅读 9.12

9.13 螺纹圆弧轴数控车床零件加工工艺分析及编程

图 9.39 所示为螺纹圆弧轴。

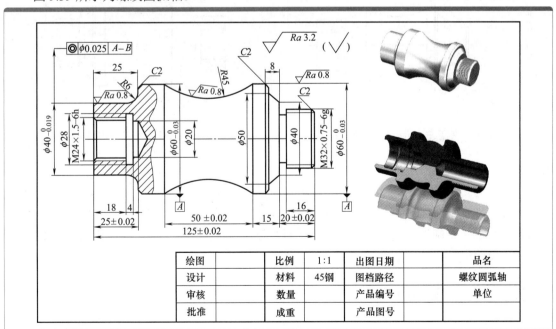

图 9.39　螺纹圆弧轴

9.13.1 零件图工艺分析

该零件表面由内外圆柱面及外螺纹等表面组成，其中多个直径尺寸与轴向尺寸有较高的尺寸精度和表面粗糙度要求。零件图尺寸标注完整，符合数控加工尺寸标注要求；轮廓描述清楚完整；零件材料为45钢，切削加工性能较好，无热处理和硬度要求。加工时按照从左到右的顺序进行程序编制和加工。

通过上述分析，采取以下几点工艺措施。

① 零件图样上带公差的尺寸，因公差值较小，故编程时不必取其平均值，而取基本尺寸即可。

② 左右端面均为多个尺寸的设计基准，注意尺寸的选择和加工速度的确定。

③ 零件需要掉头加工，注意掉头的对刀和端面找准。

9.13.2 确定装夹方案、加工顺序及走刀路线

（1）加工左侧带有内孔的部分

用三爪自动定心卡盘夹紧，加工顺序按由粗到精、由近到远的原则确定，在一次装夹中尽可能加工出较多的工件表面。结合本零件的结构特征，可先粗车外圆表面，然后加工外轮廓表面。由于该零件外圆部分由直线和圆弧面构成，因此采用G73循环，轮廓表面车削走刀可沿零件轮廓顺序进行，按图9.40所示路线加工；内圆部分采取先钻孔后镗孔的方法。

（2）加工右侧带有螺纹的部分

用三爪自动定心卡盘按照图9.41所示位置夹紧，加工顺序按由外到内、由粗到精、由近到远的原则确定，在一次装夹中尽可能加工出较多的工件表面。结合本零件的结构特征，可先粗车外圆表面，然后加工外轮廓表面。由于该零件外圆部分由直线构成，因此采用G71循环，轮廓表面车削走刀可沿零件轮廓顺序进行，按图9.41所示路线加工。

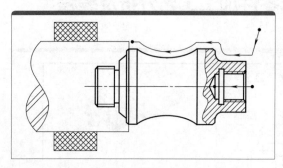 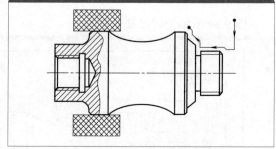

图9.40 加工左侧带有内孔的部分　　　　图9.41 加工右侧带有螺纹的部分

9.13.3 刀具选择

将所选定的刀具参数填入表9.23所示螺纹圆弧轴数控加工刀具卡片中，以便于编程和操作管理。注意：车削外轮廓时，为防止副后刀面与工件表面发生干涉，应选择较大的副偏角，必要时可作图检验。

9.13.4 切削用量选择

根据被加工表面质量要求、刀具材料和工件材料，参考切削用量手册或有关资料选取切

削速度与每转进给量，见表 9.24。

表 9.23　螺纹圆弧轴数控加工刀具卡片

产品名称或代号		数控车工艺分析实例	零件名称		螺纹圆弧轴	零件图号	Lathe-13
序号	刀具号	刀具规格名称	数量	加工表面		刀尖半径 /mm	备注
1	T01	45°硬质合金外圆车刀	1	车端面		0.5	25mm×25mm
2	T02	宽 4mm 切断刀（割槽刀）	1	宽 4mm			
3	T03	硬质合金 60°外螺纹车刀	1	螺纹			
4	T04	内圆车刀	1				
5	T05	宽 4mm 镗孔刀	1	镗内孔基准面			
6	T06	宽 3mm 内割刀（内切槽刀）	1	宽 3mm			
7	T07	ϕ10mm 中心钻	1				
8	T08	硬质合金 60°内螺纹车刀	1	内螺纹			
编制		×××	审核	×××	批准	×××	共 1 页	第 1 页

表 9.24　螺纹圆弧轴数控加工工序卡

单位名称	××××		产品名称或代号		零件名称		零件图号	
			数控车工艺分析实例		螺纹圆弧轴		Lathe-13	
工序号	程序编号		夹具名称		使用设备		车间	
001	Lathe-13		卡盘和自制心轴		FANUC 0i		数控中心	
工步号	工步内容	刀具号	刀具规格 /mm	主轴转速 /r·min^{-1}	进给速度 /mm·min^{-1}	背吃刀量 /mm	备注
1	平端面	T01	25×25	800	80		自动
2	粗车外轮廓	T01	25×25	800	80	1.5	自动
3	精车外轮廓	T01	25×25	1200	40	0.2	自动
4	钻底孔	T07	ϕ10	800	20		自动
5	镗 ϕ20mm 的内孔	T05	20×20	600	20		自动
6	精车内轮廓	T01	25×25	1200	40	0.2	自动
7	切内槽	T06	18×18	800	20	2.5	自动
8	车 M24×1.5mm 内螺纹	T03	20×20	系统配给	系统配给		自动
9	掉头装夹						
10	粗车外轮廓	T01	25×25	800	80	1.5	自动
11	精车外轮廓	T01	25×25	1200	40	0.2	自动
12	螺纹倒角	T01	25×25	800	80		自动
13	切螺纹退刀槽	T07	ϕ10	800	20		自动
14	车 M32×0.75mm 螺纹	T05	20×20	系统配给	系统配给		自动
编制	×××	审核	×××	批准	×××	年 月 日	共 1 页	第 1 页

9.13.5　数控程序的编制

（1）加工左侧带有内孔和内螺纹的部分

	N010	M03 S800	主轴正转，转速为800r/min
开始	N020	T0101	换 01 号外圆车刀
	N030	G98	指定走刀按照 mm/min 进给
端面	N040	G00 X70 Z0	快速定位端面上方
	N050	G01 X0　F80	车削端面
粗车循环	N060	G00 X70 Z3	快速定位循环起点
	N070	G73 U15 W1 R15	X 向总吃刀量为15mm，循环 15 次
	N080	G73 P90 Q150 U0.1 W0.1 F80	循环程序段 90 ～ 150

	N090	G00 X40 Z1	快速定位工件外侧
轮廓	N100	G01　　Z-19	车削 ϕ40mm 的外圆
	N110	G02 X56 Z-25 R6	车削 R6mm 的顺时针圆弧
	N120	G01 X60 Z-27	车削 C2mm 倒角
	N130	G01　　Z-40	车削 ϕ60mm 的外圆
	N140	G02 X60 Z-90 R45	车削 R45mm 的顺时针圆弧
	N150	G01　　Z-100	车削 ϕ60mm 的外圆
精车循环	N160	M03 S1200	提高主轴转速到 1200r/min
	N170	G70 P90 Q150 F40	精车
钻头	N180	M03 S800	降低主轴转速到 800r/min
	N190	G00 X200 Z200	退到换刀点
	N200	T0707	换 07 号钻头
	N210	G00 X0 Z1	定位到工件中心右端 1mm 处
	N220	G01 X0 Z-25 F15	钻孔
	N230	G01 X0 Z1 F40	退出孔
镗孔	N240	G00 X200 Z200	退到换刀点
	N250	T0505	换 05 号镗孔刀
	N260	G00 X16 Z1	快速定位镗孔循环起点
	N270	G74 R1	G74 镗孔循环的固定格式
	N280	G74 X20 Z-25 P3000 Q2800 R0 F20	G74 镗孔循环的固定格式
内孔	N290	G00 X24 Z1	定位在倒角右侧 1mm 处
	N300	G01 X24 Z0 F40	接触工件
	N310	G01 X22.3395 Z-1.5	车削倒角
	N320	G01　　　　Z-22	车削 ϕ22.3395mm 的内圆
	N330	G01 X20 Z1 F30	退出内孔
内槽	N350	G00 X150 Z150	退到换刀点
	N360	T0606	换 06 号内切槽刀
	N370	G00 X20 Z1	定位在孔的外侧
	N380	G01　　Z-22 F40	移动至内槽的下方
	N390	G01 X28　F15	切内槽
	N400	G04 P1000	暂停 1s，清槽底
	N420	G01 X20　　F40	退出槽
	N430	G01　　Z1	退出内孔
内螺纹	N440	G00 X150 Z150	退到换刀点
	N450	T0808	换 08 号内螺纹刀
	N460	G00 X20 Z3	快速定位螺纹循环起点
	N470	G76 P030060 Q100 R-0.08	G76 螺纹循环的固定格式
	N480	G76 X24 Z-20 P830 Q400 R0 F2	G76 螺纹循环的固定格式
结束	N490	G00 X200 Z200	快速退刀
	N500	M05	主轴停
	N510	M30	程序结束

（2）加工右侧带有外螺纹的部分

开始	N010	M03 S800	主轴正转，转速为 800r/min
	N020	T0101	换 01 号外圆车刀
	N030	G98	指定走刀按照 mm/min 进给
端面	N040	G00 X70 Z0	快速定位端面上方
	N050	G01 X0　　F80	车削端面
粗车循环	N060	G00 X70 Z3	快速定位循环起点
	N070	G71 U1.5 W1 R1	X 向每次吃刀量为 1.5mm，退刀量为 1mm
	N080	G71 P90 Q160 U0.1 W0.1 F80	循环程序段 90～180
轮廓	N090	G00 X28	快速定位到轮廓右端 1mm 处

	N100	G01 X28 Z0	接触工件
轮廓	N110	G01 X32 Z−2	车削螺纹的倒角
	N120	G01　　　Z−20	车削 φ32mm 的外圆
	N130	G01 X40	车削到 φ40mm 的外圆处
	N140	G01 X50 Z−26	车削锥度部分到 φ50mm 的外圆处
	N150	G01 X56	车削到倒角起点位置
	N160	G01 X60 Z−28	车削倒角
精车循环	N170	M03 S1200	提高主轴转速到 1200r/min
	N180	G70 P90 Q160 F40	精车
切槽	N190	M03 S800	降低主轴转速到 800r/min
	N200	G00 X200 Z200	退到换刀点
	N210	T0202	换 02 号切槽刀
	N220	G00 X41 Z−20	定位到槽上方
	N230	G01 X26　　　F20	切槽（注：当螺纹退刀槽没有具体尺寸时，由自己根据实际情况给定）
	N240	G04 P1000	暂停 1s，清槽底
	N250	G01 X41　　　F40	提刀
螺纹	N260	G00 X200 Z200	退到换刀点
	N270	T0303	换 03 号螺纹刀
	N280	G00 X34 Z3	快速定位螺纹循环起点
	N290	G76 P020060 Q80 R0.08	G76 螺纹循环的固定格式
	N300	G76 X31.170 Z−20 P415 Q200 R0 F0.75	G76 螺纹循环的固定格式
结束	N310	G00 X200 Z200	快速退刀
	N320	M05	主轴停
	N330	M30	程序结束

9.14 双头特型轴数控车床零件加工工艺分析及编程

图 9.42 所示为双头特型轴。

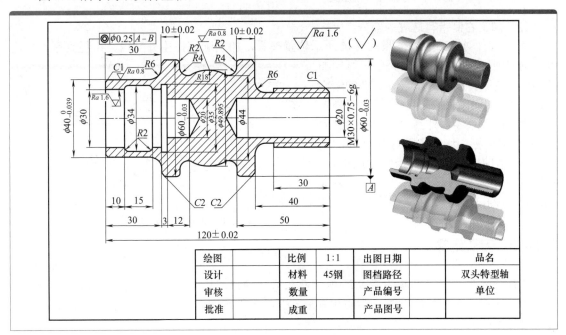

图 9.42　双头特型轴

437

9.14.1 零件图工艺分析

该零件表面由内外圆柱面及外螺纹等表面组成，其中多个直径尺寸与轴向尺寸有较高的尺寸精度和表面粗糙度要求。零件图尺寸标注完整，符合数控加工尺寸标注要求；轮廓描述清楚完整；零件材料为45钢，切削加工性能较好，无热处理和硬度要求。加工时按照从左到右的顺序进行程序编制和加工。

通过上述分析，采取以下几点工艺措施。

① 零件图样上带公差的尺寸，因公差值较小，故编程时不必取其平均值，而取基本尺寸即可。

② 左右端面均为多个尺寸的设计基准，注意尺寸的选择和加工速度的确定。

③ 零件需要掉头加工，注意掉头的对刀和端面找准。

④ R18mm圆弧由两部分加工完成。

⑤ 注意装夹夹紧力大小，以免破坏零件形状。

9.14.2 确定装夹方案、加工顺序及走刀路线

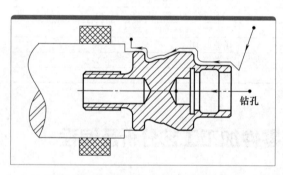

图 9.43 零件右侧外轮廓及钻孔示意图

（1）加工右侧带有复杂内外圆的部分

用三爪自动定心卡盘夹紧，加工顺序按由粗到精、由近到远的原则确定，在一次装夹中尽可能加工出较多的工件表面。结合本零件的结构特征，可先粗车外圆表面，然后加工外轮廓表面。由于该零件外圆部分由直线和圆弧面构成，因此采用G73循环，轮廓表面车削走刀可沿零件轮廓顺序进行，按图9.43所示路线加工；内圆部分采取先钻孔后镗孔的方法。

（2）加工右侧带有螺纹的部分

用三爪自动定心卡盘按照图9.44所示位置夹紧，加工顺序按由外到内、由粗到精、由近到远的原则确定，在一次装夹中尽可能加工出较多的工件表面。结合本零件的结构特征，可先粗车外圆表面，然后加工外轮廓表面。由于该零件外圆部分由直线和大段圆弧面构成，因此采用G73循环，轮廓表面车削走刀可沿零件轮廓顺序进行，按图9.44所示路线加工；内圆部分采取先钻孔后镗孔的方法。

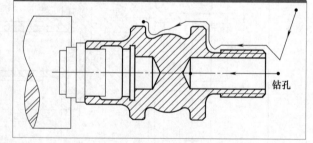

图 9.44 零件左侧外轮廓及钻孔示意图

9.14.3 刀具选择

将所选定的刀具参数填入表9.25所示双头特型轴数控加工刀具卡片中，以便于编程和操作管理。注意：车削外轮廓时，为防止副后刀面与工件表面发生干涉，应选择较大的副偏角，必要时可作图检验。

表 9.25 双头特型轴数控加工刀具卡片

产品名称或代号		数控车工艺分析实例	零件名称		双头特型轴	零件图号	Lathe-14
序号	刀具号	刀具规格名称	数量		加工表面	刀尖半径/mm	备注
1	T01	45°硬质合金外圆车刀	1		车端面	0.5	25mm×25mm
2	T02	宽 3mm 切断刀（割槽刀）	1		宽 3mm		
3	T03	硬质合金 60°外螺纹车刀	1		螺纹		
4	T04	内圆车刀	1				
5	T05	宽 4mm 镗孔刀	1		镗内孔基准面		
6	T06	宽 3mm 内割刀（内切槽刀）	1		宽 3mm		
7	T07	ϕ10mm 中心钻	1				
编制	×××		审核	×××	批准	×××	共 1 页	第 1 页

9.14.4 切削用量选择

根据被加工表面质量要求、刀具材料和工件材料，参考切削用量手册或有关资料选取切削速度与每转进给量，填入表 9.26 所示工序卡中。

表 9.26 双头特型轴数控加工工序卡

单位名称	××××	产品名称或代号	零件名称	零件图号
		数控车工艺分析实例	双头特型轴	Lathe-14
工序号	程序编号	夹具名称	使用设备	车间
001	Lathe-14	卡盘和自制心轴	FANUC 0i	数控中心

工步号	工步内容	刀具号	刀具规格/mm	主轴转速/r·min⁻¹	进给速度/mm·min⁻¹	背吃刀量/mm	备注
1	平端面	T01	25×25	800	80		自动
2	粗车外轮廓	T01	25×25	800	80	1.5	自动
3	精车外轮廓	T01	25×25	1200	40	0.2	自动
4	钻底孔	T07	ϕ10	800	20		自动
5	镗 ϕ30mm 和 ϕ20mm 内孔	T05	20×20	800	20		自动
6	切内槽（注意圆角）	T06	20×20	系统配给	系统配给		自动
7	掉头装夹						
8	粗车外轮廓	T01	25×25	800	80	1.5	自动
9	精车外轮廓	T01	25×25	1200	40	0.2	自动
10	螺纹倒角	T01	25×25	800	80	0.2	自动
11	切退刀槽	T02	25×25	800	20	0.2	自动
12	车 M30×0.75mm 螺纹	T03	20×20	系统配给	系统配给		自动
13	钻底孔	T07	ϕ10	800	20		自动
14	镗 ϕ20mm 的内孔	T05	20×20	800	20		自动
编制	×××	审核	×××	批准	×××	年 月 日	共 1 页	第 1 页

9.14.5 数控程序的编制

（1）加工左侧带有复杂内外圆的部分

开始	N010	M03 S800		主轴正转，转速为 800r/min
	N020	T0101		换 01 号外圆车刀
	N030	G98		指定走刀按照 mm/min 进给
端面	N040	G00 X70 Z0		快速定位端面上方
	N050	G01 X0	F80	车削端面

	N060	G00 X70 Z3	快速定位循环起点
粗车循环	N070	G73 U17 W1.5 R12	X 向总吃刀量为 16mm，循环 12 次
	N080	G73 P90 Q220 U0.1 W0.1 F80	循环程序段 90～220
轮廓	N090	G00 X36 Z1	快速定位到倒角的延长线上
	N100	G01 X40 Z−1	车削倒角
	N110	G01　　Z−24	车削 ϕ40mm 的外圆
	N120	G02 X52 Z−30 R6	车削 R6mm 的顺时针圆弧
	N130	G01 X56	车削 ϕ60mm 的外圆的右端面
	N140	G01 X60 Z−32	车削倒角
	N150	G01　　Z−40	车削 ϕ60mm 的外圆
	N160	G01 X49.895 Z−55	斜向车削至 R18mm 圆弧顶端
	N170	G03 X45.072 Z−64 R18	车削 R18mm 的逆时针圆弧
	N180	G02 X52 Z−70 R4	车削 R4mm 的顺时针圆弧
	N190	G01 X56	车削 ϕ60mm 的外圆的右端面
	N200	G03 X60 Z−72 R2	车削 R3mm 的逆时针圆弧
	N210	G01　　Z−80	车削 ϕ60mm 的外圆
	N220	G01 X65	提刀
精车循环	N230	M03 S1200	提高主轴转速到 1200r/min
	N240	G70 P90 Q220 F40	精车循环
钻孔	N250	M03 S800	主轴正转，转速为 800r/min
	N260	G00 X200 Z200	快速退刀，准备换刀
	N270	T0707	换 07 号钻头
	N280	G00 X0 Z1	用镗孔循环钻孔，有利于排削
	N290	G74 R1	G74 镗孔循环固定格式
	N300	G74 X0 Z−45 P3000 Q0 R0 F20	G74 镗孔循环固定格式
镗孔	N310	G00 X200 Z200	快速退刀，准备换刀
	N320	T0505	换 05 号镗孔刀
	N330	G00 X16 Z1	定位镗孔循环的起点，镗 ϕ20mm 孔
	N350	G74 R1	G74 镗孔循环固定格式
	N360	G74 X20 Z−45 P3000 Q3800 R0 F20	G74 镗孔循环固定格式
	N370	G00 X26 Z1	定位镗孔循环的起点，镗 ϕ30mm 孔
	N380	G74 R1	G74 镗孔循环固定格式
	N390	G74 X30 Z−33 P3000 Q3800 R0 F20	G74 镗孔循环固定格式
内槽	N400	G00 X150 Z150	快速退刀，准备换刀
	N420	T0606	换 06 号内切槽刀
	N430	G00 X28 Z1	定位在孔的外部
	N440	G01 X28 Z−15 F40	定位 G75 切槽循环的起点
	N450	G75 R1	G75 切槽循环固定格式
	N460	G75 X34 Z−23 P3000 Q3800 R0 F20	G75 切槽循环固定格式
	N470	G01 X28 Z−13	移动至槽右侧内圆角外侧
	N480	G01 X30	接触工件
	N490	G03 X34 Z−15 R2	车削 R3mm 的逆时针圆弧
	N500	G01　　Z−23	平槽底
	N510	G01 X28	提刀
	N520	G01　　Z−25	移动至槽左侧内圆角外侧
	N530	G01 X30	接触工件
	N550	G02 X34 Z−23 R2	车削 R2mm 的顺时针圆弧
	N560	G01 X28	提刀
	N570	G01　　Z−33	移动至左侧槽的上方
	N580	G01 X35	切槽
	N585	G04 P1000	暂停 1s，清槽底，保证形状
	N590	G01 X28	提刀
	N600	G01　　Z1	退出孔内部
结束	N620	G00 X200 Z200	快速退刀
	N630	M05	主轴停
	N640	M30	程序结束

（2）加工右侧带有螺纹的部分

	N010	M03 S800	主轴正转，转速为 800r/min
开始	N020	T0101	换 01 号外圆车刀
	N030	G98	指定走刀按照 mm/min 进给
端面	N040	G00 X70 Z0	快速定位工件端面上方
	N050	G01 X0　　 F80	做端面，走刀速度为 80mm/min
粗车循环	N060	G00 X70 Z3	快速定位循环起点
	N070	G73 U22 W1.5 R14	X 向总吃刀量为 22mm，循环 14 次
	N080	G73 P90 Q240 U0.1 W0.1 F80	循环程序段 90 ～ 230
轮廓	N090	G01 X26 Z1	快速定位倒角延长线处
	N120	G01 X30 Z-1	车削倒角
	N130	G01　　 Z-30	车削 ϕ30mm 的外圆
	N140	G01 X28 Z-33	斜向车削至 ϕ28mm 外圆处
	N150	G01　　 Z-34	平槽底部分
	N160	G02 X40 Z-40 R6	车削 R6mm 的顺时针圆弧
	N170	G01 X56	车削 ϕ60mm 外圆的右端面
	N180	G01 X60 Z-42	车削倒角
	N190	G01　　 Z-50	车削 ϕ60mm 的外圆
	N200	G01 X49.895 Z-65	斜向车削至 R18mm 的弧顶
	N210	G03 X45.072 Z-74 R18	车削 R18mm 的逆时针圆弧
	N220	G02 X52 Z-80 R4	车削 R4mm 的顺时针圆弧
	N230	G01 X56	车削 ϕ60mm 的外圆的右端面
	N240	G03 X60 Z-82 R2	车削 R2mm 的逆时针圆弧
精车循环	N250	M03 S1200	提高主轴转速到 1200r/min
	N260	G70 P90 Q240 F40	精车
切槽	N270	G00 X150 Z150	快速退刀，准备换刀
	N280	T0202	换 02 号切槽刀
	N290	G00 X33 Z-33	快速定位至槽上方
	N300	G01 X28　　 F20	切槽，速度为 20mm/min
	N310	G04 P1000	暂停 1s，清槽底，保证形状
	N320	G01 X33　　 F40	提刀
螺纹	N330	G00 X150 Z150	快速退刀，准备换刀
	N350	T0303	换 03 号螺纹刀
	N360	G00 X32 Z3	定位到螺纹循环起点
	N370	G76 P020060 Q50 R0.05	G76 螺纹循环固定格式
	N380	G76 X29.170 Z-32 P415 Q200 R0 F0.75	G76 螺纹循环固定格式
钻孔	N390	G00 X200 Z200	快速退刀，准备换刀
	N400	T0707	换 07 号钻头
	N420	G00 X0 Z1	用镗孔循环钻孔，有利于排削
	N430	G01 X0 Z-50 F15	G74 镗孔循环固定格式
	N440	G01 X0 Z1 F40	G74 镗孔循环固定格式
镗孔	N450	G00 X200 Z200	快速退刀，准备换刀
	N460	T0505	换 05 号镗孔刀
	N470	G00 X16 Z1	定位镗孔循环的起点
	N480	G74 R1	G74 镗孔循环固定格式
	N490	G74 X20 Z-50 P3000 Q3800 R0 F20	G74 镗孔循环固定格式
结束	N500	G00 X200 Z200	快速退刀
	N510	M05	主轴停
	N520	M30	程序结束

9.15 球身螺纹轴零件数控车床加工工艺分析及编程

图 9.45 所示为球身螺纹轴零件。

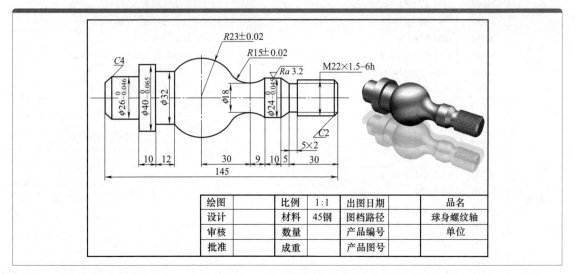

绘图		比例	1:1	出图日期		品名	
设计		材料	45钢	图档路径		球身螺纹轴	
审核		数量		产品编号		单位	
批准		成重		产品图号			

图 9.45　球身螺纹轴零件

9.15.1　零件图工艺分析

　　该零件表面由外圆柱面、弧面及外螺纹等表面组成，其中多个直径尺寸与轴向尺寸有较高的尺寸精度和表面粗糙度要求。零件图尺寸标注完整，符合数控加工尺寸标注要求；轮廓描述清楚完整；零件材料为 45 钢，切削加工性能较好，无热处理和硬度要求。加工时按照从右到左的顺序进行程序编制和加工。

　　通过上述分析，采取以下几点工艺措施。

　　① 零件图样上带公差的尺寸，因公差值较小，故编程时取基本尺寸即可。

　　② 该零件为细长轴零件，加工前，应该先将左右端面车出来，手动粗车端面，钻中心孔。

　　③ 尾部 $\phi26$mm 处用切槽刀加工，注意尺寸的选择和加工速度的确定。

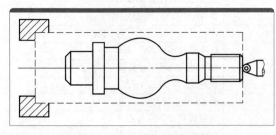

图 9.46　工件的装夹示意图

9.15.2　确定装夹方案

　　用三爪自动定心卡盘夹紧，心轴右端留有中心孔并用尾座顶尖顶紧以提高工艺系统的刚性，如图 9.46 所示。

9.15.3　确定加工顺序及走刀路线

　　加工顺序按由内到外、由粗到精、由近到远的原则确定，在一次装夹中尽可能加工出较多的工件表面。结合本零件的结构特征，可先粗车外圆表面，然后加工外轮廓表面。由于该零件圆弧部分较多较长，因此采用 G73 循环，走刀路线设计不必考虑最短进给路线或最短空行程路线，外轮廓表面车削走刀可沿零件轮廓顺序进行，按图 9.47 所示路线加工，注意外圆轮廓的最低点在 $\phi18$mm 的圆弧处。

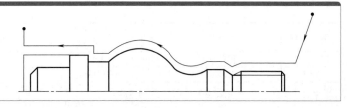

图 9.47　加工外圆

外圆精加工完成后，用切槽刀加工螺纹退刀槽；加工完螺纹后，加工尾部 $\phi26$mm 的外圆，如图 9.48 所示。

最后用切槽刀精车尾部和切断，如图 9.49 所示。

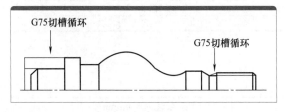

图 9.48　切槽循环

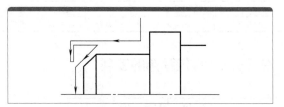

图 9.49　精车尾部和切断

9.15.4　刀具选择

将所选定的刀具参数填入表 9.27 所示球身螺纹轴零件数控加工刀具卡片中，以便于编程和操作管理。注意：车削外轮廓时，为防止副后刀面与工件表面发生干涉，应选择较大的副偏角，必要时可作图检验。

表 9.27　球身螺纹轴数控加工刀具卡片

产品名称或代号		数控车工艺分析实例		零件名称	球身螺纹轴	零件图号	Lathe-15
序号	刀具号	刀具规格名称		数量	加工表面	刀尖半径 /mm	备注
1	T01	45°硬质合金外圆车刀		1	车端面	0.5	25mm×25mm
2	T02	宽 4mm 切断刀（割槽刀）		1	宽 4mm		
3	T03	硬质合金 60°外螺纹车刀		1	螺纹		
4	T06	$\phi5$mm 钻头		1	钻 5mm 中心孔		
编制	×××	审核	×××	批准	×××	共 1 页	第 1 页

9.15.5　切削用量选择

根据被加工表面质量要求、刀具材料和工件材料，参考切削用量手册或有关资料选取切削速度与每转进给量，填入表 9.28 所示工序卡中。

表 9.28　球身螺纹轴数控加工工序卡

单位名称	××××	产品名称或代号		零件名称		零件图号	
		数控车工艺分析实例		球身螺纹轴		Lathe-15	
工序号	程序编号	夹具名称		使用设备		车间	
001	Lathe-15	卡盘和自制心轴		FANUC 0i		数控中心	
工步号	工步内容	刀具号	刀具规格 /mm	主轴转速 /r·min⁻¹	进给速度 /mm·min⁻¹	背吃刀量 /mm	备注
1	平端面	T01	25×25	800	80		手动
2	钻 5mm 中心孔	T06	$\phi5$	800	20		手动

续表

单位名称	××××		产品名称或代号		零件名称		零件图号
			数控车工艺分析实例		球身螺纹轴		Lathe-15
工序号	程序编号		夹具名称		使用设备		车间
001	Lathe-15		卡盘和自制心轴		FANUC 0i		数控中心
工步号	工步内容	刀具号	刀具规格/mm	主轴转速/r·min^{-1}	进给速度/mm·min^{-1}	背吃刀量/mm	备注
3	粗车外轮廓	T01	25×25	800	80	1.5	自动
4	精车外轮廓	T01	25×25	1200	40	0.2	自动
5	螺纹倒角	T01	25×25	800	80		自动
6	切螺纹退刀槽	T02	20×20	800	20		自动
7	攻 M30×0.75mm 螺纹	T03	20×20	系统配给	系统配给		自动
8	切尾部 ϕ26mm 外圆	T02	25×25	800	20	0.2	自动
	精车槽和切断	T02	20×20	800	20		自动
编制	×××	审核	×××	批准	×××	年 月 日	共 1 页 第 1 页

9.15.6 数控程序的编制

开始	N010	M03 S800	主轴正转，转速为 800r/min
	N020	T0101	换 01 号外圆车刀
	N030	G98	指定走刀按照 mm/min 进给
粗车循环	N040	G00 X58 Z3	快速定位循环起点
	N050	G73 U20 W1.5 R14	X 向总吃刀量为 20mm，循环 14 次
	N060	G73 P70 Q170 U0.1 W0.1 F80	循环程序段 90 ～ 170
轮廓	N070	G00 X22 Z1	快速定位到轮廓右端 1mm 处
	N080	G01 Z-25	车削 ϕ22mm 的外圆
	N090	G01 X18 Z-30	斜向车削
	N100	G01 X24 Z-35	斜向车削 ϕ24mm 的外圆处
	N110	G01 Z-45	车削 ϕ24mm 的外圆
	N120	G02 X29.586 Z-65.842 R15	车削 R15mm 的顺时针圆弧
	N130	G03 X32 Z-101.152 R23	车削 R23mm 的逆时针圆弧
	N140	G01 Z-113.152	车削 ϕ32mm 的外圆
	N150	G01 X40	车削 ϕ40mm 外圆的右侧端面
	N160	G01 Z-149	车削 ϕ40mm 的外圆
	N170	G01 X50	提刀
精车循环	N180	M03 S1200	提高主轴转速到 1200r/min
	N190	G70 P70 Q170 F40	精车
倒角	N200	M03 S800	降低主轴转速到 700r/min
	N210	G00 X16 Z1	定位到倒角的延长线
	N220	G01 X22 Z-2 F80	车削倒角
切槽	N230	G00 X150 Z150	快速退刀，准备换刀
	N240	T0202	换 02 号切槽刀
	N250	G00 X25 Z-29	定位切槽循环的起点
	N260	G75 R1	G75 切槽循环固定格式
	N270	G75 X18 Z-30 P3000 Q3800 R0 F20	G75 切槽循环固定格式
螺纹	N280	G00 X150 Z150	快速退刀，准备换刀
	N290	T0303	换 03 号螺纹刀
	N300	G00 X25 Z3	定位螺纹循环的起点
	N310	G76 P030060 Q100 R0.08	G76 螺纹循环固定格式
	N320	G76 X20.3395 Z-16 P830.25 Q400 R0 F1.5	G76 螺纹循环固定格式

	N330	M03 S700	降低主轴转速到 700r/min
切尾部外圆	N340	G00 X150 Z150	快速退刀，准备换刀
	N350	T0202	换 02 号切槽刀
	N360	G00 X45 Z−127.152	定位切槽循环的起点
	N370	G75 R1	G75 切槽循环固定格式
	N380	G75 X26 Z−149 P3000 Q3800 R0 F20	G75 切槽循环固定格式
精车倒角	N390	G01 X26　　　F20	接触工件
	N400	G01　　Z−149	精车 φ26mm 的外圆
	N410	G01 X18	为倒角做准备，切除多余部分
	N420	G01 X26	提刀
	N430	G01　　Z−145	定位至倒角起点
	N440	G01 X18 Z−149	车削倒角
切断	N450	G01 X0	切断
结束	N460	G00 X200 Z200	快速退刀
	N470	M05	主轴停
	N480	M30	程序结束

9.16 双头多槽螺纹件数控车床加工工艺分析及编程

图 9.50 所示为双头多槽螺纹件。

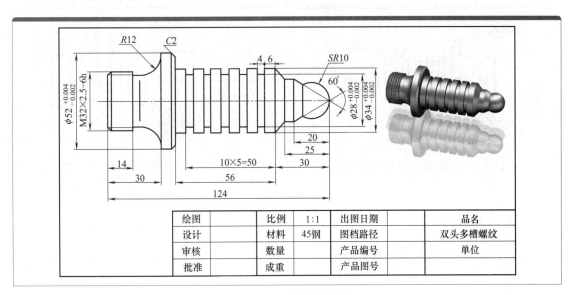

图 9.50　双头多槽螺纹件

9.16.1 零件图工艺分析

该零件表面由外圆柱面、多个等距槽及外螺纹等表面组成，其中多个直径尺寸与轴向尺寸有较高的尺寸精度和表面粗糙度要求。零件图尺寸标注完整，符合数控加工尺寸标注要求；轮廓描述清楚完整；零件材料为 45 钢，切削加工性能较好，无热处理和硬度要求。加工时按照从左到右的顺序进行程序编制和加工。

通过上述分析，采取以下几点工艺措施。

① 零件图样上带公差的尺寸，因公差值较小，故编程时不必取其平均值，而取基本尺寸即可。

② 左右端面均为多个尺寸的设计基准，注意尺寸的选择和加工速度的确定。

③ 零件需要掉头加工，注意掉头的对刀和端面找准。

9.16.2　确定装夹方案、加工顺序及走刀路线

（1）加工右侧多个等距槽的部分

用三爪自动定心卡盘夹紧，加工顺序按由粗到精、由近到远的原则确定，在一次装夹中尽可能加工出较多的工件表面。结合本零件的结构特征，可先粗车外圆表面，然后加工外轮廓表面。由于该零件外圆部分由直线和圆弧面构成，因此先用 G71 循环车去大部分外圆轮廓，再用 G73 循环加工前端圆弧较多的外形，可大大提高加工速度。轮廓表面车削走刀可沿零件轮廓顺序进行，按图 9.51 所示路线加工。

（2）加工左侧带有螺纹的部分

用三爪自动定心卡盘按照图 9.52 所示位置夹紧，加工顺序按由外到内、由粗到精、由近到远的原则确定，在一次装夹中尽可能加工出较多的工件表面。结合本零件的结构特征，可先粗车外圆表面，然后加工外轮廓表面。由于该零件外圆部分有凹陷的形状，因此采用 G73 循环，轮廓表面车削走刀可沿零件轮廓顺序进行，按图 9.52 所示路线加工。

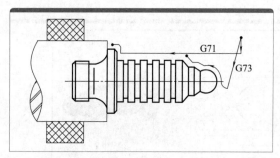

图 9.51　右侧外轮廓的循环示意图

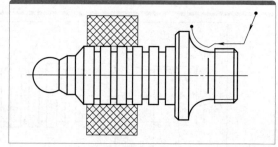

图 9.52　左侧外轮廓的循环示意图

9.16.3　刀具选择

将所选定的刀具参数填入表 9.29 所示双头多槽螺纹件数控加工刀具卡片中，以便于编程和操作管理。

表 9.29　双头多槽螺纹件数控加工刀具卡片

产品名称或代号		数控车工艺分析实例		零件名称	双头多槽螺纹件	零件图号	Lathe-16
序号	刀具号	刀具规格名称		数量	加工表面	刀尖半径 /mm	备注
1	T01	45°硬质合金外圆车刀		1	车端面	0.5	25mm×25mm
2	T02	宽 4mm 切断刀（割槽刀）		1	宽 4mm		
3	T03	硬质合金 60°外螺纹车刀		1	螺纹		
编制	×××	审核	×××	批准	×××	共 1 页	第 1 页

9.16.4 切削用量选择

根据被加工表面质量要求、刀具材料和工件材料，参考切削用量手册或有关资料选取切削速度与每转进给量，填入表 9.30 所示工序卡中。

表 9.30 双头多槽螺纹件数控加工工序卡

单位名称	××××		产品名称或代号		零件名称		零件图号	
			数控车工艺分析实例		双头多槽螺纹件		Lathe-16	
工序号	程序编号		夹具名称		使用设备		车间	
001	Lathe-16		卡盘和自制心轴		FANUC 0i		数控中心	
工步号	工步内容	刀具号	刀具规格 /mm	主轴转速 /r·min⁻¹	进给速度 /mm·min⁻¹	背吃刀量 /mm	备注	
1	G71 粗车外轮廓	T01	25×25	800	80	1.5	自动	
2	G73 粗车外轮廓	T01	25×25	800	80	1.5		
3	G70 精车外轮廓	T01	25×25	1200	40	0.2		
4	切槽	T02	20×20	800	20		自动	
5	掉头装夹							
6	G73 粗车外轮廓	T01	25×25	800	80	1.5	自动	
7	G73 精车外轮廓	T01	25×25	1200	40	0.2	自动	
8	螺纹倒角	T01	25×25	800	80	0.2	自动	
9	切退刀槽	T02	25×25	800	20	0.2	自动	
10	车 M22×1.5mm 螺纹	T03	20×20	系统配给	系统配给		自动	
编制	×××	审核	×××	批准	×××	年 月 日	共 1 页	第 1 页

$$\text{以上为表格}$$

9.16.5 数控程序的编制

（1）加工右侧多个等距槽的部分

	N010	M03 S800	主轴正转，转速为 800r/min
开始	N020	T0101	换 01 号外圆车刀
	N030	G98	指定走刀按照 mm/min 进给
粗车循环	N040	G00 X60 Z3	快速定位循环起点
	N050	G71 U1.5 R1	X 向每次吃刀量为 1.5mm，退刀量为 1mm
	N060	G71 P70 Q110 U0.1 W0.1 F80	循环程序段 70 ~ 110
	N070	G00 X34	快速定位到轮廓右端 3mm 处
	N080	G01 Z-86	车削 ϕ34mm 的外圆
轮廓	N090	G01 X48	车削至 ϕ48mm 的外圆处
	N100	G01 X52 Z-88	车削 C2mm 倒角
	N110	G01 Z-95	车削 ϕ52mm 的外圆
精车	N120	M03 S1200	提高主轴转速到 1200r/min
	N130	G70 P70 Q110 F40	精车
粗车循环	N140	M03 S800	主轴正转，转速为 800r/min
	N150	G00 X40 Z3	快速定位循环起点
	N160	G73 U20 W1.5 R14	X 向总吃刀量为 1.5mm，循环 20 次
	N170	G73 P180 Q230 U0.1 W0.1 F80	循环程序段 180 ~ 230
轮廓	N180	G00 X-4 Z2	快速定位到相切圆弧起点
	N190	G02 X0 Z0 R2	车削 R2mm 的过渡顺时针圆弧
	N200	G03 X17.321 Z-15 R10	车削 R10mm 的逆时针圆弧

	N210	G01 X23.094 Z−20	斜向车削至 φ23.094mm 的外圆处
轮廓	N220	G01 Z−25	车削 φ23.094mm 的外圆
	N230	G01 X34 Z−30	斜向车削至 φ34mm 的外圆处
精车 循环	N240	M03 S1200	提高主轴转速到 1200r/min
	N250	G70 P180 Q230 F40	精车
	N260	M03 S800	降低主轴转速到 800r/min
	N270	G00 X150 Z150	快速退刀，准备换刀
切 5 个 连续槽	N280	T0202	换 02 号切槽刀
	N290	G00 X35 Z−40	定位切槽循环的起点
	N300	G75 R1	G75 切槽循环固定格式
	N310	G75 X28 Z−80 P3000 Q10000 R0 F20	G75 切槽循环固定格式
	N320	G00 X200 Z200	提刀
结束	N330	M05	主轴停
	N340	M30	程序结束

（2）加工左侧带有螺纹的部分

	N010	M03 S800	主轴正转，转速为 800r/min
开始	N020	T0101	换 01 号外圆车刀
	N030	G98	指定走刀按照 mm/min 进给
端面	N040	G00 X60 Z0	快速定位工件端面上方
	N050	G01 X0 F80	做端面，走刀速度为 80mm/min
粗车 循环	N060	G00 X60 Z3	快速定位循环起点
	N070	G73 U16 W1.5 R11	X 向总吃刀量为 16mm，循环 11 次
	N080	G73 P90 Q120 U0.1 W0.1 F80	循环程序段 90 ～ 120
轮廓	N090	G00 X32 Z1	快速定位到轮廓右端 1mm 处
	N100	G01 Z−14	车削 φ32mm 的外圆
	N110	G01 X28 Z−18	斜向车削至 φ28mm 的外圆处
	N120	G02 X52 Z−30 R12	车削 R12mm 的顺时针圆弧
精车 循环	N130	M03 S1200	提高主轴转速到 1200r/min
	N140	G70 P90 Q120 F40	精车
倒角	N150	M03 S800	主轴正转，转速为 800r/min
	N160	G00 X26 Z1	快速退刀，准备换刀
	N170	G01 X32 Z−2 F80	车削倒角
切槽	N180	G00 X150 Z150	快速退刀，准备换刀
	N190	T0202	换 02 号切槽刀
	N200	G00 X35 Z−18	定位在螺纹退刀槽正上方
	N210	G01 X28 F20	切槽
	N220	G04 P1000	暂停 1s，清理槽底
	N230	G01 X35　F40	提刀
螺纹	N240	G00 X150 Z150	快速退刀，准备换刀
	N250	T0303	换 03 号螺纹刀
	N260	G00 X35 Z3	定位到螺纹循环起点
	N270	G76 P040060 Q100 R0.1	G76 螺纹循环固定格式
	N280	G76 X29.2325 Z−16 P1384 Q600 R0 F2.5	G76 螺纹循环固定格式
结束	N290	G00 X200 Z200	快速退刀
	N300	M05	主轴停
	N310	M30	程序结束

9.17　双头内外螺纹轴零件数控车床加工工艺分析及编程

9.17.1　零件图工艺分析

9.17.2　确定装夹方案、加工顺序及走刀路线

9.17.3　刀具选择

9.17.4　切削用量选择

9.17.5　数控程序的编制

9.18　圆弧螺纹组合件数控车床加工工艺分析及编程

9.18.1　零件图工艺分析

9.18.2　确定装夹方案、加工顺序及走刀路线

9.18.3　刀具选择

9.18.4　切削用量选择

9.18.5　数控程序的编制

9.19　三件套圆弧组合件数控车床加工工艺分析及编程

9.19.1　零件图工艺分析

9.19.2　确定装夹方案、加工顺序及走刀路线

9.19.3　刀具选择

9.19.4　切削用量选择

9.19.5　数控程序的编制

9.20　复合轴组合件数控车床加工工艺分析及编程

9.20.1　零件图工艺分析

9.20.2　确定装夹方案、加工顺序及走刀路线

9.20.3　刀具选择

9.20.4　切削用量选择

9.20.5　数控程序的编制

扫二维码阅读 9.17—9.20

10 第 10 章 FANUC 数控系统 宏程序编程

10.1 宏程序编程基础

10.1.1 宏程序概念

在数控编程加工中，当遇到形状相同、尺寸不同的零件轮廓时，希望能编制一个加工此类形状轮廓的通用程序；当遇到由非圆曲线组成的零件轮廓或三维曲面轮廓时，希望不使用 CAD/CAM 软件而通过常用编程指令手工编制加工程序。FANUC 数控系统提供了这样的编程功能，即用户宏程序功能。在程序中给要发生变化的尺寸加上几个变量，通过设置宏变量（或参数）和演算式，再加上必要的数学计算公式，经过数学处理以后，采用相互连接的直线逼近和圆弧逼近方法引入加工程序进行编程。另外，还可在加工程序中使用逻辑判断语句提高轮廓或曲面逼近的相似精度。

（1）宏程序的概念

用户宏程序功能扩展了数控系统的编程功能，使用变量、算术和逻辑运算及条件转移，使得编制同样的加工程序更简便。含有变量的子程序叫作用户宏程序（本体）。在程序中调用用户宏程序的那条指令叫用户宏指令。系统可以使用用户宏程序的功能叫作用户宏功能。用户程序中一般还可以使用演算式及转向语句，有的还可以使用多种参数。

在编程工作中，经常把能完成某一功能的一系列指令像子程序那样存入存储器，用一个总指令来代表它们，使用时只需给出这个总指令就能执行其功能，所存入的这一系列指令称作用户宏程序本体，简称宏程序。这个总指令称作用户宏程序调用指令。在编程时，编程员只要记住宏指令而不必记住宏程序。

例如当加工的是椭圆等非圆曲线时，只需要在程序中利用数学关系来表达曲线，实际加工时，尺寸一旦发生变化，只要改变这几个变量（参数）的赋值就可以了。这种具有变量（参数）并利用对变量（参数）的赋值和表达式来进行对程序编辑的程序叫宏程序，简言之，含有变量（参数）的程序就是宏程序。

宏程序可以较大地简化编程，扩展程序应用范围。宏程序编程适合图形类似、只是尺寸不同的系列零件的编程，适合刀具轨迹相同、只是位置参数不同的系列零件的编程，也适合抛物线、椭圆、双曲线等非圆曲线的编程。

（2）用户宏程序与普通程序的区别

用户宏程序与普通程序的区别在于：在用户宏程序本体中，能使用变量，可以给变量赋值，变量间可以运算，程序可以跳转；而在普通程序中，只能指定常量，常量之间不能运算，程序只能顺序执行，不能跳转，因此功能是固定的，不能变化。用户宏功能是用户提高数控机床性能的一种特殊功能，在相类似工件的加工中巧用宏程序将起到事半功倍的效果。

用户宏程序本体既可以由机床生产厂提供，又可以由机床用户自己编制。使用时，先将用户宏程序主体像子程序一样存入内存，然后用子程序调用指令调用。

（3）宏程序编程的基本特征

普通编程只能使用常量，常量之间不能运算，程序只能顺序执行，不能跳转。宏程序编程与普通程序编制相比有以下特征，见表 10.1。

表 10.1 宏程序编程的基本特征

序号	宏程序编程的基本特征	详细说明
1	使用变量	可以在程序中使用变量，使得程序更具有通用性，当同类零件的尺寸发生变化时，只需要更改程序中变量的值即可，而不需要重新编制程序
2	可对变量赋值	可以在宏程序中对变量进行赋值或在变量设置中对变量赋值，使用者只需要按照要求使用，而不必去理解整个程序内部的结构
3	变量间可进行演算	在宏程序中可以进行变量的四则运算和算术逻辑运算，从而可以加工出非圆曲线轮廓和一些简单的曲面
4	可改变控制执行顺序	程序运行可以跳转，在宏程序中可以改变控制执行顺序

（4）宏程序的优点

表 10.2 详细描述了宏程序的优点。

表 10.2 宏程序的优点

序号	宏程序的优点	详细说明
1	长远性	数控系统中随机携带有各种固定循环指令，这些指令是以宏程序为基础开发的通用的固定循环指令。通用循环指令有时对于工厂实际加工中某一类零件的加工并不一定能满足加工要求，对此可以根据加工零件的具体特点，量身定制出适合这类零件特征的专用程序，并固化在数控系统内部。这种专用的程序的调用类似于使用普通固定循环指令，使数控系统增加了专用的固定循环指令，只要这一类零件继续生产，这种专用固定循环指令就可一直存在并长期应用，因此，数控系统的功能得到增强和扩大
2	共享性	宏程序的编制确实存在相当的难度，要想编制出一个加工效率高、程序简洁、功能完善的程序更是难上加难，但是这并不影响宏程序的使用。正如设计一台电视机要涉及多方面的知识，考虑多方面的因素，是复杂的事情，但使用电视机却是一件相对简单的事情，使用者只要熟悉它的操作与使用，并不需要注重其内部构造和结构原理。宏程序的使用也是一样，使用者只需懂其功能、各参数的具体含义和使用限制注意事项即可，不必了解其设计过程、原理、具体程序内容。使用宏程序者不是必须要懂宏程序，当然懂宏程序可以更好地应用宏程序
3	多功能性	宏程序的功能包含以下几个方面： ①相似系列零件的加工。同一类相同特征、不同尺寸的零件，给定不同的参数，使用同一个宏程序就可以加工，编程得到大幅度简化 ②非圆曲线的拟合处理加工。对于椭圆、双曲线、抛物线、螺旋线、正（余）弦曲线等可以用数学公式描述的非圆曲线的加工，数控系统一般没有这样的插补功能，但是应用宏程序功能，可以将这样的非圆曲线用非常微小的直线段或圆弧段拟合加工，从而得到满足精度要求的非圆曲线 ③曲线交点的计算功能。在复杂零件结构中，许多节点的坐标是需要计算才能得到的，例如，直线与圆弧的交点、切点，直线与直线的交点，圆弧与圆弧的交点、切点等，不用人工计算并输入，只要输入已知的条件，节点坐标可以由宏程序计算完成并直接编程加工，在很大程度上增强了数控系统的计算功能，降低了编程的难度
4	简练性	在质量上，自动编程生成的加工程序基本由 G00、G01、G02、G03 等简单指令组成，数据大部分是离散的小数点数据，难以分析、判别和查找错误，程序长度要比宏程序长几十倍甚至几百倍，不仅占用宝贵的存储空间，加工时间也要长得多
5	智能性	宏程序是数控加工程序编制的高级阶段，程序编制的质量与编程人员的素质息息相关。高素质的编程人员在宏程序的编制过程中可以融入积累的工艺经验技巧，考虑轮廓要素之间的数学关系，应用适当的编程技巧，使程序非常精练，并且加工效果好。宏程序是由人工编制的，必然包含人的智能因素，程序中应考虑到各种因素对加工过程及精度的影响

（5）编制宏程序的基础要求

宏程序的功能强大，但学会编制宏程序有相当的难度，它要求编程人员具有多方面的基础知识与能力，表10.3详细描述了编制宏程序的基础要求。

表10.3　编制宏程序的基础要求

序号	编制宏程序的基础要求	详细说明
1	部分数学基础知识	编制宏程序必须有良好的数学基础，数学知识的作用有多方面：计算轮廓节点坐标需要频繁的数学运算；在加工规律曲线、曲面时，必须熟悉其数学公式并根据公式编制相应的宏程序拟合加工，如椭圆的加工；更重要的是，良好的数学基础可以使人的思维敏捷，具有条理性，这正是编制宏程序所需要的
2	一定的计算机编程基础知识	宏程序是一类特殊的、实用性极强的专用计算机控制程序，其中许多基本概念、编程规则都是从通用计算机语言编程中移植过来的，所以学习C语言、BSAIC、FORTRAN等高级编程语言的知识，有助于快速理解并掌握宏程序
3	一定的英语基础	在宏程序编制过程中需要用到许多英文单词或单词的缩写，掌握一定的英语基础可以正确理解其含义，增强分析程序和编制程序的能力；再者，数控系统面板按键及显示屏幕中也有为数不少的英语单词，良好的英语基础有利于熟练操作数控系统
4	足够的耐心与毅力	相对于普通程序，宏程序显得枯燥且难懂。编制宏程序过程中需要灵活的逻辑思维能力，调试宏程序需要付出更多的努力，发现并修正其中的错误需要耐心与细致，更要有毅力从一次次失败中汲取经验教训并最终取得成功

10.1.2　变量

（1）变量的概述

值不发生改变的量称为常量，如"G01 X100 Y200 F300"程序段中的"100""200""300"就是常量，而值可变的量称为变量，在宏程序中使用变量来代替地址后面的具体数值，如"G01 X#4 Y#5 F#6"程序段中的"#4""#5""#6"就是变量。变量可以在程序中或MDI方式下对其进行赋值。变量的使用可以使宏程序具有通用性，并且在宏程序中可以使用多个变量，彼此之间用变量号码进行识别。

（2）变量的表示形式

变量的表示形式为"#i"，其中，"#"为变量符号，"i"为变量号，变量号可用1、2、3……数字表示，也可以用表达式来指定变量号，但其表达式必须全部写入方括号"[ ]"中，例如#1和#[#1+#2+10]均表示变量，当变量#1=10，变量#2=100时，变量#[#1+#2+40]表示#150。

表达式是指用方括号"[ ]"括起来的变量与运算符的结果。表达式有算术表达式和条件表达式两种。算术表达式是使用变量、算术运算符或者函数来确定的一个数值，如[10+20]、[#10*#30]、[#10+42]和[1+SIN30]都是算术表达式，它们的结果均为一个具体的数值。条件表达式的结果是零（假）（FALSE）或者任何非零值（真）（TRUE），如[10GT5]表示一个"10大于5"的条件表达式，其结果为真。

（3）变量的类型

根据变量号，变量可分成四种类型，如表10.4所示。

表10.4　变量的类型

序号	变量号	变量类型	功　　能
1	#0	空变量	该变量总是空的，不能被赋值（只读）
2	#1 ～ #33	局部变量	局部变量只能在宏程序内部使用，用于保存数据，如运算结果等。当电源关闭时，局部变量被清空；而当宏程序被调用时，参数被赋值给局部变量
3	#100 ～ #149（#199）#500 ～ #531（#999）	公共变量	公共变量在不同宏程序中的意义相同。当电源关闭时，变量#100 ～ #149被清空，而变量#500 ～ #531的数据仍保留
4	#1000 ～ #9999	系统变量	系统变量可读、可写，用于保存NC的各种数据项，如：当前位置、刀具补偿值、机床模式等

注：1. 公共变量#150 ～ #199、#532 ～ #999是选用变量，应根据实际系统使用。

2. 局部变量和公共变量称为用户变量。局部变量和公共变量可以有0值或在下述范围内的值：$-10^{47} \sim -10^{-29}$ 或 $10^{-29} \sim 10^{47}$。如计算结果无效（超出取值范围）时，发出编号111的错误警报。

（4）变量的引用

将跟随在地址符后的数值用变量来代替的过程称为引用变量。同样，引用变量也可以采用表达式。在程序中引用（使用）变量时，其格式为在指令字地址后面跟变量号。当用表达式表示变量时，表达式应包含在一对方括号内，如：G01 X［#1+#2］F#3。

表 10.5 详细描述了变量引用的注意事项。

表 10.5　变量引用的注意事项

序号	变量引用的注意事项
1	被引用变量的值会自动根据指令地址的最小输入单位自动进行四舍五入，例：程序段 G00 X#1，给变量 #1 赋值 12.13456，在 1/1000mm 的 CNC 上执行时，程序段实际解释为 G00 X12.135
2	要使被引用的变量值反号，在"#"前加前缀"−"即可，如：G00 X−#1
3	当引用未定义（赋值）的变量时，这样的变量称为"空"变量（变量 #0 总是空变量），该变量前的指令地址被忽略，如：#1=0，#2="空"（未赋值），执行程序段 G00 X#1 Y#2，结果为 G00 X0
4	当引用一个未定义的变量时，地址本身也被忽略
5	变量引用有限制，变量不能用于程序号"O"、程序段号"N"、任选段跳跃号"/"，例如下列变量使用形式均是错误的： O#1 /#2 G00 X100.0 N#3 Y200.0

（5）变量的赋值

赋值是指将一个数赋予一个变量。变量的赋值方式有两种，见表 10.6。

表 10.6　变量赋值的方式

序号	变量的赋值	详细说明
1	直接赋值	变量可以在操作面板上用 MDI 方式直接赋值，也可在程序中以等式方式赋值，但等号左边不能用表达式。 例：#1=100（"#1"表示变量；"="表示赋值符号，起语句定义作用；"100"就是给变量 #1 赋的值） #100=30+20（将表达式"30+20"赋值给变量 #100，即 #100=50） 直接赋值相关注意事项： ①赋值符号（=）两边内容不能随意互换，左边只能是变量，右边可以是数值、表达式或者变量 ②一个赋值语句只能给一个变量赋值 ③可以多次给一个变量赋值，但新的变量值将取代旧的变量值，即最后赋的值有效 ④在程序中给变量赋值时，可省略小数点。例如，当 #1=123 被定义时，变量 #1 的实际值为 123.0 ⑤赋值语句在其形式为"变量 = 表达式"时具有运算功能。在运算中，表达式可以是数值之间的四则运算，也可以是变量自身与其他数据的运算结果，如 #1=#1+1，则表示新的 #1 等于原来的 #1+1，这点与数学等式是不同的 　　需要强调的是："#1=#1+1"形式的表达式可以说是宏程序运行的"原动力"，任何宏程序几乎都离不开这种类型的赋值运算，而它偏偏与人们头脑中根深蒂固的数学上的等式概念严重偏离，因此对于初学者往往造成很大的困扰，但是如果对计算机编程语言（例如 C 语言）有一定了解的话，对此应该更易理解 ⑥赋值表达式的运算顺序与数学运算的顺序相同
2	自变量赋值	宏程序以子程序方式出现时，所用的变量可在宏程序调用时赋值。例如程序段"G65 P1020 X100.0 Y30.0 Z20.0 F100"，该处的 X、Y、Z 不代表坐标字，F 也不代表进给字，而是对应于宏程序中的局部变量号，变量的具体数值由自变量后的数值决定（详见"12.1.6 宏程序的调用"）

（6）例题

① 执行如下程序段后，N0010 程序段的常量形式是什么？

#1=1

#2=0.5

#3=3.7

#4=20

N0010 G#1 X［#1+#2］　Y#3 F#4

答：相对应程序段的常量形式是 N0010 G01 X1.5 Y3.7 F20。

② 执行如下两程序段后，N0020 程序段计算的变量值是多少？常量形式是什么？

N0010 #1=3

N0020 #［#1］=3.5+#1

解：N0010 程序段将数值 3 赋给了 #1，#［#1］则表示 #3，所以 N0020 程序段计算的是变量 #3 的值，其值为 6.5（3.5+3）。

答：N0020 程序段变量 #3 值为 6.5，相对应程序段的常量形式为 N0020 #3=6.5。

10.1.3　系统变量

系统变量是宏程序变量中一类特殊的变量，其定义为：数控系统中所使用的有固定用途和用法的变量，它们的位置是固定对应的，它们的值决定系统的状态。系统变量一般由 # 后跟 4 位数字来定义，能获取包含在机床处理器或 NC 内存中的只读或读 / 写信息，包括与机床处理器有关的交换参数、机床状态获取参数、加工参数等系统信息。宏程序中还有许多不同功能和含义的系统变量，有些只可读，有些既可读又可写。系统变量对于系统功能二次开发至关重要，它是自动控制和通用加工程序开发的基础。系统变量的序号与系统的某种状态有严格的对应关系，在确实明白其含义和用途前，不要贸然任意应用，否则会造成难以预料的结果。

（1）接口信号

接口信号是在可编程机床控制器（PMC）和用户宏程序之间进行交换的信号。表 10.7 所示为用于接口信号的系统变量。关于接口信号系统变量的详细说明请参考说明书。

表 10.7　用于接口信号的系统变量

序号	变量号	功　　能
1	［参数 No.6001#0（MIF）=0］ #1000 ～ #1015 #1032	把 16 位信号从 PMC 送到宏程序。变量 #1000 ～ #1015 用于按位读取信号。变量 #1032 用于一次读取一个 16 位信号
2	#1100 ～ #1115 #1132	把 16 位信号从宏程序送到 PMC。变量 #1100 ～ #1115 用于按位写信号。变量 #1132 用于一次写一个 16 位信号
3	#1133	用于从宏程序一次写一个 32 位的信号到 PMC 注意：#1133 的值为 –99 999 999 ～ +999 999 990
4	#1000 ～ #1031	［参数 No.6001#0（MIF）=1 时］ 把 32 位信号从 PMC 送到宏程序。变量 #1000 ～ #1031 用于按位读取信号
5	#1100 ～ #1131	把 32 位信号从宏程序送到 PMC。变量 #1100 ～ #1131 用于按位写信号
6	#1032 ～ #1035	此系把 32 位信号统一写入宏程序的变量。只能在 –99 999 999 ～ +999 999 990 的范围内输入
7	#1132 ～ #1135	此系把 32 位信号统一写入宏程序的变量。只能在 –99 999 999 ～ +999 999 990 的范围内输入

（2）刀具补偿

使用这类系统变量可以读取或者写入刀具补偿值，刀具补偿存储方式有三种类型，分别如表 10.8 ～表 10.10 所示。

变量号的后 3 位数对应于刀具补偿号，如 #10080 或 #2080 均对应补偿号 80。

可使用的变量数取决于刀具补偿号和是否区分外形补偿和磨损补偿，以及是否区分刀具长度补偿和刀具半径补偿。当刀具补偿号小于或等于 200 时，#10000 组或 #2000 组都可以使用（如表 10.8、表 10.9 所示），但当刀具补偿号大于 200 时，采用刀具补偿存储方式 C（表 10.10）的时候请避开 #2000 组的变量号码，使用 #10000 组的变量号码。

与其他的变量一样，刀具补偿数据可以带有小数点，因此小数点之后的数据输入时请加入小数点。

表 10.8　刀具补偿存储方式 A 的系统变量

补偿号	系统变量
1	#10001（#2001）
……	……
200	#10200（#2200）

表 10.9　刀具补偿存储方式 B 的系统变量

序号	补偿号	半径补偿	长度补偿
	1	#11001（#2201）	#10001（#2001）
1	……	……	……
	200	#11200（#2400）	#10200（#2200）

表 10.10　刀具补偿存储方式 C 的系统变量

补偿号	刀具长度补偿（H）		刀具半径补偿（D）	
	外形补偿	磨损补偿	外形补偿	磨损补偿
1	#11001（#2201）	#10001（#2001）	#13001	#12001
……	……	……	……	……
200	#11201（#2400）	#10201（#2200）	……	……
……	……	……	……	……
400	#11400	#10400	#13400	#12400

注：以上的变量可能会因机床参数不同而使磨损补偿系统变量与外形补偿系统变量相反，或者与坐标所使用的变量相冲突，所以在使用之前先要确认机床具体的刀具补偿系统变量。

（3）宏程序报警

宏程序报警系统变量号码 3000 使用时，可以强制 NC 处于报警状态，如表 10.11 所示。

表 10.11　宏程序报警的系统变量

变量号	功　　能
#3000	当 #3000 值为 0 ～ 200 间的某一值时，CNC 停止并显示报警信息。可在表达式后指定不超过 26 个字符报警信息。CRT 屏幕上显示报警号和报警信息，其中报警号为变量 #3000 的值加上 3000

例如：执行程序段 "#000=1（TOOL NOT FOUND）" 后，CNC 停止运行，并且报警屏幕将显示 "3001 TOOL NOT FOUND"（刀具未找到），其中 3001 为报警号，"TOOL NOT FOUND" 为报警信息。

（4）程序停止和信息显示

变量号码 3006 使用时，可停止程序并显示提示信息，启动后可继续运行，如表 10.12 所示。

表 10.12　停止和信息显示系统变量

变量号	功　　能
#3006	在宏程序中指令 "#3006=1（MESSAGE）" 时，程序在执行完前一程序段后停止，并在 CRT 上显示括号内不超过 26 个字符的提示信息

（5）时间信息

时间信息可以读和写，用于时间信息的系统变量，如表 10.13 所示。通过对 #3011 和 #3012 时间信息系统变量赋值，可以调整系统的显示日期（年 / 月 / 日）和当前的时间（时 / 分 / 秒）。

（6）自动运行控制

自动运行控制可以改变自动运行的控制状态。自动运行控制系统变量见表 10.14、表 10.15。

（7）加工零件数

要求加工的零件数（目标数）变量 #3902 和已加工的零件数（完成数）变量 #3901 可以被读和写，如表 10.16 所示。

表 10.13　时间信息的系统变量

序号	变量号	功　能
1	#3001	这个变量是一个以 1ms（毫秒）为增量一直计数的计时器，当电源接通时或达到 2147483648（2 的 32 次方）ms 时，该变量值复位为 0 重新开始计时
2	#3002	这个变量是一个以 1h（小时）为增量、当循环启动灯亮时开始计数的计时器，电源关闭后计时器值依然保持，达到 9544.371767h 时复位为 0（可用于刀具寿命管理）
3	#3011	这个变量用于读取当前日期（年 / 月 / 日），该数据以类似于十进制数的方式显示 例如，1993 年 3 月 28 日表示成 19930328
4	#3012	这个变量用于读当前时间（时 / 分 / 秒），该数据以类似于十进制数的方式显示 例如，下午 3 时 34 分 56 秒表示成 153456

表 10.14　自动运行控制的系统变量（#3003）

序号	变量号 #3003	功　能	
		程序单段运行	辅助功能的完成
1	0	有效	等待
2	1	无效	等待
3	2	有效	不等待
4	3	无效	不等待

注：1. 当电源接通时，该变量值为 0，即缺省状态为允许程序单段运行和等待辅助功能完成后才执行下一程序段。

2. 当单段运行"无效"时，即使单段运行开关置为开（ON），单段运行操作也不执行。

3. 当指定"不等待"辅助功能（M、S 和 T 功能）完成时，则不等待本程序段辅助功能的结束信号就直接继续执行下一程序段。

表 10.15　自动运行控制的系统变量（#3004）

序号	变量号 #3004	功　能		
		进给保持	进给倍率	准确停止
1	0	有效	有效	有效
2	1	无效	有效	有效
3	2	有效	无效	有效
4	3	无效	无效	有效
5	4	有效	有效	无效
6	5	无效	有效	无效
7	6	有效	无效	无效
8	7	无效	无效	无效

注：1. 当电源接通时，该变量值为 0，即缺省状态为进给保持、进给倍率可调及进行准确停止检查。

2. 当进给保持无效时：进给保持按钮按下并保持时，机床以单段停止方式停止，但单段方式若因变量 #3003 而无效，则不执行单程序段停止操作；进给保持按钮按下又释放时，进给保持灯亮，但机床不停止，程序继续执行，直到机床停在最先含有进给保持有效的程序段。

3. 当进给倍率无效时，倍率锁定在 100%，而忽略机床操作面板上的倍率开关。

4. 当准确停止无效时，即使是那些不执行切削的程序段，也不执行准确停止检查（位置检测）。

表 10.16　加工零件数的系统变量

序号	变量号	功　能
1	#3901	已加工的零件数（完成数）
2	#3902	要求加工的零件数（目标数）

注：写入的零件数不能使用负数。

（8）模态信息

模态信息是只读的系统变量，正在处理的程序段之前指定的模态信息可以读出，其数值根据前一个程序段指令的不同而不同，变量号从 #4001 到 #4120。模态信息的系统变量见表 10.17。

例如：当执行 #1=#4002 时，在 #1 中得到的值是 17、18 或 19。

（9）当前位置

位置信息不能写，只能读。表 10.18 所示为位置信息的系统变量。

表 10.17　模态信息的系统变量

序号	变量号	功　　能	组别
1	#4001	G00，G01，G02，G03，G33，G75，G77，G78，G79	（组 01）
2	#4002	G17，G18，G19	（组 02）
3	#4003	G90，G91	（组 03）
4	#4004		（组 04）
5	#4005	G94，G95	（组 05）
6	#4006	G20，G21	（组 06）
7	#4007	G41，G42，G40	（组 07）
8	#4008	G43，G44，G49	（组 08）
9	#4009	G73，G74，G76，G80 ～ G89	（组 09）
10	#4010	G98，G99	（组 10）
11	#4011	G50，G51	（组 11）
12	#4012	G65，G66，G67	（组 12）
13	#4013	G96，G97	（组 13）
14	#4014	G54 ～ G59	（组 14）
15	#4015	G61 ～ G64	（组 15）
16	#4016	G68，G69	（组 16）
……	……	……	……
17	#4022	G50.1，G50.2	（组 22）
18	#4102	B 代码	
19	#4107	D 代码	
20	#4109	F 代码	
21	#4111	H 代码	
22	#4113	M 代码	
23	#4114	顺序号	
24	#4115	程序号	
25	#4119	S 代码	
26	#4120	T 代码	
27	#4130	P 代码（现在被选择的附加工件坐标系）	

注：对于不能使用的 G 代码组，如果指定系统变量读取相应的模态信息，则发出 P/S 报警。

表 10.18　位置信息的系统变量

序号	变量号	位置信息	坐标系	刀具补偿	运动时的读操作
1	#5001 ～ #5004	程序段终点	工件坐标系	不包含	可能
2	#5021 ～ #5024	当前位置	机床坐标系	包含	不可能
3	#5041 ～ #5044	当前位置	工件坐标系	包含	可能
4	#5061 ～ #5064	跳转信号位置			
5	#5081 ～ #5084	刀具长度补偿值			不可能
6	#5101 ～ #5104	伺服位置偏差			

注：1. 对于数控铣镗类机床，末位数（1 ～ 4）分别代表轴号，数 1 代表 X 轴，数 2 代表 Y 轴，数 3 代表 Z 轴，数 4 代表第四轴。如 #5001 表示工件坐标系下程序段终点的 X 坐标值。

2. #5081 ～ #5084 存储的刀具补偿值是当前执行值，不是后面程序段的处理值。

3. 在含有 G31（跳转功能）的程序段中发出跳转信号时，刀具位置保持在变量 #5061 ～ #5064 里，如果不发出跳转信号，这些变量中储存指定程序段的终点值。

4. 移动期间读变量无效时，表示由于缓冲（准备）区忙，所希望的值不能读。

5. 移动期间可读变量在移动指令后无缓冲读取时可能会不是希望值。

6. 请注意，工件坐标系当前位置 #5041 ～ #5044 和跳转信号位置 #5061 ～ #5064 的值包含了刀具补偿值 #5081 ～ #5084，而不是坐标的显示值。

（10）工件坐标系补偿（工件坐标系原点偏移值）

工件坐标系原点偏移值的系统变量可以读和写，如表 10.19 所示。允许使用的变量见表 10.20。

表 10.19　工件坐标系原点偏移值的系统变量

序号	工件坐标系原点	第 1 轴	第 2 轴	第 3 轴	第 4 轴
1	外部工件坐标系原点偏移值	#5201	#5202	#5203	#5204
2	G54 工件坐标系原点偏移值	#5221	#5222	#5223	#5224
3	G55 工件坐标系原点偏移值	#5241	#5242	#5243	#5244
4	G56 工件坐标系原点偏移值	#5261	#5262	#5263	#5264
5	G57 工件坐标系原点偏移值	#528l	#5282	#5283	#5284
6	G58 工件坐标系原点偏移值	#5301	#5302	#5303	#5304
7	G59 工件坐标系原点偏移值	#5321	#5322	#5323	#5324

表 10.20　允许使用的变量

序号	轴	功能	变量号	
1	第 1 轴	外部工件零点偏移	#2500	#5201
		G54 工件零点偏移	#2501	#5221
		G55 工件零点偏移	#2502	#5241
		G56 工件零点偏移	#2503	#5261
		G57 工件零点偏移	#2504	#5281
		G58 工件零点偏移	#2505	#5301
		G59 工件零点偏移	#2506	#5321
2	第 2 轴	外部工件零点偏移	#2600	#5202
		G54 工件零点偏移	#2601	#5222
		G55 工件零点偏移	#2602	#5242
		G56 工件零点偏移	#2603	#5262
		G57 工件零点偏移	#2604	#5282
		G58 工件零点偏移	#2605	#5302
		G59 工件零点偏移	#2606	#5322
3	第 3 轴	外部工件零点偏移	#2700	#5203
		G54 工件零点偏移	#2701	#5223
		G55 工件零点偏移	#2702	#5243
		G56 工件零点偏移	#2703	#5263
		G57 工件零点偏移	#2704	#5283
		G58 工件零点偏移	#2705	#5303
		G59 工件零点偏移	#2706	#5323
4	第 4 轴	外部工件零点偏移	#2800	#5204
		G54 工件零点偏移	#2801	#5224
		G55 工件零点偏移	#2802	#5244
		G56 工件零点偏移	#2803	#5264
		G57 工件零点偏移	#2804	#5284
		G58 工件零点偏移	#2805	#5304
		G59 工件零点偏移	#2806	#5324

（11）例题

① 假设当前时间为 2007 年 11 月 18 日 18 时 17 分 32 秒，则执行如下程序后，公共变量 #500 和 #501 的值为多少？

#500=#3011

#501=#3012

答：运行程序后查看公共变量 #500 和 #501，分别显示 20071118 和 181732。

② 假设当前时间为 2007 年 11 月 18 日 18 时 17 分 32 秒，则执行如下程序后，时间信息变量 #3011 和 #3012 的值分别为多少？

#3011=20071119

#3012=201918

解：如对 #3011 和 #3012 赋值则可以修改系统日期和时间，程序运行后系统日期改为 2007 年 11 月 19 日，时间修改为 20 时 19 分 18 秒（注意：某些系统可能无法通过直接赋值修改日期和时间）。

③ 执行如下程序后，工件坐标系原点位置发生了什么变化？

N0010 G28 X0 Y0 Z0
N0020 #5221=−20.0
　　　 #5222=−20.0
……
N0090 G90 G00 G54 X0 Y0
N0100 0#5221=−80.0
　　　 #5222=−10.0
N0110 G90 G00 G54 X0 Y0

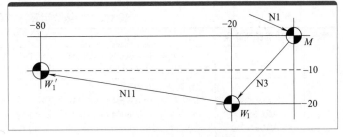

图 10.1　工件原点的偏移

解：如图 10.1 所示，M 点为机床坐标系原点，W_1 点为以 N2 定义的 G54 工件坐标系原点，W_1' 点为以 N10 定义的 G54 工件坐标系原点。

10.1.4　算术和逻辑运算

（1）算术和逻辑操作

表 10.21 列出的算术和逻辑运算可以在变量中执行。运算符右边的表达式可用常量或变量与函数或运算符组合表示。表达式中的变量 #j 和 #k 可用常量替换，也可用表达式替换。

表 10.21　算术和逻辑操作

序号	类型	功能		格式	备注
1	变量赋值	变量赋值 常量赋值		#i=#j #i=（具体数值）	
2	算术运算	加 减 乘 除		#i=#j+#k #i=#j−#k #i=#j*#k #i=#j/#k	
3	函数运算	三角函数	正弦 反正弦 余弦 反余弦 正切 反正切	#i=SIN [#j] #i=ASIN [#j] #i=COS [#j] #i=ACOS [#j] #i=TAN [#j] #i=ATAN [#j]/[#k]	角度以度（°）为单位。如 90° 30′ 表示成 90.5°
		平方根 绝对值 圆整 小数点后舍去 小数点后进位 自然对数 指数函数		#i=SQRT [#j] #i=ABS [#j] #i=ROUND [#j] #i=FIX [#j] #i=FUP [#j] #i=LN [#j] #i=EXP [#j]	
4	逻辑运算	等于 不等于 大于 小于 大于等于 小于等于		#j EQ #k #j NE #k #j GT #k #j LT #k #j GE #k #j LE #k	
		或 异或 与		#i=#j OR #k #i=#j XOR #k #i=#j AND #k	用二进制数按位进行逻辑操作
5	信号交换	将 BCD 码转换成 BIN 码 将 BIN 码转换成 BCD 码		#i=BIN [#j] #i=BCD [#j]	用于与 PMC 间信号的交换

（2）赋值运算

赋值运算中，右边的表达式可以是常数或变量，也可以是一个含四则混合运算的代数式。

（3）函数运算

表 10.22 详细描述了函数运算注意点。

表 10.22　函数运算注意点

序号	函数运算注意点	功　能
1	角度	三角函数 SIN、ASIN、COS、AC（）S、TAN、ATAN 中所用角度单位是度（°），用十进制表示，如 90°30′表示成 90.5°，30°18′表示成 30.3。在三角函数运算中常数可以代替变量 #j
2	反正弦函数 ARCSIN $#i=ASIN［#j］$	① 取值范围如下： a. 当参数（No.6004#0）NAT 位设为 0 时，90°～270° b. 当参数（No.6004#0）NAT 位设为 1 时，−90°～90° ② 当 #j 超出 −1～+1 的范围时，发出 P/S 报警 No.111 ③ 常数可替代变量 #i
3	反余弦函数 ARCCOS $#i=ACOS［#j］$	① 取值范围为 0°～180° ② 当 #j 超出 −1～1 的范围时，发出 P/S 报警 No.111 ③ 常数可以代替变量 #j
4	反正切函数 $#i=ATAN［#j］/［#k］$	① 取值范围如下： a. 当参数（No.6004，#0）NAT 位设为 0 时，取值范围为 0°～360°。例如当指定 #1=ATAN［−1］/［1］时，#1=225° b. 当参数（No.6004,#0）NAT 位设为 1 时，取值范围为 −180°～180°。例如当指定 #1=ATAN［−1］/［1］时，#1=−135.0° ② 常数可以代替变量 #j
5	圆整函数 ROUND	功能是四舍五入，需要注意两种情况： ① 当 ROUND 函数包含在算术或逻辑操作、IF 语句、WHILE 语句中时，在小数点后第 1 个小数位进行四舍五入。例如，#1=ROUND［#2］，若其中 #2=1.2345，则 #1=1.0 ② 当 ROUND 函数出现在 NC 语句地址中时，根据地址的最小输入增量四舍五入指定的值 例如，编一个钻削加工程序，按变量 #1、#2 的值进行切削，然后返回到初始点。假定最小设定单位是 1/1000mm，#1=1.2345，#2=2.3456，则： N0020 G00 G91 X−#1　（移动 1.235mm） N0030 G01 X−#2 F250　（移动 2.346mm） N0040 G00 X［#1+#2］　（移动 3.580mm） 由于 1.2345+2.3456=3.5801，则 N0040 程序段实际移动距离为四舍五入后的 3.580mm，而 N0020 和 N0030 两程序段移动距离之和为 1.235+2.346=3.581mm，因此刀具未返回原位。刀具位移误差来源于运算时先相加后四舍五入，若先四舍五入后相加，即换成 G00 X［ROUND［#j］+ROUND［#2］］就能返回到初始点（注：G90 编程时，上述问题不一定存在）
6	自然对数 $#i=LN［#j］$	① 注意，相对误差可能大于 10^{-8} ② 当反对数（#i）为 0 或小于 0 时，发出 P/S 报警 No.111 ③ 常数可以代替变量 #j
7	指数函数 $#i=EXP［#j］$	① 注意，相对误差可能大于 10^{-8} ② 当运算结果超过 3.65×1047（j 大约是 110）时，出现溢出并发出 P/S 报警 No.111 ③ 常数可以代替变量 #j
8	小数点后舍去 $#i=FIX［#j］$ 小数点后进位 $#i=FUP［#j］$	小数点后舍去和小数点后进位是绝对值，而与正负符号无关 例如，假设 #1=1.2，#2=−1.2 当执行 #3=FUP［#1］时，运算结果为 #3=2.0 当执行 #3=FIX［#1］时，运算结果为 #3=1.0 当执行 #3=FUP［#2］时，运算结果为 #3=−2.0 当执行 #3=FIX［#2］时，运算结果为 #3=−1.0

（4）算术与逻辑运算指令的缩写

程序中指令函数时，函数名的前两个字符可用于指定该函数。例如：ROUND 可输入为 "RO"，FIX 可输入为 "FI"。

（5）运算的优先顺序

运算的先后次序为：

① 方括号 "［］"。

方括号的嵌套深度为五层（含函数自己的方括号），由内到外一对算一层，当方括号超过五层时，则出现报警 No.118。

② 函数。

③ 乘、除、逻辑和。

④ 加、减、逻辑或、逻辑异或。

其他运算遵循相关数学运算法则。

例如，#1=#2+#3*SIN［#4-1］

$$\begin{array}{c}\underline{1}\\\underline{2}\\\underline{3}\\4\end{array}$$

例如，#1=SIN［［［#2+#3］*#4+#5］*#6］

$$\begin{array}{c}\underline{1}\\\underline{2}\\\underline{3}\\4\end{array}$$

例中 1、2、3 和 4 表示运算次序。

（6）运算误差

运算时可能产生的误差见表 10.23。

表 10.23　运算误差

运算	平均误差	最大误差	误差类型
a=b*c	1.55×10^{-10}	4.66×10^{-10}	相对误差①
a=b/c	4.66×10^{-10}	1.88×10^{-9}	$\left\|\dfrac{\varepsilon}{a}\right\|$
a=$\sqrt{b}$	1.24×10^{-9}	3.73×10^{-9}	
a=b+c a=b-c	2.33×10^{-10}	5.32×10^{-10}	最小$\left\|\dfrac{\varepsilon}{b}\right\|\cdots\left\|\dfrac{\varepsilon}{c}\right\|$②
a=SIN［b］ a=COS［b］	5.0×10^{-9}	1.0×10^{-8}	绝对误差③ $\|\varepsilon\|$
a=ATAN［b］/［c］④	1.8×10^{-6}	3.6×10^{-6}	

① 相对误差取决于运算结果。

② 使用两类误差的较小者。

③ 绝对误差是常数，而不管运算结果。

④ 函数 TAN 执行 SIN/COS。

注：如果 SIN、COS 或 TAN 函数的运算结果小于 1.0×10^{-8} 或由于运算精度的限制不为 0，设定参数 NO.6004#1 为 1，则运算结果可以推算为 0。

表 10.24 详细描述了运算出现误差时的注意点。

表 10.24　运算误差的注意点

序号	运算误差注意点	功　能
1	变量值的精度约为 8 位十进制数	当在加 / 减运算中处理非常大的数时，将得不到期望的结果。例如，当试图把下面的值赋给变量 #1 和 #2 时： #1=9876543210123.456 #2=9876543277777.777 变量值变成： #1=9876543200000.000 #2=9876543300000.000 此时，当计算 #3=#2-#1 时，结果为 #3=100000.000（该计算的实际结果稍有误差，因为是以二进制执行的）
2	使用条件表达式 EQ、NE、GE、GT、LE 和 LT 时可能造成误差	例如：IF［#1EQ#2］的运算会受 #1 和 #2 的误差的影响，由此会造成错误的判断。因此，应该用 IF［ABS［#1-#2］LT0.001］代替上述语句，以避免两个变量的误差 当两个变量的差值未超过允许极限（此处为 0.001）时，则认为两个变量的值是相等的
3	使用下取整指令时的误差	例如：当计算 #2=#1*1 000，式中 #1=0.002 时，变量 #2 的结果值不是准确的 2，可能是 1.99999997 当指定 #3=FIX［#2］时，变量 3 的结果值不是 2，而是 1.0。此时，可先纠正误差，再执行下取整，或是用如下的四舍五入操作，即可得到正确结果 #3=FIX［#2+0.001］ #3=ROUND［#2］

（7）除数

当在除法或 TAN［90］中指定为 0 的除数时，出现 P/S 报警 No.112。

（8）#0（空）参与运算

有"#0（空）"参与的运算结果如表 10.25 所示。

表 10.25　"#0（空）"参与的运算结果

表达式	运算结果	表达式	运算结果
#i=#0+#0	#i=0	#i=#j+#0	#i=#j
#i=#0-#0	#i=0	#i=#j-#0	#i=#j
#i=#0*#0	#i=0	#i=#j*#0	#i=0
#i=#0/#j	#i=0（#j ≠ 0）		

（9）计算器宏程序的编制

计算器的使用：根据数学公式编制相应的宏程序后，把工作方式选为自动加工方式，页面调整为 OFFSET/SETTING 中的 G54 坐标系画面，启动程序，在 G54 坐标系 X 坐标处即显示计算结果，程序暂停，再次启动程序，计算结果消失，G54 坐标系 X 坐标恢复原值，计算完毕，程序结束。

例如：构造一个适用于 FANUC 系统的计算器用于计算 sin30.0°数值的宏程序。

答：

编程如下：

……

#101=#5221　　　　　　　　（把 #5221 变量中的数值寄存在 #101 变量中）

#5221=SIN［30］　　　　　　（计算 SIN［30］的数值并保存在 #5221 中，以方便读取）

M00　　　　　　　　　　　（程序暂停以便读取记录计算结果）

#5221=#101　　　　　　　　（程序再启动，#5221 变量恢复原来的数值）

……

宏程序中变量运算的结果保存在局部变量或者公用变量中，这些变量中的数值不能直接显示在屏幕上，读取很不方便，为此我们借用一个变量 G54 坐标中 X 坐标的数值，这是一个系统变量，变量名为 #5221，把计算结果保存在系统变量 G54 坐标系 X 坐标中，可以从 OFFSET/SETTING 屏幕画面上直接读取计算结果，十分方便。编程中，预先把 #5221 变量值（G54 坐标系中的 X 坐标的数值）寄存在变量 #101 中，只是借用 #5221 变量显示计算结果，计算完毕会自动恢复 #5221 变量中的数值。编程中编入 S500 M03 指令的目的只是提醒操作者，主轴启动，计算开始，主轴停止，程序运算完毕。它只是一个信号，并无实际切削运动产生，熟练者也可以不用。

编制宏程序计算器的过程中，只要具备相应的基础数学知识，程序编制相对很简单，复杂运算公式的编程一般不会超过十行，并且对于复杂公式的计算要比人工用电子计算器快。计算的结果保存在局部变量和公用变量中，编程时可以直接调用变量，例如上面的例子中，把 N50 中的 #5221 换为 #××，编程中可以直接编入 G00 X#××，直接调用计算数值 #××，精度高且不用担心重新输入数值编程可能引起的错误。

计算器宏程序虽然短小，但却涵盖了宏程序编制的基本过程，需要掌握以下方法：

① 程序逻辑过程构思。

② 数学基础知识的融合与运用。

③ 编程规则及指令的使用技巧。

④ 变量的种类及使用技巧等。

（10）例题

① 编制一个计算一元二次方程 $4x^2+5x+2=0$ 的两个根 x_1 和 x_2 值的计算器宏程序。

答：一元二次方程 $ax^2+bx+c=0$ 的两个根 x_1 和 x_2 的值为 $x=\dfrac{-b\pm\sqrt{b^2-4ac}}{2a}$，编程如下。

#101=#5221	（把 #5221 变量中的数值寄存在 #101 变量中）
#1=SQRT［5*5-4*4*2］	（计算公式中的 $\sqrt{b^2-4ac}$ ）
#5221=［-5+#1］/［2*4］	（计算根 x_1）
M00	（程序暂停以便记录根 x_1 的结果）
#5221=［-5-#1］/［2*4］	（计算根 x_2）
M00	（程序暂停以便记录根 x_2 的结果）
#5221=#101	（程序再启动，#5221 变量恢复原来的数值）

从程序中可以看出，宏程序计算复杂公式要方便得多，可以计算多个结果，并逐个显示。如果有个别计算结果记不清楚，还可以重新运算一遍并显示结果。

② 编制一个用于判断某一数值为奇数还是偶数的宏程序。

答：编制部分程序如下。

……

#1=	（将需要判断的数值赋值给 #1）
#2=#1/2-FIX［#1/2］	（求 #1 除 2 后的余数）
IF［#2EQ0.5］……	（当余数等于 0.5 时 #1 为奇数）
IF［#2EQ0］……	（当余数等于 0 时 #1 为偶数）

……

③ 编制一个用于运算指数函数 $f(x)=2.2^{3.3}$ 的计算器宏程序。

答：FANUC 用户宏程序中并没有此种指数函数运算功能，但是可以利用用户宏程序中自然对数函数 Ln［］，把此种 $f(x)=x^y$ 指数函数运算功能转化为可以运算的自然对数函数计算：设 $f(x)=x^y$，那么

$$\ln[f(x)]=\ln[x^y]=y\ln[x]$$

$y\ln[x]$ 可以很方便地计算出来，又 $e^{\ln[f(x)]}=f(x)=e^{y\ln[x]}$

即求出 $f(x)=x^y$。其中 x 的数值要求大于 0，可以是任意小数或分数，y 的数值可以是任意值（正值、负值、零），当 $y=2$ 时，为求平方值 x^2；当 $y=3$ 时，为求立方值 x^3；当 $y=N$ 时，为求 N 次方值 x^N；当 $y=1/2$ 时，为求平方根值 $\sqrt{x}$；当 $y=1/3$ 时，为求立方根值 $\sqrt[3]{x}$；当 $y=1/N$ 时，为求 N 次方根值 $\sqrt[N]{x}$。编制宏程序如下。

……

#101=#5221	（把 #5221 变量中的数值寄存在 #101 变量中）
#1=2.2	（x 的数值）
#2=3.3	（y 的数值）
#5221=EXP［#2*LN［#1］］	（计算 x^y 数值）
M00	（程序暂停，记录 $2.2^{3.3}$ 的计算结果）

……

#5221=#101	（程序再启动，#5221 变量恢复原来的数值）

④ 编制一个用于运算对数函数 $f(x)=\log_2^3$ 的计算器宏程序。

答：数学运算中常用的对数运算 $\log_a^b$，宏程序中也没有类似的函数运算功能，但可以转化为自然对数 Ln［］运算。

$$f(x)=\log_a^b=\frac{\text{Ln}[b]}{\text{Ln}[a]}$$

编制宏程序如下。

......

#101=#5221	（把 #5221 变量中的数值寄存在 #101 变量中）
#1=2.0	（a 的数值）
#2=3.0	（b 的数值）
#5221=LN［#2］/LN［#1］	（计算 $\log_2^3$ 的数值）
M00	（程序暂停，记录计算结果）
#5221=#101	（程序再启动，#5221 变量恢复原来的数值）

......

10.1.5 转移和循环语句

在程序中，使用 GOTO 语句和 IF 语句可以改变控制执行顺序。有三种转移和循环操作可供使用：

转移和循环 ——
- GOTO 语句(无条件转移)
- IF语句(条件转移：IF……THEN……)
- WHILE语句(当…… 时循环)

（1）无条件转移指令（GOTO 语句）

指令格式：GOTO+ 目标程序段号（不带 N）

无条件转移指令用于无条件转移到指定程序段号的程序段开始执行，可用表达式指定目标程序段号。

例如，GOTO0010　　　　　　（转移到顺序号为 N0010 的程序段）

例如，#100=0050

GOTO#100　　　　　　（转移到由变量 #100 指定的程序段号为 N0050 的程序段）

（2）条件转移指令（IF 语句）

① 指令格式 1：IF+［条件表达式］+GOTO+ 目标程序段号（不带 N）。

当条件满足时，转移到指定程序段号的程序段，如果条件不满足则执行下一程序段。

例如：下面的程序，如果变量 #1 的值大于 10（条件满足），则转移到程序段号为 N100 的程序段，如果条件不满足则执行 N20 程序段。

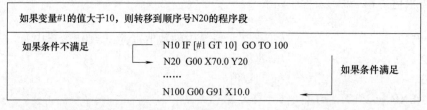

② 指令格式 2：IF［< 条件表达式 >］THEN。

如果指定的条件表达式满足，则执行预先决定的宏程序语句。只执行一个宏程序语句。

例如：如果 #1 和 #2 的值相同，0 赋给 #3。指令格式：IF［#1 EQ#2］THEN #3=0。

在此格式下的条件表达式和运算符使用的注意点如表 10.26 所示。

（3）循环指令（WHILE 语句）

在 WHILE 后指定一个条件表达式。当指定条件满足时，执行从 DO 到 END 之间的程序。否则，转而执行 END 之后的程序段。与 IF 语句的指令格式相同。DO 后的数和 END 后的数为指定程序执行范围的标号，标号值为 1、2、3。若用 1、2、3 以外的值会产生 P/S 报警

No.126。表 10.27 详细描述了循环指令使用的注意点。

表 10.26　条件转移指令使用的注意点

序号	注意点	详细说明
1	条件表达式	条件表达式必须包括运算符号，运算符插在两个变量或变量和常数之间，并且用方括号 [和] 封闭。表达式可以替代变量
2	运算符	运算符由 2 字母组成，用于两个值的比较，以决定它们的大小或相等关系。注意不能使用不等号

运算符	含义
EQ	等于（=）
NE	不等于（≠）
GT	大于（>）
GE	大于或等于（≥）
LT	小于（<）
LE	小于或等于（≤）

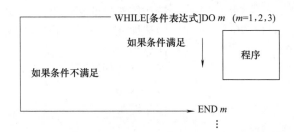

表 10.27　循环指令使用的注意点

序号	注意点	详细说明
1	嵌套	嵌套在：DO 到 END 循环中的标号（1～3）可根据需要多次使用。但是当程序有交叉重复循环（DO 范围重叠）时，出现 P/S 报警 No.124。循环嵌套如下 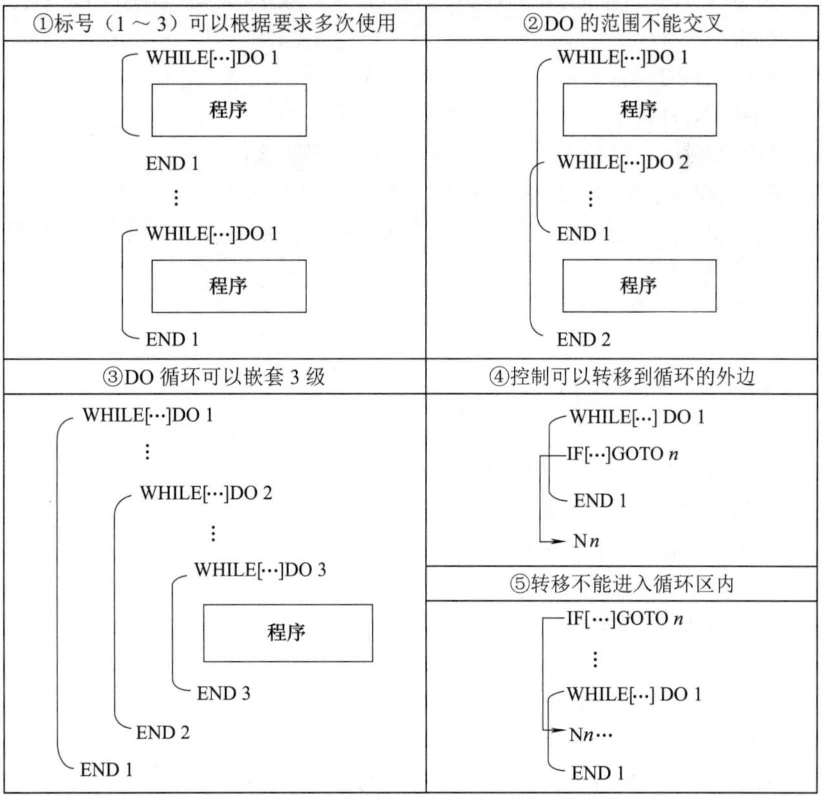

序号	注意点	详细说明
2	无限循环	无限循环当指定 DO 而没有指定 WHILE 语句时，产生从 DO 到 END 的无限循环
3	处理时间	在处理有标号转移的 GOTO 语句时，进行顺序号检索。反向检索的时间要比正向检索长。用 WHILE 语句实现循环，可缩短处理时间
4	未定义变量	未定义的变量在使用 EO 或 NE 的条件表达式中，< 空 > 和零有不同的效果。在其他形式的条件表达式中，< 空 > 被当作零

（4）例题

① 用宏程序编制计算数值 1 ～ 10 的总和的程序。

答：分别采用条件转移指令 IF 和循环指令 WHILE 编程。

a. 条件转移指令 IF 编程：

O0001

N10 #1=0   存储和的变量初值

N20 #2=1   被加数变量的初值

N30 IF ［#2 GT 10］GOTO 70   当被加 #2>10 时，程序转移到 N70

N40 #1=#1+#2   计算和

N50 #2=#2+#1   下一个被加数

N60 GOTO1   转至 N30

N70 M30   程序结束

b. 用循环指令 WHILE 编程：

O0002

N10 #1=0   存储和的变量初值

N20 #2=1   被加数变量的初值

N30 WHILE ［#2LE10］DO1   当被加数 #2 ≥ 10 时，程序转移到 N70

N40 #1=#1+#2   计算和

N50 #2=#2+#1   下一个被加数

N60 END1

N70 M30   程序结束

② 试编制计算 $1^2+2^2+3^2+\cdots+10^2$ 值的宏程序。

答：分别采用条件转移指令 IF 和循环指令 WHILE 编程，其中变量 #1 是存储运算结果的，#2 作为自变量。

a. 条件转移指令 IF 编程：

……

N10#1=0 （和赋初值）

N20#2=1 （计数器赋初值）

N30#1=#1+#2*#2 （求和）

N40#2=#2+1 （计数器累加）

N50 IF ［#2LE10］GOTO30 （计数器累加）

……

b. 用循环指令 WHILE 编程：

……

#1=0 （和赋初值）

#2=1 （计数器赋初值）

WHILE ［#2LE10］ DO1 （计数器累加）

#1=#1+#2*#2　（求和）

#2=#2+1　（计数器累加）

END1　（循环结束）

……

③ 试编制计算 1.1×1.0+2.2×1.0+3.3×1.0+…+9.9×1.0+1.1×2.0+2.2×2.0+3.3×2.0+…+ 9.9×2.0+1.1×3.0+2.2×3.0+3.3×3.0+…+9.9×3.0 值的宏程序。

答：本程序中要用到循环的嵌套，第一层循环控制变量 1.0、2.0、3.0 的变化，第二层循环控制变量 1.1、2.2、3.3、…、9.9 的变化，程序中变量 #1 是存储运算结果的，#2 作为第一层循环的自变量，#3 作为第二层循环的自变量。

……

#1=0　（和赋初值）

#2=1　（乘数 1 赋初值）

#3=1　（乘数 2 赋初值）

WHILE ［#2LE3］ DO1　（条件判断）

　　WHILE ［#3LE9］ DO2　（条件判断）

　　#1=#1+#2*［#3*1.1］　（求和）

　　#3=#3+1　（乘数 2 递增）

　　END2　（循环体 2 结束）

#3=1　（乘数 2 重新赋值）

#2=#2+1　（乘数 1 递增）

END1　（循环体 1 结束）

……

④ 高等数学中有一个著名的菲波那契数列 1，2，3，5，8，13……，即数列的每一项都是前面两项的和，现在要求编程找出小于 520 的最大的那一项的数值。

答：编制程序如下，其中变量 #1 是为所求数值赋值的，#2 是存储运算结果的，#3 作为中间自变量，储存 #2 运算前的数值并传递给 #1，#1 和 #2 依次变化，当 #2 大于或等于 360 时，循环结束，这时变量 #1 中的数值就是所求得最大的那一项的数值。

……

#1=1　（所求数值赋初值）

#2=2　（运算结果赋初值）

WHILE ［#2LE520］ DO1　（条件判断）

#3=#2　（运算结果转存）

#2=#2+#1　（计算下一数值）

#1=#3　（所求数值赋值）

END1　（循环结束）

……

⑤ 在宏变量 #500 ～ #505 中，事先设定常数值如下，要求编制从这些值中找出最大值并赋给变量 #506 的宏程序。

#500=30

#501=60

#502=40

#503=80

#504=20

#505=50

答：由题目中可知 #500 ～ #505 为事先设定常数值，用来进行比较；#506 用来存放最大值；#1 用来保存用于比较的变量号。编制求最大值的程序如下：

……

#1=500　　（变量号赋给 #1）

#506=0　　（存储变量置 0）

WHILE［#1LE505］DO1　　（条件判断）

IF　［#［#1］GT#506］　THEN #506=#［#1］（大小比较并储存较大值）

#1=#1+1　　（变量号递增）

END1　　（循环结束）

……

10.1.6　宏程序的调用

10.1.6.1　宏程序调用概述

（1）宏程序的调用方法

一个数控子程序只能用 M98 来调用，但是 B 类宏程序的调用方法较数控子程序丰富得多。宏程序可用下列方法调用宏程序，调用方法大致可分为 2 类：宏程序调用和子程序调用。即使在 MDI 运行中，也同样可以调用程序。表 10.28 详细描述了程序调用的类型。

表 10.28　程序调用的类型

序号	程序类型	调用方法
1	宏程序调用	简单（非模态）调用（G65）
		模态调用（G66、G67）
		利用 G 代码（或称 G 指令）的宏程序调用
		利用 M 代码的宏程序调用
2	子程序调用	利用 M 代码的子程序调用
		利用 T 代码的子程序调用
		利用特定代码的子程序调用

（2）宏程序调用和子程序调用的差别

宏程序调用（G65/G66/G 指令 /M 指令）与子程序调用（M98/M 指令 /T 指令）的差别见表 10.29。

表 10.29　宏程序调用和子程序调用的差别

序号	宏程序调用和子程序调用的差别
1	宏程序调用可以指定一个自变量（传递给宏程序的数据），而子程序没有这个功能
2	当子程序调用段含有另一个 NC 指令（如：G01 X100.0 M98 P__）时，则执行命令之后调用子程序，而宏程序调用的程序段中含有其他的 NC 指令时，会发生报警
3	当子程序调用段含有另一个 NC 指令（如：G01 X100.0 M98 P__）时，在单程序段方式下机床停止，而使用宏程序调用时机床不停止
4	用 G65（G66）进行宏程序调用时局部变量的级别要改变，也就是说在不同的程序中数值可能不同，而子程序调用则不改变

10.1.6.2　简单宏程序调用（G65）

用户宏程序以子程序方式出现时，所用的变量可在宏程序调用时赋值。当指定 G65 时，地址 P 所指定的用户宏程序被调用，自变量（数据）能传递到宏程序中。

（1）简单宏程序调用格式

指令格式：G65 P__ L__ < 自变量表 >。

各地址含义：P 为要调用的宏程序号；L 为重复调用的次数（取值范围为 1 ～ 9999，缺省值为 1，即当调用 1 次为 L1 时可以省略）。

如下图所示，为调用宏程序 9010，调用次数为 2 次。

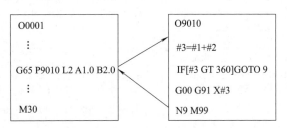

自变量为传递给被调用程序的数值，通过使用自变量表，值被分配给相应的局部变量（赋值）。

例如，G65 P1060 X100.0 Y30.0 Z20.0 F100.0：该处的 X、Y、Z 不代表坐标字，F 也不代表进给字，而是对应于宏程序中的局部变量号，变量的具体数值由自变量后的数值决定。

（2）自变量使用

自变量与局部变量的对应关系有两类。第一类可以使用的字母只能使用一次，格式为 A__ B__ C__ ……X__ Y__ Z__，各自变量与局部变量的对用关系见表 10.30。第二类可以使用 A、B、C（一次），也可以使用 I、J、K（最多十次），格式为 A__ B__ C__ I__ J__ K__ I__ J__ K__ ……，见表 10.31。在实际使用程序中，I、J、K 的下标不用写出来。

表 10.30　自变量与局部变量的对应关系（一）

地址	变量号	地址	变量号	地址	变量号
A	#1	I	#4	T	#20
B	#2	J	#5	U	#21
C	#3	K	#6	V	#22
D	#7	M	#13	W	#23
E	#8	Q	#17	X	#24
F	#9	R	#18	Y	#25
H	#11	S	#19	Z	#26

表 10.31　自变量与局部变量的对应关系（二）

地址	变量号	地址	变量号	地址	变量号
A	#1	K3	#12	J7	#23
B	#2	I4	#13	K7	#24
C	#3	J4	#14	I8	#25
I1	#4	K4	#15	J8	#26
J1	#5	I5	#16	K8	#27
K1	#6	J5	#17	I9	#28
I2	#7	K5	#18	J9	#29
J2	#8	I6	#19	K9	#30
K2	#9	J6	#20	I10	#31
I3	#10	K6	#21	J10	#32
J3	#11	I7	#22	K10	#33

（3）简单宏程序调用使用的注意点

表 10.32 详细描述了简单宏程序调用使用的注意点。

表 10.32　简单宏程序调用使用的注意点

序号	注意点	详细说明
1	自变量地址	①地址 G、L、N、O、P 不能当作自变量使用 ②不需要的地址可以省略，与省略的地址相应的局部变量被置成空 ③地址不需要按字母顺序指定，但应符合字母地址的格式。I、J 和 K 需要按字母顺序指定 例如，B＿A＿D＿……J＿K＿ 正确 　　　B＿A＿D＿……J＿I＿ 不正确
2	格式	在自变量之前一定要指定 G65
3	自变量指定类型 I 和 II 混合使用	如果将两类自变量混合使用，自变量使用的类别系统自己会根据使用的字母自动确定属于哪一类，最后指定的那一类优先。若相同变量对应的地址指令同时指定，则仅后面的地址有效 G65　A1.0 B2.0 I−3.0 I4.0 D5.0 P1000 ＜变量＞ #1：1.0 #2：2.0 #3： #4：−4.0 #5： #6： #7：4.0　5.0 本例中，I4.0 和 D5.0 自变量都分配给变量 #7，后者 D5.0 有效 　提示：如果只用自变量赋值 I 进行赋值，由于地址和变量是一一对应的关系，混淆和出错的机会相当小，尽管只有 21 个英文字母可以给自变量赋值，但是毫不夸张地说，绝大多数编程工作再复杂也不会出现超过 21 个变量的情况。因此，建议在实际编程时使用自变量赋值 I 进行赋值
4	小数点	传递的不带小数点的自变量的单位与每个地址的最小输入增量一致，其值与机床的系统结构非常一致。为了程序的兼容性，建议使用带小数点的自变量
5	嵌套	调用嵌套调用最多可以嵌套含有简单调用（G65）和模态调用（G66）的程序 4 级，但不包括子程序调用（M98）
6	局部变量的级别	局部变量的级别如下： （表格见下方） ①局部变量可以嵌套 0 ～ 4 级 ②主程序的级数是 0 ③用 G65 或 G66 每调用一次宏，局部变量的级数就增加一次。上一级局部变量的值保存在 NC 中 ④宏程序执行到 M99 时，控制返回到调用的程序。这时局部变量的级数减 1，恢复宏调用时存储的局部变量值

主程序(0级)　　宏程序(1级)　　宏程序(2级)　　宏程序(3级)　　宏程序(4级)

```
O0001        O0002        O0003        O0004        O0005
...          ...          ...          ...          ...
#1=1         #1=2         #1=3         #1=4         #1=5
G65 P2 A2    G65 P2 A3    G65 P4 A4    G65 P5 A5    ...
...          ...          ...          ...          ...
M30          M99          M99          M99          M99
```

	（0 级）		（1 级）		（2 级）		（3 级）		（4 级）	
	变量	值	变量	值	变量	值	变量	值	变量	值
局部变量	#1	1	#1	2	#1	3	#1	4	#1	5
	…	…	…	…	…	…	…	…	…	…
	#33	…	#33	…	#33	…	#33	…	#33	…
公共变量	公共变量（#100 ～ #199，#500 ～ #599）可以由宏程序在不同的级别上读写									

（4）例题

试采用简单宏程序调用指令编写一个计时器宏程序（功能相当于 G04）。

解：宏程序调用指令为 "G65 P1064 T＿＿"［T 后数值为等待时间，单位 ms（毫秒）］。

宏程序：

O1064

#3001=0　　（初始设定，#3001 为时间信息系统变量）

WHILE［#3001LE#20］D01　　（等待规定时间）

END1

M99

10.1.6.3　模态宏程序调用（G66、G67）

G65 简单宏调用可方便地向被调用的宏程序传递数据，但是用它编制诸如固定循环之类的移动到坐标后才加工的程序就无能为力了。采用模态宏程序调用 G66 指令调用宏程序，那么在以后的含有轴移动命令的程序段执行之后，地址 P 所指定的宏程序被调用，直到发出 G67 命令，该方式被取消。

（1）模态宏程序调用指令格式

指令格式：G66 P__ L__ ＜自变量指定＞

　　　　　　……

　　　　　　G67

各地址含义：P 为要调用的宏程序号；L 为重复调用的次数（缺省值为1，取值范围为 1 ～ 9999）；G67 取消模态调用。

自变量为传递给宏程序中的数据。与 G65 调用一样，通过使用自变量，值被分配给相应的局部变量。

（2）模态宏程序调用注意事项

表 10.33 详细描述了模态宏程序调用使用的注意点。

表 10.33　模态宏程序调用使用的注意点

序号	注　意　点
1	G66 所在程序段进行宏程序调用，但是局部变量（自变量）已被设定，即 G66 程序段仅赋值
2	一定要在自变量前指定 G66
3	G66 和 G67 指令在同一程序中，需成对指定。若无 G66 指令，而有 G67 指令时，会导致程序错误
4	如果只有诸如 M 指令这样的辅助功能字，但无轴移动指令，则程序段中不能调用宏程序
5	在一对 G66 和 G67 指令之间有轴移动指令的程序段中，先执行轴移动指令，然后才执行被调用的宏程序
6	最多可以嵌套含有简单调用（G65）和模态调用（G66）的程序 4 级（不包括子程序调用）。模态调用期间可重复嵌套 G66
7	局部变量（自变量）数据只能在 G66 程序段中设定，每次模态调用执行时不能在坐标地址中设定，例如下面几个程序段中的同一地址的含义不尽相同： G66 P1070 A1.0 B2.0 X100.0　（X100.0 为自变量，用于将数值 100 赋给局部变量 #24） G00 G90 X200.0　（X200.0 表示 X 坐标值为 200，移动到 X200 后调用 1070 号宏程序执行） Y200.0　（移动到 Y200 后调用 1070 号宏程序执行） X150.0 Y300.0　（移动到 X150、Y300 点后调用 1070 号宏程序执行） G67　（取消模态调用）

（3）例题

① 阅读如下孔加工程序，试判断其执行情况。

主程序部分程序段：

N0010 G90 G54 G00 X0 Y0 Z20.0

N0020 G91 G00 X-50.0 Y-50.0

N0030 G66 P1071 R2.0 Z-10.0 F100

N0040 X-50.0 Y-50.0

N0050 X-50.0

N0060 G67

宏程序：

O1071

N10 G00 Z#18　（进刀至 R 点）

N20 G01 Z#26 F#9　（钻孔加工）

N30 G00 Z［#18+10.0］（退刀）

N40 M99

答：程序执行情况示意如图 10.2 所示。

② 利用模态调用指令编制如图 10.3 所示切槽加工程序。

答：在任意位置切槽加工的 G66 调用格式为"G66 P1075 D__ X__ F__"。

自变量含义：

#7=D	（外圆柱直径）
#24=X	（槽底直径）
#9=F	（切槽加工的切削速度）

主程序（调用宏程序的程序）：

O1074	（主程序号）
T0101	（换切槽刀）
G00 X100.0 Z200.0	（快进刀起刀点）
S500 M03	（主轴启动）
G66 P1075 D60 X50 F0.08	（调用宏程序，通过变量 D 和 X 赋值外圆柱直径 60mm、槽底直径 50mm 和切削速度 0.08mm/r 给宏程序）
G00 X64.0 Z−25.0	（进刀至 X64.0、Z−25.0 点处后，调用宏程序加工第 1 槽）
Z−48.0	（进刀至 X64.0、Z−48.0 点处后，调用宏程序加工第 2 槽）
Z−68.0	（进刀至 X64.0、Z−68.0 点处后，调用宏程序加工第 3 槽）
G67	（取消宏程序调用功能）
G00 X100.0 Z200.0 M05	（返回起刀点，主轴停止）
M30	（程序结束）

宏程序：

O1075	（宏程序号）
G01 X#24 F#9	（切削加工至槽底部）
G04 P2000	（暂停 2s，注意，根据不同系统，暂停指令为 G04P2000 或 G04P2）
G00 D［#7+4］	（退刀）
M99	（返回主程序）

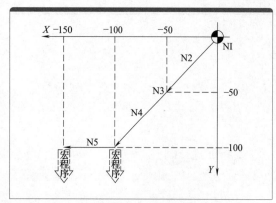

图 10.2　程序执行情况

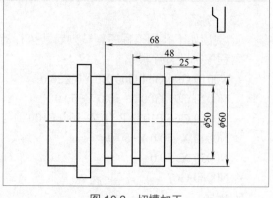

图 10.3　切槽加工

10.1.6.4 G 代码调用宏程序

（1）G 指令调用功能的原理

G 指令宏程序调用也可以称为自定义 G 指令调用，使用系统提供的 G 指令调用功能可以将宏程序调用设计成自定义的 G 指令形式（也可以使用其他代码，如 M 代码或 T 代码调用）。在相应参数（No.6050 ～ No.6059）中设置调用宏程序（O9010 ～ O9019）的 G 指令（G 指令号为 1 ～ 9999），然后按简单宏程序调用（G65）同样的方法调用宏程序。

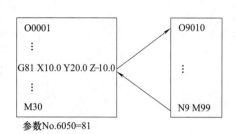

参数No.6050=81

例如：要将某一宏程序定义为 G81 行的固定循环，先将宏程序名改为表 10.34 中的一个，如 O9010，再将对应参数 6050 中的值改为"81"即可。

（2）参数号和程序号之间的对应关系

系统用参数对应以特定的程序号命名的宏程序，参数号和程序号之间的对应关系如表 10.34 所示。

表 10.34 参数号和程序号之间的对应关系

程序号	O9010	O9011	O9012	O9013	O9014	O9015	O9016	O9017	O9018	O9019
参数号	6050	6051	6052	6053	6054	6055	6056	6057	6058	6059

（3）G 代码调用宏程序的注意事项

表 10.35 详细描述了 G 代码调用宏程序的注意点。

表 10.35 G 代码调用宏程序的注意点

序号	注意点	详细说明
1	重复调用	与简单宏程序调用一样，地址 L 中指定 1 ～ 9999 的重复次数
2	自变量指定	与简单宏程序调用一样，可以使用两种自变量指定类型，并可根据使用的地址自动决定自变量的指定类型
3	使用 G 指令的宏程序调用嵌套	在 G 指令调用的程序中，不能用 G 指令调用宏程序，这种程序中的 G 指令被处理为普通 G 指令。在用 M 或 T 指令调用的子程序中，不能用 G 指令调用宏程序，这种程序中的 G 指令也被处理为普通 G 指令

（4）例题

O9010 宏程序如下，如何实现用 G93 调用该程序，并对宏程序赋值？

宏程序：

O9010
⋮
M99

答：通过设置参数 No.6050=93，则可由 G93 调用宏程序 O9010，而不再需要像 G65 或 G66 指令宏程序中指定"P9010"。参数设置好后若执行"G8l X10.0 Y20.0 Z-10.0"程序段就可以实现用 G93 调用 O9010 程序，并对该宏程序赋值（该宏程序调用指令中"X10.0 Y20.0 Z-10.0"与 G65 简单宏程序调用用法一致，均为自变量赋值）。

10.1.6.5　M 代码调用宏程序

（1）M 指令宏程序调用方法

用 M 代码调用宏程序属于 M 指令的扩充应用。在参数中设置调用宏程序的 M 代码，即可按与非模态调用（G65）同样的方法调用宏程序。

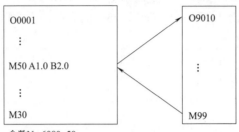

参数No.6080=50

例如，设置参数 No.6080=50，M50 就是一个新功能的 M 指令，由 M50 调用宏程序 O09020，就可以调用由用户宏程序编制的特殊加工循环，比如执行程序段"M50A1.0B2.0"将调用宏程序 O09020，并用 A1.0 和 B2.0 分别赋值给宏程序中的 #1 和 #2。如果设置 No.6080=23，则 M23 就是调用宏程序 09020 的特殊指令，相当于 G65 P9020。

（2）参数号和程序号之间的对应关系

在参数（No.6080 ~ No.6089）中设置调用用户宏程序（O9020 ~ O9029）的 M 代码号（1 ~ 99999999），调用用户宏程序的方法与 G65 相同。参数号和程序号之间的对应关系见表 10.36，参数（No.6080 ~ No.6089）对应用户宏程序（O9020 ~ O9029），一共可以设计 10 个自定义的 M 指令。

表 10.36　参数号和程序号之间的对应关系

程序号	O9020	O9021	O9022	O9023	O9024	O9025	O9026	O9027	O9028	O9029
参数号	6080	6081	6082	6083	6084	6085	6086	6087	6088	6089

（3）M 代码调用宏程序的注意事项

表 10.37 详细描述了 M 代码调用宏程序的注意点。

表 10.37　M 代码调用宏程序的注意点

序号	注意点	详细说明
1	M 代码最大值	有些系统支持的 M 代码最大为 M99，设置参数 6080 ~ 6089 时，其数值不要超过 99，否则会引起系统报警
2	重复调用	与非模态 G65 指令调用一样，自定义的 M 指令（如 M23）中地址 L 中指定从 1 到 9999 的重复调用次数
3	自变量指定	与简单宏程序调用一样，可以使用两种自变量指定类型：自变量指定 I 和自变量指定 II。根据使用的地址自动决定自变量的指定类型
4	M 代码位置	调用宏程序的 M 代码必须在程序段的开头指定
5	关于子程序	用 G 代码调用的宏程序或用 M 代码或 T 代码调用的子程序中，不能用 M 代码调用宏程序。这种宏程序或子程序中的 M 代码被处理为普通 M 代码

10.1.6.6　M 代码调用子程序

（1）M 代码调用子程序方法

子程序的调用指令是 M98 P__ L__，P 后数值代表被调用子程序的名称，L 后数值代表调用子程序的次数。利用宏程序功能，能使更多的 M 指令像 M98 指令一样调用子程序。

在参数（No.6071 ~ No.6079）中设置调用子程序的 M 代码号（从 1 ~ 99999999），相

应的用户宏程序（O9001 ~ O9009）按照与 M98 相同的方法调用，如表 10.38 所示。参数（No.6071 ~ No.6079）对应调用宏程序（O9001 ~ O9009），一共可以设计 9 个自定义的 M 指令。

（2）参数号和程序号之间的对应关系

例如，设置参数 No.6071=03，M03 就是一个新功能的 M 指令，由 M03 调用子程序 O9001。如果设置参数 No.6071=89，则 M89 就是调用子程序 O9001 的特殊指令，相当于 M98 P9001。表 10.38 给出了参数号和程序号之间的对应关系。

表 10.38 参数号和程序号之间的对应关系

参数号	6071	6072	6073	6074	6075	6076	6077	6078	6079
程序号	O9001	O9002	O9003	O9004	O9005	O9006	O9007	O9008	O9009

（3）M 代码调用子程序注意事项

表 10.39 详细描述了 M 代码调用子程序的注意点。

表 10.39 M 代码调用子程序的注意点

序号	注意点	详 细 说 明
1	M 代码最大值	有些系统支持的 M 代码最大为 M99，设置参数 No.6071 ~ No.6079 时，其数值不要超过 99，否则会引起系统报警
2	重复调用	与 M98 指令调用子程序一样，自定义的 M 指令（如 M89）中地址 L 中指定从 1 ~ 9999 的重复调用次数
3	自变量指定	特别注意：自定义的 M 指令（如 M89）调用子程序时不允许指定自变量
4	关于子程序	用 G 代码调用的宏程序或用 M 代码或 T 代码调用的子程序中，不能用 M 代码调用宏程序。这种宏程序或子程序中的 M 代码被处理为普通 M 代码

10.1.6.7 T 代码调用子程序

（1）T 代码调用子程序方法

通过设定参数，可使用 T 代码调用子程序（宏程序），每当在加工程序中指定 T 代码时，即调用宏程序。

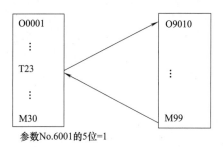

参数No.6001的5位=1

设置参数 No.6001 的 5 位 TCS=1，当在加工程序中指定 T 代码时，可以调用宏程序 O9000。在加工程序中，指定的 T 代码赋值到公共变量 #149。

（2）T 代码调用子程序注意事项

表 10.40 详细描述了 T 代码调用子程序的注意点。

表 10.40 T 代码调用子程序的注意点

序号	注意点	详 细 说 明
1	关于子程序	在用 G 代码调用的宏程序或用 M、T 代码调用的程序中，不能用 T 代码调用子程序。这种宏程序或程序中的 T 代码被处理为普通 T 代码

10.1.6.8 用户宏程序的结构及用户宏功能

用户宏程序有两种程序形式，一种是程序中带有宏变量的主程序，另一种是带有宏变量的子程序。不管是带有宏变量的主程序还是子程序，在 FANUC 0i 数控系统中，所有的数控宏程序都是由宏程序名（号）、宏程序主体和宏程序结束、返回主程序指令组成的。宏程序结束指令随数控系统的不同而不同，FANUC 系统用 M99 结束宏程序、返回主程序或上一层子（宏）程序，同时将本宏程序内所用的局部变量清零。

变量、演算式和转向语句的使用是用户宏功能的核心，它们既可以用在宏程序中，也可以用在主程序中。所以从广义上说，程序使用变量的功能就可以称为用户宏功能，有没有宏程序都是如此。

10.1.7 宏程序刀具路径的实现

（1）刀具路径的原理

数控车床加工曲线的原理是"拟合曲线"，即用直线模拟曲线，由于机床设定 Z 向脉冲（即最小移动量）是个定值，因此，机床加工曲线实际上是根据每次 Z 向的移动量去计算 X 值，并用直线连接。如图 10.4 所示。

因此在遇见任何一个数学方程表达的图形时，首先将其转换为 X=······的格式。通过数学公式赋予其变量值，Z 方向上每次移动一个固定值来计算 X 值，然后将每个计算的数值相连，即形成了复杂曲线的轮廓，其原理如图 10.5 所示。

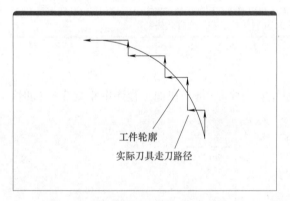

图 10.4　工件轮廓与实际刀具走刀路径

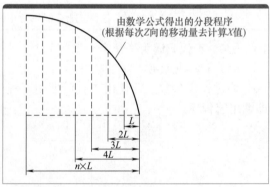

图 10.5　有数学公式计算的分段程序示意图

　　此处理论上由 X 移动量计算 Z 值也可以，但是由于 X 值在轮廓中变化不定，且多数情况下无规律，故不采用 X 向移动量计算 Z 值的方法。

（2）宏程序刀具路径的选择方法

实际加工中，对于零件的加工采取的是多次车削，先粗车后精车的过程，粗车循环后再精车一次达到加工要求，具体如何实现，有以下几种方法，见表 10.41。

表10.41　宏程序刀具路径的选择方法

序号	方法	详细描述	前段轮廓刀具路径实现	中间段轮廓刀具路径实现	图例
1	等外形尺寸法	该方法无论在何处，宏程序的路径始终和工件最终轮廓形状保持一致。优点：程序实现方便。缺点：① 每次切削量不一致；② 需要单独编制粗加工、精加工程序	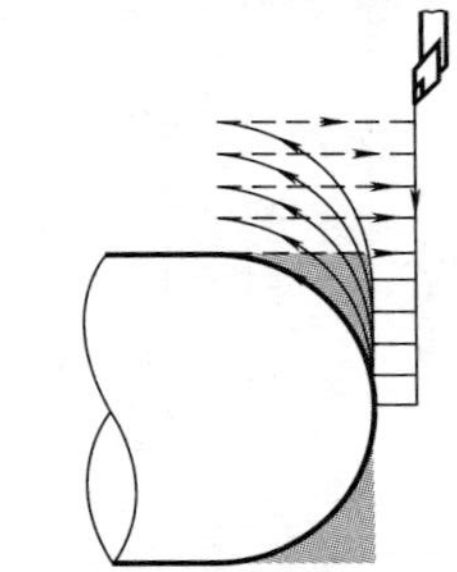 前段轮廓	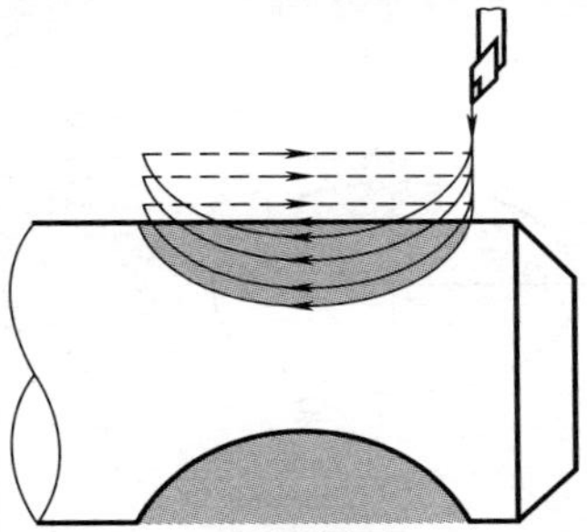 中间段轮廓	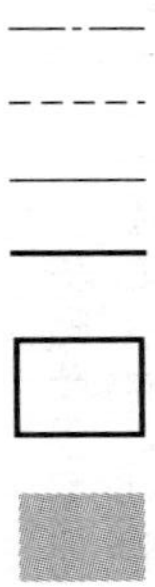 快速定位刀具路径 ---- 快速退刀刀具路径 -·-·- 普通程序刀具路径 —— 宏程序刀具路径 —— □ 工件的最终轮廓 ▨ 工件待加工区域
2	同心尺寸法	该方法类似于将工件轮廓偏移固定形成刀具路径。优点：每次切削量相等。缺点：需要单独编制粗加工、精加工程序	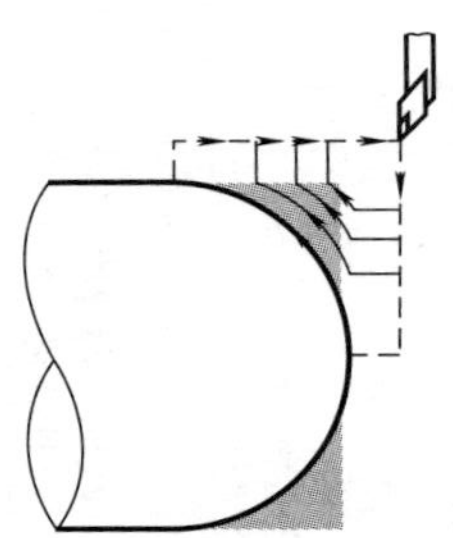 前段轮廓	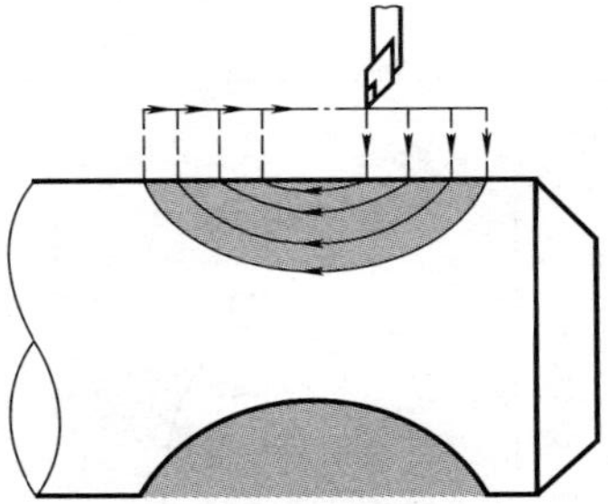 中间段轮廓	
3	循环代入法	该方法将复杂曲线的宏程序当作循环路径的一部分写入循环段中，使其使用的整体，推荐使用。优点：和轮廓构成一个整体，程序易于实现和检查，切削量易于控制	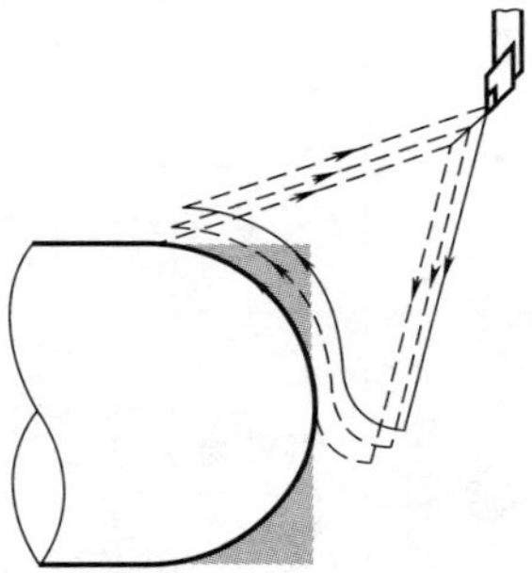 前段G73循环代入法	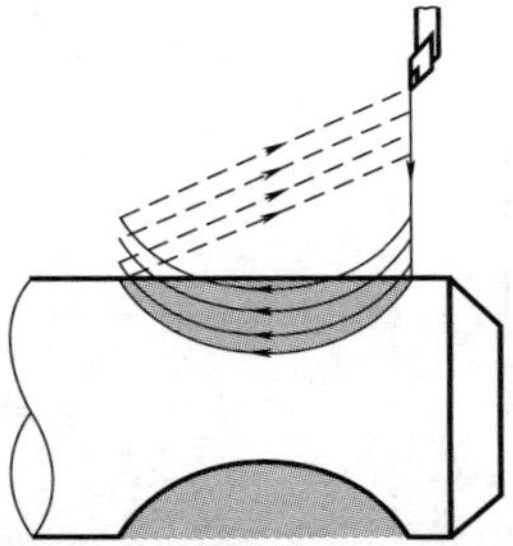 仅中间段宏程序G73循环代入法（外圆可采用G71、G90等方法实现） 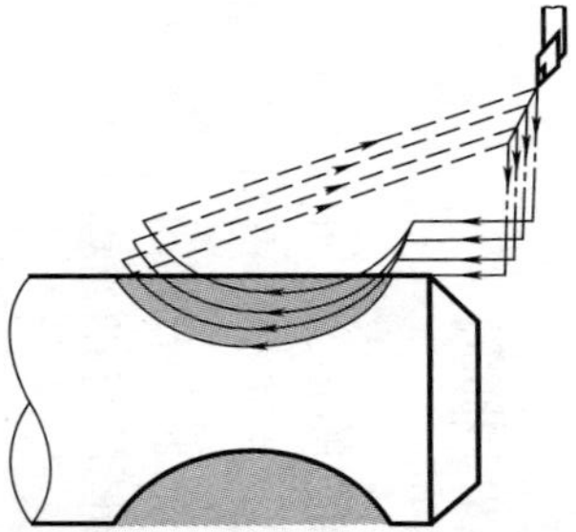 完整轮廓宏程序G73循环代入法	

10.2 数控车削宏程序编程实例

10.2.1 椭圆

椭圆的定义：平面内到两定点 F_1、F_2 的距离之和等于常数（大于 $|F_1F_2|$）的点的轨迹叫作椭圆。这两个定点叫作椭圆的焦点，两焦点的距离叫作焦距。

（1）椭圆方程及几何意义

椭圆的标准方程及几何意义见表 10.42。

表 10.42　椭圆的标准方程及几何意义

标准方程	$\dfrac{z^2}{a^2}+\dfrac{x^2}{b^2}=1$（$0<b<a$）	$\dfrac{x^2}{a^2}+\dfrac{z^2}{b^2}=1$（$0<a<b$）
简图	(图)	(图)
中心	$(0,0)$	$(0,0)$
顶点	$(\pm a,0)$，$(0,\pm b)$	$(0,\pm a)$，$(\pm b,0)$
焦点	$(\pm c,0)$	$(0,\pm c)$
对称轴	X 轴，Z 轴，原点	X 轴，Z 轴，原点
范围	$-a\le z\le a$，$-b\le x\le b$	$-b\le z\le b$，$-a\le x\le a$
准线方程	$z=\pm\dfrac{a^2}{c}$	$x=\pm\dfrac{a^2}{c}$
焦半径	$\|MF_1\|=a+ez_0$ $\|MF_2\|=a-ez_0$	$\|MF_1\|=a+ex_0$ $\|MF_2\|=a-ex_0$
离心率	$e=\dfrac{c}{a}$（$0<e<1$，其中 $c^2=a^2-b^2$）	
长轴，短轴	$2a$ 叫作椭圆的长轴长，a 叫作椭圆的长半轴长 $2b$ 叫作椭圆的短轴长，b 叫作椭圆的短半轴长	
通径	经过椭圆的一个焦点 F 且垂直于它的焦点所在对称轴的弦 P_1P_2，叫作椭圆的通径，长为 $\dfrac{2b^2}{a}$	

（2）椭圆曲线轮廓回转体零件编程实例

加工图 10.6 所示外椭圆轮廓，棒料直径为 $\phi45\text{mm}$，编程零点在工件右端面。

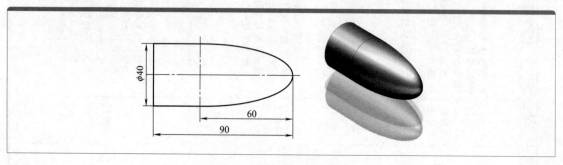

图 10.6　外椭圆轮廓零件图

加工程序如下：

开始	N010	M03 S800	主轴正转，转速为 800r/min
	N020	T0101	换 01 号外圆车刀
	N030	G98	指定走刀按照 mm/min 进给
粗车	N040	G00 X41 Z2	快速移动到工件坐标点
	N050	#1=20.0*20.0*4.0	$4a^2$
	N060	#2=60.0	b
	N070	#3=35.0	X 初值（直径值）
	N080	WHILE［#3GE0］DO1	粗加工控制
	N090	#4=#2SQRT［1.0−#3*#3/#1］	Z 值计算
	N100	G00 X［#3+1.0］	进刀
	N110	G01 Z［#4−60.0+0.2］F250	切削
	N120	G00 U1	X 向退刀
	N130	G00 Z2.0	Z 向退刀
	N140	#3=#3−7.0	下一刀切削直径
	N150	END1	循环结束，返回循环初始语句 N080
精车	N160	#10=0.8	X 向精加工余量
	N170	#11=0.1	Z 向精加工余量
	N180	WHILE［#10GE0］DO1	半精、精加工控制
	N190	G00 X0.0 S1500	进刀，准备精加工
	N200	#20=0.0	角度初值
	N210	WHILE［#20LE90］DO2	曲线加工
	N220	#3=2.0*20.0*SIN#20	X 值计算
	N230	#4=#2*COS#20−#2	Z 值计算
	N240	G01 X［#3+#10］Z［#4+#11］F150	沿曲线直线插补逼近
	N250	#20=#20+1.0	角度均值递增
	N260	END2	循环 2 结束，返回循环初始语句 N210
	N270	G01 Z−100.0	直线插补到工件坐标点（40.0，−100.0）
	N280	G00 X45.0 Z2.0	刀具快速退离至切削起始坐标点（45.0，2.0）
	N290	#10=#10−0.8	X 向精加工余量均值递减
	N300	#11=#11−0.1	Z 向精加工余量均值递减
	N310	END1	循环 1 结束，返回循环初始语句 N180
结束	N320	G00 X200 Z200	快速退刀
	N330	M05	主轴停
	N340	M30	程序结束

10.2.2　抛物线

平面内到一个定点 F 和一条定直线 L 上（F 不在 L 上）距离相等的点的轨迹叫抛物线。点 F 叫抛物线的焦点，直线叫抛物线的准线。

10.2.2.1　抛物线的标准方程及几何意义

抛物线的标准方程及几何意义见表 10.43。

表 10.43　抛物线的标准方程及几何意义

标准方程	$x^2=2pz$（$p>0$）	$x^2=−2pz$（$p>0$）	$z^2=2px$（$p>0$）	$z^2=−2px$（$p>0$）
简图				

续表

焦点	$\left(\dfrac{p}{2}, 0\right)$	$\left(-\dfrac{p}{2}, 0\right)$	$\left(0, \dfrac{p}{2}\right)$	$\left(0, -\dfrac{p}{2}\right)$
顶点	$(0, 0)$	$(0, 0)$	$(0, 0)$	$(0, 0)$
准线方程	$z=-\dfrac{p}{2}$	$z=\dfrac{p}{2}$	$x=-\dfrac{p}{2}$	$x=\dfrac{p}{2}$
通径端点	$\left(\dfrac{p}{2}, \pm p\right)$	$\left(-\dfrac{p}{2}, \pm p\right)$	$\left(\pm p, \dfrac{p}{2}\right)$	$\left(\pm p, -\dfrac{p}{2}\right)$
对称轴	Z轴	Z轴	X轴	X轴
范围	$z \geq 0,\ x \in R$	$z \leq 0,\ x \in R$	$x \geq 0,\ z \in R$	$x \leq 0,\ z \in R$
离心率	$e=1$			
焦半径	$\|MF\|=z_0+\dfrac{p}{2}$	$\|MF\|=\dfrac{p}{2}-z_0$	$\|MF\|=\dfrac{p}{2}+x_0$	$\|MF\|=\dfrac{p}{2}-x_0$

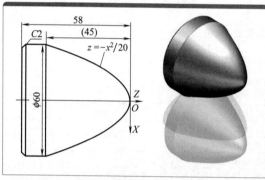

图 10.7　外抛物线轮廓零件

10.2.2.2　例题

如图 10.7 所示工件，毛坯尺寸为 ϕ65mm× 60mm，材料为 45 钢，试编写其数控车削加工程序。

（1）工艺分析

此零件加工的内容为抛物线，它由非圆曲线组成；在此程序的编制过程中依靠抛物线的标准方程，通过数学关系把抛物线的 X 方向值表述出来。而在程序中，使抛物线 Z 方向从起始值逐步增大到 Z 方向终止值。

（2）加工程序

	N010	M03 S800	主轴正转，转速为 800r/min	
开始	N020	T0101	换 01 号外圆车刀	
	N030	G98	指定走刀按照 mm/min 进给	
粗车	N040	G00 X65 Z3	快速定位循环起点	
	N050	G73 U32.5 W3 R10	X 向总切削量为 32.5mm，循环 10 次	
	N060	G73 P70 Q160 U0.2 W0.1 F150	循环程序段 70 ～ 220	
轮廓	N070	G00 X-4 Z2	快速定位到相切圆弧起点	
	N080	G02 X0 Z0 R2	相切圆弧	抛物线加工
	N090	#1=0.0	Z 方向起始值	
	N100	#2=2*SQRT［20*#1］	计算 X 方向值	
	N110	G01 X#2 Z-#1	指定抛物线起始点	
	N120	#1=#1+0.1	Z 向坐标值递增 0.1mm	
	N130	IF［#1LE45］GOTO 100	如果 Z 向值 #1 ≤ 45，则程序跳转到 N100 程序段	
	N140	G01 Z-56	加工 ϕ60mm 的外圆	
	N150	X56 Z-58	加工 C2 倒角	
	N160	G00 X65.0	提刀，避免退刀时碰刀	
精车	N170	M03 S800	提高主轴转速到 1200r/min	
	N180	G70 P70 Q160 F40	精车	
结束	N190	M05	主轴停	
	N200	M30	程序结束	

10.2.3 正（余）弦曲线

10.2.3.1 正弦函数曲线、余弦函数曲线的概述

（1）正弦函数曲线的图像

利用平移正弦线的方法得到 $y=\sin x$ 在 $[0, 2\pi]$ 区间中的图像，如图 10.8 所示；由于 $y=\sin x$ 是以 2π 为周期的周期函数，因此只要将函数 $y=\sin x$，$x \in [0, 2\pi]$ 的图像向左、右平移（每次 2π 个单位），就可以得到正弦函数的图像，叫作正弦曲线。

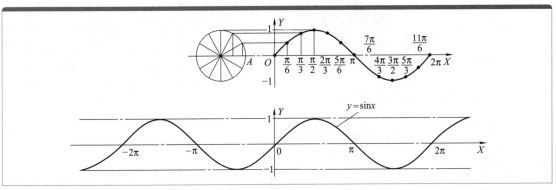

图 10.8　正弦函数曲线的图像

（2）余弦函数曲线的图像

由 $\cos x=\sin\left(x+\dfrac{\pi}{2}\right)$，$y=\cos x$ 图像可由 $y=\sin x$ 图像向左平移 $\dfrac{\pi}{2}$ 个单位得到，叫作余弦曲线，如图 10.9 所示。

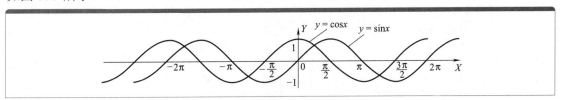

图 10.9　余弦函数曲线的图像

10.2.3.2 正弦函数、余弦函数的性质

正弦函数、余弦函数的性质见表 10.44。

表 10.44　正弦函数、余弦函数的性质

公式	$y=\sin x$	$y=\cos x$
定义域	R	R
值域	$[-1, 1]$，最大值为 1，最小值为 -1	$[-1, 1]$，最大值为 1，最小值为 -1
周期性	周期为 2π	周期为 2π
奇偶性	奇偶数，图像关于原点对称	偶函数，图像关于 Y 轴对称
单调性	在每一个闭区间 $\left[-\dfrac{\pi}{2}+2k\pi, \dfrac{\pi}{2}+2k\pi\right]$ $(k\in Z)$ 上都是单调增函数；在每一个闭区间 $\left[\dfrac{\pi}{2}+2k\pi, \dfrac{3\pi}{2}+2k\pi\right]$，$(k\in Z)$ 上都是单调减函数	在每一个闭区间 $\left[(2k-1)\dfrac{\pi}{2}, 2k\pi\right]$ $(k\in Z)$ 上都是单调增函数；在每一个闭区间 $[2k\pi, (2k+1)\pi]$ $(k\in Z)$ 上都是单调减函数
对称性	$x=k\pi+\dfrac{\pi}{k}$，$(k\in Z)$	$x=k\pi$，$(k\in Z)$
对称中心	$(k\pi, 0)$，$(k\in Z)$	$\left(k\pi+\dfrac{\pi}{2}, 0\right)$，$(k\in Z)$

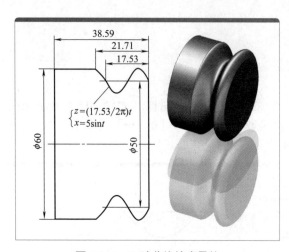

图 10.10 正弦曲线轮廓零件

$$\begin{cases} z=(17.53/2\pi)t \\ x=5\sin t \end{cases}$$

10.2.3.3 编程实例

如图 10.10 所示，要在一工件材料为 45 钢、尺寸为 $\phi60$mm×38.59mm 的毛坯上加工图示正弦曲线。

（1）工艺分析

此零件轮廓是由直线和正弦曲线组成的回转体，此零件的编程难点主要是正弦曲线的编程；在编写此零件的加工程序时，通过正弦曲线参数方程 $z(t)=t$，$x=5\sin[(360/17.53)t]$，以弧度值，作为自变量，每次增量为 1mm，变化范围为 $0\sim17.53$mm，以 x 和 z 为应变量，计算出相应的 x 和 z 坐标。

（2）加工程序

	N010	M03 S800	主轴正转，转速为 800r/min	
开始	N020	T0101	换 01 号外圆车刀	
	N030	G98	指定走刀按照 mm/min 进给	
粗车	N040	G00 X65 Z3	快速定位循环起点	
	N050	G73 U12.5 W3 R5	X 向总切削量为 12.5mm，循环 5 次	
	N060	G73 P70 Q200 U0.2 W0.1 F150	循环程序段 70～220	
轮廓	N070	G00 X50 Z2	快速定位到外圆右侧	
	N080	G01 X50 Z0	走到至曲线起点	
	N090	#1=0	Z 方向起始值的初始值	正弦曲线加工
	N100	#2=360.0	正弦曲线的总弧度值	
	N110	#3=17.53	Z 方向上正弦曲线的总弧长值	
	N120	#4=#2/#3*#1	计算角度变化值	
	N130	#5=5.0*SIN#4	计算 X 方向的弧度增量值	
	N140	G01X［50.0+2.0*#5］Z-#1	直线插补近似逼近正弦曲线	
	N150	#1=#1+1.0	计算 Z 方向上的弧度均值增加值	
	N160	IF［#1LE#3］GOTO120	如果 #1 ≤ #3，则跳转到 N120 程序段	
	N170	G01 X60.0Z-21.71	加工圆锥面	
	N180	Z-38.59	加工 $\phi60$mm 圆柱面	
	N200	G00 X65.0	提刀，避免退刀时碰刀	
精车	N210	M03 S800	提高主轴转速到 1200r/min	
	N220	G70 P70 Q200 F40	精车	
结束	N230	M05	主轴停	
	N240	M30	程序结束	

10.2.4 三次方曲线

三次方曲线为最高次数项为 3 的函数，形如 $y=ax^3+bx^2+cx+d$（$a \neq 0$，b、c、d 为常数）的函数叫作三次函数。三次函数的图像是一条曲线——回归式抛物线（不同于普通抛物线）。

10.2.4.1 三次方曲线标准方程及几何意义

三次方曲线的标准方程及几何意义见表 10.45。

10.2.4.2 例题

（1）工艺分析

如图 10.11 所示，若选定三次曲线的 X 坐标为自变量，曲线加工起点 S 的 X 坐标值

为 −28.171+12=−16.171，终点 T 的 X 坐标值为 $-\sqrt[3]{2/0.005}=-7.368$。设工件坐标原点在工件右端面与轴线的交点上，则曲线自身坐标原点在工件坐标系中的坐标值为（56.342，−26.144）。

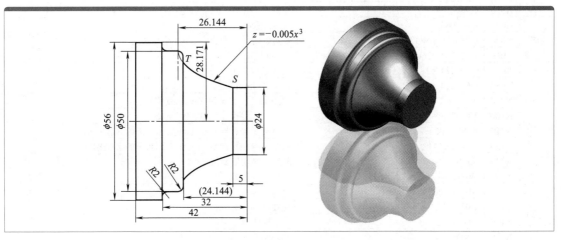

图 10.11　含三次曲线的零件

表 10.45　三次方曲线的标准方程及几何意义

函数		$f(x)=ax^3+bx^2+cx+d$（$a\neq0$）	
导函数		$f'(x)=3ax^2+2bx+c$	
Δ'		$\Delta'=4b^2-12ac$	
a		$a>0$	$a<0$
$\Delta'>0$			
增区间		$(-\infty,\ x_1)$ 和 $(x_2,\ +\infty)$	$(x_1,\ x_2)$
减区间		$(x_1,\ x_2)$	$(-\infty,\ x_1)$ 和 $(x_2,\ +\infty)$
驻点		$f'(x_1)=0$, $f'(x_2)=0$	
极值		$f_{极大值}(x)=f(x_1)$，$f_{极小值}(x)=f(x_2)$	$f_{极小值}(x)=f(x_1)$，$f_{极大值}(x)=f(x_2)$
零点条件	三个	$f(x_1)>0$, $f(x_2)<0$	$f(x_1)<0$, $f(x_2)>0$
	两个	$f(x_1)=0$ 或 $f(x_2)=0$	
	一个	$f(x_1)<0$ 或 $f(x_2)>0$	$f(x_1)>0$ 或 $f(x_2)<0$
$\Delta'=0$			
单调性		$f(x)$ 是 R 上的增函数	$f(x)$ 是 R 上的减函数
驻点		$f'(x_0)=0$	
极值		无极值	
零点		一个	

（2）加工程序

开始	N010	M03 S800	主轴正转，转速为 800r/min	
	N020	T0101	换 01 号外圆车刀	
	N030	G98	指定走刀按照 mm/min 进给	
粗车	N040	G00 X65 Z3	快速定位循环起点	
	N050	G73 U20.5 W3 R7	X 向总切削量为 20.5mm，循环 7 次	
	N060	G73 P70 Q260 U0.2 W0.1 F150	循环程序段 70～220	
轮廓	N070	G00 X24 Z2	快速定位到工件外部	
	N080	G01 X24 Z0-5	加工 $\phi24$mm 外圆	
	N090	#1=-16.171	曲线加工起点 S 的 X 坐标赋值	三次方曲线加工
	N100	#2=-7.368	曲线加工终点 T 的 X 坐标赋值	
	N110	#3=56.342	曲线自身坐标原点在工件坐标系下的 X 坐标值	
	N120	#4=-26.144	曲线自身坐标原点在工件坐标系下的 Z 坐标值	
	N130	#5=0.1	X 坐标递增量赋值	
	N140	WHILE [#1LE#2] D01	加工条件判断	
	N150	#10=-0.005*#1*#1*#1	计算 Z 坐标值	
	N160	G01 X [2*#1+#3] Z [#10+#4]	直线插补逼近曲线	
	N170	#1=#1+#5	X 坐标递增	
	N180	END1	循环结束	
	N190	G01 X [7.368*2+#3] -24.144	直线插补至曲线终点	
	N200	G01 X46;	加工至 $\phi50$mm 右侧圆角起点	
	N210	G03 X50 Z-26.144 R2	加工圆角	
	N220	G01 Z-30	加工 $\phi50$mm 外圆	
	N230	G02 X54 Z-32 R2	加工圆角	
	N240	G01 X56	加工至 $\phi56$mm 右侧起点	
	N250	G01 Z-42	加工 $\phi56$mm 外圆	
	N260	G00 X60	提刀，避免退刀时碰刀	
精车	N270	M03 S1200	提高主轴转速到 1200r/min	
	N280	G70 P70 Q260 F40	精车	
结束	N290	M05	主轴停	
	N300	M30	程序结束	

10.2.5 双曲线

双曲线定义为平面交截直角圆锥面的两半的一类圆锥曲线。它还可以定义为与两个固定的点（叫作焦点）的距离差是常数的点的轨迹。这个固定的距离差是 a 的两倍，这里的 a 是从双曲线的中心到双曲线最近的分支的顶点的距离，a 还叫作双曲线的实半轴，b 称为虚半轴长。焦点位于贯穿轴上，它们的中间点叫作中心，中心一般位于原点处。

10.2.5.1 双曲线方程、图形与中心坐标

双曲线方程、图形与中心坐标见表 10.46，方程中的 a 为双曲线实半轴长，b 为虚半轴长。

表 10.46 双曲线方程、图形与中心坐标

方程	$\dfrac{z^2}{a^2}-\dfrac{x^2}{b^2}=1$（标准方程）	$-\dfrac{z^2}{a^2}+\dfrac{x^2}{b^2}=1$	$\dfrac{(z-h)^2}{a^2}-\dfrac{(x-g)^2}{b^2}=1$
图形	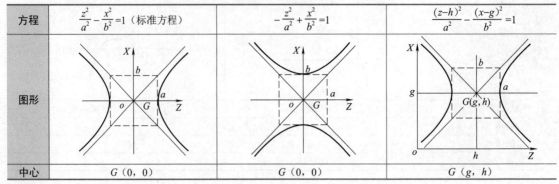		
中心	$G(0,0)$	$G(0,0)$	$G(g,h)$

10.2.5.2 例题

加工如图 10.12 所示含双曲线段的轴类零件外圆面，试编制其加工宏程序。

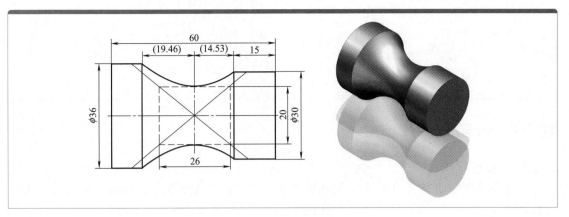

图 10.12 双曲线段零件

（1）工艺分析

如图 10.12 所示，双曲线段的实半轴长 13mm，虚半轴长 10mm，选择 Z 坐标作为自变量，X 坐标值作为 Z 坐标值的函数，将双曲线方程

$$-\frac{z^2}{13^2}+\frac{x^2}{10^2}=1$$

改写为

$$x=\pm 10\times\sqrt{1+\frac{z^2}{13^2}}$$

由于加工线段开口朝向 X 轴正半轴，所以该段双曲线的 X 坐标值为

$$x=10\times\sqrt{1+\frac{z^2}{13^2}}$$

设工件原点在工件右端面与轴线的交点上。

（2）加工程序

开始	N010	M03 S800	主轴正转，转速为 800r/min
	N020	T0101	换 01 号外圆车刀
	N030	G98	指定走刀按照 mm/min 进给
粗车	N040	G00 X40 Z3	快速定位循环起点
	N050	G73 U10 W3 R4	X 向总切削量为 10mm，循环 4 次
	N060	G73 P70 Q240 U0.2 W0.1 F150	循环程序段 70～220
轮廓	N070	G00 X30 Z2	快速定位到工件外部
	N080	G01 Z–15	加工 ϕ30mm 外圆
	N090	#1=13，	双曲线实半轴长赋值
	N100	#2=10	双曲线虚半轴长赋值
	N110	#3=14.53	双曲线加工起点在自身坐标下的 Z 坐标值
	N120	#4=–19.46	双曲线加工终点在自身坐标下的 Z 坐标值
	N130	#5=0	双曲线中心在工件坐标系下的 X 坐标值
	N140	#6=–29.53	双曲线中心在工件坐标系下的 Z 坐标值
	N150	#7=0.2	坐标递变量
	N160	WHILE［#3GE#4］DO1	加工条件判断
	N170	#10=#2*SQRT［1+#3#3/［#1*#1］］	计算 X 坐标值
	N180	G01 X［2*#10+#5］Z［#3+#6］	直线插补逼近曲线
	N190	#3=#3–#7	Z 坐标递减

（表右侧纵向文字）三次方曲线加工

	N200	END1	循环结束
轮廓	N210	G01 X36 Z−48.99	直线插补至双曲线加工终点
	N230	Z−60（直线插补）	加工 ϕ36mm 外圆
	N240	G00 X40	提刀，避免退刀时碰刀
精车	N250	M03 S1200	提高主轴转速到 1200r/min
	N260	G70 P70 Q240F40	精车
结束	N270	M05	主轴停
	N380	M30	程序结束

10.2.6 带退刀的钻孔

10.2.6.1 概述

由于钻头的钻孔加工会产生大量的铁屑及其缠绕，严重影响加工精度，因此需要进行"进刀→退刀→进刀"的操作，通过本节学习了解圆弧的宏程序编制，编制出钻孔的且进且退的加工路径。

10.2.6.2 编程实例

数控车削钻孔加工如图 10.13 所示的孔，试用变量编制其加工程序。

（1）工艺分析

钻孔几何参数模型如图 10.14 所示，设钻头定位到 Z_1 点后，每次钻孔深度 h 后适当退刀，直至加工到孔底，孔底坐标值为 Z。

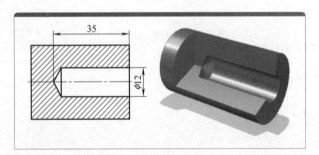

图 10.13　编程实例

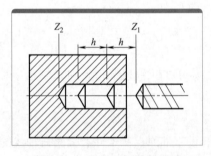

图 10.14　钻孔几何参数模型

h—每次钻孔深度；Z_1—钻孔起点；Z_2—钻孔终点（孔底）

（2）加工程序（宏程序编程）

开始	N010	M03S800	主轴正转，转速为 800r/min
	N020	T0101	换 1 号外圆车刀
	N030	G98	指定走刀按照 mm/min 进给
赋值	N040	#1=5	每次钻孔深度 h 赋值
	N050	#2=2	孔外 Z_1 坐标值赋值
	N060	#3=−35	孔底 Z_2 坐标值赋值
	N070	#10=#2−#1	加工 Z 坐标值赋值
钻孔	N080	G00X0Z#2	刀具定位
	N090	WHILE［#10GT#3］DO1	加工条件判断
	N100	G01Z#10　F20	钻孔
	N110	G00Z［#10+5］	退刀
	N120	#10=#10−#1	加工 Z 坐标值递减
	N130	END1	循环结束
	N160	G01Z#3　F20	钻孔
	N170	G00Z［#2+10］	退刀
结束	N190	G00X200Z200	快速退刀
	N200	M05	主轴停
	N20	M30	程序结束

10.2.7 相似轮廓的加工

10.2.7.1 相似轮廓概述

在同一批次的加工或者同一工厂的生产中，存在着许多外形轮廓一致，只是尺寸有改变的加工要求，因此，要求通过本节学习掌握不同尺寸规格且相似轮廓的工件的宏程序编程，达到活学活用宏程序的目的。

10.2.7.2 编程实例

数控车削加工如图 10.15 所示零件外轮廓，该零件具有如表 10.47 所示的 4 种不同尺寸规格，试编制其加工宏程序。

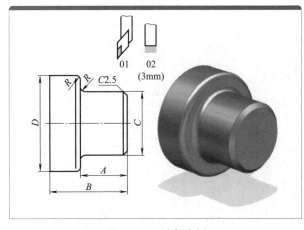

图 10.15 编程实例

（1）工艺分析

设工件坐标原点在右端面与工件轴线的交点上，下面是数控车削加工该系列零件的宏程序，仅需要对 #10 赋值 "1""2""3" 或 "4" 即可选择相应 4 种不同尺寸规格的零件进行加工。

表 10.47 4 种不同尺寸的规格

几何参数	*A*	*B*	*C*	*D*	*R*
尺寸 1	30	50	40	60	3
尺寸 2	25	46	28	48	2
尺寸 3	19	45	21	47	4
尺寸 4	24	55	32	52	3

（2）加工程序（宏程序编程）

	N010	M03S800	主轴正转，转速为 800r/min
开始	N020	T0101	换 1 号外圆车刀
	N030	G98	指定走刀按照 mm/min 进给
	N040	#10=1	零件尺寸规格选择
	N050	IF #10EQ1GOTO100	尺寸符合规格 1，跳转至尺寸 N100
尺寸规格判断	N060	IF #10EQ2GOTO160	尺寸符合规格 2，跳转至尺寸 N160
	N070	IF #10EQ3GOTO220	尺寸符合规格 3，跳转至尺寸 N220
	N080	IF #10EQ4GOTO280	尺寸符合规格 4，跳转至尺寸 N280
	N090	M30	若 #10 赋值错误则程序直接结束
	N100	#1=30	尺寸参数 *A* 赋值
	N110	#2=50	尺寸参数 *B* 赋值
尺寸 1	N120	#3=40	尺寸参数 *C* 赋值
	N130	#4=60	尺寸参数 *D* 赋值
	N140	#18=3	尺寸参数 *R* 赋值
	N150	GOTO330	无条件跳转，跳转至 N330
	N160	#1=25	尺寸参数 *A* 赋值
	N170	#2=46	尺寸参数 *B* 赋值
尺寸 2	N180	#3=28	尺寸参数 *C* 赋值
	N190	#4=48	尺寸参数 *D* 赋值
	N200	#18=2	尺寸参数 *R* 赋值
	N210	GOTO330	无条件跳转，跳转至 N330

	N220	N3 #1=19	尺寸参数 A 赋值
尺寸3	N230	#2=45	尺寸参数 B 赋值
	N240	#3=21	尺寸参数 C 赋值
	N250	#4=47	尺寸参数 D 赋值
	N260	#18=4	尺寸参数 R 赋值
	N270	GOTO330	无条件跳转，跳转至 N330
尺寸4	N280	N4 #1=24	尺寸参数 A 赋值
	N290	#2=55	尺寸参数 B 赋值
	N300	#3=32	尺寸参数 C 赋值
	N310	#4=52	尺寸参数 D 赋值
	N320	#18=3	尺寸参数 R 赋值 注：此段下方为顺序执行，不需要 GOTO 跳转语句
	N330	G00X[#4+5]Z3	快速定位循环起点
粗车	N340	G73U[[#4+5-[#3-9]]/2]W3R7	变量计算 X 向切削总量，#4+5 为循环起点 X 值，#3-9 为倒角延长线 X 值，即最低点，循环次数根据实际情况判断，这里 R7 只是实例，若切削总量增大则 R 次数相应增加，反之减少
		或： G73U[[#12+5-#10]/2]W3 R[FUP[[#4+5-[#3-9]]/2 /3]	FUP[[#4+5-[#3-9]]/2 /3]该指令含义是计算出 U/ 每次吃刀量的数值，小数点后只要有小数就进位，来满足车削的循环次数
	N350	G73 P360 Q430 U0.1 W0.1F100	循环程序段 360 ～ 430
轮廓	N360	G00X[#3-9]Z2	快进到倒角延长线处
	N370	G01X[#3]Z-2.5	车削倒角
	N380	Z[-#1+#18]	车削 ϕC 外圆
	N390	G02x[#3+2+#18] Z[-#1] R[#18]	加工第一个圆角
	N400	G01x[#4-2*#18]	车削 ϕD 外右端面
	N410	G03X[#4] Z[-#1-#18] R[#18]	加工第二个圆角
	N420	G01Z[-#2]	车削 ϕD 外圆
	N430	G00X[#4+2]	抬刀
精车	N440	M03S1200	提高主轴转速到 1200r/min
	N450	G70 P360 Q430F40	精车
切断	N460	G00X150Z150	快速退刀
	N470	T0202	换切断刀，即切槽刀
	N480	M03S800	主轴正转，转速为 800r/min
	N490	G00X[#4+3]Z-[#2+3]	快速定位至切断处
	N500	G01X0F20	切断
	N510	G00X200Z200	快速退刀
结束	N520	M05	主轴停
	N530	M30	程序结束

10.2.8 多圆弧轮廓的加工

10.2.8.1 多圆弧轮廓概述

通过本节学习掌握不同尺寸规格且相似的多圆弧轮廓工件的宏程序编程。

10.2.8.2 编程实例

如图 10.16 所示含球头轴类零件，已知 D、R 和 L 尺寸，试编制其加工宏程序。

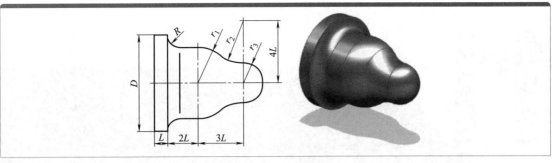

图 10.16　编程实例

（1）工艺分析

如图 10.16 所示，由 $r_1=D/2-R$、$r_2+r_3=4L$ 和 $r_1+r_2=5L$　可得 $r_2=5L-r_1$、$r_3=4L-r_2$。

（2）加工程序（宏程序编程）如下：

	N010	M03S800	主轴正转，转速为 800r/min
开始	N020	T0101	换 1 号外圆车刀
	N030	G98	指定走刀按照 mm/min 进给
	N040	#1=50	D 赋值
	N050	#2=3	R 赋值
赋值	N060	#3=10	L 赋值
	N070	#11=#1/2-#2	计算 r_1 的数值
	N080	#12=5*#3-#11	计算 r_2 的数值
	N090	#13=4*#3-#12	计算 r_3 的数值
	N100	G00X［#1+5］Z3	快速定位循环起点
粗车	N110	G73U［［#1+5］/2］W3R7	X 向切削总量为 19，循环 7 次，这里循环次数 7 次只是示例，实际操作中需根据实际情况判断，若切削总量增大则 R 次数相应增加，反之减少
		或： G73U［［#12+5-#10］/2］W3 R［FUP［［［#1+5］/2］/3］］	FUP［［［#1+5］/2］/3］该指令含义是计算出 U/每次吃刀量的数值，小数点后只要有小数就进位，来满足车削的循环次数
	N120	G73 P130 Q210 U0.1 W0.1F100	循环程序段 130 ～ 210
	N130	G00X-4Z2	快速定位到相切圆弧的起点
	N140	G02X0Z0R2	相切圆弧切入
	N150	G03X［2*#13］Z-#13R#13	车削 r_3 逆时针圆弧
	N160	G02X［2*4*#11/5］Z［-3*#12/5-#13］R#12	车削 r_2 顺时针圆弧
轮廓	N170	G03X［2*#11］z［-#13-3*#3］R#11	车削 r_1 逆时针圆弧
	N180	G01z［-#13-5+#3+#2］	车削 r_1 的外圆
	N190	G02X#1Z［-#13-5*#3］R#2	车削圆角
	N200	G01 W-［#3+3］	车削 r_1 的外圆
	N210	G01X［#1+4］	抬刀
精车	N220	M03S1200	提高主轴转速到 1200r/min
	N230	G70 P130 Q210 F40	精车
	N240	G00X150Z150	快速退刀
	N250	T0202	换切断刀，即切槽刀
切断	N260	M03S800	主轴正转，转速为 800r/min
	N270	G00X［#4+3］Z-［#2+3］	快速定位至切断处
	N280	G01X0F20	切断
	N290	G00X200Z200	快速退刀
结束	N300	M05	主轴停
	N310	M30	程序结束

11 第11章 FANUC 数控车床系统的编程与操作

11.1 FANUC 0i 系列标准数控车床系统的操作

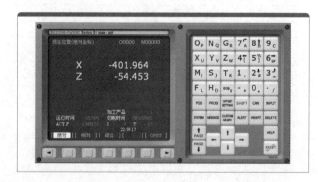

图 11.1 设定（输入面板）与显示器

11.1.1 操作界面简介

（1）设定（输入面板）与显示器

设定（输入面板）与显示器见图 11.1 和表 11.1。

（2）FANUC 0i 机床操作面板

机床操作面板位于窗口的下侧，如图 11.2 所示，主要用于控制机床运行状态，由模式选择按钮、运行控制开关等多个部分组成，每一部分的详细说明如表 11.2 所示。

表 11.1 设定（输入面板）与显示器各部分的详细说明

地址和数字键					
	地址和数字键	按这些键可输入字母，数字以及其他字符	CAN	取消键	按此键可删除当前输入位置的最后一个字符后或符号 当显示键入位置数据为"N001 X10Z_"时，按该键，则字符"Z"被取消，并显示：N001 X10
编辑区					
EOB_E	回车换行键	结束一行程序的输入并且换行	INPUT	输入键	当按了地址键或数字键后，数据被输入到缓冲器，并在 CRT 屏幕上显示出来。为了把键入到输入缓冲器中的数据拷贝到寄存器，按该键。这个键相当于软键的【INPUT】键，按此两键的结果是一样的
SHIFT	换档键	在有些键的顶部有两个字符。按该键来选择字符。如一个特殊字符在屏幕上显示时，表示键面右下角的字符可以输入			

编辑区		
ALERT	替换	用输入域的内容替代光标所在的代码
INSERT	插入	把输入域的内容插入到光标所在代码后面
DELETE	删除	删除光标所在的代码

光标区		
↑ PAGE	翻页键	这个键用于在屏幕上朝后翻一页
PAGE ↓	翻页键	这个键用于在屏幕上朝前翻一页
光标键（↑↓←→）	光标键	这些键用于将光标朝各个方向移动

OFFSET SETTING	参数输入页面	按此键显示刀偏／设定（SETTING）页面即其他参数设置
SYSTEM	系统参数页面	按此键显示刀偏／设定（SETTING）画面
MESSAGE	信息页面	按此键显示信息页面
CUSTOM GRAPH	图形参数设置页面	按此键显示用户宏页面（会话式宏画面）或图形显示画面
HELP	帮助	查看系统的详细帮助信息
RESET	复位键	按下此键，复位 CNC 系统，包括取消报警、主轴故障复位、中途退出自动操作循环和输入、输出过程等

功能键与软键

功能键用于选择要显示的屏幕（功能画面）类型。按了功能键之后，再按软键（选择软键），与已选功能相对应的屏幕（画面）就被选中（显示）

POS	位置显示页面	按此键显示位置页面，即不同坐标显示方式
PROG	程序显示与编辑页面	按此键进入程序页面

软键的一般操作：
① 在 MDI 面板上按功能键，属于选择功能的软键出现
②按其中一个选择软键，与所选的相对应的页面出现。如果目标的软键未显示，则按继续菜单键（下一个菜单键）
③为了重新显示章选择软键，按返回菜单键

［绝对］［相对］［综合］［　　］［操作］

↑返回菜单　　软键　　↑继续菜单

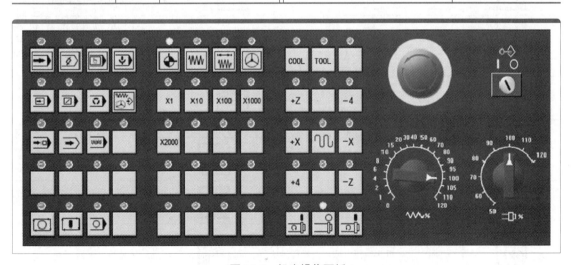

图 11.2　机床操作面板

表 11.2　机床操作面板各部分的详细说明

基本操作			模式切换		
	急停	紧急停止旋钮		REF	回参考点
	程序编辑锁开关	只有置于 ◯ 位置，才可编辑或修改程序（需使用钥匙开启）		JOG	手动模式，手动连续移动台面和刀具
				INC	增量进给
	进给速度（F）调节旋钮	调节程序运行中的进给速度，调节范围为 0～120%		HND	手轮模式移动台面或刀具
			机床运行控制		
				单步运行	每按一次执行一条数控指令
	主轴转速度调节旋钮	调节主轴转速，调节范围为 0～120%		程序段跳读	自动方式按下此键，跳过程序段开头带有"/"的程序
				选择性停止	自动方式下，遇有 M00 程序停止
				手动示教	
	冷却液开关			程序重启动	由于刀具破损等原因自动停止后，程序可以从指定的程序段重新启动
	刀具选择按钮			机床锁定开关	按下此键，机床各轴被锁住，只能程序运行
	手动开机床主轴正转			机床空转	按下此键，各轴以固定的速度运动
	手动开机床主轴反转			程序运行停止	在程序运行中，按下此按钮停止程序运行
	手动停止主轴			程序运行开始	模式选择旋钮在"AUTO"和"MDI"位置时按下有效，其余时间按下无效
模式切换					
	AUTO	自动加工模式		程序暂停	
	EDIT	编辑模式，用于直接通过操作面板输入数控程序和编辑程序	主轴手动控制开关		
					手动开机床主轴正转
	MDI	手动数据输入			手动开机床主轴反转
	DNC	用 232 电缆线连接 PC 机和数控机床，选择程序传输加工			手动停止主轴

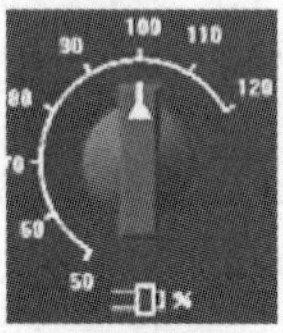

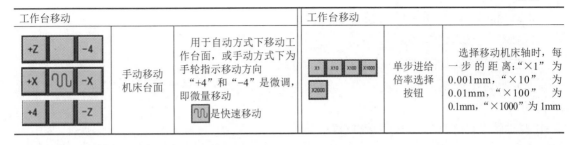

工作台移动			工作台移动		
+Z ┃ -4 +X ┃ ∿ ┃ -X +4 ┃ -Z	手动移动 机床台面	用于自动方式下移动工作台面，或手动方式下为手轮指示移动方向 "+4"和"-4"是微调，即微量移动 ∿是快速移动	X1 X10 X100 X1000 X2000	单步进给倍率选择按钮	选择移动机床轴时，每一步的距离："×1"为0.001mm，"×10"为0.01mm，"×100"为0.1mm，"×1000"为1mm

11.1.2　FANUC 0i 标准系统的操作

（1）回参考点

① 置模式旋钮于 ⊕ 位置。

② 选择各 **X** **Z**，按住按钮，即回参考点。

（2）手动移动机床轴

① 方法一：快速移动 ∿。这种方法用于较长距离的工作台移动。

a. 置模式旋钮于"JOG"位置。

b. 选择各轴，点击方向键 **+** **−**，机床各轴移动，松开后停止移动。

c. 按 ∿ 键，各轴快速移动。

② 方法二：增量移动 ∿∿∿。这种方法用于微量调整，如用在对基准操作中。

a. 置模式旋钮于 ∿∿∿ 位置；选择 X 1 X 10 X 100 X 1000 步进量。

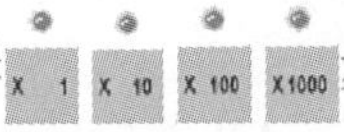

b. 选择各轴，每按一次，机床各轴移动一步。

③ 操纵"手脉"按钮 ◉。这种方法用于微量调整。在实际生产中，使用手轮可以让操作者容易控制和观察机床移动。

（3）开、关主轴

① 置模式旋钮于"JOG"位置。

② 按 ⊡ ⊡ 键机床主轴正反转，按 ⊡ 键主轴停转。

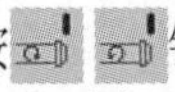

（4）启动程序加工零件

① 置模式旋钮于"AUTO"位置 ⊟。

② 选择一个程序（参照下面介绍选择程序方法）。

③ 按程序启动按钮 ⬛。

（5）试运行程序

试运行程序时，机床和刀具不切削零件，仅运行程序。

① 置模式旋钮于 ⊟ 位置。

② 选择一个程序如 O0001 后按 ⬇ 键调出程序。

③ 按程序启动按钮 ⬛。

（6）单步运行

① 置单步开关 ⊟ 于"ON"位置。

② 程序运行过程中，每按一次 ⬛ 键执行一条指令。

（7）选择一个程序

有两种方法可供进行选择：

① 按程序号搜索：

a. 置模式旋钮于"EDIT"位置。

b. 按 PROG 键输入字母"O"。

c. 按 7 键输入数字"7"，输入要搜索的号码"O7"。

d. 按 ↓ 开始搜索；找到后，"O7"显示在屏幕右上角程序号位置，"O7"NC 程序显示在屏幕上。

② 置模式旋钮于"AUTO" ➡ 位置：

图 11.3 键入要搜索的号码

a. 按 PROG 键输入字母"O"。

b. 按 7 键输入数字"7"，键入要搜索的号码"O7"（图 11.3）。

c. 按 N检索 搜索程序段。

（8）删除一个程序

① 选择"EDIT"模式。

② 按 PROG 键输入字母"O"。

③ 按 7 键输入数字"7"，输入要删除的程序的号码"O7"。

④ 按 DELETE 键"O7"NC 程序被删除。

（9）删除全部程序

① 选择"EDIT"模式。

② 按 PROG 键输入字母"O"。

③ 输入"-9999"。

④ 按 DELETE 键全部程序被删。

（10）搜索一个指定的代码

一个指定的代码可以是一个字母或一个完整的代码。例如："N0010""M""F""G03"等等。搜索应在当前程序内进行。操作步骤如下：

① 选择"AUTO" ➡ 或"EDIT" ⬦ 模式。

② 按 PROG 键。

③ 选择一个 NC 程序。

④ 输入需要搜索的字母或代码，如："M""F""G03"。

⑤ 按 操作 键，然后按 [BG-EDT][O检索][检索↓][检索↑][REWIND] 中的 检索↓ 键，开始在当前程序中搜索。

（11）编辑 NC 程序（删除、插入、替换操作）

① 模式旋钮置于"EDIT" ⬦ 位置。

② 选择 INSERT 键。

③ 输入被编辑的 NC 程序名如"O7"，按 INSERT 键即可编辑。

④ 移动光标：

方法一：按 PAGE↑ 或 PAGE↓ 键翻页，按 ↑ ↓ ← → 键移动光标。

方法二：用搜索一个指定的代码的方法移动光标。

⑤ 输入数据：用鼠标点击数字 / 字母键，数据被输入到输入域。 CAN 键用于删除输入域内的数据。

⑥ 自动生成程序段号输入：按 [OFFSET SETTING] 键→[SETING] 如图 11.4 所示，在参数页面顺序号中输入 "1"，所编程序自动生成程序段号（如：N10、N20……）。

按 [DELETE] 键，删除光标所在的代码。

按 [INSERT] 键，把输入区的内容插入到光标所在代码后面。

按 [ALTER] 键，用输入区的内容替代光标所在的代码。

（12）通过操作面板手工输入 NC 程序

① 置模式开关于 "EDIT" [⬦] 位置。

② 按 [PROG] 键 [DIR] 进入程序页面。

③ 按 [7A] 键输入 "O7" 程序名（输入的程序名不可以与已有程序名重复）。

④ 按 [EOB E] 键→按 [INSERT] 键，开始程序输入。

⑤ 按 [EOB E] 键→按 [INSERT] 键换行后再继续输入。

（13）从计算机输入一个程序

NC 程序可在计算机上建文本文件编写，文本文件（*.txt）后缀名必须改为 *.nc 或 *.cnc。

① 选择 "EDIT" 模式，按 [PROG] 键切换到程序页面。

② 新建程序名 "Oxxxx" 按 [INSERT] 键进入编程页面。

③ 按 [OFFSET SETTING] 键进入参数设定页面，按 "坐标系" 软键（图 11.5）。

图 11.4 自动生成程序段号输入

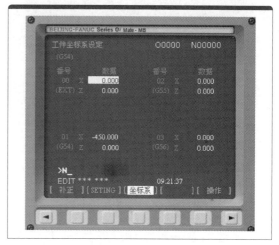

图 11.5 从计算机输入一个程序

④ [PAGE↓] [PAGE↑] 键或 [↑] [↓] [←] [→] 键选择坐标系。输入地址字（X/Y/Z）和数值到输入域。方法参考 "输入数据" 操作。

⑤ 按 [INPUT] 键，把输入域中间的内容输入到所指定的位置。

（14）输入刀具补偿参数

① 按 [OFFSET SETTING] 键进入参数设定页面→[补正][。

② 用 [PAGE↓] 和 [PAGE↑] 键选择长度补偿、半径补偿。

③ 用 ↑ ↓ ← → 键选择补偿参数编号（图 11.6）。

④ 输入补偿值到长度补偿 H 或半径补偿 D。

⑤ 按 INPUT 键，把输入的补偿值输入到所指定的位置。

⑥ 按 POS 键切换到位置显示页面。用 PAGE↓ 和 PAGE↑ 键或者软键切换。

（15）MDI 手动数据输入

① 按 键，切换到"MDI"模式。

② 按 PROG 键→ →按 EOB 键分程序段号"N10"，输入程序如：G0X50。

③ 按 INSERT 键"N10G0X50"程序被输入。

④ 按 程序启动按钮。

（16）零件坐标系（绝对坐标系）位置

绝对坐标系：显示机床在当前坐标系中的位置。

相对坐标系：显示机床坐标相对于前一位置的坐标。

综合显示：同时显示机床在以下坐标系中的位置（图 11.7）。

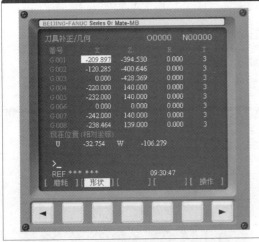

图 11.6　输入刀具补偿参数

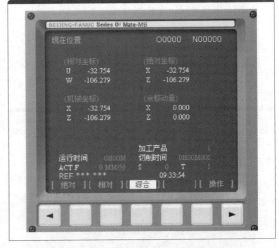

图 11.7　零件坐标系位置

① 绝对坐标系中的位置（ABSOLUTE）。

② 相对坐标系中的位置（RELATIVE）。

③ 机床坐标系中的位置（MACHINE）。

④ 当前运动指令的剩余移动量（DISTANCE TO GO）。

11.1.3　零件编程加工的操作步骤

11.1.3.1　程序的新建和输入

① 接通电源，打开电源开关，旋起急停按钮 ，打开程序保护锁 。

② 控制面板中，选择 EDIT（编辑）模式 。

③ 输入面板中，选择程序键 PROG，选择软键中的 DIR 打开程序列表，输入一个新的程序名称，如"O0010" ，再按输入面板中的插入键 INSERT，这样就新建了一个名

称为"O0010"的新程序（注：如果要删除一个程序，只需在输入程序名称后，按输入面板中的删除键 DELETE 即可）。

④ 输入程序。程序的输入和编辑操作详见前面的叙述，输入过程略。程序在输入的过程中自动保存，正常关机后不会丢失。

11.1.3.2 零件的加工

程序的加工遵循"对刀→对刀检验→图形检验→加工"的步骤。

（1）对刀的操作

a. 在刀架上安装刀具，分别为：01 号外圆车刀，02 号切断刀，03 号螺纹刀。

b. 控制面板中，选择 MDI（数据输入）模式 。

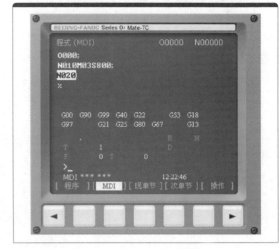

第 **11** 章 FANUC 数控车床系统的编程与操作

图 11.8　输入程序

c. 输入面板中，选择程序键 PROG ，在显示器中输入程序，如图 11.8 所示，使主轴开启（注意：结尾有分号，即换行）。

按操作面板上的 键，运行程序，主轴启动。

① 外圆车刀　按操作面板上的 TOOL 键，选择 01 号外圆车刀，准备试切对刀。

a. 先对 Z 向：

使用手轮配合 "**X+/X-**" "**Z+/Z-**" " **RAPID**" 键进行试切。

将 01 号外圆车刀移动至端面正上方 [图 11.9（a）]，试切端面 [图 11.9（b）]，保持 Z 向不变然后退刀 [图 11.9（c）]。

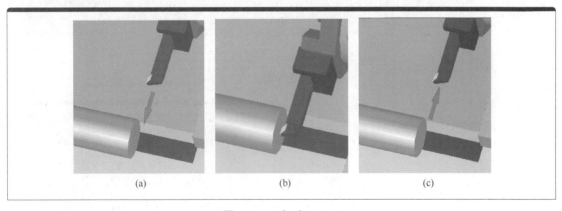

| (a) | (b) | (c) |

图 11.9　Z 向对刀（一）

按下操作面板上的 键，停主轴。在输入面板中，选择参数设置键 CUSTOM GRAPH ，选择软键【补正】 JOG 【补正】【数据】 ，选择软键【形状】 JOG 【磨耗】【形状】 ，进入【刀具补正 / 几何】界面，在相应的位置输入 "Z0"，按下软键【测量】，得到新的对完刀后的 Z 值，完成 01 号外圆车刀的 Z 向对刀（图 11.10）。

b. 再对 X 向：

按下操作面板上的主轴正转键 ，重新开启主轴。

使用手轮配合 +X -X 、 -Z +Z 、 键进行试切。

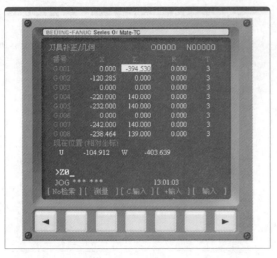

图 11.10 Z 向对刀（二）

对刀。

将 01 号外圆车刀移动至外圆表面的右侧 [图 11.11（a）]，试切外圆 [图 11.11（b）]，保持 X 向不变然后退刀 [图 11.11（c）]。

按下操作面板上的 ⬛ 键，停主轴。

用游标卡尺（千分尺或其他测量工具）测量试切后的外圆直径，记录下来。

在输入面板中，选择参数设置键 ⬛，选择软键【补正】 ⬛，选择软键【形状】 ⬛，进入【刀具补正/几何】界面，在相应的位置输入测量到的 X 值（如"X36.52"），按下软键【测量】，得到新的 X 值，完成 01 号外圆车刀的 X 向对刀（图 11.12）。至此，完成了 01 号外圆车刀的

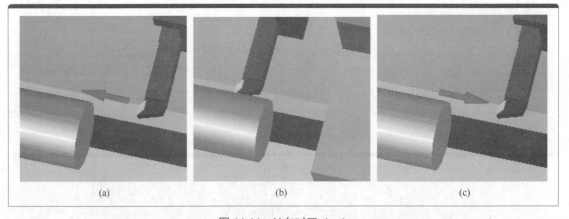

图 11.11 X 向对刀（一）

② 切断刀 按下操作面板上的主轴正转键 ⬛，重新开启主轴。按操作面板上的 ⬛ 键，选择 02 号切断刀，准备试切对刀。

a. 先对 Z 向：

使用手轮配合 +X -X 、 -Z +Z 、 ⬛ 键进行试切。

将 02 号切断刀移动至端面正上方 [图 11.13（a）]，试切端面 [图 11.13（b）]，保持 Z 向不变然后退刀 [图 11.13（c）]。

按下操作面板上的 ⬛ 键，停主轴。

在输入面板中，选择参数设置键 ⬛，选择软键【补正】 ⬛，选择软键【形状】 ⬛，进入【刀具补正/几何】界面，在相应的位置输入"Z0"，按下软键【测量】，得到新的对完刀后的 Z 值，完成 02 号切断刀的 Z 向对刀（图 11.14）。

图 11.12 X 向对刀（二）

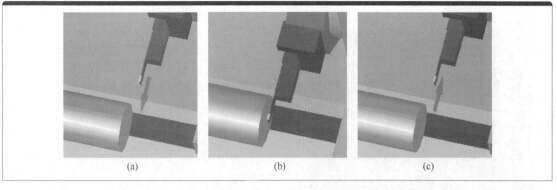

图 11.13 *Z* 向对刀（一）

b. 再对 *X* 向：

按下操作面板上的主轴正转键，重新开启主轴。

使用手轮配合 +x -x、-z +z、键进行试切。

将 02 号切断刀移动至外圆表面的右侧［图 11.15（a）］，试切外圆［图 11.15（b）］，保持 *X* 向不变然后退刀［图 11.15（c）］。

按下操作面板上的键，停主轴。

用游标卡尺（千分尺或其他测量工具）测量试切后的外圆直径，记录下来。

在输入面板中，选择参数设置键，选择软键【补正】，选择软键【形状】，进入【刀具补正 / 几

图 11.14 *Z* 向对刀（二）

何】界面，在相应的位置输入测量到的 *X* 值（如 "X36.40"），按下软键【测量】，得到新的对完刀后的 *X* 值，完成 02 号切断刀的 *X* 向对刀（图 11.16）。至此，完成了 02 号切断刀的对刀。

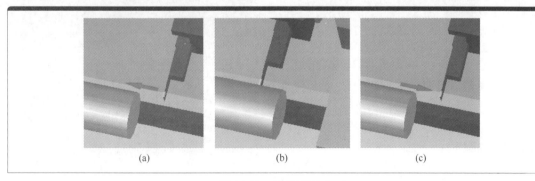

图 11.15 *X* 向对刀（一）

③ 螺纹刀 按下操作面板上的主轴正转键，重新开启主轴。

按操作面板上的键，选择 03 号切断刀，准备试切对刀。

a. 先对 *Z* 向：

使用手轮配合 +x -x、-z +z、键进行试切。

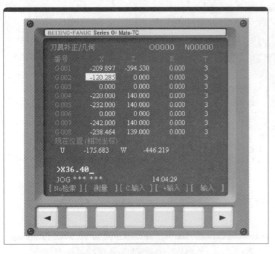

图 11.16　X 向对刀（二）

将 03 号螺纹刀移动至端面正上方 [图 11.17（a）]，由于螺纹刀的结构，其无法试切端面，因此采取碰端面的方法，使螺纹刀的刀尖接触端面外圆即可 [图 11.17（b）]，保持 Z 向不变然后退刀 [图 11.17（c）]。

按下操作面板上的 ⊟ 键，停主轴。在输入面板中，选择参数设置键 OFFSET SETTING，选择软键【补正】 ，选择软键【形状】 ，进入【刀具补正 / 几何】界面，在相应的位置输入"Z0"，按下软键【测量】，得到新的对完刀后的 Z 值，完成 03 号螺纹刀的 Z 向对刀（图 11.18）。

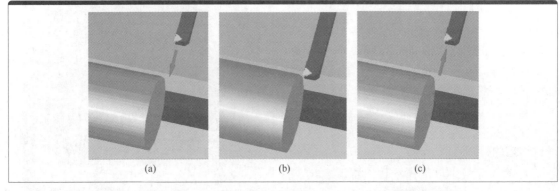

(a)　　　(b)　　　(c)

图 11.17　Z 向对刀（一）

b. 再对 X 向：

按下操作面板上的主轴正转键 ，重新开启主轴。

使用手轮配合 +x -x、-z +z、 键进行试切。

将 02 号切断刀移动至外圆表面的右侧 [图 11.19（a）]，试切外圆 [图 11.19（b）]，保持 X 向不变然后退刀 [图 11.19（c）]。

按下操作面板上的 ⊟ 键，停主轴。

用游标卡尺（千分尺或其他测量工具）测量试切后的外圆直径，记录下来。

在输入面板中，选择参数设置键 OFFSET SETTING，选择软键【补正】 ，选择软键【形状】 ，进入【刀具补正 / 几何】界面，在相应的位置输入测量到的 X 值（如"X35.33"），按下软键【测量】，得到新的对完刀后的 X 值，完成 03 号螺纹刀的 X 向对刀（图 11.20）。至此，完成了 03 号螺纹刀的对刀，也完成了 3 把刀的对刀。

图 11.18　Z 向对刀（二）

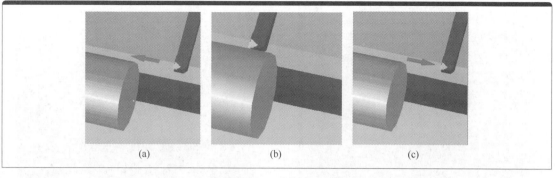

图 11.19 X 向对刀（一）

（2）对刀的检测

① 返回参考点：

控制面板中，选择 REF（回参考点）模式 ⊕，同时按下 ➕X、➕Z 键不松，刀架会自动回退到刀架参考点，待刀架不动时即可。此时可按下 ⊡ 键，选择软键【综合】 ，查看机械坐标"X""Z"均显示为 0 即退到位（图 11.21）。

② 程序检测：

控制面板中，选择 MDI（数据输入）模式 ⊡，输入面板中，选择程序键 PROG，在显示器中输入程序，如图 11.22 所示，使主轴开启（注意：结尾有分号，即换行）。

图 11.20 X 向对刀（二）

此时用手控制进给速度倍率旋钮，观测刀具的运行情况，待刀具停止运行时，按操作面板上的 ⊡ 键，主轴停转。用测量工具测量当前刀具位置，与程序中的"X""Z"的值相同则表示对刀成功。测量完毕，控制面板中，选择 REF（回参考点）模式，使刀具返回刀架参考点（方法见前述）。

（3）图形检验

① 控制面板中，选择 EDIT（编辑）模式 ⊡。

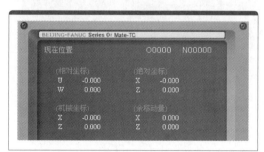

图 11.21 返回参考点

② 输入面板中，选择程序键 PROG，选择软键中的 [DIR] 打开程序列表，输入一个已有的程序名称，如"O0010"， 再按输入面板中的下箭头键 ↓，这样就打开了一个名称为"O0010"的新程序（图 11.23）。

按下机床锁定开关 ➡，机床各轴被锁住。选择 AUTO（自动运行）模式 ➡，按下空运行键 ➡ 准备进行快速走刀，按下开始按钮 ⊡，运行程序，此时程序运行刀架不动，但可以换刀。

③ 选择输入面板上的 CUSTOM GRAPH 键，设置相应的参数（图 11.24）。

按下软键【图形】，在图形区域内观察图形检验的零件加工形状，如图 11.25 所示。

此时，观察图形模拟是否与工件要求一致，待确认程序正确时进入下一步操作。

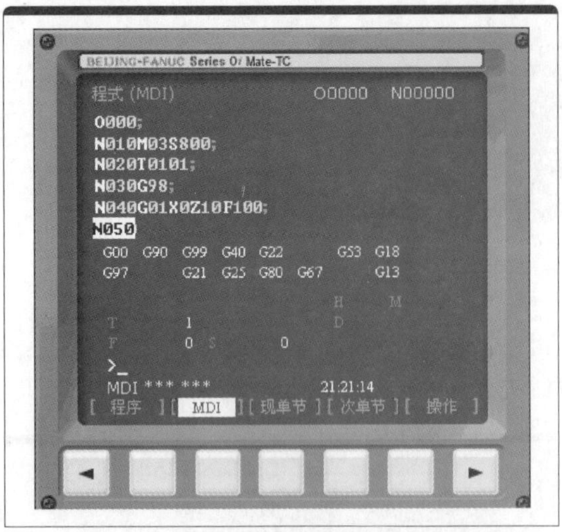

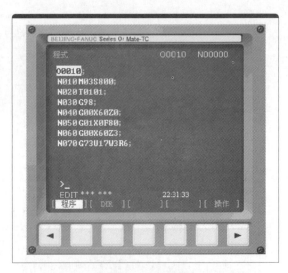

图 11.22　程序检测

图 11.23　打开程序

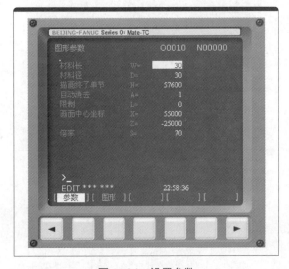

图 11.24　设置参数

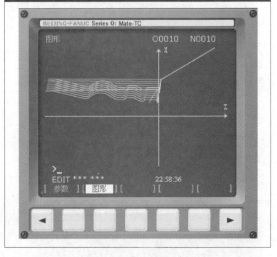

图 11.25　图形模拟

（4）加工零件

　　输入面板中，选择程序键，返回到程序中，打开机床锁定开关，保持 AUTO（自动运行）模式，取消空运行，准备按实际进给速度加工，按下开始按钮，运行程序，注意观察零件加工的情况。

11.2　FANUC 0i Mate-TC 数控车床系统的操作

11.2.1　操作界面简介

（1）设定（输入面板）与显示器

　　设定（输入面板）与显示器见图 11.26。MDI 键符定义与说明见表 11.3。

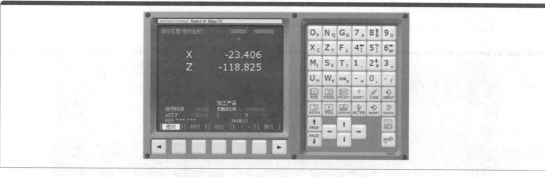

图 11.26　设定（输入面板）与显示器

表 11.3　MDI 键符定义与说明表

地址和数字键					
	地址和数字键	按这些键可输入字母，数字以及其他字符	CAN	取消键	按此键可删除当前输入位置的最后一个字符后或符号 当显示键入位置数据为"N001 X10Z_"时，按该键，则字符"Z"被取消，并显示：N001 X10
编辑区					
EOB E	回车换行键	结束一行程序的输入并且换行	INPUT	输入键	当按了地址键或数字键后，数据被输入到缓冲器，并在CRT 屏幕上显示出来。为了把键入到输入缓冲器中的数据拷贝到寄存器，按该键。这个键相当于软键的【INPUT】键，按此两键的结果是一样的
SHIFT	换档键	在有些键的顶部有两个字符。按该键来选择字符。如一个特殊字符"E"在屏幕上显示时，表示键面右下角的字符可以输入	PROG	程序显示与编辑页面	按此键进入程序页面
ALTER	替换	用输入域的内容替代光标所在的代码	OFS/SET	参数输入页面	按此键显示刀偏/设定（SETTING）页面即其他参数设置
INSERT	插入	把输入域的内容插入到光标所在代码后面	SYETEM	系统参数页面	按此键显示刀偏/设定（SETTING）画面
DELETE	删除	删除光标所在的代码	MSG	信息页面	按此键显示信息页面
光标区					
PAGE ↑	翻页键	这个键用于在屏幕上朝后翻一页	CSTM/GR	图形参数设置页面	按此键显示用户宏页面（会话式宏画面）或图形显示画面
PAGE ↓	翻页键	这个键用于在屏幕上朝前翻一页	HELP	帮助	查看系统的详细帮助信息
光标键	光标键	这些键用于将光标朝各个方向移动	RESET	复位键	按下此键，复位 CNC 系统，包括取消报警、主轴故障复位、中途退出自动操作循环和输入、输出过程等
功能键与软键 　功能键用于选择要显示的屏幕（功能画面）类型。按了功能键之后，再按软键（选择软键），与已选功能相对应的屏幕（画面）就被选中（显示）			软键面的一般操作： ①在 MDI 面板上按功能键，属于选择功能的软键出现 ②按其中一个选择软键，与所选的相对应的页面出现。如果目标的软键未显示，则按继续菜单键（下一个菜单键） ③为了重新显示章选择软键，按返回菜单键		
POS	位置显示页面	按此键显示位置页面，即不同坐标显示方式			

返回菜单　　软键　　继续菜单

（2）外部机床控制面板

外部机床控制面板见图 11.27。控制面板键符定义与说明见表 11.4。

图 11.27　外部机床控制面板

表 11.4　控制面板键符定义与说明表

模式切换				STOP	主轴停	
	$\oplus$	EDIT	编辑状态		复位	可使 CNC 复位，用以返回程序头、消除报警等
	$\boxed{\odot}$	MDI	手动数据输入	$\bigtriangledown$	程序运行暂停	程序运行时，按下此按钮，程序运行停止
	$\sim$	JOG	手动连续进给	$\Leftrightarrow$	程序运行开始	
	1...100	INC	增量（手轮）进给	COOL	冷却液打开 / 关闭	
	$\rightarrow$	MEM	自动运行	TOOL	换刀	
	$\rightarrow\!\!\oplus$	REF	回参考点	DRIVE	驱动电源开关	被打开有效时，刀架才能移动（需用钥匙开关）
操作按钮与手轮				X+/X-	X 轴点动	
ON	系统电源打开按钮		机床上电后，要先按下此按钮，使系统上电	Z+/Z-	Z 轴点动	
OFF	系统电源关闭按钮		按下此按钮，系统失电，退出数控系统	RAPID	快速运行叠加开关	被按下有效时，机床快速移动
PROTECT	数据保护按钮		有效时，一些数据与程序无法修改与保存		急停	
SBK	单步执行		被按下有效时，程序单段执行			手轮
DNC	直接加工		从输入 / 输出设备读入程序使系统运行		进给速度修调	
DRN	空运行		被按下有效时，程序按所设定的最高进给速度执行			
CW/CCW	主轴正 / 反转					

11.2.2　零件编程加工的操作步骤

11.2.2.1　程序的新建和输入

① 接通电源，打开电源开关 ，旋起急停按钮，打开程序保护锁。

② 控制面板中，选择 EDIT（编辑）模式。

③ 输入面板中，选择程序键，选择软键中的 DIR 打开程序列表，输入一个新的程序名称，如 "O0010"，再按输入面板中的插入键，这样就新建了一个名称为 "O0010" 的新程序（注：如果要删除一个程序，只需在输入程序名称后，按输入面板中的删除键即可）。

④ 输入程序。程序的输入和编辑操作详见前面的叙述，输入过程略。程序在输入的过程中自动保存，正常关机后不会丢失。

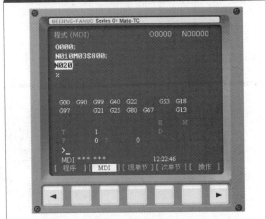

图 11.28　输入程序

11.2.2.2　零件的加工

程序的加工遵循 "对刀→对刀检验→图形检验→加工" 的步骤。

（1）对刀的操作

a. 在刀架上安装刀具，分别为：01 号外圆车刀，02 号切断刀，03 号螺纹刀。

b. 控制面板中，选择 MDI（数据输入）模式。

c. 输入面板中，选择程序键，在显示器中输入程序，如图 11.28 所示，使主轴开启（注意：结尾有分号，即换行）。

按操作面板上的 键，运行程序，主轴启动。

① 外圆车刀　按操作面板上的 键，选择 01 号外圆车刀，准备试切对刀。

a. 先对 Z 向：

使用手轮配合 "X+/X–" "Z+/Z–" "RAPID" 键进行试切。

将 01 号外圆车刀移动至端面正上方 [图 11.29（a）]，试切端面 [图 11.29（b）]，保持 Z 向不变然后退刀 [图 11.29（c）]。

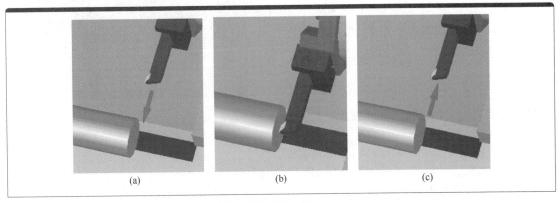

(a)　　　　　　　　(b)　　　　　　　　(c)

图 11.29　Z 向对刀（一）

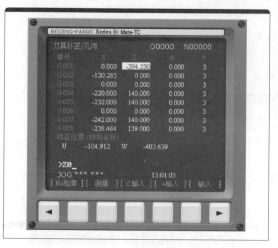

图 11.30 *Z* 向对刀（二）

按下操作面板上的▢键，停主轴。在输入面板中，选择参数设置键▢，选择软键【补正】▢，选择软键【形状】▢，进入【刀具补正 / 几何】界面，在相应的位置输入"Z0"，按下软键【测量】，得到新的对完刀后的 *Z* 值，完成 01 号外圆车刀的 *Z* 向对刀（图 11.30）。

b. 再对 *X* 向：

按下操作面板上的主轴正转键▢，重新开启主轴。

使用手轮配合"X+/X−""Z+/Z−""RAPID"键进行试切。

将 01 号外圆车刀移动至外圆表面的右侧 [图 11.31（a）]，试切外圆 [图 11.31（b）]，保持 *X* 向不变然后退刀 [图 11.31（c）]。

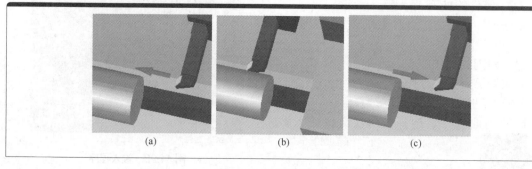

(a)　　　　　(b)　　　　　(c)

图 11.31 *X* 向对刀（一）

按下操作面板上的▢键，停主轴。

用游标卡尺（千分尺或其他测量工具）测量试切后的外圆直径，记录下来。

在输入面板中，选择参数设置键▢，选择软键【补正】▢，选择软键【形状】▢，进入【刀具补正 / 几何】界面，在相应的位置输入测量到的 *X* 值（如"X36.52"），按下软键【测量】，得到新的对完刀后的 *X* 值，完成 01 号外圆车刀的 *X* 向对刀（图 11.32）。至此，完成了 01 号外圆车刀的对刀。

② 切断刀　按下操作面板上的主轴正转键▢，重新开启主轴。按操作面板上的▢键，选择 02 号切断刀，准备试切对刀。

a. 先对 *Z* 向：

使用手轮配合"X+/X−""Z+/Z−""RAPID"键进行试切。

将 02 号切断刀移动至端面正上方 [图 11.33（a）]，试切端面 [图 11.33（b）]，保持 *Z* 向不变然后退刀 [图 11.33（c）]。

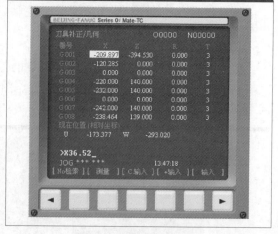

图 11.32 *X* 向对刀（二）

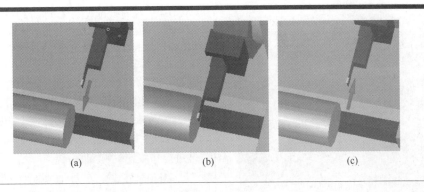

图 11.33　Z 向对刀（一）

按下操作面板上的 键，停主轴。在输入面板中，选择参数设置键 ，选择软键【补正】 ，选择软键【形状】 ，进入【刀具补正／几何】界面，在相应的位置输入"Z0"，按下软键【测量】，得到新的对完刀后的 Z 值，完成 02 号切断刀的 Z 向对刀（图 11.34）。

b. 再对 X 向：

按下操作面板上的主轴正转键 ，重新开启主轴。

使用手轮配合"X+/X–""Z+/Z–""RAPID"进行试切。将 02 号切断刀移动至外圆表面的右侧 [图 11.35（a）]，试切外圆 [图 11.35（b）]，保持 X 向不变然后退刀 [图 11.35（c）]。

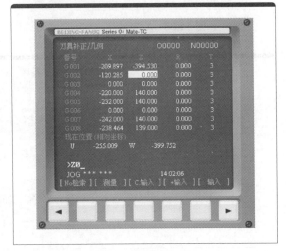

图 11.34　Z 向对刀（二）

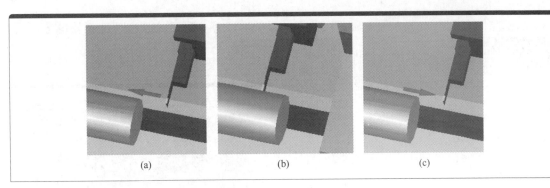

图 11.35　X 向对刀（一）

按下操作面板上的 键，停主轴。

用游标卡尺（千分尺或其他测量工具）测量试切后的外圆直径，记录下来。

在输入面板中，选择参数设置键 ，选择软键【补正】 ，选择软键【形状】 ，进入【刀具补正／几何】界面，在相应的位置输入测量到的 X 值（如

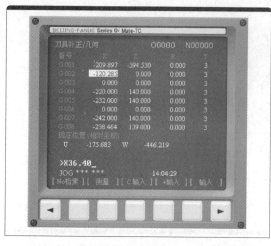

图 11.36 X 向对刀（二）

"X36.40"），按下软键【测量】，得到新的对完刀后的 X 值，完成 02 号切断刀的 X 向对刀（图 11.36）。至此，完成了 02 号切断刀的对刀。

③ 螺纹刀　按下操作面板上的主轴正转键，重新开启主轴。按操作面板上的键，选择 02 号切断刀，准备试切对刀。

a. 先对 Z 向：

使用手轮配合 "X+/X-" "Z+/Z-" "RAPID" 键进行试切。

将 03 号螺纹刀移动至端面正上方 [图 11.37（a）]，由于螺纹刀的结构，其无法试切端面，因此采取碰端面的方法，使螺纹刀的刀尖接触端面外圆即可 [图 11.37（b）]，保持 Z 向不变然后退刀 [图 11.37（c）]。

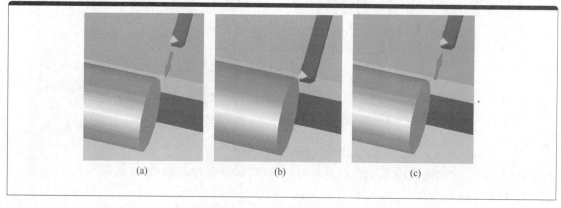

(a)　　　　(b)　　　　(c)

图 11.37 Z 向对刀（一）

按下操作面板上的，停主轴。在输入面板中，选择参数设置键，选择软键【补正】，选择软键【形状】，进入【刀具补正/几何】界面，在相应的位置输入 "Z0"，按下软键【测量】，得到新的对完刀后的 Z 值，完成 03 号螺纹刀的 Z 向对刀（图 11.38）。

b. 再对 X 向：

按下操作面板上的主轴正转键，重新开启主轴。

使用手轮配合 "X+/X-" "Z+/Z-" "RAPID" 键进行试切。

将 02 号切断刀移动至外圆表面的右侧 [图 11.39（a）]，试切外圆 [图 11.39（b）]，保持 X 向不变然后退刀 [图 11.39（c）]。

按下操作面板上的键，停主轴。

用游标卡尺（千分尺或其他测量工具）测量试切后的外圆直径，记录下来。

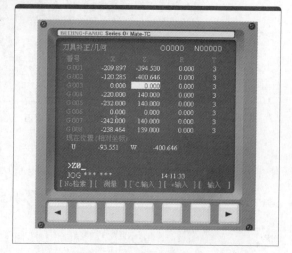

图 11.38 Z 向对刀（二）

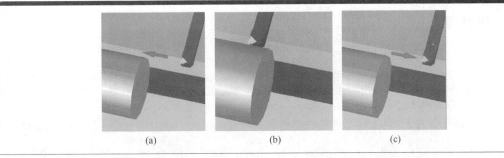

图 11.39 X 向对刀 (一)

在输入面板中，选择参数设置键 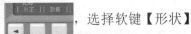，选择软键【补正】，选择软键【形状】，进入【刀具补正 / 几何】界面，在相应的位置输入测量到的 X 值（如"X35.33"），按下软键【测量】，得到新的对完刀后的 X 值，完成 03 号螺纹刀的 X 向对刀（图 11.40）。

至此，完成了 03 号螺纹刀的对刀，也就完成了 3 把刀的对刀。

（2）对刀的检测

① 返回参考点：控制面板中，选择 REF（回参考点）模式，同时按下"X+""Z+"键不松，刀架会自动回退到刀架参考点，待刀架不动时即可。此时可按下键，选择软键【综合】，查看机械坐标"X""Y"均显示为 0 即退到位（图 11.41）。

图 11.40 X 向对刀 (二)

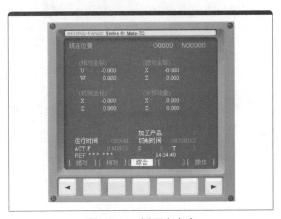

图 11.41 返回参考点

② 程序检测：控制面板中，选择 MDI（数据输入）模式，输入面板中，选择程序键，在显示器中输入程序，如图 11.42 所示，使主轴开启（注意：结尾有分号，即换行）。

此时用手控制进给速度倍率旋钮，观测刀具的运行情况，待刀具停止运行时，按操作面板上的键，主轴停转。用测量工具测量当前刀具位置，与程序中的"X""Z"的值相同则表示对刀成功。测量完毕，控制面板中，选择 REF（回参考点）模式，使刀具返回刀架参考点

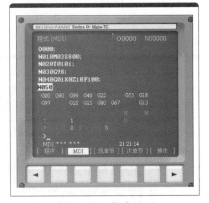

图 11.42 程序检测

第 **11** 章 FANUC 数控车床系统的编程与操作

509

（方法见前述）。

（3）图形检验

① 控制面板中，选择 EDIT（编辑）模式 。

② 输入面板中，选择程序键 ，选择软键中的 DIR 打开程序列表，输入一个已有的程序名称，如"O0010"（图 11.43）。

再按输入面板中的下箭头 ，这样就打开了一个名称为"O0010"的新程序（图 11.44）。

用钥匙将驱动锁锁住 ，选择 MEM（自动运行）模式 ，按下空运行键 准备进行快速走刀，按下开始按钮 ，运行程序，此时程序运行刀架不动，但可以换刀。

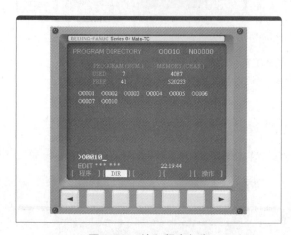

图 11.43　输入程序名称

图 11.44　打开程序

③ 选择输入面板上的 键，设置相应的参数（图 11.45）。

按下软键【图形】，在图形区域内观察图形检验的零件加工形状，如图 11.46 所示。

此时，观察图形模拟是否与工件要求一致，待确认程序正确时进入下一步操作。

（4）加工零件

输入面板中，选择程序键 ，返回到程序中，用钥匙将驱动锁打开 ，保持 MEM（自动运行）模式 ，取消空运行 ，准备按实际进给速度加工，按下开始按钮 ，运行程序，注意观察零件加工的情况。

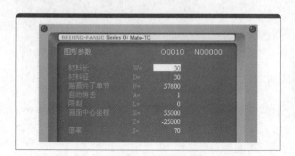

图 11.45　设置参数

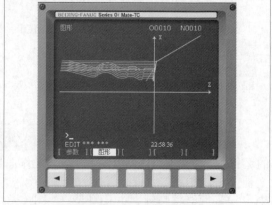

图 11.46　图形模拟

[1] 刘蔡保. 数控车床编程与操作. 北京：化学工业出版社，2009.

[2] 刘蔡保. 数控铣床（加工中心）编程与操作. 北京：化学工业出版社，2011.

[3] 刘蔡保. 数控机床故障诊断与维修. 北京：化学工业出版社，2012.

[4] 刘蔡保. UG NX8.0 数控编程与操作. 北京：化学工业出版社，2016.

[5] FANUC 0i Mate TC 系统车床编程详解. 北京发那克机电有限公司.

[6] FANUC 0i Mate TC 操作说明书. 北京发那克机电有限公司.

[7] 郭士义. 数控机床故障诊断与维修. 北京：中央广播电视大学出版社，2006.

[8] 娄斌超. 数控维修电工职业技能训练教程. 北京：高等教育出版社，2008.

[9] 胡学明. 数控机床电气维修 1100 例. 北京：机械工业出版社，2011.

[10] 劳动和社会保障部中国就业培训技术指导中心，全国职业培训教学工作指导委员会机电专业委员会.
     现代数控维修. 北京：中央广播电视大学出版社，2004.

[11] 王希波. 数控维修识图与公差测量. 北京：中国劳动和社会保障出版社，2010.

[12] 崔兆华. 数控机床电气控制与维修. 济南：山东科学技术出版社，2009.

[13] 李志兴. 数控设备与维修技术. 北京：中国电力出版社，2008.

[14] 卢斌. 数控机床及其使用维修. 北京：机械工业出版社，2010.

[15] 张志军. 数控机床故障诊断与维修. 北京：北京理工大学出版社，2010.

[16] 周晓宏. 数控维修电工实用技能. 北京：中国电力出版社，2008.

[17] 邓三鹏. 数控机床结构及维修. 北京：国防工业出版社，2008.

[18] 张萍. 数控系统运行与维修. 北京：中国水利水电出版社，2010.

[19] 张思弟，贺暑新. 数控编程加工技术. 北京：化学工业出版社，2005.

[20] 任国兴. 数控技术. 北京：机械工业出版社，2006.

[21] 龚中华. 数控技术. 北京：机械工业出版社，2005.

[22] 苏宏志. 数控加工刀具及其选用技术. 北京：机械工业出版社，2014.

[23] 王爱玲，曾志强，郭荣生，等. 数控机床结构及应用. 第二版. 北京：机械工业出版社，2013.

[24] 冯志刚. FANUC 系统数控宏程序编程实例. 北京：化学工业出版社，2013.

[25] 杜军. 数控宏程序编程手册. 北京：化学工业出版社，2014.

[26] 沙莉. 机床夹具设计. 北京：北京理工大学出版社，2012.

[27] 王卫兵. 高速加工数控编程技术. 北京：机械工业出版社，2013.